Excel

原理与技巧大全

刘伟◎编著

北京大学出版社

PEKING UNIVERSITY PRESS

内 容 提 要

本书全面系统地介绍了 Excel 各个功能模块的知识和应用方法，深入详尽地阐述了 Excel 操作的原理、概念、方法、技巧。同时作者对书中主要知识点录制了高清视频，可帮助读者在短时间内轻松地全面掌握 Excel 各项操作，从而快速提高办公效率或顺利通过 Excel 相关的计算机考试。全书分为 5 篇共 34 章，内容包括 Excel 基本功能、公式和函数、图表、数据透视表、Excel 数据分析工具、Excel 的高级功能、Excel 数据管理理念、Power BI 等知识。

本书完全针对零基础读者而撰写，是入门级读者快速而全面掌握 Excel 的必备参考书。同时本书具有深厚的 Excel 技术背景、原理的讲解，也可以作为中、高级用户的参考书。

图书在版编目（CIP）数据

Excel 原理与技巧大全 / 刘伟编著 . — 北京：北京大学出版社，2021.12
ISBN 978-7-301-32618-3

Ⅰ . ① E… Ⅱ . ①刘… Ⅲ . ①表处理软件 Ⅳ . ① TP391.13

中国版本图书馆 CIP 数据核字 (2021) 第 200480 号

1

书　　　名	Excel 原理与技巧大全
	Excel YUANLI YU JIQIAO DAQUAN
著作责任者	刘伟　编著
责 任 编 辑	张云静　刘　云
标 准 书 号	ISBN 978-7-301-32618-3
出 版 发 行	北京大学出版社
地　　　址	北京市海淀区成府路 205 号　　100871
网　　　址	http://www.pup.cn　　　新浪微博：@ 北京大学出版社
电 子 信 箱	pup7@ pup.cn
电　　　话	邮购部 010-62752015　发行部 010-62750672　编辑部 010-62570390
印 刷 者	天津中印联印务有限公司
经 销 者	新华书店
	787 毫米 ×1092 毫米　16 开本　40 印张　997 千字
	2021 年 12 月第 1 版　2022 年 11 月第 3 次印刷
印　　　数	5001–8000 册
定　　　价	119.00 元

很多读者想在短时间内迅速掌握 Excel 的基础知识、操作技能，但却很难静心从头到尾阅读整本 Excel 书籍（尤其是厚重图书）。Excel 知识点较多、灵活性大，只利用单纯的静态图片和文字解释，读者很难理解和掌握 Excel 知识点。此外，阅读学习与实际应用之间存在鸿沟，读者若将书本知识在实际工作中灵活运用需要长时间磨合。此过程将耗费读者大量时间精力，给读者的学习工作造成较大的压力。

为了在短时间内迅速提高读者的 Excel 学习效率及实际应用水平，笔者编写了《Excel 原理与技巧大全》。本书系统地介绍 Excel 相关原理，对每个功能模块的知识点进行图文详解，并从 Excel 零基础读者角度出发，做到合理编排、由浅入深、简明易懂。同时书中的素材也是笔者从多年授课过程中收集的经典案例，这些案例能有效地帮助读者学习 Excel 技能。

本书利用图片和文字可以将知识固定、便于查阅，并配套视频讲解，可以帮助读者快速理解书本的知识，扩展思路，加深印象。书籍与视频两者结合可以极大提高读者学习 Excel 的效率，减轻读者的学习压力，大大缩短读者的学习时间，达到速成 Excel 操作的目的。

☢ 软件版本

本书讲解使用的软件是 Windows 10 系统下的中文版 Excel 2019。本书许多内容也适合于 Excel 早期版本，如 Excel 2007、Excel 2010、Excel 2016 等，同样也适用于 Excel 2021。此外也适用其他类型的电子表格软件，如 WPS 软件。虽然每个版本界面不相同，但基本的操作和原理却是相同的；如果版本不相同，用户可能会花额外的时间去过渡不同版本的界面操作。为了能顺利地学习本书介绍的全部功能，建议读者在 Excel 2019 的环境中学习。

📖 本书组织结构

❶ **主体知识：** 本书基本涵盖 Excel 所有知识点，针对 Excel 知识点做深入系统的图文讲解，并配备工作中典型的示例操作文件，让读者具备 Excel 的系统知识体系。

❷ **专业术语解释：** 本书提取 Excel 中的专业术语，帮助读者掌握 Excel 专业名词的准确表达，便于读者在网络或与他人交流中能够使用准确的名称。

❸ **常见问题：** 笔者将多年的 Office 培训中学员遇到的常见问题一一列举，通过自问自答的方式来纠正众多读者在学习 Excel 知识中存在的一些典型理解误区和疑惑点。

❹ **练习题：** 本书提供实际工作中经典的案例供读者练习和动手实操，通过案例来串联各章知识点。

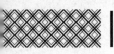

❺ 视频讲解：针对书中的主要知识点录制相应的视频讲解，加快读者学习进度，提高理解力。最终让读者将 Excel 知识、实际操作真正融入到自己的实际生活工作中，达到学习的目的。

读者对象

本书面向的读者是所有需要使用 Excel 的用户，包括职场办公人员、财务人员、数据分析人员、销售人员、在校学生，以及培训机构的人员等。

如何使用本书

本书内容非常全面，而且文字较多，采用笔者的建议，可以让您更加快速、轻松、有效地学习这一本"厚重"的图书。

对于初学者或是任何希望全面熟悉 Excel 各项功能的读者，笔者建议您从头开始阅读，因为本书是按照 Excel 各项功能模块的使用频率和难易程度来组织章节顺序的，并且各章知识点有一定的层次关系。尽量不要跳越某个知识点学习，除非您事先已经相当了解。

读者可先观看教学视频，这样可减轻阅读书籍时产生的理解困难，然后再阅读书籍中的图文，最后是打开素材文件，在自己的计算机上实际操作。其中实际操作可以有效地帮助读者了解各知识点，并能加深印象。

任何知识技能都不是一个线性的学习过程，而是一个螺旋上升过程。Excel 技能同样如此，读者需要多次循环学习，方可全面系统地了解和掌握 Excel 知识体系。

在实际生活工作中，大多数读者只需要使用 Excel 所有功能中的一部分，就能提高自己的办公水平或应对考试需要。如精通 Excel 中的基础操作、函数、数据透视表、图表等模块内容，可以应付工作中绝大部分问题，而规划求解、模拟分析、Power BI 等可以说是少数读者进一步提升自己的学习内容。如果掌握 Excel 基础模块的内容已经可以应对自己的工作，或是因为时间精力不够、难度大等其他原因不想学习其他较难模块，则可以放弃学习这部分内容。但笔者建议读者可以做浅显的了解，日后如果在生活工作中遇到困难，有可能会联想到这部分内容并能顺利解决问题，在那时还可以再深入学习。

配套资源下载

本书所涉及的素材文件、结果文件、视频等已上传至百度网盘，供读者下载。请读者关注封底"博雅读书社"微信公众号，找到"资源下载"栏目，输入图书 77 页的资源下载码，根据提示获取。

联系作者及答疑勘误服务

在书籍编写过程中，笔者对书中内容做了反复的检查，力求对书中的每个知识点和案例做到精准呈现，但即使这样也有可能存在疏漏和不足之处，敬请读者能够提出宝贵的意见和建议，这些反馈将在后续版本进行改进、补充和纠错。

如果您在学习过程中遇到困难、疑惑或向笔者提出意见和建议，可发送电子邮件到 liuweipro@163.com，或关注公众号"刘伟老师服务平台"，在后台留言。

C目 录
ONTENTS

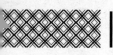

第2篇 公式与函数

第10章 公式与函数基础

第11章 单元格引用

第12章 Excel 函数

第13章 使用名称

第14章 逻辑与信息函数

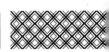

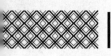

第 4 篇 图表与图形

第 29 章 利用图片和图形增强工作表效果

第 30 章 图表基础原理

第 31 章 高级图表与动态图表

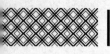

第 1 篇
Excel 基础操作

本篇导读

本篇主要介绍 Excel 的组成元素、计算原理和基本的功能操作，这是用户在日常生活工作中使用 Excel 最频繁、最实用的操作，同时它为进一步深入学习 Excel 函数、数据分析、图表、数据透视表等高级功能操作打下了基础。

本篇内容安排

1 Excel 简介

本章对 Excel 的主要功能及 Excel 操作界面构成元素进行介绍，让读者熟悉 Excel 的组成元素，这些知识将帮助读者为日后操作 Excel 的各项功能和命令打下基础。

1.1 Excel 的主要功能

Excel 是 Microsoft Office 套件的一个重要组件，是全世界最流行的电子表格软件，用于各行各业，它的功能强大，与数据处理相关的活动几乎都能完成。下面列举 Excel 的主要功能。

1. 数据存储

原始记录如果没有组织及分类，则数据是分散、孤立的、无法明确地表达事物代表的意义。如果数据都是分散、孤立的，就必须加以整理才能洞察背后的信息。Excel 作为电子表格软件，第一个功能就是数据存储，利用行列式表格高效地存储数据。例如，某仓库部门将原手工登记的纸质出入库信息，现全部记录在 Excel 中，此方式既方便又高效。

2. 数据计算

计算功能是 Excel 最大的特点，除了执行常规计算外，还可以利用 Excel 内置强大的函数对数据进行分析、计算。Excel 中有数学和三角函数、日期与时间函数、工程函数、财务函数、信息函数、逻辑函数、查找和引用函数、统计函数、文本函数、数据库函数等，它们能执行各种复杂的计算。同时利用不同函数的组合和嵌套，可以完成绝大部分领域的常规计算任务。Excel 内置的函数能满足金融、教育、科技、制造、服务等各行业的数据计算要求。例如，某仓库部门利用各种统计函数可快速计算各种出入库商品的汇总数。

3. 数据分析

对于存储的数据，还必须对其进行数据分析提取信息。Excel 可以对数据进行排序、筛选、分类汇总、数据验证、条件格式等数据分析操作。此外，还可以利用 Excel 数据透视表对数据列表快速地生成各种维度的分析报表。例如，某仓库部门利用数据透视表对出入库的明细数据快速地进行各种分类汇总的统计和分析。

4. 图表展示数据

相对于传统的数据列表展示，图表的可视化能将数据以更加直观的方式展现出来，使数据更加客观、更具说服力。Excel 图表功能可以帮助用户迅速创建各类图表，直观生动地展示数据。例如，某仓库部门利用 Excel 将某段时间内的出入库数据创建成图表，可以一目了然地知道不同商品的出入库占比、销量、趋势等各种隐藏信息。

5. 大数据处理

在大数据时代，需要对大量数据进行快速的整理和分析。Excel 顺应时代发展而内置 Power Query、Power Pivot、Power View 等 Power BI 组件，利用 Power BI 工具与 Excel 的结合，可链接各种外部数据源，并能对大量数据进行整理和清洗。同时 Excel 可对多张数据表建立数据关系模型，动态高效地统一管理多张表，此外还可以对表格中的数据生成专业的可视化图表。例如，某仓库部门利用 Power Query 可快速地加载处理上百万条数据进行分析汇总，利用 Power Pivot 可关联客户表、订单表、发货记录表等多张表，借此可整体动态分析多张表之间的数据关系。

1.2 Excel 工作界面组成元素

默认情况下，Excel 工作簿（Workbook）使用".xlsx"作为文件扩展名。每个工作簿包含一个或多个工作表（Worksheet），每个工作表由若干个单元格组成。每个工作表包含一层不可见的绘图层，绘图层可以存储图表、图片、文本框等各种外部对象。Excel 工作簿是一个单独的文件，如同一本书，而工作表是工作簿的组成元素，一张工作表就如同书中的一页，如图 1-1 所示。表 1-1 对 Excel 工作界面主要组成元素功能做了简要的说明。

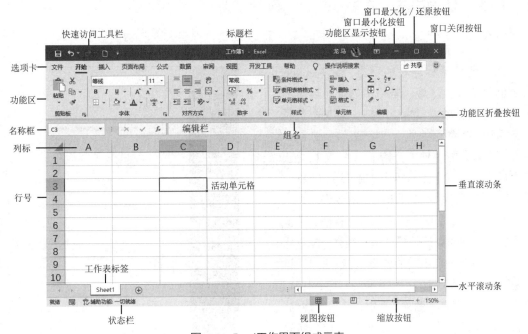

图 1-1　Excel 工作界面组成元素

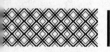

表 1-1　Excel 工作界面主要组成元素功能说明

名称	说明
快速访问工具栏	供用户保存常用的命令
标题栏	显示工作簿的名称
功能区显示按钮	切换功能区的显示方式
窗口最小化按钮	单击此按钮可以最小化工作簿窗口
窗口最大化/还原按钮	使窗口全屏显示，若窗口已全屏显示，单击则将取消全屏显示
窗口关闭按钮	关闭工作簿
选项卡	切换不同类型命令的标签
功能区	Excel 命令的主要存放区域
组名	相似功能命令的集合名称
名称框	显示活动单元格地址或选定单元格、范围或对象的名称
编辑栏	输入或显示数据及编辑公式的区域
列标	用字母表示列，一个字母对应一列，共有 16384 列
行号	用数字表示行，一个数字代表一行，共有 1048576 行
活动单元格	用粗边框显示当前活动单元格的位置，当选择多个单元格时，活动单元格为反白单元格
状态栏	显示当前 Excel 各种状态信息
工作表标签	代表工作簿中的工作表
视图按钮	切换到普通视图、页面布局视图、分页预览视图
缩放按钮	放大或缩小工作表的视图比例
水平滚动条	用于水平方向滚动工作表
垂直滚动条	用于垂直方向滚动工作表
功能区折叠按钮	用于隐藏功能区

 功能区

功能区位于标题栏的下方，它是 Excel 命令的主要存放区域，若用户的显示器屏幕较小，可以按快捷键 <Ctrl+F1> 或双击选项卡来回切换功能区的显示或隐藏。Excel 默认的选项卡有【文件】、【开始】、【插入】、【页面布局】、【公式】、【数据】、【审阅】、【视图】等。下面简单介绍各选项卡中的命令和功能。

● 【文件】选项卡：又称后台视图，【文件】选项卡在功能区的最左边，选择【文件】选项卡会显示一个不同的界面，有新建、打开、信息、保存、另存为、历史记录、打印、共享、导出、发布、关闭、账户、反馈、选项等操作，如图 1-2 所示。【文件】选项卡是一个特殊的选项卡，退出【文件】选项卡可按 <Esc> 键。

图 1-2　【文件】选项卡界面

● 【开始】选项卡：该选项卡包含用户一些最常用的命令，包含剪贴板、字体、对齐方式、数字、样式、插入和删除行或列，以及众多工作表编辑命令，如图 1-3 所示。

图1-3　【开始】选项卡

● 【插入】选项卡：此选项卡可在工作表中插入各种外部对象，如插入图表、图片、形状、SmartArt、特殊符号。此外还可以插入表格及数据透视表等，如图 1-4 所示。

图 1-4　【插入】选项卡

● 【页面布局】选项卡：此选项卡包含了一些控制工作表界面外观的命令，包括主题设置、页面设置、工作表中部分元素的显示，以及图片、形状等元素排列对齐有关的设置，如图 1-5 所示。

图 1-5　【页面布局】选项卡

● 【公式】选项卡：此选项卡可插入公式、函数，定义单元格及区域名称，进行公式审核，以及控制 Excel 执行计算的相关控制选项等，如图 1-6 所示。

图 1-6　【公式】选项卡

● 【数据】选项卡：此选项卡提供与数据处理及分析相关的命令，如外部数据的获取与转换、查询和连接、排序和筛选、分列、模拟分析等命令，如图 1-7 所示。

图 1-7　【数据】选项卡

● 【审阅】选项卡：此选项卡包含拼写检查、翻译、添加批注，以及保护工作表、保护工作簿及工作表区域权限的命令，如图 1-8 所示。

图 1-8 【审阅】选项卡

● 【视图】选项卡：该选项卡包含的命令用于控制工作表的显示，包括工作簿视图切换、工作表元素显示、显示比例、缩放、窗口冻结和拆分、并排比较等，如图 1-9 所示。

图 1-9 【视图】选项卡

1.4 上下文选项卡

Excel 功能区有两类选项卡：一类是标准选项卡，该选项卡始终显示在软件界面上；另一类为上下文选项卡，在某些命令处于活动状态或选中某个对象时，功能区面板将显示上下文选项卡。上下文选项卡只在进行特定操作时才会在功能区显现出来，如创建图表时，选中图表对象，在功能区就会出现【图表工具】上下文选项卡，如图 1-10 所示。当取消选中图表对象时，上下文选项卡将在功能区自动隐藏。

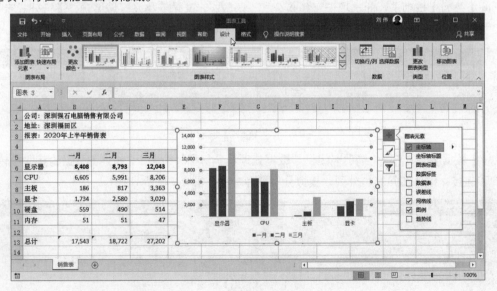

图 1-10 图表的上下文选项卡

Excel 上下文选项卡有图表工具、绘图工具、图片工具、公式工具、数据透视表工具、数据透视图工具、表格工具、SmartArt 工具、页眉页脚工具等。

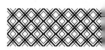

1.5 功能区中的命令按钮类型

每个选项卡中包含若干个命令组，不同的组之间用竖线隔开。虽然每个组中放置着属性相同的多个命令，但每个命令按钮类型也许不相同。下面简单介绍 Excel 中常见命令按钮类型。

● 单击按钮：单击按钮可立即执行其对应的命令、操作或进一步弹出一个对话框。如图 1-11 所示的【剪切】命令按钮即为单击按钮。

图 1-11　单击按钮

● 下拉按钮：此命令下方有一个向下的小三角符号，单击其可以显示更多命令列表。如图 1-12 所示的【条件格式】按钮即为下拉按钮。

图 1-12　下拉按钮

● 切换按钮：单击切换按钮可在两种相关命令状态之间来回切换。通过显示两种不同的背景颜色来表达不同的状态，如【开始】下的【字体】组中的【加粗】按钮。如果活动单元格已经是加粗的，则【加粗】按钮将显示深色背景颜色。如果活动单元格不是加粗状态，则【加粗】按钮将以其正常颜色显示，如图 1-13 所示。

图 1-13　切换按钮

● 拆分按钮：拆分按钮又称组合按钮，它结合了单击按钮和下拉按钮组合而成。单击按钮部分执行相对应的命令，而单击其下拉按钮部分则可以选择下拉菜单中的其他命令。如图 1-14 所示的【合并后居中】按钮即为拆分按钮。

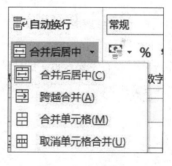

图 1-14　拆分按钮

● 复选框：选中表示打开某项功能，不选中表示关闭某项功能，如图 1-15 所示的【编辑栏】、【网格线】为复选框。

图 1-15　复选框

● 组合框：由文本框与下拉按钮组成，在文本框中可手工输入和编辑内容，单击下拉按钮可选择下拉菜单中的命令，如图 1-16 所示。

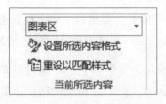

图 1-16　组合框

● 微调按钮：微调按钮包含一组小三角形状的微调小按钮，通过单击微调按钮，可以进行数值大小的细微调节，如图 1-17 所示的【缩放比例】按钮即为微调按钮。

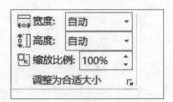

图 1-17　微调按钮

● 编辑框：由文本框和右侧的折叠按钮组成，用户可以在文本框中直接输入内容，也可以单击右侧折叠按钮在工作表中直接拖选区域，选定区域的单元格地址会自动显示在编辑框中，如图 1-18 所示。

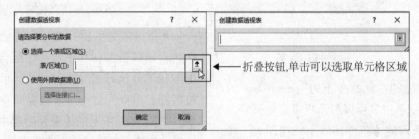

图 1-18　编辑框

● 对话框启动器按钮：位于命令组的右下角，如图 1-19 所示。单击后，可弹出更多命令的对话框或是在右侧显示相关的任务窗格。

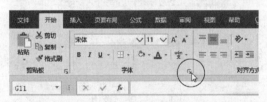

图 1-19　对话框启动器按钮

● 任务窗格：当用户对某些对象执行操作时，会在右边自动出现任务窗格。在任务窗格中可对其选定的对象做相关的格式设置，如图 1-20 所示。

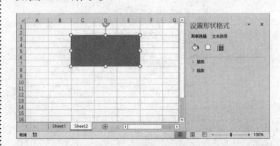

图 1-20　任务窗格

1.6 快捷菜单和 <Alt> 键的使用

用户除了使用功能区选项卡中的命令外，还可以使用快捷菜单中的命令。在 Excel 中右击

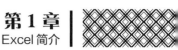

就可以显示快捷菜单，通过快捷菜单选择命令更加快速有效。快捷菜单中所显示的内容取决于鼠标所选定的对象，例如，选定一个单元格后右击，将会弹出对该单元格进行设置的操作命令。此外在快捷菜单的上方会出现一个工具栏，该工具栏称为浮动工具栏，浮动工具栏显示了对单元格格式设置的一些基本命令，如字体、字号、字体颜色、边框等命令。快捷菜单与浮动工具栏如图 1-21 所示。

图 1-21　快捷菜单与浮动工具栏

　　除了使用鼠标操作命令外，用户还可以使用快捷键来操作。在 Excel 中快捷键分为两种：一种是针对常用命令而内置的快捷键，如 <Ctrl+C>、<Ctrl+V> 等常用快捷键；另一种是使用 <Alt> 键来实现所有命令的快捷键。如图 1-22 所示，用户先按 <Alt> 键，此时功能选项卡上面会显示一系列的字母，再次按字母提示输入相应的按键，即可执行相应功能的操作。

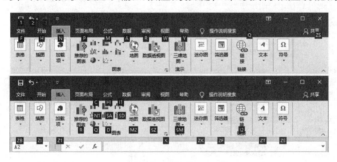

图 1-22　<Alt>快捷键

1.7 快速访问工具栏

　　Excel 中的命令都分布在不同的选项卡中，用户在使用 Excel 的过程中，往往要频繁地在不同的选项卡中切换查找相关命令，此过程往往比较耗费时间。为了快速地找到自己常用的功能命令，用户可将常用命令按钮集中放置在快速访问工具栏中，从而可以减少对功能区中的命令按钮的查找和单击次数，从而提高操作速度。

　　快速访问工具栏默认包含三个命令：【保存】、【撤销】、【恢复】。用户单击快速访问工具栏右侧小三角符号，可以选择下拉菜单内常用的命令，如图 1-23 所示。

图 1-23　向快速访问工具栏中添加命令

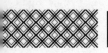

或将光标置于功能区中的某命令按钮上并右击，然后在弹出的快捷菜单中选择【添加到快速访问工具栏】命令，即可将该命令置于快速访问工具栏中。如图 1-24 所示，将常用的【筛选】按钮添加到快速访问工具栏中。

图 1-24　右击添加命令至快速访问工具栏

深入了解

在 Excel 中的选项卡及上下文选项卡中并没有列示出 Excel 所有的功能命令，用户若要查看 Excel 中所有的命令，可选择【文件】→【选项】→【自定义功能区】/【快速访问工具栏】命令，在左上角的【从下列位置选择命令】下拉列表中选择【所有命令】，此时在下方会列出 Excel 中的所有命令。该命令列表是按数字、英文字母、汉字（按拼音的英文字母排序）的顺序排列的，如图 1-25 所示。

图 1-25　在Excel选项中查看所有的命令

该列表中的命令均可以被添加到功能区或快速访问工具栏中，如【数据透视表和数据透视图向导】命令，在数据透视表的上下文选项卡中并没有列示该命令，用户必须使用快捷键 <Alt+D+P> 调用该命令，但很多用户不记得该快捷键，所以最好的方式是将该命令添加到快速访问工具栏中。单击快速访问工具栏的下拉按钮，选择【其他命令】，在弹出的【Excel 选项】对话框中找到【数据透视表和数据透视图向导】命令，单击【添加】按钮，即可以将该命令添加到快速访问工具栏中。

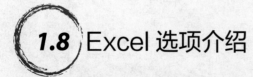**Excel 选项介绍**

微软公司根据广泛的用户使用调查和数据分析，对 Excel 进行了默认设置。例如，对于中文版本，新建工作簿时字体为宋体、字号为 11 号。但 Excel 适用于各行各业中，不同行业、不同的用户使用 Excel 的习惯不同。所以为了满足不同用户的使用习惯，Excel 将相关的设置集中在【Excel 选项】对话框中。在【Excel 选项】对话框中，用户可对 Excel 的某些功能进行个性化的设置。【Excel 选项】对话框中有 12 个选项卡，分别是【常规】、【公式】、【数据】、【校

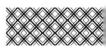

对】、【保存】、【语言】、【轻松访问】、【高级】、【自定义功能区】、【快速访问工具栏】、【加载项】和【信任中心】，如图 1-26 所示。

图 1-26 【Excel选项】对话框

> **提示**
>
> 了解【Excel 选项】对话框中的相关设置对于熟练使用 Excel 具有非常大的帮助，但因【Excel 选项】对话框中相关设置较多，大部分选项需要结合实际场景进行讲解才易于读者理解，所以在此不一一列示各项设置的解释说明，【Excel 选项】对话框中的各项设置会在后续章节中结合实际场景来展示说明。

专业术语解释

工作簿：Excel 文件，由多张工作表组成。

工作表：工作簿中的一页。在日常交流中，工作表与工作簿的表述经常混用，用户需要根据语境和上下文意思进行识别。

单元格：工作表中的最小区域，用于存放数据的容器。

选项卡：类似菜单，选择不同选项卡可以切换到不同命令页面。

上下文选项卡：它将选项卡与某对象进行绑定，当对象在 Excel 中被选中激活时，该选项卡才会在功能区中显示。上下文选项卡的模式，可以将暂时不需要的功能命令隐藏起来，待需要时才出现。

命令按钮：它是一种图形用户界面元素，通过命令按钮可以让用户与软件进行数据的交互操作。常见的命令按钮有单击按钮、切换按钮、下拉按钮、拆分按钮、复选框等。

Excel 选项：用于对 Excel 进行全局个性化设置。

问题 1：Excel 与 WPS 的区别是什么？

答：Excel 是美国微软公司研发的电子表格软件，而 WPS 是中国金山公司研发的电子表格软件。因为是不同公司研发的电子表格软件，所以软件在界面、操作习惯、性能、功能模块方

面存在差异。为了更好地学习本书内容，建议读者在 Excel 的环境下学习。

问题 2：Excel 选项中的命令可以任意修改吗？

答：Excel 选项中相关命令的默认设置，往往是绝大部分用户的最佳设置，通常是不用进行修改的。此外，用户在不了解 Excel 选项中的相关命令作用时，建议用户不要修改 Excel 中的默认设置。如果修改，则可能在某些特殊情况下会出现意想不到的错误。如图 1-27 所示，如选中【将精度设为所显示的精度】复选框，Excel 的计算将全部依据单元格中表面显示的数据进行计算，而不是根据单元格中实际的值进行计算。此设置将严重影响 Excel 的计算精度。在实际工作中，用户的 Excel 若出现不同寻常的变化，用户可检查相关 Excel 设置是否被修改。

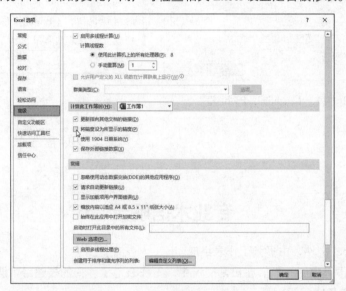

图 1-27　修改选项中的默认设置

问题 3：如何快速地打开最常用的 Excel 文档？

答：工作中如果某个文档经常要打开，用户可以将该文档在后台视图中进行固定。选择【文件】→【开始】命令，单击某文档后面的图钉按钮，即可将该文档永久锁定。下次用户需要打开此文档，可打开 Excel 程序或任意 Excel 文档，然后在【文件】选项卡的界面中将此文件打开，如图 1-28 所示。

图 1-28　固定文档

向 Excel 中输入和编辑数据

本章介绍 Excel 中的各种数据类型、如何在单元格中输入和编辑数据，以及输入和编辑数据时常用的方法和技巧。

2.1 Excel 中的数据类型

数据类型又称数据形态，不同的数据类型具有不同的数据表示方法、不同的数据结构和不同的取值范围等。就如同生活中可将食物分为谷类、蔬果类、水产类、肉类等。在 Excel 单元格中包括 4 种基本数据类型：数值、日期、文本和公式。此外还有逻辑值、错误值等一些特殊的数据类型。针对不同的数据类型，Excel 会采用不同的方式来处理。用户如果在 Excel 中输入错误的数据类型，那必然也会导致错误的计算结果。

1. 数值

数字与数值是两个不同的概念。数字是一种用来表示数的书写符号，如阿拉伯数字 0 ～ 9 就是数字，中文"一""二""三"等也是数字。数值则是表示某种对象的数量，如销售额、人数、成绩等。数值最大的特性就是可用来进行数学计算，如进行加、减、乘、除等计算。数值是数字的一种计算特性。在 Excel 中数字分为两种：文本型数字与数值型数字，如图 2-1 所示。

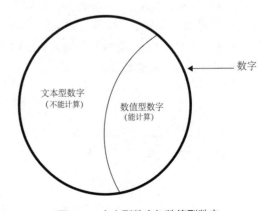

图 2-1　文本型数字与数值型数字

表 2-1 中列示数值型数字与文本型数字在 Excel 中的举例及特点。

表 2-1 数值型数字与文本型数字的举例及特点

类型	举例	特点
数值型数字	成绩、单价	具有数学上的含义，在 Excel 中可以参与计算，如求和、平均值、最大值、最小值
文本型数字	身份证号码、手机号码	用数字符号表示一个事物的名称、编号、代码、内容等，它不具有数学上的运算意义（如对手机号码进行加减乘除运算是没有意义的），文本型数字在 Excel 中不能参与数学计算，只能记数

在 Excel 中，在单元格中输入的数值存在规范和限制。Excel 中的数值最大可精确到 15 位数，如果输入很大的值，如 430623201810251234（18 位），则 Excel 实际上只会存储 15 位精度的数字，15 位数后面的数字 234，Excel 会自动变成 0，此操作会以不可逆的方式影响数值的真实精度。

注意：输入数值 430623201810251234 时，因该数值较大，Excel 自动采用科学记数法表示为 4.30623E+17，即 4.30623×10^{17}，E 代表 10 的乘方；如果采用文本形式输入，则会完整显示，如图 2-2 所示。

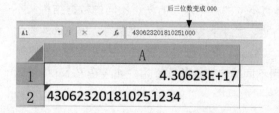

图 2-2 数值型数字和文本型数字

Excel 在默认情况下，单元格的类型均为"常规"格式，如图 2-3 所示。"常规"格式下的单元格中，Excel 会将用户输入的数字识别为可以计算的数值类型。

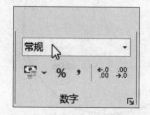

图 2-3 【开始】选项卡中数据类型组合框

默认的单元格格式都是"常规"。"常规"格式并不是一种特定的数据类型格式，它是一种可变类型，Excel 会根据用户向单元格中输入的内容自动判断数据类型。如果用户在"常规"格式下的单元格中输入"123"，Excel 则会自动识别为数值类型。如果输入"2020-10-25"，Excel 则会自动将其识别为日期类型。如果输入"我爱学习"，Excel 则会自动识别为文本字符串类型。

如图 2-2 所示，如用户将一串数字在"常规"格式下的单元格中直接输入，Excel 会将其自动识别为数值，正因为是数值，所以 Excel 将超过 15 位的数字自动变成 0。如果输入的是身份证号码必然是错误的。

当用户输入身份证号码（18 位）时，为了正确、完整地显示身份证号码，必须采用文本形式保存身份证的数字号码。用户可以在【开始】下的【数字】组中的【数字类型】下拉菜单中选择【文本】命令，如图 2-4 所示。再向单元格中输入身份证号码，就会原样显示了。

图 2-4 将单元格格式设置为文本类型

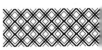

这样操作的目的是先将单元格的性质转成文本，通俗的解释就是先告诉 Excel，现在的单元格中需要用文本来保存数字，如果不先告诉 Excel 单元格的性质，Excel 就默认将单元格中输入的数字视为数值。

除了在单元格类型下拉菜单中选择【文本】类型外，用户也可以在单元格中先输入一个英文状态下的单引号后，再输入数字，此时 Excel 会将输入的数字当作文本字符串，如图 2-5 所示。

先输入撇号，可将单元格类型改为文本类型

图 2-5　输入撇号将单元格转成文本类型

在单元格中以文本状态存在的数字，称为文本型数字，文本型数字所在单元格的左上角会显示绿色三角形符号，该符号仅用来标识这些单元格中的数字是文本型数字，并不会在实际打印时被打印。在默认情况下，文本型数字及文本在单元格中是靠左对齐，而数值型数字是靠右对齐。

| 提示 |

文本型数字与数值型数字相关内容的详细介绍请参阅第 5 章。

2. 日期

在 Excel 中，日期和时间的本质是数值序列，即日期和时间是以一种特殊的数值形式存储在单元格中的。日期为 1 到 2958465 之间的数值，Excel 软件开发者之所以这样设计，其目的就是让日期时间可以像普通数值一样能被计算。

在 Windows 操作系统上的 Excel 版本中，日期系统默认为"1900 年日期系统"，即将 1900 年 1 月 1 日作为日期序列值的起始日，1900-1-1 的序列值为 1，1900-1-2 的序列值为 2，依此类推。假如日期为 2021-8-1，则序列值为 44409，如图 2-6 所示。

图 2-6　日期的本质是数值序列

用户在单元格内输入日期后，将单元格格式设置为【常规】，此时会在单元格内显示日期所对应的序列值，如图 2-7 所示。

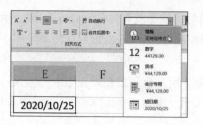

图 2-7　查看日期序列值

如表 2-2 所示，在 Excel 中，一天的数值单位是整数 1，那 1 小时就可以表示为 1/24。1 分钟就可以表示为 $1/(24 \times 60)$，1 秒钟为 $1/(24 \times 60 \times 60)$。故 1 小时的序列值为 0.04167。1 分钟为 0.00069，1 秒钟为 0.00001。输入 12:00:00 的序列值为 0.5（一天的一半）。

表 2-2　日期时间与数值对照表

日期时间	数值表示	结果值
天	1	1
半天（中午 12 点）	1/2	0.5
1 小时	1/24	0.04167
1 分钟	$1/(24 \times 60)$	0.00069
1 秒钟	$1/(24 \times 60 \times 60)$	0.00001

如图 2-8 所示，展示了时间的本质就是数值的小数位。

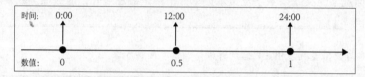

图 2-8　时间的本质是数值的小数位

12:01:00 的序列值近似为 0.500694。整数部分所表示的日期与小数部分表示的时间结合，即组成一个日期及时间序列值。例如，2021 年 8 月 1 日 12:00:00 的序列值为 44409.5（44409 为 2021 年 8 月 1 日的序列值，而小数 0.5 为 12:00:00 的序列值）。用户不必了解 Excel 的日期及时间的序列值系统，只需要输入正确的日期与时间格式，Excel 在计算日期与时间时会自动处理和转换。

由于日期及时间的本质为数值，因此日期与时间具有数值所有运算的功能，例如要计算 2021 年 8 月 1 日与 2021 年 8 月 25 日相差多少天，可直接将两个日期相减便可求出相差天数。

3. 文本

文本通常是指一些非数值型的文字、符号等，如公司名称、姓名、部门等，对于不代表数量、不需要进行数值计算的数字可以用文本形式存储，如身份证号码、银行账号、电话号码等。此外，Excel 将错误的日期时间、非正确的公式结构、文本型数字都视为文本。对于文本性质的单元格，用户输入的内容会完整地显示。

4. 公式

公式通常都是以等号 "=" 开头，用于计算的表达式。当用户在单元格内输入公式并确认后，会在单元格内立即显示公式的运算结果。如果更改公式所引用的任何单元格内容，则公式的结果会自动重新计算并显示新的结果。公式可以是简单的数学表达式，也可以是 Excel 的内置函数，甚至是用户自定义的函数。

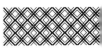
5. 逻辑值

逻辑值是判断某个逻辑表达式是真还是假的结果（如"5>3"就是一个逻辑表达式）。逻辑值有且只有两种结果：真（成立）或假（不成立）。成立的时候逻辑值为真，使用 TRUE、1 或非 0 数字表示，不成立的时候逻辑值为假，使用 FALSE 或 0 表示。对于一般关系运算符（>、<、<=、>=）的结果，逻辑运算符的结果都是逻辑值。

在 Excel 公式函数中，逻辑表达式常被作为参数。公式函数先判断逻辑表达式的真或假，然后再根据真或假做进一步的计算，或是返回真或假相对应的结果值。在现实生活中存在大量的逻辑判断，例如，"明天是否下雨"就是一个逻辑表达式，它的结果值就是逻辑值，其逻辑值就只有两种结果情况——下雨或不下雨。我们可以用 1 表示下雨，用 0 表示不下雨，如果下雨就待在家里面，如果不下雨就出去玩。如果写成 If 函数判断，则结构如下：

=If（明天是否下雨，待在家里，出去玩）

其含义就表示如果明天下雨，If 函数的第一个参数就返回 TRUE，TRUE 的结果就是待在家里，如果明天不下雨，If 函数的第一个参数就返回 FALSE，FALSE 的结果就是出去玩。

> **提示** ┊┊┊┊┊┊
>
> 逻辑值及逻辑表达式的详细介绍请参阅第 14 章。

6. 错误值

当公式不能计算正确结果时，单元格中将显示一个错误值，如 #N/A、#DIV/0! 等，Excel 中各种错误值类型及纠错方法请参阅第 12 章。

2.2 输入数值与文本

用户可直接选择（无须在单元格中双击插入光标）某空白单元格，然后直接向单元格内输入数据或是公式，输入过程中状态栏左下角显示为"输入"状态，数据输入完毕后按 <Enter> 键确定输入内容。确定输入内容也可以单击编辑栏左侧的"√"，或按快捷键 <Ctrl+Enter>，如图 2-9 所示。

按 <Enter> 键和按快捷键 <Ctrl+Enter> 都可以对输入内容进行确认，但是两者的效果并不完全相同，区别如表 2-3 所示。

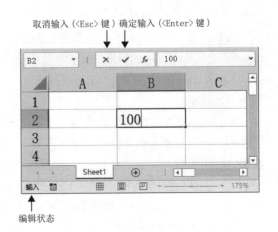

图 2-9　在编辑栏左侧确定输入内容

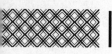

表 2-3　<Enter> 键与 <Ctrl+Enter> 快捷键的区别

快捷键	活动单元格
<Enter>	确定输入内容，活动单元格向下移动一个位置
<Ctrl+Enter>	确定输入内容，活动单元格保持为当前的单元格，即活动单元格不向下移动位置（笔者在输入公式的第一个单元格时，经常会使用这个快捷键，因为它可直接向下拖动公式，而不用再次将活动单元格定位到上一个单元格再拖动复制公式）

用户在输入过程中如果发现输入有错误，可以立即按键盘左上角的 <Esc> 键，此时将退出输入状态，并将单元格中已输入内容一次性清空。

用户若要编辑单元格中部分内容，需要双击单元格插入光标后才能进行修改，或者将光标插入在编辑栏中修改。在编辑栏中双击鼠标会选中光标处的词组，按快捷键 <Shift+ → > 或 <Shift+ ← > 可以在光标插入处一个词一个词选中内容。按快捷键 <Ctrl+Delete> 可一次删除光标后面所有的内容。若用户在选中的单元格上直接输入内容，则 Excel 会自动清空原单元格中所有内容，而插入新输入的内容。

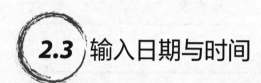

2.3 输入日期与时间

日期与时间属于一类特殊的数值类型，其输入必须采用特定的方式输入，否则 Excel 不会视其为日期与时间类型，在 Windows 中文操作系统的默认日期设置下，日期要用"-""/"或采用"年月日"方式输入。正确的日期输入方式如表 2-4 所示。

表 2-4　正确的日期输入方式

输入方式	单元格输入	Excel 识别
采用"/"分隔日期	2021/8/25	2021 年 8 月 25 日
采用"-"分隔日期	2021-8-25	2021 年 8 月 25 日
采用"-"与"/"混合分隔日期	2021-8/25	2021 年 8 月 25 日
采用中文"年月日"方式输入	2021 年 8 月 25 日	2021 年 8 月 25 日

在实际工作中，有用户输入日期采用点号分隔，例如"2021.8.25"，此输入方式是错误的，Excel 不会识别为正确的日期格式，而会识别为文本格式。此外，Excel 不能输入不存在的日期，如"2017-2-29"，因为 2017 年不是闰年，故不存在 2017 年 2 月 29 日。Excel 会将 2017-2-29 视为文本处理。

快速输入当前系统日期，可以按快捷键 <Ctrl +;>。

输入时间只能用冒号分隔，时间可分为 12 小时制和 24 小时制两种。采用 12 小时制时，需在输入时间后加入后缀"AM"或"PM"，其分别表示上午和下午。例如，用户输入"11:21:30 AM"，会被 Excel 识别为上午 11 点 21 分 30 秒，而输入"11:21:30 PM"则会被 Excel 识别为晚上 11 点 21 分 30 秒，请注意时间与 AM 或 PM 之间要留有一空格。用户若不输入后缀，Excel 会以 24 小时制来识别时间。

对于中文操作系统，AM 与 PM 可以分别由"上午"和"下午"来代替，但按 <Enter> 键

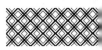

后将转成带 AM 与 PM 的后缀形式。此外，用户在输入时间时可以省略"秒钟"部分，但不可以省略"小时"或"分钟"部分。

若要快速输入当前系统时间，可以按快捷键 <Ctrl+Shift+;>。若要快速输入当前系统日期及时间，可先按输入日期快捷键 <Ctrl +;>，再输入一空格，再按输入时间快捷键 <Ctrl+Shift+;>。

 选择恰当的数据类型

在单元格中输入正确的数据是 Excel 计算分析的基础，在实际工作中很多用户经常会遇到日期变成数字、身份证号后三位变成 000、数字不能正确求和等情形，此类情形均是由数据类型导致的问题。如图 2-10 所示，在 Excel 中常见的数据类型有常规、数字、货币、会计专用、短日期、长日期、时间、百分比、分数、科学记数和文本。此分类是按照数据的外观形式进行划分的。

如果按数据本质特性划分可以有如表 2-5 所示分类。

图 2-10　常见的数据类型

表 2-5　数据类型的分类

数据类型	对应 Excel 中的类型	取值范围	特点
可变类型	常规	参考数值型、文本型、布尔型（逻辑型）	自动识别数据类型
数值型	数字、货币、会计专用、短日期、长日期、时间、百分比、分数、科学记数	数值范围：最多支持 15 位有效数字 日期范围：1～2958465（1900 年至 9999 年）	数值型可以自由进行外观类型转换，如数值 100，可直接转成日期、货币、百分比等外观类型
文本型	文本	一个单元格可包含 32767 个字符	保持输入内容的真实性
布尔型（逻辑型）		TRUE 或 FALSE，也可以用数值 1 和 0 表示	经常作为函数参数中判断表达式的结果

深入了解

在 Excel 中，不能直接通过【数据类型】的下拉框将"文本型数字"转成"数字型数字"，反之也是如此。因为两者属于不同数据类型，不能直接转换。同类型下的数据可以直接转换，如将"数值"转成"日期"就可以直接转换，因为"数值"和"日期"是同一种数据类型（此处为 Excel 中重要知识点，用户一定要了解）。

用户在单元格中输入数据时，必须先要考虑所输入内容的数据类型，如存储身份证号、账

号、编号等文本性质数据时，应该先将单元格的格式设置为文本格式，然后再进行内容的输入，如图 2-11 所示。

	A	B	C	D	E	F	G	H	I
1	销售额	人数	汇率	日期		身份证号	银行账号	手机号码	电话
2	1,454,316	1,535	6.7248	2020/12/15		54102519 3196181	446815663	13312345678	29998888
3	4,285,470	1,689	6.7606	2020/12/16		43250319 2304342	286456575	13612345678	25412154
4	4,339,086	1,076	6.3637	2020/12/17		13030119 3080514	442605759	13912345678	65412154
5	4,788,375	1,550	6.2525	2020/12/18		43250319 2307372	255921049	18112345678	78512154
6	5,497,325	1,833	6.8093	2020/12/19		11010519 8180965	323132307	18012345678	69512154
7									

图 2-11　选择恰当的格式存储数据

通过数据类型可以约束数据的格式和内容，同时 Excel 在存储、计算数据过程中也具有更高的效率。此外，选择恰当的数据类型存储数据也可以使表格更加规范和整洁。

2.5 插入批注

在单元格中可以添加批注，在批注中可以对单元格的内容添加额外的注释和说明，方便自己或是其他用户更好地理解单元格中数据内容的含义，如图 2-12 所示。

	A	B	C	D	E
1	月份	销量			
2	一月	144			
3	二月	187			
4	三月	50	刘伟：		
5	四月	227	此数据异常，请核实。		
6	五月	230			
7	六月	298			

图 2-12　利用批注备注单元格内容

在单元格中添加批注有以下 3 种方法。

（1）选中单元格，右击，在弹出的快捷菜单中选择【插入批注】命令，如图 2-13 所示。

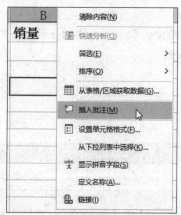

图 2-13　在快捷菜单中插入批注

（2）选中单元格，在【审阅】选项卡中单击【新建批注】按钮，如图 2-14 所示。

图 2-14　在【审阅】选项卡中新建批注

（3）选中单元格，按插入批注的快捷键 <Shift+F2>。

在插入批注的单元格的右上角会显示红色小三角形符号，此符号为批注标识符。右侧的矩形文本框为批注输入区域，矩形框内的批注内容会以用户名称开头，用来标识添加批注的作者名称。此用户名的查看或修改可在【Excel 选项】对话框中选择【常规】→【对 Microsoft Office 进行个性化设置】→【用户名】选项，如图 2-15 所示。

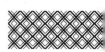

图 2-15　查看或修改用户名

完成单元格批注输入后，再单击其他单元格时，批注会自动隐藏，若再次选中或悬停在含批注单元格的上方时则会自动显示批注内容。若需要在工作表中始终显示所有批注，可在【审阅】选项卡中单击【显示所有批注】按钮，应用此命令后会将工作表内所有单元格中的批注全部显示。此外，选中单独的批注单元格后，单击【显示 / 隐藏批注】按钮，则只会对选中的单元格始终显示批注。

对单元格批注内容的编辑有以下 3 种方法。

（1）选中包含批注的单元格，右击，在弹出的快捷菜单中选择【编辑批注】命令。

（2）选中包含批注的单元格，在【审阅】选项卡中单击【编辑批注】按钮。

（3）选中包含批注的单元格，按快捷键 <Shift+F2>。

此外，用户可以将光标置于批注边框线上，当光标变成十字箭头时，可以拖曳来移动批注的显示位置，选中批注边框上的方形控制点可以相应调整批注的大小。

用户若想查找工作表内所有批注单元格，可按快捷键 <Ctrl+G> 调出【定位】对话框，再单击【定位条件】按钮，在弹出的【定位条件】对话框中，选中【批注】单选按钮，单击【确定】按钮，即可定位所有含批注的单元格，如图 2-16 所示。

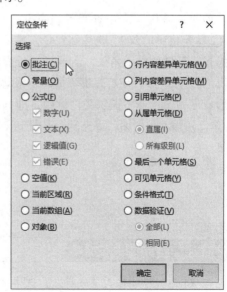

图 2-16　定位工作表中批注

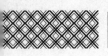

默认情况下，批注不会随工作表内容一并打印，用户若需要打印批注，可在【页面设置】对话框中的【工作表】选项卡中的【注释】下拉框中选择【如同工作表中的显示】或【工作表末尾】的方式打印批注，如图 2-17 所示。

要删除单元格中的批注，可选中含批注的单元格，右击，在弹出的快捷菜单中选择【删除批注】命令，或在【审阅】选项卡中单击【删除】按钮。若一次性删除工作表中所有的批注，可全选工作表后，再在【审阅】选项卡中单击【删除】按钮或使用定位命令，定位所有含批注的单元格并右击，在弹出的快捷菜单中选择【删除批注】命令。

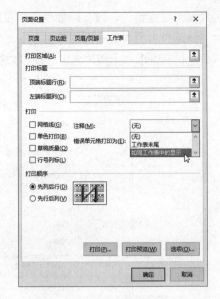

图 2-17　打印批注

2.6 填充与序列

通过 Excel 的自动填充功能，用户可以快速输入一系列数值或文本项，从而提高数据录入效率。

2.6.1 自动填充数字

如图 2-18 所示，在 A1 单元格中输入 1，在 A2 单元格中输入 2，选中 A1:A2，将鼠标光标置于区域的右下角处，当鼠标指针显示为黑色加号时，按住鼠标左键不放向下拖动，将形成序列值，若不提供头两个数，即只在 A1 单元格输入 1 的话，填充则会是复制 1 的效果。

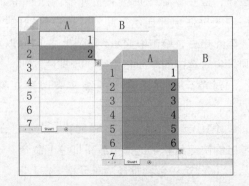

图 2-18　填充数值序列

2.6.2 自动填充文本

在 A1 单元格中输入"一月"，选中 A1 单元格，将鼠标置于单元格右下角，当鼠标指针显示为黑色加号时，按住鼠标左键不放向下拖动，将形成月份序列值，如图 2-19 所示。

图 2-19　填充文本序列值

对于填充，同样适合于行方向。对于数值型数字（不含日期型数据），需提供前两个数据作为参考进行顺序填充，若只提供一个数据，则是复制效果。若是文本型数据和日期型数据，只提供一个数据便可填充。

用户在单个单元格输入数据，若为数值型数字，Excel 将拖动填充处理为复制，若是文本型数据和日期型数据，Excel 将拖动填充处理为顺序填充。若用户按 <Ctrl> 键进行拖动填充操作，则以上方式会发生相反转换。

2.6.3　序列及自定义序列

在 Excel 中能实现按顺序自动填充的数据称为序列。Excel 内置了部分序列，用户可在【Excel 选项】对话框中选择【高级】选项，然后单击【编辑自定义列表】按钮，打开【自定义序列】对话框，在此可查看在 Excel 中内置的序列，此外用户也可以自定义序列，如图 2-20 所示。

图 2-20　Excel内置序列及自定义序列

数值型、日期型数据都是可以被自动填充的序列，但因为数值型、日期型数据海量，故不显示于【自定义序列】列表中。用户可以单击右下角【导入】按钮引用单元格中存在的数据作为自定义序列，也可以在右侧的【输入序列】文本框中手动输入新的数据序列，然后单击【添加】按钮，即可以创建自定义序列。

例 图 2-21 列出了一些城市名，为了便于市场调查，需要将城市名称按其地理位置从北向南排列。

	A	B	C	D	E
1	城市	一月	二月	三月	
2	天津	12	17	19	
3	杭州	17	11	18	
4	南京	12	18	18	
5	上海	11	16	13	
6	北京	15	15	10	
7	深圳	15	16	20	
8	广州	16	20	13	

图 2-21　城市从北向南排列

在 Excel 中，汉字默认按首字的拼音字母进行排序。若要按城市的地理位置进行排序，则需要使用自定义序列的功能。在使用自定义序列之前，用户可先排列好序列的先后顺序，然后选中该序列，调出【自定义序列】对话框。此时 Excel 会自动将选中的序列在【从单元格中导入序列】的编辑栏中标识，单击【导入】按钮，即可以将序列加载至左侧自定义序列的列表中，如图 2-22 所示。

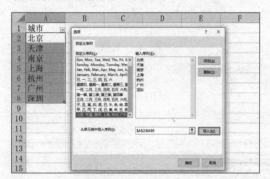

图 2-22　自定义序列

用户添加自定义序列后，可以在工作表中输入自定义序列的首个内容，然后拖动填充柄就可以进行序列填充，如图 2-23 所示。

图 2-23　自定义序列填充

创建自定义序列后使用升降序排列，仍是按汉字拼音的首字母排序。用户需要选择

【数据】→【排序与筛选】→【排序】命令，在弹出的【排序】对话框中，将【主要关键字】选择【城市】或是【列 A】，在【次序】中选择【自定义序列】，此时会弹出【自定义序列】对话框，在对话框中选择之前添加的城市的自定义序列，单击【确定】按钮，即可以按自定义的序列进行排序。此时再单击【升序】或【降序】按钮，则是按自定义序列的顺序进行升序或降序排列，如图 2-24 所示。

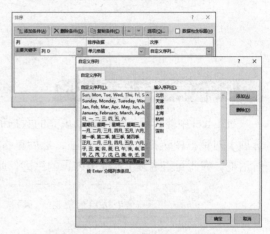

图 2-24　利用自定义序列进行排序

如果用户需要按行进行自定义的排序，可以单击【排序】对话框中的【选项】按钮，在弹出的【排序选项】对话框中选中【按行排序】单选按钮，单击【确定】按钮返回【排序】对话框，再在【主要关键字】中选择【行1】选项，【次序】仍然选择【自定义序列】，单击【确定】按钮，即可以对行按自定义的序列进行排序，如图 2-25 所示。

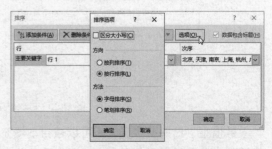

图 2-25　利用自定义序列按行排序

内置的填充序列和自定义序列有以下特点。

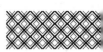

（1）用户可以以序列中的任一项作为初始填充。当填充的数据达到序列最后一项时，下一项数据为序列第一项，以此循环填充，如图 2-26 所示。

（2）填充项的顺序间隔没有严格限制，可以为连续填充，也可以为间隔填充。采用间隔填充需要输入两个项目，采用间隔填充会按间隔的规律来进行填充，如图 2-27 所示。

图 2-26 循环填充　　图 2-27 非连续填充

2.6.4 使用填充选项

拖动填充柄完成填充后，填充区域的右下角会显示【填充选项】按钮，其扩展菜单中可显示更多的填充选项，例如对日期填充，列表中有【以天数填充】、【填充工作日】、【以月填充】、【以年填充】，如图 2-28 所示。

图 2-28 填充选项菜单

图 2-29 填充选项常用设置

如图 2-29 所示，在填充选项菜单中，如果选中【复制单元格】单选按钮，将会对内容格式进行复制；如果选中【填充序列】单选按钮，将带格式复制并填充序列；如果选中【仅填充格式】单选按钮，将只复制格式而不填充任何内容；如果选中【不带格式填充】单选按钮，将只会复制填充内容，而不会附带格式。

用户除了按住鼠标左键拖动填充柄外，还可以按住鼠标右键拖动填充柄，拖动完成后，松开右键，此时会立即弹出一个快捷菜单，快捷菜单中会显示与按住鼠标左键相类似的

填充选项，如图 2-30 所示。

	A	B	C	D
1		2020/10/25		
2				
3				
4				复制单元格(C)
5				
6				填充序列(S)
7				仅填充格式(F)
8				不带格式填充(O)
9				以天数填充(D)
10				填充工作日(W)
11				以月填充(M)
12				以年填充(Y)
13				

图 2-30 按住鼠标右键填充

2.6.5 序列填充

除了使用拖动填充柄的方式来填充序列外，还可以使用【序列】功能来填充。选择【开始】→【填充】→【序列】命令，打开【序列】对话框，在此对话框中，可以选择按行或按列的方向填充，还可以选择填充序列的类型。

如图 2-31 所示，在 U1 单元格中输入 3，在【序列】对话框中设置【序列产生在】为列，【类型】选择为等差序列。【步长值】为 3，【终止值】为 30，单击【确定】按钮，即可以立即生成指定序列。

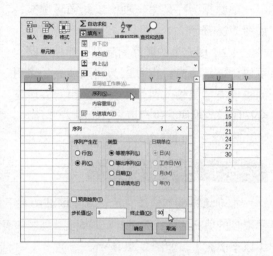

图 2-31　序列填充

2.6.6 快速填充

在图 2-29 中，填充选项的最后一项是【快速填充】，快速填充是指 Excel 根据用户第一次手工填充的特点和规律，自动识别并向下批量填充。快速填充可以快速处理如日期拆分、字符串的分列合并等字符串的操作。

快速填充必须是在数据区的相邻列才能使用，在横向填充中不起作用。使用快速填充有以下 3 种方法。

（1）选中填充的起始单元格及需要填充的单元格区域，然后在【数据】选项卡中单击【快速填充】按钮，如图 2-32 所示。

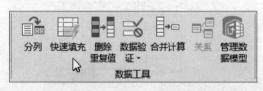

图 2-32　功能区快速填充命令

（2）选中填充起始单元格，使用双击或拖动填充柄向下填充，在填充完成后右下角会显示【自动填充选项】按钮，单击该按钮，在弹出的下拉菜单中选中【快速填充】单选按钮，如图 2-33 所示。

图 2-33　右键快捷菜单中的快速填充命令

（3）选中填充起始单元格及需要填充的单元格区域，按快速填充的快捷键 <Ctrl+E>。

例1 根据身份证号码提取出生日期。

在 B2 单元格中录入 A 列中的出生日期，再选中 B2:B5 区域，按快捷键 <Ctrl+E> 将智能提取其他行的出生日期，如图 2-34 所示。

图 2-34　提取出生日期

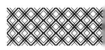

例 2 批量添加前缀。

在 B2 单元格中输入前缀"编号："，再输入 A 列中的数字编号，选中 B2:B5 区域，按快捷键 <Ctrl+E> 将智能在其他行的每个编号前加上前缀，如图 2-35 所示。

图 2-35　批量添加前缀

例 3 合并多列。

在 D2 单元格中录入省、市及地址，选中 D2:D5 区域，按快捷键 <Ctrl+E> 将智能合并其他行的地址，如图 2-36 所示。

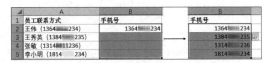

图 2-36　合并多列

例 4 提取内容。

在 B2 单元格中录入手机号，选中 B2:B5 区域，按快捷键 <Ctrl+E> 将智能提取其他行的手机号码，如图 2-37 所示。

图 2-37　提取单元格中内容

例 5 调整数据位置。

在 A 列中原编号是"数字 + 字母 + 数字"形式，在 B2 单元格中录入"字母 + 数字 + 数字"形式，按快捷键 <Ctrl+E> 将智能调整其他行中数字与字母的位置，如图 2-38 所示。

图 2-38　调整数据位置

例 6 分段显示银行卡号。

在 B2 单元格中手工录入银行卡号，并用空格分段显示。选中 B2:B5 区域，按快捷键 <Ctrl+E> 将智能把其他行的银行卡号也做分段显示处理，如图 2-39 所示。

图 2-39　分段显示银行卡号

深入了解

快速填充是 Excel 2013 版本新增的一项功能，它是仿照用户第一次录入数据的规律而进行的猜测性的填充，如果用户需要处理的数据非常复杂且没有规律，快速填充命令可能无法进行准确的填充。此外，快速填充并不是公式函数，所以当原始数据发生变化时，填充的结果并不会自动更新。

2.7　常见数据输入技巧和方法

2.7.1　使用快捷键 <Ctrl+Enter> 同时在多单元格中输入内容

如果需要在多个单元格中输入相同的数据，可先选中需要输入相同数据的多个单元格，在输入结束时（仍保持编辑状态，即不要按 <Enter> 键，插入光标会持续闪烁），按快捷键 <Ctrl+Enter> 确认输入，此时就会在选定的所有单元格中出现相同的输入内容，如图 2-40 所示。

使用快捷键 <Ctrl+Enter> 时需注意以下几点。

（1）按快捷键 <Ctrl+Enter> 必须在输入结束前，即在输入模式下或在编辑模式下，若是在选定或就绪模式下无法使用该快捷键。进入编辑模式，快速方法可按 <F2> 键。

（2）同时选择的区域可以是连续区域，也可以是非连续区域。

（3）快捷键 <Ctrl+Enter> 适用于批量填充值、文本或批量填充公式。

图 2-40　使用快捷键<Ctrl+Enter>批量输入内容

2.7.2　输入分数

用户直接在单元格中输入分数，如 1/3，Excel 会直接将该数值视为日期 1 月 3 日。正确输入分数方法如下。

（1）输入的分数包括整数部分时，如在单元格中输入 2 1/6（整数部分与分数部分之间要有空格），此时单元格中显示为 2 1/6，而在公式编辑栏会显示它的实际数值，如图 2-41 所示。

（2）输入的分数是纯分数（不含整数部分）时，用户需先输入 0 作为整数部分。

	A	B
1	输入分数	显示形式
2	2 1/6	2 1/6
3	0 3/4	3/4
4	0 15/4	3 3/4
5	0 2/6	1/3
6		

图 2-41　输入分数及显示

2.7.3　记忆式键入

用户如果需在列中输入重复性文字，如图 2-42 所示，如在"部门"字段中存在"销售部""财务部""人事部"。用户若想再次输入"人事部"，只需要在单元格中录入前一个字符，Excel 就会自动在单元格中显示"人事部"，并用高亮显示，用户按 <Enter> 键即可快速输入该数据。

	A	B	C
1	员工姓名	入职日期	部门
2	张伟	2015/5/20	销售部
3	王芳	2016/7/13	财务部
4	李娜	2017/10/2	人事部
5	张敏	2013/12/4	人事部
6			

图 2-42　记忆式键入

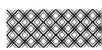

2.7.4 列表中选择

当用户输入重复数据时，可以按快捷键 <Alt+ ↓ > 或右击，在弹出的快捷菜单中选择【从下拉列表中选择】命令，此时会显示当前列中所有不同的文本，用户选中所需的文本单击鼠标即可输入，如图 2-43 所示。

图 2-43　使用下拉列表选择数据

2.7.5 使用自动更正功能输入数据

对于较长固定的词或短语，可以使用自动更正功能来快速输入。例如名为"深圳强石电脑销售有限公司"，可对其创建一个缩写为"深圳强石"的自动更正条目。然后当在单元格中输入"深圳强石"时，Excel 会自动将其改为"深圳强石电脑销售有限公司"。

在【Excel 选项】对话框中，选择【校对】→【自动更正选项】→【自动更正】命令，弹出【自动更正】对话框。在【替换】中输入创建的短语，如输入"深圳强石"。【为】中输入短语的全称，如"深圳强石电脑销售有限公司"，单击【添加】按钮，如图 2-44 所示，数据即可进行自动更正。

图 2-44　使用自动更正功能创建缩写输入

2.7.6 强制换行

用户在单元格中输入长文本时，若要精准地控制换行位置，可以将光标置于换行位置后按快捷键 <Alt+Enter> 强制换行，如图 2-45 所示。

图 2-45　使用快捷键 <Alt+Enter> 实现强制换行

> **提示**
>
> 强制换行经常用于在一个单元格中设置多行标题。

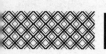

2.7.7 使用 <Tab> 键横向输入数据

默认情况下，当用户在单元格中输入数据后按 <Enter> 键，活动单元格会向下移动。如果要改变活动单元格移动的方向，有 3 种方式。

（1）按键盘上的上、下、左、右的方向键。

（2）在【Excel 选项】的【高级】选项卡中修改按 <Enter> 键后活动单元格移动的方向，如图 2-46 所示。

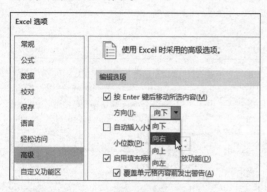

图 2-46 修改活动单元格移动的方向

（3）使用 <Tab> 键。

当用户输入数据后，按 <Tab> 键会向右移动一个单元格。此外，当使用 <Tab> 键横向输入完一行数据后，再按 <Enter> 键，会跳转到下一行的第一列。如图 2-47 所示，第一行输入完最后一个数据后，按 <Enter> 键，

活动单元格将返回下一行的第一列，也就是 A2 单元格。这样方便用户在第二行的开始处输入数据。

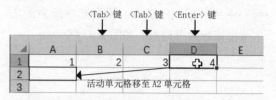

图 2-47 使用<Tab>键输入

深入了解

用户可以先选取待输入数据的区域，然后在选取的区域中输入数据。在选取的区域中如果按 <Enter> 键输入，活动单元格会向下移动，移动到最后一行时，将自动返回第二列的第一个单元格。如果按 <Tab> 键，活动单元格会向右移动，移动到最后一列时，将自动返回第二行的第一个单元格。此外，按快捷键 <Shift+Enter> 或 <Shift+Tab> 可以按相反的方向返回上一个活动单元格，如图 2-48 所示。

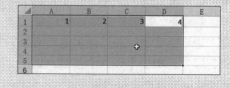

图 2-48 选择单元格区域后按<Tab>键输入

2.8 修改和编辑单元格内容

 修改单元格内容

要将单元格内容替换为别的内容，只需要激活单元格，然后录入新内容即可以覆盖旧内容。如果用户只想对单元格中的部分内容进行修改，有以下 3 种方式。

（1）双击单元格，在单元格中会出现竖线光标，用户可以移动光标进行编辑。

（2）选中单元格后按 <F2> 键，效果与双击单元格相同。

（3）选中单元格，单击编辑栏可插入光标进行编辑。若单元格内容较多或是对复杂

公式进行编辑修改，建议用户将光标插入在编辑栏中进行修改，如图 2-49 所示。

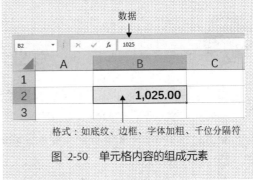

图 2-49　在编辑栏内编辑修改数据

2. 删除单元格内容

要删除单元格内容，需选中目标单元格，然后按 <Delete> 键即可。按 <Delete> 键时会删除单元格内容，但不会删除单元格内部的任何格式。

深入了解

单元格中的内容由两部分组成，如图 2-50 所示。

（1）数据：查看某单元格中的数据，可单击该单元格，在编辑栏中显示的数据就是单元格中真实的数据。

（2）格式：格式是指对单元格或数字进行的美化设置，如加粗、斜体、千位分隔符等格式。

图 2-50　单元格内容的组成元素

为了更好地控制被删除的内容，用户可选择【开始】→【编辑】→【清除】命令，如图 2-51 所示。

图 2-51　清除内容选项命令

【清除】命令的下拉按钮有 6 个选项。

●全部清除：清除单元格中的所有内容，包括其数据、格式和批注，如图 2-52 所示。

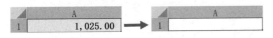

图 2-52　全部清除

●清除格式：仅清除格式，保留单元格数据，如图 2-53 所示。

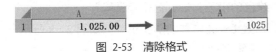

图 2-53　清除格式

●清除内容：仅清除单元格的数据，保留格式，与按 <Delete> 键效果相同，如图 2-54 所示。

图 2-54　清除内容

●清除批注：仅清除单元格内的批注，如图 2-55 所示。

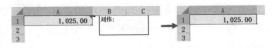

图 2-55　清除批注

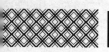
● 清除超链接（不含格式）：删除选定
单元格中的超链接功能，超链接的文本和格
式仍将存在，如图 2-56 所示。

● 删除超链接（含格式）：删除选定单
元格中的超链接，并且清除单元格格式，如
图 2-57 所示。

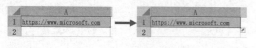

图 2-56　清除超链接

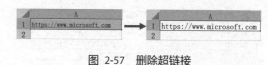

图 2-57　删除超链接

专业术语解释

数字：用来表示数的书写符号，如阿拉伯数字 0 ~ 9 是常见的数字符号。在 Excel 中数字
有两种形式：文本型数字和数值型数字。

数值：在 Excel 中数值是指可以被公式函数进行计算的数字，它又称数值型数字。数值是
数字的一种特殊形式。

数据：在计算机科学中，数据是指所有能输入到计算机并被计算机程序处理的符号。它不
仅指狭义上的数字，具有一定意义的文字、字母、数字符号的组合、图形、图像、视频、音频
等都是数据。数据是客观事物的属性、数量、位置及其相互关系的抽象表示。数据经过分析提
取加工后就成为信息。

数据类型：具有共同性质、特征的数据所形成的类别。如 1、2、3 就是数值类型，2020-
10-25、2021 年 1 月 2 日就是日期类型，"公司""金额"就是文本类型。不同的数据类型具有
不同的数据表示方法、不同的数据结构和不同的取值范围等。在 Excel 中针对不同的数据类型，
处理的方式也不相同。

文本型数字：以文本属性来存储的数字，其本质就是文本。文本型数字不能用于数学计算，
只能计数（统计数字的个数）。常见的文本型数字有身份证号、账号、手机号。

数值型数字：在 Excel 中又称数值。指可用于数学计算分析的数字，如金额、销量等，正
规格式的日期与时间也是数值型数字。

填充序列：在 Excel 中呈现一定规律变化的数据排列。

问题 1：文本型格式的单元格左上角都有一个绿色的小三角形，这是错误吗？

答：不是，在单元格的左上角有绿色的小三角形是 Excel 内置的防错机制。如图 2-58 所示，
调出【Excel 选项】对话框，在【公式】选项卡中有【错误检查规则】栏，其中有一项是【文本

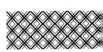

格式的数字或者前面有撇号的数字】。该项表示单元格中的数字如果是文本型数字时，Excel 就自动进行检查，并且用绿色小三角形在单元格中进行标识，其目的是提醒用户单元格是文本型数字。

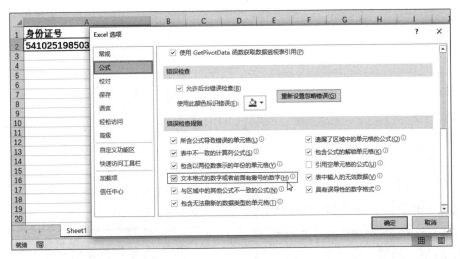

图 2-58　Excel错误检查

Excel 错误检查并不是对单元格内容的修改，而是提醒用户单元格中数据有可能是错误值，从而提醒用户做进一步的处理，并且绿色小三角形只会显示在单元格中，打印时并不会实际被打印。用户如果需要在单元格中隐藏该绿色标识，可以在错误检查选项中取消选中【文本格式的数字或者前面有撇号的数字】复选框，如果要关闭所有情形的错误检查，可以取消选中【允许后台错误检查】复选框。

问题 2：自定义序列后，可以在其他工作簿中使用吗？

答：可以。建立的自定义序列是存储在 Excel 系统文件中的，用户可以在其他的工作簿、工作表中任意地调用。此外，"自动更正"的建立同自定义序列也是同样的属性。

问题 3：自定义序列后，可以进行编辑修改吗？

答：可以，如图 2-59 所示，调出【自定义序列】对话框，在中间序列区域中插入光标，就可对序列进行增加、修改和删除。修改后的序列并不会对之前工作表中存在的序列有任何影响，它只会对后续生成的序列产生影响。

图 2-59　修改自定义序列

问题 4：编辑栏太小了，无法编辑数据怎么办？

答： 编辑栏是可以拉大的，将光标置于编辑栏的下边缘，当光标变成上下箭头时，拖动鼠标即可以对编辑栏进行拉大操作，如图 2-60 所示。

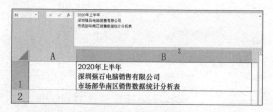

图 2-60 拉大编辑栏

问题 5：对于少于 15 位的文本性质的数字内容，可以以数值形式输入在单元格中吗？

答： 可以。如图 2-61 所示，对于 11 位手机号码，用文本类型与数值类型存储都不会丢信息。在实际生活工作中，很多用户也是采用数值形式存储手机号码等信息的，此方式并不是一种错误操作。用户如果能保证输入数字的真实性和完整性，使用文本形式存储或使用数值形式存储数字都是可以的，但如果输入的数字超过 15 位，则必须要用文本形式存储。当然，笔者还是建议各位读者将文本形式的数字和数值形式的数字加以区分，这是操作 Excel 的一个好习惯。

	A 手机号码（文本存储）	B 手机号码（数值存储）	C
1			
2	13312345678	13312345678	
3	13612345678	13612345678	
4	13912345678	13912345678	
5	18112345678	18112345678	
6	18012345678	18012345678	
7			

图 2-61 以数值形式存储手机号码

问题 6：在工作表中是先设置单元格格式后输入内容，还是先输入内容再设置单元格格式？

答： 对于初始录入数据，当然是先设置单元格格式，再输入内容（如果输入的是数值，可先不用设置格式，因为默认单元格格式为常规）。但如果数据事先已经存在单元格中，

那用户只存在转换格式的问题。

问题 7：对于工作表中的文本型数字必须要转成数值型数字吗？

答： 在以下两种情况中要转换。

（1）要对文本型数字进行数学运算。

（2）用户想让数据在工作表中整洁规范。

除以上两种情况外，用户可以不用进行数据类型的转换。

> **| 提示 |::::::::**
>
> 利用函数的特殊处理或数组公式可对文本型数字直接进行运算，而不需要在工作表中进行数据类型的转换，相关知识点请参阅函数章节的介绍。

问题 8：按快捷键 <Ctrl+Z> 撤销某一项操作后，如何返回撤销的操作？

答： 如图 2-62 所示，在快速访问工具栏中默认有撤销键和恢复键，恢复键是撤销上一步撤销键的操作，就如同笔者向前走了一步，但后悔了，笔者撤销一步（回到原点），然后笔者又后悔了，又一次恢复撤销（回到向前走一步的状态）。恢复快捷键为 <Ctrl+Y>。用户可以多次按快捷键 <Ctrl+Z> 撤销，同样也可以多次按快捷键 <Ctrl+Y> 进行恢复，快捷键 <Ctrl+Z> 与 <Ctrl+Y> 在实际工作中应用相当频繁。

撤销快捷键 <Ctrl+Z>

恢复快捷键 <Ctrl+Y>

图 2-62 撤销快捷键与恢复快捷键

问题 9：如何方便地将 Web 网页上面的数据复制到工作表中？

答： 对于财务、银行、金融等行业的用户，可能经常需要浏览如外汇、银行利率、股票的网站，从而获取最新的经济数据信息。

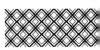

图 2-63 是某银行外汇牌价网页。

图 2-63 外汇牌价网页

要将网站上面的数据放置在工作表中，很多用户采用复制、粘贴的方式，这种方式在复制时会附带很多不必要的格式，用户往往需要调整。还有复制、粘贴的数据是静态数据，不会动态更新，用户需要频繁打开网页进行复制、粘贴。采用手工复制、粘贴的方式比较低效，正确的方式是将网页中的数据导入工作表中，具体操作步骤如下。

第 1 步 选择【数据】→【获取和转换数据】→【自网站】命令，在弹出的对话框中输入网址（可事先将网址复制，然后在此处粘贴），单击【确定】按钮，如图 2-64 所示。

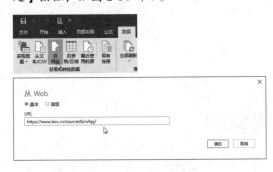

图 2-64 输入网址

第 2 步 在【导航器】对话框的左侧列表中选择正确的表格，单击【加载】按钮，即可以将网页表格数据加载至工作表中，如图 2-65 所示。

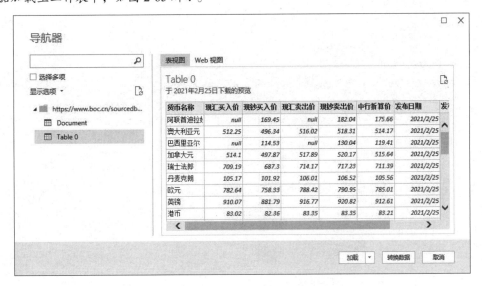

图 2-65 选择表加载至工作表中

第3步 从网页导入的数据会与网页中的数据保持永久的链接，用户如果需要更新数据，可选择【查询工具】→【加载】→【刷新】命令，或是将光标置于数据中并右击，在弹出的快捷菜单中选择【刷新】命令，即可以更新成最新数据，如图 2-66 所示。

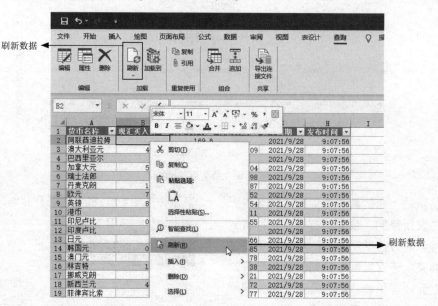

图 2-66　刷新数据

　　用户在网页上浏览的表并不是全都能导入到 Excel 中，因为 Excel 只能识别正规格式的表格，如果网页中的表格编写的代码不符合 Excel 识别机制，那在图 2-65 中的左侧将不会显示该表。

工作簿与工作表操作

本章介绍工作簿、工作表的基础操作，此外还介绍工作表窗口的各种设置，帮助用户进一步熟悉 Excel 操作打下基础。

3.1 工作簿的基本操作

Excel 文件类型是指 Excel 工作簿文件。默认情况下，Excel 2019 的工作簿扩展名为 ".xlsx"（Excel 2007 至 Excel 2019 默认的文件扩展名为 ".xlsx"，Excel 97 至 Excel 2003 默认的文件扩展名为 ".xls"）。

除了普通的以 ".xlsx" 结尾的工作簿文件外，Excel 还支持许多其他类型的文件格式。用户打开工作簿后，可使用【另存为】命令或按 <F12> 键在【保存类型】里面浏览 Excel 所支持的所有文件类型，如图 3-1 所示。

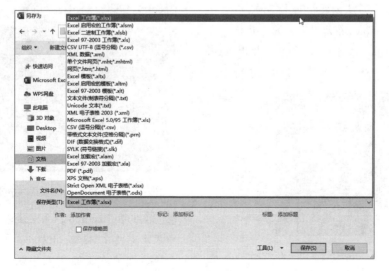

图 3-1 Excel的各种保存类型

不同的Excel文件类型,图标和扩展名都不相同,用户可以通过外观、扩展名来识别,如图3-2所示。

97-2003文件.xls　　CSV文件.csv　　模板文件.xltx　　启用宏工作簿文件.xlsm　　普通Excel文件.xlsx

图 3-2　常见Excel文件类型

表 3-1 列出了在 Excel 中常见的文件格式、扩展名及对应的相关说明。

表 3-1　常见的 Excel 文件格式说明

格式	扩展名	相关说明
Excel 工作簿	.xlsx	Excel 2007 至 Excel 2019 默认的文件格式,该文件格式不能存储 VBA 代码
Excel 启用宏的工作簿	.xlsm	基于安全考虑,自 Excel 2007 及以后的版本,普通工作簿（即 .xlsx 文件）无法存储 VBA 代码,而保存为 .xlsm 的工作簿则可以存储 VBA 代码
Excel 模板文件	.xltx	Excel 2007 至 Excel 2019 默认的模板文件格式,该文件格式不能存储 VBA 代码
Excel 启用宏的模板	.xltm	Excel 2007 至 Excel 2019 含 VBA 代码模板文件
Excel 加载宏文件	.xlam	用于扩展 Excel 功能的外置程序文件,一般由 VBA 代码组成
Excel 97–2003 工作簿	.xls	Excel 97 至 Excel 2003 文件格式,该格式可存储 VBA 代码
Excel 97–2003 模板	.xlt	Excel 97 至 Excel 2003 模板文件格式
Excel 97–2003 加载项	.xla	Excel 97 至 Excel 2003 加载项文件
文本文件（以制表符分隔）	.txt	可将工作簿转成 .txt 文本文件,以便在其他操作系统上面读取,同时也可以将该文本文件导入 Excel 中
CSV（逗号分隔）	.csv	可将工作簿转成 .csv 文本文件,以便在其他操作系统上面读取,同时也可以将该文件导入 Excel 中

3.1.1　创建工作簿

用户有以下方法创建新的工作簿。

第1步 单击 Windows 界面左下角的【开始】按钮,找到 Excel 程序图标,双击即可以打开 Excel 程序并创建一个新的工作簿,如图3-3所示。

图 3-3　Windows系统Excel程序图标

第2步 双击 Excel 的桌面快捷方式来创建新的

Excel 工作簿,如图 3-4 所示。

图 3-4　Excel桌面快捷方式

第3步 安装 Excel 后,系统会在鼠标右键菜单中添加新建【Microsoft Excel 工作表】的快捷命令,用户在桌面或文件夹空白处右击,在弹出的快捷菜单中选择【新建】→【Microsoft

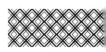

Excel 工作表】命令，便可创建一个新的工作簿，如图 3-5 所示。

图 3-5　右击新建工作簿

第4步 若用户已打开一个工作簿，可在【文件】

选项卡下选择【新建】命令，即可新建一个空白工作簿，或按新建工作簿快捷键 <Ctrl+N> 来创建新的工作簿，如图 3-6 所示。

图 3-6　【文件】选项卡内新建工作簿

3.1.2　保存工作簿

Excel 在没保存之前操作的数据都存储于内存中，一旦发生系统崩溃、停电等故障，数据有可能永久丢失，故用户需要养成良好的保存习惯，比如间隔几分钟就要保存文档，不能只在工作完成时进行一次保存。一项工作从开始到完成可能持续很长时间，如果只在完成时保存一次，中间时间会存在极大的文档数据丢失的风险。

保存工作簿的方法有以下 3 种。

（1）单击快速访问工具栏上的【保存】按钮，如图 3-7 所示。

图 3-7　【快速访问工具栏】保存按钮

（2）按保存的快捷键 <Ctrl+S>。

（3）选择【文件】选项卡下的【保存】或【另存为】命令，如图 3-8 所示。

图 3-8　在【文件】选项卡保存工作簿

通过【开始】菜单或桌面快捷方式创建的 Excel 工作簿，在初次保存时会弹出保存对话框，在此对话框中可对工作簿进行命名，默认存储在 OneDrive 空间中。但绝大部分用户不会将文档存储在 OneDrive 中，所以用户可以单击下方【其他位置】，在弹出的界面中单击【这台电脑】或【浏览】按钮将文档保存到当前计算机硬盘中，如图 3-9 所示。

图 3-9　保存文档在当前计算机中

3.1.3 保存与另存为区别

Excel 有【保存】和【另存为】命令，两者有一定区别。

（1）已经被保存过的工作簿，再次执行保存操作时，会直接将修改的内容保存在当前工作簿中，选择【保存】命令不会打开【另存为】对话框，并且工作簿的文件名、存放路径不会发生任何改变。选择【另存为】命令将会打开【另存为】对话框，允许用户重新设置存放路径、工作簿命名等。

（2）在已经被保存过的工作簿上编辑后，使用【另存为】命令会弹出【另存为】对话框，另存为后的工作簿为最新的编辑状态的工作簿。原工作簿会自动关闭，并且新编辑的内容不会出现在原工作簿中，即不会修改原来工作簿中的内容。

3.1.4 打开工作簿

打开工作簿有以下 3 种方式。

（1）直接双击已存在的工作簿文件。

（2）若已经打开某一个工作簿，可在功能区中选择【文件】→【打开】命令，或按打开文件的快捷键<Ctrl+O>。然后单击【浏览】按钮，在【打开】对话框中选择工作簿的存放位置，选中后双击即可打开。此外，在【打开】对话框中，选中某 Excel 文档并单击下方【打开】按钮旁边的小三角形，可以列出多种打开方式，如图 3-10 所示。

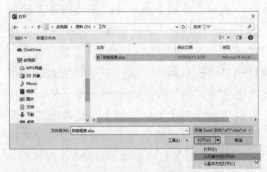

图 3-10 多种打开文档的方式

● 打开：正常的打开方式。

● 以只读方式打开：文档只能被浏览，不能修改，也不能存储。如果对只读文档进行修改，则在保存时会弹出【另存为】对话框，这样可防止用户修改原文档内容。

● 以副本方式打开：Excel 会自动创建该文档的一个副本，用户可在副本上面进行修改编辑，而不会对原文档进行修改。

● 在浏览器中打开：使用 Web 浏览器打开 Excel 文件。

● 在受保护的视图中打开：用于打开可能包含病毒或其他任何不安全因素的工作簿的一种保护措施。在受保护的视图中，大多数据编辑功能将被禁用。

● 打开并修复：由于某些原因（如程序崩溃），可能造成工作簿被损坏而无法正常打开，此时可以利用该项功能进行修复或打开。但此项功能并不一定能修复成功或能正常打开。

（3）通过历史记录打开。用户近期打开过的工作簿，会在 Excel 程序中有历史记录，用户可以通过历史记录来快速打开文件。此外，可以单击右边的小图钉按钮，来设置此文档永久置顶显示，如图 3-11 所示。

图 3-11 打开最近使用工作簿

3.1.5 显示和隐藏工作簿

用户若想隐藏某个工作簿，可在激活该工作簿后，在【视图】选项卡中单击【隐藏】按钮，如图 3-12 所示。

图 3-12　隐藏工作簿

用户若想取消隐藏的工作簿，需在【视图】选项卡中单击【取消隐藏】按钮。对于取消隐藏工作簿操作，一次只能取消一个隐藏的工作簿，不能一次对多个隐藏工作簿同时取消隐藏，如图 3-13 所示。

图 3-13　取消隐藏工作簿选择窗口

3.1.6 以兼容模式打开早期版本工作簿

Excel 97 至 Excel 2003 的文件格式以 ".xls" 结尾。用户若用 Excel 2019 打开 ".xls" 结尾的工作簿，则会在标题栏显示 "兼容模式" 的标识。兼容模式会限制用户不能使用 Excel 2019 中新增或增强的功能，只能使用与早期版本相兼容的功能操作，如图 3-14 所示。

图 3-14　以兼容模式打开旧版本Excel工作簿

为了能完全使用 Excel 2019 所有的功能，用户可以把旧版本即以 ".xls" 为扩展名的工作簿转成 Excel 2019 版本，即转换成以 ".xlsx" 为扩展名的普通工作簿，其转换有两种方式。

（1）选择【文件】→【信息】→【转换】命令，此时会弹出对话框，单击【确定】按钮即可完成转换，此操作会删除旧版本，如图 3-15 所示。

图 3-15 【文件】选项卡内直接转换旧版本Excel工作簿

（2）用户也可以使用【另存为】命令，在【保存类型】中选择【Excel 工作簿（*.xlsx）】选项，即可完成转换，如图 3-16 所示。

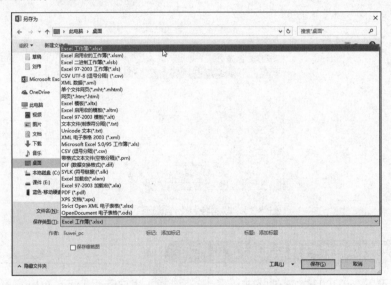

图 3-16 另存为新版本Excel工作簿

3.2 工作表的基本操作

3.2.1 创建工作表

默认情况下，Excel 在创建工作簿时，自动包含了名为"Sheet1"的一张工作表。用户若要新建工作表有两种常见方法。

（1）直接单击工件表标签右侧类似加号的【新工作表】按钮，如图 3-17 所示。

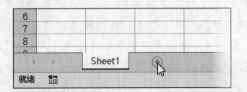

图 3-17 单击【新工作表】按钮新建工作表

（2）将光标置于工作表标签上并右击，在弹出的快捷菜单中选择【插入】命令，弹出【插入】对话框。在对话框中单击【工作表】图标，再单击【确定】按钮，如图 3-18 所示。

图 3-18　通过右键快捷菜单新建工作表

3.2.2　选取工作表

如果工作簿内有多张工作表，标签栏上可能未能全部显示所有工作表标签，用户可单击左侧的工作表导航按钮来滚动显示工作表标签，或向右拖动水平滚动条来增加工作表的显示宽度，如图 3-19 所示。

图 3-19　利用工作表导航按钮和水平滚动条显示工作表

如果工作表较多，用户需要频繁单击导航按钮才能看到目标工作表，这样会比较麻烦。此时在工作表导航栏上右击，将会弹出一个工作表名称的列表，选中目标工作表名称，双击就可以选中相应的工作表，如图 3-20 所示。

图 3-20　工作表标签列表

用户若想快速定位第一个工作表可按住 <Ctrl> 键，然后单击向左导航按钮，即可快速选定第一个工作表；按住 <Ctrl> 键，然后单击向右导航按钮，即可快速选定最后一个工作表，如图 3-21 所示。切换工作表的快捷键还有 <Ctrl+PageUP> 和 <Ctrl+PageDown>，它们分别是切换到上一张工作表和下一张工作表。

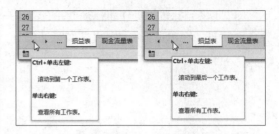

图 3-21　利用工作表导航按钮显示工作表

3.2.3　同时选定多张工作表

若用户需要对多个工作表同时进行输入、复制、删除等数据操作，可以同时选中多张工作表形成工作表组。工作表组模式下，工作簿名称后面会显示"组"字样，如图 3-22 所示。

图 3-22　设置工作表组

选定多张工作表形成工作表组有以下 3 种方式。

（1）按住 <Ctrl> 键，单击需要形成组的工作表标签。

（2）用户单击某个工作表标签，然后按 <Shift> 键，再单击最后一个工作表标签，即可把第一个工作表到最后一个工作表中间所有的工作表形成工作表组。

（3）用户可以选中任意工作表，然后右击，在弹出的快捷菜单中选择【选定全部工作表】命令，则可以选中全部的工作表作为工作表组。

用户若要取消工作组状态，只需要再次单击任意工作表标签即可。

例 如图 3-23 所示，该工作簿中包含 6 张工作表，其中"1 月"工作表已经完成内容的格式设置了，现需要将"1 月"工作表的内容全部放置在其他的各个工作表里面。用户可以采用复制、粘贴的方式，但如果工作簿中存在非常多的工作表，一个工作表一个工作表复制、粘贴显然效率低下。

图 3-23　多表需要填充相同内容

用户可以使用工作表组的方式进行数据跨工作表的批量填充。具体步骤如下。

第 1 步 选中"1 月"工作表，然后按住 <Shift> 键单击"6 月"工作表，此操作后会将 1 月至 6 月的工作表全部选中，此时就形成工作表组状态。

第 2 步 选择【开始】→【填充】→【至同组工作表】命令，在弹出的【填充成组工作表】对话框中选中【全部】单选按钮，单击【确定】按钮，即可以将"1 月"工作表的内容和格式批量填充到其他工作表中，如图 3-24 所示。

图 3-24　利用工作表组批量填充数据

3.2.4　重命名工作表

用户若要更改工作表名称，有以下 3 种方法。

（1）直接双击工作表名即可对工作表进行重命名。

（2）在要修改名称的工作表标签上右击，在弹出的快捷菜单中选择【重命名】命令。

（3）选择【开始】→【格式】→【重命名工作表】命令，如图 3-25 所示。

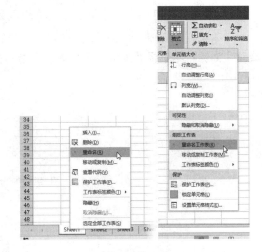

图 3-25　重命名工作表

3.2.5　更改工作表标签颜色

用户可对工作表标签设置不同的颜色，方便识别不同的工作表。在工作表标签上右击，在弹出的快捷菜单中选择【工作表标签颜色】命令，在二级菜单的颜色面板中选择相应颜色即可对工作表标签设置颜色，如图 3-26 所示。

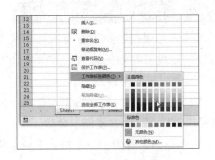

图 3-26　设置工作表标签颜色

3.2.6　隐藏和取消隐藏工作表

出于数据保密等安全方面原因，用户可以对工作表进行隐藏，隐藏工作表有两种方法，如图 3-27 所示。

（1）在工作表标签上右击，在弹出的快捷菜单中选择【隐藏】命令。

（2）选择【开始】→【格式】→【隐藏和取消隐藏】→【隐藏工作表】命令。

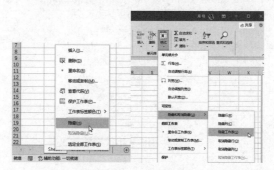

图 3-27　隐藏工作表

取消隐藏工作表有两种方法，如图 3-28 所示。

（1）选择【开始】→【格式】→【隐藏和取消隐藏】→【取消隐藏工作表】命令。

（2）在工作表标签上右击，在弹出的快捷菜单中选择【取消隐藏】命令，在弹出的【取消隐藏】对话框中选择要取消的工作表（不能对多张工作表同时取消隐藏）。

图 3-28　取消隐藏工作表

3.2.7　移动或复制工作表

工作表可以在当前工作簿内移动复制，也可以移动或复制到另外的工作簿中，方法有以下两种，如图 3-29 所示。

（1）在工作表标签上右击，在弹出的快捷菜单中选择【移动或复制】命令。

（2）选择【开始】→【格式】→【移动或复制工作表】命令。

如图 3-30 所示，在【移动或复制工作表】对话框中，单击【工作簿】右侧的下拉按钮，在此选择要移动或复制到的工作簿，用户也可以选择【新建工作簿】，选择此选项将会

图 3-29　移动或复制工作表

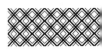

把工作表移动或复制到新的工作簿内。

【下列选定工作表之前】列表框中显示了选中工作簿中所有的工作表，用户可选择将移动或复制的工作表放置在选中工作簿中的哪张工作表之前。

选中【建立副本】复选框表示"复制"工作表，不选中则表示"移动"工作表。

图 3-30　【移动或复制工作表】对话框

此外，可以将光标置于要移动的工作表标签上，按住鼠标左键不放，当鼠标指针显示出文档的图标，就可以拖动鼠标将此工作表移动至其他位置。如果在按住鼠标左键的同时，按住 <Ctrl> 键，此时文档图标上会出现一个"+"号，此时拖动鼠标可将此工作表复制并移动至其他位置，如图 3-31 所示。

图 3-31　利用鼠标拖动移动或复制工作表

当用户同时打开多个工作簿时，选中工作表后按住鼠标左键不放，直接将工作表拖动到其他工作簿中，这是移动工作表最方便的方法。默认情况下，直接跨工作簿拖动工作表是移动工作表，如果按住 <Ctrl> 键拖动，则是复制并移动工作表，如图 3-32 所示。

图 3-32　跨工作簿直接拖动复制或移动工作表

3.2.8　删除工作表

用户可以在工作簿中选中单个工作表或同时选择多个工作表删除，删除工作表是无法进行撤销的，用户要慎重操作。若删除了某张重要的工作表，可立即关闭工作簿，不进行保存，然后再重新打开该工作簿，此方式可以找出误删的工作表。此外，工作簿中至少要包含一张可视工作表，不能删除工作簿内所有的工作表。

删除工作表可以在工作表标签上右击，在弹出的快捷菜单中选择【删除】命令，或选择【开始】→【单元格组】→【删除】→【删除工作表】命令，如图 3-33 所示。

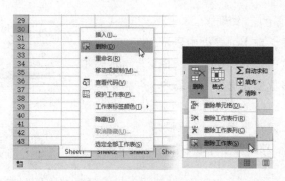

图 3-33　删除工作表

3.3 控制工作表视图

当用户在工作表中输入大量数据时，查找浏览和定位信息会变得烦琐。此时用户可以通过工作窗口的视图控制改变窗口显示，方便浏览和定位所需信息。

3.3.1 窗口切换

若同时打开多个工作簿，在【视图】选项卡中单击【切换窗口】下拉按钮，其下拉列表中会显示当前所有打开的工作簿，单击相应名称即可切换至选定工作簿窗口中，如图 3-34 所示。

此外，按快捷键 <Ctrl+Tab> 可在最近两个使用的工作簿窗口中循环切换，或按快捷键 <Alt+Tab> 对当前系统打开的所有程序进行切换。

图 3-34　切换工作簿窗口

3.3.2 窗口视图缩放

当工作表中文字较小，或者是数据内容较多，无法在一个屏幕内查看其内容或是布局时，可以使用缩放比例的功能。

缩放视图可以通过以下 4 种方法实现。

（1）使用状态栏右侧的"显示比例"滑块直接左右拖动来实现比例缩放，如图 3-35 所示。

图 3-35　利用"显示比例"滑块缩放视图比例

（2）按住 <Ctrl> 键，然后使用鼠标上的中间滚轮放大或缩小视图比例。

（3）选择【视图】→【缩放】→【缩放】命令，弹出【缩放】对话框，用户可选择其中包含的缩放比例或自定义缩放比例，如图 3-36 所示。

图 3-36　利用功能区缩放命令

（4）选择一个单元格区域，选择【视图】→【缩放】→【缩放到选定区域】命令，则所选的区域将刚好填充整个窗口（此方法适用于行或列），如图 3-37 所示。

品牌	一月	二月	三月	第一季度	四月	五月	六月	第二季度	七月	十二月	第四季度	合计
电脑整机												
笔记本	8,286	2,919	10,322	21,527	10,001	8,921	10,123	29,045	10,012	8,931	28,979	111,806
游戏本	6,749	4,207	5,797	16,753	5,332	5,717	5,539	16,588	5,310	5,704	16,517	65,494
平板电脑	3,078	2,670	3,704	9,452	3,017	2,766	2,713	8,496	2,477	10,406	18,467	44,994
台式机	2,708	1,835	3,557	8,100	2,237	626	1,598	4,461	1,690	3,694	11,081	30,453
一体机	639	578	596	1,813	654	690	600	1,944	544	513	1,554	7,008
服务器	80	107	79	266	130	258	230	618	237	176	588	2,206
小计	21,540	12,316	24,055	57,911	21,371	18,978	20,803	61,152	20,270	29,424	77,186	261,961
电脑配件												
显示器	22,485	13,969	19,684	56,138	19,072	19,764	18,590	57,426	30,994	18,289	48,221	219,486
CPU	6,970	2,178	6,349	15,497	7,516	5,729	6,393	19,638	7,799	10,148	30,525	87,365
主板	9,490	6,113	8,794	24,397	8,452	7,498	7,459	23,409	4,205	16,625	47,383	128,407
显卡	17,645	7,307	13,114	38,066	9,749	12,036	13,175	34,960	11,818	16,120	44,480	156,165
硬盘	-	-	-		3,650	4,009	8,940	16,599	10,558	11,279	38,141	97,797

图 3-37　使用【缩放到选定区域】按钮

显示比例可以在 10% 至 400% 之间变动。缩放操作不会改变数据的字体大小，因此不会影响打印输出效果。

3.3.3 新建窗口

当要同时查看一个工作表的两个不同部分，或是要同时查看同一工作簿中不同工作表时，可以使用"新建窗口"功能。该功能需选择【视图】→【窗口】→【新建窗口】命令，如图 3-38 所示。

图 3-38　使用功能区【新建窗口】按钮

新建窗口后，会出现同一工作簿另一个副本，并且原有的工作簿窗口和新建的工作簿窗口都会相应地更改标题栏上的名称。例如，

原工作簿名称为"销售表 .xlsx"，新建工作簿窗口后，原工作簿名称为"销售表 .xlsx:1"新建工作簿窗口名称为"销售表 .xlsx:2"，如图 3-39 所示。

图 3-39　"新建窗口"比较图

用户可以定位到同一个工作表中的不同

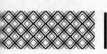
位置，也可以在不同的窗口中选择不同的工作表进行比较或浏览。当在一个工作簿窗口做了编辑修改后，会同步更新到其他窗口的工作簿中。若关闭新建窗口，可关闭其中任意一个窗口，此时原工作簿标题将恢复到原来正常名称。

3.3.4　重排窗口

用户若同时打开了多个工作簿，可以单击右上角的还原按钮，使 Excel 工作簿非最大化显示，然后手工拖动或缩小窗口尺寸，通过此方式可将多个工作簿以各种形式和存放位置显示在同一窗口中，如图 3-40 所示。

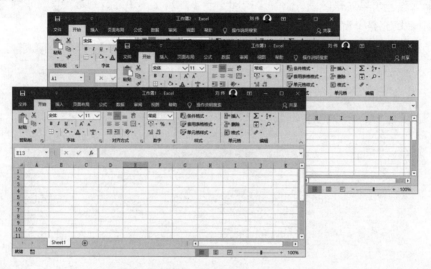

图 3-40　手动排列工作簿

手动排列窗口的操作虽然灵活，但效率低，并且不容易控制。此时用户可以使用【全部重排】按钮。用户可选择【视图】→【窗口】→【全部重排】命令，在弹出的【重排窗口】对话框中有 4 种排列方式：平铺、水平并排、垂直并排、层叠，如图 3-41 所示。

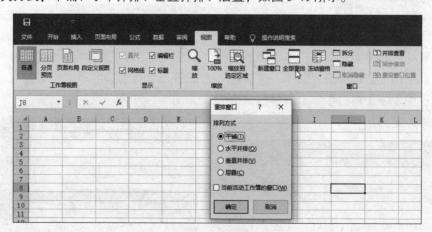

图 3-41　重排窗口

用户选择一种排列方式，如垂直并排，然后单击【确定】按钮，即可将打开的所有工作簿以垂直并排的方式显示在屏幕中，如图 3-42 所示。

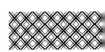

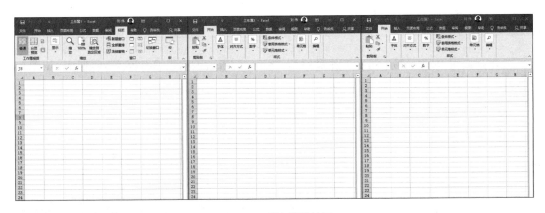

图 3-42 垂直并排效果

3.3.5 并排比较

绝大部分情况下，用户只会比较两个工作簿，此情形下用户可以用到"并排比较"功能。参加并排比较的工作簿窗口，可以是同一个工作簿中的不同窗口，也可以是完全不相同的两个工作簿。

选择【视图】→【窗口】→【并排查看】命令，如用户同时打开多个工作簿，则在弹出的【并排比较】对话框中会列出所有其他工作簿的名称，如图 3-43 所示。在其中选择需要进行并排比较的工作簿，然后单击【确定】按钮，即可并排比较工作簿。

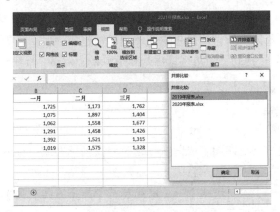

图 3-43 "并排比较"功能

默认情况下，用户在其中一个窗口中滚动浏览内容时，另一个窗口也会随之同步滚动，此功能为同步滚动功能。若不需要这种功能，可单击【同步滚动】按钮取消。

设置并排比较后，用户仍然可以任意拖动文档位置，如果想返回默认状态，可单击【重设窗口位置】按钮，即可以恢复原始状态，如图 3-44 所示。

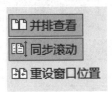

图 3-44 "重设窗口位置"功能

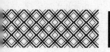

3.3.6 拆分窗格

新建窗口可以同时浏览同一工作表的不同位置,但如果有过多窗口则会产生混乱。此时用户可通过拆分窗口的方法来同时显示同一工作表中多个位置。

将鼠标指针定位于工作表中,单击【视图】→【窗口】→【拆分】按钮,便可将当前工作表拆分为四个单独的窗格,如图3-45所示。

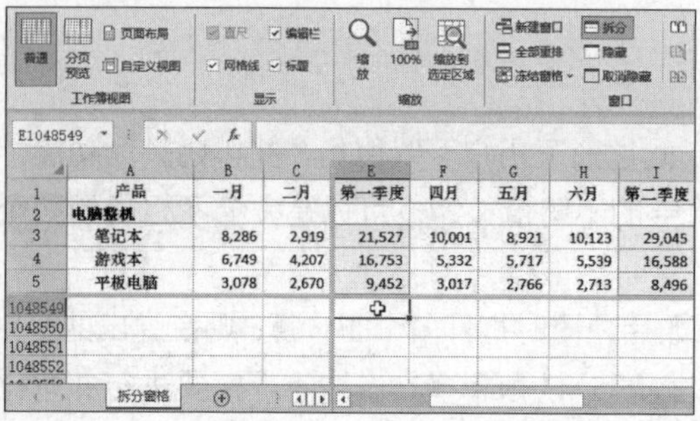

图 3-45 拆分窗格

拆分窗格主要有以下3种形式,如图3-46所示。

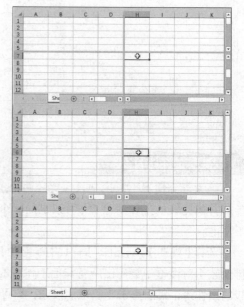

图 3-46 拆分窗格的3种形式

每个拆分的窗格都是独立的,用户可以在不同的窗格中显示工作表不同的位置。用户要取消某拆分条,可将此拆分条拖到窗口边缘或者是在拆分条上双击,若要一次性取消所有拆分条,可直接单击功能区上的【拆分】按钮。

3.3.7 冻结窗格

对于有大量数据的表格,在向下或向右滚动时,其列标题或行标题将会被遮盖。为了固定标题,用户可以使用【冻结窗格】功能。

用户选择【视图】→【冻结窗格】→【冻结首行】或【冻结首列】命令,可快速地冻结表格首行或者首列,如图3-47所示。

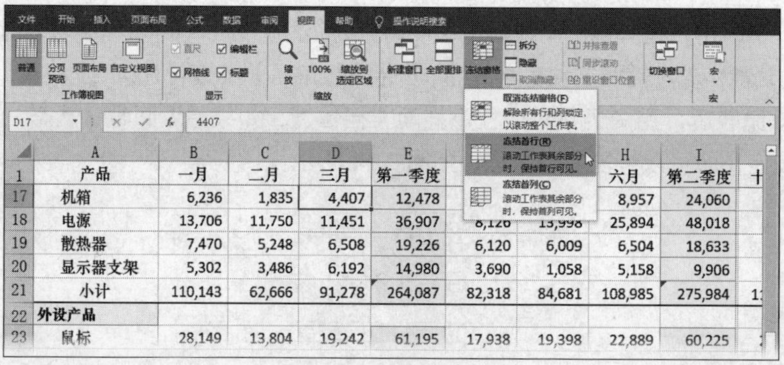

图 3-47 冻结窗格

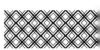

冻结窗格可以冻结多行、多列或同时冻结多行多列，例如选中 C 列冻结窗格，将冻结 A 列和 B 列，选中第 3 行，将冻结第 1 行和第 2 行。若用户的活动单元格置于 D4 单元格中，使用"冻结窗格"功能，将以 D4 为单元格左上角为参照水平垂直冻结窗格，如图 3-48 所示。

用户若要取消冻结窗格状态，可单击【视图】→【冻结窗格】→【取消冻结窗格】按钮。冻结窗格与拆分窗格无法在同一工作表上同时使用。

图 3-48　多行多列同时冻结窗格效果

3.3.8　自定义视图

用户可以对工作表的各种不同视图状态设置进行保存，方便用户日后工作中随时调取，选择【视图】→【工作簿视图】→【自定义视图】命令，弹出【视图管理器】对话框，单击【添加】按钮，在弹出的【添加视图】对话框的【名称】文本框中输入视图名称，再单击【确定】按钮即可保存当前视图，如图 3-49 所示。

图 3-49　自定义视图

选中【打印设置】和【隐藏行、列及筛选设置】两个复选框可保存当前视图窗口中的打印设置，以及隐藏行、列及筛选设置。用户可以在同一个工作簿中创建多个自定义视图。用户要调出设置的视图，可单击【自定义视图】按钮，在【视图管理器】对话框中双击视图名称即可切换至该视图。

如果当前工作簿的任意工作表中存在"表格"（选择【插入】→【表格】命令创建的表格），

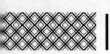

则【自定义视图】为灰色不可用状态。

专业术语解释

系统【开始】按钮：常位于 Windows 系统或者某些操作系统的左下角。单击【开始】按钮，可以找到计算机中的所有安装程序，并可以启动程序，按 <Windows> 键或快捷键 <Ctrl+Esc> 可快速打开【开始】菜单。

快捷方式：Windows 提供的一种快速启动程序、打开文件或文件夹的方法。它是应用程序的快速链接。快捷方式的一般扩展名为 *.lnk。

扩展名：又称文件扩展名、后缀名。它用来标志文件格式的一种机制。例如，"名单 .txt"的文件名中，"名单"是文件主名，txt 为文件扩展名，表示这个文件是一个纯文字文件，点号"."就是文件主名与文件扩展名的分隔符号。不同类型的文件会有不同的扩展名，例如，Word 文档的扩展名默认为 ".docx"，PowerPoint 的演示文稿扩展名默认为 ".pptx"。

插件：又称外挂，用于扩展软件的功能。

加载项：与插件含义相同。

兼容模式：Excel 高版本打开 Excel 低版本工作簿时的一种编辑模式。在该模式下 Excel 部分功能将被限制使用。

OneDrive：微软公司的一项云存储服务。

工作表组：同时选中多张工作表的状态。在工作表组状态下可以同时对多张工作表进行数据的输入与格式的设置。

冻结窗格：又称固定表头，它是将数据区域的表头固定，这样在下拉数据时能始终看到表头。

拆分窗格：在工作表中分割出多个独立的区域，每个区域都能浏览工作表中的全部数据，类似在工作表的内部创建多个独立的窗口。

问题 1：如何显示文件扩展名？

答：一般情况下，系统默认隐藏了文件扩展名，但笔者建议用户在计算机中显示文件扩展名，因为文件扩展名会说明文件的类型，便于计算机文件管理，同时也可以防止用户错误删除或修改文件。此外用户在修改文件名时，一定不要破坏扩展名及点号分隔符。若要快速地对文件重命名，可选中该文件，按 <F2> 键进行重命名的操作。

笔者以 Windows 10 系统为例，显示文件扩展名只需要在计算机资源管理器中的【查看】选项卡中选中【文件扩展名】复选框即可，如图 3-50 所示。如果计算机是其他操作系统，则可通过网络搜索方法。

图 3-50　显示文件扩展名

问题 2：如何快速找到工作簿的存储位置？

答：在后台视图中的【信息】中，单击上方或右下角的【打开文件位置】按钮，可迅速打开当前文档所存储的文件夹位置，如图 3-51 所示。

图 3-51　打开文件位置

问题 3：在安装 Office 软件后，并没有在桌面上生成 Excel 的快捷方式，如何手动添加?

答：对于不同的操作系统，虽然创建软件的快捷方式有稍许差异，但原理是相同的。以笔者的 Windows 10 操作系统为例，创建桌面快捷方式如下。

第1步 在系统【开始】菜单中找到 Excel 程序图标，将光标置于 Excel 图标上面，右击，在【更多】选项中选择【打开文件位置】，如图 3-52 所示。

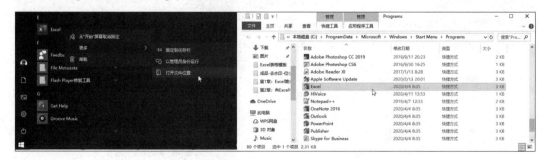

图 3-52　打开文件位置

第2步 在弹出的系统快捷方式文件夹中选中 Excel 图标并右击，在弹出的快捷菜单中选择【发送到】→【桌面快捷方式】命令，如图 3-53 所示。

图 3-53　创建桌面快捷方式

示。在程序文件上右击，在弹出的快捷菜单中选择【发送到】→【桌面快捷方式】命令。

图 3-54　Excel安装路径

此外，用户可以找到 Excel 程序安装路径，再找到 EXCEL.EXE 程序文件，如图 3-54 所

深入了解

Windows 系统软件默认都安装在 C 盘 Program Files 文件夹内。如图 3-55 所示，Program Files 是 32 位软件安装目录，Program Files（x86）是 64 位软件安装目录。

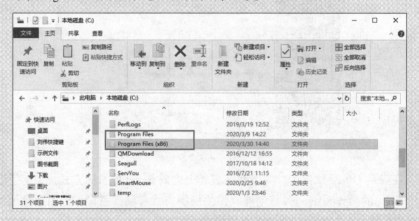

图 3-55　Program　Files文件夹

在该类文件夹下，可以浏览到很多以".EXE"为后缀名的文件，此类文件均为软件的可执行文件。双击可打开该软件，同时可以选中此类执行文件，创建桌面快捷方式。

若用户难以手动在 Program Files 或 Program Files（x86）文件夹中找到 EXCEL.EXE，可分别选中这两个文件夹，然后在右侧的搜索框输入"EXCEL.EXE"进行查找，如图 3-56 所示。

图 3-56　搜索Excel执行文件

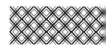

问题 4：在移动工作表时发生图 3-57 中的错误，如何解决？

Microsoft Excel   ×

⚠ Excel 无法将工作表插入到目标工作簿中，因为目标工作簿的行数和列数比源工作表少。若要将数据移动到或复制到目标工作簿，可以选中数据，然后使用"复制"和"粘贴"命令将其插入到其他工作簿的工作表中。

确定

图 3-57　无法移动工作表

答：这是将以".xlsx"结尾的工作簿中的工作表移动或复制到以".xls"结尾的工作簿中而导致的错误。如图 3-58 所示，对于 Excel 97-2003 工作簿中的工作表的最大行数为 65536 行，列为 256 列；而 Excel 2007-2019 工作簿中的工作表的最大行数为 1048576 行，列为 16384 列（用户可以连续按快捷键 <Ctrl+ ↓ / → > 到达工作表的边界）。如果将 Excel 2007-2019 的工作表移动至 Excel 97-2003 工作簿中，显然是容纳不了的，所以会出现图 3-57 中的错误。

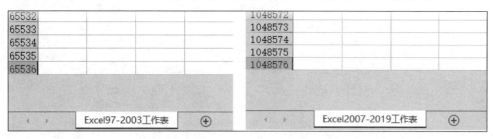

图 3-58　Excel的最大行数

解决上述问题的方法有以下两种。

（1）统一两者的文件类型，如将以".xls"结尾的 Excel 97-2003 工作簿转成以".xlsx"结尾的工作簿。

（2）对选中部分数据进行跨工作簿的复制、粘贴。

问题 5：为什么打开自己计算机上面的 Excel 工作簿会非常慢？

答：打开 Excel 工作簿非常慢有很多原因，如用户打开的工作簿体积非常大，工作簿有大量的公式计算单元格，计算机配置不够等。实际工作中，有一个较常见的原因会影响工作簿的打开速度，那就是用户在安装一些如翻译软件、扫描软件、办公辅助软件时会自动在 Excel 程序中安装插件（加载项文件）。

Excel 在启动时会同时打开相应的加载项目文件，如果 Excel 启动时加载项过多，就会严重影响 Excel 的启动速度。用户要查看 Excel 中的加载项文件，可选择【文件】→【选项】→【加载项】选项。在【Excel 选项】对话框右侧【管理】下拉列表中选择【COM 加载项】，然后单击右侧的【转到】按钮，此时就会弹出【COM 加载项】对话框，如图 3-59 所示。

加载项可以扩展 Excel 功能，但同时也会消耗系统资源，所以建议用户可禁用暂时不需要的加载项，以提升系统效率，加快 Excel 程序的启动速度。要禁用加载项，只需要取消选中对应加载项前的复选框，然后单击【确定】按钮即可。

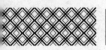

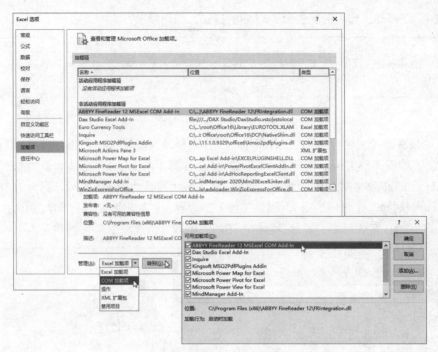

图 3-59　禁用Excel加载项

行、列、单元格区域操作

本章主要介绍 Excel 工作表中的行、列及单元格区域相关操作，使读者深入细节了解这些对象的概念、原理及操作方法。

4.1 行与列概念

1. 行与列简介

Excel 工作表是由横线和竖线所构成的方格集合，一个个方格称为"单元格"，单元格是工作表的组成元素，同时也是最小元素，不可以再分割。工作表在横向（水平）上称为"行"，在纵向（垂直）上称为"列"。

在 Excel 中，用字母表示列标，用数字表示行号，因为单元格是行与列的交叉区域，为了区别每个单元格，Excel 为每个单元格标记了唯一的地址，单元格的地址用行号和列标标示。例如 C4 单元格，就位于 C 列第 4 行交叉处（如图 4-1 所示）。在公式中，通过引用单元格地址就可以调用存储在单元格中的值。

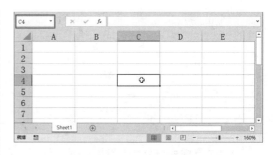

图 4-1 行号和列标及单元格

工作表中还有网格线。网格线默认为灰色。在默认的情况下，网格线并不会随着表格内容被实际打印出来。

在 Excel 2019 中，工作表的最大行号为 1048576，即有 1048576 行。最大列标为 XFD 列，即有 16384 列，如图 4-2 所示。

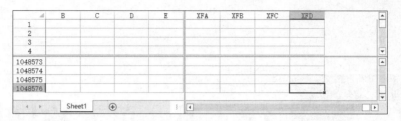

图 4-2　行列范围区间

2. A1 引用样式与 R1C1 引用样式

Excel 默认的引用样式是以字母为列标记、以数字为行标记的标记方式，这种方式称为 A1 引用样式，在 A1 引用样式的状态下，单元格用列的字母加上行的数字作为单元格地址的标识。

除了 A1 引用样式外，Excel 还有另一种引用样式，被称为 R1C1 引用样式。用户可以选择【文件】→【选项】→【公式】命令，在弹出的【Excel 选项】对话框中选中【R1C1 引用样式】复选框，如图 4-3 所示。

图 4-3　使用 R1C1 引用样式

A1 引用样式与 R1C1 引用样式在外观上面的不同就是一个用字母表示列号，一个用数字表示列号，如图 4-4 所示。

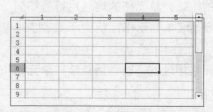

图 4-4　A1 引用样式（左）与 R1C1 引用样式（右）比较图

R1C1 引用样式中行号与列标均由数字标识。R1C1 引用样式是以字母 R+ 行号数字 + 字母

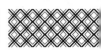

C+ 列号数字来标记单元格的，字母 R 是行（Row）的缩写，字母 C 是列（Column）的缩写。例如，"R9C10"表示位于第 9 行第 10 列（J 列）的单元格。A1 样式与 R1C1 样式表示行列的位置刚好相反（即 A1 样式先列后行，R1C1 样式先行后列）。

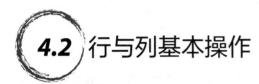

4.2 行与列基本操作

1. 选择单行或者单列

将光标移至行标签上，当指针变成向右的实心箭头时，单击即可选择整行，如图 4-5 所示。

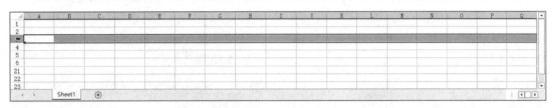

图 4-5　选择整行

将光标移至列标签上，当指针变成向下的实心箭头时，单击即可选择整列，如图 4-6 所示。

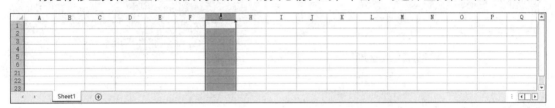

图 4-6　选择整列

2. 选择相邻连续的多行或多列

单击某行的标签后，按住鼠标左键不放，向下或向上拖动，可选择此行相邻的连续多行，如图 4-7 所示。选择多列的方法与选择多行类似。拖动鼠标时，会出现提示框，提示用户选择行列数。

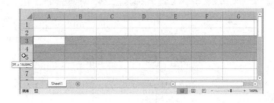

图 4-7　选择连续多行

对于某一数据区域，用户可先选取数据区域的第一行，再按快捷键 <Ctrl+Shift+ ↓ >，可向下连续选择所有数据相连的行。若选取数据区域的第一列，再按快捷键 <Ctrl+Shift+ → >，可向右连续选择所有数据相连的列，如图 4-8 所示。

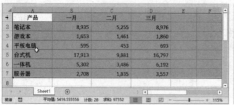

图 4-8　使用快捷键<Ctrl+Shift+↓>选取数据

选择整行、整列与选择数据区域的首行和首列不相同。如图 4-8 所示，选择整行，再使用快捷键 <Ctrl+Shift+↓>，可选择第 1 至 7 行，而如果选择数据区域的首行（即 A1:D1），再按快捷键 <Ctrl+Shift+↓>，则只会选择 A1:D7 区域，如图 4-9 所示。选择列也是同理。

用户单击行列交叉处可以快速选择整张工作表，此外将光标置于空白单元格处，按快捷键 <Ctrl+A> 一次，也可选择整张工作表，如将光标置于数据区域中则需要连续按两次快捷键 <Ctrl+A> 才能选择整张工作表（第一次按快捷键 <Ctrl+A> 会选择当前数据区域）。如图 4-10 所示。

图 4-9　单独选择数据区域

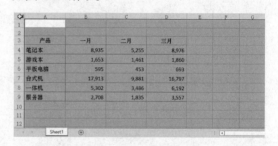

图 4-10　选取整个工作表

3. 选择不相邻的多行或多列

如果要选择不相邻的多行，可以按住 <Ctrl> 键，然后单击多个行标签，即可选择不相邻的多行，如图 4-11 所示。选择不相邻的多列也是类似操作。

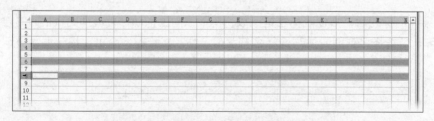

图 4-11　选取不相邻的多行

4. 设置行高与列宽

设置行高与列宽有以下 4 种方式。

（1）用户若设置行高精确值，先要选定设置行，然后选择【开始】→【单元格】→【格式】→【行高】命令，在弹出的【行高】对话框中输入行高的具体数值后单击【确定】按钮，如图 4-12 所示。

图 4-12　功能区设置行高

（2）选中行后，右击，在弹出的快捷菜单中选择【行高】命令，输入行高值即可设置行高，如图 4-13 所示。若要多行同时设置行高，需同时选中多行后进行统一设置。

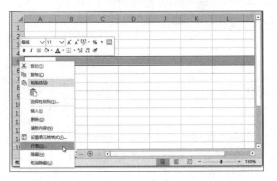

图 4-13　通过右键快捷菜单设置行高

（3）将鼠标指针放置在选中行号交叉处，当行标签上显示为一个黑色双向箭头时。按住鼠标左键不放向下拖动，即可增加行高，如图 4-14 所示。

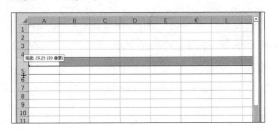

图 4-14　拖动鼠标设置行高

提示

列宽的设置与行高的设置类似，请读者自行参照。

（4）设置最合适的行高与列宽。工作表中如果行高与列宽不匹配单元格内数据的长度，就会使单元格内的部分数据被隐藏，对于数值型单元格，其中的数据会以 # 来显示，这样会极大地影响表格的阅读性，如图 4-15 所示。

	A	B	C	D	E	F
1	产品	型号	售价	销量	金额	
2	笔记本	Apple MacBook A	##	100	###	
3	游戏本	华硕(ASUS)天选	##	96	###	
4	平板电脑	Apple iPad mini 5	##	89	###	
5	台式机	戴尔(DELL)灵越36	##	102	###	
6	一体机	联想(Lenovo)AIO	##	130	###	
7	服务器	戴尔（DELL）Po	##	68	###	
8						
9						
10						

图 4-15　拥挤的数据列

此时，用户选中需要调整列宽的列或全选整张工作表，然后将鼠标指针放置在列标签之间，当鼠标箭头变成黑色双向箭头图标时，双击可迅速将选中的多列设置为最佳列宽，对行的操作也是一样，如图 4-16 所示。

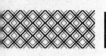
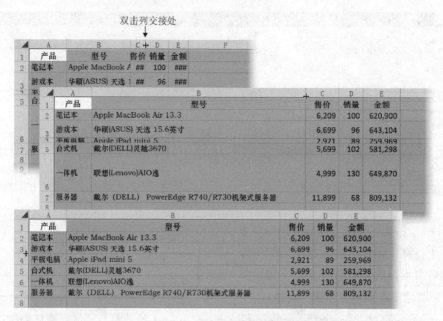

图 4-16　双击行列交接处设置最佳行高列宽

5. 插入行与列

用户若要在工作表数据区域中插入额外数据行列，需要使用到插入行或者插入列的功能。插入行与列有下面两种方法。

（1）选择【开始】→【单元格】→【插入】→【插入工作表行】命令，如图 4-17 所示。

图 4-17　功能区插入行

（2）选中整行后右击，在弹出的快捷菜单中选择【插入】命令，即可插入新行。如果用户选定的不是整行，而是行内的某个单元格或一块单元格区域，右击，在弹出的快捷菜单中选择【插入】命令，会弹出【插入】对话框让用户选择正确的插入方式，如图 4-18 所示。

图 4-18　利用右键快捷菜单插入行

此外，用户可以选中连续插入多行，这样插入的行数与选中的行数相同，如图 4-19 所示。

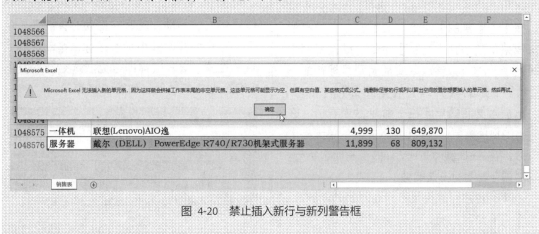

图 4-19　一次插入连续多行

深入了解

　　在 Excel 中行与列的数目有固定的限制，行数不超过 1048576 行，列数不超过 16384 列，当用户插入行或列时，并不会改变行列数，工作表会始终保持 1048576 行与 16384 列的数目，成功插入行与列是因为 Excel 把最末尾的行与列挤掉，基于此原理，如果表格的最后一行或者最后一列不为空，则禁止插入新行或者新列。用户如果选择"插入"操作，则会弹出警告框，提示用户只有清空或者删除最末的行、列后才能在表格中插入新的行或者列，如图 4-20 所示。

图 4-20　禁止插入新行与新列警告框

6. 移动和复制行与列

移动行与列有以下两种方法。

（1）选中要移动的行，选择【开始】→【剪贴板】→【剪切】命令，或右击，在弹出的快捷菜单中选择【剪切】命令，或按快捷键<Ctrl+X>。再选定要移动到目标行的下一行，然后选择【开始】→【单元格】→【插入】→【插入剪切的单元格】命令，或右击，在弹出的快捷菜单中选择【插入剪切的单元格】命令，或按快捷键<Ctrl+V>，即可移动选定的行。移动列与移动行方法类似。

（2）选定需要移动的行，将鼠标移至选定行的黑色边框上，当鼠标指针显示为黑色十字箭头图标时，按住鼠标左键不放，同时按<Shift>键。移动时，可以看到一条工字形实线，拖动工字形实线到目标位置，松开鼠标即可完成选定行的移动，如图 4-21 所示。移动列与移动行方法类似。

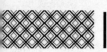

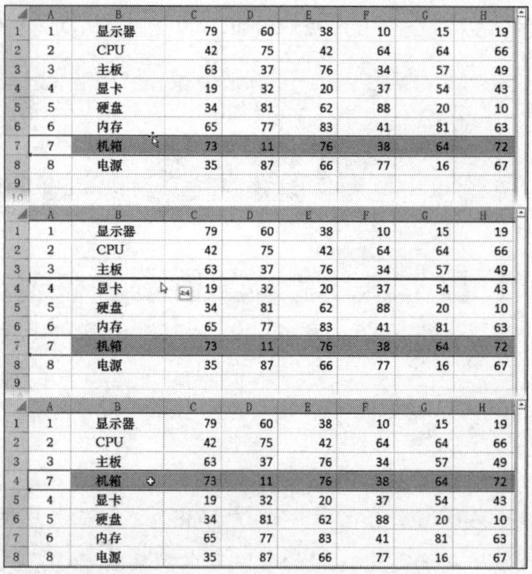

图 4-21 利用鼠标拖动移动行

图 4-22 利用鼠标拖动复制且覆盖目标处的数据行

复制行与列有以下 3 种方法。

（1）选中要复制的行，选择【开始】→【剪贴板】→【复制】命令，或右击，在弹出的快捷菜单中选择【复制】命令，或按复制快捷键 <Ctrl+C>。再选定要复制到目标行的下一行，然后选择【开始】→【单元格】→【插入】→【插入复制的单元格】命令，或右击，在弹出的快捷菜单中选择【插入复制的单元格】命令，或按快捷键 <Ctrl+V>，即可复制选定行。复制列与复制行方法类似。

（2）用户可以用鼠标拖动方式来复制行。选定需要复制的行，将鼠标移至选定行的黑色边框上，按住 <Ctrl> 键，当鼠标指针旁显示 "+" 时，按住鼠标左键不放拖动，此时移动时会出现矩形边框，移至需放置的行位置，此时复制的数据将覆盖原来行区域中的数据。如果拖动鼠标的同时，没有按住 <Ctrl> 键，在松开鼠标时，会弹出对话框询问 "此处已有数据，是否替换它"，若单击【确定】按钮，则复制的行会替换原来的行数据，如图 4-22 所示。

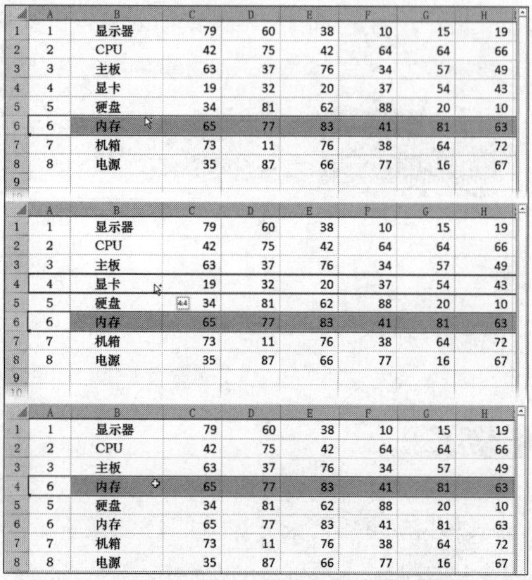

（3）如果同时按快捷键 <Ctrl+Shift>，再按鼠标左键拖动，此时在拖动时会出现一条工字形实线并附加小加号图标，拖动鼠标到目标位置，松开鼠标即可完成选定行的复制和插入复制行功能，如图 4-23 所示。

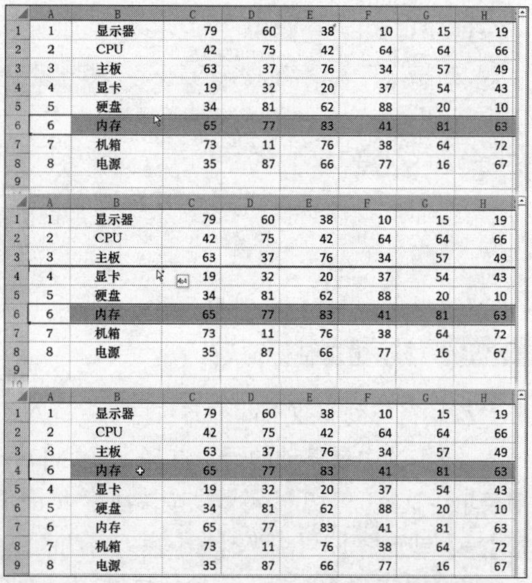

图 4-23 利用鼠标拖动插入复制行

7. 隐藏和显示行与列

用户选中整行或者整列并右击，在弹出的快捷菜单中选择【隐藏】命令可实现行或列的隐藏，如图 4-24 所示。

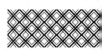

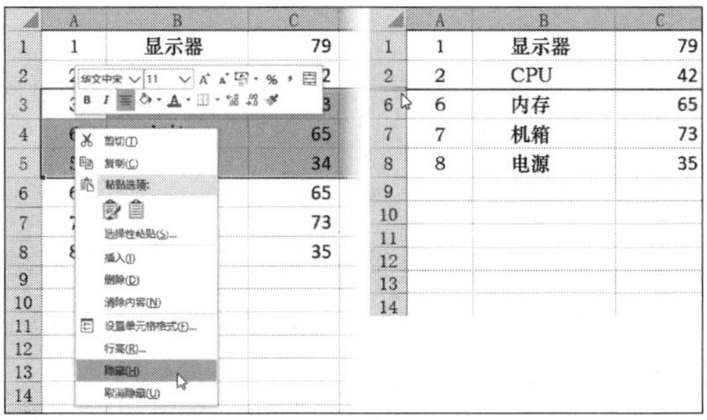

图 4-24　右键菜单隐藏行

对于隐藏的行或列，实际就是把行高或列宽设置为零。在隐藏行或列之后，包含隐藏行或列处的行号或列标不再连续显示。用户若取消隐藏行或列有以下两种操作方法。

（1）选定包含隐藏的行或列后，右击，在弹出的快捷菜单中选择【取消隐藏】命令，如图 4-25 所示。

图 4-25　取消隐藏行

（2）选定包含隐藏行的整行，再双击行号交叉处，可快速取消隐藏行并且自动调整行高，取消隐藏列的方法类似（如图 4-26 所示）。如一次性取消工作表中所有隐藏的行或列，可单击行与列标签交叉处（即选中整个工作表），再分别双击行号交接处与列标交接处。

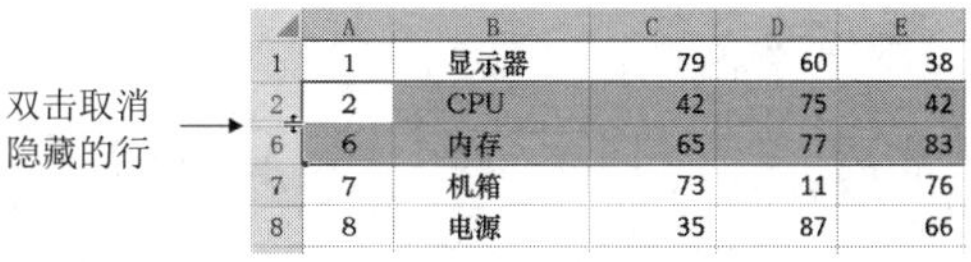

图 4-26　双击行号交接处快速取消隐藏的行

8. 删除行与列

要删除不需要的行或列内容，需要先选定整个的目标行或列，然后选择【开始】→【单元格】→【删除】→【删除工作表行】命令，或者右击，在弹出的快捷菜单中选择【删除】命令，如图 4-27 所示。

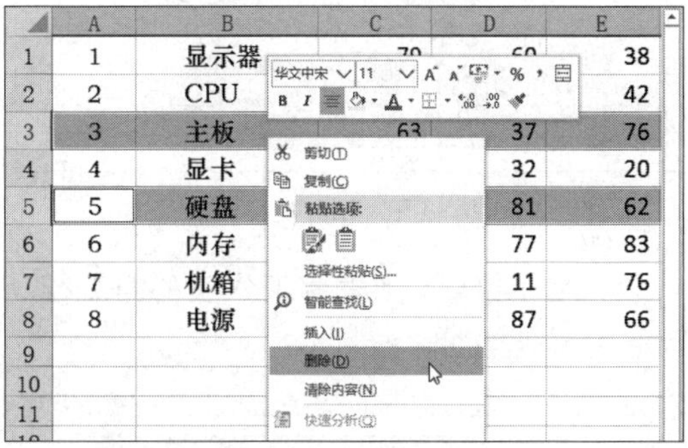

图 4-27　删除整行

如果选定的目标不是整行，而是行中的单元格，则会在执行删除操作时弹出【删除】对话框，用户可在对话框中选中【右侧单元格左移】或【下方单元格上移】单选按钮，这两个单选按钮仅仅是删除单元格，而选中【整行】或【整列】则是删除当前选中单元格所在的整行或整列内容，如图 4-28 所示。

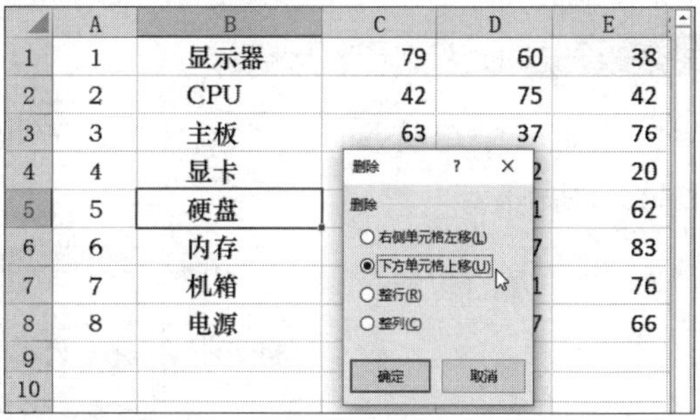

图 4-28　删除操作

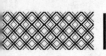

4.3 单元格及区域操作

单元格区域是指由多个单元格组成的区域，区域中的单元格可以是连续的，也可以是非连续的。对于连续区域，Excel 使用区域左上角和右下角的单元格地址进行标识，例如连续单元格地址为"A1:C5"，表示从 A1 单元格到 C5 单元格的矩形区域，该矩形区域宽度为 3 列，高度为 5 行，共包括 15 个连续单元格，如图 4-29 所示。

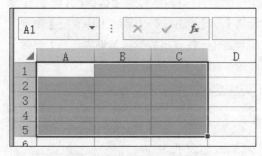

图 4-29　单元格区域

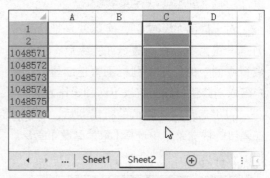

图 4-31　选取整列区域

"A2:XFD2"则表示工作表的第 2 行，可简写为"2:2"，如图 4-30 所示。

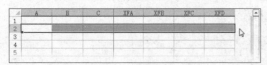

图 4-30　选取整行区域

"C1:C1048576"则表示工作表的 C 列，可简写为"C:C"，如图 4-31 所示。

每个工作表中都有一个活动单元格。活动单元格是指正在使用、被选中的单元格。活动单元格的边框显示绿色的框线。在工作表的名称框中会显示活动单元格的地址，在编辑栏会显示此活动单元格中的内容。用户可以用鼠标直接选择某个目标单元格为活动单元格，也可以用键盘或快捷键选取。

4.3.1　单元格区域的选取

选取单元格区域主要有以下 3 种情形。

1. 选取连续单元格区域

选定一个单元格，按住鼠标左键直接在工作表中拖动来选取相邻的连续区域，如图 4-32 所示。

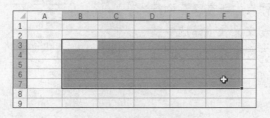

图 4-32　选取连续区域

选定一个起始单元格，按住 <Shift> 键，点选其他一个单元格，这样会选取起始单元格到点选单元格中间的区域，或按住 <Shift> 键后，使用方向键在工作表中选择相邻的连续区域。

2. 不连续区域的选取

选定一个单元格，按住 <Ctrl> 键，然后使用鼠标左键单击或者拖动选择多个单元格或者连续区域，如图 4-33 所示。

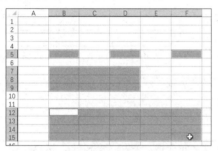

图 4-33　选取不连续单元格区域

此外用户还可以使用快捷键 <Shift+F8> 进入"添加"模式，在该模式下可仅使用鼠标就能选择不连续的区域。若取消添加模式，

再次按快捷键 <Shift+F8> 即可。

3. 多表区域选取

Excel 允许用户同时在多张工作表上选取三维的多表区域。要选取多表区域，用户先要在当前工作表中选定某个区域后，再按住 <Shift> 键或 <Ctrl> 键的同时即可选中多张工作表，此时在 Excel 工作表标题上面会显示"组"的文字，即选取了多表区域，如图 4-34 所示。

图 4-34　同时选取多表区域

选定多表区域后，用户在多表区域进行输入、格式设置、修改等操作时，会同时更新在其他工作表的相同位置上。

4.3.2　利用定位选择特殊区域

除了使用常规方法选取区域外，用户还可以使用【定位】功能来快速选取特殊的单元格区域。选择【开始】→【编辑】→【查找和选择】→【转到】命令，或者按快捷键 <Ctrl+G> 或 <F5> 键，在弹出的【定位】对话框中单击左下角【定位条件】按钮，即显示【定位条件】对话框。在此对话框中选择所需的选项后，单击【确定】按钮完成特定对象的选取，如图 4-35 所示。

图 4-35　使用【定位】功能选择特定对象

【定位条件】对话框中选项的含义如表 4-1 所示。

表 4-1　【定位条件】对话框中选项的含义

选项	含义
批注	选择所有包含批注的单元格
常量	选择所有常量单元格。在【公式】下方的复选框中进一步筛选常量单元格的数据类型
公式	选择所有包含公式的单元格。可在【公式】下方的复选框中进一步筛选公式单元格结果的数据类型
空值	选择所有空单元格
当前区域	选择活动单元格周围矩形区域内的单元格，这个区域的范围由周围非空的行列来确定
当前数组	选择活动单元格所在的数组区域
对象	选择工作表中所有的外部插入对象，包括图表
行内容差异单元格	选择行内不同于活动单元格内容的数据
列内容差异单元格	选择列内不同于活动单元格内容的数据
引用单元格	选定公式单元格中被引用的单元格，可在【从属单元格】下方选择【直属】或【所有级别】
从属单元格	选定在公式中引用了活动单元格的单元格。可在【从属单元格】下方选择【直属】或【所有级别】
最后一个单元格	选择工作表中含有数据或者格式的区域范围中最右下角的单元格
可见单元格	当前工作表选定区域中所有的可见单元格
条件格式	选择工作表中所有运用了条件格式的单元格，可进一步选择【全部】或【相同】，【全部】是选择工作表中所有的条件格式，【相同】是只选择与当前活动单元格相同的条件格式
数据验证	选择工作表中所有运用了数据验证的单元格，可进一步选择【全部】或【相同】，【全部】是选择工作表中所有的数据验证区域，【相同】是只选择与当前活动单元格相同的数据验证

下面介绍利用【定位】功能批量选取工作表中同一类型数据元素。

（1）定位批注。在【定位条件】对话框中选中【批注】单选按钮，单击【确定】按钮，可一次性定位工作表中所有含批注的单元格，如图 4-36 所示。批量定位后，可对批注进行全部删除操作。

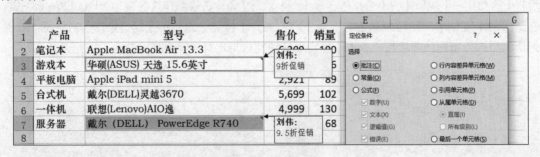

图 4-36　定位批注

（2）定位常量。在【定位条件】对话框中选中【常量】单选按钮，单击【确定】按钮，可一次性定位工作表中所有常量单元格。在 Excel 中，常量分为数字常量、文本常量、逻辑值、错误值。选中【常量】单选按钮后，在【公式】下方可对常量类型进行单独的选择。如只选中【数字】复选框，则只会定位数字常量，而忽略文本常量、逻辑值及错误值，如图 4-37 所示。

图 4-37　定位常量

（3）定位公式。在【定位条件】对话框中选中【公式】单选按钮，单击【确定】按钮，可一次性定位工作表中所有含公式的单元格，在 Excel 中，按公式的返回值类型分为数字公式、文本公式、逻辑值公式、返回错误值的公式。选中【公式】单选按钮后，在该单选按钮下面可对公式类型进行选择，如图 4-38 所示。

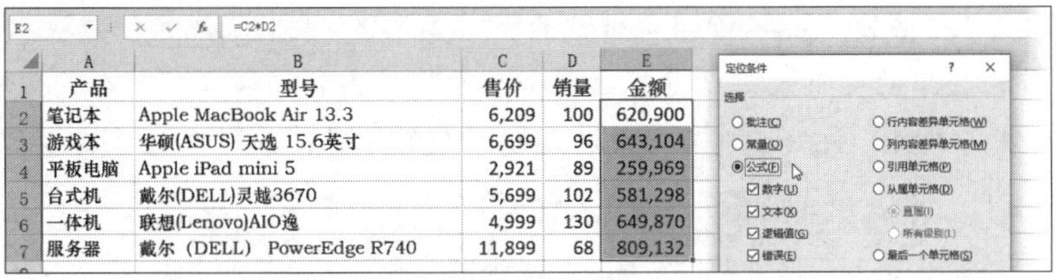

图 4-38　定位公式

（4）定位空值。选中【定位条件】对话框中【空值】单选按钮，单击【确定】按钮，可一次性定位工作表中所有空单元格，此操作在 Excel 中广泛使用。

例1　如图 4-39 所示，表格中存在多处空行，若批量删除这些空行，可选中任意一列，调出【定位条件】对话框，然后选中【空值】单选按钮，单击【确定】按钮，即可批量选中 A 列中所有的空单元格。

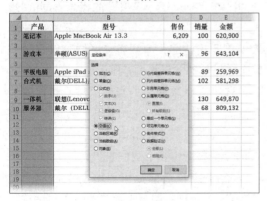

图 4-39　定位空值

批量选中 A 列空单元格后右击，在弹出的快捷菜单中选择【删除】命令，在弹出的【删除】对话框中选中【整行】单选按钮，单击【确定】按钮，即可批量删除表格中的空行，如图 4-40 所示。

图 4-40　批量删除空行

例2　图 4-41 中的 A 列为商品的一级类别，B 列为一级类别下面的子项。现需要在 A 列的空单元格中填充所有子项对应的一级类别。其具体步骤如下。

第1步　选中 A 列，调出【定位条件】对话框，选中【空值】单选按钮，单击【确定】按钮，如图 4-41 所示。

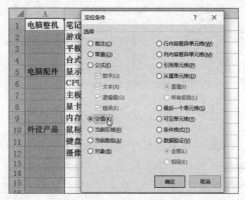

图 4-41　定位空单元格

第2步 批量定位空单元格后，会将A2单元格设为活动单元格，此时在编辑栏内输入公式"=A1"，该公式的含义是让选中的空单元格都填充上一个单元格的内容。输入后，在编辑状态下按快捷键 <Ctrl+Enter> 批量填充，即可以对空单元格进行正确的填充，如图 4-42 所示。

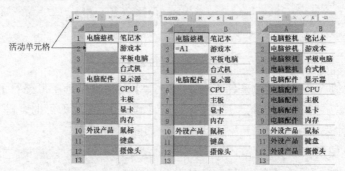

图 4-42　批量填充空单元格

（5）定位当前区域。选中 A6 单元格，调出【定位条件】对话框，在对话框中选中【当前区域】单选按钮，单击【确定】按钮，将选中 A6:D7 单元格区域，如图 4-43 所示。

	A	B	C	D
1	产品	售价	销量	金额
2	笔记本	6,209	100	620,900
3				
4	游戏本	6,699	96	643,104
5				
6	平板电脑	2,921	89	259,969
7	台式机	5,699	102	581,298
8				
9	一体机	4,999	130	649,870
10	服务器	11,899	68	809,132
11		当前区域		

图 4-43　当前区域

A6:D7 单元格区域为 B6 单元格的当前区域。所谓"当前区域"是指以某个活动单元格为参考点，在该活动单元格的上下左右及四个斜角上相邻单元格所组成的区域。简言之就是某个单元格四面八方相邻单元格组成的区域，它与"最大范围"的概念不同。"最大范围"强调所有数据及格式单元格组成的最大单元格范围，而"当前区域"仅仅强调某个数据相邻单元格的范围。

选中某个单元格的当前区域，最快速的方式是使用快捷键 <Ctrl+A>，若该单元格四周没有任何一个相邻单元格，使用快捷键 <Ctrl+A> 将选中整个工作表。

（6）定位当前数组。如图 4-44 所示，选中 C3 单元格，调出【定位条件】对话框，在对话框中选中【当前数组】单选按钮，单击【确定】按钮，可以选中活动单元格中的数组范围。

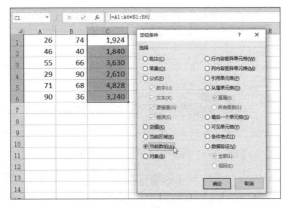

图 4-44　定位数组

（7）定位对象。如图 4-45 所示，选中任意单元格，调出【定位条件】对话框，在对话框中选中【对象】单选按钮，单击【确定】按钮，可以批量选中工作表中图片、形状、控件等外部对象。用户批量选中对象后，可按 < Delete > 键一次性删除。

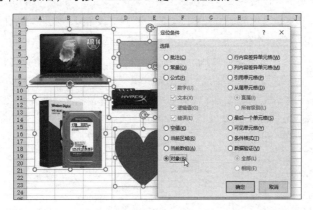

图 4-45　定位工作表中的所有外部对象

（8）定位行内容差异单元格、列内容差异单元格。【行内容差异单元格】用于选择行内不同于活动单元格内容的数据。如图 4-46 所示，选中 A1:F1，其中 A1 是活动单元格，调出【定位条件】对话框，选中【行内容差异单元格】单选按钮，单击【确定】按钮，则会选中 C1、D1、F1 单元格。因为 C1、D1、F1 单元格中的值与 A1 单元格中的值不同。

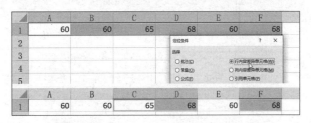

图 4-46　定位行内容差异单元格（1）

同样选中 A1:F1，按 <Tab> 键将活动单元格移至 D1 单元格，调出【定位条件】对话框，选中【行内容差异单元格】单选按钮，则会选中 A1、B1、C1、E1 单元格。因为这 4 个单元格与之前为活动单元格的 D1 单元格中的值不同，如图 4-47 所示。

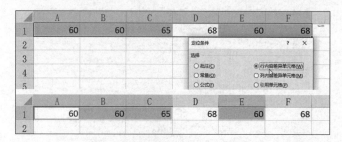

图 4-47 定位行内容差异单元格（2）

列内容差异单元格与行内容差异单元格的原理相同，只是选取单元格区域的方向不同。

深入了解

定位搜索原理及最大区域概念在使用"定位"功能选择特殊单元格时，有两种情况：第一种是选择一块数据区域，第二种只是单独选中某个单元格。这两种情况使用"定位"功能后结果会有很大差异。

如图 4-48 所示，先选中 A2:A10 区域，然后调出【定位条件】对话框。使用【空值】作为定位条件，单击【确定】按钮。此时只会批量定位事先选中区域中的空单元格，即 A3、A5 和 A8 三个空单元格。

如图 4-49 所示，若只单独选中某个单元格，同样使用定位【空值】，则会定位 A1:G10 区域中所有空值。

A1:G10 被称为当前工作表中的"最大区域"。所谓最大区域，指的是以当前包含数据或者格式单元格中最大行号和最大列标为区域边界的区域。通俗的解释就是当前工作表中由内容和格式的最大行号和最大列标所组成的最大区域。如当前最下端的数据是 A10 单元格，最右边是 G10 单元格。该单元格中并没有内容，但是设置了填充格式。两者所组成的单元格区域就是当前工作表中的"最大区域"。

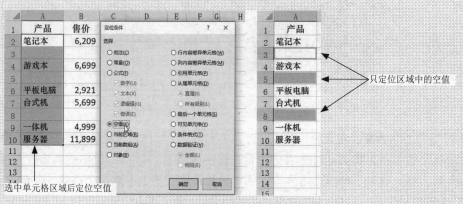

图 4-48 选定单元格区域后定位空值

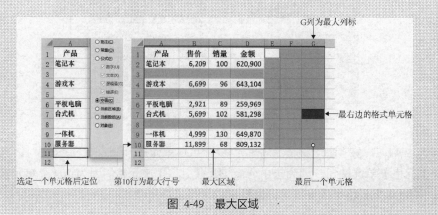

图 4-49 最大区域

在 Excel 中，如果只选中一个单元格进行定位操作，则 Excel 只会在"最大区域"中进行选择，而不会对整个工作表的区域进行选择，因为对没有数据或没有设置格式的单元格区域进行选择是没有意义的，并且全部检索整张工作表会使 Excel 计算执行效率低下。

（9）定位引用单元格和从属单元格。如图4-50所示，使用【定位条件】对话框中的【引用单元格】单选按钮，可选定与之对应的单元格，此单选按钮可由【公式】选项卡中的【追踪引用单元格】来代替。从属单元格与引用单元格原理相同，其可由【公式】选项卡中的【追踪从属单元格】来代替。

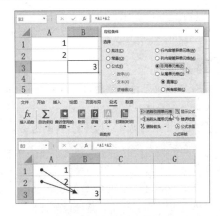

图 4-50　定位引用单元格

（10）定位最后一个单元格。此定位条件可定位工作表中最大区域中最右下角的单元格，图 4-49 中的 G10 单元格为"最后一个单元格"。

（11）定位可见单元格。图 4-51 中的第 4 行、第 5 行被隐藏了。在默认情况下，选中一块数据区域复制，再粘贴到其他区域时，会同时粘贴被隐藏行的数据。

图 4-51　隐藏的行

用户若在粘贴时不想粘贴隐藏行的数据，可以选中数据后，调出【定位条件】对话框，在对话框中选中【可见单元格】单选按钮，单击【确定】按钮后，Excel 会只选中可见的单元格数据，并且隐藏行处有白色的线显示，如图 4-52 所示。

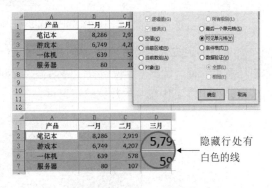

图 4-52　定位可见单元格

当定位可见单元格后，再复制数据，此时隐藏行的四周会有流动的虚线，这表明只是单独选中了可见的单元格数据，然后粘贴到其他地方，只会粘贴可见的单元格，而隐藏行的数据不会粘贴，如图 4-53 所示。

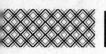

隐藏行处会有流动的虚线

图 4-53　复制粘贴可见单元格

深入了解

定位可见单元格的快捷键为<Alt+;>，用户在选中某数据后，可先按快捷键<Alt+;>，然后复制、粘贴。效果同定位可见单元格后复制、粘贴效果一样。

对于隐藏的行列，复制数据时，默认是复制全部的数据。如果用户只需要粘贴可见的单元格，则需要使用定位可见单元格或按快捷键<Alt+;>后再复制，再粘贴。如果是复制筛选后的数据，则默认就是复制可见的单元格，如图4-54所示。

复制筛选后的数据，默认就是复制可见的单元格

图 4-54　复制筛选后的数据

（12）定位条件格式。图4-55中的C2:C7单元格中设置了条件格式，将光标定位在工作表中任意单元格，调出【定位条件】对话框，在对话框中选中【条件格式】单选按钮，单击【确定】按钮，可定位工作表中的条件格式区域。

图 4-55　定位条件格式

（13）定位数据验证。图4-56中的A2:A7单元格中设置了数据验证，将光标定位在工作表中任意单元格，调出【定位条件】对话框，在对话框中选中【数据验证】单选按钮，单击【确定】按钮，可定位工作表中的数据验证区域。

图 4-56　定位数据验证

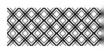

4.3.3　通过名称选择区域

若用户定义了单元格区域名称，则可以在名称框下拉列表中选择名称，即可以定位名称所属的单元格区域，如图 4-57 所示。

图 4-57　使用名称选择区域

4.4 单元格和区域的复制与剪切

在 Excel 的操作过程中，复制、剪切、粘贴是常见的操作，复制和剪切是将数据从一处复制或移动到另一处。对于单元格和区域的复制有以下 3 种方式。

（1）选择【开始】→【剪贴板】→【复制】命令。

（2）按复制的快捷键 <Ctrl+C>。

（3）选中要复制的单元格或区域，并右击，在弹出的快捷菜单中选择【复制】命令。

对于单元格和区域的剪切有下列 3 种方式。

（1）选择【开始】→【剪贴板】→【剪切】命令。

（2）按剪切的快捷键 <Ctrl+X>。

（3）选中要剪切的单元格或区域，并右击，在弹出的快捷菜单中选择【剪切】命令。

用户进行复制或剪切操作后，如果想撤销复制或剪切的操作，可以按 <Esc> 键，如粘贴位置有错误，可以按撤销键或按快捷键 <Ctrl+Z> 进行撤销。

4.5 单元格和区域的粘贴

复制和剪切后必须使用【粘贴】命令将数据真正置于单元格中。对于粘贴分为一次性的普通粘贴和选择性的粘贴。

4.5.1　普通粘贴

用户进行复制或剪切的操作后，粘贴到目标单元格中有 4 种方式。

（1）选择【开始】→【剪贴板】→【粘贴】命令。

（2）按粘贴的快捷键 <Ctrl+V>。

（3）选中要粘贴的单元格或区域，并右击，在弹出的快捷菜单中选择【粘贴】命令。

（4）按 <Enter> 键进行粘贴。

以上的粘贴方式会把单元格中的数据、公式、格式、条件格式、数据验证、批注等一并粘贴到目标单元格中。如果用户只需要粘贴一次，可以按 <Enter> 键，其他的粘贴方式可以进行

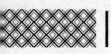

多次粘贴。此外，用户使用粘贴时，不必选中跟源数据区域相同大小的范围，只需要单独选中要粘贴区域的左上角的一个单元格即可以粘贴，粘贴时 Excel 会自动扩大范围进行数据的容纳。

4.5.2 利用【粘贴选项】按钮选择粘贴

用户执行复制后再粘贴时，在被粘贴区域的右下角会出现【粘贴选项】按钮（剪切后的粘贴不会出现此按钮），如图 4-58 所示。

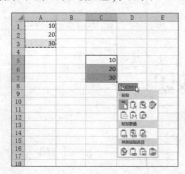

图 4-58 【粘贴选项】按钮

用户单击【粘贴选项】按钮会展开粘贴列表，将光标悬停在某个粘贴选项按钮上时，工作表中会出现粘贴后的预览效果。因为普通的粘贴操作下，默认粘贴到目标区域的内容携带了源单元格中的全部属性和内容。在实际工作中，用户经常需要粘贴的是源数据中某些单独的属性和内容，此时就可以在【粘贴选项】按钮中根据自己的实际需要来进行选择性粘贴。

【粘贴选项】中的大部分选项与【选择性粘贴】对话框中的选项相同，它们的含义及使用方法可参考下节内容，本小节主要介绍粘贴图片的功能。

● 粘贴图片：以图片格式复制粘贴的内容，此图片为静态图片，可以放置在工作表中的任何位置，并且该图片与源数据区域的内容不再有联系，如图 4-59 所示。

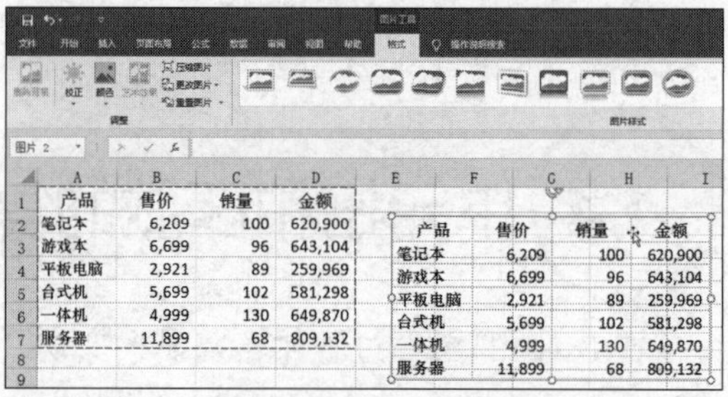

图 4-59 粘贴图片

● 粘贴图片链接：以动态链接图片的方式粘贴被复制的内容，图片与源区域具有动态链接关系，即源区域的内容发生改变，图片中的数据也会发生相应的动态变化，如图 4-60 所示。

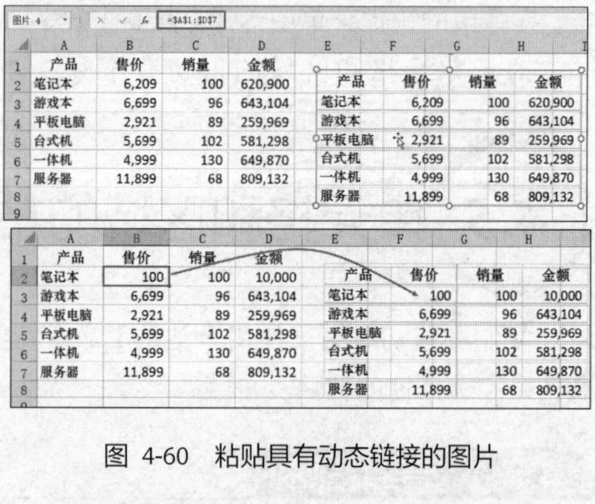

图 4-60 粘贴具有动态链接的图片

4.5.3 选择性粘贴

选择性粘贴包含了许多详细的粘贴选项设置，方便用户根据实际需求选择不同的粘贴方式。用户复制某单元格或单元格区域后，再选择【开始】→【剪贴板】→【粘贴】→【选择性粘贴】命令或在粘贴目标区域上右击，在弹出的快捷菜单中选择【选择性粘贴】命令，在弹出的【选择性粘贴】对话框中选择自己需要的粘贴方式，单击【确定】按钮即可应用该粘贴方式，如图 4-61 所示。

图 4-61 【选择性粘贴】对话框

如果复制的数据来源于其他程序（如 Word、记事本、网页），则会打开另一种样式的【选择性粘贴】对话框。在实际工作中，绝大部分情况下是选择粘贴为"文本"形式，即只粘贴纯文字，而剔除其他格式，如图 4-62 所示。

图 4-62 其他程序复制数据时的【选择性粘贴】对话框

选择性粘贴是一项很强大的工具，在实际工作中应用频率极高。【选择性粘贴】对话框中有以下 5 类选项。

1. 粘贴

在 Excel 中，默认粘贴会把单元格内所有内容和属性都复制粘贴下来，包括数值、公式、格式，以及如果有批注的话也会一并粘贴。在实际工作中，用户可能只需要单独粘贴某一种内容或是只粘贴格式，此时利用选择性粘贴就可以完成，表 4-2 中列示了【选择性粘贴】对话框中各粘贴方式选项的含义。

表 4-2 【选择性粘贴】对话框中各粘贴方式选项的含义

粘贴方式选项	含义
全部	粘贴源单元格中全部属性和内容
公式	粘贴公式，不附带格式
数值	粘贴公式的结果
格式	只单纯粘贴源单元格格式（包括条件格式），而不附带其他任何数据内容
批注	只粘贴批注，不附带其他任何数据内容和格式
验证	只粘贴数据验证的设置内容，不附带其他任何数据内容和格式
所有使用源主题的单元	粘贴所有内容，并使用源区域的主题
边框除外	粘贴全部内容，除单元格边框的格式设置外
列宽	将粘贴目标单元格区域的列宽设置成与源单元格列宽相同，不附带任何其他数据内容
公式和数字格式	粘贴公式及数字格式，而不附带其他格式
值和数字格式	粘贴公式结果及原有的数字格式，而不附带其他格式
所有合并条件格式	当复制的区域中有条件格式时，将条件格式与目标区域中的条件格式进行合并

2. 运算

在【选择性粘贴】对话框中，【运算】包含无、加、减、乘、除几个单选按钮。如图 4-63 所示，复制 D1 单元格（其内容为 10），再选中 A1:B7 单元格区域，调出【选择性粘贴】对话框，选中该对话框【运算】中的【加】单选按钮，则会将目标区域中的所有数值与"10"进行加法运算，并将结果数值直接保存到目标区域中。

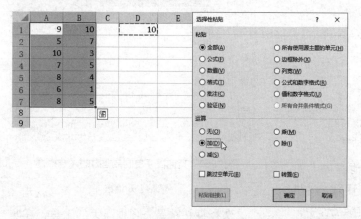

图 4-63　利用【选择性粘贴】对话框中的【运算】功能

如果复制的是一个与粘贴目标区域相同大小的数据区域，那使用"运算"功能则会将复制区域的每个单元格分别与目标区域中的每个单元格数据同位置进行运算。

3. 跳过空单元

在【选择性粘贴】对话框中选中【跳过空单元】复选框，可以防止用户选择有空单元格的源数据区域，粘贴到目标区域时覆盖粘贴区域中的单元格内容。如图 4-64 所示，选定 A1:A5（其中 A3 为空单元格）区域复制粘贴到 C1:C5（C3 单元格有数据 100）时，会自动跳过 C3 单元格，即不会把 A3 单元格中的空白覆盖到 C3 单元格中。

图 4-64　【选择性粘贴】对话框中的【跳过空单元】复选框

4. 转置

粘贴时使用【选择性粘贴】对话框中的"转置"功能，可以将源数据区域的行列位置进行互换。（转置后的数据不能与源数据有任何重叠），如图 4-65 所示。

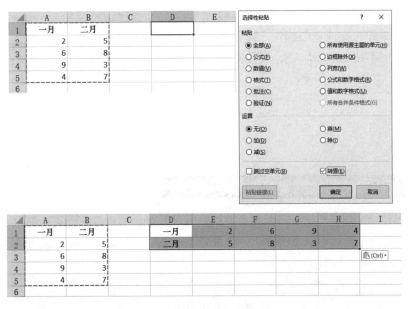

图 4-65 【选择性粘贴】对话框中的【转置】复选框

5. 粘贴链接

在粘贴区域生成指向源单元格区域的公式引用，等同于在被粘贴单元格中写公式引用源单元格中的内容。

4.5.4 使用 Office 剪贴板进行粘贴

用户若要反复使用最近复制剪切的内容，可以使用 Office 剪贴板。Office 剪贴板可以保存用户最近 24 次复制剪切的内容。

在【开始】选项卡下的【剪贴板】组中，单击【对话框启动器】按钮，可以在 Excel 窗口中显示【剪贴板】窗格。当用户复制或剪切数据后，会在【剪贴板】窗格中显示数据。用户单击需粘贴的内容，即可以将内容粘贴到目标单元格中，如图 4-66 所示。

图 4-66 【剪贴板】窗格

4.5.5 通过鼠标拖放进行复制或移动

用户可以用鼠标拖放的方式，直接对单元格或区域进行复制或移动的操作。

用户先选中需要复制的目标单元格或区域。将鼠标指针移至区域边缘，当鼠标指针显示为黑色十字形状时，按住鼠标左键，同时按住 <Ctrl> 键，此时鼠标指针显示为带加号（"+"）

的指针样式，再拖动到目标区域，释放鼠标
左键和 <Ctrl> 键即可完成复制操作。如果用
户在拖动过程中不按住 <Ctrl> 键，直接拖动
就是移动数据，如图 4-67 所示。

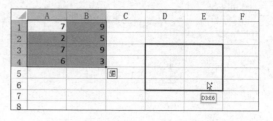

图 4-67　通过鼠标拖放的方式复制数据

4.5.6　使用填充将数据复制到邻近单元格

用户可以使用"填充"功能将数据复制到邻近单元格，用户选中需要复制的单元格及目标
单元格，然后选择【开始】→【编辑】→【填充】→【向下】命令（或按快捷键 <Ctrl+D>）即
可以快速地复制填充，如图 4-68 所示。

图 4-68　使用向下填充复制数据

除了【向下】填充以外，还有【向右】、【向上】和【向左】填充 3 个命令，其中【向右】
填充命令可按快捷键 <Ctrl+R>。

深入了解

　　快捷键 <Ctrl+D> 同样可以批量复制公式。如图 4-69 左侧所示，在 C1 单元格中输入公式后，再选中
C1:C5 单元格区域，按快捷键 <Ctrl+D> 可向下批量复制公式。快捷键 <Ctrl+D> 与 <Ctrl+Enter> 的功能非
常相似，都可以批量复制公式或内容，它们的区别在于快捷键 <Ctrl+D> 是在普通的就绪状态复制或填充，
而快捷键 <Ctrl+Enter> 需要在编辑或修改状态下复制或填充。此外快捷键 <Ctrl+D> 只能在连续的区域填
充，而快捷键 <Ctrl+Enter> 可以在不连续的区域批量填充。

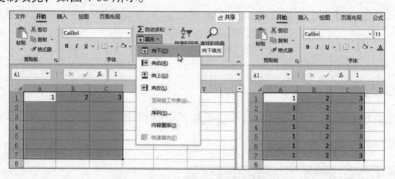

图 4-69　快捷键<Ctrl+D>填充与快捷键<Ctrl+Enter>填充的不同

4.6 单元格中进行查找和替换

用户在使用"查找"或"替换"功能之前，必须先选中需要查找或替换的单元格区域。若要在整个工作表或工作簿的范围内进行查找与替换，则只能先选中工作表中的任意一个单元格。若要在某个区域中进行查找与替换，则必须先选取该特定区域。

1. 常规查找和替换

用户可选择【开始】→【编辑】→【查找和选择】→【查找】/【替换】命令，或按【查找】的快捷键 <Ctrl+F>，【替换】的快捷键为 <Ctrl+H>，两者都可以打开【查找和替换】对话框。"查找"与"替换"是位于同一个对话框中的不同标签，如图 4-70 所示。

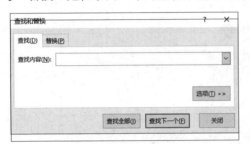

图 4-70 【查找和替换】对话框

用户在【查找内容】框中输入要查找的内容，然后单击【查找下一个】按钮，就可以定位到当前工作表中第一个包含查找内容的单元格。继续单击【查找下一个】按钮就会定位到第二个包含查找内容的单元格。如果单击【查找全部】按钮，对话框将扩展显示出所有符合条件结果的列表，如图 4-71 所示。

图 4-71 利用"查找"功能查找匹配数据

在列表中单击其中一项即可定位到对应的单元格，按快捷键 <Ctrl+A> 可以在工作表中选中列表中的所有单元格。对选中后的单元格，可以进行格式的设置或其他修改。

用户若要进行批量替换操作，可切换到【替换】选项卡，在【查找内容】框中输入需要查找的对象，在【替换为】框中输入所替换的内容，单击【全部替换】按钮，即可完成替换，如图 4-72 所示。

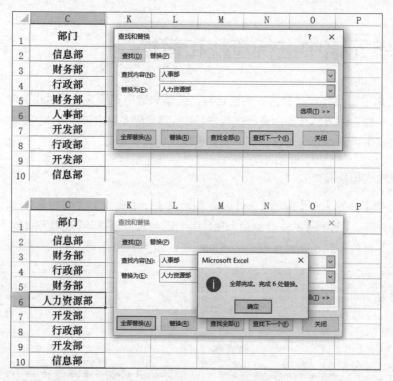

图 4-72 利用"替换"功能批量修改数据

2. 利用格式进行查找和替换

用户若对部分单元格设置了格式,比如对单元格应用底纹颜色等格式设置,此时用户可依据格式对单元格进行查找和替换。单击【查找和替换】对话框右下角的【选项】按钮,再单击【格式】右边的小三角形按钮,在下拉列表中可以手动设置格式内容或从单元格选择格式,然后单击【查找全部】或【查找下一个】按钮开始查找,如图4-73所示。

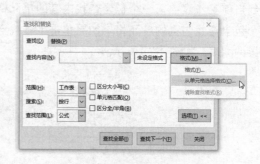

图 4-73 利用格式查找数据

> **提示**
>
> 使用完格式查找后,在下次查找时会保留之前查找的格式,为了避免携带之前的格式,需将之前设置的查找格式清除。

3. 更多查找选项

在【查找和替换】对话框中,单击【选项】按钮可以显示更多查找和替换选项,如图4-74所示。

图 4-74　更多查找选项

【选项】中的更多查找选项含义如表 4-3 所示。

表 4-3　更多查找选项含义

查找选项	含义
范围	查找的目标范围，范围可为当前工作表或整个工作簿
搜索	查找时的搜索顺序，有"按行"和"按列"两种选择
查找范围	查找对象的类型。按"公式"查找是指查找单元格中数据及公式结构中数据内容，按"值"查找是仅查找单元格中的数据及公式运算结果，不对公式结构中数据内容进行查找。"批注"是仅在批注内容中进行查找
区分大小写	表示区分英文字母的大小写
单元格匹配	查找的目标单元格是否仅包含需要查找的内容，选中此复选框表示精确查找，否则是模糊查找
区分全 / 半角	表示区分全角和半角字符

4. 利用通配符查找

Excel 中还可以使用包含通配符的模糊查找方式。Excel 所支持的通配符有星号（＊）和问号（？）。

星号（＊）：可代替任意数目的字符，可以是 0 个字符（即没有字符）、单个字符、多个字符。

问号（？）：可代替任意单个字符。

如图 4-75 所示，在【查找内容】框中输入"＊成＊"，此时单元格中包含类似"成""成都""构成""一成不变"的单元格都会被查找出来。如果在【查找内容】框中输入"成？"，则只会查找类似"成功""成都"等单元格，即在"成"字后面只有一个文字的单元格。

图 4-75　利用通配符查找

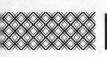

4.7 单元格或区域的隐藏和锁定

在实际工作中，为了安全性考虑，用户可能经常需要将某些单元格或区域的数据隐藏起来，或将部分单元格或整张工作表锁定起来，防止其他用户修改。

1. 单元格或区域的隐藏

用户将数字格式设置为 3 个半角的分号（"**;;;**"）可以隐藏单元格的显示内容，或将单元格的背景和字体颜色设置为相同颜色，也可以起到隐藏单元格内容的作用。但在公式编辑栏中仍然会显示单元格的真实数据，并没有真正地隐藏单元格内容。

真正地隐藏单元格内容（在单元格和公式编辑栏中都不显示数据内容），可以在以上两种方法的基础上进行以下操作。

第1步 选中需要隐藏内容的单元格或区域。

第2步 按快捷键 <Ctrl+1> 调出【设置单元格格式】对话框，在对话框中选择【保护】选项卡，选中【隐藏】复选框，单击【确定】按钮，如图 4-76 所示。

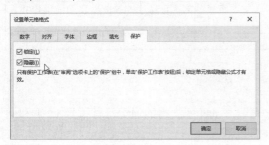

图 4-76 设置单元格属性为"隐藏"

第3步 选择【审阅】→【保护工作表】命令，在弹出的【保护工作表】对话框中单击【确定】按钮，即可完成单元格内容的真正隐藏，如图 4-77 所示。

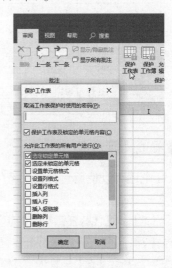

图 4-77 保护工作表

2. 单元格或区域的锁定

单元格或区域的锁定是防止用户修改或编辑，单元格是否允许被编辑，取决于是否进行以下两项设置。

（1）单元格是否被设置为"锁定"状态（默认情况下，工作表中的单元格全部为锁定状态）。

（2）当前工作表是否执行了保护工作表操作。

当执行了保护工作表操作后，所有被设置为"锁定"状态的单元格，将不允许再被编辑，而未被设置为"锁定"状态的单元格仍然可以被编辑。根据此原理，用户可针对工作表部分区域设置可编辑状态，其他部分设置为不可编辑状态。

如图 4-79 所示，用户若想设置 B2:C7 区域为可编辑修改区域，其他区域为不可修改编辑区域，可按以下步骤完成此操作。

第1步 选中 B2:C7 区域，按快捷键 <Ctrl+1>，打开【设置单元格格式】对话框，在【保护】选项卡中取消选中【锁定】复选框，如图 4-78 所示。

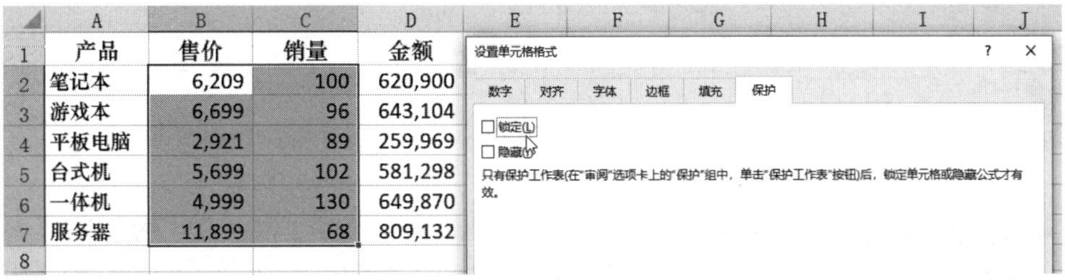

图 4-78 取消单元格的"锁定"状态

第2步 选择【审阅】→【保护工作表】命令。设置完成后，用户对 B2:C7 区域可以正常编辑，但如果编辑其他区域则会被拒绝，并且弹出警告框，如图 4-79 所示。

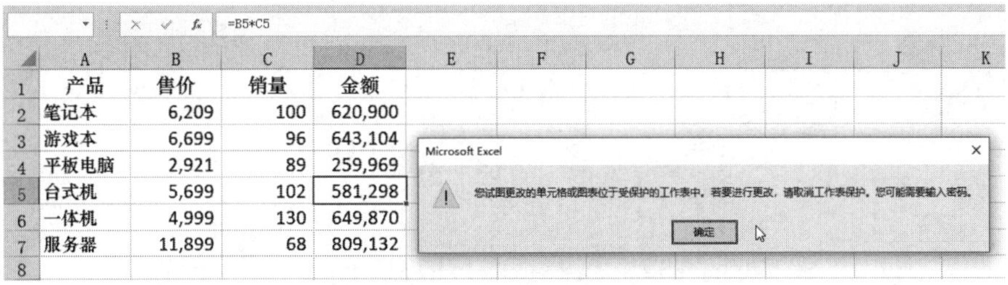

图 4-79 限制编辑的警告框

专业术语解释

活动单元格： Excel 表格中处于激活状态的单元格。用户单独选中某个单元格，该单元格为活动单元格，若选中单元格区域或多个单元格，反白显示的单元格为活动单元格，用户只能对活动单元格进行输入与编辑。选中一块单元格区域，按 <Tab> 键可以移动活动单元格的地址。

A1 引用样式： Excel 默认的单元格引用样式，它是用字母加数字来表示单元格地址。

R1C1 引用样式： 行号和列标都用数字表示的一种单元格引用方式。

定位： Excel 中常见的一项功能，它用于批量选择工作表中具有特殊性质的单元格。

最大范围： 在工作表中由内容和格式的最大行号和最大列标所组成的最大区域。

当前区域： 由四周相邻单元格组成的单元格区域。当前区域一定是小于或等于最大区域。

可见单元格和不可见单元格： 在工作表上正常显示的单元格称为可见单元格。隐藏行列中的数据称为不可见单元格。

选择性粘贴： 普通的粘贴会一并粘贴单元格中所有内容、格式，而选择性粘贴是指选择单元格中某个单独特性进行粘贴。选择性粘贴比普通粘贴有更多的选项，更灵活，功能也更强大。

通配符： Excel 中的通配符有星号（*）和问号（?）。通配符用来模糊搜索内容。当不知道

真正字符或者不想输入完整字符串时，常常使用通配符代替一个或多个真正的字符。

问题 1：将 Excel 中的表格复制到 Word 中时会自动带有表格，怎么只粘贴数字？

答：将表格从 Excel 中复制粘贴到 Word 中时，在粘贴数据的右下角同样会出现【粘贴选项】的按钮，单击【只保留文本】按钮，就会只保留数字，表格及其他格式都将被去掉。此外，用户也可以将数据粘贴到 txt 记事本中，然后从 txt 文本中复制到 Word 中，如图 4-80 所示。

图 4-80　纯文本粘贴与 txt 记事本

问题 2：工作表中明明有这个数值，为什么使用【查找】命令查找不到？

答：如图 4-81 所示，C1 单元格中为公式"=A1*B1"，结果为 100，在【查找和替换】对话框中，查找 100，但却查不到。

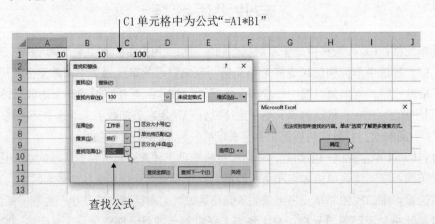

图 4-81　查找公式

查不到的原因是查找的默认范围是查找"公式"，查找"公式"只查找两类单元格：第一类是单元格中是数值为 100 的常量单元格；第二类是查找公式结构中有 100 的公式单元格。比如某单元格中公式为"=100*25"，它就能被查找到。如图 4-82 所示，A2 为公式单元格，其公式为"=100*25"，如果【查找范围】设置为"公式"，查找值为 100，则会查找到这个单元格。

而图 4-81 中 C1 单元格中的"100"是公式的计算结果，所以查找不到。

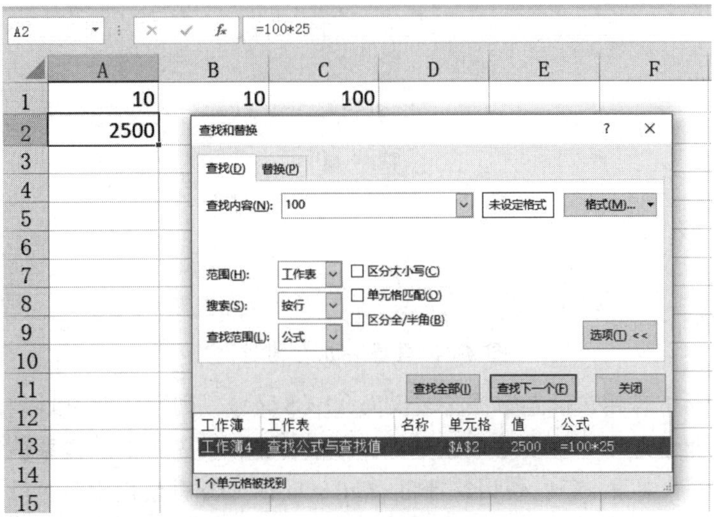

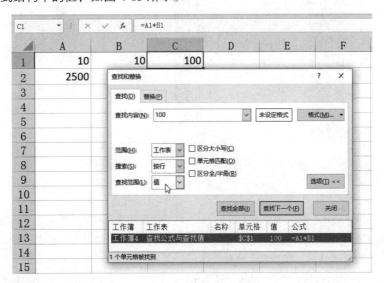

图 4-82　查找公式结构中的值

如果要查找公式的结果，可以将【查找范围】设置为"值"。查找值会查找两类单元格：第一类是单元格中是数值 100 的常量单元格，第二类是指查找公式的结果是 100 的单元格，查找值不查找公式结构中的值，如图 4-83 所示。

图 4-83　查找值

问题 3：为什么工作簿中的内容很少，但垂直滚动条很小？

答：在图 4-84 中，左侧数据非常少，但垂直滚动条却很小，这对于拖动浏览数据不方便。理应说应像右侧滚动条的效果。之所以出现左侧效果，是因为左侧工作表的"最大区域"较大，用户或其他人可能在工作表中的最下方或最右方设置了格式或输入了内容。这样导致"最大区域"较大，从而导致滚动条较小。用户可以使用定位命令中【定位最后一个单元格】查找最大区域的范围。

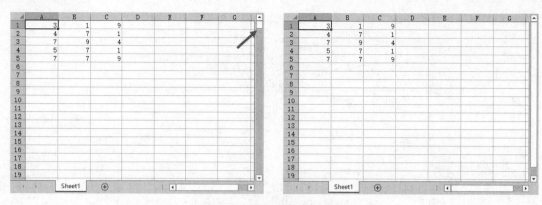

图 4-84 垂直滚动条大小比对

如图 4-85 所示，若用户确定数据区域仅为 A1:C5 区域，则可以选中 D 列，再使用快捷键 <Ctrl+Shift+ → > 批量选中 D 列至最右边的列，然后右击，在弹出的快捷菜单中选择【删除】命令删除列。同理选中第 6 行，使用快捷键 <Ctrl+Shift+ ↓ > 批量选中第 6 行至最下边的行，然后右击，在弹出的快捷菜单中选择【删除】命令删除行。最后进行保存，此操作后垂直滚动条将正常显示。

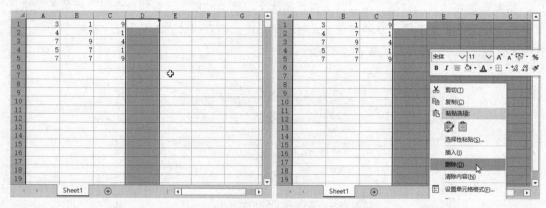

图 4-85 使用快捷键<Ctrl+Shift+→>批量删除列

深入了解

使用快捷键<Ctrl+Shift+ → >或<Ctrl+Shift+ ↓ >批量删除数据区域以外的行或列，其目的是对数据区域以外的单元格进行全部清洗和净化。这样可以删除数据内容以外所有误设置的格式、内容及不可见隐藏的字符。在实际工作中，有些用户的数据内容非常少，但文件却非常大，其原因就是工作簿可能含有大量的不可见字符，此时就可以利用快捷键<Ctrl+Shift+ → >或<Ctrl+Shift+ ↓ >批量选中空白行或列进行删除。这样操作后再保存，工作簿的文件会大大减小。

问题 4：在复制粘贴表格时，如何保持行高和列宽都不变？

答： 在复制粘贴数据时，可利用【保留源列宽】来保持列宽一致，但行高却又会不同。如果同时要保持行高和列宽不变，用户必须要对数据区域中的整行进行选取，然后再粘贴，最后在粘贴选项中单击【保留源列宽】按钮，这样操作就会使行高和列宽都保持一致了，如图 4-86 所示。

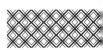

	A	B	C	D	E	F	G
1	产品	型号	售价	销量	金额		
2	笔记本	Apple MacBook Air 13.3	6,209	100	620,900		
3	游戏本	华硕(ASUS) 天选 15.6英寸	6,699	96	643,104		
4	平板电脑	Apple iPad mini 5	2,921	89	259,969		
5	台式机	戴尔(DELL)灵越3670	5,699	102	581,298		
6	一体机	联想(Lenovo)AIO逸	4,999	130	649,870		
7	服务器	戴尔（DELL） PowerEdge R740/R730	11,899	68	809,132		
8							
9							

图 4-86　选中整行粘贴

问题 5：粘贴数据时如何保持与原数据的列宽一致？

答：对于普通的复制粘贴，并不会将原数据的列宽一并粘贴，如图4-87所示，原数据B列较宽，但粘贴到别的地方时，B列的宽度会适应于粘贴处的单元格的宽度。此时用户需要再次手动调整，非常不方便。

B 列较宽

	A	B	C	D	E
1	产品	型号	售价	销量	金额
2	笔记本	Apple MacBook Air 13.3	6,209	100	620,900
3	游戏本	华硕(ASUS) 天选 15.6英寸	6,699	96	643,104
4	平板电脑	Apple iPad mini 5	2,921	89	259,969
5	台式机	戴尔(DELL)灵越3670	5,699	102	581,298
6	一体机	联想(Lenovo)AIO逸	4,999	130	649,870
7	服务器	戴尔（DELL） PowerEdge R740/R730	11,899	68	809,132
8					

粘贴后是默认列宽

	A	B	C	D	E	F
1	产品	型号	售价	销量	金额	
2	笔记本	Apple Ma	6,209	100	620,900	
3	游戏本	华硕(ASU	6,699	96	643,104	
4	平板电脑	Apple iPa	2,921	89	259,969	
5	台式机	戴尔(DEL	5,699	102	581,298	
6	一体机	联想(Leno	4,999	130	649,870	
7	服务器	戴尔（DE	11,899	68	809,132	
8						(Ctrl)
9						

图 4-87　普通粘贴时列宽变化

如果在粘贴时要保持列宽一致，可以在粘贴后，在右下角的粘贴选项中单击【保持源列宽】按钮，此时粘贴内容的列宽就会与原数据保持一致。此外，如果只想粘贴原数据的列宽而不想粘贴数据，可在【选择性粘贴】对话框中选中【列宽】单选按钮，如图4-88所示。

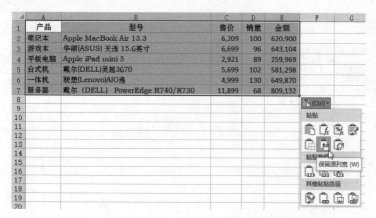

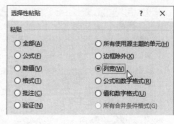

图 4-88　保留源列宽

问题 6：移动、剪切、复制行列有没有快捷的方法？

答： 笔者认为快速且方便移动数据或行列的方法就是选中数据区域，再将光标悬停在边框上，然后右击不放进行拖动，松开鼠标后，会弹出快捷菜单，在该菜单中集合了复制、移动数据的所有方法命令，如图 4-89 所示，若选择【复制选定区域，原有区域下移】命令，则会将原第 6 行数据复制插入到第 3 行与第 4 行之间。

图 4-89　使用鼠标右键拖动复制或移动数据

│提示│

　　笔者在复制或移动行列数据时，大部分情况下都是采用鼠标右键拖动的方式来操作的。如果不采用这种方式，用户必须要进行多步操作，或是要记住移动数据时 <Ctrl>、<Shift> 键的配合，后两种方式都不如右击拖动高效。

对数字进行格式化

本章将介绍如何对数字进行格式化设置，帮助用户进一步提高工作表数据外观表现力和易读性。

5.1 数字格式设置介绍

默认情况下，用户输入的数值都是一组数字组成的数字串，此数字串未经格式化，无法直观地告诉用户数字的具体意义。

设置数字格式是指更改数据在单元格中的外观显示。对数字进行格式化可以快速提升工作表的外观表现力和易读性。例如，在图 5-1 所示的表格中，A 列是原始数据，B 列是格式化后的数据，用户明显看出设置数字格式后可以提高数据的可读性。

	A	B	C
1	原始数据	格式化数据	格式类型
2	256452	256,452.00	添加千位分隔符
3	2500	¥2,500.00	货币
4	0.526	52.60%	百分比
5	44129	2020/10/25	短日期
6	44129	2020年10月25日	长日期
7	0.552	13:14:53	时间
8	0.25	1/4	分数
9	68542354090	6.85E+10	科学记数法
10			

图 5-1　设置数字格式

深入了解

设置数字格式，只会改变数值在单元格中的外观显示，绝对不会改变单元格中数据的实际值。查看某单元格的实际值，需要选中该单元格，然后在编辑栏中可以查看该单元格中的实际值，在 Excel 公式计算中都是以实际值参与运算的。如图 5-2 所示，B2 单元格中因为设置了保留整数的单元格格式，故在单元格中显示的值为6，但 B1 单元格中的实际值为编辑栏中的 5.5。所以 C1 单元格中的公式为 "=A1*B1"，它的计算结果为 11。

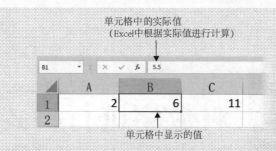

图 5-2　单元格显示的值与实际值不一致

对于单元格中的常量数值的实际值，用户可在编辑栏中查看。对于公式函数的实际结果值，需要对函数所在的单元格增加足够多的小数位数，才能知道其计算的实际值。

5.2 设置数字格式

1. 使用功能区设置数字格式

用户在工作表中选中要设置数字格式的单元格或区域，然后在【开始】选项卡下的【数字】组中选择【数字格式】组合框，在此可以选择 11 种数字格式，如图 5-3 所示。

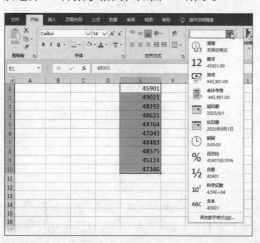

图 5-3　11种数字格式

组合框下方预置了 5 种较为常用的数字格式，如图 5-4 所示。

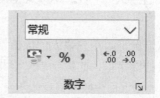

图 5-4　5种较为常用的数字格式

● 会计专用：在数值开头添加货币符号，为数值添加千位分隔符，数值显示两位小数。

● 百分比：以百分数形式显示数值。

● 千位分隔：使用千位分隔符分隔数值，显示两位小数。

● 增加小数位数和减少小数位数：单击一次增加或减少一位小数位。

2. 使用快捷键设置数字格式

用户在设置数字格式时也可采用快捷键，常用数字格式设置快捷键如表 5-1 所示。

表 5-1 常用数字格式设置快捷键

快捷键	应用的格式
Ctrl+Shift+~	常规数字格式（即未应用格式的值）
Ctrl+Shift+$	带两位小数的货币格式
Ctrl+Shift+%	不带小数位的百分比格式
Ctrl+Shift+^	带两位小数的科学记数法数字格式
Ctrl+Shift+#	设置日期格式
Ctrl+Shift+@	设置时间格式
Ctrl+Shift+!	带千位分隔符，不带小数位的格式

3. 使用【设置单元格格式】对话框设置数字格式

在【开始】选项卡的【数字】组中虽提供了常用的数字格式，但用户如需要更好地控制数值的显示外观，可通过使用【设置单元格格式】对话框来设置丰富多彩的数字格式，如图 5-5 所示。

图 5-5　【设置单元格格式】对话框中的
【数字】选项卡

打开【设置单元格格式】对话框有以下 3 种方式。

（1）右击，在弹出的快捷菜单中选择【设置单元格格式】命令。

（2）按快捷键 <Ctrl+1>。

（3）选择【开始】→【数字】→【对话框启动器】命令。

在【设置单元格格式】对话框的列表中列示了 Excel 内置的 12 种数字格式，选择一种数字格式时，会在右边显示更多的可选样式。

● 常规：数据的默认格式，即未进行任何特殊设置的格式，如图 5-6 所示。

图 5-6　常规格式

● 数值：可以设置小数位数，选择是否添加千位分隔符，负数可设置特殊样式（如显示负号，显示括号、红色字体等几种样式），如图 5-7 所示。

图 5-7　数值格式

● 货币：数字显示自动包含千位分隔符。可设置小数位数和货币符号，负数可设置特殊样式（如显示负号，显示括号、红色字体等几种样式），如图 5-8 所示。

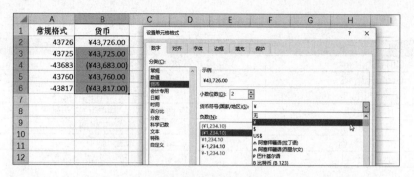

图 5-8　货币格式

● 会计专用：数字显示自动包含千位分隔符。可设置小数位数和货币符号，与货币格式不同的是，会计专用格式将货币符号置于单元格最左侧进行显示，如图 5-9 所示。

图 5-9　会计专用格式

● 日期：可以选择多种日期显示模式，如中英文日期显示方式、只显示月份和天数等，如图 5-10 所示。

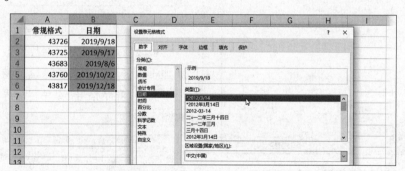

图 5-10　日期格式

● 时间：可以选择多种时间显示模式，如图 5-11 所示。

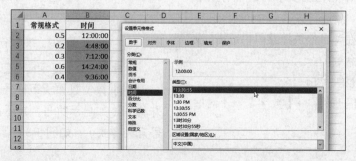

图 5-11　时间格式

● 百分比：数字以百分数形式显示，并且可以选择小数位数，如图 5-12 所示。

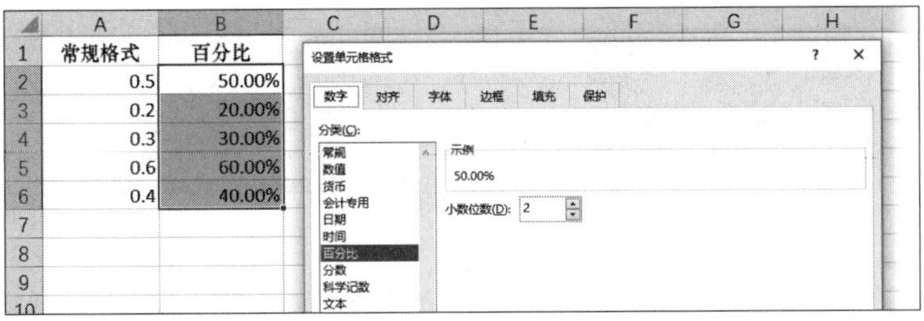

图 5-12　百分比格式

● 分数：设置多种分数形式显示，如图 5-13 所示。

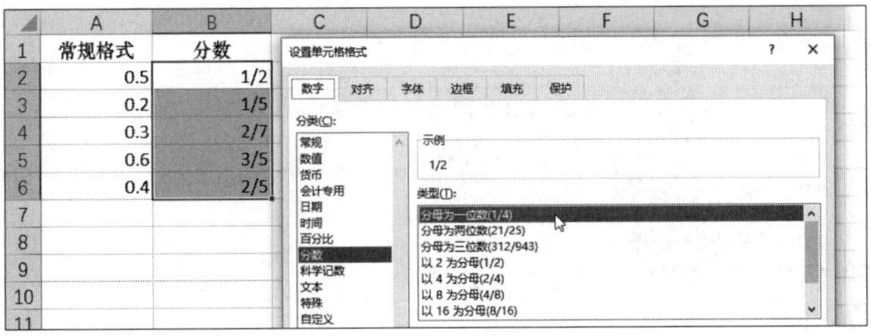

图 5-13　分数格式

● 科学记数：采用科学记数法形式显示数值，如图 5-14 所示。

图 5-14　科学记数格式

● 文本：将数值作为文本处理，如图 5-15 所示。

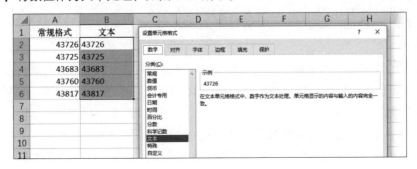

图 5-15　文本格式

● 特殊：对于中文（中国）区域设置了三种特殊的显示方式，分别是邮政编码、中文小写数字、中文大写数字，如图 5-16 所示。

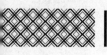

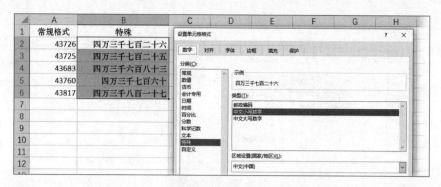

图 5-16　特殊格式

● 自定义：可以编写自定义格式。在该标签下内置的自定义格式与用户自定义的格式同时存在。对于内置的自定义格式不可删除，如图 5-17 所示。

图 5-17　自定义格式

 5.3 文本型数字与数值型数字

　　文本型数字虽显示为数值形式，但是作为文本类型进行存储的，它具有与文本类型数据相同的特征。文本型数字与数值型数字的不同是"文本型数字"不可以进行计算，而"数值型数字"可进行各类计算。

　　文本型数字格式是比较特殊的数字格式，它的作用是设置单元格数据为"文本"性质。设置为文本格式的单元格，在单元格中输入数字时会完整显示，而非文本型单元格（常规格式）中输入超过 15 位的数字，Excel 将识别为数值型数字，15 位之后的数字将变成 0。

　　如图 5-18 所示，先将 B1 单元格设置为文本格式，然后输入 18 位身份证号码，B1 单元格

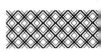

将完整显示身份证号码。然而，在 B2 单元格（常规格式）中输入同样的身份证号码，后 3 位将变为 0。

图 5-18 文本型数字与数值型数字

在单元格中文本型数字与数值型数值转换有如下特点。

（1）先将空单元格设置为文本格式，然后输入数值，此时单元格内的数字为文本型数字。文本型数字自动靠左对齐，并且在左上角显示绿色三角形符号。

（2）如果先在空单元格中输入数值（此时是数值型数字），然后再设置为文本格式，数值虽然也自动靠左对齐显示，但此时单元格内数字仍为数值型数字。

对于单元格中的文本型数字，不能直接通过修改单元格格式而改变成数值型数字，如图 5-19 所示，D 列是文本型数字，通过功能区的【数字格式】下拉菜单将其转换成"数值"。转换后，单元格的格式虽然是数值，但单元格中的数字内容仍然为文本型数字。

图 5-19 文本型数字不能直接转成数值型数字

用户可以通过单元格左上角的绿色三角形符号去判断单元格中是否是"文本型数字"此外还有一种特殊情况，那就是有些情况下单元格中的数字是"文本型数字"，但却不

会出现绿色三角形符号。例如，工作表中的数据是从某系统里面导入到 Excel 表中的。此情况下，用户可以选中数字，如果状态栏中能够显示求和结果，并且结果正确，说明选中数字是数值型数字。如果只显示计数，不显示求和结果，说明数字为文本型数字，如图 5-20 所示。

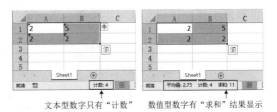

文本型数字只有"计数"　　数值型数字有"求和"结果显示

图 5-20 利用状态栏的求和功能识别数字类型

在 Excel 的默认设置中，以文本形式存储的数字被认为是一种潜在的错误，所以文本型数字的单元格在左侧会出现【错误检查选项】按钮。用户可选择【文件】→【选项】→【公式】命令，在【错误检查规则】栏目中做设置，如不想启用"错误检查选项"功能，可取消选中【允许后台错误检查】复选框，如图 5-21 所示。

图 5-21 错误检查选项设置

5.3.1 文本型数字转成数值型数字

实际工作中，用户遇到文本型数字绝大部分情况下都要把文本型数字转成数值型数字，以

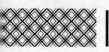

便于进行求和等运算工作。文本型数字转成数值型数字有以下 3 种方法。

1. 利用【错误检查选项】按钮转换

用户选中文本型数字单元格，在左侧会出现一个叹号的选项，单击向下箭头，在下拉列表中选择【转换为数字】选项后即可以把文本型数字转成数值型数字，如图 5-22 所示。

图 5-22 利用【错误检查选项】按钮转成数值型数字

2. 利用双击或 <F2> 键完成转换

用户可选中文本型数字区域，再设置该区域为"常规"格式或"数值"格式，然后双击单元格或按 <F2> 键进入编辑状态，

按 <Enter> 键即可以转换。该方法原理是双击单元格或按 <F2> 键进入编辑状态，再按 <Enter> 键，相当于重新激活一次单元格的格式的属性，也相当于重新录入单元格数据。此方法只能一次操作一个单元格。

3. 利用选择性粘贴转换

用户若对多个单元格或区域进行文本型数字转数值型数字操作，可以选中一个空单元格，如图 5-23 所示，选中 D1 单元格，然后进行复制操作，再选中文本型数字区域，如选中 A1:B5 区域，然后选择【开始】→【剪贴板】→【粘贴】→【选择性粘贴】命令，或右击，在弹出的快捷菜单中选择【选择性粘贴】命令，在弹出的【选择性粘贴】对话框中选中【运算】下的【加】单选按钮，单击【确定】按钮，即可完成数字格式的转换。

复制一个空单元格，相当于复制一个 0（空单元格数值默认为 0），文本型数字与数值运算可转成数值型数字（这个特性非常重要，读者需加以记忆）。

图 5-23 利用"选择性粘贴"运算功能转换数值型数字

深入了解

将某些网银系统、财务系统或其他业务系统中的数据导入 Excel 中时，这些数字往往是文本型数字，并且可能会在单元格中包含逗号（非千位分隔符）、非打印字符、不可见的字符、空格等特殊字符。这些不规范的字符会影响数据的计算分析，需要进行清理。

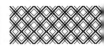

深入了解

例 图 5-24展示的是从某财务系统导入到 Excel 中的数据，选中这些数据，在状态栏中显示只能计数，不能求和，说明这些数字为文本型数字。清理从系统导入的不规范数据的步骤如下。

图 5-24 从某系统导入到工作表中的数据

第1步 检查单元格中是否存在空格。

导入的数据中存在空格是较常见的情况，将光标插入单元格或编辑栏中，可以明显看到光标与数字内容之间有距离，如图 5-25 所示。

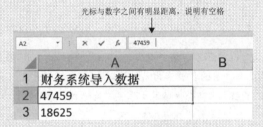

图 5-25 数字中含有空格

第2步 删除空格。

删除空格有多种方式，如手工删除（如按 <Backspace> 键）、Trim 函数删除，但最快捷的方式是利用【查找和替换】批量删除所有数据中的空格。在单元格中选中空格后进行复制，再选中数据列，按快捷键 <Ctrl+H> 调出【查找和替换】对话框，在该对话框的【查找内容】编辑框中粘贴之前复制的空格或是手工输入空格，在【替换为】处保留空，单击【全部替换】按钮，即可以批量删除空格，如图 5-26 所示。

图 5-26 利用【查找和替换】批量删除空格

提示：在本示例的案例文件中，数字后面的"空格"并不是真正的空格，笔者无法将它粘贴在【查找内容】中，所以可以判断该处的"空格"是不可见的特殊字符。

第3步 显示数字中的不可见字符。

从某些系统导入到 Excel 中的数据，即使删除空格或数据列中不存在空格，但仍然显示为文本型数字，表明这些数据中夹杂着不可见的字符。要显示不可见的字符，可以将数据复制粘贴到 Word 或记事本中。粘贴到 Word 中时，需要在粘贴选项中选择【只保持文本】选项，这样在数据中一切不可见的字符都将被显示出来。用户可以在 Word 或记事本中用"查找和替换"功能删除这些无用的字符，如图 5-27 所示。

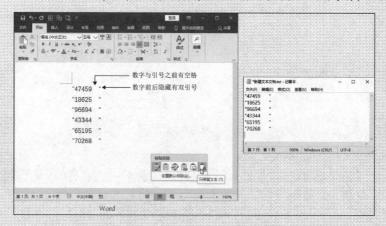

图 5-27　在Word或记事本中显示所有不可见的字符

第4步 在 Word 或记事本中清理完数据后，再将数据复制粘贴到 Excel 中可完成对数据的清理。记事本是 Windows 系统中的一种文件类型，它的扩展名为".txt"。记事本的特点是只能存储纯文本。将其他软件中的数据复制粘贴到 txt 的记事本中，只会保留纯文本，其他格式、隐藏的、非打印的字符等都会被去掉。正因为这样的特性，用户可以将记事本作为去除其他格式、非打印字符等的工具，这在 Excel 的应用中十分常见。创建记事本的过程非常简单，只需要在桌面或文件夹的空白处右击，在弹出的快捷菜单中选择【新建】→【文本文档】命令，即可创建一个空白记事本，如图 5-28 所示。

图 5-28　创建记事本

5.3.2　数值型数字转成文本型数字

用户将数值型数字转换为文本型数字，可先将原数值格式单元格设置为文本格式单元格，然后双击单元格或按 <F2> 键进入单元格编辑模式，再按 <Enter> 键。此方法只能一次操作一个单元格。

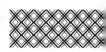

如果要同时将多个单元格的数值转换为文本类型,可先选中同一列的数据区域,然后选择【数据】→【分列】命令,在弹出的【文本分列向导】对话框中,单击两次【下一步】按钮。在【第3步】对话框的【列数据格式】区域中选中【文本】单选按钮,单击【完成】按钮,即可将数值型数字转成文本型数字,如图5-29所示。

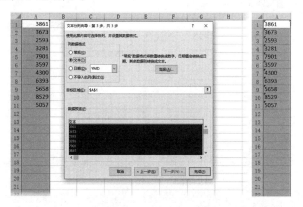

图 5-29　利用【分列】命令转换文本型数字

5.4 自定义数字格式

在 Excel 中除了内置的数字格式外,还允许用户创建自定义的数字格式。自定义数字格式需要采用相关代码来编写。

用户选中单元格,在【设置单元格格式】对话框的分类中选择【自定义】选项,即可看到选中单元格的数字格式代码,用户在【类型】编辑框中可以输入自定义格式代码,或者对内置的自定义格式的代码进行修改。相应代码的结果会在【示例】栏中做预览,自定义设置完后,单击【确定】按钮即可以在单元格中应用该设置的格式,如图5-30所示。

除【自定义】外,其他 11 种类型中的数字格式都有其对应的格式代码,并且这些格式代码都内置在自定义的格式中,用户可先在【分类】列表中选中某个格式分类,并在右侧的具体样式列表中选择一种格式,然后再选择【自定义】选项,即可在【类型】编辑框中看到所选择格式的对应代码。如图5-31所示,例如先选中【数值】选项下的某个数字格式后,再选择【自定义】选项后,会在【类型】编辑框中自动选中该数字格式的代码。用户通过这种方式可以查看某数字格式的代码编写方式,并可参照其改写出自己需要的数字格式代码。

图 5-30　自定义格式代码

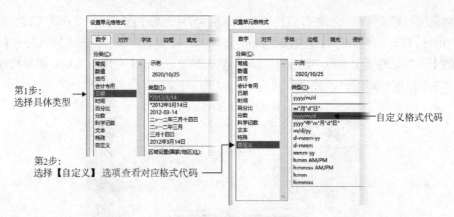

图 5-31　内置自定义格式代码

用户要编写自定义的格式，需要先了解自定义格式代码的语法结构。自定义格式代码完整结构如下：

> 正数；负数；零值；文本

在自定义数字格式的代码中，用分号来分隔不同的区间（3个分号分隔4个区间，2个分号分隔3个区间，1个分号分隔2个区间，没有分号为1个区间），每个区间的格式代码作用于不同类型的数值，如图5-32所示。

图 5-32　自定义格式语法规则

例如数字代码格式：

> 0.00;(0.00);-;@

该代码表示：如果单元格中的数值是正数，那么数值的格式为0.00形式；如果是负数，那么数值的格式为（0.00）；如果是0，数值就用"-"表示；如果输入的是文本，就使用直接输入的文本显示，如图5-33所示。

图 5-33　数字自定义格式

除了使用正数、负数、零值作为格式区间的判断标准外，还可以使用特定的条件作为格式区间的判断标准。此外，在自定义格式代码中可以使用比较运算符，如">""<"" ="" <="">="" < >"，并且常使用"比较运算符 + 数值"的方式来表示条件值。条件必须要用"[ ]"包围。

格式代码如下：

条件值1;条件值2;同时不满足条件1、2的数值;文本

如图 5-34 所示，A2 单元格中值为 98 满足第一个条件，使用红色字体的"0.00"格式，A3 单元格中值为 78，第一个条件不满足，执行第二个条件判断，判断结果为 TRUE，则显示为绿色字体的"0.00"格式。A4 单元格中的值为 50，同时不满足条件1、2，则返回默认字体颜色的"0.00"格式。

图 5-34 包含条件值的自定义数字格式

对于自定义的格式代码，每个区间需要使用";"隔开。3 个分号分隔 4 个区间，但实际上代码不一定要分为 4 个区间，对于不包含条件值的自定义格式可分为 1 ~ 4 个区间，如表5-2 所示。

表 5-2 不包含条件值的自定义格式区间解释

区间数	结构	示例	代码含义
1		0	格式代码作用到所有类型的数值，文本正常显示
2	正数和零值;负数	0;-0	第 1 区间应用于正数和零值，第 2 区间应用于负数（文本正常显示）
3	正数;负数;零值	0;-0;-	第 1 区间应用于正数，第 2 区间应用于负数，第 3 区间应用于零值（文本正常显示）
4	正数;负数;零值;文本	0;-0;-;@	第 1 区间应用于正数，第 2 区间应用于负数，第 3 区间应用于零值，第 4 区间应用于文本

对于包含条件值的格式代码来说，区间可以少于 4 个，但最少不能少于 2 个，相关的代码结构含义如表 5-3 所示。

表 5-3 包含条件值的自定义格式区间解释

区间数	结构	示例	代码含义
2	[> 条件值] 格式;格式	[>100]0.00;-	第 1 区间应用于满足条件1，第 2 区间应用于其他条件
3	[> 条件值] 格式;[> 条件值] 格式;格式	[>100]0;[>90]0.0;-	第 1 区间应用于满足条件1，第 2 区间应用于满足条件2，第 3 区间应用于其他条件

深入了解

在实际应用中，最多只能在前两个区间中使用"比较运算符+数值"表示条件值，第 3 个区间自动以"除此以外"的情况作为其条件值，不能再使用"比较运算符+数值"的形式，而第 4 个区间文本仍然只对文本型数据起作用，如表5-4 所示。

表 5-4 自定义格式错误写法

错误写法（第 3 个区间不应该再使用"比较运算符+数值"）	正确写法
[>1]0.00;[<1].00;[=1]#;	[>1]0.00;[<1].00;#;

5.4.1 自定义数字格式代码

对于编写自定义格式代码，必须了解自定义格式相关的代码字符及其含义，如表 5-5 所示。

表 5-5　常用于创建自定义数字格式代码的含义

代码	含义
G/ 通用格式	不设置任何格式，同"常规"格式
#	数字占位符，只显示有效数字，不显示无意义的零值。小数点后数字如果大于"#"的数量，则会按"#"的位数进行四舍五入
0	数字占位符，如果数字中的位数大于占位符的个数，则显示实际数字，如果小于占位符的数量，则用 0 补足
?	数字占位符，用空格显示无意义的零值，主要用于小数点对齐
.	小数点
%	百分数显示
,	千位分隔符
"文本"	显示双引号之间的文本
E	科学记数的符号
!	与双引用作用类似，可显示下一个文本字符，通常用于点号（.）、问号（?）等特殊符号的显示
\	作用与"!"相同，可用于代码输入，但在输入之后会转成其他符号显示
@	文本占位符，作用是引用用户输入的原始文本
*	重复下个字符，直到充满列宽
_	留出与下个字符宽度相等的空格
[颜色]	显示相应颜色，[黑色]/[black]、[白色]/[white]、[红色]/[red]、[青色]/[cyan]、[蓝色]/[blue]、[黄色]/[yellow]、[洋红]/[magenta]、[绿色]/[green]。对于中文版的 Excel 只能使用中文颜色名称，而英文版的 Excel 只能使用英文颜色名称
[颜色 n]	显示以数值 n 表示的兼容 Excel 2003 调色板上的颜色。n 的取值范围为 1~56
[条件值]	设置条件。条件通常由 >、<、=、>=、<=、<> 及数值构成
[DBNum1]	显示中文小写数字，例如"123"显示为"一百二十三"
[DBNum2]	显示中文大写数字，例如"123"显示为"壹佰贰拾叁"
[DBNum3]	显示全角的阿拉伯数字与小写中文单位的结合，例如"123"显示为"1 百 2 十 3"

深入了解

"#""0"是常见的占位符，比如"#.#""00"。在此特别强调一点，代码的个数并不是最终数据显示的个数。比如代码"00"，它表示的意义是指至少要保持 2 位数或以上。如果单元格中本身的数字超过 2 位数，则显示数字本身，如果只有 1 位数，则要补足 2 位数，如表 5-6 所示。

表 5-6　占位符 0 的显示属性

数据	自定义格式代码	显示	说明
2020	000	2020	超过 3 位数，显示数字本身
12	000	012	数字 2 位，不足 3 位，补 1 个 0
2	000	002	数字 1 位，不足 3 位，补 2 个 0
5.6	000	006	整数 1 位，不足 3 位，补 2 个 0，小数四舍五入到整数

例 1　"#"可以省略无意义的 0 值，例如 82.500 就等于 82.5，所以无意义的 0 值会被省略，如图 5-35 所示。

	A	B	C
1	数据	代码	显示
2	82.5	#	83
3	82.5	#.#	82.5
4	82.5	#.###	82.5

图 5-35　"#"代码

例2 "0"用于补足特定的位数。在实际工作中应用特别广泛，如固定位数的序号、电话号码等数据。0之间可以用短横线、点号分隔，同时也可以在0之前或之后加文本，但文本需要用英文状态下的双引号包围（用户可以在自定义格式的编辑框中直接输入文本，单击【确定】按钮后，Excel将对文本自动添加双引号），如图5-36所示。

	A	B	C	D	E
1	属性	数据	代码	显示	
2		82	#.000	82.000	
3	数值	82.5	#.000	82.500	
4		82.52	#.000	82.520	
5		82.526	#.000	82.526	
6	座机号码	73185204561	0000-000000	0731-85204561	
7		75558421451	0000-000000	0755-58421451	
8	手机号码	13674501234	000-0000-0000	136-7450-1234	
9		18012345678	000-0000-0000	180-1234-5678	
10		1	000	001	
11	员工编号	2	000	002	
12		3	000	003	
13	前置符号	1	"T"00	T01	
14		2	"T"00	T02	
15	后置符号	1	0"元"	1元	
16		2	0"元"	2元	
17					

图 5-36 "0"代码

例3 "?"也是数字占位符，它用空格代替无意义的0值，主要用于小数点对齐，如图5-37所示。

	A	B	C
1	数据	代码	显示
2	82.5	#.?	82.5
3	90	#.?	90.
4	60.2	#.?	60.2
5	70	#.?	70.
6			

图 5-37 "?"代码

例4 "@"是文本占位符，代表单元格中存储的文字。在@符号前面可添加其他文本作为内容的固定说明补充，如图5-38所示。

	A	B	C
1	数据	代码	显示
2	甲	@"等"	甲等
3	乙	@"等"	乙等
4	丙	@"等"	丙等
5			

图 5-38 "@"代码

例5 星号(*)可重复用户所指定的内容，直到填满单元格内容，如图5-39中"*"后输入"."，可重复点号直到填满单元格的宽度，这样制作成了目录的样子。还可以在货币符号$后面输入"*"再按空格键输入一个空格，这样可以在货币符号与数字之间填满空格，达到货币符号左对齐，而数字内容右对齐的效果。

	A	B	C	D
1	数据	代码	显示	
2	目录		目录	页码
3	简介	@*.	简介…………………	2
4	第一章：函数	@*.	第一章：函数…………	5
5	第二章：图表	@*.	第二章：图表…………	10
6	结尾	@*.	结尾…………………	60
7				
8	4512	$* 0	$	4512
9	512	$* 0	$	512
10	82	$* 0	$	82
11				

图 5-39 星号（*）代码

例6 ","代表千位分隔符，一个逗号代表1000，两个逗号代表100万。逗号常常用于数值的缩写，如图5-40所示。

	A	B	C
1	数据	代码	显示
2	1000000	0,	1000
3	1000000	0,,	1
4	1000000	0,"K"	1000K
5	1000000	0,,"百万"	1百万
6			
7			

图 5-40 逗号（，）代码

例7 "_"留出与下个字符宽度相等的空格。如图5-41中B10单元格中的"_）"表示在数值末尾留一个"）"的位置，这样正数和负数的小数点将会对齐，便于数据的阅读。

	A	B	C
1	数据	代码	显示
2	-0.02		(0.02)
3	0.02		0.02
4	0	0.00;(0.00);0.00;@	0.00
5	0.03		0.03
6	-0.01		(0.01)
7			
8	-0.02		(0.02)
9	0.02		0.02
10	0	0.00_);(0.00);0.00_);@	0.00
11	0.03		0.03
12	-0.01		(0.01)
13			

图 5-41 "_"代码

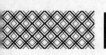

例8 当用户在单元格中输入 0 时，返回"女"，输入 1 时返回"男"，如图 5-42 所示。

	A	B	C
1	数据	代码	显示
2	0	[=1]"男";[=0]"女"	女
3	1	[=1]"男";[=0]"女"	男
4			

图 5-42 用数字代替文字输入

例9 如果区间中没有任何内容，则该区间的数值将被隐藏，如 B3 单元格的代码中第 2 区间和第 3 区间没有任何内容，则用户输入 0 或文本时，单元格显示为空白。如果代码是连续的三个分号，则表示输入正数、负数、0 值、文本时都将显示为空，如图 5-43 所示。

	A	B	C
1	数据	代码	显示
2	100		100.00
3	0	0.00;-0.00;;	
4	-100		-100.00
5	100	;;;	
6			

图 5-43 利用自定义代码隐藏单元格内容

例10 在自定义数字格式中可以添加颜色格式，颜色必须用"[ ]"包围。当数值满足条件时将用颜色显示，如图 5-44 所示。

	A	B	C
1	数据	代码	显示
2	98	0.00_);[红色](0.00)	98.00
3	-60		(60.00)
4			

图 5-44 利用自定义代码设置数值颜色

例11 在自定义数字格式中书写格式的前后顺序分别是颜色、判断、数字格式、文本，并且在自定义数字格式中最多只能包含两个判断。图 5-45 中的 [>90]、[>70] 就是两个判断，用户不能在第 3 个区间继续写 [>50] 的判断。如果用户需要进行多次判断并显示不同的格式，可以使用条件格式的功能（条件格式请参阅本书后续相关章节）。

	A	B	C
1	数据	代码	显示
2	98		98.00
3	78	[红色][>90]0.00;[绿色][>70]0.00;0.00	78.00
4	50		50.00
5			

图 5-45 含条件表达式的自定义格式代码

5.4.2 自定义日期时间格式代码

在实际应用中，日期时间也是用户常常设置的内容，如需要灵活地设置日期时间格式，同样需要了解日期时间的相关格式代码。

表 5-7 列示了日期时间代码及其对应解释。

表 5-7 日期时间代码

代码	解释
aaa	中文简称显示星期几（"一"～"日"）
aaaa	中文全称显示星期几（"星期一"～"星期日"）
d	没有前导零的数字来显示日期（1~31）
dd	有前导零的数字来显示日期（01~31）
m	没有前导零的数字来显示月份（1~12）或分钟（0~59）
mm	有前导零的数字来显示月份（01~12）或分钟（00~59）
yy	使用两位数字显示公历年份（00~99）
yyyy	使用四位数字显示公历年份（1900~9999）
h	使用没有前导零的数字来显示小时（0~23）
hh	使用有前导零的数字来显示小时（00~23）
s	使用没有前导零的数字来显示秒钟（0~59）
ss	使用有前导零的数字来显示秒钟（00~59）
[h]、[m]、[s]	显示超出进制的小时数、分钟数、秒钟数

续表

代码	解释
AM/PM	使用英文显示上午和下午的 12 进制时间
A/P	使用英文显示上午和下午的 12 进制时间
上午 / 下午	使用中文显示上午和下午的 12 进制时间

图 5-46 中展示了日期时间相关的自定义设置代码。

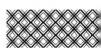

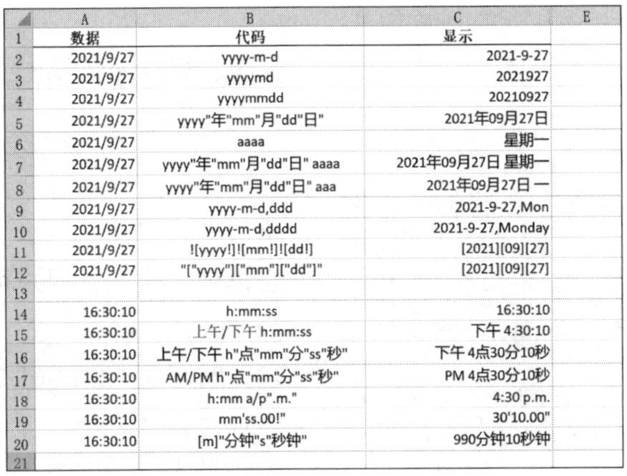

数据	代码	显示
2021/9/27	yyyy-m-d	2021-9-27
2021/9/27	yyyymd	2021927
2021/9/27	yyyymmdd	20210927
2021/9/27	yyyy"年"mm"月"dd"日"	2021年09月27日
2021/9/27	aaaa	星期一
2021/9/27	yyyy"年"mm"月"dd"日" aaaa	2021年09月27日 星期一
2021/9/27	yyyy"年"mm"月"dd"日" aaa	2021年09月27日 一
2021/9/27	yyyy-m-d,ddd	2021-9-27,Mon
2021/9/27	yyyy-m-d,dddd	2021-9-27,Monday
2021/9/27	![yyyy!]![mm!]![dd!]	[2021][09][27]
2021/9/27	"["yyyy"]["mm"]["dd"]"	[2021][09][27]
16:30:10	h:mm:ss	16:30:10
16:30:10	上午/下午 h:mm:ss	下午 4:30:10
16:30:10	上午/下午 h"点"mm"分"ss"秒"	下午 4点30分10秒
16:30:10	AM/PM h"点"mm"分"ss"秒"	PM 4点30分10秒
16:30:10	h:mm a/p".m."	4:30 p.m.
16:30:10	mm'ss.00!"	30'10.00"
16:30:10	[m]"分钟"s"秒钟"	990分钟10秒钟

图 5-46　日期时间方面的自定义格式

5.4.3 自定义数字格式示例

1. 缩放数值显示数字

在实际工作中，用户如果在单元格中处理非常大的数字，浏览时可能会不易辨别数值大小。此时用户可使用数量单位（缩小数值）来显示较大数字，如图 5-47 所示。

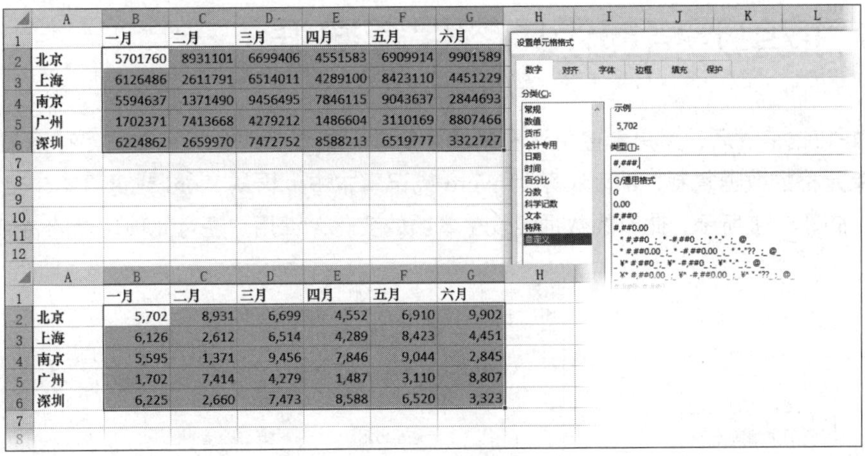

	一月	二月	三月	四月	五月	六月
北京	5701760	8931101	6699406	4551583	6909914	9901589
上海	6126486	2611791	6514011	4289100	8423110	4451229
南京	5594637	1371490	9456495	7846115	9043637	2844693
广州	1702371	7413668	4279212	1486604	3110169	8807466
深圳	6224862	2659970	7472752	8588213	6519777	3322727

	一月	二月	三月	四月	五月	六月
北京	5,702	8,931	6,699	4,552	6,910	9,902
上海	6,126	2,612	6,514	4,289	8,423	4,451
南京	5,595	1,371	9,456	7,846	9,044	2,845
广州	1,702	7,414	4,279	1,487	3,110	8,807
深圳	6,225	2,660	7,473	8,588	6,520	3,323

图 5-47　单元格区域内数值较大数据

例如，缩小千位可用“#,###,”的数字格式，此格式字符串可以显示去掉小数点右侧最后 3 位的数值。即显示的值为原数值除以 1000 之后，再四舍五入至无小数的结果，如 123456 显示为 123。

用户要特别注意，自定义数字格式只会改变数值的显示外观，而实际的数值并不会发生改变。如图 5-48 所示，在 B2 单元格中输入的数值 5701760，设置数字格式之后显示 5702，但公式编辑栏中显示的数字仍然是原始值 5701760。在 Excel 中，对于计算都是采用实际数值进行计算，而非单元格显示值计算。

图 5-48　自定义格式不改变数值的大小

在部分行业中，处理数据时常以"万"和"亿"作为数值单位来缩放。相关以"万"和"亿"为单位显示的格式代码如图 5-49 所示。

数据	代码	显示	说明
12000	0!0.0,	1.2	以万为单位显示数值
12000	0!0.0,"万"	1.2万	以万为单位显示数值
12000	0"万"0,	1万2	几万几
123456	0!.0000"万"	12.3456万	多少万
123456789	0!.00,,	1.23	以亿为单元格显示值
123456789	0!.00,,"亿"	1.23亿	以亿为单元格显示值
123456789	0"亿"00001.0,"万"	1亿2345.7万	几亿几
123456789	0!.0000,,"亿"	12.3457亿	多少亿

图 5-49　以"万"和"亿"为单位缩放数值

2. 自定义显示日期

日期是常见的数值类型。默认情况下，日期在单元格中显示为用"/"分隔的短日期格式，如"2020/1/25"。这种格式不易识别且排列不整齐，用户可以设置数字格式代码为"yyyy-mm-dd"。日期将显示为短横线的双日期格式"2020-01-25"，如图 5-50 所示。

图 5-50　自定义日期格式

5.5 按单元格显示内容保存数据

设置好数据格式后，用户希望将设置格式后的单元格显示作为真实数据保存下来，可以先将 Excel 单元格的数据复制，然后粘贴到 Word 或记事本中，再从 Word 或记事本中复制粘贴到 Excel 中，如图 5-51 所示，此时的数据会发生本质的变化，请用户注意此项功能的特点。

图 5-51　按单元格显示内容保存数据

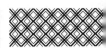

专业术语解释

数字格式：为了在单元格中更加直观地表现数据的含义而对数字设置的外观格式。

自定义数字格式：用户采用编写数字格式代码的方式创建的数字格式。

占位符：先占住一个固定的位置，等着用户再往此处添加内容的符号，广泛用于计算机中各类文档的编辑。

问题 1：图 5-52 中为什么不能带单位进行计算，如果要带单位进行计算，那该如何做？

	A	B	C	D
	时数（小时）	时薪（元）	金额（元）	
2	5小时	30元	#VALUE!	
3	5小时	10元	#VALUE!	
4	10小时	8元	#VALUE!	
5	8小时	6元	#VALUE!	
6	6小时	10元	#VALUE!	
7	9小时	20元	#VALUE!	
8				

C2 ▼ : × ✓ fx =A2*B2

图 5-52 带单位计算返回错误值

答：如果单元格中的数字带单位，则 Excel 会把该单元格当作文本，在 Excel 中文本是不能计算的，所以对带单位的 C 列进行计算会返回错误值。如果要带单位计算，必须将数字进行自定义格式的设置。

如图 5-53 所示，选中 A2:A7，调出【设置单元格格式】对话框，选择【自定义】选项，输入如下自定义格式代码，然后单击【确定】按钮。

0 小时

｜提示｜

笔者在此对汉字"小时"并没有添加双引号，这是因为单击【确定】按钮后，Excel 会自动对文本添加双引号。

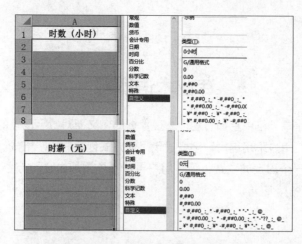

图 5-53　利用自定义格式添加单位

完成自定义格式设置后，重新输入数值时数值会自动附带单位，并且 C 列公式能正常计算，如图 5-54 所示。

单元格中显示为 5 小时　　　实际值为 5

	A	B	C	D
	A2		fx	5
1	时数（小时）	时薪（元）	金额（元）	
2	5小时	30元	150	=A2*B2
3	5小时	10元	50	
4	10小时	8元	80	
5	8小时	6元	48	
6	6小时	10元	60	
7	9小时	20元	180	
8				

图 5-54　计算带单位数据

数字后的单位"小时"和"元"并不是手工输入的，而是利用自定义格式添加的。利用自定义格式添加的单位并不会影响单元格中实际的值，用户可以从编辑栏处查看单元格中实际值仍然是数值，而公式是根据单元格中的实际值进行计算的。正因为这样，C 列中的公式才能正确地计算。从这个案例可以更加理解单元格的数字格式只是数值的外观，它可以有多种表现形式，并且不管形式如何变化，它绝对不会影响单元格中的实际值。

问题2：数据区域中有大量的数值0，如何将它以短横线（"-"）的方式显示或将0值删除？

答： 如图 5-55 所示，在数据区域中含有大量的 0 值单元格，影响数据区域的阅读。对 0 值单元格处理主要有以下 4 种方法。

	A	B	C	D	E	F
1	9454	3364	2220	0	4113	
2	0	2000	0	5526	1510	
3	1235	0	6095	0	0	
4	2607	6378	5586	8726	9957	
5	7764	0	8853	0	7235	
6	0	4034	9082	5780		
7	8807	1406	2985	3645	9921	
8						

图 5-55　含大量0值的数据区域

（1）使用替换将 0 值替换为空或短横线，也可替换成其他内容，如图 5-56 所示。

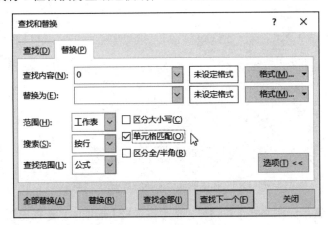

图 5-56　利用替换删除0值

用户在使用替换时，一定要选中【单元格匹配】复选框，这样才能准确地将 0 值的单元格进行删除。使用替换删除或替换成其他内容的方法的优点是可以将 0 值快速删掉，或是快速替换成其他任何想填充的内容，其缺点是改变了原来 0 值所在单元格的性质，比如将 0 值替换成短横线（"-"），替换成的短横线是一个可见的文本。这样在数值区域中就夹杂了文本的数据。这种处理不利于日后对数据的计算和分析。

（2）在【Excel 选项】对话框的【高级】选项中，取消选中【在具有零值的单元格中显示零】复选框，如图 5-57 所示。

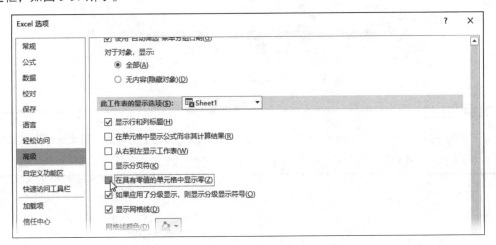

图 5-57　在【Excel选项】对话框中取消0值的显示

使用该操作，可以将当前工作簿中所有的 0 值单元格都显示为空。此外，用户在工作表的其他区域中输入 0 值，也会自动显示为空单元格。

（3）选择【开始】→【数字】→【千位分隔符】命令，可以将 0 值显示为短横线（"-"），如图 5-58 所示。

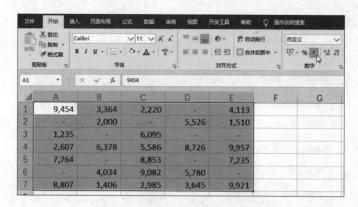

图 5-58　使用添加千位分隔符去掉0值显示

（4）打开【设置单元格格式】对话框，在【自定义】选项中，选择内置的第6种格式代码，该格式代码是将0值显示为短横线，用户如果想将0值显示为空，可以在该代码中删除短横线，如图 5-59 所示。

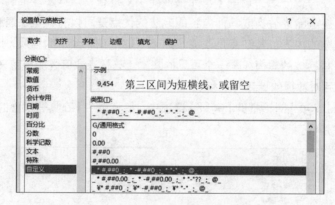

图 5-59　利用自定义数据格式去掉0值

| 提示 |

　　笔者推荐按方法（3）、方法（4）的方式处理0值单元格，因为它们保留了单元格的真实数据，同时也不会改变单元格的格式类型。

格式化工作表

本章介绍对工作表的数据进行格式化设置。格式化工作表可以使表格更加美观、数据更易于阅读、结构会更加清晰。

6.1 格式工具

对于单元格的格式设置，可在功能区命令组、浮动工具栏、【设置单元格格式】对话框中选择相应的命令进行设置。

1. 功能区命令组

Excel 在【开始】选项卡中提供了【字体】、【对齐方式】、【数字】、【样式】等命令组，用户可单击组内命令进行格式设置，如图 6-1 所示。

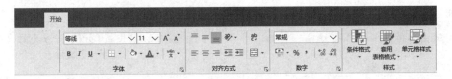

图 6-1　功能区的格式工具组

【字体】组：包括字体、字号、加粗、倾斜、下划线、边框、填充色、字体颜色、拼音。

【对齐方式】组：包括各种对齐方式、文字倾斜方式、左右缩进、自动换行、合并单元格。

【数字】组：包括对数字进行格式化的各种命令。

【样式】组：包括条件格式、套用表格格式、单元格样式等。

2. 浮动工具栏

选中单元格或区域并右击，会在弹出的快捷菜单上方出现浮动工具栏，此工具栏中设有常

用的格式设置命令，如图 6-2 所示。

图 6-2　浮动工具栏

3.【设置单元格格式】对话框

用户可通过【设置单元格格式】对话框来设置单元格格式，该对话框集合了所有的格式设置命令，它有 6 个子选项卡，分别是数字、对齐、字体、边框、填充、保护，如图 6-3 所示。

图 6-3　【设置单元格格式】对话框

使用【设置单元格格式】对话框中的命令在 Excel 应用中非常常见，用户可以在【开始】选项卡中的【字体】、【对齐方式】、【数字】组中单击对话框启动器按钮来调出该对话框，或使用快捷键 <Ctrl+1>。

6.2 字体

用户可以在【开始】选项卡的【字体】组中设置字体和字号，此命令组还可设置增大字号、减小字号、加粗、倾斜、加下划线、边框、填充、字体颜色等操作，如图 6-4 所示。

图 6-4　【字体】组

用户还可以按快捷键 <Ctrl+1> 打开【设置单元格格式】对话框，选择【字体】选项卡来设置字体的各种属性，如图 6-5 所示。该对话框中有三种特殊效果的设置：删除线、上标、下标。

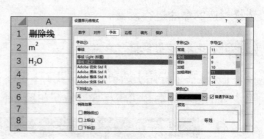

图 6-5　【设置单元格格式】对话框中的【字体】选项卡

对于 Excel 的中文版本，工作簿默认字体为宋体，字号为 11 号。用户可以在【Excel 选项】对话框中的【常规】选项卡中更改工作簿的默认字体和字号，如图 6-6 所示。

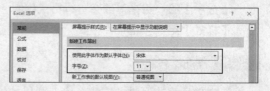

图 6-6　设置工作簿的默认字体字号

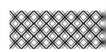

6.3 对齐设置

【设置单元格格式】对话框中的【对齐】选项卡主要用于设置单元格文本的对齐方式。

1. 水平对齐

水平对齐共包括常规、靠左(缩进)、居中、靠右（缩进）、填充、两端对齐、跨列居中、分散对齐（缩进）等 8 种对齐方式，如图 6-7 所示。

图 6-7 【水平对齐】下各种选项

● 常规：默认的对齐方式。数值型数字靠右对齐，文本靠左对齐，逻辑值和错误值居中对齐。

● 靠左（缩进）：单元格内容靠左对齐，可在【缩进】微调框内设置缩进字符数，如图 6-8 所示。

● 居中：单元格内容居中对齐。

● 靠右（缩进）：单元格内容靠右对齐。

● 填充：重复单元格内容直到单元格的宽度被填满。

● 两端对齐：使文本两端对齐，单元格内文本较多，超过列宽时文本内容会自动换行显示。

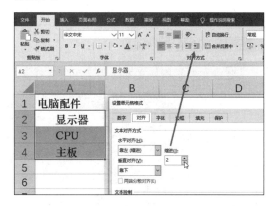

图 6-8 靠左（缩进）

● 跨列居中：单元格跨多列居中显示。跨列居中可以在不需要合并单元格的情况下，居中显示内容。

● 分散对齐（缩进）：文字平均分布并充满整个单元格宽度，并且两端靠近单元格边框，如图 6-9 所示。

图 6-9 分散对齐

2. 倾斜文本角度

在【对齐】选项卡右侧的【方向】栏中半圆形表盘显示框中，用户可以通过鼠标直接选择倾斜角度，或通过下方的微调框来设置文本的倾斜角度，改变文本的显示方向。文本倾斜角度设置范围为 -90° 至 +90° ，如图 6-10 所示。

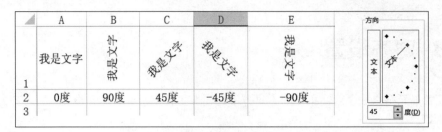

图 6-10　设置文本方向

3. 竖排文本方向

竖排文本是指将文本转为上下竖直排列，而文本中的每个字符保持水平，如图 6-11 所示。

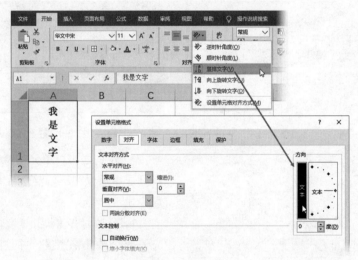

图 6-11　竖排文本

4. 垂直对齐

垂直对齐包括靠上、居中、靠下、两端对齐、分散对齐 5 种对齐方式。实际工作中，靠上、居中、靠下应用较为常见，如图 6-12 所示。

- 靠上：单元格内的文字沿单元格顶端对齐。
- 居中：单元格内的文字垂直居中，这是默认的对齐方式。
- 靠下：单元格内的文字靠下端对齐。

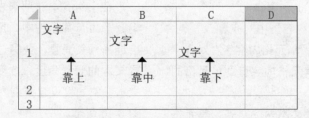

图 6-12　垂直对齐主要的3种方式

5. 文本控制

文本控制主要涉及以下两个选项。

• 自动换行：选中【自动换行】复选框，当文本内容长度超出单元格宽度时，文本内容分多行显示。

• 缩小字体填充：可以使文本内容自动缩小显示，以适应单元格的宽度，如图 6-13 所示。

图 6-13 自动换行与缩小字体填充

｜提示｜:::::::

【自动换行】与【缩小字体填充】不能同时使用。

6. 合并单元格

合并单元格就是将两个或两个以上的单元格合并成一个较大矩形区域。

用户选择需要合并的单元格区域，然后选择【开始】→【对齐方式】→【合并后居中】命令，在下拉列表中选择相应的合并单元格的方式，其列表中有 3 种合并方式：合并单元格、合并后居中、跨越合并，如图 6-14 所示。

• 合并单元格：合并单元格，内容靠左显示。

• 合并后居中：合并单元格，同时内容在水平和垂直两个方向上居中显示。

• 跨越合并：选取多行多列的单元格区域跨越合并，会将所选区域的每行进行合并。

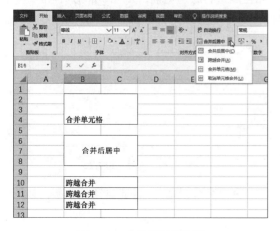

图 6-14 合并单元格选项

如果在选定的连续单元格中有数据内容，则在合并时会弹出警告框，提示用户是否删除其他单元格而只保留最左上角的单元格，如图 6-15 所示。

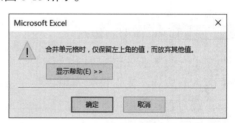

图 6-15 合并有数据内容单元格的警告框

用户如果想对多个有不同内容的多单元格进行合并，并且同时保留原有每个单元格中的内容，可按如下方法操作。

（1）根据合并单元格区域大小，选取空单元格区域。

（2）设置空单元格区域的合并方式，如选择【合并单元格】命令，如图 6-16 所示。

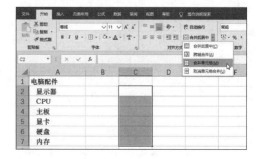

图 6-16 保留原有单元格内容合并操作

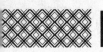
（3）单击【格式刷】按钮，然后单击合并单元格区域左上角单元格，即可完成单元格合并。此时合并单元格只会显示一个值，若取消合并，则每个单元格中原有值都将会完整显示。

　　合并单元格对表格数据的排序、筛选、复制、粘贴及后续数据透视表功能的使用都会造成影响，建议读者不要过多使用合并单元格功能。

6.4 边框

1. 使用功能区设置边框

　　在【开始】选项卡中的【字体】组中单击【边框】按钮，在下拉列表中提供了多种边框设置方案，用户可单击相应预设来设置边框，如图 6-18 所示。

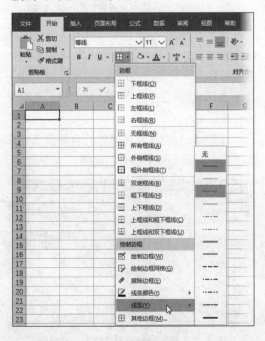

图 6-18　边框设置

7. 在功能区设置对齐方式

　　除了在【设置单元格格式】对话框中设置对齐方式外，用户还可以在【开始】选项卡【对齐方式】组中设置对齐方式。【对齐方式】组包含垂直对齐、水平对齐、文本方向、左右缩进、自动换行等，如图 6-17 所示。

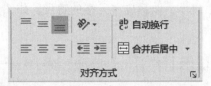

图 6-17　【开始】选项卡中的【对齐方式】组

- 绘制边框：用铅笔对单元格的四周进行单独的绘制边框，如图 6-19 所示。

图 6-19　绘制单元格边框

- 绘制边框网格：用铅笔对连续的单元格区域进行绘制边框，如图 6-20 所示。

图 6-20　绘制边框网格

- 擦除边框：用橡皮擦擦除边框，如图 6-21 所示。

图 6-21　擦除边框

- 线条颜色：选择绘制边框的颜色。
- 线型：选择边框的类型。

提示

用户若要对边框设置特定的线型样式和颜色，首先必须选择线型和颜色，然后再绘制和应用边框。

2. 使用【设置单元格格式】对话框设置边框

用户还可通过【设置单元格格式】对话

框中的【边框】选项卡来设置边框，如图 6-22 所示。

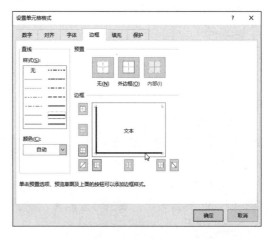

图 6-22　【设置单元格格式】对话框中
【边框】选项卡

用户可以先选择线型和颜色，然后单击右边的预览区，或是单击预览区四周的边框提示命令来应用相应的边框。

6.5 填充

在【开始】选项卡中的【字体】组中单击【填充颜色】按钮，可以对单元格或单元格区域设置填充颜色。也可以通过【设置单元格格式】对话框的【填充】选项卡对单元格进行底色填充，在此还可以设置填充效果和图案填充，如图 6-23 所示。

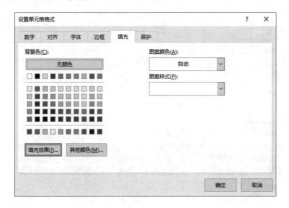

图 6-23　【设置单元格格式】对话框中【填充】选项卡

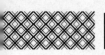

6.6 复制格式

用户设置好格式后，可将其格式复制到其他单元格或其他区域，常用的方法有以下两种。

（1）复制粘贴格式。复制格式单元格，然后选择【开始】→【剪贴板】→【粘贴】→【格式】命令。

（2）通过格式刷复制单元格格式（单击格式刷仅能复制一次，双击可复制多次），

如图 6-24 所示。

图 6-24 利用格式刷复制格式

6.7 使用单元格样式

在工作表中通常需要对单元格中的数据进行格式设置，大部分用户会手工一步一步去设置相应的格式，若下次需要在其他区域或其他工作表中设置同样的格式，又需要手工设置，这种方式十分低效，并且格式可能并不统一。为了规避此类问题，用户可以采用单元格样式来设置格式。单元格样式是指一系列的格式的集合，该集合可以永久地保存在工作簿中，并且可以随时调用，使用单元格样式可以快速对单元格及区域应用格式集合，从而快速设置工作表外观。

1. 应用内置样式

用户要应用样式，需先选定要设置的单元格或区域，然后在【开始】选项卡中的【样式】组中单击右侧的【其他】按钮，在弹出的下拉列表中内置了很多预设样式，用户选定合适的样式后，单击即可应用此样式，如图 6-25 所示。

图 6-25 Excel内置单元格样式

用户可以修改内置样式（不可以重命名）。选定待修改样式并右击，在弹出的快捷菜单中选择【修改】命令。在打开的【样式】对话框中，可对数字、对齐、字体、边框、填充、保护等单元格格式进行修改，如图 6-26 所示。

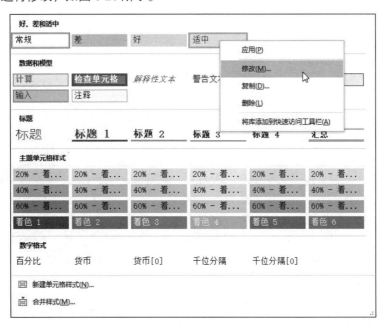

图 6-26　修改Excel内置单元格样式

2. 创建自定义样式

用户可以根据自己的需求，通过新建单元格样式来创建自定义样式。选择【开始】→【样式】→【单元格样式】→【新建单元格样式】命令，打开【样式】对话框，如图 6-27 所示。

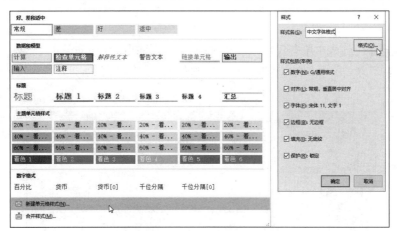

图 6-27　新建单元格样式

在【样式】对话框的【样式名】文本框中输入样式的名称，单击【格式】按钮，打开【设置单元格格式】对话框，设置用户所需要的格式。在【样式】对话框的【样式包括】中，用户可以选择性取消部分类别的格式设置。例如，若取消选中【填充：无底纹】复选框，则样式中

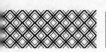
不会包含填充色的格式。

新建自定义单元格样式完成后,在样式库最上方会列出自定义样式,用户选中单元格或区域,单击自定义样式名即可以应用该样式,如图 6-28 所示。表 6-1 为创建的两个单元格样式。

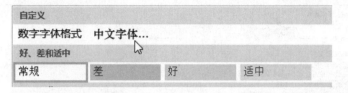

图 6-28　新建的单元格样式置于样式列表中

表 6-1　单元格样式

样式名称	格式
中文字体格式	字体：华文中宋
数字字体格式	字体：Calibri 数字格式：#,##0_

图 6-29 是某张原始的数据表,现需要分别对汉字和数字设置不同的字体格式。

	A	B	C	D	E	F	G	H	I
1	产品	一月	二月	三月		产品	一月	二月	三月
2	笔记本	8286	2919	10322		鼠标	28149	13804	19242
3	游戏本	6749	4207	5797		键盘	24225	15183	17354
4	平板电脑	3078	2670	3704		优盘	28140	13474	21419
5	台式机	2708	1835	3557		移动硬盘	23949	14408	18091
6	一体机	639	578	596		鼠标垫	13189	3917	10382
7									
8									
9	产品	一月	二月	三月					
10	显示器	22485	13969	19684					
11	CPU	6970	2178	6349					
12	主板	9490	6113	8794					
13	显卡	17645	7307	13114					
14	内存	20839	10780	14779					
15	机箱	6236	1835	4407					
16	电源	13706	11750	11451					

图 6-29　原始数据

为了快速选中工作表中所有汉字,可使用定位功能,调出【定位条件】对话框,选中【常量】单选按钮,并在下方只选中【文本】复选框。单击【确定】按钮,即可批量选中工作表中的汉字,如图 6-30 所示。

图 6-30　使用定位批量选中汉字

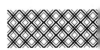

批量选中汉字后,单击样式库上方的【中文字体】,即可将预先设置的样式应用到所有汉字中,如图 6-31 所示。

图 6-31　使用单元格样式对汉字批量设置格式

同样使用定位方法,在【定位条件】对话框中选中【常量】单选按钮,只选中【数字】复选框。单击【确定】按钮后批量选中工作表中的数字,如图 6-32 所示。

图 6-32　使用定位命令选中数字

批量选中数字后,单击样式库上方的【数字字体格式】,即可批量设置数字的格式,如图 6-33 所示。

图 6-33　使用单元格样式对数字批量设置格式

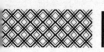

| 提示 |

在实际工作中，用户可将常用的单元格格式设置成样式的集合加以保存，然后通过样式快速设置单元格或单元格区域格式。使用样式避免了手工设置格式的烦琐、重复和低效。此外，样式具有动态更新的功能，用户应用某一样式后，若后续修改了此样式的内容，则之前应用该样式的数据区域也会动态更新。如图 6-34 所示，将【中文字体格式】的字体改成楷体后，之前应用该样式的单元格也会更改字体。

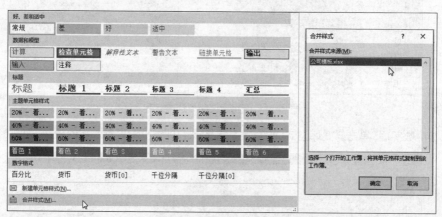

图 6-34　样式更新

3. 合并样式

创建的自定义样式，只会保存在当前工作簿中，用户如想转移至其他工作簿，可在其他工作簿中【样式】的下拉列表库中选择【合并样式】命令。选择合并样式所在工作簿，单击【确定】按钮即可将其他工作簿中的样式复制至当前工作簿，如图 6-35 所示。

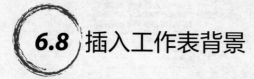

图 6-35　合并单元格样式

6.8 插入工作表背景

在某些特殊情况下，用户可能需要在工作表中插入一张图片作为背景。在【页面布局】选项卡中的【页面设置】组中单击【背景】按钮，在弹出的选取图片的对话框中选择图片，双击

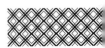

即可在工作表中插入图片背景，如图 6-36 所示。

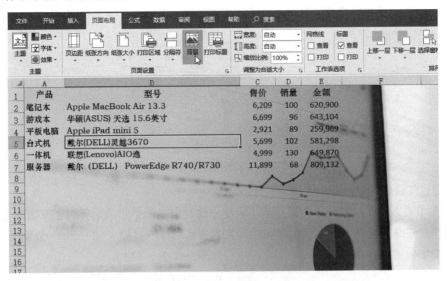

图 6-36　插入工作表背景

> **提示**
>
> 为了增强图片与文字的显示效果，用户可以【视图】选项卡中取消网格线的显示。

专业术语解释

格式： 对单元格本身或内容进行的各种外观显示设置。

合并单元格： 将多个单元格合并成一个大的单元格。

格式刷： 复制格式的一种工具。

样式： 多个格式组成的格式集合。

问题 1：可以对同一个单元格中的内容设置不同格式吗？

答： 对于文本型的单元格，可以针对不同部分设置不同格式，但对于数值型的单元格是不可以的。选择某个单元格，按 <F2> 键或双击该单元格进入编辑状态，用鼠标或按快捷键 <Shift+ ← / → > 选择部分文字，就可以对该部分进行格式设置。

问题2：合并单元格的实质是什么？

答： 合并单元格的实质是只有第一个单元格有数据，其他单元格都是空值，如图 6-37 所示。

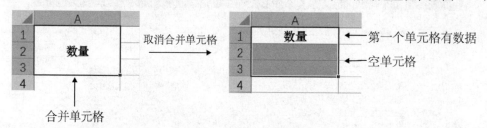

图 6-37　合并单元格的实质

问题3：如何制作单斜线表头报表？

答： 在【设置单元格格式】对话框的【边框】选项卡中单击【添加斜线】按钮即可。添加斜线后，用户在单元格输入文字后，可在指定文本内容后按快捷键 <Alt+Enter> 强制换行，并且在第一行文字前面按空格键来制作文本左右对齐效果，如图 6-38 所示。

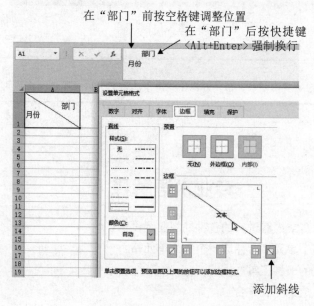

图 6-38　在表格中添加斜线

7 模板

用户在工作中，可将自己需要经常重复创建使用的文档设置成模板，模板具有统一的风格和标准，利用模板可以高效地完成工作。

"模板"是一个已经预先设置好特定格式的工作簿。用户可从模板创建新的工作簿，以此模板中设置好的内容为起点开始工作，不必对格式、文字数据和公式进行重复性设置，用户只需填写变动数据就可以迅速完成数据文档制作，这样可大大节省时间和精力。同时，利用模板创建文档也能形成统一的文档风格和标准。

Excel 2019 的模板文件的扩展名为".xltx"或".xltm"。".xltx"为普通的模板文件，该模板文件不能包含宏代码，而".xltm"是指包含宏代码的模板文件。

选择【文件】→【新建】命令，在右侧搜索文本框中输入搜索模板关键字，即可在 Microsoft Office Online 上搜索相关模板，如图 7-1 所示。

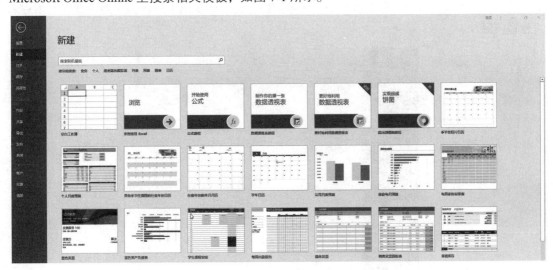

图 7-1　Microsoft　Office　Online上搜索模板

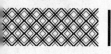

7.1 自定义模板

用户绝大部分情况下都是自己根据实际工作表来创建模板。创建自定义模板的步骤如下。

第1步 布局好表格框架和内容，如在工作表中设置好固定的文字或数据内容、公式函数、格式、打印选项等，同时留空待输入内容的单元格，如图 7-2 所示。

图 7-2　构建模板主体

第2步 对工作簿设置后，按 <F12> 键打开【另存为】对话框，在保存类型中选择 Excel 模板（*.xltx），单击【保存】按钮，如图 7-3 所示。对于 Excel 2019 默认的模板，存放位置为 C:\Users\ 用户名 \Documents\ 自定义 Office 模板。

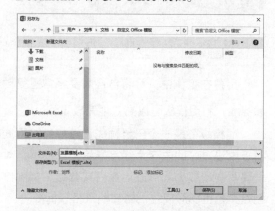

图 7-3　保存为模板类型工作簿

用户需要以模板来创建工作簿时，可以选择【文件】→【新建】命令，在【新建】面板中单击【个人】，在此会列出用户创建的所有自定义模板，双击某个模板名称就会以模板内容创建一个新的工作簿，如图 7-4 所示。在模板中输入内容后保存时，会弹出【另存为】对话框提示用户对文档进行保存。

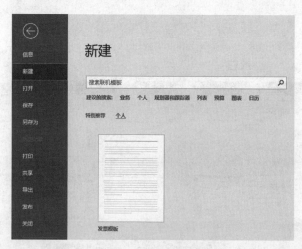

图 7-4　以模板创建工作簿

7.2 模板中可设置内容项目

用户在设置模板内容时，有以下项目可以保存在模板中。

（1）文字数值、公式函数、图表、链接等数据操作元素。

（2）自定义的数字格式。

（3）单元格样式。

（4）打印设置。

（5）工作表的设置，如显示网格线、显示行号列标等。

专业术语解释

模板：预先创建好了固定内容、格式、结构等元素的文件。为了方便制作一些有部分内容相同的文档，以模板创建文档可以节省用户时间。

问题：Excel 模板文件和一般的 Excel 工作簿有什么区别？

答：模板就是一个做好了"一半"的文件，用户可以在模板的基础上快速完成工作，而普通的 Excel 工作簿要从零开始创建文档内容，如图 7-5 所示。

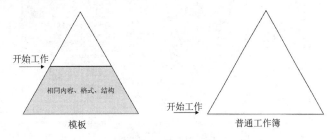

图 7-5　模板与普通工作簿的工作方式

8 Excel 工作簿安全设置

有些 Excel 工作簿可能会存放个人或企业的机密或敏感数据，此时工作簿的安全性尤为重要，本章介绍 Excel 对工作簿和工作表安全性方面的设置。

8.1 保护工作表

选择【审阅】→【保护】→【保护工作表】命令，可以执行对工作表的保护。在弹出的【保护工作表】对话框中，可以设置取消工作表保护时使用的密码，在下面有若干个选项，这些选项决定了当前工作表在设置保护状态后还可以进行哪些操作，如图 8-1 所示。

图 8-1 保护工作表

表 8-1 列示了【保护工作表】对话框中各选项含义。

表 8-1 【保护工作表】对话框各选项含义

选项	含义
选定锁定单元格	可以使用鼠标或键盘选定设置为锁定状态的单元格，默认为选中
选定解除锁定的单元格	可以使用鼠标或键盘选定未被设置为锁定状态的单元格，默认为选中

续表

选项	含义
设置单元格格式	如选中，可设置单元格的格式
设置列格式	如选中，可隐藏列或更改列宽度
设置行格式	如选中，可隐藏行或更改行高度
插入列	如选中，可插入新列
插入行	如选中，可插入新行
插入超链接	如选中，可插入超链接
删除列	如选中，可删除列
删除行	如选中，可删除行
排序	如选中，可对选定区域进行排序
使用自动筛选	如选中，可使用现有的自动筛选
使用数据透视表	如选中，可创建或修改数据透视表
编辑对象	如选中，可修改图表、图形、图片，插入或删除批注
编辑方案	如选中，可使用方案管理功能

默认情况下，单元格的状态为锁定状态，如图 8-2 所示。

图 8-2　单元格的锁定属性

用户在保护工作表时，只能对锁定的单元格进行保护。用户可以先取消部分单元格的锁定属性，然后再保护工作表，此方式可以将工作表中部分区域设置为可修改和编辑区域。

如图 8-3 所示，B2:D7 区域为数据输入区域，E2:E7 区域为公式区域。为了防止他人意外修改或删除公式所在的 E2:E7 区域，并且还能修改和编辑数据输入的 B2:D7 区域。可以选中 B2:D7 区域，在【设置单元格格式】对话框的【保护】选项卡中取消选中【锁定】复选框，然后再保护工作表，即可完成上述要求，如图 8-3 所示。

图 8-3　取消单元格的锁定状态

用户若要在被保护的工作表中更改被锁定的单元格，则 Excel 会显示警告信息，禁止用户修改，如图 8-4 所示。

图 8-4　更改被保护工作表时的警告框

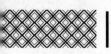

8.2 凭密码或权限编辑工作表的不同区域

Excel 可以对工作表中不同区域设置独立的密码或权限来进行保护，用户可在【审阅】选项卡下的【保护】组中单击【允许编辑区域】按钮，在弹出的【允许用户编辑区域】对话框中单击【新建】按钮，在弹出的【新区域】对话框中可自定义区域标题，在【引用单元格】框中选取要单独保护的单元格区域，在【区域密码】框中设置密码，如图 8-5 所示。此外，还可以在【允许用户编辑区域】对话框中单击【权限】按钮，在弹出的对话框中设置对指定用户（组）的编辑权限。

用户可使用上述同样的方法创建多个不同密码、不同权限的访问区域，创建完成后，单击【允许用户编辑区域】对话框中的【保护工作表】按钮，即可执行工作表保护。

图 8-5　设置允许编辑区域

完成上述单元格保护设置后，在对保护的单元格区域进行内容编辑时，会弹出如图 8-6 所示的【取消锁定区域】对话框，用户需要提供该区域的保护密码方可进行编辑。如果是设置了指定用户（组）对某区域的权限，那该用户或用户组成员可以直接编辑此区域。

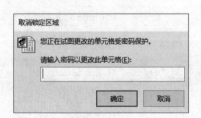

图 8-6　【取消锁定区域】对话框

8.3 保护工作簿

Excel 对于整个工作簿的保护有两种方式：一种是保护工作簿的结构和窗口；另一种是加密工作簿，设置打开密码。这两种保护方法并不互斥，可同时使用这两种方式对工作簿进行保护。

1. 保护工作簿结构和窗口

在【审阅】选项卡中的【保护】组中单击【保护工作簿】按钮，将弹出【保护结构和窗口】

对话框。如图 8-7 所示，在此对话框中，可以对当前工作簿的结构和窗口进行保护。

● 结构：选中该复选框后，禁止在工作簿中插入、删除、移动、复制、隐藏或取消隐藏、重新命名工作表。

● 窗口：该复选框仅在 Excel 2007、Excel 2010、Excel for Mac 2011 和 Excel for Mac 2016 中可用，选中此复选框，当前工作簿的窗口按钮不再显示，禁止新建、放大、缩小、移动或拆分工作簿窗口。

图 8-7　保护工作簿结构和窗口

2. 加密工作簿

在 Excel 中，最常见的保护工作簿的方式是使用密码来保存工作簿，选择【文件】→【信息】命令，在【信息】窗口中的【保护工作簿】下选择【用密码进行加密】选项，在弹出的【加密文档】对话框中输入密码（密码区分大小写），单击【确定】按钮，Excel 会要求再次输入密码进行确认。确认密码后，此工作簿下次被打开时还将提示输入密码，如果不能输入正确的密码，Excel 将无法打开此工作簿，如果要解除工作簿的打开密码，可以按上述步骤再次打开【加密文档】对话框，删除现有密码即可，如图 8-8 所示。

3. 标记为最终

完成一份可存档的工作簿或将完成的工作簿分发给他人时，可以将工作簿标记为最终状态。选择【文件】→【信息】→【保护工作簿】→【标记为最终】选项。

打开标记为最终的工作簿时，会在标题栏后显示"只读"字样，并且功能区的下方提示当前为"标记为最终　作者已将此工作簿标记为最终以阻止编辑。"虽有该提示，但用户可单击右侧的【仍然编辑】按钮，即可使文档回到可编辑状态，所以标记为最终仅仅是提示工作簿为完成状态，并不能有效地保证数据的安全性，如图 8-9 所示。

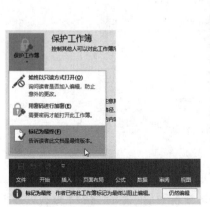

图 8-8　加密工作簿

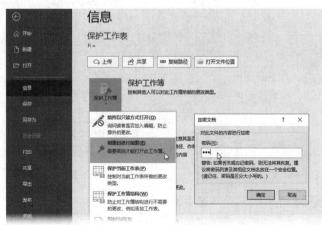

图 8-9　标记为最终

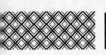

8.4 检查文档私有信息

每个工作簿除了工作表中的数据外，还包含很多相关信息。选择【文件】选项卡，在【信息】页面的右侧可以查看工作簿文件的信息，比如工作簿创建时间、上次修改时间、上次打印时间及相关作者等信息，此外单击【属性】中的【高级属性】按钮，在弹出的属性对话框中可以查看工作簿的更多相关信息，如图 8-10 所示。

图 8-10　工作簿中其他相关信息

用户若将含有相关信息的工作簿发送至其他组织机构或个人，有可能会泄露私有信息。此外，常见的是将含有隐藏工作表的工作簿无意分发出去。为了杜绝此类情况发生，可以使用"检查文档"功能。

第1步 选择【文件】→【信息】命令，在页面中选择【检查问题】→【检查文档】选项，在弹出的【文档检查器】对话框中列出可检查的各项内容。例如，可检查工作簿是否含有隐藏的行和列、是否含有隐藏的工作表等，单击【检查】按钮即可对工作簿进行检查，如图 8-11 所示。

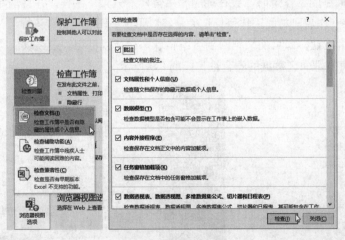

图 8-11　检查文档

第2步 图 8-12 展示了显示检查结果的【文档检查器】对话框，如检查出该工作簿含有隐藏的工作表，用户可重新返回工作簿中检查隐藏工作表内容或直接单击右侧【全部删除】按钮以删除隐藏的工作表，【全部删除】会一次性删除该项目下所有内容，此举为不可逆操作，如图 8-12 所示。

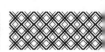

图 8-12　文档检查器

8.5 发布为 PDF 或 XPS 文档

PDF（Portable Document Format，便携式文档格式）是由 Adobe 公司设计开发的一种文档存储格式，如图 8-13 所示。

图 8-13　PDF格式文档

PDF 文件不管是在 Windows、Mac OS 操作系统或手机上都能展示相同的效果。此外 PDF格式文档占用文件体积小，高保真，并且安全性高，不易被修改。

XPS 全称为 XML Paper Specification，它是由 Microsoft 公司开发的一种文档保存与查看的规范。用户可以简单地把它看作微软版的 PDF。

PDF 和 XPS 必须使用专门的程序打开，常见的 PDF 使用软件为 Adobe Reader。

Excel 支持将工作簿发布为 PDF 或 XPS，以发布 PDF 格式文件为例，具体方法是按 <F12> 键，在弹出的【另存为】对话框中选择【保存类型】为 PDF。

图 8-14　发布工作簿为PDF格式文件

将 Excel 工作簿生成 PDF 或 XPS 文件还可在【文件】选项卡中选择【导出】选项，在右侧单击【创建 PDF/XPS】按钮，即可生成 PDF/XPS 文档，如图 8-15 所示。

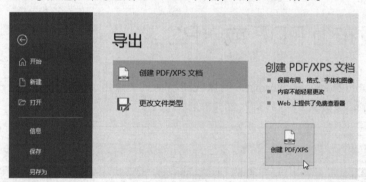

图 8-15　将工作簿导出为PDF格式

专业术语解释

保护工作表： 针对单个工作表的保护。

保护工作簿： 针对整个工作簿进行保护。

加密工作簿： 使用打开输入密码的方式保护工作簿。

单元格锁定： 单元格的一种状态，默认情况下单元格都是锁定状态。对于工作表的保护只针对锁定状态的单元格才有效。

PDF： 由 Adobe 公司设计开发的一种文档存储格式。

问题1：保护工作表、保护工作簿和加密工作簿的区别是什么？

答： 保护工作表是对单个工作表的保护，它主要用于限制在单元格中输入数据、删除或增加行、列等操作。保护工作簿是针对整体文件进行的保护，它主要用于限制删除或增加工作表数量、修改工作表名称、隐藏工作表等操作。加密工作簿是设置打开工作簿的权限。保护工作表、保护工作簿都可以打开并看到数据，而加密工作簿的防护等级最高，它不让他人看到数据。

问题2：忘记打开工作簿的密码，可以破解吗？

答： 现在版本的 Excel 采用先进的加密算法，如果忘记密码很难对 Excel 文件进行破解。用户在对工作簿进行加密时，可以将密码规范地记录在笔记本或其他位置，如担心别人看到可以将其部分密码以特殊的方式书写。将计算机、账号、通信工具、邮箱等各类工具的账号密码规范地整理和记录是一个非常好的生活工作习惯。

问题3：如何删除 Excel 中的个人或企业隐私信息？

答： 选择【文件】→【信息】→【检查问题】→【检查文档】命令，在弹出的【文档检查器】对话框中可对文件中的批注、文档属性和个人信息等进行检查。单击【检查】按钮可对文档进行检查，如果检查出个人和企业隐私信息，可在对话框中进行删除，如图8-16所示。

图 8-16 文档检查

9 打印

文档除了能在屏幕内浏览外，很多时候还需要将其打印在纸上。本章介绍如何对页面进行设置，以及打印输出文档的相关设置技巧。

9.1 打印窗口介绍

用户可以在快速访问工具栏中启用【打印预览和打印】命令，如图 9-1 所示。

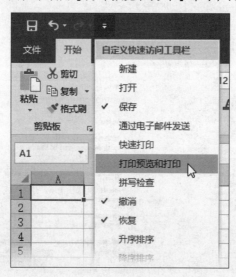

图 9-1　快速访问工具栏启用【打印预览和打印】命令

选择【打印预览和打印】命令或按打印预览快捷键<Ctrl+P>，即可打开【文件】选项卡下的【打印】窗口，如图 9-2 所示。

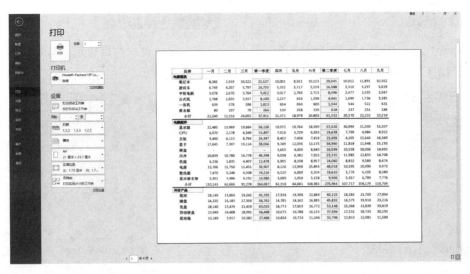

图 9-2　打印窗口

【打印】窗口的功能介绍如下。

1. 打印及打印份数

在【打印】窗口中单击【打印】按钮，即可对文档进行打印。右侧可输入打印的份数，如图 9-3 所示。

图 9-3　打印及打印份数

2. 打印机的选择

如果用户计算机上安装多台打印机，在此可选择当前文档需要打印的打印机，如图 9-4 所示。

图 9-4　选择打印机

3. 打印范围的选择

Excel 默认仅对活动工作表打印，在此可以选择对整个工作簿打印或对选取的单元格区域单独打印，如图 9-5 所示。

图9-5 打印范围设置

4. 打印页数设置

用户若只打印第一页，则在前面的组合框中输入 1，后面的组合框中也输入 1。若打印第 5 ～ 9 页，则在前面的组合框中输入 5，后面的组合框中输入 9，则 Excel 只会打印第 5 ～ 9 页内容，如图 9-6 所示。

图 9-6　打印页数设置

5. 打印顺序

"对照 1,2,3"模式为逐篇文档打印，而"非对照 1,1,1"为逐页打印，如图 9-7 所示。

图 9-7　打印顺序调整

6. 纸张打印方向

纸张的打印方向包括纵向打印和横向打印，如图 9-8 所示。

图 9-8　纸张方向的选择

7. 纸张大小选择

在此可以选择打印纸张的大小，常见纸张为 A4 大小，如图 9-9 所示。

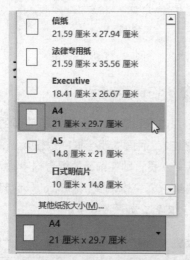

图 9-9　纸张大小的选择

8. 选择页边距

在此内置 3 种页边距：常规、宽、窄，如图 9-10 所示。

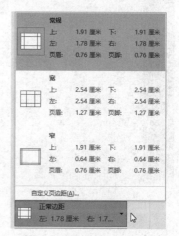

图 9-10　设置页边距

9. 选择是否缩放打印

默认情况下，文档是无缩放打印的，但如果用户想在一张纸上打印更多的内容，可以设置缩放打印，即将文档的内容进行缩小打印，在此菜单中有 3 种缩放打印方式，如图 9-11 所示。

● 将工作表调整为一页：将工作表的全部内容缩放打印在一页里面。

● 将所有列调整为一页：将工作表中的所有列都打印在一页里面。

● 将所有行调整为一页：将工作表中的所有行都打印在一页里面。

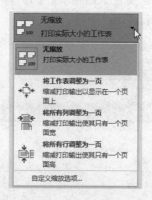

图 9-11　缩放打印

9.2 打印预览区域介绍

打印窗口的右侧为打印预览区域，单击左下角的【页面切换】按钮可预览每一页打印内容。单击右下角的【页边距显示】按钮，可在预览区域中显示各种边距线，用户可将光标置于边距上，然后左右拖动各边距线来调整距离。这种调整边距的方式非常灵活方便，如图 9-12 所示。

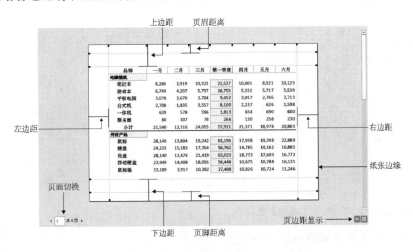

图 9-12　打印预览区域及各种边距

上边距、下边距、左边距、右边距为打印内容离纸张边缘的距离，页眉距离和页脚距离为页眉与页脚离纸张边缘的距离。

9.3 调整页面设置

绝大部分情况下，用户都需要对打印的页面进行更多参数的设置，详细打印的参数可在【页面设置】对话框中做进一步的设置。

调出【页面设置】对话框有以下两种方法。

（1）在【页面布局】选项卡下的【页面设置】组中单击对话框启动器按钮，如图 9-13 所示。

图 9-13　【页面布局】选项卡启动

（2）在后台打印预览窗口的右下角，单击【页面设置】，如图 9-14 所示。

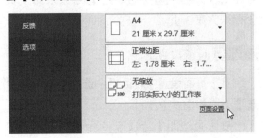

图 9-14　在打印预览窗口单击【页面设置】

1 页面设置

在【页面设置】对话框中选择【页面】选项卡，如图 9-15 所示。

图 9-15　【页面设置】对话框中【页面】选项卡

在【页面】选项卡中可对以下内容进行设置。

- 方向：用户可设置为横向打印或纵向打印。
- 缩放：可对打印的比例进行调整，用户可以在【缩放比例】微调框内选择缩放百分比，也可以设置具体的打印页数。
- 纸张大小：选择纸张尺寸规格。
- 打印质量：选择打印的精度。
- 起始页码：默认设置为【自动】，即用数字 1 为起始编号，若用户需要起始页码为 3，可在此文本框内输入 3，则文档原来第 1 页会标识为第 3 页。

2 设置页边距

在【页面设置】对话框中选择【页边距】选项卡，如图 9-16 所示。

在【页边距】选项卡中可对以下内容进行设置。

- 上、下、左、右：对上边距、下边距、左边距、右边距进行微调整。

- 页眉、页脚：对页眉、页脚与纸张距离进行调整。
- 居中方式：如果打印区域未被打印内容填满，用户则可以在【居中方式】区域中选中【水平】或【垂直】复选框，或同时选中两个复选框，则打印内容会水平或垂直方向居中打印。

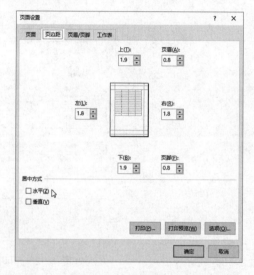

图 9-16　【页面设置】对话框中【页边距】选项卡

3. 设置页眉、页脚

在【页面设置】对话框中选择【页眉/页脚】选项卡，如图 9-17 所示。

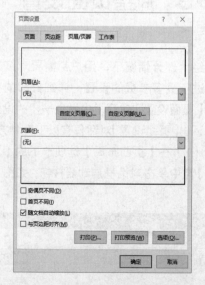

图 9-17　【页面设置】对话框中【页眉/页脚】选项卡

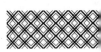

在【页眉/页脚】选项卡中可对以下内容进行设置。

- 页眉、页脚：单击【页眉】或【页脚】组合框的下拉按钮，在下拉菜单中选择内置的页眉或页脚样式。

- 自定义页眉、自定义页脚：用户可单击【自定义页眉】或【自定义页脚】按钮来自定义页眉或页脚。如图 9-18 所示为自定义页眉。

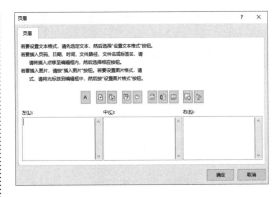

图 9-18　自定义页眉

【页眉】对话框中各按钮含义如表 9-1 所示。

表 9-1　【页眉】对话框中各按钮含义

按钮	含义
字体	设置文字的字体格式
页码	显示页码，符号为 "&[页码]"
总页数	显示要打印的总页数，符号为 "&[总页码]"
日期	显示当前日期，符号为 "&[日期]"
时间	显示当前时间，符号为 "&[时间]"
文件路径	显示工作表的完整路径及文件名，符号为 "&[路径]&[文件]"
文件名	显示工作簿名称，符号为 "&[文件]"
数据表名称	显示工作表标签名称，符号为 "&[标签名]"
图片	插入图片
设置图片格式	对图片进一步设置

- 奇偶页不同：为奇数页和偶数页指定不同的页眉/页脚。

- 首页不同：为打印的首页指定不同的页眉/页脚。

- 随文档自动缩放：如果打印时缩放文档，则页眉和页脚的字体大小将相应地缩放。

- 与页边距对齐：页眉和页脚的边距与工作表的左右边距对齐。

4. 打印工作表相关设置

在【页面设置】对话框中选择【工作表】选项卡，如图 9-19 所示。

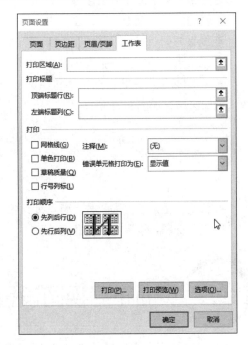

图 9-19　【页面设置】对话框中【工作表】选项卡

在【工作表】选项卡中可对以下内容进行设置。

- 打印区域：设置自定义打印区域。
- 打印标题：设置将标题行或标题列重复打印在每一页上。
- 网格线：设置是否打印网格线。
- 单色打印：去掉色彩打印，即黑白打印。

- 草稿质量：使用草稿模式打印。
- 行号列标：设置打印时添加行号列标。
- 注释：设置打印注释。
- 错误单元格打印为：设置将错误单元格打印显示为"显示值""空白""——""#N/A"这 4 种显示方式。

9.4 【页面设置】组命令介绍

用户可在【页面布局】选项卡的【页面设置】组中对打印进行部分设置，如图 9-20 所示。

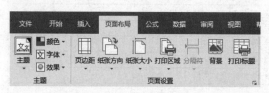

图 9-20 【页面设置】组中命令

【页面设置】组中各项命令介绍如下。

- 页边距：设置上、下、左、右边距。
- 纸张方向：设置横向或纵向的纸张方向。
- 纸张大小：选择纸张大小。
- 打印区域：设置自定义的打印区域或取消打印区域，如图 9-21 所示。

图 9-21 设置打印区域

- 分隔符：在工作表中手动插入分页符，插入分页符后内容会放置在不同的页面中打印，如图 9-22 所示。

图 9-22 插入分页符

- 背景：插入工作表背景，背景默认情况下不被打印。
- 打印标题：设置打印标题区域。

9.5 页面布局视图设置打印

Excel 提供了页面布局视图，它兼有打印预览和普通视图的优点。在该视图下可以对表格的内容进行编辑修改，也能查看和调整页边距，可以直接输入页眉和页脚，并且页面布局视图是让 Excel 一页一页地显示。它显示的样子就是最终打印的样子，所以通过页面布局视图调整打印是非常方便和直观的。单击右下角的【页面布局视图】按钮，即可以显示页面视图，如图 9-23 所示。

图 9-23　页面布局视图

在页面布局视图下调整页面、添加打印元素相当便捷，现列举在页面布局视图下对页面的相关设置。

1. 调整上、下、左、右边距及页眉页脚位置

在页面布局视图下，在页面的顶部与左边会出现刻度线，在上下右边的四角可以拖动光标任意调整上下左右的页边距。单击顶端页眉区域，可以在左侧的刻度线处调整页眉的位置，单击底端页脚区域，可以调整页脚位置，如图 9-24 所示。

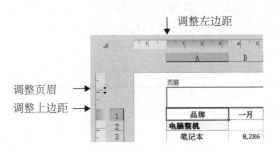

图 9-24　调整边距与页眉页脚

2. 在页面中插入企业 Logo（徽标或商标）

为了更加专业地美化表格，可以在打印表格的页眉添加企业 Logo。单击页眉区域，会在功能区显示【页面和页脚工具】的上下文选项卡，单击其中的【图片】按钮，找到图片路径选择 Logo，双击即可插入在页眉中，如图 9-25 所示。

图 9-25　在页眉中插入图片

插入图片后，在页眉区域会显示"&[图片]"标识，单击任意一个单元格，即可显示

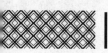

图片。如果插入图片过大，会显示在表体数据中，用户可以单击插入图片的页面区域，在【页眉和页脚工具】上下文选项卡中单击【设置图片格式】按钮，在弹出的【设置图片格式】对话框中调小图片的比例。此外，可以适当拉大上边距来容纳图片，如图 9-26 所示。

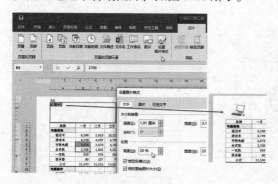

图 9-26　在页眉中调整图片大小

3. 插入页码

用户若要在页眉页脚中插入页码，可单击【页眉和页脚工具】上下文选项卡中的【页眉】或【页脚】按钮，在其下拉菜单中选择指定的页码格式，如图 9-27 所示。

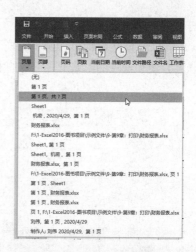

图 9-27　插入内置的页码格式

如果用户想自定义页码格式，可单击【页码】或【页数】按钮，插入的页码会显示为代码，如【页码】的代码为 "&[页码]"，【页数】的代码为 "&[总页数]"。如果用户想自定义为 "第 1 页" 的形式，可先单击【页码】按钮，然后在 "&[页码]" 前面分别添加 "第" 和 "页" 字，如图 9-28 所示。

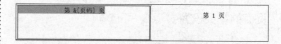

图 9-28　自定义页码格式

4. 在页眉页脚插入其他元素

在【页眉和页脚工具】上下文选项卡中还可以插入当前日期、当前时间、文件路径、文件名、工作表名等元素，如图 9-29 所示。

图 9-29　在页眉页脚中插入其他元素

> **提示**
>
> 在页眉页脚区域中用户可以自己输入任何形式的文本、数字作为页眉页脚的元素。例如，可以在页眉页脚输入公司的名称、地址、邮箱、网址的信息。

9.6 分页预览视图设置打印

在 Excel 2019 中，用户可以使用分页预览视图来查看打印区域及分页设置，在分页预览视图中，被蓝色粗实线框所围起来的白色表格区域是打印区域,而实线外的灰色区域为非打印区域,蓝色虚线为自动产生的分页线， 如图 9-30 所示。

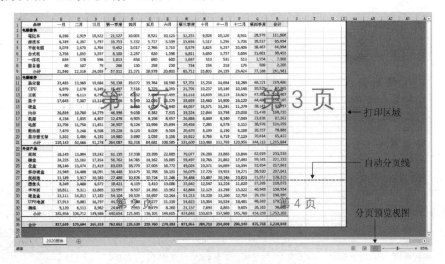

图 9-30 分页预览视图

1. 分页符设置

分页预览视图中，Excel 会自动在工作表的底纹显示第几页的水印，用户可对自动产生的分页线位置进行调整，将鼠标移至分页线的上方，当鼠标指针显示为黑色双向箭头时，按住鼠标左键拖动，移至需分页位置，此时原自动产生的虚线分页线会变成蓝色粗实线，并且分页的水印字样会自动调整，如图 9-31 所示。

图 9-31 拖动调整分页线

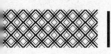

除了手动调整分页符位置以外，还可以在打印区域中插入新的分页符，如图9-32所示。

图 9-32　插入分页符

用户若想删除所有人工分页符，可在分页预览视图中的任意单元格右击，在弹出的快捷菜单中选择【重设所有分页符】命令。

2.　调整打印区域

在分页预览视图下，用户可以拖动蓝色边框快速设置打印区域，蓝色粗实线框所围起来的白色表格区域是打印区域，而实线外的灰色区域为非打印区域，如图9-33所示。

	品牌	一月	二月	三月	第一季度	四月	五月	六月	第二季度
1	品牌	一月	二月	三月	第一季度	四月	五月	六月	第二季度
2	电脑整机								
3	笔记本	8,286	2,919	10,322	21,527	10,001	8,921	10,123	29,045
4	游戏本	6,749	4,207	5,797	16,753	5,332	5,717	5,539	16,588
5	平板电脑	3,078	2,670	3,704	9,452	3,017	2,766	2,713	8,496
6	台式机	2,708	1,835	3,557	8,100	2,237	626	1,598	4,461
7	一体机	639	578	596	1,813	654	690	600	1,944
8	服务器	80	107	79	266	130	258	230	618
9	小计	21,540	12,316	24,055	57,911	21,371	18,978	20,803	61,152
10	电脑配件								
11	显示器	22,485	13,969	19,684	56,138	19,072	19,764	18,590	57,426

图 9-33　在分页预览视图下设置打印区域

专业术语解释

页边距：页边距分为上、下、左、右页边距，是指纸张边缘到文字的距离。四个边距所包围的区域就是版心，版心是实际内容打印的区域。

页眉：页面的顶部区域为页眉，用于显示文档的附加信息，可以插入时间、图形、公司徽标、文档标题、文件名或作者姓名等。

页脚：页面的底部区域，常用于显示文档的附加信息，如页码。

问题 1：如何只打印工作表中特定区域的内容？

答：默认情况下，选择打印命令会将数据表中所有内容进行打印。如果只打印特定区域，可以先选择需要打印的区域，再选择【页面布局】→【打印区域】→【设置打印区域】命令，如图 9-34 所示。

图 9-34　设置打印区域

提示

如果用户打印时发现只能打印部分区域，那么可以肯定当前工作表中设置了打印区域，此时单击【取消打印区域】按钮就可恢复成正常范围打印了。

问题 2：在打印预览后会有很多虚线，这些虚线是什么？

答：如图 9-35 所示，打印预览后自动显示的线为分页线，其作用是在工作表中标示出每页打印的范围，分页线只会在进行打印预览后才会出现，如果关闭工作簿再打开，那么分页线不会再显示。此外，如果用户不想显示分页线，也可以在【Excel 选项】下的【高级】选项中，取消选中【显示分页符】复选框，这样就不会再显示分页线。

图 9-35　分页线

问题 3：为何打印时会出现很多空白页？如图 9-36 所示。

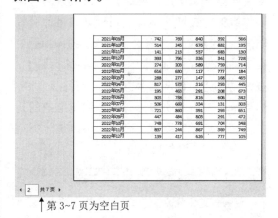

第 3~7 页为空白页

图 9-36　多余空白页

答：工作表的打印区域是根据当前工作表的最大区域决定的。产生空白页常见的情况有两种：一是用户在其他区域不小心输入字符，如不小心在其他区域输入了一个空格；二是用户在其他区域设置了格式，比如最常见的就是在其他区域中输入内容，然后又按 <Delete> 键清除内容，但清除的是内容并没有清除格式，所以打印范围会增大。如果要删除空白页,除了选定特定内容打印外,还可以选中数据区域右边所有空列和最下面所有空行,然后删除,如图 9-37 所示。

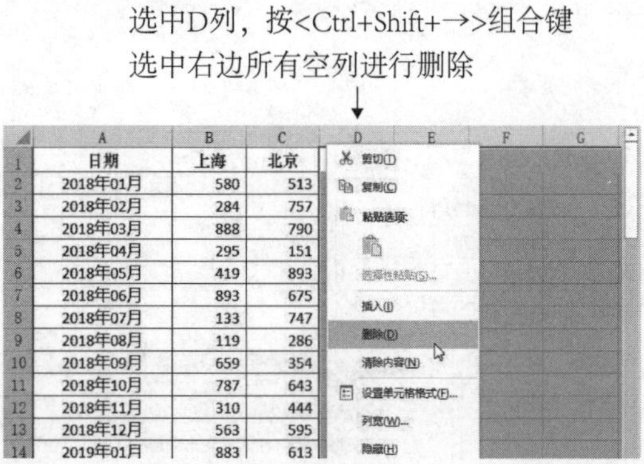

选中D列,按<Ctrl+Shift+→>组合键选中右边所有空列进行删除

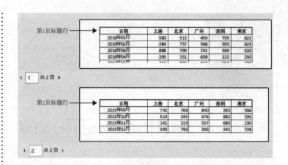

图 9-37 按快捷键<Ctrl+Shift+→>选中右边所有空列删除

删除空行或空列后进行保存,再打开工作簿进行打印,此时空白页就会消失。

问题 4:如何在每页顶端重复打印标题?

答:对于数据较多的报表,默认打印时只会在第一页上显示标题,后续页只会显示表体数据,这样就不方便判断某列是什么性质的数据。所以非常有必要在每页打印标题。在【页面布局】选项卡中单击【打印标题】按钮,弹出【页面设置】对话框,选择【工作表】选项卡,单击【顶端标题行】编辑框中的折叠按钮,选择标题行(标题行可以是一行或是多行),如图 9-38 所示。

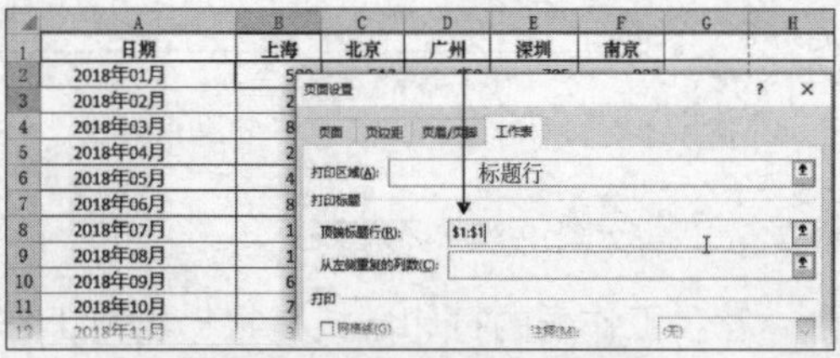

图 9-38 设置打印重复标题行

设置完顶端标题区域后,单击【确定】按钮,然后再打印时就会每页打印标题行,此外也可以设置每页打印列标题,可在【从左侧重复的列数】编辑框中设置,图 9-39 展示了每页打印标题行的效果。

图 9-39 重复打印标题行示意图

深入了解

设置顶端重复的标题行时,要重复的行不一定在打印范围的顶部。如果选择中间行作为标题行,打印时会从这些行以后的页面上开始重复打印标题行,如图 9-40 所示,该表格上方是公司的相关信息,第 8 行才是数据区域的标题行,选择第 8 行作为重复的标题行只会在这一页的后面页才会重复打印标题行。

图 9-40 选择中间行作为重复打印标题行

问题 5:如何打印行号和列标?

答:调出【页面设置】对话框,选择【工作表】选项卡,在【打印】组中选中【行和列标题】复选框,即可以在打印时添加行号和列标,如图 9-41 所示。

图 9-41 打印时添加行号和列标

| 提示 |

在打印的数据上添加行号和列标可以方便自己或与他人核对数据。

问题 6：如何快速地将较宽的多列打印在一页纸上？

答： 将较宽的多列打印在一张纸上有两种方式：一是在【页面设置】对话框的【页面】选项卡中选中【缩放比例】单选按钮，默认按 100% 正常尺寸打印，用户可以调大调小比例打印；二是选中下方的【调整为】单选按钮，在此用户可以将多列调整成一页宽，单击【确定】按钮，即可将原本需要多页打印的列缩小打印在一页上，如图 9-42 所示。

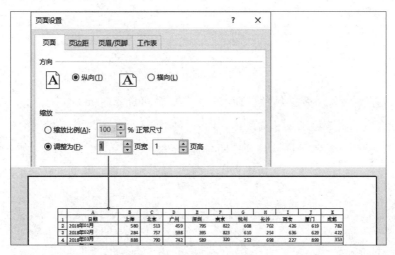

图 9-42　缩放打印与自定义打印纸张

问题 7：如何将全部内容刚好打印成一页宽和一页高？

答： 如果打印的数据内容的长宽比刚好和版心的长宽比相同，那可以将内容刚好打印成一页宽和一页高，但如果两者比例不相同，则无法按上述要求打印。因为数据在打印时会成比例缩放。图 9-43 中，用户如果要将数据内容刚好打印成一页高，则必须要删除前面"页宽"的数字。反之如果要调成一页宽，就必须删除后面"页高"的数字。

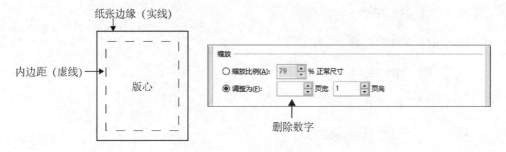

图 9-43　调整缩放进行打印

第❷篇

公式与函数

📖 本篇导读

　　公式与函数是 Excel 的精髓，利用公式与函数可计算分析工作表中的数据。本篇深入原理地介绍公式与函数的相关知识，同时详细讲解工作中最常用的逻辑与信息函数、求和与统计函数、数字处理函数、日期与时间函数、查找与引用函数、文本处理函数、财务函数。通过本篇的学习，可以让用户了解 Excel 最为强大的数据计算功能。

📡 本篇内容安排

10 公式与函数基础

本章对公式和函数基础内容做详细介绍，具体内容有公式与函数的概念、公式的输入、编辑与修改、运算符、数据类型的转换等内容，此部分是学好 Excel 函数的前提。

10.1 公式与函数的概念

在 Excel 中计算有两种方式：一是运用公式，二是运用函数。但在实际工作中，为了便于交流，用户经常混用这两个名词。公式与函数都是在 Excel 中进行计算分析的工具。

如在数学中计算1+1等于多少，写法是1+1=2，还有诸如 $2×2=4$、$(4+2)×3÷2=9$ 之类的写法，这些都是简单的四则运算，用数字和运算符组成的一个个等式就是公式，这是在数学中的写法。在 Excel 中公式的等号（＝）是提前的，如 =1+1、=2*2、=(4+2)*3/2。为了输入方便，在 Excel 中乘号用星号（＊）代替，除号用左斜线（／）代替。可以这样说，在单元格中凡是由等号开头的，并且返回计算结果的都是公式。

图 10-1 中的 A2:A7 区域有一系列数字，现需要计算它们的和、积、平均值、最大值、最小值。如果用普通公式，可以采用数学中的四则运算计算得出结果。但对于最大值、最小值则无法用四则运算求出结果，并且对于大量的数据，若采用四则运算的公式进行计算，将非常烦琐和低效。

	A	B C	D 公式	E 结果	F	G 函数	H 结果	I
1								
2	10	和	=A2+A3+A4+A5+A6+A7	52		=SUM(A2:A7)	52	
3	4	积	=A2*A3*A4*A5*A6*A7	122,880		=PRODUCT(A2:A7)	122,880	
4	16	平均值	=(A2+A3+A4+A5+A6+A7)/6	8.7		=AVERAGEA(A2:A7)	8.7	
5	8	最大值	?			=MAX(A2:A7)	16	
6	2	最小值	?			=MIN(A2:A7)	2	
7	12							
8								

图 10-1 四则运算公式与函数的比较

为了方便高效地计算，Excel 就内置了函数。函数是 Excel 内置好的计算功能模块。用户

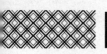

直接调用它可以进行各种各样的计算，而不需要手动地一个一个用四则运算的方法去计算。如计算图 10-1 中 A2:A7 区域中的和、积、平均值、最大值、最小值，可分别使用 SUM、PRODUCT、AVERAGEA、MAX、MIN 函数，参数都是 A2:A7。用户输入简短的函数名和相应参数，就可以立即计算出相应的结果。采用函数进行计算方便、高效，并且可以实现各种场景下的各种复杂计算问题。

总结：公式是在单元格中以"="号为前导符，使用运算符连接并且按一定顺序进行数学计算的等式；使用公式的目的是建立数据之间的关系，并且在单元格中返回由公式计算出的结果。

函数则是 Excel 内置的具有特定计算功能的模块，它是一种特殊的公式。普通的四则运算公式，可以清晰地知道公式运算的过程，但函数的计算过程是内置包裹的，用户看不到它的计算过程，但用户也无须知道其计算过程，用户只需要选择正确的函数，然后为其指定参数，它就能迅速完成计算。

公式与函数的区别如图 10-2 所示。

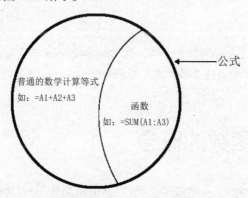

图 10-2　公式与函数的区别

> **提示**
>
> 函数是公式的一种特殊形式，两者的组成元素、相关的属性都是一样的，并且在日常交流中，使用公式或使用函数的说法均正确。在本书中，笔者也将混用这两个名词。

1. 公式结构的组成元素

所有的 Excel 公式的结构都相同，图 10-3 展示了公式的主要组成元素。

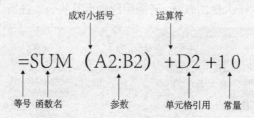

图 10-3　公式的主要组成元素

● 等号：作为公式的标志及前导符。

● 函数名及参数：函数名是 Excel 内置好的，可供用户调用的计算模块名称。参数是函数计

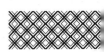
算针对的内容和对象。

- 小括号：包围参数的符号，同时也是一种运算符，它用于改变公式运算的优先顺序。
- 运算符：运算的符号，如加、减、乘、除、<、>、<=、>=、<> 等。
- 单元格引用：代表单元格或单元格区域、命名区域的名称。利用单元格引用可间接调用存储在单元格中的数据。
- 常量：与单元格引用相对，它是指在公式的参数中直接输入某个数字常量或文本常量。

在 Excel 中，允许在公式中的运算符和操作数之间留有空格，使用空格分隔公式的各个组成部分可提高公式的可读性。此外，公式如果较长，用户可以在指定处按快捷键 <Alt+Enter> 强制让公式局部换行显示。

2. 公式的输入

在单元格中输入公式的步骤如下。

第1步 选择要输入公式所在单元格。

第2步 输入一个等号（＝），告诉 Excel 此单元格的内容是公式。

第3步 输入公式的操作数（指函数、单元格引用、常量等）及相关运算符。

第4步 按 <Enter> 键确定并结束公式的输入编辑，若单元格中是数组公式，需要按快捷键 <Ctrl+Shift+Enter> 结束数组公式的编辑，此时在单元格中会立即返回公式的计算结果。

3. 公式的修改、编辑和删除

用户若需要对单元格中的公式进行修改或编辑，有以下 3 种方法。

（1）选中公式所在单元格，按 <F2> 键进入编辑模式修改或编辑公式。

（2）双击公式所在单元格，光标将会插入到单元格中，此时可对单元格中的公式进行修改或编辑。

（3）选中公式所在单元格，将光标插入编辑栏内进行编辑，如图 10-4 所示。

将光标插入编辑栏内

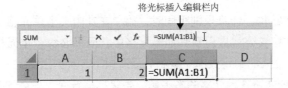

图 10-4　在编辑栏内编辑公式

用户在输入、修改公式时，若想取消输入、修改的内容，可直接按 <Esc> 键进行取消。若按 <Enter> 键确定输入内容后，则只能按撤销命令或按快捷键 <Ctrl+Z> 进行撤销。若要删除单元格中的公式，可选中该单元格，按 <Delete> 键即可删除单元格中全部内容。

> **提示**
>
> 对较长、复杂的公式进行编辑时，用户可暂时将公式前的等号删除或在等号前输入一空格，其目的是暂时将公式转成可始终显示的文本，此操作在特定状况下可帮助用户更好地编辑公式内容和厘清公式结构。待修改完成后，再将公式恢复成正常状态。

4. 公式输入模式

Excel 在不同情形下有不同的输入模式，输入模式决定了键盘和鼠标对单元格的操作属性，常见输入模式有以下 4 种。

- 就绪：光标正常选中单元格时处在的模式，它用于等待用户对单元格的操作。
- 输入：当用户在空单元格内双击，或输入等号后开始要输入公式或其他内容时，Excel 将进入输入模式。
- 点：在用户输入公式操作数时，按方向键或在工作表中单击其他单元格时，Excel 将进入点模式。在这种模式下，用户选取的单元格或区域会自动添加到公式的结构中。
- 编辑：双击有内容的单元格或按 <F2> 键时，Excel 将进入编辑模式，在这种模式下用户可修改公式。例如，在编辑模式中，用户可使用向左、向右方向键将光标移到公式中的任意地方，以便删除或插入字符。

如图 10-5 所示，用户可通过左下角的状态栏去观察当前 Excel 是什么输入模式。此外，用户可通过按 <F2> 键在不同的输入模式下进行切换。

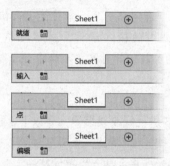

图 10-5　通过状态栏观察Excel的输入模式

5. 公式的复制

当多个单元格中的结构、计算规则相同时，用户在其中一个单元格中输入完一个公式后，可通过复制公式的方式将该公式应用到其他单元格中，而不必每个单元格都重复写公式结构。复制公式可以极大提高公式的编写效率。复制公式有以下 5 种方法。

（1）将光标置于公式所在单元格的右下角，当鼠标指针变为黑色十字填充柄时，按住鼠标左键不放，并向下拖曳至其他填充单元格区域，如图 10-6 所示。

	A	B	C	D
1	9	7	16	
2	7	8		
3	7	9		
4	7	9		
5	8	6		
6	7	7	+	← 拖曳填充柄
7	8	8		
8	8	5		
9				

图 10-6　拖曳方式复制公式

（2）双击单元格右下角的填充柄，公式的结构会自动向下复制，此操作是复制公式的最快方式，但仅对向下的列方向复制公式有效，并且只对相邻连续区域有效。如遇到数据区域中有空行，那双击填充柄复制公式的效果会在空行处中断，如图 10-7 所示。

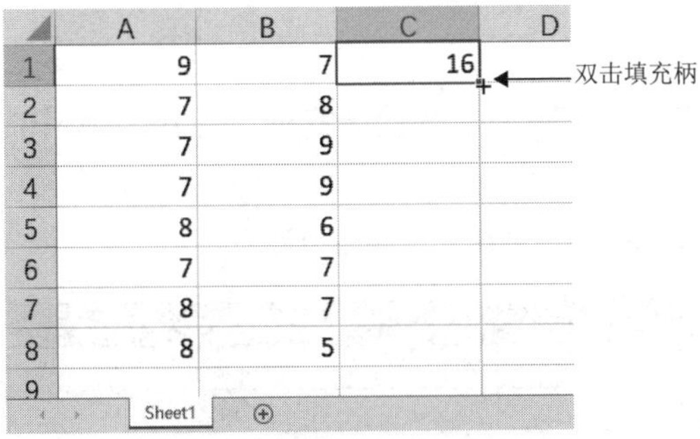

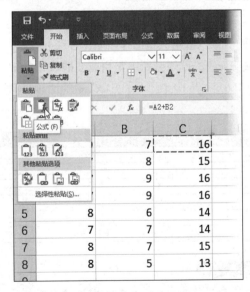

图 10-7　双击填充柄复制公式

（3）选中公式所在单元格及其下方需填充公式的单元格，选择【开始】→【编辑】→【填充】→【向下】命令或按快捷键 <Ctrl+D> 向下复制填充公式，如图 10-8 所示。

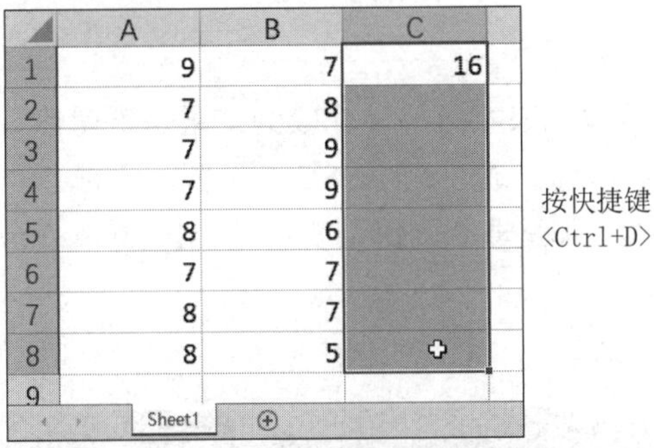

图 10-8　使用快捷键<Ctrl+D>复制公式

（4）使用快捷键 <Ctrl+Enter> 可向多个相邻或不相邻的单元格中同时输入公式。如图 10-9 所示，选中 C1:C8 区域，在活动单元格（反白单元格）中输入公式，然后在编辑状态下，再按快捷键 <Ctrl+Enter> 批量完成公式输入。

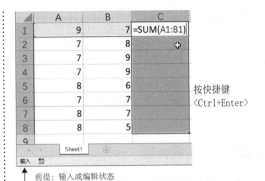

前提：输入或编辑状态

图 10-9　使用快捷键<Ctrl+Enter>向多个单元格中复制公式

若 C1 单元格中已有公式，可选中 C1:C8 区域后，按 <F2> 键使 C1 单元格（公式所在单元格）进入编辑状态或将光标插入编辑栏中，然后按快捷键 <Ctrl+Enter> 即可对选中区域一次性填充公式。

（5）用户可先复制公式所在单元格，然后再选择需要填充公式所在单元格区域，再选择【开始】→【粘贴】→【公式】命令。此方式只会复制公式，而不会复制格式，如图 10-10 所示。

图 10-10　利用选择性粘贴功能复制公式

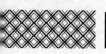

10.2 公式中的运算符

运算符是构成公式的基本元素，每个运算符代表一种特定的运算。Excel 包含 4 种类型的运算符：算术运算符、比较运算符、文本运算符和引用运算符。

1. 算术运算符

算术运算符主要包括加、减、乘、除、百分比及乘方等各种常规的运算符，表 10-1 列示了 Excel 中的算术运算符。

表 10-1 算术运算符

算术运算符	用途	实例
+	加法	=8+5
−	减法或负号	=−10+3
*	乘法	=6*3
/	除法	=80/5
^	乘方	=9^2
%	百分比	=100*5%

在 Excel 中，"^"表示幂运算符号。例如，公式"=9^2"的结果为 81（即 9×9=81），而"=9^（1/2）"的结果为 3，即对 9 开平方根。

2. 比较运算符

比较运算符主要用于比较数值的大小，同时也可以比较字符串。比较的结果是逻辑值，逻辑值的结果只有 2 个：TRUE 和 FALSE。TRUE 表示真、成立；FALSE 表示假、不成立。在 Excel 的逻辑判断中常用非 0 的值（如 1、2、−2、0.5 都是非 0 的值）表示 TRUE，0 值表示 FALSE。表 10-2 列示了 Excel 中的比较运算符。

表 10-2 比较运算符

比较运算符	用途	实例
=	等号	=A1=A2，判断 A1 与 A2 单元格内容是否相等
>	大于号	=A1>5，判断 A1 单元格内容是否大于 5
<	小于号	=A1<5，判断 A1 单元格内容是否小于 5
>=	大于等于号	=A1>=5，判断 A1 单元格内容是否大于等于 5
<=	小于等于号	=A1<=5，判断 A1 单元格内容是否小于等于 5
<>	不等于号	=A1<>5，判断 A1 单元格内容是否不等于 5

深入了解

除了数值之间能比较大小外，其他数据类型也能比较大小。在 Excel 中，逻辑值 > 文本 > 数字。Excel 中的"文本大于数字"规则，只能用于逻辑判断或排序中。如在单元格中输入公式：

=1<"A"

结果返回TRUE。之所以返回TRUE，是因为在计算机的字符集编码中，数字的编号要小于文本字符的编号，所以数字小于文本，这里的比较仅仅针对数字与文本在字符集中的位置比较，而不是指数字与文本在内容大小上面的比较。文本是没有数值属性的，不能比较大小，并且在Excel中数字是不能与文本进行计算的，如在单元格中输入 =1-"A"，将返回 #VALUE。

图10-11展示各种数据类型在单元格中按升序与降序的排列规则，升序是指按从小到大的顺序排列（如1、2、3、4、5），降序是指按从大到小的顺序排列（如5、4、3、2、1）。

图 10-11　Excel各种数据类型排序规则

3. 文本运算符

用文本运算符"&"能将多个单元格中的内容或常量进行连接。如图 10-12 所示，C1 单元格中用"&"连接了 A1 与 B1 单元格中的内容。如果用"&"连接文本常量，必须要对文本常量添加英文状态下的双引号方可进行连接。

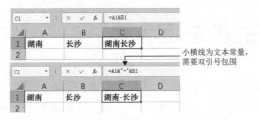

图 10-12　"&"运算符连接多个单元格内容

深入了解

使用"&"连接的数字都是文本型数字（如图 10-13 所示），不能参与数学计算；若要参与数学计算，需要将文本型数字转成数值型数字。

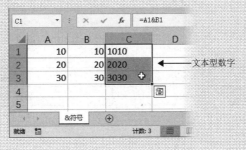

图 10-13　"&"连接的结果都是文本

4. 引用运算符

引用运算符专门用来对单元格区域进行引用。表 10-3 列示 Excel 中的引用运算符。

表 10-3　引用运算符

引用运算符	用途	实例
:	区域运算符	=SUM(A1:C3)
,	联合运算符	=SUM(A1,C3,D5)
（空格）	交叉运算符	=SUM(A1:C3 B3:D5)

图 10-14 中 "=SUM(A1:C3)" 的参数中引用运算符为冒号(:)，代表相邻区域运算符，即 A1 到 C3 的连续区域，该区域有 9 个相邻的连续单元格，求和结果为 45。

图 10-14　区域运算符

图 10-15 中 "=SUM(A1,C3,D5)" 的参数

中引用运算符为逗号，代表联合运算符，即联合 A1、C3 和 D5 三个单元格，这三个单元格求和结果为 26。

图 10-15　联合运算符

图 10-16 中 "=SUM(A1:C3 B3:D5)" 参数中间的引用运算符为一个肉眼不可见的空格。虽不可见，但用户可以根据间隙判断空格的存在。空格代表交叉运算符，即 A1:C3 与 B3:D5 的相交单元格区域 (B3:C3 区域)，该区域有 2 个单元格，求和结果为 17。

图 10-16　交叉运算符

 ## 10.3 运算符的优先顺序

默认情况下，Excel 按照从左到右的顺序对公式进行运算。当公式中含有多个运算符时，Excel 将根据各个运算符的优先级进行运算；对于同一级的运算符，按从左到右的顺序运算。Excel 与数学中的运算符优先顺序是相同的。Excel 中运算符优先顺序如表 10-4 所示。

表 10-4　Excel 公式中的运算符优先级

优先级	符号	说明
第 1 级（最先计算）	（ ）	小括号
第 2 级	:(空格)，	引用运算符
第 3 级	−	算术运算符：负号
第 4 级	%	算术运算符：百分比
第 5 级	^	算术运算符：乘方
第 6 级	* 和 /	算术运算符：乘和除
第 7 级	+ 和 −	算术运算符：加和减
第 8 级	&	文本运算符
第 9 级	=、<、>、<=、>=、<>	比较运算符

笔者在此重点提示，引用运算符的优先级要高于加、减、乘、除及其他普通运算符，如

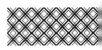

=SUM(A1:A8*10)、=SUM(--A1:A8)中引用运算符(:)优先计算,然后再与乘号或双负号进行计算。这种单元格区域与常量的运算书写方式在数组公式中常会遇到。了解引用运算符的优先级高于其他运算符的特性,将非常有助于分析数组公式的运算过程。

此外,对于运算符优先级,读者不必强行记忆,因为在实际工作中 Excel 公式中不会出现所有的运算符,凭最基础的数学知识,就可以正确识别公式的运算顺序。

10.4 利用嵌套括号改变运算符优先级

在 Excel 公式中,用户可使用小括号改变公式中默认的运算符优先级顺序,如图 10-17 所示。

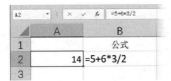
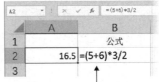

添加成对括号,改变运算符优先级

图 10-17　使用小括号改变运算符顺序

如图 10-17 所示,在 A2 单元格中输入以下公式:

=5+6*3/2

该公式先计算乘法 6*3,结果为 18,然后执行除法,用 18 除以 2,结果为 9,最后执行加法运算,结果为 14。用户若希望将 "=5+6*3/2" 中的 5 与 6 先相加,可以将公式改为:

=(5+6)*3/2

此时 5 与 6 先执行加法运算,结果为 11,然后乘以 3 再除以 2,结果为 16.5。

使用小括号改变运算符优先级顺序时,小括号可以嵌套使用;当有多对小括号时,最内层的小括号将优先运算。

10.5 数据类型的转换

如图 10-18 所示,在 Excel 中常见的数据类型转换有两种:一是逻辑值与数值的转换,二是文本型数字与数值型数字的转换。在实际工作中,经常因为数据类型不正确,导致查询、计算、分析、提取数据错误等情形出现。识别不同的数据类型和转换数据类型是 Excel 中重要的操作技能。

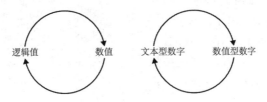

图 10-18　数据类型的转换

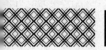

10.5.1 逻辑值与数值转换

逻辑值（TRUE 和 FALSE）与数值是不同的数据类型，其有着本质的区别，所以两者之间没有等同的关系。但在特殊情况下，逻辑值与数值之间可以互相转换，转换的情形有以下两种。

（1）逻辑值与逻辑值运算，如 =TRUE*TRUE、=TRUE*FALSE。

（2）逻辑值与其他数值进行四则运算（即加、减、乘、除运算）及乘方、开方运算，如 =TRUE*10、=FALSE+1。

在上述两种情况中 TRUE=1，FALSE=0。

图 10-19 所展示的是某企业的销售奖金表，现需要在 C2 单元格中计算销售员的奖金。条件为"销售额"大于 3000，奖金为 100，否则为 0。

逻辑值 * 数值 ———→ 数值型数字

	A	B	C	D
	销售员	销售额	奖金	
1				
2	张伟	4000	100	
3	王芳	3000	0	
4	王秀英	6000	100	
5	李娜	2000	0	
6	张敏	8000	100	
7				

C2 单元格公式：=(B2>3000)*100

图 10-19　逻辑值与数值相运算可转成数值

在 C2 单元格中输入以下公式，并复制到 C3:C6 区域：

```
=(B2>3000)*100
```

公式先计算"B2>3000"，结果为逻辑值 TRUE（1）或 FALSE（0），然后再与 100 相乘。即 B2 的数据大于 3000 就结果返回 TRUE，相当于是返回 1，1 乘以 100，则奖金为 100；如果结果返回 FALSE，相当于是返回 0，0 乘以 100，则奖金为 0。

例如，B2 单元格中数值为 4000，判断"B2>3000"返回逻辑值为 TRUE，然后乘以 100，TRUE=1，相乘后结果为 100；B3 单元格数值为 3000，判断"B3>3000"返回逻辑值为 FALSE，然后乘以 100，FALSE=0，相乘后结果为 0。

此外，在逻辑判断中，0 相当于 FALSE，所有非 0 的数值相当于 TRUE。

图 10-20 展示了学生考试成绩表，现需要在 C 列判断考试状态，要求凡是成绩为 0 或是没有参加考试的学生，需要重新补考（并不要求 60 分以下学生补考）。

非 0 的数字表示 TURE
0 或空单元格表示 FALSE

C3 单元格公式：=IF(B3,"","补考")

	A	B	C	D	E
	姓名	成绩	状态		
1					
2	张伟	60			
3	王芳	0	补考		
4	王秀英	90			
5	张敏	52			
6	王伟		补考		
7	张丽	30			

图 10-20　非0表示TRUE，0表示FALSE

在 C2 单元格中输入以下公式复制到 C3:C7 区域：

```
=IF(B2,""," 补考 ")
```

IF 函数的第一个参数是 B2，值有两种情况：如果 B2 不等于 0，则相当于 TRUE，返回第二个参数是空；如果 B2 等于 0，则相当于 FALSE，返回第三个参数内容为"补考"。B6 单元格是空单元格，视为 0，结果同样返回"补考"。

在此 IF 函数中的第一个参数是 B2，很多读者可能表示很疑惑，觉得应写成"B2<>0"才对，如图 10-21 所示。

返回 TURE 或 FALSE

C2 单元格公式：=IF(B2<>0,""," 补考")

	A	B	C	D	E
	姓名	成绩	状态		
1					
2	张伟	60			
3	王芳	0	补考		
4	王秀英	90			
5	张敏	52			
6	王伟		补考		
7	张丽	30			

图 10-21　比较运算符的结果为逻辑值

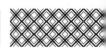

笔者在此解释此问题，首先两者公式返回的结果是一致的。但若 IF 函数中的第一个参数写成"B2<>0"后，Excel 会先计算 B2 是否等于 0，如果"是"，就返回 TRUE，"否"的话返回 FALSE。笔者之前介绍过非 0 的数字可以表示 TRUE，0 可以表示 FALSE。根据上述题意，凡是成绩为 0，或是没有参加考试的同学（用空单元格表示）都必须补考，那 0 或空单元格都代表 FALSE，而凡是有成绩的学生，不管考多少分都表示非 0 的值，即表示 TRUE。所以 IF 函数的第一个参数写成"B2<>0"或写成"B2"都对，因为两者作为 IF 函数的第一个参数时，都可以返回 TRUE 或 FALSE。

10.5.2　文本型数字与数值型数字转换

Excel 中的文本型数字虽然本身不能进行数学运算，但是对文本型数字进行额外的四则运算后就可以正常计算了，这是文本型数字非常重要的一个特性。此外在部分函数参数中若直接输入文本型数字也可以正确地计算。如图 10-22 所示，A1 和 A2 单元格中的数字为文本型数字，在 A3 中输入公式"=A1+A2"可以返回正确结果，但如果使用 SUM 函数引用 A1:A2 区域求和，则结果返回 0。所以对于文本型数字，若以单元格引用作为函数的参数时，将被视为文本，不能参与运算。

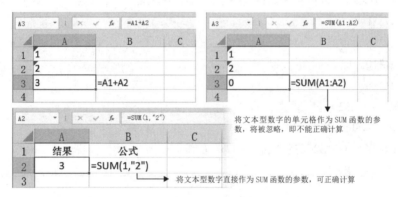

图 10-22　文本型数字作为参数的特性

如图 10-23 所示，A1 单元格中为数值型数字，A2 单元格中为文本型数字，在 A3 单元格中输入公式 =SUM(A1:A2)，结果只为 1，A2 单元格中的文本型数字 2 将被忽略。

图 10-23　文本型数字以引用形式作为SUM参数时将被忽略

提示

　　在实际工作中，用户直接将数字以文本性质输入到 SUM 函数的参数中的情形是十分罕见的，在此读者只需要知道，对于文本型数字的单元格区域，在被引用时是不能正确计算的。

　　对于文本型数字，在参与四则运算后可自动转为数值型数字。

　　如图 10-24 所示，在 C2 单元格中输入公式：
=IF(B2>90,"优秀","良")

通过加 0 操作，将文本型数字转成数值型数字

图 10-24 文本型数字利用四则运算转为数值型数字

因 B 列数字全部为文本型数字，根据数据比较原则，文本大于数字，所以 IF 函数的第一个参数始终判断为 TRUE，TRUE 的逻辑值将返回为 IF 函数的第二个参数"优秀"，因此 B 列中的成绩无论是多少，均将返回"优秀"，故该公式的写法不正确。若要正确判断，则需在 C2 单元格中输入以下公式：

=IF(B2+0>90," 优秀 "," 良 ")

此时 B2 单元格中的文本型数字经加 0 操作后可转成数值型数字，再进行 IF 判断可得出正确结果。

B2 单元格中文本型数字转为数值型数字还有以下方法。

乘法：=B2*1。

除法：=B2/1。

加法：=B2+0。

减法：=B2-0。

减负运算：=--B2。

函数转换：=Value(B2)。

其中减负运算"=--B2"是"=0-(-B2)"的缩写。

| **提示** |

对于文本型数字经过四则运算后可转成数值型数字的特性，读者一定要掌握。因为在实际工作中，在某些财务、银行系统的软件中导入到 Excel 中的数据就是文本型数字。在这种情况下用户要正确地计算数据，必须要先将文本型数字转成数值型数字。如用户不想或不便在数据源中进行数据类型的转换，又想正确地计算，可以在公式中先将文本型数字与 1 或 0 进行四则运算，转成数值型数字后，再进行其他的计算处理。

10.6 将公式转为值

公式的结果会随被引用单元格中的数据的变化而自动更新。为了在后续处理过程中，让公式计算结果不再变动，需要去除公式的结构，同时将公式的结果转换为静态值保存。此外如果删除公式的被引用单元格时，会发生 #REF! 错误，此时也要将该公式转换为值。

图 10-25 的 C2 单元格中的公式为"=A2+B2"。现若将公式引用的 A 列与 B 列删除，则公式会发生引用错误；用户若将公式转为值，则不会发生该错误。

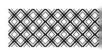

图 10-25 公式中删除被引用单元格将出现错误

将公式转为值是 Excel 中常见操作，常用方法有以下 3 种。

（1）复制公式所在单元格，然后选择【开始】→【粘贴】→【值】命令，如图 10-26 所示。

（3）选中公式所在单元格区域，将光标置于区域边框线上，按住鼠标右键不放，向任意方向拖动，然后再拖动回原区域，释放鼠标后，在弹出的快捷菜单中选择【仅复制数值】命令，如图 10-28 所示。

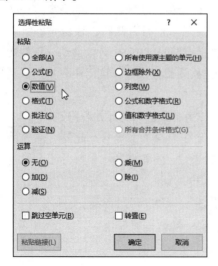

图 10-26 利用【粘贴】命令将公式转为值

（2）复制公式所在单元格后，调出【选择性粘贴】对话框，在其中选择粘贴成【数值】，如图 10-27 所示。

图 10-28 利用鼠标右键拖动将公式转为值

将公式转为值后，公式结构会被删除，只会保留公式的结果，如图 10-29 所示。

静态值，数据不会再发生变化

	A	B	C	D
C2			7	
1			结果	
2	2	5	7	
3	4	2	6	
4	2	4	6	
5	4	5	9	
6	4	5	9	
7				

图 10-29 将公式转为值后的效果

图 10-27 利用【选择性粘贴】将公式转为值

专业术语解释

公式：在单元格中进行数值计算的等式，在 Excel 中的公式计算同数学中的计算原理是一致的，只是 Excel 公式的书写显示方式与数学中的写法稍有差异。

函数：预先编写好的一种格式化的公式。它是 Excel 内置好的单独的计算功能模块，它可以将用户经常使用的计算式和复杂计算程序进行简单化。利用函数或多个函数的嵌套可以进行各种复杂的计算。

参数：特指函数的参数。它是函数计算针对的内容。如果把函数比作一台机器，那参数就是这一台机器要加工的原材料。函数的结果就是机器最终生产的产品。

常量：不变化的量，常指在公式或函数的参数中手工输入的数字、文本常量。

变量：可随时变化的量，例如在公式或函数的参数中引用单元格中的数据，就是变量。用户可改变单元格中的值，从而改变公式或函数的计算结果。

操作数：用运算符连接的实体，函数、常量、单元格引用都是操作数。

运算符：用于执行公式特定计算的运算符号。

四则运算：指加法、减法、乘法和除法四种运算。

问题 1：为什么明明输入了正确的公式或函数结构，但返回错误值？

答：公式或函数返回错误值有多种情况。其中有一种错误，就是在公式或函数的结构中，使用中文状态下的标点符号。在 Excel 公式或函数中，括号、逗号分隔符、双引号等所有的标点符号均要使用英文半角状态下的符号。对于部分中文标点符号，Excel 可以自动识别并转换，但有些中文标点符号，Excel 不能识别，只会将计算的结果返回错误值。请用户要特别识别公式中的标点符号是否是英文半角状态下的符号。

问题 2：在单元格中可以将加号（＋）、负号（－）作为公式输入的起始符吗？

答：可以，以 ＋、－ 开始输入后，结束公式时会自动在前面加上等号。此外，部分用户在写公式时会先写一个"＝"，然后再写一个"＋"，此加号完全没有必要。虽然并不会影响公式的计算结果，但是会使公式的外观显得不自然，如图 10-30 所示。

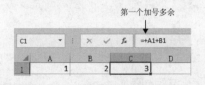

图 10-30　公式中含多余的加号

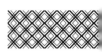

问题 3：在输入或编辑公式或函数的时候，移动光标总会插入某个单元格地址，这怎么办？

答： 造成此种情况的原因是输入模式选择的错误，用户在修改或编辑公式的时候，可按<F2>键将当前的输入模式切换成"编辑"模式，即可以正常在公式或函数中进行移动光标的操作。

问题 4：复制公式只可以向下和向右复制公式吗？

答： 不是。如图 10-31 所示，在某个单元格中输入公式后，可以拖动填充柄朝上、下、左、右 4 个方向复制公式。在实际工作中，大部分用户是在行或列起始的第一个单元格中输入公式的，所以只会朝下或朝右复制公式。但实际上选中某个公式单元格在上、下、左、右 4 个方向都可以拖动复制公式。此外，复制内容、格式也是同样的原理。

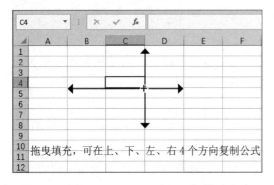

图 10-31　可在上、下、左、右4个方向复制公式

问题 5：在数学中可以用中括号、大括号改变计算的优先顺序，在 Excel 中可以吗？

答： 不可以，在 Excel 中改变计算的优先顺序只能用成对的小括号。如果要多次改变计算的优先顺序，就要多次添加成对的小括号，即小括号的层层嵌套。

问题 6：把公式的结果转成值有什么好处？

答： 在 Excel 中如果存在大量的公式单元格，会占用计算机的内存资源，严重时可能造成 Excel 计算非常缓慢。笔者在多年的培训中，经常会遇到某些学员在打开 Excel 时需要花费几分钟的时间，导致此情况最常见的原因就是 Excel 中存在大量的数据和公式。Excel 在打开时会自动重新计算工作表中的公式，若数据很多，公式较多，将需要耗费较长时间进行计算。所以笔者建议如果在工作表中存在大量的公式单元格，并且这些公式单元格并不会更新了，可将公式单元格中的结果值转成静态值，静态值将不会再被计算。

11 单元格引用

本章对单元格引用做详细的介绍，使读者深入了解单元格引用的使用原理，能够在不同的情况下写出正确的单元格引用类型。

11.1 单元格引用的概念

在地理学中，人类用经度和纬度来构建地球坐标系统，通过经度和纬度可以标示地球上的任何一个位置，如图 11-1 所示。

图 11-1　地球坐标系统

在 Excel 中也有类似地球坐标系统的单元格地址标识系统。在 Excel 中用字母表示列，用数字表示行，每个单元格地址则由字母加数字来表示，如"B5"单元格，表示 B 列第 5 行交叉处的单元格地址。在公式中使用单元格地址从而间接调用存储在单元格中数据的方法称为单元格引用。

如图 11-2 所示，在 C1 单元格中输入以下公式：

```
=A1+B1
```

按 <Enter> 键，结果等于 7，其中的 A1 和 B1 就是单元格引用。使用单元格引用的优点是当用户修改 A1 或 B1 单元格中的值时，在公式单元格中会立即更新公式的结果。

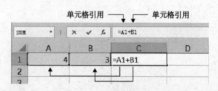

图 11-2　单元格引用

如图 11-3 所示，如果在 C1 单元格中直接输入"=4+3"，这种计算方式称为硬编码。

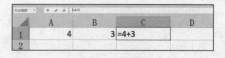

图 11-3　硬编码

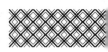
硬编码是将数值直接输入到公式中进行计算，它跳脱了单元格的引用。这种方式虽然计算结果与使用单元格引用方式的计算结果相同，但后期修改更新数据将非常不便。如需要计算 5+3，如果采用硬编码的方式，则需要双击 C1 单元格，将 4 改成 5，此方式非常不便，所以在 Excel 中绝大部分情况下都是通过单元格引用的方式来计算分析数据，极少采用硬编码的计算方式。但是很多用户都有临时把 Excel 当作计算器使用的情形，比如想临时计算某个数与另一个数的乘积，则可以双击单元格，在单元格中直接输入相应的数据进行硬编码的计算。

11.2 使用引用三大原则

在 Excel 的计算分析中，可以使用单元格引用或硬编码的方式进行计算分析，如何正确选择恰当的方式进行计算分析呢？对于此问题，笔者在此建议使用下面的三大原则。

（1）如果公式中被引用的数据经常要发生更新变化，则该数据必须要填入单元格中。如图 11-4 所示，在公式中引用动态更新的单元格，"售价"和"销量"的数值可能经常要发生变化，所以"售价"和"销量"必须要填入单独的单元格中，并且用公式对单元格进行引用计算，这样做的好处是便于数据的更新，也便于公式的计算分析。

D2		× ✓ fx	=B2*C2	
	A	B	C	D	E
1	产品	售价	销量	金额	
2	笔记本	6,209	100	620,900	
3					

图 11-4　在公式中引用动态更新的单元格

（2）如果公式中被引用的数据是固定不变的，则可以将该数据以硬编码的方式输入公式中。如图 11-5 所示，需要根据周数计算天数，因为一周固定是 7 天，在公式中直接使用固定不变的常量，计算天数时，可以将 7 直接写入公式中。

B2		× ✓ fx	=A2*7	
	A	B	C	D
1	周数	天数		
2	10	70		
3				

图 11-5　在公式中直接使用固定不变的常量

（3）为了便于自己和他人清楚地查看、分析公式或函数的结构，引用的数据必须要标识名称。如图 11-6 中 B 列是计算收入与 10% 的乘积，但这个 10% 的数据并没有标识任何名称，这样会导致自己或他人在查看、分析公式或函数结构时造成理解困难。为了让表格中的公式或函数结构更易理解，必须要对每个引用的数据都标识名称。如此处 10% 是指税率，那在该数值上方可标识为"税率"，这样公式或函数结构的可理解性大为增强。

B2		× ✓ fx	=A2*$D$2	
	A	B	C	D
1	收入	税款		
2	1,000	100		10%
3	2,500	250		
4				

	A	B	C	D
1	收入	税款		税率
2	1,000	100		10%
3	2,500	250		
4				

图 11-6　标识数据名称

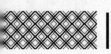

11.3 单元格引用输入的方式

在公式或函数的书写中，用户必须要将单元格的地址引入到公式或函数的参数中，在公式或函数中输入单元格地址引用有两种方式。

（1）手工方式输入引用。选中某个单元格，先输入一个等号"="，再输入公式结构。当输入正确的引用时，公式所在单元格会用带颜色方框标识被引用。手工方式输入单元格引用如图 11-7 所示，笔者在 C1 单元格中直接用手工方式输入公式"=a1+b1"。

图 11-7　手工方式输入单元格引用

用户在手工输入单元格地址时不区分大小写，但确定输入公式后，Excel 会自动将单元格地址全部转换成大写。

（2）用鼠标单击单元格或区域输入引用地址。输入单元格引用的最普遍的操作是用鼠标单击单元格或是拖选单元格。鼠标单击单元格输入单元格引用地址如图 11-8 所示，笔者在 C1 单元格中输入 A1 与 B1 单元格地址均采用鼠标单击具体的单元格，在公式编辑中用鼠标单击单元格会自动将单元格地址显示在公式结构中。

图 11-8　鼠标单击单元格输入单元格引用地址

11.4 单元格引用的类型

如图 11-9 所示，在 A1 单元格中输入以下公式：

```
=B1
```

则 B1 是 A1 的引用单元格，A1 是 B1 的从属单元格。在 Excel 中从属单元格与引用单元格之间的位置关系有三种，分别是相对引用关系、绝对引用关系、混合引用关系。

图 11-9　引用单元格与从属单元格

不同的引用关系将影响复制公式后的结果。用户若复制含单元格引用的公式到其他单元格，一定要考虑上述三种引用关系，否则在复制公式时极易产生引用错误，从而导致公式计算结果也错误。

笔者认为"B1 是 A1 的引用单元格，A1 是 B1 的从属单元格"应该称为"B1 是 A1 的被引用单元格，A1 是 B1 的从属单元格"。因为 A1 是公式单元格，它引用了 B1 单元格的内容，所以说 B1 单元格被 A1 单元格所引用。A1 公式单元格的结果是由 B1 单元格的值决定的，即 A1 单元格的值从属、依存于 B1 单元格的值。所以说 A1 是 B1 单元格的从属单元格。

官方解释为 B1 是 A1 的引用单元格，但笔者认为使用"被引用单元格"的中文表述更为准确。

1. 相对引用

如图 11-10 所示，在 C1 单元格中输入以下公式用来计算 A、B 两列的和：

    =A1+B1

图 11-10　相对引用

C1 单元格结果为 4，但数据区域不仅仅只有一行，下面还有 2 ~ 4 行的数据需要进行相同结构的计算。可以继续在 C2 单元格中输入以下公式进行计算：

    =A2+B2

观察可以发现 C1 与 C2 公式结构是相同的（都是 A 列数据加 B 列数据），不同之处仅仅在于行的方向，向下偏移了一行（A 列和 B 列并没有发生变化，因为每个公式始终都是计算 A 列与 B 列中的数值），由原来的第 1 行变成了第 2 行，反映到单元格引用地址就是从 A1、B1 变成 A2、B2。

在实际工作中，用户不可能对每个要计算的单元格都采用手工输入公式的方式，高效的方法就是复制公式。复制公式的意思就是将公式的结构应用到其他的单元格中，但是在其他单元格中公式所要计算的单元格地址，肯定跟第一个公式单元格中的地址是不相同的。所以 Excel 为了保证在复制公式结构的过程中能正确地计算，就必须要引用一种机制，这种机制就是在复制公式结构的过程中，引用单元格地址能动态地发生相对变化，从而保证公式的结构正确，也能保证参与公式计算的单元格引用地址正确，这种机制就是向结构相同的数据区域中复制公式。

如图 11-11 所示，笔者在 C1 单元格中输入公式"=A1+B1"后，向下复制公式。在向下复制公式的过程中，公式的结构保持不变，但参与计算的单元格引用地址却发生了变化。

公式结构不变，单元格引用地址发生变化

图 11-11　向结构相同的数据区域中复制公式

为了让读者更好地了解相对引用运算原理，笔者在数学坐标轴中展示相对引用的规律（图 11-12）。在数学坐标轴中，笔者将水平轴的数字改成了字母，可以代表 Excel 中的 A、B、C 列。相对引用下单元格引用地址变化情况如表 11-1 所示。

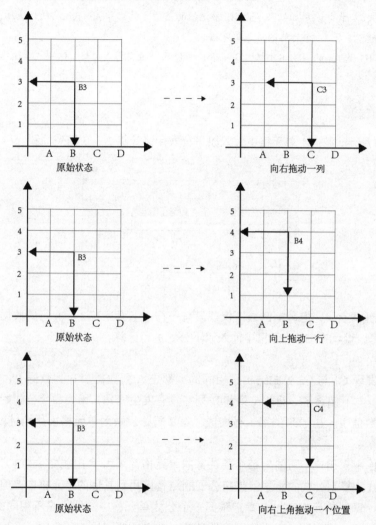

图 11-12　在数学坐标轴中展示相对引用运行原理

表 11-1　相对引用下单元格引用地址变化情况表

原始状态	动作	变化	
		行	列
B3 参考点	向右拖动一列	因为在同一行拖动，行数不变	B 列变成 C 列
B3 参考点	向上拖动一行	3 行变成 4 行	因为在同一列拖动，列数不变
B3 参考点	向右上角拖动一个位置	3 行变成 4 行	B 列变成 C 列

部分读者对图 11-12 中的相对引用常有两处疑惑：第一，为什么拖动时，单元格引用地址会偏移？第二，为什么只会偏移一个单位的距离？这两个问题的答案非常简单。第一个问题，之所以拖动时引用地址会偏移，这是因为 Excel 软件设计了这项功能，只要拖动复制公式到别的位置，那么公式中的每个单元格引用地址就会发生偏移。第二个问题是因为笔者只拖动了一

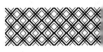

个单位的距离，所以单元格引用地址也只会发生一个位置的偏移。如果拖动两个单位的距离，那相应的单元格引用地址也会发生两个单位的偏移。

深入了解

Excel 默认的引用方式就是相对引用。相对引用的好处就是在复制公式时，Excel 能够根据被复制公式所发生的单元格位置移动，自动更改公式中的单元格引用地址，使公式能够适应发生的位置变化，找到正确的引用。

此外，读者一定要清楚复制公式的本质其实就是复制公式的结构，复制公式的过程中公式的结构不会发生变化，发生变化的是参与公式计算中的每个单元格引用地址。复制公式过程中，公式结构不变保证了计算方法的正确，而公式中参加计算的单元格地址发生变化，则是为了适应新的计算位置。所以复制公式后能产生正确的结果必须要满足 2 个条件。

（1）具有自动改变单元格地址引用的机制（Excel 软件已经具备）。

（2）数据分布的结构必须规范和相似，如图 11-13 所示。在左侧的表格中，B 列和 C 列的数据都是规范排列的，数据分布结构相似，所以在 D1 单元格中写一个公式后，就可以通过复制公式的方式来计算下面行的数据。右侧的表格中，数值 2 放置在 A3 单元格中，该数据的分布明显与其他数据的分布结构不同，所以不能向下复制公式。如果向下复制公式，那么 A3 单元格中的数值将无法被 D 列中复制的公式计算到。

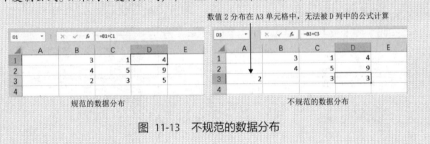

图 11-13　不规范的数据分布

2. 绝对引用

当复制公式到其他单元格时，公式中的单元格地址中的行或列的引用地址不会发生改变，此种方式称为绝对引用。如图 11-14 所示，在 C1 单元格中输入以下公式：

　　=$A$1+$B$1

结果为 4，将公式复制到 C2 单元格，则复制公式的结构依旧为

　　=$A$1+$B$1

结果仍然为 4，公式从 C1 单元格复制到 C2 单元格，此操作相当于公式所在单元格向下移动了一行，但由于绝对引用原因，复制公式中的单元格引用地址并不会发生任何变化。

图 11-14　绝对引用

图 11-15 所示为用数学坐标轴展示绝对引用运行原理，从中可以看出在绝对引用模式下，任意方向地改变位置，单元格引用地址都不会发生变化，始终指向 B3 单元格。

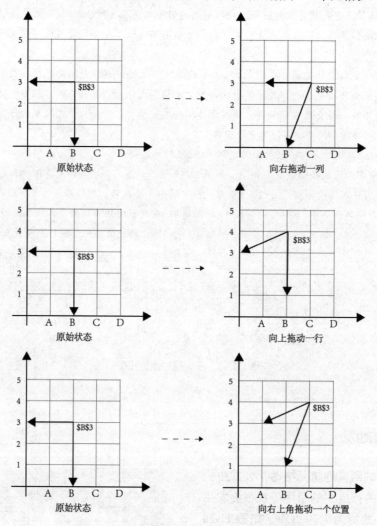

图 11-15　用数学坐标轴展示绝对引用运行原理

在 Excel 中，用美元符号"$"作为绝对引用的符号，用户固定某个单元格，可在行号或列标之前添加"$"符号，如 $A$1，此方式将会在行列方向均固定，即在行列方向都不会发生引用地址的变化。

3. 混合引用

在复制公式时，单元格地址中的行或列有一个方向会发生引用变化，而另一个方向不会发生引用变化，此种方式称为混合引用，如图 11-16 所示，要计算不同长宽的面积，可在 C3 单元格中输入以下公式：

=C$2*$B3

C$2 表示固定"长"所在的第 2 行，即向下复制拖动公式时能始终引用第 2 行，而 C 列相对引用是因为向右拖动复制公式能动态引用右边的 D 列、E 列和 F 列。$B3 表示固定"宽"所在的 B 列,即向右复制拖动公式时能始终引用 B 列,而行号 3 相对引用是向下拖动复制公式时能动态引用下面的第 4 行、第 5 行、第 6 行。

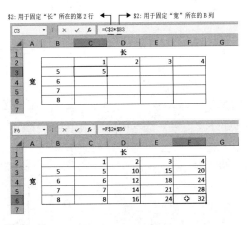

图 11-16　混合引用

图 11-17 中展示的是混合引用中列绝对、行相对的模式。在该模式下,左右拖动时列不会发生变化,而上下拖动时行会相对变化。

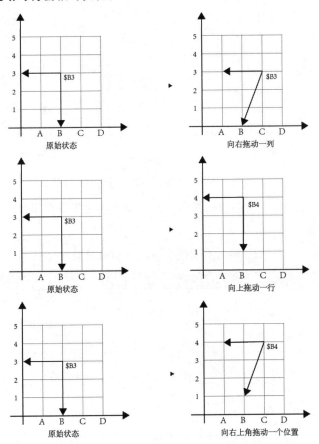

图 11-17　混合引用中列绝对、行相对运用原理

图 11-18 中展示的是混合引用中列相对、行绝对的模式。在该模式下，左右拖动时列会发生变化，而上下拖动时行不会相对变化。

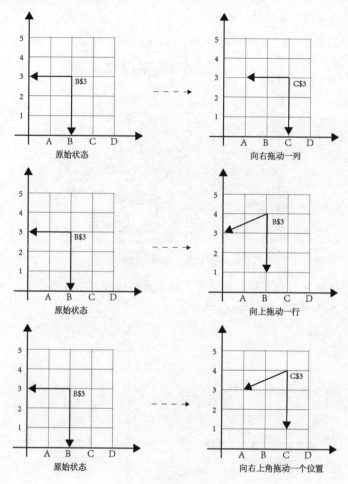

图 11-18　混合引用中列相对、行绝对运行原理

读者可以把绝对引用符号 $ 看作一把锁。表 11-2 列出在不同引用类型下复制公式时单元格引用地址的属性。

表 11-2　各种引用类型下单元格地址的变化规律

引用类型	行（数字）	列（字母）	说明
B3	相对	相对	行列方向均未锁定，上下左右复制公式时行列方向的引用都会发生改变
$B$3	绝对（锁定）	绝对（锁定）	把 B 列和第 3 行都锁定，上下左右复制公式时，行列方向的引用都不会发生改变
$B3	相对	绝对（锁定）	把 B 列锁定了，左右复制公式时列方向引用不会发生改变，而行方向即上下方向引用会发生改变
B$3	绝对（锁定）	相对	第 3 行锁定了，上下复制公式时行方向引用不会发生改变，而列方向即左右方向引用会发生变化

在输入绝对引用与混合引用时，用户手工输入"$"较为烦琐，可使用 <F4> 键在 4 种引用类型间循环切换，如表 11-3 所示。

表 11-3　引用类型与 <F4> 键对应状态

单元格引用类型	按 <F4> 键的次数
A1	不按，初始输入
$A$1	1 次
A$1	2 次
$A1	3 次
A1	4 次（返回原始相对引用状态）

11.5 引用自动更新

在公式中引用单元格或区域时，如果在工作表中插入或删除行列、删除被引用单元格周边的单元格，那公式中的引用地址会自动更改，如图 11-19 所示。

图 11-19　引用地址自动更改

如果在被引用区域的内部插入新行或删除行，公式中的引用区域会自动扩展，但如果在原来被引用区域的外部插入新行或删除行，则公式中的引用区域不会自动扩展，如图 11-20 所示。

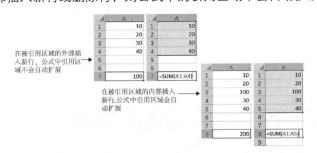

图 11-20　引用区域自动扩展

如果删除了被引用的单元格区域，或是删除了被引用的工作表，公式单元格中会出现 #REF! 错误，如图 11-21 所示。

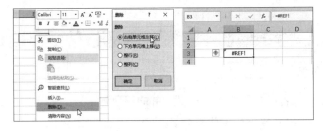

图 11-21　删除被引用单元格时会出现#REF!错误

深入了解

删除单元格与删除单元格内容的区别如下。

删除单元格是指选中单元格，右击，在弹出的快捷菜单中选择【删除】命令，然后在【删除】对话框中选择【右侧单元格左移】、【下方单元格上移】、【整行】、【整列】选项（图 11-21 展示的就是删除单元格操作），删除单元格不但会删除单元格中的内容，同时也会对表格的原有布局产生破坏。删除单元格内容是按 <Delete> 键清除单元格中的内容，并不会破坏单元格在原有表格的位置，删除单元格内容后公式中引用该单元格的值会变成 0。

11.6 复制公式而不引起引用变化

如果选中整个公式单元格进行复制，再粘贴到其他单元格，必然会发生单元格引用地址变化的状况。如果用户只想复制公式的结构，而不想引起公式中单元格引用地址的变化，可单独对公式的结构进行复制，具体可按以下步骤进行。

第1步 选择包含要复制公式结构的单元格，如图 11-22 所示。

第2步 双击或按 <F2> 键进入编辑模式后，使用鼠标选取整个公式或者在编辑栏中选取整个公式。

第3步 复制公式。

第4步 按 <Esc> 键取消单元格的编辑状态。

第5步 选择要将公式复制到其中的单元格。

第6步 粘贴公式。

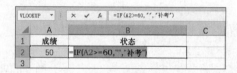

图 11-22 复制公式结构而不是复制整个单元格

提示

剪切公式单元格，不会产生单元格引用地址变化的状况。

11.7 引用在行列方向变化的规律

在 Excel 中拖动复制公式只能在上、下、左、右四个方向进行，了解引用在这四个方向的变化规律，对于在公式中写出正确的单元格引用有着非常重要的作用。表 11-4 列出在相对引用的状态下，单元格引用地址的变化规律。

表 11-4 相对引用下引用地址变化的规律

复制公式方向	列数	行数
列方向（上下）复制公式	不变化	变化
行方向（左右）复制公式	变化	不变化

如图 11-23 所示，笔者在 D 列中书写公式，并向下复制公式。因为只在上下方向复制公式，所以公式中单元格地址中列数不会发生变化，只有行数会发生变化。就如同数学坐标轴，y 轴如同行数，x 轴如同列数。如果在坐标轴的 y 轴垂直方向移动，只会改变 y 轴数据（行数），x

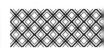

轴数据（列数）不会发生变化。

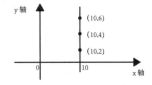

图 11-23　上下方向复制公式

如图 11-24 所示，在第 4 行书写公式，并向右复制公式。因为只在左右方向复制公式，所以公式中单元格地址行数不会发生变化，只有列数会发生变化。就如同在数学坐标轴的 x 轴水平方向移动，只会改变 x 轴（列数）数据，y 轴（行数）数据不会发生变化。

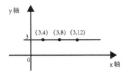

图 11-24　左右方向复制公式

如果对于某个公式需要在上下、左右同时复制公式时，会产生混合引用的类型，对于混合引用需要对单元格引用的行和列分别予以考虑。图 11-25 中为计算长宽的乘积，此案例为混合引用的应用，用户必须要分别对行和列进行分析，最终确定正确混合类型。

图 11-25　行列方向同时复制公式

提示

对于复杂的计算分析，用户可能不能一下子写出正确的引用类型，这时笔者的建议就是试错。首先写出公式的结构，再向其他区域复制公式。然后查看公式的结果是否错误，如有错误再检查公式的引用是否正确，多次试错，直到公式的结构和引用完全正确。不要强迫自己一次性就在某个单元格中写出正确的函数结构及引用类型，即使有多年 Excel 操作经验的笔者也没有这样的能力。先拆分问题，再试错，再纠错，是学习 Excel 函数的非常不错的方法。

11.8 选择正确引用类型举例

当复制公式时，正确地使用引用类型是公式计算正确的关键。引用类型虽只有三种，但在

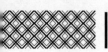

不同的情形下灵活、正确地使用引用类型是众多 Excel 学习者的难点。下面列举一些案例，帮助用户熟练掌握引用类型的选择。

11.8.1 使用相对引用

例1 如图 11-26 所示，此表用于计算收入减去费用后的利润，可在 B4 单元格中直接输入以下公式：

    =B2-B3

即可以计算利润的值，此时公式中 B2、B3 单元格均使用相对引用。

图 11-26　使用相对引用计算单个月利润

因公式只存在于单一单元格中，并不复制至其他单元格中，用户可以不用考虑引用类型问题，所以用户在 B4 公式单元格中使用相对引用、绝对引用、混合引用均可计算出正确结果。使用绝对引用、混合引用计算单个月利润，如图 11-27 所示。

图 11-27　使用绝对引用、混合引用计算单个月利润

在实际工作中，建议用户使用默认的相对引用类型。图 11-26 所示写法，公式阅读较为明白，而图 11-27 所示的绝对引用、混合引用类型虽可计算正确结果，但其使用的绝对引用符号"$"为多余的，并且公式阅读不易理解。

例2 如图 11-28 所示，此表用于计算多个月收入减去费用后的利润，笔者在 B4 单元格中直接输入以下公式：

    =B2-B3

然后复制公式至 C4:D4 区域，即可以计算二月至三月利润的值，此时公式中 B2、B3 单元格均使用相对引用。

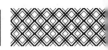

相对引用

图 11-28　使用相对引用计算多个月利润

此例中因要复制公式至其他单元格,故用户需要考虑公式中单元格地址引用类型。因 B4 单元格中的公式要向右复制,即要动态引用右边二月、三月的数据,故公式"=B2-B3"中的列要使用相对引用,即代表列方向的字母"B"要使用相对引用。

此外,因公式只向右边复制公式,并不向下复制公式,所以行数不会变化,故不用考虑公式"=B2-B3"中代表行号的引用类型,即在代表行号的数字"2"或"3"前面加或

不加"$"符号均可计算出正确结果。使用混合引用计算多个月利润如图 11-29 所示。

不规范的写法,"$"多余

图 11-29　使用混合引用计算多个月利润

在实际工作中,建议用户使用默认的相对引用类型。图 11-28 所示写法,公式简单、阅读明白,而图 11-29 所示的混合引用类型虽可计算正确结果,但因只向右复制公式,而并不向下复制公式,故不用考虑行方向的引用类型,在此使用"$"符号为多余,并且公式阅读不易理解。

11.8.2　使用绝对引用

例1 如图 11-30 所示,此表用于计算税额(税额 = 销售额 * 税收比率),在 B4 单元格中输入以下公式:

=A4*$B$1

然后复制公式至 B5:B9 区域,即可计算各销售额所对应的税额,因每个销售额都乘以固定税收比率,所以公式中的 B1 单元格要固定其单元格地址,需采用"$B$1"写法。A4 单元格在向下复制公式的时候,需动态引用下方各行的销售额,所以需采用相对引用的写法。

绝对引用

图 11-30　使用绝对引用计算税额

此例因 B4 单元格中公式只向下复制，并不向左右复制，即公式始终在 B 列，故 B4 单元格中公式"=A4*$B$1"中的 $B$1 可写成 B$1，而 A4 也可写成 $A4。如图 11-31 所示为使用混合引用计算税额。

但公式写法不易阅读和理解。

例2 如图 11-32 所示，此表需计算 B 列中各项的金额占收入（B2 单元格）的百分比分别是多少，在 C2 单元格中输入以下公式：

=B2/$B$2

然后复制公式至 C4:C9 区域，即可计算各项金额占收入的百分比，因要始终引用 B2 单元格中的收入，所以公式中分母 B2 单元格需采用绝对引用（$B$2）。

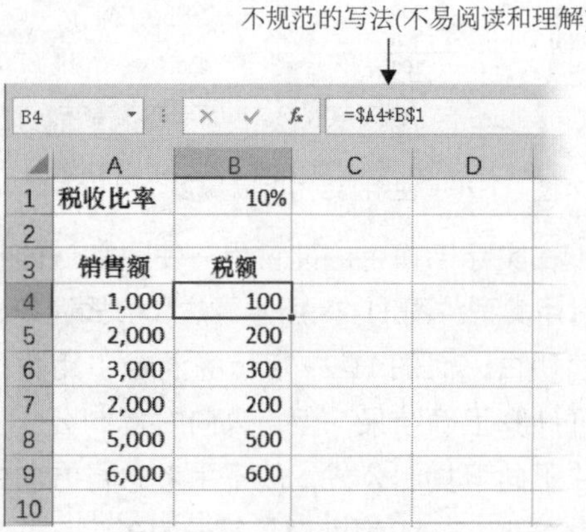

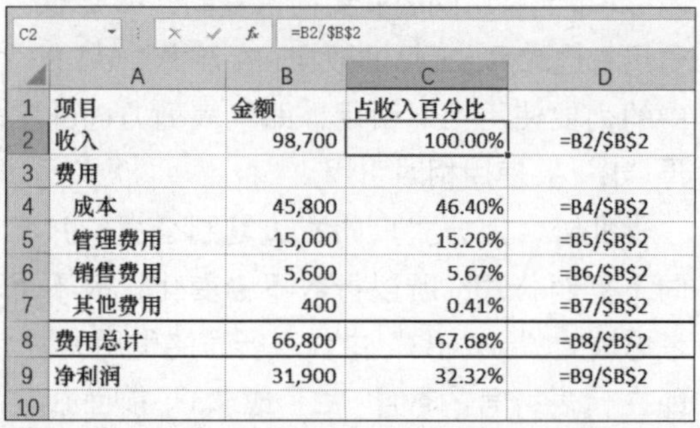

不规范的写法(不易阅读和理解)

图 11-31　使用混合引用计算税额

图 11-31 所示写法虽可正确计算税额，

图 11-32　使用绝对引用计算各项金额占收入百分比

11.8.3　使用混合引用

例 如图 11-33 所示，ROWS 函数用来计算单元格区域行数，在 A1 单元格中输入以下公式：

=ROWS(A$1:A1)

然后复制公式至 A2:A8 区域，即可以生成有序序列，此公式参数中的区域运算符的前一部分采用"A$1"写法，其目的是始终固定第 1 行，而后一部分采用相对引用写法可在向下复制公式时扩展行数，从而形成序列。

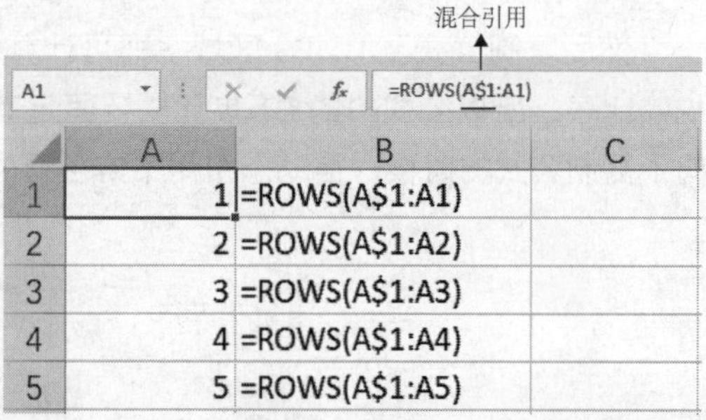

混合引用

图 11-33　ROWS 函数利用混合引用生成序列

11.8.4　使用相对引用与混合引用

例 如图 11-34 所示，此表左侧为一月至三月各项目的金额，右侧需计算各月各项目金额占对应月份收入的百分比，在 E4 单元格输入以下公式：

=B4/B$4

然后复制公式至 E4:G4 和 E6:G11 区域，对于公式中分子 B4 单元格内容，因需向右动态引用二月至三月数据，同时也要向下复制动态引用行方向的各项目，所以需采用相对引用。

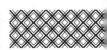

公式中分母的 B$4 内容,因需向右动态引用二月至三月的列信息,所以列方向采用相对引用,而行方向需始终保持引用在收入的第 4 行,这样才能保证正确引用到收入的金额,所以行方向要采用绝对引用。

图 11-34　计算多月项目占收入百分比

11.9 对其他工作表区域的引用

在公式中,也可以引用其他工作表中的单元格或区域。若引用同一工作簿中其他工作表的单元格或区域,可以在公式编辑状态下,通过单击相应的工作表标签,选择相应的单元格或区域,按 <Enter> 键,即可将该工作表中选定的地址引入到公式中。如图 11-35 所示为在公式中引用其他工作表中的数据。

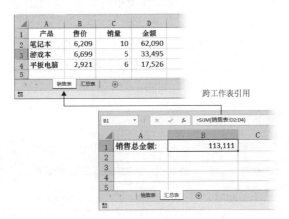

图 11-35　在公式中引用其他工作表中的数据

同一工作簿内跨工作表引用的表示方式为"工作表名 + 半角感叹号 + 引用区域"。例如,以下公式表示对 Sheet1 工作表中的 A2 单元格的引用。

=Sheet1!A2

若引用的工作表名是以数字开头或包含空格及某些特殊字符时,需使用一对半角单引号包围感叹号之前的部分。为了保证引用正确性,建议读者采用鼠标选择方式来引用其他工作表中的区域,而不要用手工输入的方式引用。

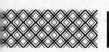

11.10 对其他工作簿区域的引用

Excel 允许在公式中引用外部工作簿中的单元格内容。当前工作簿引用外部工作簿的数据时，则当前工作簿为链接工作簿，外部工作簿为源工作簿。

跨工作簿引用格式为

[工作簿名称]工作表名!单元格引用地址

若工作簿存放路径或工作簿名称、工作表名称中以数字开头或包含空格及某些特殊字符时，需要使用一对半角单引号包围感叹号之前的部分。如图 11-36 所示为在公式中引用其他工作簿中的数据。当前工作簿中的 A1 单元格引用了外部名为"2020 年财务报表 .xlsx"的工作簿中的数据，公式如下：

=[2020 年财务报表 .xlsx]Sheet1!$A$1

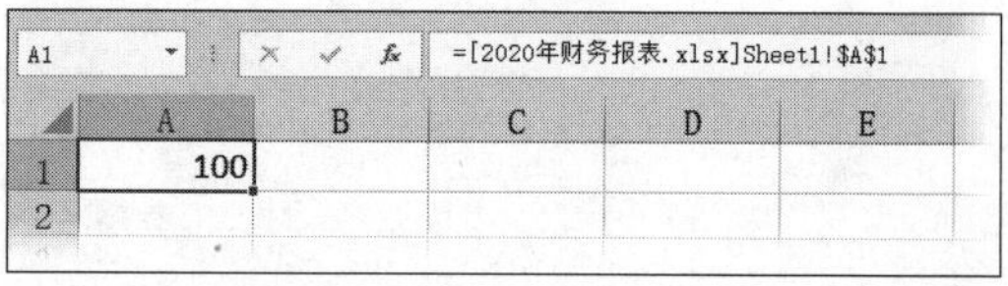

图 11-36　在公式中引用其他工作簿中的数据

如果关闭了被引用的工作簿，则在公式中会自动添加被引用工作簿的保存路径，如图 11-37 所示。

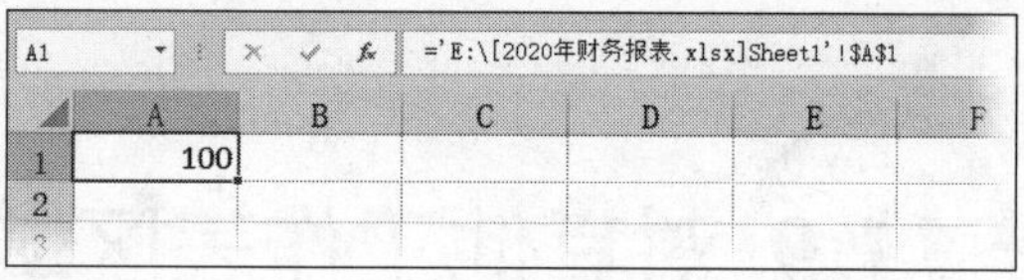

图 11-37　被引用工作簿关闭后显示保存路径

1. 更新链接

在源工作簿为打开状态时，如果更改源工作簿中的数据，那引用该源工作簿中数据的链接工作簿中的数据也会发生同步更新。

如果关闭链接工作簿，然后再修改源工作簿中的数据，修改完成后关闭源工作簿，当再次打开链接工作簿时，会自动弹出是否更新对话框。单击【更新】按钮会更新数据，若单击【不更新】按钮则会维持原来的值，而不做任何更新，如图 11-38 所示。

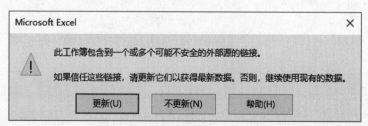

图 11-38　更新链接对话框

2. 查看、修改及取消链接

选择【数据】→【编辑链接】命令，弹出【编辑链接】对话框，如图 11-39 所示。在中间列表框内可以查看当前工作簿内所有链接外部工作簿中数据的信息。

图 11-39 【编辑链接】对话框

【编辑链接】对话框中各项命令解释如下。

- 更新值：更新链接工作簿的最新数据，若源工作簿移动或删除，则会弹出【更改值】对话框。
- 更改源：弹出【更改源】对话框，使用其他工作簿代替之前的源工作簿。
- 打开源文件：打开所选的源工作簿，若源工作簿移动或删除则弹出警告框，提示文件无法找到。

- 断开链接：断开与所选的源工作簿的链接，只保留值（当用户将有外部数据链接的工作簿发送给其他使用者时，建议使用"断开链接"的方式将数据固定，避免因源文件不存在而造成发送的文件丢失数据）。
- 检查状态：检查所有源工作簿是否可用，以及值是否已更新。

> **提示**
>
> 在当前工作簿的公式中引用外部工作簿的数据时，如果外部工作簿的位置发生变化或对源工作簿重命名都会使公式无法正常运算。此外，部分函数在引用其他工作簿数据时，要求源工作簿必须同时处于打开状态，否则将返回错误值，并且过多的外部引用会导致数据之间关系复杂，不利于数据的维护和管理。所以在实际工作中应尽量避免跨工作簿引用数据。

11.11 引用多工作表相同区域

用户若需要引用多工作表相同区域，可以使用多工作表引用方法。如图 11-40 所示，要在"汇总"工作表的 B1 单元格中汇总 2019 年、2020 年、2021 年三个工作表中 D2:D4 区域，可依次进行如下操作。

第1步 在"汇总"工作表中的 B1 单元格中，输入"=SUM("。

第2步 单击"2019 年"工作表标签，再按住 <Shift> 键，单击"2021 年"工作表标签，再用鼠标选择 D2:D4 区域，添加右括号，按 <Enter> 键，即可计算汇总金额。

图 11-40 多表引用汇总

11.12 公式的计算方式

默认情况下，如果更改了公式中被引用单元格的值，公式会自动更新计算结果，这种方式称为自动重算。如果采用自动重算的方式，则每次更新数据时都会计算整个工作表，但是当工作表中存在大量公式时，使用自动重算将占用大量的计算机资源，会降低 Excel 计算速度。此时，用户可以在【公式】选项卡的【计算选项】中，将计算模式改为手动，如图 11-41 所示。

在手动模式下，更新被引用单元格中的值，公式的结果不会立即更新。用户需要单击【开始计算】按钮或按 <F9> 键，公式的结果才会更新。在 Excel 实际操作中，如果用户的数据非常多，工作表中存在大量公式，用户可以将 Excel 的计算模式改成手动，待全部更新修改完数据后，再执行一次计算公式的操作。此外，如果用户发现公式不能自动更新，请检查是否将 Excel 的计算选项设置为手动。

图 11-41　手动计算公式模式

专业术语解释

单元格引用： 在公式中使用单元格地址间接调用存储在单元格中数据的方法。使用单元格引用可方便对公式中的数据进行修改。

硬编码： 没有借助单元格引用，直接将数据输入到公式中进行计算的方式。

相对引用： Excel 在复制公式时，默认的计算模式。它是指在复制公式时，公式中的单元格地址会自动偏移。

绝对引用： Excel 在复制公式时，公式中的单元格地址不发生变化。

混合引用： Excel 在复制公式时，公式中的单元格地址中的一个方向（行或列）会发生引用地址的变化，而另一个方向不发生引用地址的变化。

问题 1：公式中发生引用效应的单元格是针对单独的单元格，还是针对所有的单元格？

答： 在复制公式时，公式中所有的单元格地址都会发生引用效应，不管是单独的单元格地

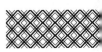

址，还是连续的单元格区域都会发生引用效应。如图 11-42 所示，A1、B1、D1 都表示单元格引用的地址，它们都会发生引用效应。在 Excel 实际应用中，经常在公式中对单元格区域的起始单元格进行绝对引用，而结束单元格采用相对引用，这样在拖动复制公式时，可以对单元格引用区域进行自动扩展，从而实现如累计求和的计算。

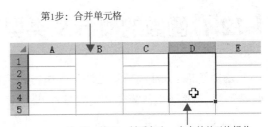

图 11-42　公式中所有单元格地址均发生引用效应

问题 2：单击某个单元格时，发现有公式单元格的列较宽，将需要引用的单元格遮盖了，怎么办？

答：有三种方式可以解决该问题。① 拉大列宽后，再输入公式。② 将光标置于旁边没有遮盖的单元格，再利用方向键移动到被遮盖的单元格地址上。③ 在公式中手工输入单元格地址。

问题 3：输入单元格地址，函数名区分大小写吗？

答：不区分。用户在输入单元格地址时，

函数名可以使用大写、小写，但结束公式编辑时，Excel 会自动将单元格地址、函数名全部转成大写。

问题 4：为什么使用 <F4> 键不能切换引用类型？

答：对于部分键盘或笔记本电脑上的 <F4> 键可能不能有效切换引用类型，此时用户需要在键盘找到 <Fn> 键，使用快捷键 <Fn+F4> 可对此引用类型进行切换，若键盘上没有功能键，用户只能采用手工方式输入 $ 符号来改变引用类型。

此外，<F4> 键还有一个非常实用的功能就是重复上一次操作。如图 11-43 所示，选中 B1:B4 区域进行单元格合并操作，然后再选中另一块单元格区域，使用 <F4> 键可再次执行合并单元格操作。使用 <F4> 键重复上一次操作，在实际工作中应用极为频繁。

图 11-43　使用<F4>键重复上一次操作

Excel 函数

本章对函数的基础知识及函数相关的原理做介绍，掌握此部分内容将为后续的各功能函数的学习打下基础。

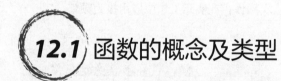

12.1 函数的概念及类型

函数是指 Excel 内部预置的用来执行特定计算或分析等操作的功能模块，它是公式的一种特殊形式。使用函数能简化公式的书写，提供使用简单公式无法完成的各项复杂计算和分析功能。

Excel 提供了大量内置函数，按功能可分为十几类，如表 12-1 所示。

表 12-1 函数类别及其功能

函数类别	函数功能
数学和三角函数	进行数学计算，包括常规计算和三角函数方面的计算
日期和时间函数	对公式中的日期和时间进行计算与格式设置
逻辑函数	设置判断条件，以使公式更加智能化
文本函数	对公式和单元格中的文本进行提取、查找、替换或格式化处理
查找和引用函数	查找或返回工作表中的匹配数据或特定信息
信息函数	判定单元格或公式中的数据类型，或返回某些特定信息
统计函数	统计和分析工作表中的数据
财务函数	分析与计算财务数据
工程函数	分析与处理工程数据
数据库函数	分类、查找与计算数据表中的数据
多维数据集函数	分析多维数据集合中的数据
兼容性函数	这些函数已被新增函数代替，提供它们便于用于早期版本
Web 函数	从互联网、服务器中提取数据的函数
加载宏和自动化函数	通过加载宏提供的函数，可扩展 Excel 的函数功能

此外，按函数的计算结果的性质，可将函数分为数值函数、文本函数、逻辑函数，如表 12-2 所示。

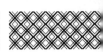

表 12-2　函数按计算结果性质的分类

函数类别	说明
数值函数	对文本或数值单元格进行计算，返回的结果为数值型数字
文本函数	对文本或数值单元格进行文本性质计算，返回的结果是文本类型的数据，如 =LEFT(456,1) 返回结果为 4。该结果 4 为文本型数字而不是数值型数字，因为 LEFT 是文本函数，而不是数值函数
逻辑函数	对参数进行逻辑判断的函数，其结果只能为 TRUE 和 FALSE。如 ISNUMBER 函数，它用于判断参数是否为数值，其判断的结果要么是 TRUE，要么是 FALSE

对于 Excel 中所有的函数，用户很难全部掌握。绝大部分用户只需要熟悉几十个常用函数，再加上灵活的嵌套便可满足大部分情况下的工作需要。所有类型的函数使用原理都是一样的，掌握函数原理后，再自学其他函数是相当轻松的。在本书后续具体函数章节中会介绍在实际工作中常用的函数及其函数的嵌套使用。

12.2 函数的组成元素

函数的主要组成元素同公式的组成元素基本相同，对于函数学习最重要的部分就是参数。函数参数可以是常量、数组、单元格引用或其他函数。当使用函数作为另一个函数的参数时，称为函数的嵌套。图 12-1 中的第 2 个 IF 函数是第 1 个 IF 函数的嵌套函数。

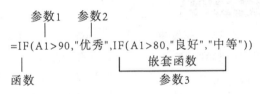

图 12-1　函数的组成元素

12.3 认识函数参数

Excel 函数的参数是指函数运算时参与运算的值，该值可以是常量、单元格引用、名称或其他函数。例如函数 "=SUM(A1:B5,C3:D4)" 中，"A1:B5" 与 "C3:D4" 是 SUM 函数的参数。参数的常用形式有单元格引用、常量、函数。表 12-3 为参数的常见类型。

表 12-3　参数的常见类型

形式		示例
单元格引用	单元格	=SUM(E2,E5)
	单元格区域	=SUM(E2:E7)
常数	数值	=SUM(1000,2000,3000)
	字符串	=LEN(" 公司 ")
	逻辑表达式	=AND(E2>=300000,E3>=300000)
函数	函数	=INT(SUM(E2:E7))

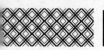

┃**提示**┃::::::::

在 Excel 中，参数中的字符串必须要用英文半角状态下的双引号包围，否则字符视为名称。如果该字符串并不是实际意义上的名称，则公式的结果会返回错误值。对于参数中的数值型数字不用加双引号，如果用户想表达文本型数字，则同字符串处理一样，需要加双引号。

12.3.1　必需参数与可选参数

在 Excel 中，有些函数有一个或多个参数，而有些函数没有参数，如 Now( ) 函数没有参数，仅由函数名和一对括号组成。

函数的参数分为必需参数和可选参数。例如，SUM 函数支持 255 个参数，第 1 个参数为必需参数，不能省略，而第 2 个至第 255 个参数为可选参数，可以省略。在函数语法中，可选参数用中括号 "[]" 括起来，当函数中有多个可选参数时，可从右至左依次省略参数，如图 12-2 所示。

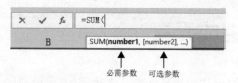

图 12-2　必需参数与可选参数屏幕提示框

12.3.2　参数的省略与简写

在公式中有些参数可以省略其参数值，即不输入参数值，而只在前一参数后输入一个逗号，以此方式保留参数的位置，这种方式称为参数的简写或省略参数的值，此写法一般代替逻辑值 TRUE 或 FALSE、0 值或空文本，以下两个公式等效。

=OFFSET(A1,,,5,1)

=OFFSET(A1,0,0,5,1)

在公式中还可省略参数，即将参数和参数前面的逗号（如果有）一同省略，此写法仅适用于可选参数，以下两个公式等效。

=LEFT(A1)

=LEFT(A1,1)

深入了解

在公式中逗号是分隔不同参数的符号，用户可将逗号视为参数。如果保留逗号，就表明在公式中存在该参数。如果省略逗号，就表示公式中不存在该参数。

12.3.3　函数嵌套使用

Excel 中的单个函数只能完成一种特定的计算，但工作中的计算千变万化，甚至是非常复杂的计算场景，在这种情况下单个函数可能不能完成，所以要使用嵌套函数。函数中的某个参数是另一个函数时，称为函数嵌套，如图 12-3 所示，笔者在 B2 单元格中输入以下函数：

=IF(A2>90," 优秀 ",IF(A2>80," 良 "," 中等 "))

第二个完整的 IF 函数（ IF(A2>80," 良 "," 中等 ") ）作为第一个 IF 函数的第三个参数，此函数为嵌套函数的使用。

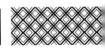

图 12-3 嵌套函数

12.3.4 嵌套函数的思想和方法

函数之间的嵌套十分丰富和灵活，并且嵌套函数看似复杂，所以常令初学者感到困惑。为了帮助读者更好地学习嵌套函数，笔者在此介绍学习嵌套函数的思想和方法。

1. 熟悉单个函数的语法、功能

因为嵌套函数是用一个函数作为另一个函数的参数，所以熟悉单个函数的用法是学习嵌套函数的基础。如果用户对单个函数的语法、功能都不了解，那嵌套函数的学习就无从谈起。

2. 将大问题拆分成一个个小问题，逐一解决

在实际工作中，用户常常会遇到一些复杂、综合的问题。此时解决复杂、综合的问题最好的方式就是先分析问题，然后将综合问题拆分成一个个小问题，逐一解决。

图 12-4 展示的是某查询表，要求是在左侧查询区域中查询出相应月份与产品的销量，如查询"二月、主板"的销量。在图中笔者标识出了"二月、主板"的销量为 48。

图 12-4 查询月份与产品相交处的销量

如何使用函数来解决此类问题呢？下面介绍其分析问题与拆解问题的过程。

第 1 步 月份与产品的相交处就是要查询的数据。要返回行列交叉的值的函数可以使用 INDEX 函数。INDEX 函数语法如下：

=INDEX(查询区域 , 行数 , 列数)

在 B4 单元格中输入 INDEX 函数，并使用任意值进行测试，函数如下：

=INDEX(E2:J7,3,4)

其中 INDEX 函数的第一个参数为 E2:J7 区域（销售数据区域），第二个参数是 3，第三个参数是 4，返回的结果是 58。在此可以获知，使用 INDEX 函数可以查询到行列交叉值，如图 12-5 所示。

图 12-5 使用 INDEX 函数定位行列交叉值

第 2 步 由第 1 步可以得知使用 INDEX 函数可以查询到某区域中行列交叉值，但是 INDEX 函数的行数和列数是笔者任意指定的，如何将查询区域的"月份"和"产品"的名称准确地转成 INDEX 函数的行数和列数呢？使用 MATCH 函数可以查询某值在某个区域中的

位置。MATCH 函数的语法如下：

=MATCH(查找的值, 查询区域, 精确或模糊查找)

在 C2 和 C3 单元格中分别输入 MATCH 函数查找"月份"与"产品"在销售数据区域中所对应的位置。函数分别如下：

=MATCH(B2,E1:J1,0)

=MATCH(B3,D2:D7,0)

上述函数的结果分别是 2、3，表明"二月"在 E1:J1 区域中的第 2 个位置，"主板"在 D2:D7 区域中的第 3 个位置，如图 12-6 所示。

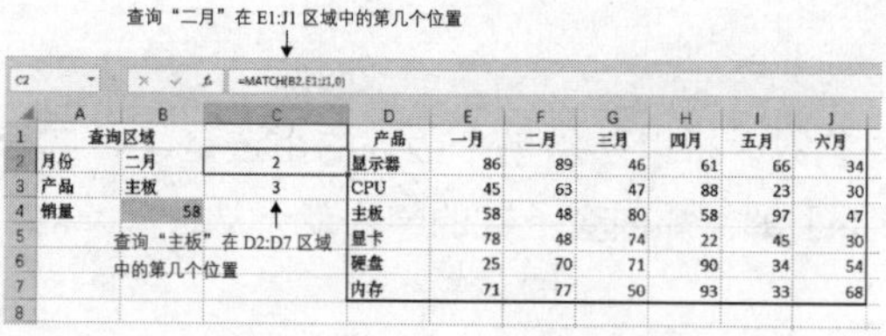

图 12-6　使用MATCH函数定位值的位置

第3步 经前两步分析，可以知道查询区域的"月份"和"主板"所对应的行数和列数，并且使用 INDEX 函数可以返回某区域的行数和列数的交叉值。现在就可以将生成"产品"行数的 MATCH 函数和生成"月份"列数的 MATCH 函数，作为 INDEX 函数的第 2 个和第 3 个参数，如图 12-7 和图 12-8 所示。选中 C2、C3 单元格中的函数结构，分别替换 INDEX 函数中的第 2 个和第 3 个参数。最终嵌套函数的结构如下：

=INDEX(E2:J7,Match(B3,D2:D7,0),Match(B2,E1:J1,0))

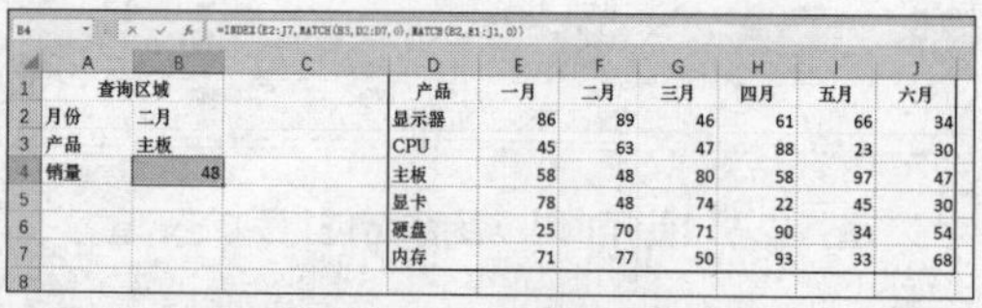

图 12-7　组合嵌套函数

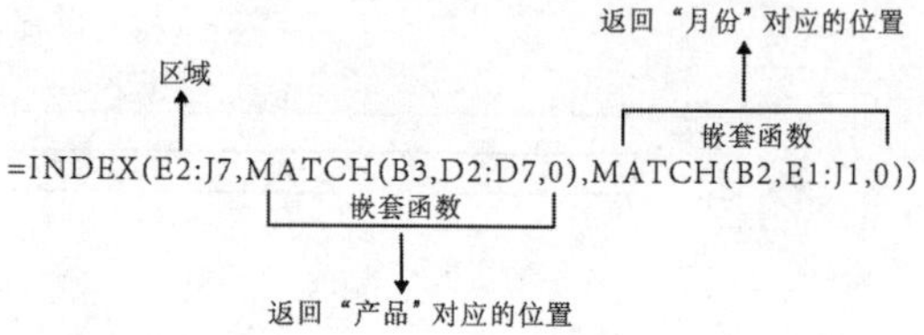

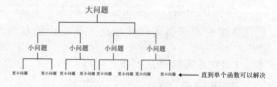

图 12-8　嵌套函数结构

第4步 测试函数。完成嵌套函数的书写后，一定要对函数的结果进行多次测试。如图 12-9 所示。分别选择不同的"月份"和"产品"，测试结果均正确，所以可以确定该嵌套函数书写正确。

图 12-9　测试嵌套函数的正确性

总结：通过上述分析的过程介绍，可以大概知道书写嵌套函数的过程其实就是拆解问题的过程，把复杂的问题层层拆分，直到用单个函数可以解决最小的问题。最终将所有的最小问题以嵌套函数方式组合在一起，最终完成复杂的大问题。图 12-10 展示了书写嵌套函数，解决复杂的、综合问题的思想。

图 12-10　书写嵌套函数的思想

12.4 函数的输入

在单元格中输入函数有两种方式：一是在公式编辑栏的左侧使用【插入函数】按钮插入函

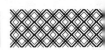

数，二是手动输入函数。

1. 使用【插入函数】按钮输入函数

用户可单击公式编辑栏左侧的【插入函数】按钮，如图 12-11 所示。

图 12-11 【插入函数】按钮

打开【插入函数】对话框，用户可以在【或选择类别】下拉列表框中选择函数类别，也可以在【选择函数】下拉列表框中选择所需函数，选中后双击或单击【确定】按钮即可切换到【函数参数】对话框，在此输入函数参数数据，单击【确定】按钮，即可完成函数输入，如图 12-12 所示。

图 12-12 插入函数

2. 手动输入函数

用户若熟悉函数的拼写，可以在单元格中直接手动输入函数名，Excel 会根据用户输入公式的前几个字母，在函数下面列出相匹配的函数列表，用户可通过上下方向键或使用鼠标选择需要的函数，双击或按 <Tab> 键完成函数名的输入，然后补充其参数及相对应括号的输入，如图 12-13 所示。

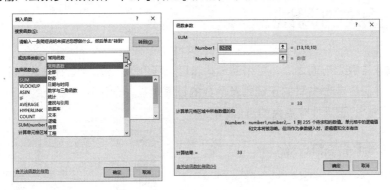

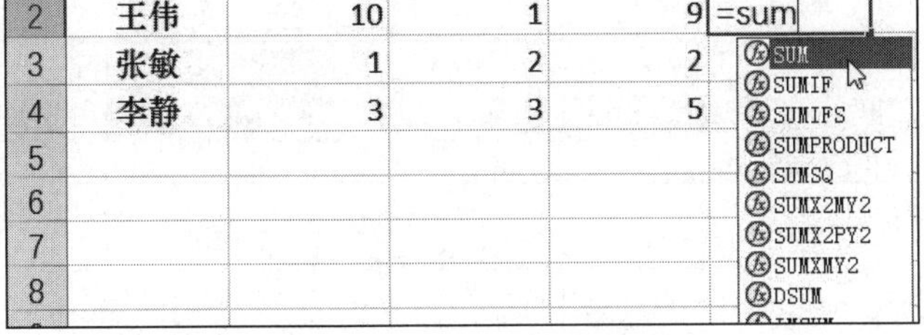

图 12-13 手动输入函数

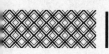

 12.5 函数的易失性

当用户打开一个工作簿不做任何修改，直接关闭工作簿时，若 Excel 提示"是否保存对文档的更改？"的对话框，那可以判断该工作簿中使用了"易失性函数"。

如果在工作簿中使用了易失性函数，那么当激活单元格或在单元格中输入数据时，甚至仅仅只是打开工作簿，具有易失性的函数都会自动重新计算，一旦重新计算，在保存工作簿时就会提示用户是否保存对文档的修改。

常见的易失性函数有 RAND、RANDBETWEEN 函数，每次编辑会自动产生新的随机数。还有获取日期、时间的 TODAY、NOW 函数，每次重新编辑或刷新时会返回当前系统的日期、时间。

 12.6 函数的调试

用户在输入函数之前或之后，可以通过状态栏、<F9> 键、分步查看等命令来事先检查数据类型的正确性、函数参数书写的正确性及函数的计算过程。通过这些命令的使用，可以使用户对自己书写的函数的正确性有更大的自信和把握。

1. 利用状态栏验证公式结果

当用户使用公式对单元格区域进行求和、平均值、最大值、最小值、计数等统计时，可以浏览状态栏的相关计算信息校对公式结果的正确性，如图 12-14 所示。

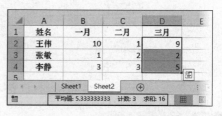

图 12-14 状态栏显示常规计算结果

2. 按 <F9> 键查看运算结果

用户选择公式的某一部分，按 <F9> 键可以单独计算并显示该部分公式的运算结果。选择公式段时，必须包含一个完整的运算对象，用户可以单击语法提示栏中的参数，此方法可以快速地选取该参数对应的公式段，如图 12-15 所示。

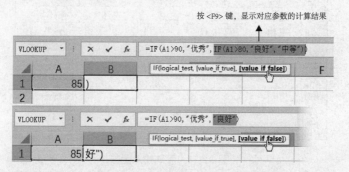

图 12-15 使用<F9>键查看公式段的计算结果

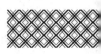

用户若取消部分运算的结果显示，可按 <Esc> 键。用户按 <F9> 键显示部分结果后，按 <Enter> 键则会将运算的部分结果保存在公式中。

深入了解

在实际 Excel 操作中，用户可能经常要分析嵌套函数的结构，单击语法提示栏中的参数是一种非常好的分析途径。如图 12-16 所示，将光标置于 INDEX 函数的第一个参数处，将在下面显示 INDEX 函数的语法提示栏，用户可以单击不同的参数，就可以快速选中对应的参数部分，使用这种方法可以快速地修改和编辑参数，同时也可以通过单击不同的参数来分析函数的嵌套结构、层次。如果将光标置于嵌套函数的后面，同样也会出现对应嵌套函数的语法提示栏，用户可以对嵌套函数的参数进行选取或进行分析。

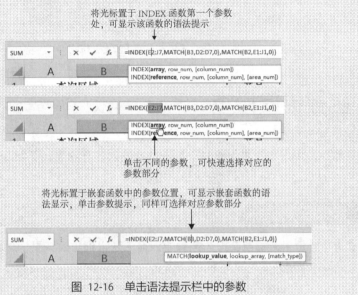

图 12-16　单击语法提示栏中的参数

3. 分步查看计算结果

对于复杂容易出错的公式，往往涉及多个计算步骤，如果用肉眼观看公式的结构来查找出错原因显然会很低效。在 Excel 中可以使用【公式求值】命令，该命令可以将公式的计算步骤一一展示在窗口中，这样用户可以很容易计算错误的原因。

查看公式的计算步骤，可先选中公式所在单元格，再选择【公式】→【公式求值】命令，在弹出的【公式求值】对话框中单击【求值】按钮可逐步查看公式的计算步骤及结果。在求值的对话框中，带有下划线的内容表示当前准备计算的公式，单击一次【求值】按钮，将进行一步计算操作，如图 12-17 所示。

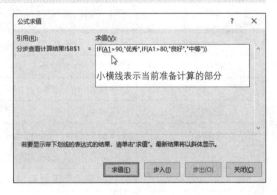

图 12-17　逐步查看公式计算过程

在【公式求值】对话框中还有两个按钮：【步入】和【步出】。当公式中包含从属单元格时，【步入】按钮将变为可用状态。单击该按钮，将显示当前单元格的第一个从属单元格。如果该单元格还有从属单元格，那么还可以再次单击【步入】按钮来显示间接

从属单元格，单击【步出】按钮将隐藏从属单元格的显示，如图 12-18 所示。

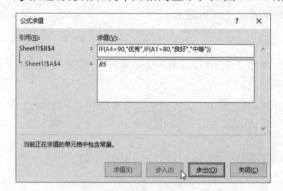

图 12-18　【步入】与【步出】按钮

函数错误检查

在实际工作中，用户在使用函数时不可避免会发生各种错误，了解 Excel 函数中的各种错误及纠错方式，可以让用户更加轻松应对错误的发生。

12.7.1　常见错误列表

使用公式进行计算时，可能会因为某种原因而无法得到正确结果，从而在单元格中返回错误值信息。常见的错误值及其含义如表 12-4 所示。

表 12-4　单元格常见错误值类型及其含义

错误值类型	含义
########	列宽不够显示数字，或者使用了负的日期时间
#VALUE!	使用的参数类型不正确
#DIV/0!	数字被零（0）除
#NAME?	错误的函数名称、公式中使用了未定义的范围或单元格的名称
#N/A	查找函数找不到匹配的值
#REF!	公式中使用了无效的单元格引用
#NUM!	公式中使用了无效数字或无效参数
#NULL!	计算两个实际并不相交范围的交叉单元格时会出现此错误

12.7.2　错误值处理

1. ########（列宽不足）

当列宽不够显示数字时，在单元格中就会以＃号显示，用户只要拉大列宽，长度足够时，就会完整显示数字。若工作表中存在多列＃号，可选中整个工作表，双击列标交接处，可批量

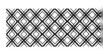

显示最佳列宽, 如图 12-19 所示。

图 12-19　#号显示单元格内容

2. #VALUE!（使用的参数类型不正确）

图 12-20 中 C2 单元格中的公式为 "=A2*B2"，但 A2 单元格中的内容为 "10 台"，这项内容在单元格中表示文本，在 Excel 中文本是不能与数值运算的，所以 A2 单元格中的参数类型不正确，与单价相乘后会返回 #VALUE! 错误。

图 12-20　#VALUE! 错误

如需要正确计算，可将 "台" 字删掉，让单元格的类型变成数值。此外，用户若想保留显示的单位，又想正确地计算，可以将 "台" 删除后，再利用自定义数字格式来计算，如图 12-21 所示。

图 12-21　利用自定义数字格式计算带单位的数据

自定义数字格式只是改变了 A2 单元格数值的显示外观，并没有改变单元格的真实内容和属性，故可以正确地计算。

3. #DIV/0!（除 0 错误）

图 12-22 中需要计算相关项目实际与预算的比率，但部分项目的预算为零或为空。如车辆费用实际为 1000，预算则为 0，当实际除以预算时会导致除 0 错误（分母是数值 0 或空单元格）。

项目	实际	预算	完成率
办公费	6000	7000	85.71%
租赁费		4000	0.00%
物业费	5000	10000	50.00%
车辆费用	1000	0	#DIV/0!
差旅费	3500	2000	175.00%
通信费	500		#DIV/0!
业务招待费	6400	6000	106.67%
印花税			#DIV/0!

图 12-22　#DIV/0!除0错误

解决上述除 0 错误，可利用 IFERROR 屏蔽错误值，公式如下：

=IFERROR(B2/C2,"")

IFERROR(B2/C2,"") 表示如果 "B2/C2" 返回结果是错误值，就返回空，否则返回 B2/C2 的结果，如图 12-23 所示。

项目	实际	预算	完成率
办公费	6000	7000	85.71%
租赁费		4000	0.00%
物业费	5000	10000	50.00%
车辆费用	1000	0	
差旅费	3500	2000	175.00%
通信费	500		
业务招待费	6400	6000	106.67%
印花税			

图 12-23　利用IFERROR函数屏蔽错误值

4. #NAME?（函数名称拼写错误或公式中使用了未定义的范围或单元格名称）

图 12-24 中 A1 单元格中为成绩，在 B1 单元格中输入 IF 函数判断成绩如果大于 90,

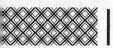

返回优秀，否则返回良。公式如下：

=IF(A1>90,优秀," 良 ")

此公式将返回 #NAME?，因为"优秀"是一个文本，必须要加英文状态下的双引号（中文状态下双引号不可以），否则将"优秀"视为一个名称。但在本例中，笔者并没有将"优秀"定义为一个名称，所以 Excel 将返回 #NAME?。

	A	B	C
1	92	#NAME?	

图 12-24　#NAME?错误

如果纠正此错误，只需要对"优秀"添加双引号即可，公式如下：

=IF(A1>90," 优秀 "," 良 ")

5. #N/A（查找函数找不到匹配的值）

#N/A 是在查找类函数中经常会用到的错误，如图 12-25 所示的 E2 单元格中，需要根据 D2 单元格中的姓名查找相应的成绩，笔者在此使用 VLOOKUP 函数查询，但是返回 #N/A，原因是 A 列中的查找区域中并没有姓名为"张燕"的人，故返回 #N/A 错误。

若要屏蔽错误值的显示，公式可改写成如下：

=IFERROR(VLOOKUP(D2,A1:B8,2,0)," 无该学生 ")
=IFERROR(VLOOKUP(D2,A1:B8,2,0),"")

	A	B	C	D	E
1	姓名	成绩		姓名	成绩
2	张伟	60		张燕	#N/A
3	王伟	90			
4	王英英	85			
5	张敏	76			
6	李娜	56			

图 12-25　#N/A错误

6. #REF!（公式中使用了无效的单元格引用）

如图 12-26 所示，B 列中的税费为收入乘以 D2 单元格的税率，如果用户删除 D2 单元格（并不是指清空 D2 单元格内容，而是指删除 D2 单元格），则会在 B 列产生 #REF! 错误。因为 B 列公式中的引用单元格已经删除了，所以会产生 #REF! 错误。

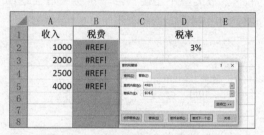

图 12-26　#REF!错误

如要正确计算，用户可以在 D2 单元格中重新输入税率，但此时 Excel 公式并不会自动引用 D2 单元格的内容，所以用户必须将公式中的 #REF! 重新更换成 D2 单元格，若更换单元格较多，可以使用替换命令将"#REF!"批量替换成"$D$2"。此操作后公式将返回正确的计算结果，如图 12-27 所示。

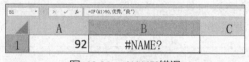

图 12-27　利用替换命令批量更新值

7. #NUM!（公式中使用无效数字或无效参数）

在图 12-28 中，需要计算数值 16 的平方根数，在 Excel 中平方根函数为 SQRT，在 B2 单元格中输入如下公式可正确计算 16 的平方根数：

=SQRT(A2)

但往下拖动复制公式到 B3 单元格则产生 #NUM! 错误。

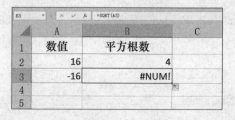

图 12-28　#NUM!错误

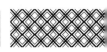

因为 A3 单元格中的数值为 − 16，在数学中求平方根的数不能是负数，所以 − 16 是一个无效的数字。用户如想屏蔽数值的负号，可利用 ABS 求绝对值函数转成正数后，再进行求平方根的计算，如下图 12-29 所示。公式如下：

=SQRT(ABS(A3))

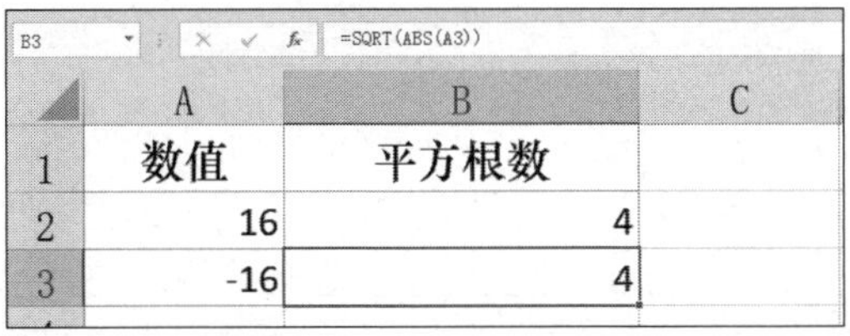

图 12-29　利用ABS函数将负数转成正数

8.　#NULL!（计算两个实际并不相交范围的交叉单元格时会出现此错误）

图 12-30 中的公式"=SUM(A1:A3 B1: C3)"结果返回 #NULL!，因参数中的两个区域不相交，所以返回 #NULL!，用户可修改参数来纠正该错误。

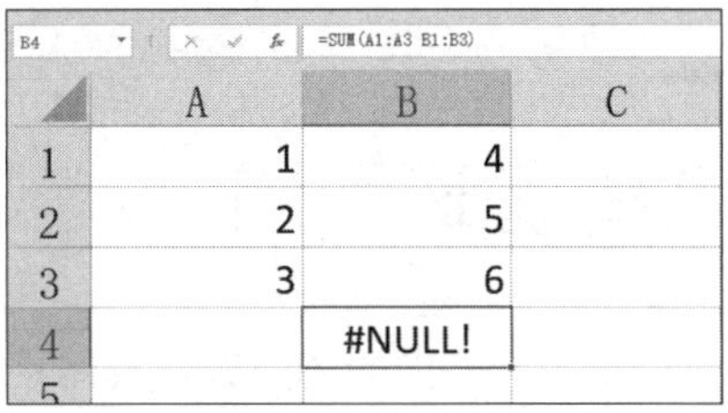

图 12-30　#NULL!错误

12.7.3　错误检查选项

Excel 提供了自动错误检查的功能，用户可选择【文件】→【选项】命令，在弹出的【Excel 选项】对话框中选择【公式】选项。在【错误检查规则】栏里面有 9 条检查规则，如图 12-31 所示。

图 12-31　设置错误检查选项

当单元格中的公式或值出现与上述错误情况相符的情况时，单元格左上角将会显示一个绿色小三角形。选定该单元格时，单元格的左侧将出现感叹号图标，单击该图标可展示错误检查选项，如图 12-32 所示。

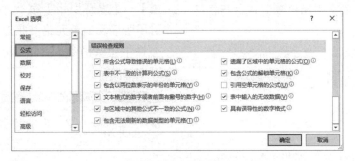

图 12-32　函数错误提示菜单

┃**提示**┃╍╍╍╍╍

　　错误检查选项用于提醒用户可能存在的潜在的错误，是否是真的错误，需要用户进一步检查和修正。同时因错误检查而在单元格左上角出现的绿色小三角也只是用于提示作用，并不代表单元格内的数据有错误，同时也不会被打印。用户若想隐藏绿色小三角，可以调出【Excel 选项】对话框，在【错误检测规则】中取消选中相应的选项，或是取消选中【允许后台错误检查】复选框。取消后，Excel 将不启用错误检查的所有功能（笔者不建议进行这样的操作）。

12.8 循环引用

　　当一个单元格内的公式直接或间接地引用了这个公式本身所在的单元格时，称为循环引用。如图 12-33 所示，笔者在 A5 单元格中输入公式：

　　=SUM(A1:A5)

　　因 A5 单元格是公式所在单元格，而公式参数又引用此单元格，故造成循环引用，在循环引用下公式会引用自身的值进行循环往复的计算。

图 12-34　循环引用警告框

　　若单元格中包含循环引用单元格，用户可选择【公式】→【公式审核】→【错误检查】→【循环引用】命令。在此会显示循环引用所涉及的单元格。此外，在左下角的状态栏中也会有循环引用单元格的提示，如图 12-35 所示。

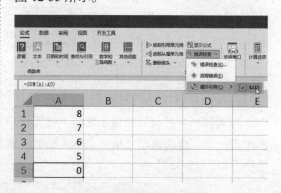

图 12-33　发生循环引用的公式单元格

上述循环引用返回的结果将是错误的计算结果。当在单元格中输入包含循环引用的公式时，Excel 将弹出警告框，如图 12-34 所示。

图 12-35　查找循环引用单元格

 ## 12.9 显示公式本身

　　若用户输入完公式并结束编辑后，并没有显示计算的结果而只显示公式本身，有以下两种原因。

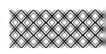

（1）选择【公式】→【公式审核】→【显示公式】命令，此命令可以在普通模式与显示函数结构之间切换，如图 12-36 所示。

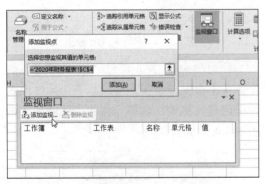

图 12-36　显示公式结构

（2）若用户设置单元格格式为"文本"格式。在文本格式的单元格中输入公式时，将显示为公式的结构，用户可将单元格格式设置为"常规"后再输入公式。

> **｜提示｜:::::::**
>
> 　　选择【显示公式】命令后，公式单元格和被引用单元格的列宽会显著扩大，再次选择【显示公式】命令将返回原始列宽。

12.10　对单元格进行监视

对于大型数据报表或跨工作簿、工作表的函数计算时，用户可能需要始终观察某个公式单元格中数据的变化。如果需要观察的公式单元格距离较远或跨工作表、工作簿时，观察往往不便，此时可以对单元格进行监视操作。具体步骤如下。

第1步 单击要监视的包含公式的单元格，然后选择【公式】→【公式审核】→【监视窗口】命令，在打开的【监视窗口】对话框中，单击【添加监视】按钮，打开【添加监视点】对话框，在编辑框中输入或者直接单击工作表中要进行监视的单元格，如图 12-37 所示。

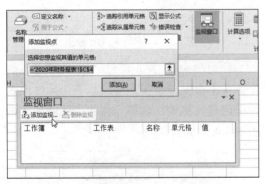

图 12-37　添加要监视的公式单元格

第2步 单击【添加】按钮后，Excel 将对选择单元格进行监视，如果被监视的单元格中的数据发生变化，在该监视窗口中也会同步更新，如图 12-38 所示。

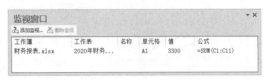

图 12-38　查看被监视单元格的数据变化

此外，用户可以将监视窗口拖动到功能区的下方，这样可将监视窗口更加整洁地放置在 Excel 的工作界面中。单击功能区中的【监视窗口】按钮，可对【监视窗口】对话框进行显示或隐藏的切换，如图 12-39 所示。

图 12-39　将监视窗口工整地放置在功能区下方

12.11 追踪引用单元格和从属单元格

如图 12-40 所示，用户可选择【公式】→【公式审核】→【追踪引用单元格】或【追踪从属单元格】命令，此命令可在公式与被引用单元格或从属单元格之间用蓝色箭头连接，方便用户查看公式与各被引用单元格之间的引用关系。

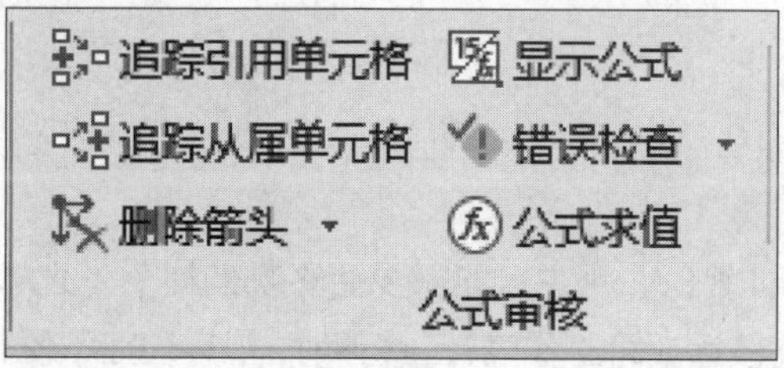

图 12-40　追踪引用单元格和从属单元格

使用【追踪引用单元格】命令，只能是选择包含公式的单元格，此命令将会对公式的结果起作用的所有单元格用箭头指示出来，如图 12-41 所示。

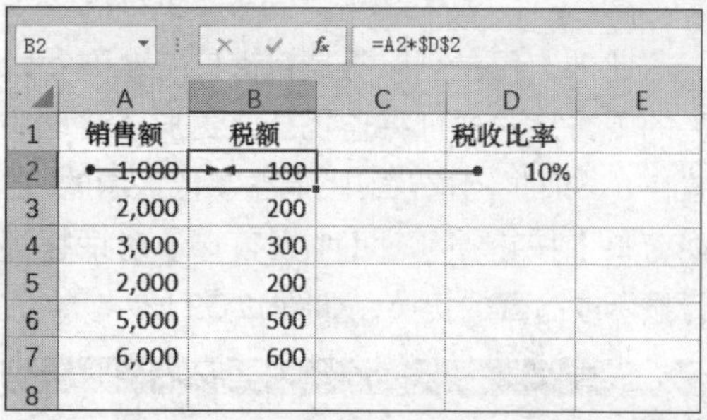

图 12-41　追踪引用单元格

如图 12-42 所示，如果某公式单元格中引用了其他工作表或其他工作簿的单元格，则在使用【追踪引用单元格】命令时，该公式单元格会出现一个"工作表"的符号并且用虚线指示，双击虚线可弹出定位的对话框，双击定位对话框中的引用地址，可打开被引用的工作表或外部工作簿（对于外部的工作簿必须要打开，否则会弹出引用无效的对话

框）。

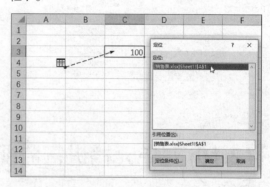

图 12-42　追踪跨工作表或跨工作簿的引用单元格

先定位在普通的单元格中，然后使用【追踪从属单元格】命令，会标识出所有引用该单元格内容的公式单元格，如图 12-43 所示。

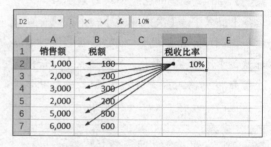

图 12-43　追踪从属单元格

标识箭头后，用户若想删除，可选择【删除箭头】命令，或在下拉菜单中选择性地删除引用单元格或从属单元格的追踪箭头，如图 12-44 所示。

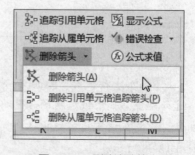

图 12-44　删除追踪箭头

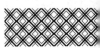

专业术语解释

函数嵌套：某个函数的参数是另一个函数，称为函数的嵌套。

函数易失性：函数结果会自发重新计算的一种属性。

循环引用：某个单元格内的公式的地址参数，直接或间接地引用了这个公式本身所在的单元格。

问题 1：函数参数的省略与简写会使用函数书写更加简洁吗？

答：不能，省略与简写反而让函数的书写更加不直观，因为参数省略和简写仅仅针对非常了解函数使用的用户。如果将带有省略和简写的函数报表发给领导、同事或其他人，他们中的部分人可能很难理解函数的意思，这将为正常的工作交流、协作带来不必要的麻烦，所以不建议函数的省略与简写。

问题 2：如何分析复杂表格中的各种公式函数计算结构和关系？

答：分析公式函数的结构和关系可以使用以下方法。

（1）定位公式所在单元格，并标识底纹颜色，这可以快速查看工作表中所有含公式的单元格，如图 12-45 所示。

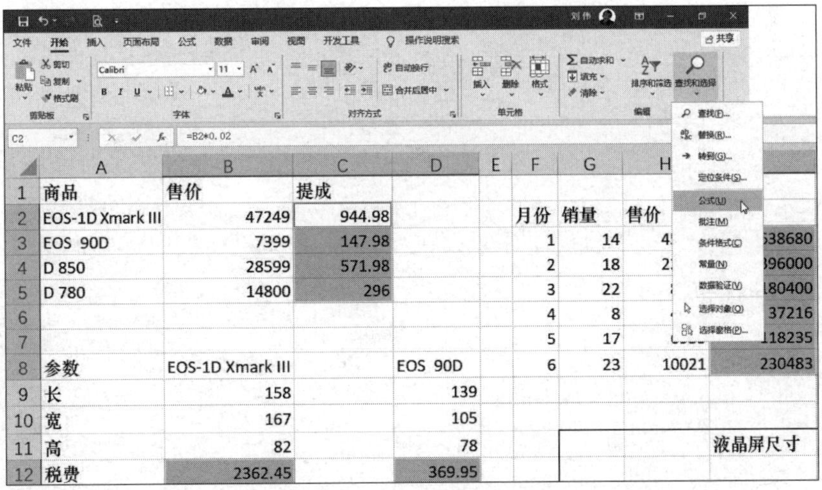

图 12-45　定位公式所在单元格

（2）双击公式单元格，可以将公式中被引用单元格通过框线进行标识，并且边框线的颜色和引用单元格的颜色相同，通过框线的标识可以快速找到查看公式中被引用单元格的地址，如图 12-46 所示。

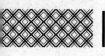
F	G	H	I
月份	销量	售价	金额
1	14	45620	=G3*H3
2	18	22000	396000

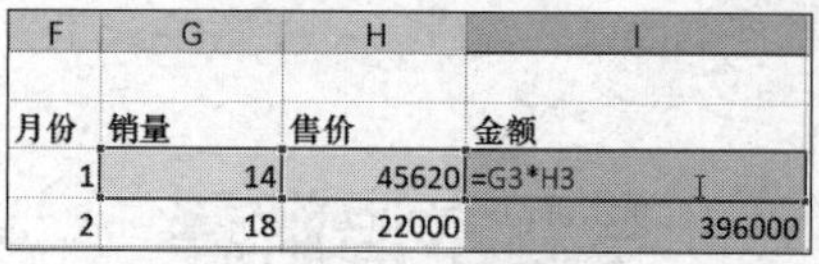

图 12-46　双击公式单元格查看被引用单元格地址

（3）在【公式】选项卡中，选择【追踪引用单元格】命令，可标识公式中的被引用单元格。如果被引用的单元格仍是公式，再次选择【追踪引用单元格】命令可继续跟踪下一级的被引用单元格，通过跟踪箭头，也可标识公式中被引用单元格的地址，如图 12-47 所示。

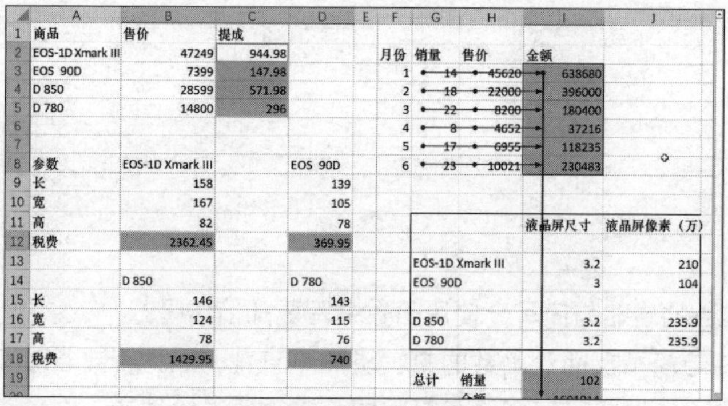

图 12-47　追踪引用单元格

（4）选择【显示公式】命令，或按快捷键<Ctrl+~>，可将工作表中的公式单元格的结构全部显示。通过此方式，也可以分析函数的计算结构关系，如图 12-48 所示。

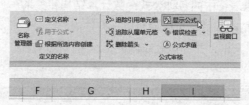

图 12-48　显示公式

13 使用名称

本章对公式中的使用名称作全面的介绍，使读者了解名称的作用及学会在公式中使用名称，使用名称可以使公式更加容易理解和维护。

13.1 创建名称

名称是对单元格或区域、常量、函数、对象等元素的命名。对这些元素命名后，用户可以利用名称来调用这些元素。名称在公式、数据验证、条件格式、图表中都有广泛的应用。名称有以下优点。

（1）增加公式的可读性。如图 13-1 所示，对 B2:B5 区域命名后，可在公式中调用该名称，这样可以加强公式的易读性，便于公式的理解。

图 13-1　对单元格区域命名

（2）快速定位名称区域。如图 13-2 所示，定义名称后，可以在名称栏或者定位对话框中快速选取名称所对应的单元格区域。

图 13-2　利用名称定位

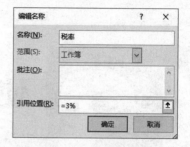

的单元格的数据会自动进行更新。

图 13-3　利用名称存储常量

（3）存储常量及统一修改数据。如图 13-3 所示，将"税率"定义为名称后，可以直接在工作簿中调用，而不用将该"税率"存储在单元格中。此外，若"税率"发生变化，可以在名称中进行修改，修改后引用该名称

（4）在 Excel 中，不允许在数据验证和条件格式中直接使用含有常量数组或交叉引用的公式，但可以将常量数组或交叉引用定义名称后调用。

（5）利用名称可以在函数、图表、数据透视表中设置动态的数据源。

在 Excel 中要使用名称，必须先要创建名称。创建名称有三种方式：一是通过名称框快速创建名称；二是根据选定内容批量创建名称；三是使用【定义名称】按钮创建名称。

1. 使用名称框快速创建名称

如图 13-4 所示，选择 A2:A5 单元格区域，将光标定位到名称框内，并修改为"商品"，按 <Enter> 键结束编辑，即可将 A2:A5 单元格区域的名称定义为"商品"。

商品	一月	二月	三月
显示器	21	16	27
CPU	23	17	19
内存	22	27	24
硬盘	28	23	18

图 13-4　使用名称框快速创建名称

2. 根据选定内容批量创建名称

工作表中若存在多行多列的列表区域，用户可选中该列表区域，然后选择【公式】→【定义的名称】→【根据所选内容创建】命令，在弹出的对话框中用户可以选中【首行】、【最左列】、【末行】和【最右列】等复选框来批量创建名称，如图 13-5 所示。

图 13-5　根据选定内容批量创建名称

3. 使用【定义名称】按钮定义名称

用户可以选择【公式】→【定义的名称】→【定义名称】命令，在弹出的【新建名称】对话框中创建名称，其中【名称】框为用户自定义的名称，【范围】框默认为工作簿范围，在右侧下拉列表中可选择工作表范围，【备注】框为对名称做解释性说明，【引用位置】框为名称所代表的范围或值，用户可以单击右侧的折叠按钮选择单元格或区域，或输入常量值，也可以输入公式函数结构，如图 13-6 所示。

图 13-6　【新建名称】对话框

13.2 名称的级别

一般情况下，用户定义的名称能够在工作簿的各个工作表中直接调用，则该名称应为工作簿级别名称，若只能在某个工作表内直接调用，则应是工作表级别名称。用户可以自行选择名称级别类型，如图 13-7 所示。

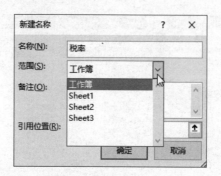

图 13-7　名称的级别类型

13.3 在公式中使用名称

用户定义好名称后，有以下两种方式可调用名称。

（1）如果对某个单元格或区域设置了名称，那么在输入公式的过程中，使用鼠标选择该区域，Excel 会自动在公式中用名称代替选择的区域。

（2）用户在编辑公式过程中，可在【公式】选项卡中单击【用于公式】按钮，在下拉菜单中选择相应的名称，如图 13-8 所示。也可以按 <F3> 键调出名称列表选择相应的名称。

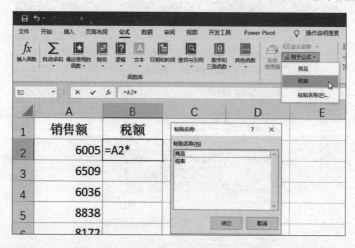

图 13-8　使用【用于公式】命令调取名称

13.4 名称的管理

在 Excel 中定义的所有名称，都可以在【名称管理器】对话框中查看。用户可选择【公式】→【名称管理器】命令，弹出【名称管理器】对话框，如图 13-9 所示。在该对话框中可以方便对名称进行查阅、修改、筛选和删除。

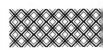

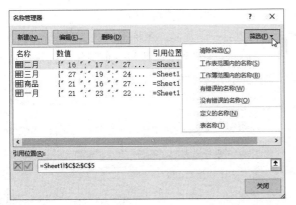

图 13-9　使用【名称管理器】对话框修改名称

提示

在【编辑名称】对话框中的【引用位置】编辑框中，如果单击单元格或使用方向键等操作，都会将活动单元格的地址添加到【引用位置】编辑框中，造成这种状态的原因是编辑栏默认是单击模式，用户可以按<F2>键切换到编辑模式，再移动光标在编辑框中进行修改。

专业术语解释

名称：对单元格或区域、常量、函数、对象的一种简写方式。通过名称可以调用所定义名称中的内容。

问题 1：在 Excel 中可对哪些对象进行命名？

答：可对单元格、单元格区域、常量、公式函数、数组、对象（如图片）进行命名。

问题 2：工作簿级别的名称与工作表级别的名称的区别是什么？

答：工作簿级别名称与工作表级别名称的作用范围不同。工作簿级别名称可以在所有的工作表中使用，而工作表级别只能在某一个工作表中使用。

问题 3：名称的引用类型可以改变吗？

答：可以，默认情况下定义名称的单元格或区域使用的是绝对引用，用户可以改成相对引用或混合引用。但改变后，使用名称调用时，引用的数据区域也会发生改变。

问题4：对工作表进行复制时为什么会产生很多同名的名称?

答： 在对工作表进行复制的时候，名称也会一同复制。名称复制的规律如下。

（1）在图13-10所示的工作簿中，分别存在一个工作簿与一个工作表级别的名称，若将该工作表复制到其他工作簿中，则工作簿与工作表级别的名称一同复制。

图 13-10　不同工作簿中的名称复制

（2）如图13-11所示，如果在同一工作簿内复制工作表，则原工作表中的工作簿级别的名称将复制成同名的工作表级别名称，且工作表级别名称也将复制，只有使用常量定义的名称不会发生改变。

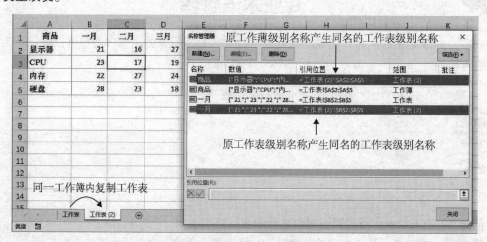

图 13-11　同一工作簿内复制工作表时产生的名称

提示

工作表在同一工作簿中复制时，会出现名字相同的工作簿和工作表级别的名称，为了规范的管理名称，用户可以对重名的名称进行整理或是删除。

逻辑与信息函数

逻辑与信息函数主要用于在公式中进行条件的测试与判断，它常与其他函数嵌套组合，用来创建具有判断信息的公式。本章学习常见的逻辑与信息函数及其在实际工作中的应用。

14.1 认识逻辑函数

表达式是指由数字、运算符等元素组成的组合，表达式的目的是求出数据关系之间的某种结果。表达式包括算术表达式，例如 1+3=4 为算术表达式，此外还有逻辑表达式（如 5>3），它主要用于判断表达式是真还是假（或是成立与不成立、正确与不正确），逻辑表达式的判断结果有且只有两种结果：TRUE 和 FALSE，意思可表示为真或假、成立或不成立、正确与不正确等相对的意思。逻辑值 TRUE 在数学上可以用 1 或非 0 数字表示，而 FALSE 可以用 0 来表示。

对于一般关系运算符(>、>=、<、<=、<>)的结果都是逻辑值，如"5>3"的结果是 TRUE，"3<1"的结果是 FALSE，Excel 中的逻辑函数就是对逻辑值及逻辑表达式的处理。

深入了解

在很多编程语言中都有逻辑运算符，比如常见的逻辑运算符有"&""|""！"，分别表示"与""或""非"的关系，程序中用逻辑运算符连接两个或多个逻辑表达式，写法如 (A>B)&(A>C)，它的运算结果是逻辑值。但在 Excel 中没有逻辑运算符，只有逻辑函数 And、Or、Not，表示"与""或""非"的关系，它们等同于逻辑运算符，写法如"=And(A>B,A>C)"。

14.2 TRUE 和 FALSE 函数及特性

TRUE、FALSE 本身是 Excel 内置的两个函数，但是两者作为函数很少单独使用，TRUE、

FALSE 另一重要的属性是作为逻辑表达式的结果，即 TRUE、FALSE 是两个逻辑值，两者具有如下属性。

（1）TRUE 表示真、成立、正确等，而 FALSE 表示假、不成立、不正确等。

（2）为了便于书写，函数参数中的 TRUE 可用 1 或非 0 的值代替，FALSE 可用 0 代替。

（3）TRUE 和 FALSE 具有运算功能，当 TRUE 和 FALSE 自身与自身运算（即逻辑值与逻辑值运算）时、逻辑值与数值进行运算时，TRUE=1，FALSE=0。

深入了解

数学在众多人眼里是一门具有理性美的学科。因为数学采用严谨的计算规则，如使用加减乘除对数据进行加工计算。但随着人类知识的发展，数学家开始思考能否让数学也应用在抽象的逻辑推理方面。此思想诞生的布尔代数，又称逻辑代数。逻辑代数在现代生活中具有广泛的应用。逻辑代数只有 0 和 1 两个逻辑变量，对于 0 和 1 这两个逻辑变量并不是表示数量的大小，而是表示两种对立的逻辑状态。对于逻辑代数主要有 3 种基本运算，如表 14-1 所示。

表 14-1　逻辑代数基本运算

类型	逻辑表达式	运算规则	对应 Excel 函数
逻辑加	F=A+B	0+0=0, 0+1=1, 1+0=1, 1+1=1	Or 函数
逻辑乘	F=A*B	0*0=0, 0*1=0, 1*0=0, 1*1=1	And 函数
逻辑反	F=$\overline{A}$或F=$\overline{B}$	$\overline{0}$=1, $\overline{1}$=0	Not 函数

通过逻辑代数系统可以对问题进行逻辑推理，并且可以用数学的方式进行演算。例如，某公司规定工作年限满 5 年的女性员工可获得每年 2000 元的补助。现如果用 1 表示女性、0 表示非女性，用 1 表示工作满 5 年、0 表示工作不满 5 年，用 1 表示有资格、0 表示没有资格。可判断下列人员是否有获得补助的资格。

王伟：男性，工作 6 年。

李强：男性，工作 3 年。

李娜：女性，工作 7 年。

张艳：女性，工作 2 年。

对于上述情况，可以用逻辑代数进行判断。

王伟：0*1=0（没有资格）。

李强：0*0=0（没有资格）。

李娜：1*1=1（有资格）。

张艳：1*0=0（没有资格）。

通过以上举例可知，逻辑运算具有判断和推理的能力。在 Excel 的公式函数的构建中，经常需要用户构建具有判断或推理的表达式。根据逻辑表达式的值，计算返回不同的情形结果，从而使公式函数具有判断推理和执行不同决策的能力。

下面列举一些在实际工作中运用逻辑值的场景。

例1 图 14-1 的 C 列中，输入如下公式：

`=A2=B2`

此公式用来判断 A2 是否等于 B2，结果只有"等于"或"不等于"，即逻辑值只能为 TRUE 或 FALSE。C2 单元格返回 TRUE，是因为 A2 与 B2 单元格中的数值均为 100，故返回 TRUE，C3 单元格返回 FALSE，是因为 A3 单元格为 100，B3 单元格为 99，两者不相等，所以

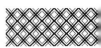

返回 FALSE。

	A	B	C	D
1			返回值	C列公式
2	100	100	TRUE	=A2=B2
3	100	99	FALSE	=A3=B3
4	100	100	FALSE	=A4=B4
5				

图 14-1　判断两列数是否相等

对于图 14-1 中的 C4 单元格,从单元格中的表面来看 A4 与 B4 单元格的数值都是 100,应返回 TRUE,但返回的却是 FALSE,是因为笔者故意将数值保留 0 位小数。对 Excel 数值的判断计算是根据单元格内的真实数值进行计算的,而不是根据单元格表面显示的数值进行计算的。用户可以选中该单元格,在编辑栏里面查看真实数据。笔者对数据保留两位小数,即可以看出 A4 为 100,而 B4 的值为 100.10,两者不相等,故返回 FALSE,如图 14-2 所示。

	A	B	C	D
1			返回值	C列公式
2	100.00	100.00	TRUE	=A2=B2
3	100.00	99.00	FALSE	=A3=B3
4	100.00	100.10	FALSE	=A4=B4
5				

图 14-2　Excel根据实际值进行计算

例2 如图 14-3 所示,A 列、B 列分别是 TRUE 和 FALSE 值,在 C 列中输入公式计算 A2*B2,向下复制公式,因逻辑值参与运算时 TRUE=1,FALSE=0,所以 TRUE*TRUE=1,TRUE*FALSE=0,FALSE*FALSE=0,TRUE*100=100,FALSE*100=0。

	A	B	C	D
1			返回值	C列公式结构
2	TRUE	TRUE	1	=A2*B2
3	FALSE	FALSE	0	=A3*B3
4	TRUE	FALSE	0	=A4*B4
5	TRUE	100	100	=A5*B5
6	FALSE	100	0	=A6*B6
7				

图 14-3　利用TRUE和FALSE进行计算

例3 如图 14-4 所示,A 列是系统单号,B 列是手工录入单号,在 C 列可以输入公式:

=A2=B2

此公式可以判断系统单号与手工录入单号是否相同。

	A 系统单号	B 录入单号	C 是否相同
2	SXD100012	SXD100012	TRUE
3	SXA100013	SXA100013	TRUE
4	SXB100014	SQB100014	FALSE
5	SXM100015	SXM100015	TRUE
6	SQB100016	SPB100016	FALSE
7	SYC100017	SYC100017	TRUE
8	SXD100013	SXD100013	TRUE
9	SMA100014	SMA100014	TRUE
10	SKB100015	SKB100015	TRUE
11			

图 14-4　判断单号是否相同

对于此例,如何获得相同单号的个数呢?可将 C2 单元格中的公式修改成以下公式:

=(A2=B2)*1

该公式首先计算 A2 是否等于 B2,返回的结果为 TRUE 和 FALSE,然后再与数值 1 相乘,此举就可以将逻辑值转成数值。然后在 C11 单元格中输入 SUM 函数进行求和,如图 14-5 所示。

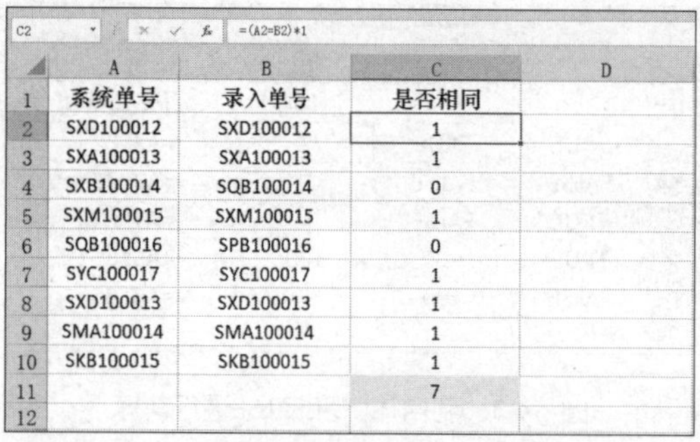

图 14-5 统计相同单号的个数

深入了解

在 Excel 应用中，经常要将逻辑值 TRUE 和 FALSE 转换成数值 1 或 0，这样操作的目的就是将逻辑值转成数字，从而可以利用公式函数去对数字进行计算分析。所以 "1" 和 "0" 身份具有两重性：既能表示逻辑值，也能表示数值。

对于例 3 中的情况，还可以利用数组公式进行运算，可以分两种情况。

第一种：建立 "是否相同" 的辅助列。操作步骤如下。

第1步 在 C2 单元格中输入公式 "=A2=B2"，向下复制公式到 C10 单元格。

第2步 如图 14-6 所示，在 C11 单元格中输入公式 "=SUM(C2:C10*1)"，因此公式需要批量计算，它是一个数组公式，所以要按快捷键 <Ctrl+Shift+Enter> 结束数组公式的编辑，即最外层的大括号为按组合键输入产生的，而不是手工输入的大括号，最终在单元格中显示的公式结构为

{=SUM(C2:C10)*1}

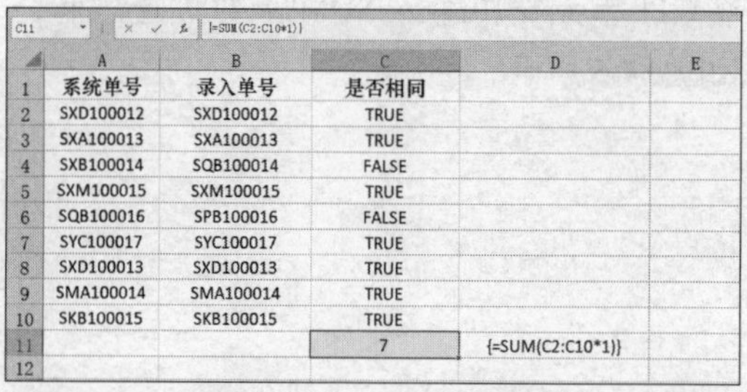

图 14-6 使用数组公式计算相同单号的个数

笔者在此简单介绍上述数组公式的原理（如果不理解，可先学习完 "数组公式" 章节，再阅读此处）。

虽 然 TRUE=1、FALSE=0，但 是 对 于 SUM 函数并不能直接将单元格中的 TRUE、FALSE 作为数值型数字来正确地计算。如直接在 C11 单元格中输入 "=SUM(C2:C10)"，则 Excel 将忽略 TRUE 和 FALSE，结果返回为 0。正因为如此，所以需要将逻辑值乘以数值 1 进行类型的转换，公式如下：

{=SUM(C2:C10*1)}

此公式的意思是将 C2:C10 区域中的每个单元格中的逻辑值分别乘以 1。

因为区域运算符冒号（ : ）的优先级要大于乘号，所以先计算 C2:C10 的值，然后再进行乘法运算。

用户选中 SUM 函数中的 C2:C10 区域，按 <F9> 键可以显示运算的结果，它是一系列 TRUE 和 FALSE 逻辑值，然后这些逻辑值分别与 1 相乘，从而将逻辑值转成数值，如图 14-7 所示。因为在此处的 SUM 函数的参数中执行多次运算，所以是数组公式，必须要按快捷键 <Ctrl+Shift+Enter> 执行数组的运算，最终结果为 7。

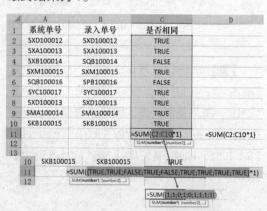

图 14-7 使用<F9>键查看部分公式运算结果

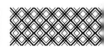

部分读者对 SUM 函数为什么不能直接对 TRUE 和 FALSE 进行求和感到很疑惑，在此笔者解释这个问题：TRUE 和 FALSE 不是真正的数值，而是逻辑值，逻辑值与数值两者是有本质区别的，读者不能直接把逻辑值与数值在任何情况下等同。在逻辑值与逻辑值、逻辑值与数值进行运算时，才有 TRUE=1、FALSE=0。

如图 14-8 所示，笔者在 B6 单元格中使用 SUM 函数对 B2:B5 区域进行数量的求和，返回的结果为 6，从该结果可以得知 SUM 函数忽略了 TRUE。SUM 函数之所以这样做，是因为 SUM 函数本质是对数值型数字进行求和。在 SUM 函数看来 TRUE 是一个逻辑值，它不是数值，它的性质如同一个文本，SUM 函数肯定是忽略文本计算的。SUM 函数为保障计算的安全性，所以只会对数值进行计算，而不会猜测用户输入 TRUE 是表示 1 的意思。

图 14-8　SUM函数忽略TRUE和文本进行求和

如图 14-9 所示，如果对 TRUE 进行四则运算，如"=TRUE*1"，则此时 TRUE 相当于 1，等式"=TRUE*1"结果返回 1，因为用户让逻辑值与逻辑值运算，此操作明显是将逻辑值转成数值。所以逻辑值与自身或其他数值进行运算后，就会转换成可以被计算的数值。

图 14-9　对逻辑值TRUE进行运算操作后转成数值型数字

第二种：不建立"是否相同"的辅助列。操作步骤如下。

如图 14-10 所示，直接在 C11 单元格中输入公式"=SUM((A2:A10=B2:B10)*1)"，然后按组合键 <Ctrl+Shift+Enter> 结束数组公式的编辑，最终公式为

{=SUM((A2:A10=B2:B10)*1)}

图 14-10　利用数组公式计算单号相同个数

此公式中在 SUM 函数内直接用"A2:A10=B2:B10"来判断系统单号与录入单号是否相同。选中该片段，按 <F9> 键，即可计算出一系列的比较逻辑值，如图 14-11 所示，该处与图 14-7 中公式的原理是相同的。

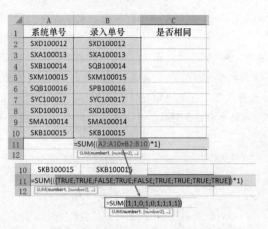

图 14-11 利用数组公式计算单号相同个数

14.3 常见逻辑函数

Excel 中常见的逻辑函数有 AND、OR、NOT、IF，虽然单个函数的使用及原理非常简单，但是它们经常会嵌套在其他的函数中来创建各种复杂的计算分析任务。

14.3.1 AND 函数

AND 函数用于判断多个条件是否同时成立。如果所有条件都成立，返回 TRUE。只要有一个条件不成立，则返回 FALSE。语法：

AND(logical1,[logical2],…,[logical255])

参数说明如下。

logical1,logical2,…,logical255：表示 1~255 个要测试的条件。

注意事项如下。

（1）参数可以是逻辑值 TRUE 和 FALSE，或者是结果为逻辑值的逻辑表达式（如 5>3），形式可以是数组或单元格引用，对于数字来说，非 0 数值等价于 TRUE，0 等价于 FALSE。

（2）如果 AND 函数的参数是非逻辑值（如文本），AND 函数将会返回错误值 #VALUE!。

如图 14-12 所示，在 D2 单元格中输入公式：

=AND(B2>90,C2>90)

此公式用来判断 B2 与 C2 单元格中的成绩数值是否同时大于 90，若同时满足条件则返回 TRUE，若其中一个满足或都不满足条件则返回 FALSE。

D2	▼	× ✓ fx	=AND(B2>90, C2>90)
	A	B	C	D
1	姓名	语文	数学	是否优秀（And函数）
2	张伟	91	95	TRUE
3	李娜	94	70	FALSE
4	张敏	96	99	TRUE
5				

图 14-12 利用AND函数判断两门成绩是否都优秀

在数学上判断某个值是否在某个区间内，其写法是用不等式直接连接，如判断某成绩

X 大于等于 60 且小于 90 分时，其数学计算公式为

60 ≤ X<90 或 90>X ≥ 60

但在 Excel 中，不能直接用数学方式来书写，假定 A1 单元格成绩为 80，在 Excel 中的正确写法为

AND(A1>=60,A1<90)

返回结果为 TRUE，如图 14-13 所示。

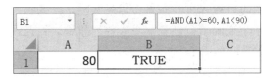

图 14-13 AND函数的参数必须分别书写

若使用以下公式将无法得出正确的结果。

=60<=A1<90

返回结果为 FALSE，如图 14-14 所示。

先计算60<=A1,返回TRUE

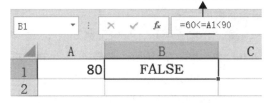

图 14-14 并列关系的错误写法

其原因在于根据运算符的优先级，"<="与"<"属于相同级次的运算符，按照从左至右运算法则，Excel 先判断"60<=A1"，返回 TRUE，再判断"TRUE<90"。在 Excel 中，逻辑值要大于任何数值，所以该等式始终返回 FALSE。在 Excel 中，用于多条件判断只能用 AND 或 OR 函数，并且要将各个条件单独作为参数进行判断，不能使用数学计算的方式进行判断。

14.3.2 OR 函数

OR 函数用于判断多个条件中是否至少有一个条件成立。即在多个条件中，只要有一个条件成立，就返回 TRUE，如果所有的条件都不成立，则返回 FALSE。语法：

OR(logical1,[logical2],…,[logical255])

参数说明如下。

logical1,logical2,…,logical255：表示 1~255 个要测试的条件。

注意事项如下。

（1）参数可以是逻辑值 TRUE 和 FALSE，或者结果为逻辑值的逻辑表达式（如 5>3），形式可以是数组或单元格引用，对于数字来说，非 0 的数值等价于 TRUE，0 等价于 FALSE。

（2）如果 OR 函数的参数是非逻辑值（如文本），OR 函数将会返回错误值 #VALUE!。

如图 14-15 所示，在 E3 单元格中输入公式：

=OR(B3>90,C3>90)

用来判断 B3 与 C3 单元格中的成绩数值是否有一个大于 90，若有一个满足条件或同时都满足条件则返回 TRUE，若都不满足条件则返回 FALSE。

	A	B	C	D	E	F
1	姓名	语文	数学	是否优秀（And函数）	是否优秀（Or函数）	
2	张伟	91	95	TRUE	TRUE	
3	李娜	94	70	FALSE	TRUE	
4	张敏	96	99	TRUE	TRUE	
5						

图 14-15 判断成绩是否为优秀

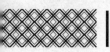

例1 利用 OR 函数判断身份证号码长度是否正确。

如图 14-16 所示，身份证号码有 15 位和 18 位，所以在 C2 单元格中输入以下公式可以判断输入的身份证号码长度是否正确。

=OR(LEN(B2)=15, LEN(B2)=18)

其中 LEN 函数用于判断字符串的长度，如 LEN("Excel") 返回 5。

C2		× ✓ fx	=OR(LEN(B2)=15, LEN(B2)=18)	
	A	B	C
1	姓名	身份证号码	长度是否正确
2	张伟	162102197707045515	TRUE
3	张敏	472422198911087	TRUE
4	李阳	46290119820822204	FALSE
5	王青	661422198608270033	TRUE
6	刘利	3826341990218932X	FALSE

图 14-16　判断身份证号码长度是否正确

例2 利用 AND 和 OR 函数判断员工是否达到退休状态。

假设男性满 60 周岁，女性满 55 周岁即可退休，在 E3 单元格中输入以下公式，即可判断员工是否达到退休状态：

=OR(AND(B2=" 男 ",C2>=60),AND(B2=" 女 ",C2>=55))

此公式中"AND(B2=" 男 ",C2>=60)"和"AND(B2=" 女 ",C2>=55)"是两个 AND 函数，用于判断男性和女性的退休状态。这两个函数同时又是作为 OR 函数参数的嵌套函数，因为一行只有一条员工信息数据，只要满足两个嵌套函数任意一个条件，即是达到退休状态，如图 14-17 所示。

D2		× ✓ fx	=OR(AND(B2="男",C2>=60),AND(B2="女",C2>=55))		
	A	B	C	D	E
1	姓名	性别	年龄	是否退休状态	
2	张伟	男	61	TRUE	
3	王勇	男	49	FALSE	
4	李娜	女	58	TRUE	
5	刘杰	男	41	FALSE	
6	王秀英	女	32	FALSE	
7					

图 14-17　利用AND与OR函数嵌套判断员工退休状态

14.3.3　NOT 函数

NOT 函数用于逻辑值求反。如果逻辑值为 FALSE，NOT 函数将返回 TRUE。如果逻辑值为 TRUE，NOT 函数将返回 FALSE。语法：

NOT(logical)

参数说明及注意事项与 AND 或 OR 函数相同。

图 14-18 中 A1 单元格的值为 5，B1 单元格的值为 3，A1 肯定是大于 B1，但如果在 C1 单元格中输入公式"=NOT(A1>B1)"，则返回 FALSE，因为参数"A1>B1"返回 TRUE，但外层用 NOT 函数求反，则返回 FALSE。

C1		× ✓ fx	=NOT(A1>B1)	
	A	B	C	D
1	5	3	FALSE	
2				
3				

图 14-18　NOT函数基本用法

14.3.4　IF 函数

IF 函数用于根据条件判断的不同返回不同的结果。语法：

IF(logical_test,[value_if_TRUE],[value_if_FALSE])

参数说明如下。

logical_test：要测试的值或表达式，计算的结果为 TRUE 或 FALSE。

value_if_TRUE：当参数 logical_test 的结果为 TRUE 时返回的值。

value_if_FALSE：当参数 logical_test 的结果为 FALSE 时返回的值。

注意事项如下。

（1）如果第一个参数 logical_test 是一个数值，那么非 0 数值等价于 TRUE，0 等价于 FALSE。

（2）如果第三个参数 value_if_FALSE 不写，将返回逻辑值 FALSE。如 IF(A1>5, " 大于 5")，当 A1>5 为 FALSE 时，公式将返回 FALSE。

图 14-19 展示了 IF 函数的计算原理。

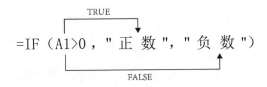

图 14-19　IF函数的计算原理

例1 如图 14-20 所示，在 C2 单元格中输入以下公式：

```
=IF(B2>90," 优秀 "," 良 ")
```

若成绩大于 90，第一个参数的值为 TRUE，则返回第二个参数，结果为 " 优秀 "。若成绩不大于 90，第一个参数的值为 FALSE，则返回第三个参数，结果为 " 良 "。

	A	B	C	D
1	姓名	成绩	评价	
2	张伟	92	优秀	
3	王芳	51	良	
4	张杰	66	良	
5	刘静	99	优秀	
6				

图 14-20　利用IF函数评定学生成绩等级

例2 利用 IF 函数结合 AND 函数计算员工奖金发放标准。

图 14-21 是企业销售员奖金发放表。奖金发放标准为工作年限大于 10，并且员工级别为 "A 类 "。现在 E2 单元格中输入以下公式复制到 E8 单元格，即可判断其是否符合奖金发放标准：

```
=IF(AND(B2>10,C2="A 类 ")," 是 "," 否 ")
```

此公式中首先利用 AND 函数，分别对 B2 单元格中的年限及 C2 单元格中的员工级

别进行判断，若同时满足工作年限大于 10 和员工级别为 A 类，则返回逻辑值 TRUE，TRUE 会返回第二个参数的值 " 是 "，否则返回逻辑值 FALSE，FALSE 会返回第三个参数的值 " 否 "。

	A	B	C	D	E
1	销售员	工作年限	员工级别	客户评价（星级）	是否奖励
2	张伟	11	A类	4	是
3	王伟	11	C类	4	否
4	李娜	8	A类	5	否
5	王秀英	15	C类	2	否
6	李静	13	B类	5	否
7	张丽	13	A类	2	是
8	王强	11	A类	2	是
9					

图 14-21　判断是否符合奖金发放标准

继续以图 14-21 为例，现规定若工作年限大于 10 并且员工级别为 A 类，或是客户评价为 5，则符合奖金的发放标准。

在 E2 单元格中输入以下公式，复制到 E8 单元格，即可判断其是否符合奖金发放标准，如图 14-22 所示。

```
=IF(OR(AND(B2>10,C2="A 类 "),D2=5)," 是 "," 否 ")
```

公式中的 "OR(AND(B2>10,C2="A 类 ")，D2=5)"，用于构造工作年限大于 10 并且员工级别为 A 类，或是客户评价为 5 的条件。如果 OR 函数的参数中有一个条件满足或两个条件都满足，则返回逻辑值 TRUE，即返回 IF 函数的第二个参数 " 是 "。如果 OR 函数的参数中两个条件都不满足，则返回逻辑值 FALSE，即返回 IF 函数的第二个参数 " 否 "。

	A	B	C	D	E
1	销售员	工作年限	员工级别	客户评价（星级）	是否奖励
2	张伟	11	A类	4	是
3	王伟	11	A类	4	否
4	李娜	8	A类	5	是
5	王秀英	15	C类	2	否
6	李静	13	B类	5	是
7	张丽	13	A类	2	是
8	王强	11	A类	2	是
9					

图 14-22　多条件判断是否符合奖金发放标准

上述 IF 函数示例中，可以使用乘法替代 AND 函数，使用加法替代 OR 函数。公式可改写为

=IF((B2>10)*(C2="A 类 ")," 是 "," 否 ")

=IF(B2>10)*(C2="A 类 ")+(D2=5)," 是 "," 否 ")

使用乘法替代 AND 函数时，只要有任意一个判断条件结果为 FALSE（FALSE 相当于 0），则所有参数的返回结果必定为 0。使用加法替代 OR 函数时，只要有任意一个判断条件结果为 TRUE（TRUE 相当于 1），则所有参数的返回结果必定大于 0。对于 IF 函数的第一个参数，非 0 数值的作用相当于逻辑值 TRUE，0 的作用相当于逻辑值 FALSE，因此可以使用乘法和加法代替 AND 和 OR 函数。

例3 使用 IF 函数屏蔽错误进行判断计算。

如图 14-23 所示，B 列是预算金额，C 列是实际支出，D 列需要计算实际占预算的比例，但因为部分项目预算金额为空单元格，所以计算占比时，部分项目会出现 #DIV/0! 的错误。

	项目	预算金额	实际支出	完成率
2	办公费		480	#DIV/0!
3	租赁费	200000	180000	90%
4	物业费	15000	18200	121%
5	车辆费用	1000	800	80%
6	通信费	6000	5200	87%
7	印花税		5000	#DIV/0!
8	通讯费	3000	3560	119%

图 14-23　除0错误

如图 14-24 所示，为了屏蔽除 0 错误，可以将 IF 函数改写成如下：

=IF(B2="","",C2/B2)

该 IF 函数先对 B2 单元格进行是否为空单元格的判断，如果检测出空单元格，就返回空（""）。如果有数据，就返回占比的计算。

	项目	预算金额	实际支出	完成率	
2	办公费		480		
3	租赁费	200000	180000	90%	
4	物业费	15000	18200	121%	
5	车辆费用	1000	800	80%	
6	差旅费	6000	5200	87%	
7	印花税		5000		
8	通信费	3000	3560	119%	

图 14-24　使用IF函数屏蔽错误值

例4 利用 IF 函数执行多重逻辑判断。

图 14-25 是某企业的销售提成比例表，销售额小于 1000 的，提成比例为 0；销售额在 1000 ~ 2000 的，提成比例为 10%；销售额在 2000 ~ 3000 的，提成比例为 15%；大于 3000 的，提成比例为 20%。

	销售额	提成比例		姓名	销售额	提成比例
2	1000以下	0		张伟	2500	15%
3	1000至2000	10%		王伟	1200	10%
4	2000至3000	15%		李静	2000	10%
5	3000以上	20%		张敏	800	0%
6				刘洋	3500	20%

图 14-25　利用IF函数从小到大计算提成比例

在 F2 单元格中输入以下公式，向下复制至 F6 单元格：

=IF(E2<1000,0,IF(E2<=2000,10%,IF(E2<=3000,15%,20%)))

如果 E2 单元格中的值小于 1000，则返回第二参数中的值 0，否则返回第三个参数；第三个参数是 IF 函数，这个 IF 函数是第一个 IF 的嵌套函数，然后继续在此嵌套函数中判断 E2 单元格中的值是否小于等于 2000。如果条件成立则返回第二个参数的值"10%"，否则返回第三个参数；第三个参数为第二个 IF 函数的嵌套函数，在此嵌套函数中判断 E2 单元格中的值是否小于等于 3000，如果条件成立则返回第二个参数的值"15%"，否则返回第三个参数值 20%。

用户在此需要先判断是否小于条件中的最小值，然后递进式逐层判断，最后判断是否小于最大值。上例中也可以先判断是否大于条件中的最大值，然后递进式逐层判断，最后判断是否大于最小值。公式可改写如下，如图 14-26 所示。

=IF(E2>3000,20%,IF(E2>2000,15%,IF(E2>1000,10%,0)))

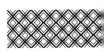

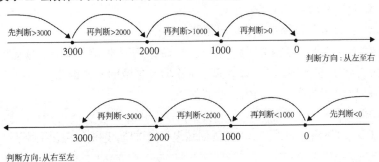

图 14-26　利用IF函数从大到小计算提成比例

图 14-27 展示 IF 函数在判断数值大小时的书写原理。

图 14-27　IF判断数值大小原理

14.4 IS 类判断函数

Excel 2019 提供了 12 个以 IS 开头的信息类函数，主要用于判断数据类型、奇偶性、空单元格、错误值、文本、公式等，它们的返回结果均为逻辑值 TRUE 或 FALSE。各函数功能如表 14-2 所示。

表 14-2　IS 类判断函数

函数名称	函数说明
ISBLANK	判断单元格是否为空单元格
ISLOGICAL	判断值是否为逻辑值
ISNUMBER	判断值是否为数字
ISTEXT	判断值是否为文本
ISNONTEXT	判断值是否为非文本
ISEVEN	判断数字是否为偶数
ISODD	判断数字是否为奇数
ISREF	判断值是否为单元格引用
ISFORMULA	判断值是否为公式
ISNA	判断值是否为错误值 #N/A
ISERR	判断值是否为除 #N/A 以外的其他错误值
ISERROR	判断值是否为错误值

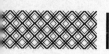

14.5 使用 IFERROR 函数处理公式错误

IFERROR 函数用于判断公式的计算结果，如果是错误，则返回指定的值；否则返回公式的结果。语法：

```
IFERROR(value,value_if_error)
```

参数说明如下。

value：检查是否存在错误的公式。

value_if_error：公式的计算结果错误时返回的值。

例 1 图 14-28 中需要计算相关项目实际与预算的比率，但部分项目的预算为零或为空。如车辆费用实际为 1000，预算则为 0，当计算完成率时会导致除 0 错误（#DIV/0!）。计算办公费完成率可利用 IFEEOR 函数屏蔽错误值，公式如下：

```
=IFERROR(B2/C2,"")
```

IFERROR(B2/C2,"") 表示如果 B2/C2 的返回结果是错误值，则返回空，否则返回 B2/C2 的结果。

D5 =B5/C5

	A	B	C	D	E
1	项目	实际	预算	完成率	
2	办公费	6000	7000	85.71%	
3	租赁费		4000	0.00%	
4	物业费	5000	10000	50.00%	
5	车辆费用	1000	0	#DIV/0!	
6	差旅费	3500	2000	175.00%	
7	通信费	500		#DIV/0!	
8	业务招待费	6400	6000	106.67%	
9	印花税			#DIV/0!	
10					

D5 =IFERROR(B5/C5,"")

	A	B	C	D	E
1	项目	实际	预算	完成率	
2	办公费	6000	7000	85.71%	
3	租赁费		4000	0.00%	
4	物业费	5000	10000	50.00%	
5	车辆费用	1000	0		
6	差旅费	3500	2000	175.00%	
7	通信费	500			
8	业务招待费	6400	6000	106.67%	
9	印花税				
10					

图 14-28 利用IFERROR函数屏蔽除0错误

例 2 利用 IFERROR 函数屏蔽查询中的错误值。

如图 14-29 所示，E2 单元格使用 VLOOKUP 函数查询 D2 单元格中学生姓名的成绩，输入以下公式：

```
VLOOKUP(D2,A1:B8,2,FALSE)
```

因 D2 单元格中姓名“林阳”在 A 列中无记录，即在查找区域中找不到该值，所以 VLOOKUP 函数将返回错误值 #N/A。

E2 =VLOOKUP(D2,A1:B8,2,FALSE)

	A	B	C	D	E	F
1	姓名	成绩		姓名	成绩	
2	张伟	85		林阳	#N/A	
3	王伟	90				
4	李静	60				
5	张敏	85				
6	刘洋	84				
7	王秀英	98				
8	张杰	77				

图 14-29 查询函数查找不到值返回#N/A错误

在 E2 单元格中显示错误值 #N/A 不美观，也不易理解，用户可在该单元格中使用 IFERROR 函数屏蔽错误值的显示，如图 14-30 所示。

```
=IFERROR(VLOOKUP(D2,A1:B8,2,FALSE),"无该学生")
```

E2 =IFERROR(VLOOKUP(D2,A1:B8,2,FALSE),"无该学生")

	A	B	C	D	E	F
1	姓名	成绩		姓名	成绩	
2	张伟	85		林阳	无该学生	
3	王伟	90				
4	李静	60				
5	张敏	85				
6	刘洋	84				
7	王秀英	98				
8	张杰	77				
9						

图 14-30 使用IFERROR函数屏蔽公式中返回的错误值

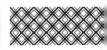

14.6 FORMULATEXT 函数

FORMULATEXT 函数用于将公式的结构以文本字符串的形式显示在单元格中。语法：

FORMULATEXT(reference)

参数说明如下。

reference：对单元格或单元格区域的引用。

图 14-31 中的 B1 单元格是公式单元格，笔者在 C1 单元格中输入以下公式将显示 B1 单元格的公式结构。

=FORMULATEXT(B1)

图 14-31　使用FORMULATEXT函数显示公式的结构

FORMULATEXT 函数可以展示单元格中所使用到的具体公式结构。

专业术语解释

逻辑： 又称推理、推论。

逻辑运算： 又称布尔运算，用数学方法研究逻辑问题。

逻辑表达式： 用关系运算符连接的等式。

逻辑值： 逻辑判断后的结果，只有 TRUE 或 FALSE 两种值。

逻辑函数： 对表达式进行逻辑判断，并且返回值为逻辑值 TRUE 或 FALSE 的函数。

关系运算符： 用于比较两个数值之间的大小的运算符，其运算结果为逻辑值。

上述名词解释请参考图 14-32。

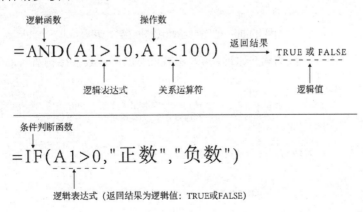

图 14-32　逻辑函数相关概念

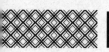

问题 1：什么时候用 1、非 0 数字表示 TRUE？

答： 当逻辑值与逻辑值、逻辑值与数值进行运算时，TRUE 表示 1。单个数值作为逻辑表达式时，用非 0 的值表示 TRUE，0 表示 FALSE，如图 14-33 所示。

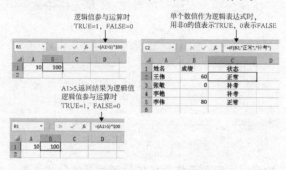

图 14-33　用1、非0、0表示TRUE和FALSE的不同情况

问题 2：使用 IF 函数对数值大小区间的判断需要层层嵌套，有没有方便的书写方式?

答: 用户可以使用 IFS 函数代替 IF 函数的层层嵌套。IFS 函数检查是否满足一个或多个条件，且返回符合第一个 TRUE 条件的值。IFS 可以取代多个嵌套 IF 语句，并且有多个条件时更方便书写和阅读。

如图 14-34 所示，在 F2 单元格中使用以下公式，可计算销售额对应的提成比例。

`=IFS(E2<1000,0,E2<=2000,10%,E2<=3000,15%,E2>3000,20%)`

	A	B	C	D	E	F	G
1	销售额	提成比例		姓名	销售额	提成比率	
2	1000以下	0		张伟	2500	15%	
3	1000至2000	10%		王伟	1200	10%	
4	2000至3000	15%		李静	2000	10%	
5	3000以上	20%		张敏	800	0%	
6				刘洋	3500	20%	
7							

图 14-34　使用IFS函数代替IF函数嵌套

图 14-35 展示了 IFS 函数的语法原理，IFS 函数没有层层嵌套，结构清晰，公式便于理解和维护。

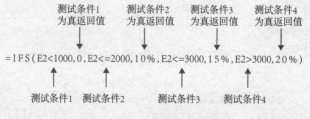

图 14-35　IFS函数的语法原理

15 数组公式

利用数组公式可以进行多重计算，并且数组可以同时返回一个或多个结果，数组极大地扩展了公式函数的应用范围。本章对数组公式和数组运算做深入的讲解，使用户能够利用数组公式解决实际工作中用普通公式函数解决不了的难题。

15.1 理解数组的概念

数组是一组数的集合，在 Excel 公式函数中，数组是指一行、一列或多行多列排列组成数据元素的集合。数据元素可以是任意类型的数据。在 Excel 中一行或一列叫一维数组，多行多列称为二维数组。数组的维数表示数组的方向，一维数组只有一个方向（横向或纵向），二维数组有两个方向（横向和纵向同时存在）。在 Excel 中数组存储需要用大括号 ({}) 包围。

数组的尺寸由数组各行各列的元素个数来表示，例如一行 N 列的一维横向数组的大小为 $1 \times N$（行数在前，列数在后），一列 M 行的一维纵向数组的大小为 $M \times 1$，M 行 N 列的二维数组的大小为 $M \times N$，如图 15-1 所示。

一维横向数组　　　　　　　一维纵向数组　　　　　　　二维数组

图 15-1　数组类型

如图 15-2 所示，选择的 B2:D2 单元格区域就是一个横向（行方向、水平方向）的一维数组，该数组有 3 个元素，大小为 1×3。

	A	B	C	D
1	姓名	一月	二月	三月
2	张伟	10	20	30
3	王芳	40	50	60
4	李娜	70	80	90
5	张丽	100	110	120
6				

图 15-2　一维横向数组

图 15-3 中，选择的 B2:B5 单元格区域就是一个纵向（列方向、垂直方向）的一维数组，该数组有 4 个元素，大小为 4×1。

	A	B	C	D
1	姓名	一月	二月	三月
2	张伟	10	20	30
3	王芳	40	50	60
4	李娜	70	80	90
5	张丽	100	110	120
6				

图 15-3　一维纵向数组

图 15-4 中，选择的 B2:D3 单元格区域就是同时具有行列方向的二维数组，该数组有 6 个元素，大小为 2×3。

	A	B	C	D
1	姓名	一月	二月	三月
2	张伟	10	20	30
3	王芳	40	50	60
4	李娜	70	80	90
5	张丽	100	110	120
6				

图 15-4　二维数组

 15.2 单元格区域与数组元素的关系

在 Excel 的函数中引用某个单元格区域进行计算，本质上就是引用的数组，如图 15-5 所示，在 B6 单元格中输入以下公式：

=SUM(B2:B5)

该参数中的 B2:B5 单元格区域就是一个一维纵向数组，该数组中的元素有 4 个，尺寸为 4×1。

B6		× ✓ fx	=SUM(B2:B5)	
	A	B	C	D
1	姓名	一月	二月	三月
2	张伟	10	20	30
3	王芳	40	50	60
4	李娜	70	80	90
5	张丽	100	110	120
6	总计	220		
7				

图 15-5　单元格区域也是数组

如图 15-6 所示，用户可选中 SUM 函数参数中的"B2:B5"部分，按 <F9> 键，即可以计算该数组背后对应的值。其显示为 {10;40;70;100}，此数组即为 B2:B5 区域中的值。

AND		× ✓ fx	=SUM(B2:B5)		
	A	B	C	D	E
1	姓名	一月	二月	三月	
2	张伟	10	20	30	
3	王芳	40	50	60	
4	李娜	70	80	90	
5	张丽	100	110	120	
6	总计	=SUM(B2:B5)			
7		SUM(**number1**, [number2], ...)			
8					

5	张丽	100	110	120
6	总计	=SUM({10;40;70;100})		
7		SUM(**number1**, [number2], ...)		

图 15-6　按<F9>键显示数组背后的值

15.3 数组的相关属性

在 Excel 中常见的数组结构为一维横向数组、一维纵向数组和二维数组。用户需要了解这些数组结构之间的相关属性，这样在书写和分析数组结构及数组计算逻辑顺序时会有非常大的帮助。

1. 一维横向数组

如图 15-7 所示，在 F2 单元格中输入如下公式：

=B2:D2

此输入方式仍是一个公式（以等号开头的单元格都是公式），其含义是引用 "B2:D2" 中的数据，如果按 <Enter> 键将返回错误值 #VALUE！。之所以返回错误值，是因为在此单元格中输入的是一个数组公式（B2:D2 是一个数组，包含 3 个数据），而不是引用一个单元格数据。在 Excel 中，输入数组公式必须要按组合键 <Ctrl+Shift+Enter> 结束数组公式的编辑。

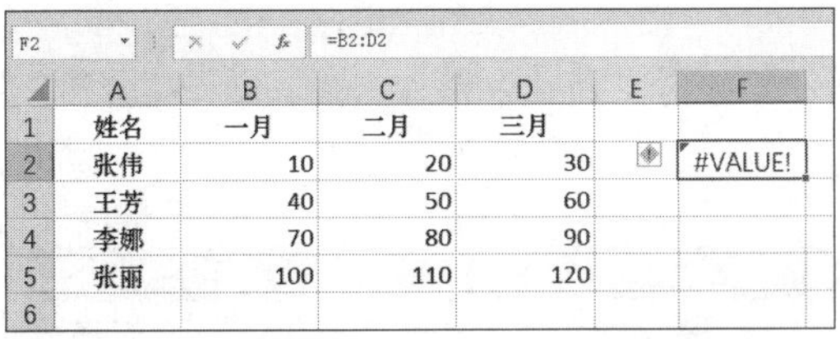

图 15-7　在一个单元格中引用一个单元格区域

如图 15-8 所示，按组合键 <Ctrl+Shift+Enter> 结束数组公式编辑之后，单元格内只显示数值 10。

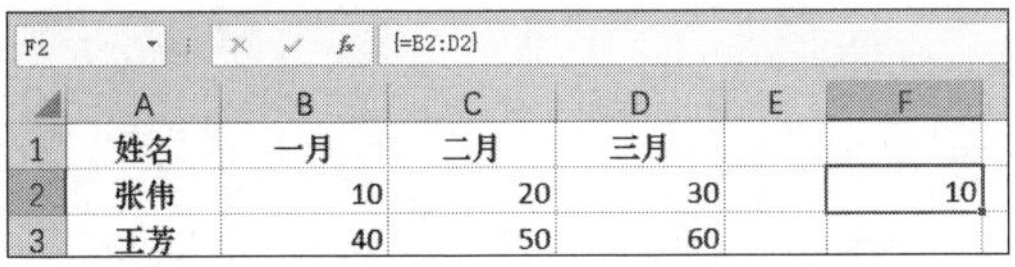

图 15-8　按组合键 <Ctrl+Shift+Enter > 结束数组
公式编辑

如图 15-9 所示，双击 F2 单元格进入编辑状态，选中 B2:D2 区域，按 <F9> 键可显示该数组有 3 个元素。在 Excel 中，一个单元格中只能存储数组中的一个元素，默认是存储数组的第一个元素，所以 F2 单元格只会显示该数组的第一个元素 10。

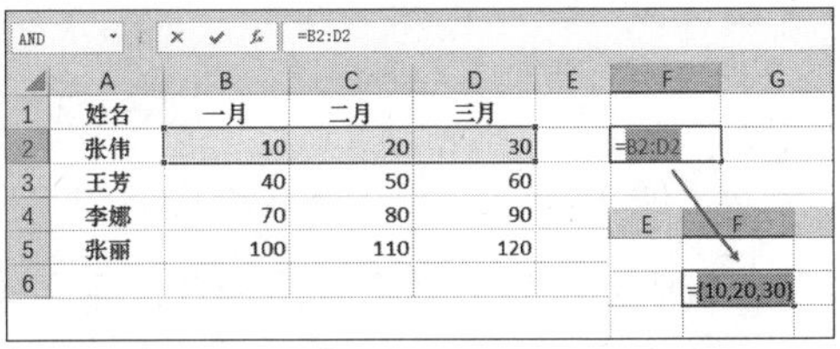

图 15-9　一个单元格只能容纳一个数组元素

如果想存储区域数组中的 3 个元素，必须选中与原引用区域相同大小的数据区域，即选中横向的 3 个单元格，如 F2:H2 区域，输入 "=B2:D2"，然后在编辑状态下按快捷键 <Ctrl+Shift+Enter>。此时就能将数组中的 3 个元素完整地放置在 3 个单元格中，如图 15-10 所示。

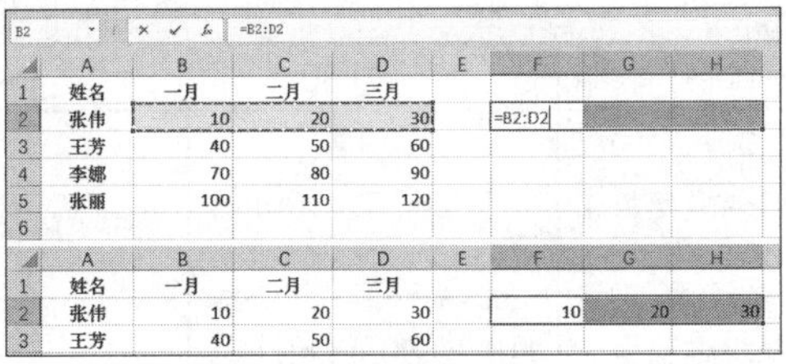

图 15-10　正确输入数组元素

一维横向数组的元素之间用英文半角逗号（,）隔开。即用逗号将数组元素分隔在不同的列里面，如图 15-11 所示。

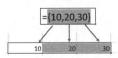

图 15-11　逗号将元素分隔在不同列里面

2. 一维纵向数组

一维纵向数组同一维横向数组原理一样，只是方向不同。在 F2 单元格中输入公式"=B2:B5"，然后选中 B2:B5 区域，按 <F9> 键显示对应的数组元素为 {10;40;70;100}。如果要完整放置这 4 个数组元素，必须在纵向上选择 4 个连续单元格进行输入，如图 15-12 所示。

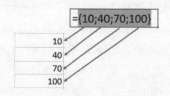

图 15-12　引用一维纵向数组

一维纵向数组的元素之间用英文半角的分号（;）隔开。即用分号将数组元素分隔在不同的行里面，如图 15-13 所示。

```
={10;40;70;100}
```

```
10
40
70
100
```

图 15-13　分号将元素分隔在不同行里面

3. 二维数组

如在 F2 单元格中输入公式"=B2:D3"，然后选中 B2:D3，按 <F9> 键显示对应的数组元素为 {10,20,30;40,50,60}，其表示 2 行 3 列的 6 个元素的二维数组，如果完整放置这 6 个数组元素，必须要选择 2 行 3 列的单元格区域进行输入，如图 15-14 所示。

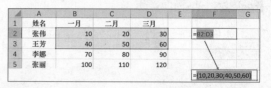

图 15-14　引用二维数组

在二维数组中，用分号（;）区隔不同的行内数据。用逗号（,）区隔不同列内数据，如图 15-15 所示。

分号用于分行

```
={10,20,30;40,50,60}
```

```
10    20    30
40    50    60
```

图 15-15　二维数组分布示意图

表 15-1 列示了不同数组的相关属性。

表 15-1　不同数组的相关属性

数组形式	示例	形式			备注
一维横向数组	{10,20,30}	10	20	30	横向数组用逗号（,）分隔，分成 $M+1$ 列
一维纵向数组	{10;40;70;100}	10 40 70 100			纵向数组用分号（;）分隔，分成 $N+1$ 行
二维数组	{10,20,30;40,50,60}	10　20　30 40　50　60			二维数组中的分号个数决定有 $M+1$ 行，每行逗号个数决定有 $N+1$ 列

15.4 Excel 中数组的类型

在 Excel 中数组的类型有常量数组、区域数组、内存数组和命名数组，不同的数组类型的计算方式和使用方法会有差异。用户需根据实际计算场景，选择正确恰当的数组类型才能发挥数组强大的计算功能。

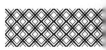

1. 常量数据

常量数组是指直接在公式中手工写入的数组元素，并且数组元素要用大括号"{}"包围，对于常量数组的组成元素只能是常量元素，如文本、数字、逻辑值，不能是函数、公式或单元格。数值型常量元素中，不可以包含美元符号、逗号和百分号。

常量数组的相关属性与由单元格引用创建的数组属性是相同的，例如对于一维横向数组（水平方向）各元素之间需用半角逗号分隔，如选中 A1:E5 区域，手工输入以下一维横向常量数组，按快捷键 <Ctrl+Shift+Enter> 结束数组公式编辑。

=｛1,2,3,4,5｝

上述一维横向数组排列方式如图 15-16 所示。

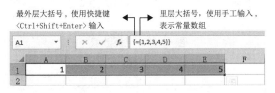

图 15-16　一维横向数组分布

一维纵向数组（垂直方向）各元素之间需用分号隔开，如选中 A1:A5 区域，手工输入以下一维纵向常量数组，按快捷键 <Ctrl+Shift+Enter> 结束数组公式编辑。

=｛1;2;3;4;5｝

排列方式如图 15-17 所示。

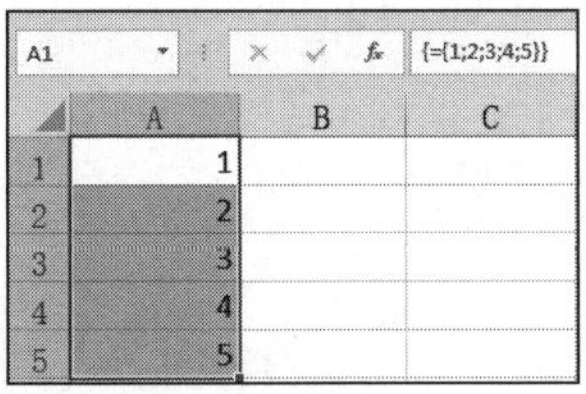

图 15-17　一维纵向数组分布

二维数组元素中每一行用分号分隔，每一列上的元素用逗号分隔，如选中 A1:B4 区域，输入以下二维常量数组，按快捷键 <Ctrl+Enter> 结束数组公式编辑。

=｛" 姓名 "," 成绩 ";" 王伟 ",85;" 张敏 ",90;" 李静 ",60｝

排列方式如图 15-18 所示。

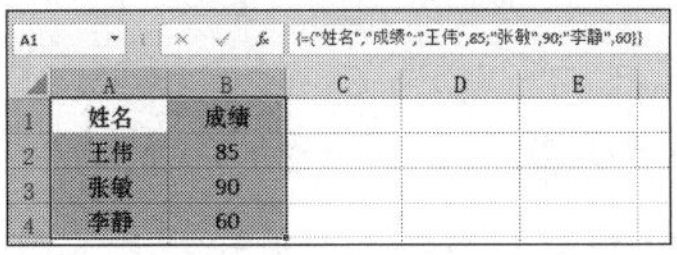

图 15-18　二维数组分布

在单元格中手工输入常量数组过程比较烦琐，用户可以借助单元格引用来简化常量数组的输入。如想在某公式函数的参数中输入以下常量数组作为查询区域：

=｛" 姓名 "," 成绩 ";" 王伟 ",85;" 张敏 ",90;" 李静 ",60｝

如手工输入非常不便，此时可以在单元格区域输入常量数组的内容，然后在单个单元格中引用该单元格区域，再选中该单元格区域，按 <F9> 键转成常量数组形式。最后复制该常量数组至公式的参数中。通过此方式，可以快速生成常量数组，如图 15-19 所示。

图 15-19　利用单元格引用快速生成常量数组

2. 区域数组

区域数组是对单元格区域的另一种称谓，如图 15-20 所示，在 E2 单元格中输入以下公式：
=SUMPRODUCT(B2:B4*C2:C4)

公式中的 B2:B4、C2:C4 都是区域数组，其本质就是单元格区域。

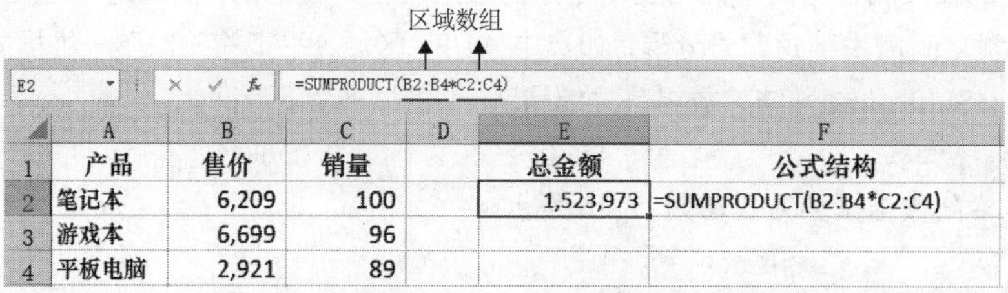

图 15-20　区域数组

3. 内存数组

内存数组是指通过数组公式计算，返回的多个结果直接存入内存中的数组。内存数组不依赖单元格存储，可作为其他公式函数的参数进行多次、批量运算。

如图 15-21 所示，在 C6 单元格中输入以下数组公式：
=SMALL(A1:A6,{1,2,3})

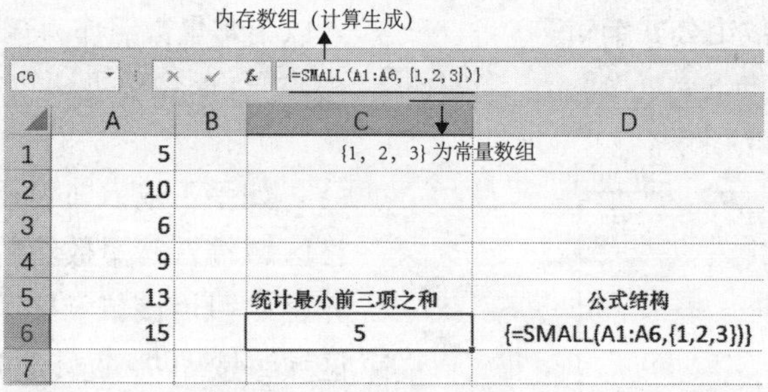

图 15-21　内存数组

SMALL 函数中的第二个参数 {1,2,3} 是常量数组，但整个 SMALL 函数计算的结果是由 A1:A6 单元格区域中最小前 3 项的值构成的内存数组，用户可选中公式，按 <F9> 键查看该内存数组的值，如图 15-22 所示。

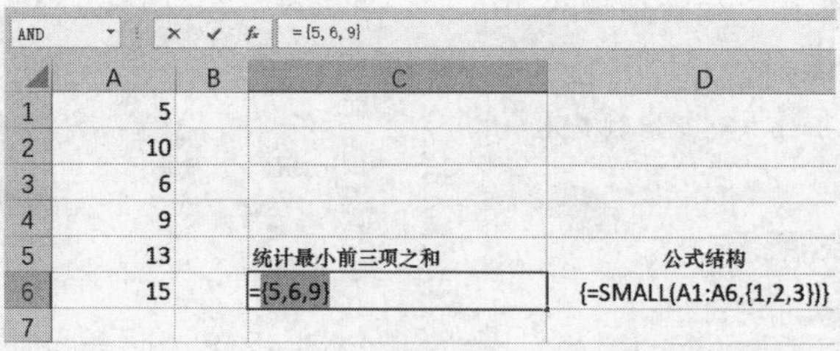

图 15-22　按<F9>键查看内存数组的元素

因一个单元格只能存储数组中某一个元素的值，故在图 15-21 中的 C6 单元格中只显示了内

存数组 {5,6,9} 的第一个元素 "5"。用户可以输入以下公式求出最小前三项之和，如图 15-23 所示。

=SUM(SMALL(A1:A6,{1,2,3}))

因为 SMALL(A1:A6,{1,2,3}) 返回的值是内存数组 {5,6,9}，在其前面加上 SUM 函数，即等于以下公式：

=SUM({5,6,9})

该公式的结果为 20。

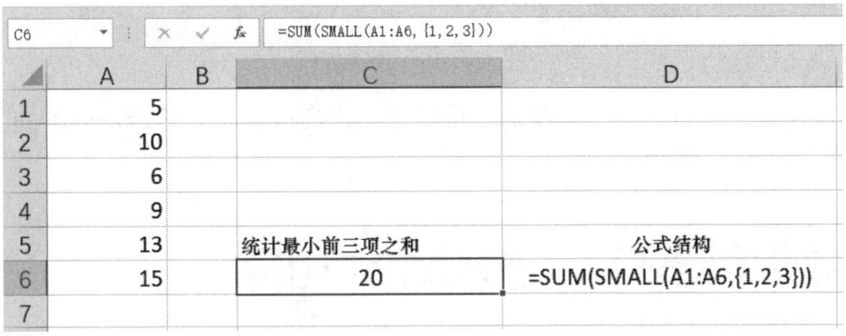

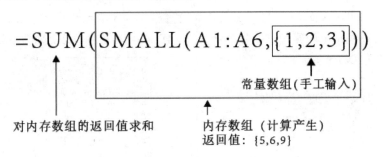

图 15-23　SUM函数计算数组元素之和

图 15-24 展示了上述数组公式的计算原理。

$$=SUM(SMALL(A1:A6,\boxed{\{1,2,3\}}))$$

常量数组(手工输入)

对内存数组的返回值求和

内存数组（计算产生）
返回值：{5,6,9}

图 15-24　SUM函数对内存数组求和示例图

深入了解

公式函数中的数组为手工输入的常量数组时，不需要使用快捷键 <Ctrl+Shift+Enter> 来结束数组公式的编辑，直接按 <Enter> 键即可以计算出正确结果，当然读者按快捷键 <Ctrl+Shift+Enter> 结束数组公式的编辑，结果也是正确的。笔者建议按快捷键 <Ctrl+Shift+Enter>，因为当忘记这一条规则或对这一条规则的结果心存疑惑时，使用快捷键 <Ctrl+Shift+Enter> 能保证公式正确。

4. 命名数组

命名数组是用名称定义的数组，它同 Excel 普通名称的使用方法一致，命名数组可以在公式函数中作为参数直接调用，此外在数据验证和条件格式的自定义公式中不能输入常量数组，但可以使用命名数组的形式调用。如图 15-25 所示，创建一个名为 "前三项最小值" 的命名数组。创建好后，可以在相关的函数公式的参数中调用该命名数组。

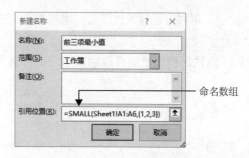

图 15-25　命名数组

命名数组本质也是内存数组，只是命名数组是使用名称进行间接调用计算的。

15.5 数组的多步、多项计算功能

在普通的公式函数计算中，往往进行的都是单步计算操作。如图 15-26 所示，需要计算各笔"销售数量"和相应"单价"相乘之后的总金额，用户往往需要如下两步才能完成。

第1步 在 C2 单元格中输入公式"=A2*B2"，并向下拖动复制公式，先计算相应销售数量和单价的乘积（单笔的销售金额）。

第2步 在 C5 单元格中输入公式"=SUM(C2:C4)"，计算最终的总金额，如图 15-27 所示。

	A	B	C	D
1	销售数量	单价	金额	
2	10	1	10	
3	20	2	40	
4	30	3	90	
5				

图 15-26　计算单笔销售金额

	A	B	C	D
1	销售数量	单价	金额	
2	10	1	10	
3	20	2	40	
4	30	3	90	
5			140	
6				
7				

图 15-27　计算总销售金额

上述是常规计算方法，但在实际工作中，为了面对复杂的计算场景及提高 Excel 的计算效率，用户可以采用数组的方式来进行计算。对于上面案例，笔者直接在 C5 单元格中输入以下数组公式：

```
=SUM(A2:A4*B2:B4)
```

该数组公式的最大特点是参数由之前的单个单元格（A2*B2）变成了单元格区域（A2:A4*B2:B4），并且在参数前面使用 SUM 函数。此函数的意思就是单元格区域 A2:A4 中的每个元素与单元格区域 B2:B4 中的每个元素分别相乘，然后求它们的总和，如图 15-28 所示。

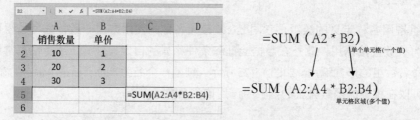

图 15-28　输入数组公式

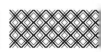

由于"=SUM(A2:A4*B2:B4)"是数组公式,内部执行了多次计算,它与普通公式按 <Enter> 键结束公式编辑不同,数组公式必须要按快捷键 <Ctrl+Shift+Enter> 结束公式的编辑,最终的结果为 140,同普通公式计算的结果一致,如图 15-29 所示。

图 15-29　数组公式计算结果

深入了解

部分读者对上述数组公式的计算步骤有困惑,笔者在图 15-30 中列出数组公式计算的步骤。

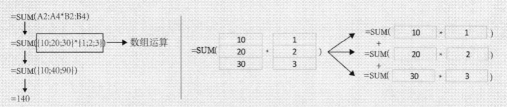

图 15-30　数组公式计算步骤

第1步 因为引用运算符(:)的运算优先级高于四则运算符(*),所以先计算 A2:A4、B2:B4 区域,返回值分别为一维纵向数组 {10;20;30} 和 {1;2;3}。

第2步 计算 {10;20;30} * {1;2;3},返回值为 {10;40;90}。

第3步 使用 SUM 函数对第 2 步的返回值进行汇总,返回结果为 140。

由上述案例可以获知,使用数组公式可以在单个单元格中进行批量多步骤计算,表 15-2 列示了普通公式与数组公式的差异。

表 15-2　普通公式与数组公式的比较

类型	优点	缺点
普通公式	思路清楚,理解简单	某些复杂的计算不能解决
数组公式	可完成批量多步骤的复杂计算	理解较难、当工作表存在大量数组公式运算时,会造成 Excel 计算速度缓慢

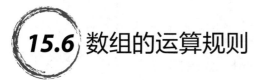

15.6 数组的运算规则

数组的运算规则是指数组与单个数值、数组与数组之间的计算规则。它是数组返回结果的计算方法。用户需要非常熟悉数组的运算规则,这样才能创建正确的数组公式,同时也能分析其他用户书写的数组公式结构和计算思路。

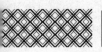

15.6.1 单值与数组运算

单值与数组运算时，单值会分别与数组中每个元素进行相应运算，例如公式：

=3+{2;4;6}

计算步骤如图 15-31 所示，公式结果如下：

={5;7;9}

图 15-31 单值与数组运算原理图

例 如图 15-32 所示，选中 C1:C3 区域，输入以下数组公式，按快捷键 <Ctrl+Shift+Enter>
结束数组公式编辑。

=A1+B1:B3

结果为 {5;7;9}。

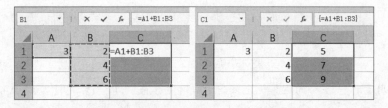

图 15-32 单个单元格与单元格区域运算

15.6.2 数组与数组之间运算

1. 同方向一维数组之间运算

同方向一维数组之间运算时，相同位置的元素分别进行相应运算，例如公式：

={1;2;3}+{2;4;6}

计算步骤如图 15-33 所示，公式结果如下：

={3;6;9}

图 15-33 同方向一维数组计算原理图

例1 如图 15-34 所示，选中 C1:C3 区域，输入以下数组公式，按快捷键 <Ctrl+Shift+Enter>
结束数组公式编辑。

=A1:A3+B1:B3

结果为 {3;6;9}。

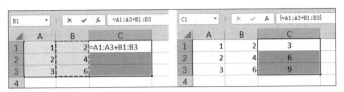

图 15-34　单元格区域与单元格区域运算

如果同方向一维数组之间的元素不相等，则会产生错误值，例如以下公式：

=\{1;2;3\}+\{2;4\}

计算结果为 {3;6;#N/A}，如图 15-35 所示。

图 15-35　不同尺寸数组运算原理图

例2　如图 15-36 所示，选中 C1:C3 区域，输入以下数组公式，按快捷键 <Ctrl+Shift+Enter>
结束数组公式编辑。

=A1:A3+B1:B2

结果为 {3;6; #N/A}。

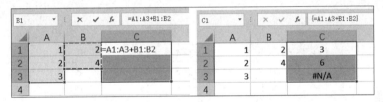

图 15-36　数组元素个数不相等时运算错误

2. 不同方向一维数组之间运算

不同方向一维数组之间运算时，横向数组中的每个元素分别与纵向数组中的每个元素运算，
例如以下公式：

=\{1,2,3\}+\{4;5;6\}

计算步骤如图 15-37 所示，公式结果如下：

=\{5,6,7;6,7,8;7,8,9\}

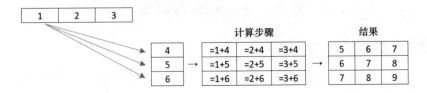

图 15-37　不同方向一维数组运算原理图

> **提示**
>
> $1 \times N$ 的横向数组与 $M \times 1$ 的纵向数组进行运算，最终形成尺寸是 $M \times N$ 的二维数组。

例3 如图 15-38 所示，选中 E4:G6 区域，输入以下数组公式，按快捷键 <Ctrl+Shift+Enter> 结束数组公式编辑。

=A1:C1+D2:D4

结果为 {5,6,7;6,7,8;7,8,9}。

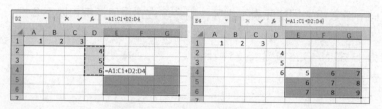

图 15-38　不同方向数组运算

3. 一维数组与二维数组之间运算

某一维数组的尺寸与二维数组的同维度上的尺寸一致时（如某一维纵向数组有 3 行，而二维数组在纵向也有 3 行），则可在此方向上进行一一对应运算，例如以下公式：

={1;2;3}+{4,5;6,7;8,9}

计算步骤如图 15-39 所示，公式结果如下：

={5,6;8,9;11,12}

图 15-39　一维数组与二维数组之间运算原理图

例4 如图 15-40 所示，选中 F1:G3 区域，输入以下数组公式，按快捷键 <Ctrl+Shift+Enter> 结束数组公式编辑。

=A1:A3+C1:D3

结果为 {5,6;8,9;11,12}。

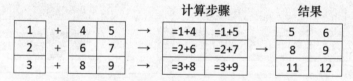

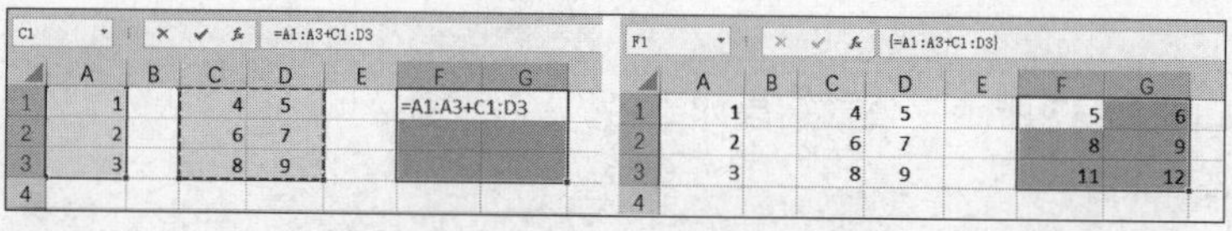

图 15-40　一维数组与二维数组运算

4. 二维数组与二维数组之间运算

两个具有相同尺寸的二维数组可以直接运算，运算过程是相同位置元素两两对应进行运算，例如以下公式：

={1,4;2,5;3,6}+{4,5;6,7;8,9}

计算步骤如图 15-41 所示，公式结果如下：

{5,9;8,12;11,15}

图 15-41　二维数组与二维数组之间运算原理图

例5　如图 15-42 所示，选中 G1:H3 区域，输入以下数组公式，按快捷键 <Ctrl+Shift+Enter>
结束数组公式编辑。

=A1:B3+D1:E3

结果为 {5,9;8,12;11,15}。

图 15-42　二维数组与二维数组之间运算

15.7 数组公式的结果存储类型

因为数组公式是进行多项、多步骤、批量的计算，所以同时也会返回多个结果。对于返回
多个结果，可以装载到 Excel 中多个单元格中，或是通过如 SUM、MAX、MIN 函数的计算，
将数组中的多个返回结果装载在一个单元格中。

15.7.1　多个单元格存储数组运算结果

对于数组公式计算返回的结果绝大部分情况下都是多个值的数组，但一个单元格中只能显
示一个值（通常是结果数组中的首个元素），而无法完整显示整组运算结果。所以用户在使用
多单元格数组公式时，必须先要选择与数组公式最终返回的数组元素个数相同的单元格区域。
然后再进行数组公式的输入，当完成数组公式的计算后，返回的结果会完整地显示在预先选定
的单元格区域内。

如图 15-43 所示，如果数组公式计算的结果是一维横向数组，需要在水平方向选择多个单
元格存储数组中的元素。

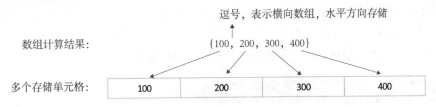

图 15-43　多个单元格存储横向数组运算结果

如图 15-44 所示，如果数组公式计算的结果是一维纵向数组，需要在垂直方向选择多个单元格存储数组中的元素。

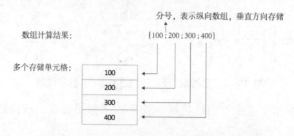

图 15-44　多个单元格存储纵向数组运算结果

如果数组公式的计算结果是二维数组，则需要选择多行多列存储数组中的元素。

例 图 15-45 展示了一个用于计算商品金额的工作表。通常情况下，在 D2 单元格中输入以下公式，向下复制到 D5 单元格，即可求出各商品金额。

```
=B2*C2
```

	A	B	C	D	E
1	商品	单价	数量	金额	
2	鼠标	50	2	100	
3	摄像头	100	2	200	
4	键盘	150	2	300	
5	插座	60	3	180	

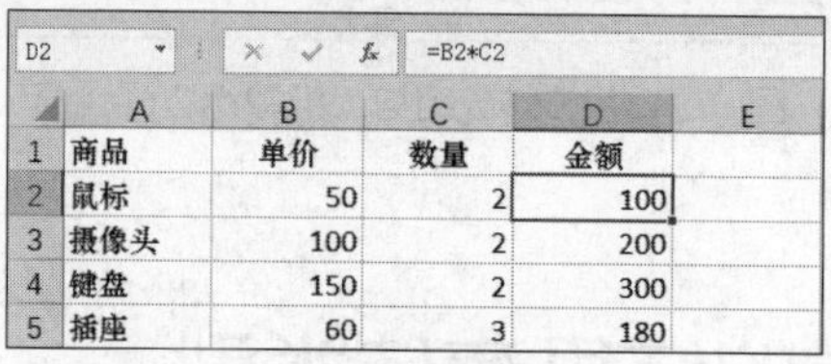

图 15-45　用常规公式计算金额

另一种方法是先同时选中 D2:D5 区域，输入以下公式，按快捷键 <Ctrl+Shift+Enter> 即可求出各商品金额，如图 15-46 所示。

```
=B2:B5*C2:C5
```

	A	B	C	D
1	商品	单价	数量	金额
2	鼠标	50	2	=B2:B5*C2:C5
3	摄像头	100	2	
4	键盘	150	2	
5	插座	60	3	

	A	B	C	D
1	商品	单价	数量	金额
2	鼠标	50	2	100
3	摄像头	100	2	200
4	键盘	150	2	300
5	插座	60	3	180

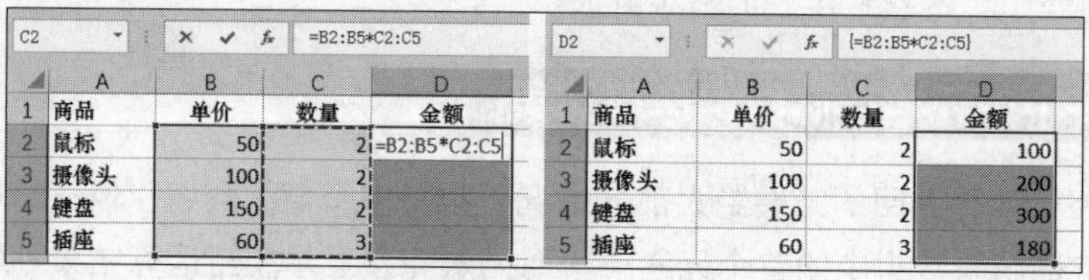

图 15-46　多单元格数组公式计算金额

“=B2:B5*C2:C5”中的 B2:B5 为区域数组，返回的结果如下：

```
{50;100;150;60}
```

C2:C5 也为区域数组，返回的结果如下：

```
{2;2;2;3}
```

上述两个区域数组相乘（即商品单价乘以各自的数量），获得一个内存数组：

```
{100;200;300;180}
```

将此数组存放在 D2:D5 区域，即分别计算出各商品的金额。

15.7.2　单个单元格存储数组运算结果

在实际 Excel 数组公式的应用中，绝大部分情况下都是将数组公式所计算的数组元素进行

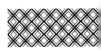

求和汇总、最大值、最小值等计算，然后将计算的值存储在单个单元格中。如图 15-47 所示，某数组公式计算返回的数组为 {100;200;300;400}，然后对该数组使用 SUM 函数进行求和，求和的结果为单一值 1000，该值就可以存储在某个单元格中。

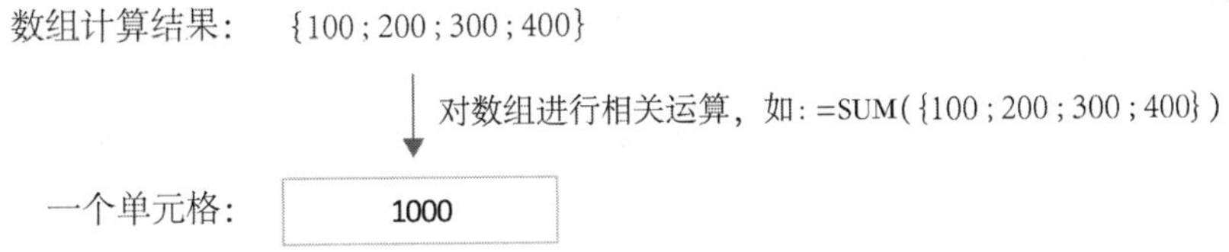

数组计算结果：　{100;200;300;400}

对数组进行相关运算，如：=SUM({100;200;300;400})

一个单元格：　　1000

图 15-47　一个单元格存储数组计算结果

例1　如图 15-48 所示，在 E5 单元格中输入以下数组公式，并按快捷键 <Ctrl+Shift+Enter>
结束数组公式编辑，即可一次性计算商品总金额。

=SUM(B2:B5*C2:C5)

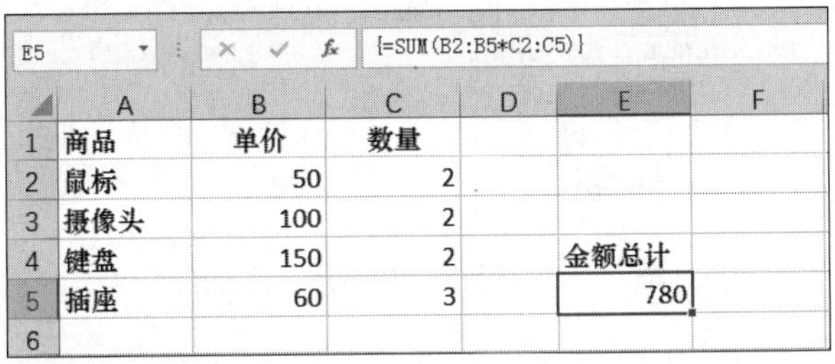

图 15-48　单个单元格数组公式计算金额

B2:B5*C2:C5 返回的内存数组如下：

{100;200;300;180}

然后利用 SUM 函数对该数组元素进行汇总，其汇总值保存在单个单元格中。

例2　图 15-49 中列示部分产品在某段日期的销量，现需要在右侧统计某商品的最小销售。
在 F2 单元格中输入以下数组公式后，按快捷键 <Ctrl+Shift+Enter> 即可计算商品的最小销售。

=MIN(IF(E2=B2:B12,C2:C12,""))

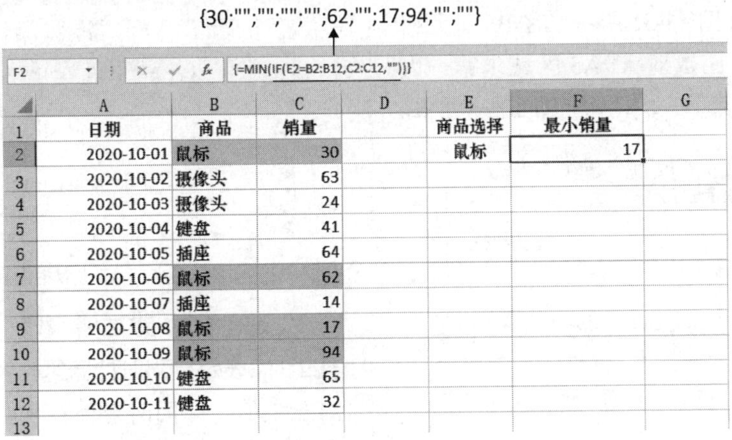

{30;"";"";"";"";62;"";17;94;"";""}

图 15-49　利用数组公式计算最小销售

IF(E2=B2:B12,C2:C12,"") 中的第一个参数判断 E2 单元格是否与 B2:B12 单元格中的值相同，返回的值如下：

{TRUE;FALSE;FALSE;FALSE;FALSE;TRUE;FALSE;TRUE;TRUE;FALSE;FALSE}

TRUE 表示与选择要查询的商品相符，FALSE 表示不相符。然后进行数组运算，TRUE 返回对应的销量，FALSE 返回空，从而形成以下数组：

{30;"";"";"";"";62;"";17;94;"";""}

最后，使用 MIN 函数对该数组进行最小值的计算，返回结果为 17。图 15-50 展示了上述公式的计算原理。

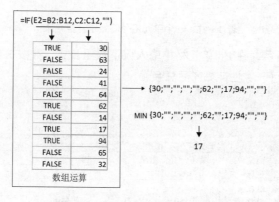

图 15-50　IF函数中的数组运算原理

15.8 数组运算

在 Excel 中，数组运算通常分为以下两种。

1. 普通运算

对一个和多个项目进行一次运算并且返回唯一结果，如图 15-51 所示，在 B6 单元格中利用 LARGE 函数对 A1:A5 区域求第一大值，此操作只计算了一次，并且返回唯一结果。

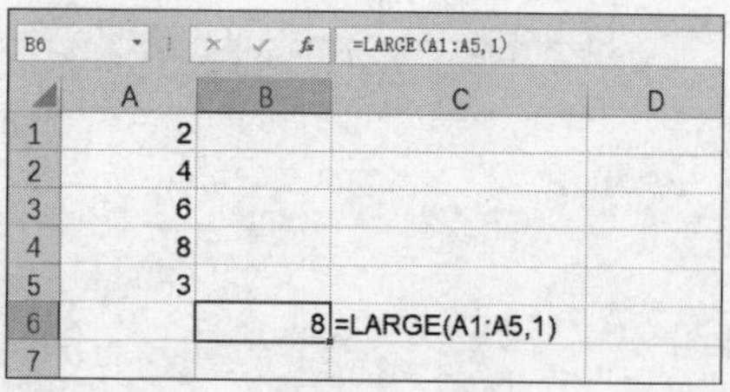

图 15-51　普通运算

2. 数组运算

同时对一组数（即多个项目）进行批量、多次运算，并且返回的结果为一组数（即多个结果）。如图 15-52 所示，在 B6 单元格中输入以下公式：

=LARGE(A1:A5,{1,2,3})

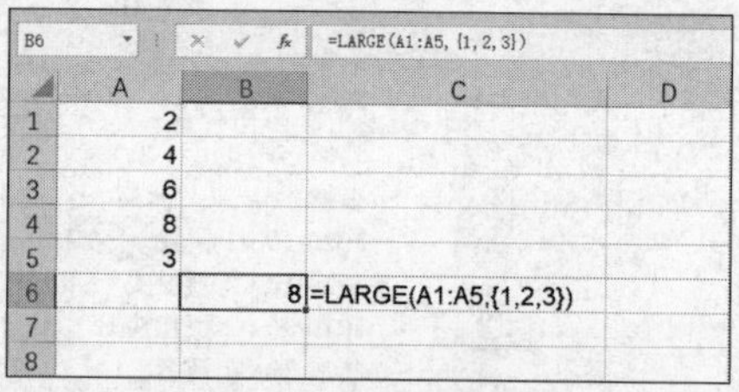

图 15-52　数组运算

LARGE 的第二个参数为常量数组 {1,2,3}，表示要同时计算第一大值、第二大值、第三大值，即同时要计算 3 次，结果也会返回 3 个值，但因一个单元格中只能显示一个值，故在 B6 单元格中只显示第一大值，用户可选中公式，按 <F9> 键可显示全部结果，如

图 15-53 所示，该数组公式计算返回结果为以下数组：

=`{8,6,4}`

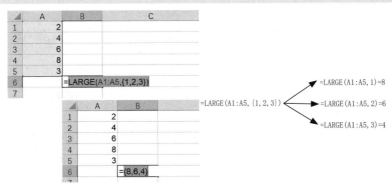

图 15-53 按<F9>键显示数组公式全部结果

用户可使用 SUM 函数对 LARGE 数组公式所返回的数组元素进行求和，结果返回 18，即前三大值之和，如图 15-54 所示。

=SUM(LARGE(A1:A5,{1,2,3}))

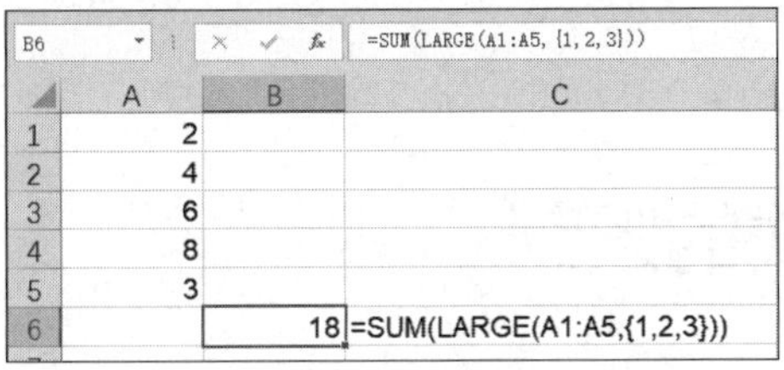

图 15-54 对数组中的所有元素进行求和

深入了解

> 包含数组元素的公式称为数组公式，数组公式的目的就是执行批量、多次的计算。数组公式不同于普通公式，普通公式以按<Enter>键结束公式编辑，而数组公式是以按快捷键<Ctrl+Shift+Enter>来完成数组公式的编辑。当按快捷键后，数组公式的首尾会自动添加大括号（{}），表示当前公式为数组公式。

当对数组公式计算时，即执行多项计算时，必须按快捷键<Ctrl+Shift+Enter>结束数组公式的编辑。使用快捷键<Ctrl+Shift+Enter>的目的就是指示 Excel 的计算引擎执行多步、批量的数组运算。但是并非所有执行多项计算的公式都必须以数组公式的形式来完成编辑，以下两种情况不用按快捷键<Ctrl+Shift+Enter>结束数组公式的编辑。

（1）具有数组性质参数的函数不需要使用快捷键<Ctrl+Shift+Enter>。如 SUMPRODUCT、INDEX、LOOKUP、MMULT 函数。图 15-55 中 E2、E3 单元格中 SUMPRODUCT 函数的计算均是数组运算，但该函数并不需要使用快捷键<Ctrl+Shift+Enter>。

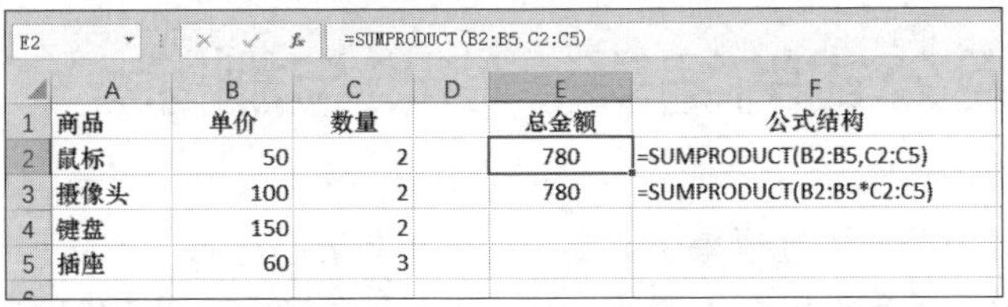

图 15-55 SUMPRODUCT函数不需要使用快捷键<Ctrl+Shift+Enter>

（2）公式的数组为手工输入的常量数组时，不需要使用快捷键 <Ctrl+Shift+Enter>，如图 15-56 所示，B6 单元格中公式如下：

=SUM(LARGE(A1:A5,{1,2,3}))

上述公式为数组公式，但 LARGE(A1:A5,{1,2,3}) 的第二个参数为手工输入的常量数组，此情形下不用按快捷键 <Ctrl+Shift+Enter>。但若 B6 单元格中公式如下：

=SUM(LARGE(A1:A5,Row(1:3)))

则必须使用快捷键 <Ctrl+Shift+Enter>，因为 Large 函数的第二个参数是 Row(1:3)，该函数不是常量数组，它是需要计算后才能返回的以下内存数组：

{1;2;3}

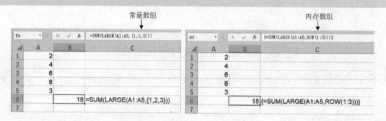

图 15-56　常量数组不需要使用快捷键<Ctrl+Shift+Enter>

15.9 数组公式的限制

Excel 为了保护数组公式的完整性，在编辑数组公式时会有如下限制。

（1）不能单独删除公式区域中某一部分单元格。

（2）不能单独移动公式区域中某一部分单元格。

（3）不能单独改变公式区域中某一部分单元格的内容。

（4）不能在公式区域插入新的单元格。

当用户进行以上操作时，Excel 会弹出警告提示对话框，如图 15-57 所示。

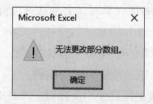

图 15-57　修改数组公式出错警告框

15.10 数组公式的编辑、修改与删除

用户若要修改数组公式可选择单个或全部的数组单元格区域，双击或按 <F2> 键进入编辑状态修改公式，当编辑已有的数组公式时，大括号会自动消失，用户编辑修改后，需要再次使

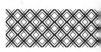

用快捷键 <Ctrl+Shift+Enter> 完成编辑，否则公式将无法返回正确的结果。

用户若要删除数组公式可选择数组公式所在的任意一个单元格，按 <F2> 键进入编辑状态，然后删除该单元格公式内容，或在公式编辑栏中删除单元格的内容，再按快捷键 <Ctrl+Shift+Enter> 结束编辑，此操作后即可将该单元格中所属的数组区域中的公式全部删除。

专业术语解释

数组：一种数据结构类型，它是若干元素的集合。在 Excel 中数组同单元格区域性质基本类似。Excel 中的数据可以存放在单元格中，也可以存放在数组中。用户可将数组理解成一块虚拟的单元格区域。

数组维度：在 Excel 中，维度是指数组的方向，一维数组只有一个维度，二维数组有两个维度。

一维数组：在 Excel 中一行或一列称为一维数组，一维数组只有一个维度。

二维数组：在 Excel 中多行多列形成的单元格区域，称为二维数组，二维数据有两个维度。

常量数组：用户在公式中手工输入的数组，常量数组必须要用大括号包围。

内存数组：通过在数组公式中计算生成的数组。

数组公式：在一个公式的内部执行批量、多步骤计算的公式称为数组公式。

数组元素：数组中的值，该值可以是数字、文本、逻辑值或错误值。

问题 1：数组只有一维数组和二维数组吗？

答：不是，在 Excel 中可支持高于二维的多维数组，但在实际 Excel 应用中，绝大部分情况下使用的是一维数组及二维数组，多维数组的运用及理解较为困难。

问题 2：数组公式中的最外层大括号与里面大括号的区别是什么？

答：如图 15-58 所示，在数组中的最外层大括号是使用快捷键 <Ctrl+Shift+Enter> 自动生成的，最外层的大括号表示该公式为数组公式，该公式中执行了批量、多步骤计算。里层的大括号是手动输入的，它用于包围输入的常量数组。

图 15-58 数组中大括号的说明

问题 3：数组与单元格区域的差异是什么？

答：单元格区域可以说是数组的一种存在形式，单元格区域可以转换成数组。如图 15-59

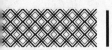

所示，VLOOKUP 函数的第二个参数使用单元格区域作为查询区域，该查询区域必须要在工作表中存在。

单元格区域

	A	B	C	D	E	F
	姓名	销量额	提成率		提成率	
2	王芳艳	300	0%		0	0
3	李桂英	500	1%		500	1%
4	张明	1600	3%		1500	3%
5	王小杰	1800	3%		2500	5%
6	王秀英	3500	6%		3500	6%
7	张小青	2600	5%			
8						

C2 =VLOOKUP(B2,$E$2:$F$6,2,TRUE)

图 15-59　使用单元格区域作为查询区域

如果，用户不想让查询区域的"提成率"的参照表出现在工作表中，可以选中VLOOKUP 函数的第二个参数，按 <F9> 键后，再按 <Enter> 键，此操作后会将单元格区域转成常量数组，常量数组独立于单元格区域。所以用户可以将"提成率"的单元格区域进行删除。此外，该常量数组可以放置在其他需要使用该"提成率"的查询函数中。

在 Excel 中，数组和单元格区域都是存放数据的容器，存放在单元格区域中的数据必须存放在工作表中，而存放在数组中的数据可以不用存放在单元格中。数组可以通过常量数组、内存数组、命名数组的形式直接参与数据的计算分析。在部分情况下使用数组计算更加方便、高效，并且数组不占用单元格区域，所以工作表内容的布局更加美观和整洁，如图 15-60 所示。

	0	0
	500	1%
	1500	3%
	2500	5%
	3500	6%

常量数组（不占用单元格区域）

C2 =VLOOKUP(B2,{0,0;500,0.01;1500,0.03;2500,0.05;3500,0.06},2,TRUE)

	A	B	C	D	E	F	G
1	姓名	销量额	提成率				
2	王芳艳	300	0%				
3	李桂英	500	1%				
4	张明	1600	3%				
5	王小杰	1800	3%				
6	王秀英	3500	6%				
7	张小青	2600	5%				

图 15-60　常量数组

问题 4：什么是内存及内存数组？

答： 内存是计算机中重要的部件之一，计算机中所有程序的运行、计算（包括 Excel 中各种公式函数的计算）都是在内存中进行的。Excel 软件先将存储在单元格中的数据放置在内存中，然后 CPU（中央处理器，如人类的大脑）对内存中的数据进行运算，然后将运算好的数据写入 Excel 单元格中。内存数组就是指通过 CPU 的计算而存放在内存中的数组，它不依赖单元格存储。

如读者不太理解上述运算过程，可以做如下想象：如笔者在某本数学书中看见一道计算题，该题目的要求是计算 4、5、6、7、8 中最小 3 个数的和。笔者第一步是将书本上面的数字抓取存入大脑内，然后进行心算，得出最小值为 4、5、6，然后对这 3 个最小数进行第二次心算，得出求和结果为 11，并将该结果写在书本上。在这个过程中，心算最小值为 4、5、6，就是生成内存数组的过程。

16 求和与统计函数

在工作中求和与统计是最常见的计算，Excel 内置了丰富的求和与统计函数，能应对各种情况下复杂的求和与统计工作。本章介绍常用的求和与统计函数，并结合实际案例深入讲解求和与统计函数在实际工作中的运用。

16.1 对数值求和

求和计算是 Excel 使用中最常见的计算，求和分为普通求和与条件求和两种。普通求和就是对数据区域进行直接的求和，而条件求和是指先筛选满足条件的数据再进行选择性的求和。

16.1.1 SUM 函数

SUM 函数是 Excel 中使用较为频繁的求和函数，它用于对区域中的数字求和。语法：

SUM(number1,[number2],…,[number255])

参数说明如下。

number1,number2,…,number255：表示要求和的 1～255 个数字。第一个参数是必需的参数，其他参数是可选参数。

注意事项如下。

（1）如果在 SUM 函数中直接输入参数的值，那么该参数可以为数字、文本格式的数字、逻辑值，其他类型将返回错误值 #VALUE！。

（2）如果使用单元格引用或数组作为 SUM 函数的参数，那么参数必须为数值型数字，其他类型的值（如空单元格、文本型数字、逻辑值、文本）都将被忽略。

例1　如图 16-1 所示，在 E2 单元格中输入以下公式，复制到 E5 单元格，可汇总左侧一月至三月的销售数量。

=SUM(B2:D2)

图 16-1 利用SUM函数汇总数据

因 SUM 函数应用十分频繁，在【开始】选项卡或【公式】选项卡已内置【自动求和】按钮，单击该按钮，即可以自动输入 SUM 函数并侦测求和区域。用户按 <Enter> 键即可以求和。此外【自动求和】的快捷键为 <Alt+=>，使用该快捷键可以快速输入 SUM 函数，该快捷键在 Excel 应用中使用极为频繁，如图 16-2 所示。

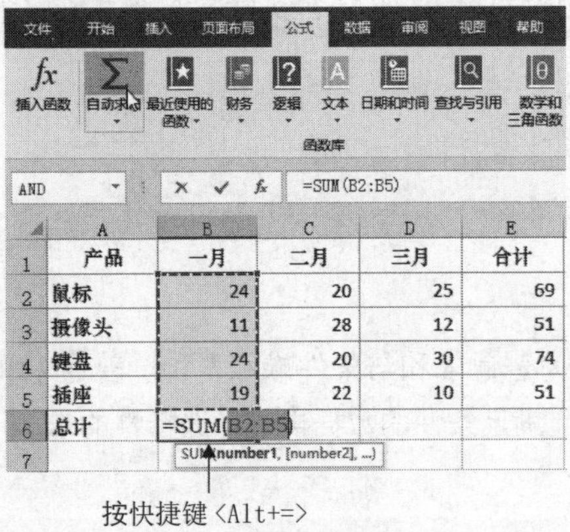

按快捷键 <Alt+=>

图 16-2 自动求和或按快捷键<Alt+=>

例2 使用 SUM 函数计算不连续的单元格数据。

图 16-3 展示的是某企业不同项目组的销量表，在 A11 与 A12 单元格中分别输入以下公式，可计算所有组的总销量：

=SUM(B6,E6,H6)

=SUM(B2:B5,E2:E5,H2:H5)

图 16-3 求各组合计

例3 使用 SUM 函数进行累计求和。

图 16-4 展示的是某段日期的每日销售记录清单，现需要统计每日累计的销售额。

在 C2 单元格中输入以下公式，将公式复制到 C7 单元格：

=SUM($B$2:B2)

因参数 $B$2:B2 中第一部分使用绝对引用固定了第 2 行，而后面使用相对引用，所以向下复制公式时，SUM 函数会逐步扩展区域求和，通过这种绝对引用搭配相对引用的方式，就可以求出每日的累计值。

绝对引用，固定 B2 单元格 相当于固定头部 相对引用，扩展区域 相当于拉伸尾部

图 16-4 利用SUM函数对每日销售额累计求和

例4 如图 16-5 所示，A 列中是从某财务软件中导入的数据，因为导入的数据是文本型数据，所在 A9 单元格中用 SUM 函数进行求和的结果会为 0。为了正确地求和，用户可先将 A 列中文本型数字转换成数值型数字再进行求和。若不想破坏原导入数据格式，可输入以下数组公式：

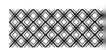

=SUM(A2:A8*1)

并按快捷键<Ctrl+Shift+Enter>结束公式编辑，即可正确求和。

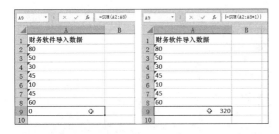

图 16-5　对文本型数字进行求和

上述公式能正确计算的原理是利用文本型数字与数值进行运算后，转成数值的特性。

如图 16-6 所示，因引用运算符优先级高于乘号，所以在公式"=SUM(A2:A8*1)"中先计算 A2:A8 区域，选中公式中 A2:A8，按<F9>键，即可显示对应的数组元素，其数组元素全是文本型数字（用户可以观察到数字全部被双引号包围，表明是文本型数字），然后该数组中的元素分别与数值 1 相乘，转

成数值型数字，最终得以正确计算。

图 16-6　将文本型数字转成数值型数字

上述公式还可以写成如下形式：

=SUM(--A2:A8)

=SUM(A2:A8/1)

上述公式均要以快捷键<Ctrl+Shift+Enter>结束公式的编辑，因为单元格区域中的多个值分别与 1 相乘，本质为数组与单值计算，所以必须使用快捷键<Ctrl+Shift+Enter>结束公式的编辑。

16.1.2　SUMIF 函数

SUMIF 函数用于对符合条件的单元格求和（单条件求和）。语法：

SUMIF(range,criteria,[sum_range])

参数说明如下。

range：进行条件判断的单元格区域。

criteria：进行判断的条件，其形式可以为数字、文本、表达式、单元格引用，也支持通配符。例如，条件可以表示为 15、" 财务部 "、">32"、B5。

sum_range：要求和的实际单元格区域。如果省略该参数，则会对第一个参数 range 中指定的单元格区域求和。

注意事项如下。

（1）criteria 参数中的任何文本条件或含有逻辑、数学符号的条件都必须使用双引号 ("")包围。

（2）如果条件为数字，则无须使用双引号。

criteria 参数中可以使用通配符，问号(？)代表任意单个字符，星号(*)代表任意 0 到多个字符。

例1 如图 16-7 所示，在 F2 单元格中输入以下公式，可汇总财务部员工所有的工资。

=SUMIF(B2:B9," 财务部 ",C2:C9)

=SUMIF(B2:B9,E2,C2:C9)

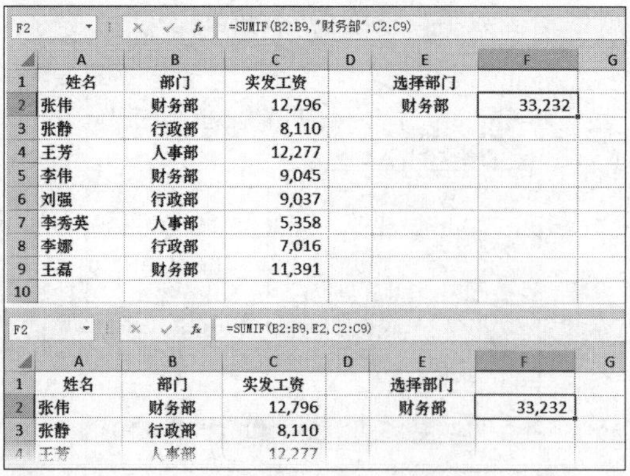

F2 =SUMIF(B2:B9,"财务部",C2:C9)

	A	B	C	D	E	F
1	姓名	部门	实发工资		选择部门	
2	张伟	财务部	12,796		财务部	33,232
3	张静	行政部	8,110			
4	王芳	人事部	12,277			
5	李伟	财务部	9,045			
6	刘强	行政部	9,037			
7	李秀英	人事部	5,358			
8	李娜	行政部	7,016			
9	王磊	财务部	11,391			
10						

F2 =SUMIF(B2:B9,E2,C2:C9)

	A	B	C	D	E	F
1	姓名	部门	实发工资		选择部门	
2	张伟	财务部	12,796		财务部	33,232
3	张静	行政部	8,110			

图 16-7 利用SUMIF函数汇总指定部门下的工资

例 2 如图 16-8 所示，在 E2 单元格中输入以下公式，可汇总大于等于 8000 的工资总和。

```
=SUMIF(C:C,">=8000")
=SUMIF(C2:C9,">=8000")
```

该 SUMIF 函数的第三个参数省略，则对第一个参数 C:C 区域求和。

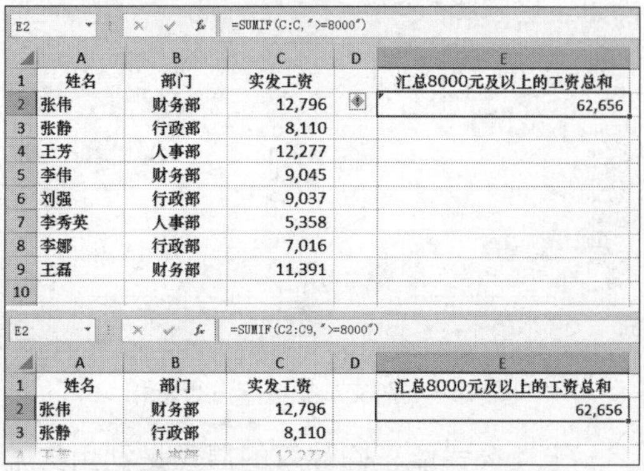

E2 =SUMIF(C:C,">=8000")

	A	B	C	D	E
1	姓名	部门	实发工资		汇总8000元及以上的工资总和
2	张伟	财务部	12,796		62,656
3	张静	行政部	8,110		
4	王芳	人事部	12,277		
5	李伟	财务部	9,045		
6	刘强	行政部	9,037		
7	李秀英	人事部	5,358		
8	李娜	行政部	7,016		
9	王磊	财务部	11,391		
10					

E2 =SUMIF(C2:C9,">=8000")

	A	B	C	D	E
1	姓名	部门	实发工资		汇总8000元及以上的工资总和
2	张伟	财务部	12,796		62,656
3	张静	行政部	8,110		

图 16-8 汇总大于等于8000的工资总和

提示

“SUMIF(C:C,">=8000")”中的第一个参数是选中的整个 C 列，后续如果数据有新增，公式的结果会自动计算新增数据，而“SUMIF(C2:C9,">=8000")”中的第一个参数是 C2:C9，它是一个固定的区域，后续如果数据有新增，公式的结果不会自动更新，需要用户手工重新调整范围。对于数据要频繁增减的情况，笔者建议选取整列。选取整列与选择固定区域的区别如图 16-9 所示。

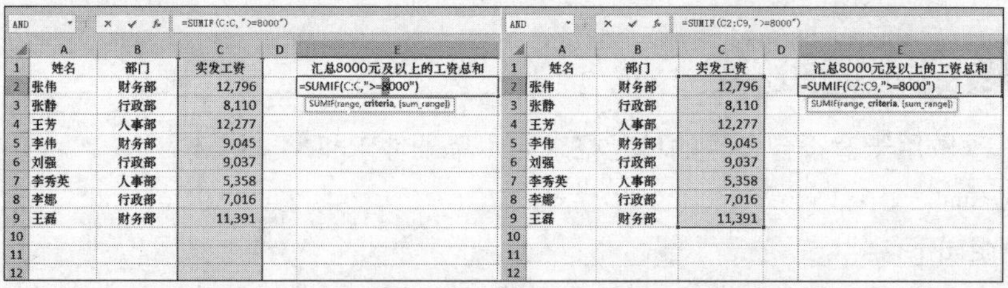

图 16-9 选取整列与选择固定区域的区别

例 3 计算入库数与出库数。

图 16-10 展示的是出入库明细表，在 E3、F3 单元格中输入以下公式，可分别汇总入库与出库的总量。

```
=SUMIF($B:$B,E2,$C:$C)
=SUMIF($B:$B,F2,$C:$C)
```

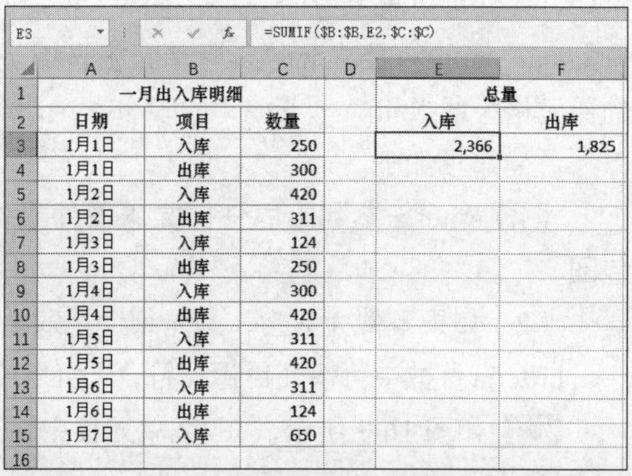

E3 =SUMIF($B:$B,E2,$C:$C)

	A	B	C	D	E	F
1	一月出入库明细				总量	
2	日期	项目	数量		入库	出库
3	1月1日	入库	250		2,366	1,825
4	1月1日	出库	300			
5	1月2日	入库	420			
6	1月2日	出库	311			
7	1月3日	入库	124			
8	1月3日	出库	250			
9	1月4日	入库	300			
10	1月4日	出库	420			
11	1月5日	入库	311			
12	1月5日	出库	420			
13	1月6日	入库	311			
14	1月6日	出库	124			
15	1月7日	入库	650			
16						

图 16-10 汇总入库与出库总量

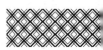
深入了解

当用户对列进行选取时，如果选取列中包含合并单元格，则选择时会自动选取合并单元格所跨越的所有列。如图 16-11 所示，用户在 SUMIF 函数中选择 B 列作为第一个参数时，会自动将 A:C 列进行选择，之所以这样是因为 A1 是合并单元格。用户如果要单独选取 B 列，只能通过手工输入 "B:B" 来单独对 B 列进行选取。

图 16-11　选取含合并单元格的列

例4 利用通配符与 SUMIF 函数统计多个车间工资数。

图 16-12 展示的是某单位工资表，在 E2 单元格中输入以下公式，可分别汇总车间人员工资总额。

=SUMIF(A2:A9,"? 车间 ",C2:C9)

该函数第二个参数中使用了问号（？）通配符，代表凡是 "车间" 前面有一个字符的项都符合条件。

	A	B	C	D	E
1	部门	姓名	工资		车间工资之和
2	财务部	刘洋	10,448		27,440
3	采购部	王勇	7,571		
4	一车间	张杰	7,526		
5	二车间	王强	8,383		
6	三车间	李姗	6,550		
7	销售部	张艳	10,116		
8	二车间	王超	4,981		
9	销售部	李勇	11,327		
10					

图 16-12　汇总车间工资总和

深入了解

在 Excel 中通配符 "?" 表示任意单个字符，"*" 表示任意 0 到多个字符，图 16-13 中的 A 列是姓名，B 列是都为 1 的数量，D 列是求和条件，E 列是条件求和公式所在单元格，例如在 E2 单元格中输入以下公式：

=SUMIF(A2:A10,"??",B2:B10)

可得出求和条件为 "??" 的数量和。

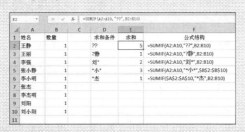

图 16-13　使用通配符进行条件求和

??：代表两个字符的姓名，共 5 个（王静、王丽、李强、张杰、刘阳）。

?静：代表前面只能有一个字符，后面字符为 "静" 的姓名，共 1 个（王静）。

刘 *：代表前面字符为 "刘"，后面字符可以有 0 到多个字符的姓名，共 2 个（刘阳、刘小阳）。

*小 *：代表中间字符为 "小"，前后字符可以有 0 到多个字符的姓名，共 3 个（张小静、李小明、刘小阳）。

*杰：代表 "杰" 前面有 0 到多个字符的姓名，共 1 个（张杰）。

例5 利用 SUMIF 函数进行分类汇总统计。

图 16-14 展示的是某地区销售数据表，其中 A 列的城市已经排序，现需要在 D 列每个城市最后一条记录处统计合计销售额。

在 D2 单元格中输入以下公式，向下复制到 D8 单元格。

=IF(A2=A3,"",SUMIF(A:A,A2,C:C))

公式中使用 A2=A3 判断当前行与下一行的城市名是否一致，如果一致则返回空文本，否则使用 SUMIF 函数对城市销售额进行条件求和。

	A	B	C	D	E
1	城市	姓名	销售额	城市合计	公式结构
2	北京	王静	700		=IF(A2=A3,"",SUMIF(A:A,A2,C:C))
3	北京	李娜	700		=IF(A3=A4,"",SUMIF(A:A,A3,C:C))
4	北京	张敏	400	1800	=IF(A4=A5,"",SUMIF(A:A,A4,C:C))
5	上海	李杰	400		=IF(A5=A6,"",SUMIF(A:A,A5,C:C))
6	上海	张敏	500	900	=IF(A6=A7,"",SUMIF(A:A,A6,C:C))
7	成都	王磊	500		=IF(A7=A8,"",SUMIF(A:A,A7,C:C))
8	成都	王芳	800	1300	=IF(A8=A9,"",SUMIF(A:A,A8,C:C))
9					

图 16-14 数据末行汇总数据

16.1.3 SUMIFS 函数

SUMIFS 函数用于对同时符合多个条件的单元格求和（多条件求和）。语法：

SUMIFS(sum_range,criteria_range1,criteria1,[criteria_range2,criteria2],…)

参数说明如下。

sum_range：要求和的单元格区域。

criteria_range1：条件判断区域。

criteria1：要设置的条件，其形式可以为数字、文本、表达式、单元格引用。例如，条件可以表示为 15、" 财务部 "、">32"、B5。

criteria_range2，criteria2：分别为第二个条件判断区域及第二个要设置的条件。

注意事项如下。

（1）criteria 参数中可以使用通配符，问号（?）代表任意单个字符，星号（*）代表任意 0 到多个字符。

（2）sum_range 求和区域与 criteria_range 条件区域的大小形状必须一致，否则公式会出错。

例1 如图 16-15 所示，在 F3 单元格中输入以下公式，可汇总工作年限大于等于 10 且员工级别为 A 类的总销售额。

=SUMIFS(D:D,B:B,">=10",C:C,"A 类 ")

	A	B	C	D	E	F	G	H	I
1	销售员	工作年限	员工级别	销售额		条件1	条件2		
2	张伟	10	A类	11,829		工作年限	员工级别		
3	王伟	11	C类	4,827		>=10		51,647.00	
4	王芳	7	B类	8,052		>=10	A类	32,104.00	
5	李伟	5	A类	3,790					
6	王秀英	13	A类	2,915					
7	李秀英	13	A类	6,266					
8	李娜	11	A类	11,094					
9	张秀英	7	A类	8,667					
10	刘伟	11	C类	3,812					
11	张敏	12	B类	2,425					
12	李静	11	C类	8,479					
13	张丽	9	B类	1,367					

单条件求和：
=SUMIF(B:B, F3, D:D) 或
=SUMIF(B:B, ">=10", D:D)

多条件求和：
=SUMIFS (D:D,B:B,F4,C:C,G4) 或
=SUMIFS (D:D,B:B,">=10",C:C,"A 类 ")

图 16-15 利用SUMIFS函数汇总指定条件下的金额

对于 SUMIFS 函数的参数 sum_range 来说，需要同时满足所有条件的单元格才能进行求和。上述案例中需要汇总工作年限大于等于 10 且员工级别为 A 类的总销售额，该需求有两个条件。

① 工作年限大于等于 10。

② 员工级别为 A 类。

笔者在 F2、G2、H2 单元格中分别输入公式：

F2 单元格：=B2>=10

G2 单元格：="A 类 "

H2 单元格：=F2*G2

并分别向下复制公式，对于 F 列，如果工作年限大于等于 10，返回 TRUE，否则返回 FALSE；对于 G 列，如果员工级别为"A 类"，返回 TRUE，否则返回 FALSE；对于 H 列，如果年限和员工级别同时满足，返回 1，否则返回 0。同时满足条件的销售额可用灰色底纹标识，这些单元格才是被 SUMIFS 函数进行求和的单元格，如图 16-16 所示。

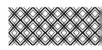

图 16-16　SUMIFS函数计算原理

例2 利用 SUMIFS 函数计算各地区邮费标准。

图 16-17 的左侧列表是某快递公司的一系列快递单号信息，该列表中标明了每一笔单号的尺寸大小、地区代码和邮费。现需要在右侧表格中汇总不同尺寸、不同地区下的总邮费。

在 H3 单元格中输入以下公式，向右复制到 O3 单元格，向下复制到 O7 单元格，即可汇总不同尺寸大小及不同地区的总邮费。

=SUMIFS($D:$D,$B:$B,$G3,$C:C,H2)

图 16-17　汇总不同尺寸大小及不同地区的总邮费

16.1.4　SUMPRODUCT 函数

SUMPRODUCT 函数可以在给定的几组数组中，先将数组间对应的元素相乘，然后对乘积进行求和，其语法如下：

SUMPRODUCT(arrayl,[array2],…,[array255])

参数说明如下。

arrayl,array2,…,array255：表示参与计算的 1 ~ 255 个数组。

注意事项如下。

（1）每个数组参数必须具有相同的维数，否则 SUMPRODUCT 函数将返回错误值 #VALUE!。

（2）如果参数中包含非数值型的数组元素，SUMPRODUCT 函数将按 0 来处理。

例1 图 16-18 展示的是采购价目表，现需要在某一单个单元格中计算采购的总金额。

图 16-18　SUMPRODUCT函数基本用法

在 E2 单元格中输入以下公式：

=SUMPRODUCT(B2:B6,C2:C6)

此 SUMPRODUCT 函数计算过程为以下方法计算：

=50*2+100*1+15*2+20*3+5*5

图 16-18 所示的示例中，SUMPRODUCT 函数的参数还可以用乘号（＊）代替，如在 E3 单元格中输入以下公式，可同样正确计算总金额。

=SUMPRODUCT(B2:B6*C2:C6)

但请用户注意的是，当求和区域中包含文本时，用乘号（＊）连接两个参数时会返回错误值，若正确计算需用逗号分隔参数，用逗号分隔参数会将数组元素中非数值型元素作为 0 来处理，如图 16-19 所示。

图 16-19　文本参与计算时返回错误值

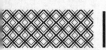

深入了解

SUMPRODUCT 函数的参数特点如下。

（1）如果 SUMPRODUCT 函数只有一个参数（用乘号连接，没有逗号的情形），那么它只会将数组里面的元素进行求和。

（2）如果 SUMPRODUCT 函数有多个参数（用逗号分隔参数），那么它会将每组数对应位置先求积，然后进行求和汇总。

如图 16-20 所示，在 C1 单元格中输入以下公式：

=SUMPRODUCT(A1:A2*B1:B2)

该 SUMPRODUCT 函数中只有一个参数（原因是它用乘号连接两个单元格区域，并且没有逗号分隔多余的参数）。在这种情况下会先将 A1:A2*B1:B2 进行数组运算，返回值为 {200;1200}，此时 SUMPRODUCT 函数因为只有一个参数 {200;1200}，所以 SUMPRODUCT 函数只会对该参数中的元素进行求和，求和的结果为 1400，而不会对参数中的元素进行乘积（如果相乘，结果为 240000）。

图 16-20　SUMPRODUCT 函数只有一个参数的情形

如图 16-21 所示，在 C1 单元格中输入公式：

=SUMPRODUCT(A1:A2,B1:B2)

该 SUMPRODUCT 函数中有两个参数（参数中用逗号分隔两个参数）。在这种情况下，SUMPRODUCT 函数会对两个参数中的对应位置的元素进行乘积，即对 {10;30} 与 {20;40} 这两个数组中对应的位置进行乘积，返回结果为 {200;1200}，最后对返回结果的数组元素进行求和。

图 16-21　SUMPRODUCT 函数有两个参数的情形

例2 如图 16-22 所示为采购价目表，现需要在 E 列中计算各个部门采购的总金额。在 E2 单元格中输入以下公式，然后向下复制到 E7 单元格，即可计算不同部门的采购总金额。

=SUMPRODUCT($B$2:$D$2,B5:D5)

	A	B	C	D	E
	E5		=SUMPRODUCT($B$2:$D$2,B5:D5)		
1	采购物品	电脑	笔记本	平板电脑	
2	单价	5000	4500	2000	
3					
4	部门	采购数量			金额
5	人事部	7	9	5	85,500
6	财务部	8	7	8	87,500
7	销售部	7	6	6	74,000

图 16-22　计算采购总金额

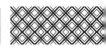

例3 利用 SUMPRODUCT 函数进行多条件统计学生成绩。

图 16-23 展示的是学生成绩表，现需要统计是女学生并且大于 80 分的总人数。

	A	B	C	D	E	F	G	H
	姓名	性别	成绩					
1	张丽	女	85		3			
2	王伟	男	90					
3	刘亮	男	60		返回由逻辑值组成的数组			
4	李伟	男	85					
5	王秀英	女	84		返回由逻辑值组成的数组			
6	李秀英	女	98					
7	李洁	女	77					
8	张敏	男	69					
9	李静	女	59					
10	张飘	男	83					
11	林伟	男	90					

图 16-23　SUMPRODUCT函数参数用乘号相连

在 E2 单元格中输入以下公式，即可计算上述要求结果值：

=SUMPRODUCT((B2:B12=" 女 ")*(C2:C12>80))

B2:B12=" 女 " 返回以下数组：

{TRUE;FALSE;FALSE;FALSE;TRUE;TRUE;TRUE;FALSE;TRUE;FALSE;FALSE}

C2:C12>80 返回以下数组：

{TRUE;TRUE;FALSE;TRUE;TRUE;TRUE;FALSE;FALSE;FALSE;TRUE;TRUE}

(B2:B12=" 女 ")*(C2:C12>80) 两部分参数返回的逻辑值数组对应相乘，因逻辑值在四则运算中 TRUE 转为 1，FALSE 转为 0，所以返回由 1 和 0 构成的数组。

{1;0;0;0;1;1;0;0;0;0;0}

再使用 SUMPRODUCT 函数对这个数组中的元素求和。

提示

SUMPRODUCT((B2:B12=" 女 ")*(C2:C12>80)) 中是用乘号（*）连接两个参数，若用户在此用逗号分隔参数则会计算错误，因为在 SUMPRODUCT 函数中使用逗号不可以直接计算逻辑值。

例4 图 16-24 展示的是学生成绩表，现需要统计的是女生并且大于 80 的总人数，在 E2 单元格中可输入以下公式：

=SUMPRODUCT((B2:B12=" 女 ")*1,(C2:C12>80)*1)

=SUMPRODUCT(--(B2:B12=" 女 "),--(C2:C12>80))

(B2:B12=" 女 ")*1 与 (C2:C12>80)*1 是将参数返回的 TRUE 和 FALSE 组成的逻辑值数组分别转成为 1 和 0 构成的数组，此转换后便可参与 SUMPRODUCT 的求和计算。

--(B2:B12=" 女 ") 与 --(C2:C12>80) 也是将逻辑值转成数值的一种常见方式。

	A	B	C	D	E	F
	姓名	性别	成绩			
1	张丽	女	85		3	=SUMPRODUCT((B2:B12="女")*(C2:C12>80))
2	王伟	男	90		3	=SUMPRODUCT(--(B2:B12="女"),--(C2:C12>80))
3	刘亮	男	60			
4	李伟	男	85			
5	王秀英	女	84			
6	李秀英	女	98			
7	李洁	女	77			
8	张敏	男	69			
9	李静	女	59			
10	张飘	男	83			
11	林伟	男	90			

图 16-24　SUMPRODUCT函数参数用逗号分隔

如图 16-25 所示，若用户在此想汇总是女生并且大于 80 的总分数，可以在 E2 单元格中输入以下公式：

=SUMPRODUCT((B2:B12=" 女 ")*(C2:C12>80)*C2:C12)

或

=SUMPRODUCT((B2:B12=" 女 ")*(C2:C12>80),C2:C12)

	A	B	C	D	E	F	G	H	I
	姓名	性别	成绩						
1	张丽	女	85		267				
2	王伟	男	90						
3	刘亮	男	60						
4	李伟	男	85						
5	王秀英	女	84						
6	李秀英	女	98						
7	李洁	女	77						
8	张敏	男	69						
9	李静	女	59						
10	张飘	男	83						
11	林伟	男	90						

图 16-25　SUMPRODUCT函数多条件求和

深入了解

SUMPRODUCT 函数常用于构建单条件或多条件求和，其结构如下：

=SUMPRODUCT((条件 1)*(条件 2)*(条件 3)*…)

=SUMPRODUCT((条件 1)*(条件 2)*(条件 3*…, 求和列)

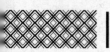
 计算数值个数

计算数值个数是指统计数值单元格或有内容单元格的单元格个数，而不是指统计单元格中数值内容的大小。在公式函数中，经常需要对数据区域中的数值个数或单元格中有内容的个数进行统计。

16.2.1 COUNT 函数

COUNT 函数用于计算参数中包含数字的个数。语法：

COUNT(valuel,value2,…,value255)

参数说明如下。

valuel，value2,…,value255：表示要计算数字个数的 1～255 个参数，可以是直接输入的数字、单元格引用或数组。

注意事项如下。

（1）如果在 COUNT 函数中直接输入参数的值，那么参数类型为数值、日期、文本型数字或逻辑值等将被计算在内，其他类型的值将被忽略。

（2）如果使用单元格引用或数组作为 COUNT 函数的参数，那么只有数值型数字被计算在内，其他类型的值将被忽略。

例1 如图 16-26 所示，B1:B6 区域包含 6 种数据类型：B1 为错误值，B2 为数值型数字，B3 为文本型数字，B4 为文本，B5 为逻辑值，B6 为空单元格，在 B7 单元格中输入以下公式，则只会计算该区域中的数值型数字个数：

=COUNT(B1:B6)

	A	B	C
1	错误值	#DIV/0!	
2	数值型数字	50	
3	文本型数字	50	
4	文本	Excel	
5	逻辑值	TRUE	
6	空单元格		
7	统计数字的个数	1	

图 16-26　COUNT函数对不同类型参数的
计算结果的区别

如图 16-27 所示，用户若想对文本型数字与逻辑值进行计算，有两种方式可以解决。

① 在 D 列中分别将 B 列的内容乘以 1，对于文本型数字与逻辑值和数值相运算后，会转成数值。

② 在 B7 单元格中输入以下数组公式，并按快捷键 <Ctrl+Shift+Enter> 结束数组公式的编辑。

=COUNT(B1:B6*1)

该数组公式计算原理同样是对 B1:B6 区域中的单元格内容分别乘以 1，转换成数值后，再进行统计个数的计算。因为是多步计算操作，所以是数组公式，需要按快捷键 <Ctrl+Shift+Enter> 结束数组公式的编辑。

图 16-27　对文本型数字和逻辑值进行计算

例2 图 16-28 展示的是某企业加班登记表，在 E2 单元格中输入以下公式可以计算加班人数。

=COUNT(C2:C11)&" 人 "

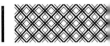

E2 | =COUNT(C2:C11)&"人"

	A	B	C	D	E
1	姓名	加班原因	加班时间		加班人数
2	张伟		未加班		6人
3	王伟	工作需要	1.5		
4	王芳	工作需要	1.5		
5	李伟	工作需要	2.5		
6	王秀英				
7	李秀英		未加班		
8	李娜	工作需要	1.5		
9	王丽	工作需要	2.5		
10	李强		未加班		
11	张静	工作需要	2		
12					

图 16-28　计算加班人数

例3 如图 16-29 所示，A 列是序号列。对于序号，用户往往是手工添加的常量数值列。但是对于常量的序号，如果在数据区域中发生数据行的增减，序号必须要重新调整。为了更加方便地管理序号，可使用 COUNT 函数构建智能序号，在 G2 单元格中输入以下公式，可构建智能序号。

=COUNT($C$2:C2)

G2 | =COUNT($C$2:C2)

	A	B	C	D	E	F	G
1	序号	品名	数量	单价	金额		智能序号
2	1	显示器	6	1200.00	7,200.0		1
3	2	CPU	2	3000.00	6,000.0		2
4	3	主板	9	800.00	7,200.0		3
5	4	显卡	6	1200.00	7,200.0		4
6	5	硬盘	5	500.00	2,500.0		5
7	6	内存	7	800.00	5,600.0		6
8	7	机箱	9	200.00	1,800.0		7
9	8	电源	7	500.00	3,500.0		8
10							

图 16-29　利用COUNT函数生成智能序号

使用上面公式构建的序号的优点在于，数据区域中如果发生增减行数据，那么序号会自动调整，并保持连续。

图 16-30 展示了智能序号的构成原理，笔者在 G2 单元格中先统计 C2:C2 中的个数，然后将前面的“C2”采用绝对引用，后面的“C2”采用相对引用，这样向下复制公式时，数据区域将被扩展，利用此方法就可以累计统计数值的个数，从而形成序号。

	A	B	C	D	E	F	G
1	序号	品名	数量	单价	金额		智能序号
2	1	显示器	6	1200.00	7,200.0		=COUNT($C$2:C2)
3	2	CPU	2	3000.00	6,000.0		2
4	3	主板	9	800.00	7,200.0		3

	A	B	C	D	E	F	G
1	序号	品名	数量	单价	金额		智能序号
2	1	显示器	6	1200.00	7,200.0		1
3	2	CPU	2	3000.00	6,000.0		=COUNT($C$2:C3)
4	3	主板	9	800.00	7,200.0		3
5	4	显卡	6	1200.00	7,200.0		4
6	5	硬盘	5	500.00	2,500.0		5

图 16-30　动态扩展COUNT函数中的参数区域

提示

C2:C2 也表示一个单元格区域，只是该区域只有一个单元格，如果将前面“C2”使用绝对引用符号固定，在向下拖动时，区域将会被扩展。

例4 利用 COUNT 函数计算考试成绩及格率。

图 16-31 中的 A 列是学生姓名，B 列是对应学生的成绩，现需要统计及格人数占总人数的百分比。在 D2 单元格中输入以下公式，并按快捷键<Ctrl+Shift+Enter>结束公式编辑，即可以计算该百分比。

=COUNT(1/(B2:B9>=60))/COUNT(B2:B9)

=B2>=60

D2 | {=COUNT(1/(B2:B9>=60))/COUNT(B2:B9)}

	A	B	C	D	E	F	G	H
1	姓名	成绩		及格率		判断是否及格	1除操作	
2	王静	70		75.00%		TRUE	1	
3	王丽	65				TRUE	1	
4	李强	65				TRUE	1	
5	张静	59				FALSE	#DIV/0!	
6	王敏	42				FALSE	#DIV/0!	
7	王磊	81				TRUE	1	
8	李军	77				TRUE	1	
9	刘洋	70				TRUE	1	
10							6	
11								

=1/F2

=COUNT(G2:G9)

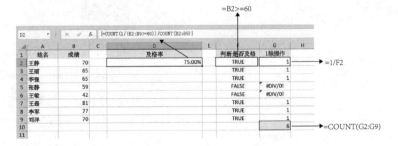

图 16-31　计算考试及格率

为了便于用户理解上述公式，在 F2 单元格中输入以下公式，并向下复制到 F9 单元格：

=B2>=60

该公式可以计算出各学生的成绩是否大于等于 60，返回的结果是一系列的逻辑值。在 G2 单元格中输入以下公式，并向下复制到 G9 单元格：

=1/F2

F 列是之前计算得出的逻辑值，因为 TRUE=1，FALSE=0，所以 1 除以 TRUE 则返回 1，1 除以 FALSE 则返回 #DIV/0!。然后在 G6 单元格中统计 G2:G9 区域中的数值个数，即及格的人数。得出及格的人数，再除以总的人数，就是及格率。上面是公式拆分

的过程，如果要在一个单元格中进行计算，就必须使用数组公式，图 16-32 展示了数组公式的计算步骤。

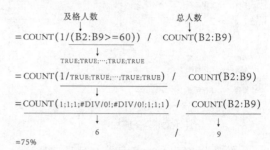

图 16-32　数组公式计算步骤图

16.2.2 COUNTA 函数

COUNTA 函数计算指定区域中不为空的单元格个数。语法：

COUNTA(valuel,[value2],…,[value255])

参数说明如下。

value1,value2,…,value255：表示要计算非空值单元格个数的 1 ~ 255 个参数，可以是直接输入的数字、单元格引用或数组。

注意事项如下。

如果使用单元格引用或数组作为 COUNTA 函数的参数，那么 COUNTA 函数将统计除空单元格以外的其他所有值，包括错误值和空文本（""）。

例 1 如图 16-33 所示，COUNTA 函数计算包含任何类型的信息的单元格，包括错误值和空文本（""）。

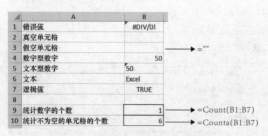

图 16-33　COUNTA函数的基本用法

例 2 利用 COUNTA 函数在合并单元格中插入序列。

图 16-34 展示的表格中 A 列有很多合并

单元格，若在合并单元格中直接拖动数字生成编号，将会出现警告框，禁止用户以普通拖动的方式输入编号，用户若想在合并单元格中正常输入有序数字编号，可先选中要输入的编号区域，如选中 A2:A13 单元格区域，然后按 <F2> 键，在 A2 单元格中插入光标，或将光标插入公式编辑栏中，输入以下公式，然后按快捷键 <Ctrl+Enter>，即可以在合并单元格中生成有序编号。

=COUNTA($A$1:A1)

图 16-34　合并单元格编排序号-1

如图 16-35 所示，如果表格中没有标题，即从 A1 单元格开始设置编号，那用户需先在 A1 单元格中手工输入数值 1，即构建起始计数项，然后再选中其他区域，输入以下公式，按快捷键 <Ctrl+Enter> 结束公式编辑。

=COUNTA($A$1:A2)+1

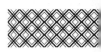

图 16-35　合并单元格编排序号-2

例3 在表格数据区域中，编号需要保持连续性，但如果在数据区域增减行数，编号则需要重新编辑，为了避免此情况发生，可利用 COUNTA 函数智能生成序列号。

图 16-36 展示的表格中 A 列为员工编号，在 A2 单元格中输入以下公式，复制公式到数据区域的底端，即可以根据右边的数据智能地生成连续序号：

=IF(B2="","",COUNTA($B$2:B2))

该计算使用 IF 函数先判断 B2 单元格是否为空，如果为空则显示空单元格，若不为空就用 COUNTA($B$2:B2) 统计非空单元格的个数。

图 16-36　智能动态生成编号

16.2.3　COUNTIF 函数

COUNTIF 函数用于计算区域中满足给定条件的单元格个数。语法：

COUNTIF(range,criteria)

参数说明如下。

range：表示要计数的单元格区域。

criteria：表示要进行判断的条件，其形式可以为数字、文本或表达式，如 15、"15"、">15"、" 财务部 " 或 ">"&A1。

注意事项如下。

（1）当参数 criteria 中包含比较运算符时，运算符必须用双引号括起，否则公式会出错。

（2）可以在参数 criteria 中使用通配符——问号（？）和星号（＊）。

（3）参数 range 必须为单元格区域引用，而不能是数组。

例1 图 16-37 展示的是学生成绩表，在 F2 单元格中输入以下公式，可统计成绩大于 80 分的学生人数。

=COUNTIF(C:C,">80")

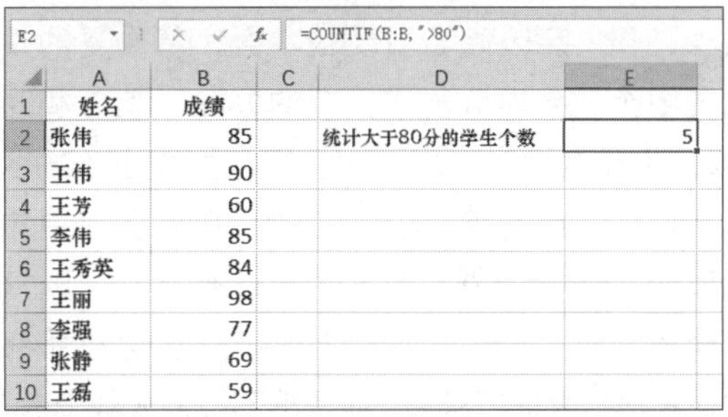

图 16-37　统计成绩大于80分的人数

例2 利用 COUNTIF 函数统计不重复人数个数。

图 16-38 展示的表格 A 列中是一些人员姓名，该列姓名中有重复值，现需要统计不重复人数个数。

在 C2 单元格中输入以下公式，按快捷键 <Ctrl+Shift+Enter> 结束公式编辑，即可以统计不重复人数个数。

=SUM (1/COUNTIF(A2:A11,A2:A11))

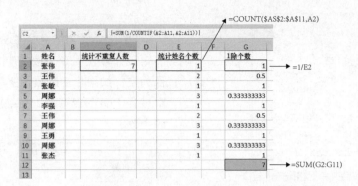

图 16-38　统计不重复人数个数

该公式原理如下。

① 如图 16-38 所示，在 E 列添加一辅助列，在 E2 单元格中输入以下公式，复制到 E11 单元格：

=COUNTIF($A$2:$A$11,A2)

该公式可以统计各个姓名在 A 列中的个数。

② 在 G 列添加辅助列，在 G2 单元格中输入以下公式，复制到 G11。

=1/E2

用 1 除以姓名出现的次数，将重复的姓名的个数平均分割成相应的分数，其总和为 1。例如某员工出现两次，则在列表中会显示 2 个 1/2（0.5）。若出现 3 次，则在列表中会显示 3 个 1/3（0.3333）。若没有重复，则只会显示为 1。最后，再利用 SUM 函数对所有计算出的数进行求和，即得出不重复人数个数。

例 3　利用 COUNTIF 函数添加通配符进行条件计数。

图 16-39 中的 B 列为一系列打印机的具体型号，该型号中包含品名及其他信息。为了统计某一品牌的打印机的销售个数，可以使用通配符进行辅助统计。在 D2 单元格中输入以下公式，可以统计某单一品牌的销售数量。

=COUNTIF (B:B,"* 惠普 *")

图 16-39　利用通配符统计个数

例 4　利用 COUNTIF 函数计算两列中相同数据的个数。

图 16-40 中的 A、B 两列分别为两列姓名，在 D2 单元格中输入以下公式，并按快捷键 <Ctrl+Shift+Enter> 可统计两列相同姓名的个数。

=SUM(COUNTIF(A2:A8,B2:B8))

	A	B	C	D
1	硕士学历	会计专业		计算两列中相同数据的个数
2	王伟	张静		3
3	张静	王伟		
4	李明	周娜		=SUM(COUNTIF(A2:A8,B2:B8))
5	王磊	李明		
6	李娜	张敏		=SUM({1;1;0;1;0;0;0})
7	张丽	王军		
8	刘阳	李强		
9				

图 16-40　统计两列相同姓名个数

在该公式中，先分别将 B2:B8 区域中的每个姓名在 A2:A8 区域中进行查找，存在相同姓名的返回 1，查找不到的返回 0，因为是数组查找，所以返回一系列的 1 和 0 值，然后用 SUM 函数对返回的值进行求和，最终计算返回两列姓名相同的人的个数。

16.2.4 COUNTIFS 函数

COUNTIFS 函数用于计算区域中同时满足多个条件的单元格数目。语法：

COUNTIFS(criteria_range1,criteria1,[criteria_range2,criteria2],…)

参数说明如下。

criteria_range1：第一个区域，即条件区域。

criteria1：进行判断的条件，其形式可以为数字、文本或表达式，如 15、"15"、">15"、" 财务部 " 或 ">"&A1。

criteria_range2,criteria2,…：附加的区域及其关联条件。

注意事项如下。

（1）当参数 criteria 中包含比较运算符时，运算符必须用双引号括起，否则公式会出错。

（2）可以在参数 criteria 中使用通配符——问号（?）和星号（*）。

（3）参数 criteria_range 必须为单元格区域引用，而不能是数组。

例 1 图 16-41 展示的是学生成绩表，在 F2 单元格中输入以下公式，可统计 60 ~ 80 分的女学生的人数。

=COUNTIFS(B:B," 女 ",C:C,">=60",C:C,"<=80")

E3 =COUNTIFS(B:B,"女",C:C,">=60",C:C,"<=80")

	A	B	C	D	E
1	姓名	性别	成绩		
2	王芳	女	61		统计60~80分的女学生的个数
3	张伟	男	90		3
4	李明	男	60		
5	张勇	男	85		
6	王艳	女	78		
7	李娟	女	98		
8	刘敏	女	77		
9	张军	男	69		
10	张静	女	98		
11					

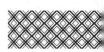

图 16-41 COUNTIFS函数的基本用法

例 2 利用 COUNTIFS 函数添加通配符统计各地区回款客户数量。

图 16-42 展示了客户回款记录表，A 列是客户的公司名称，B 列是销售金额，C 列为客户回款，D 列是余额，若余额大于 0，表示此客户尚未完全付款，现需要统计各个地区尚未付款的客户数量。

在 G2 单元格中输入以下公式，复制到 G6 单元格，即可完成该统计。

=COUNTIFS(A:A,"*"&F2&"*",D:D,">0")

COUNTIFS 函数的第二个参数为 "*"&F2&"*"，该写法可通过通配符从完整公司名中查找所属地区。注意，此星号（*）连接的是 F2 单元格，所以需要用 “*” & 单元格地址的形式进行连接，若是手工输入的常量文本，则需要使用 “*” & “文本常量” 的形式进行连接（如 “*” & “深圳” ），如图 16-42 所示。

G2 =COUNTIFS(A:A,"*"&F2&"*",D:D,">0")

	A	B	C	D	E	F	G	H
1	客户	销售金额	回款	余额		地区	未回款客户的数量	
2	深圳A有限公司	2,799,308	2,799,308	0		深圳	1	
3	深圳B科技有限公司	1,941,424	1,941,424	0		广州	2	
4	广州C有限公司	894,837	35,000	859,837		北京	1	
5	深圳D有限公司	785,244	785,244	0		重庆	2	
6	深圳市E有限公司	463,706	463,706	0		江苏	1	
7	广州F有限公司	439,805	50,000	389,805				
8	北京G通讯有限公司	393,096	393,096	0				
9	H(重庆)有限责任公司	354,000	354,000	0				
10	重庆I科技有限公司	319,027	9,027	310,000				
11	深圳市J电讯有限公司	230,982	230,982	0				
12	重庆K商贸有限公司	180,400		180,400				
13	重庆L有限公司	144,262	144,262	0				
14	北京M通信有限公司	115,100	25,100	90,000				
15	江苏N科技有限公司	110,580	110,580	0				
16	深圳市O有限公司	104,773		104,773				
17	江苏P有限公司	83,390	4,000	79,390				
18	北京Q有限责任公司	82,080	82,080	0				
19	广州R通信有限公司	75,390	75,390	0				

图 16-42 统计未回款客户数

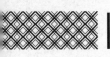

 计算平均值

平均值是确定一组数据的均衡点。在 Excel 中可以对数据区域直接求平均值，也可以设置限定条件对数据进行平均值的计算。

16.3.1 AVERAGE 函数

AVERAGE 函数用于计算参数的平均值。语法：

> AVERAGE(number1,number2,…,number255)

参数说明如下。

numberl,number2,…,number255：表示要计算平均值的 1 ～ 255 个数字，可以是直接输入的数字、单元格引用或数组。

注意事项如下。

（1）如果在 AVERAGE 函数中直接输入参数的值，那么参数必须为数值类型，即数字、文本格式的数字或逻辑值。如果是文本，则返回错误值 #VALUE!。

（2）如果使用单元格引用或数组作为 AVERAGE 函数的参数，那么参数必须为数值，其他类型的值都将被忽略。

例 如图 16-43 所示，计算学生考试成绩平均分，在 D2 单元格中输入以下公式即可。

> =AVERAGE(B2:B9)

	A	B	C	D
1	姓名	成绩		平均分
2	张伟	85		81
3	王芳	90		
4	张艳	60		
5	李敏	85		
6	李娟	84		
7	王杰	98		
8	刘芳	77		
9	刘敏	69		

图 16-43　AVERAGE函数的基本用法

16.3.2 AVERAGEIF 函数

AVERAGEIF 函数返回某个区域内满足给定条件的所有单元格的算术平均值。语法：

> AVERAGEIF(range,criteria,[average_range])

参数说明如下。

range：要进行条件判断的区域。

criteria：要进行判断的条件。

average_range：计算平均值的实际单元格区域，如果省略该参数，则对参数 range 指定的单元格区域中符合条件的单元格计算平均值。

例 如图 16-44 所示，计算女生考试成绩平均分。在 E2 单元格中输入以下公式即可计算结果。

> =AVERAGEIF(B2:B9," 女 ",C2:C9)

	A	B	C	D	E	F
1	姓名	性别	成绩			
2	张伟	男	85		77.5	
3	王芳	女	90			
4	张艳	女	60			
5	李敏	女	85			
6	李娟	女	84			
7	王杰	男	98			
8	刘芳	女	77			
9	刘敏	女	69			
10						

图 16-44　AVERAGEIF函数的基本用法

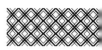

16.3.3 AVERAGEIFS 函数

AVERAGEIFS 函数返回满足多个条件的所有单元格的算术平均值。语法：

AVERAGEIFS(average_range,criteria_rangel, criterial,[criteria_range2,criteria2]…)

参数说明如下。

average_range：要进行条件判断的单元格区域。

criteria_rangel、criteria_range2：作为条件判断的单元格区域。

criteria1、criteria2：进行判断的条件。

例 如图 16-45 所示，计算性别为女并且成绩大于 80 的成绩平均分，在 E2 单元格中

输入以下公式即可进行计算：

$$=AVERAGEIFS(C2:C9,B2:B9," 女 ",C2:C9,">80")$$

图 16-45　AVERAGEIFS函数的基本用法

16.4 FREQUENCY 函数

FREQUENCY 函数用于以垂直数组的形式返回数值在某个区域内出现的频率。语法：

FREQUENCY(data_array,bins_array)

参数说明如下。

data_array：表示要统计出现频率的单元格区域或数组。

bins_array：表示用于对参数 data_array 中的数值进行分组的单元格区域或数组，相当于设置多个区间的上、下限。

注意事项如下。

（1）因 FREQUENCY 函数的返回结果是一个数组，所以它必须以数组公式的形式输入到单元格区域中，即按快捷键 <Ctrl+Shift+Enter> 结束公式编辑。

（2）返回的数组元素个数比用于参数 bins_array 的分段数据的个数多一个，多出的那个表示统计超过分段数据中最高值的个数。

例 如图 16-46 所示，需要将 B2:B10 单元格区域中的成绩按 D1:D4 的数据点进行分

割计数。在单元格区域 E1:E5 中输入以下公式，按快捷键 <Ctrl+Shift+Enter> 结束公式编辑。

{=FREQUENCY(B2:B10,D1:D4)}

结果为 {1,1,2,3,2}，表示小于等于 20 的成绩个数为 1，大于 20 且小于等于 40 的成绩个数为 1，大于 40 且小于等于 60 的成绩个数为 2，大于 60 且小于等于 80 的成绩个数为 3，大于 80 的数据个数为 2。

图 16-46　FREQUENCY函数基本用法

 计算极值

极值是指一组数中最大、最小的值，在 Excel 中可以计算一组数据中最大、最小值，也可以灵活地计算数据中第 k 大、第 k 小的值。

16.5.1 MAX、MIN 函数

MAX、MIN 函数分别返回一组值中的最大值与最小值。语法：

MAX(numberl,[number2],…)

MIN(numberl,[number2],…)

参数说明如下。

number1,number2,…：表示要返回最大值或最小值的数字。如果参数中不包括数字，MAX 函数将返回 0。

例1 如图 16-47 所示，在 D2 与 D3 单元格中分别输入 MAX 与 MIN 函数可求出考试成绩最高分与最低分。

	A	B	C	D	E	F
1	姓名	成绩				
2	李军	85		98	=MAX(B2:B8)	最大值
3	王伟	90		60	=MIN(B2:B8)	最小值
4	张敏	60				
5	李静	82				
6	王强	84				
7	张涛	98				
8	张杰	77				

图 16-47　MAX、MIN函数基本用法

16.5.2 LARGE、SMALL 函数

LARGE 与 SMALL 函数分别返回数据集中第 k 个最大值与第 k 个最小值。语法：

LARGE(array,k)

SMALL(array,k)

参数说明如下。

array：需要确定第 k 个最大值的数组或数据区域。

k：返回值在数组或数据单元格区域中的位置。

例1 如图 16-49 所示，在 D2 单元格中输入以下公式，复制公式至 D4 单元格，可计算成绩的第 1 最大值、第 2 最大值和第 3 最大值。

例2 图 16-48 展示的是某企业销售提成表，公司规定提成比例为销售业绩的 2%，但提成金额最高不超过 15000。在 C2 单元格中输入以下公式，复制到 C12 单元格，即可求出各销售员的提成金额。

=MIN(B2*2%,15000)

	A	B	C	D	E	F
1	姓名	销售业绩	提成		提成比例	最高限度
2	张杰	867,700	15,000		2%	15,000
3	李姗	204,500	4,090			
4	张艳	372,979	7,460			
5	张明	579,000	11,580			
6	王涛	993,300	15,000			
7	李明	584,000	11,680			
8	李艳	760,000	15,000			
9	王超	250,000	5,000			
10	李勇	909,000	15,000			
11	刘芳	438,000	8,760			
12	刘杰	847,000	15,000			
13						

图 16-48　计算提成金额

=LARGE($B$2:$B$8,E2)

在 D6 单元格中输入以下公式，复制公式至 D8 单元格，可计算成绩的第 1 最小值、第 2 最小值和第 3 最小值。

=SMALL($B$2:$B$8,E6)

	A	B	C	D	E	F	G
1	姓名	成绩			参数k值		
2	王芳	85		98	1	=LARGE($B$2:$B$8,E2)	第1最大值
3	张伟	90		90	2	=LARGE($B$2:$B$8,E3)	第2最大值
4	王杰	60		85	3	=LARGE($B$2:$B$8,E4)	第3最大值
5	李娟	82					
6	刘艳	84		60	1	=SMALL($B$2:$B$8,E6)	第1最小值
7	张丽	98		77	2	=SMALL($B$2:$B$8,E7)	第2最小值
8	王军	77		82	3	=SMALL($B$2:$B$8,E8)	第3最小值

图 16-49　LARGE、SMALL函数基本用法

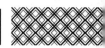

例2 图 16-50 展示的是销售流水清单，在 D2、D5 单元格中分别输入以下公式，分别统计最前 3 名销量总和与最后 3 名销量总和。

=SUMPRODUCT(LARGE(B:B,ROW(1:3)))

=SUMPRODUCT(SMALL(B:B,ROW(1:3)))

以 "=SUMPRODUCT(LARGE(B:B, ROW(1:3)))" 为例，ROW(1:3) 返回数组。

{1;2;3}

LARGE(B:B,ROW(1:3)) 则返回最大前三项，返回数组如下：

{189;134;132}

然后利用 SUMPRODUCT 函数的数组形式对其求和，即得最大前三项之和。

图 16-50　统计最前、最后三名的销量总和

| 提示 |

上述案例也可以使用 SUM 函数进行统计，公式如下：

=SUM(LARGE(B:B,ROW(1:3)))

=SUM(SMALL(B:B,ROW(1:3)))

因为 SUM 参数中执行了批量计算，所以必须要按快捷键 <Ctrl+Shift+Enter> 结束公式编辑。使用 SUMPRODUCT 函数却不用，因为 SUMPRODUCT 函数本身支持数组运算，如图 16-51 所示。

图 16-51　统计最前、最后三名的销售总和

专业术语解释

通配符：是一种特殊语句，主要有问号（？）和星号（＊），它用来代替一个或多个真正字符；当不知道真正字符或者不想输入完整名字时，常常使用通配符代替一个或多个真正的字符。

单条件求和：对满足指定的一个条件的数据进行求和。

多条件求和：对同时满足多个条件的数据进行求和。

问题：对于 SUMIF、SUMIFS、COUNTIF、COUNTIFS 函数如何理解和记忆？

答：对于 SUMIF、SUMIFS、COUNTIF、COUNTIFS 函数，用户可理解为 "筛选函数"，意思为先进行筛选条件操作，后对筛选后的数据进行计算。如图 16-52 所示，SUMIF 函数为

单条件求和函数，它只进行一次筛选，求和区域在筛选条件的后面，而 SUMIFS 函数为多条件求和，它进行多次筛选，与 SUMIF 函数不同，它的求和区域在筛选条件的前面。其他类似 COUNTIF、COUNTIF、AVERAGEIF、AVERAGEIFS 函数都可以理解为相应的"筛选函数"。

单条件求和：=SUMIF(range,criteria,[sum_range])

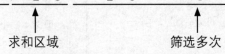

筛选一次　　　求和区域

多条件求和：=SUMIFS(sum_range,criteria_range1,criteria1,[criteria_range2,criteria2],…)

求和区域　　　　　　　　筛选多次

图 16-52　条件函数可理解为"筛选函数"

此外，函数参数的顺序不用强行记忆，在输入函数时，会在函数的下方自动显示【语法参数】栏，用户可根据提示进行相应参数的书写。

17 数字处理函数

本章介绍 Excel 数字处理函数，主要内容包括对数字进行各种取舍计算、生成随机数及求除数等，此部分内容可帮助用户灵活地处理数字。

17.1 数据取舍函数

数据取舍是指在进行具体的数字运算前，按照一定的规则确定一致的位数，然后舍去某些数字后面多余的尾数的过程。在实际工作中，对数据进行舍入操作是非常常见的。

17.1.1 ROUND 函数

ROUND 函数是最常用的四舍五入函数，用于将数字四舍五入到指定的位数，该函数是对需要保留位数右边的 1 位数进行判断，若数字为 0~4 则舍去，若数字为 5~9 则进 1位。语法：

ROUND(number,num_digits)

参数说明如下。

number：要四舍五入的数字。

num_digits：要四舍五入的位数。该参数如果大于 0，则四舍五入到指定的小数位数；如果等于 0，则四舍五入到最接近的整数；

如果小于 0，则在小数点左侧进行四舍五入，如图 17-1 所示。

	A	B	C
1	要舍入的数字	num_digits参数值	ROUND返回值
2	123.456	-2	100
3	-123.456	-2	-100
4	123.456	-1	120
5	-123.456	-1	-120
6	123.456	0	123
7	-123.456	0	-123
8	123.456	1	123.5
9	-123.456	1	-123.5
10	123.456	2	123.46
11	-123.456	2	-123.46
12			

图 17-1　ROUND函数的不同num_digits值返回的结果

17.1.2 ROUNDDOWN、ROUNDUP 函数

ROUNDDOWN 函数用于向绝对值减小的方向舍入，即向下舍入（数字 1 ~ 9 都不进位）。语法：

ROUNDDOWN (number,num_digits)

ROUNDUP 函数用于向绝对值增大的方向舍入，即向上舍入（数字 1 ~ 9 都进 1 位）。语法：

ROUNDUP(number,num_digits)

ROUND、ROUNDDOWN、ROUNDUP 函数的参数设置一样，但数字舍入原理不同，

如图 17-2 所示。

	要舍入的数字	num_digits 参数值	ROUND 返回值	ROUNDDOWN 返回值	ROUNDUP 返回值
2	123.456	-2	100	100	200
3	-123.456	-2	-100	-100	-200
4	123.456	-1	120	120	130
5	-123.456	-1	-120	-120	-130
6	123.456	0	123	123	124
7	-123.456	0	-123	-123	-124
8	123.456	1	123.5	123.4	123.5
9	-123.456	1	-123.5	-123.4	-123.5
10	123.456	2	123.46	123.45	123.46
11	-123.456	2	-123.46	-123.45	-123.46

图 17-2　ROUND、ROUNDDOWN、
ROUNDUP函数舍入比较

17.1.3 INT、TRUNC 函数

INT 函数用于根据数字小数部分的值将该数字向下舍入为最接近的整数。语法：

INT(number)

例如，INT(5.6) 返回 5，而 INT(-5.6) 返回 -6，因为 -6 是最接近 -5.6 的最小整数。

TRUNC 函数用于对目标值进行直接截断取整。语法：

TRUNC(number,[num_digits])

参数说明如下。

number：截尾取整的数字。

num_digits：取整精度的数字，默认值为

0，即保留数字的整数部分。

INT 函数只能保留数值的整数部分，而 TRUNC 函数可以指定小数位数，如图 17-3 所示。

	要舍入的数字	num_digits 参数值	INT 返回值	TRUNC 返回值
2	123.456	-2	123	100
3	-123.456	-2	-124	-100
4	123.456	-1	123	120
5	-123.456	-1	-124	-120
6	123.456	0	123	123
7	-123.456	0	-124	-123
8	123.456	1	123	123.4
9	-123.456	1	-124	-123.4
10	123.456	2	123	123.45
11	-123.456	2	-124	-123.45

图 17-3　INT 、TRUNC函数的基本用法

17.1.4 MROUND 函数

MROUND 函数用于按指定的倍数舍入到最接近的数字，如表 17-1 所示。语法：

MROUND(number,multiple)

参数说明如下。

number：指定要舍入的数字，该参数与 multiple 的正负符号必须一致，否则返回错误值。

multiple：指定倍数要舍入的基数。

表 17-1　MROUND 函数示例

公式	说明	结果
=MROUND(10,3)	将 10 舍入到最接近的 3 的倍数	9
=MROUND(−10,−3)	将 −10 舍入到最接近的 −3 的倍数	−9
=MROUND(1.5,0.2)	将 1.5 舍入到最接近的 0.2 的倍数	1.6
=MROUND(7,−2)	−2 和 7 的符号不同，返回错误值	#NUM!

17.1.5 CEILING、FLOOR 函数

（1）CEILING 函数用于以绝对值增大的方向，向上舍入到最接近的指定数字的倍数，如表 17-2 所示。语法：

CEILING(number,significance)

参数说明如下。

number：要舍入的值。

significance：要舍入的基数。

表 17-2　CEILING 函数示例

公式	说明	结果
=CEILING(2.5,1)	将 2.5 向上舍入到最接近的 1 的倍数	3
=CEILING(-2.5,-2)	将 -2.5 向上舍入到最接近的 -2 的倍数	-4
=CEILING(1.5,0.1)	将 1.5 向上舍入到最接近的 0.1 的倍数	1.5
=CEILING(0.234,0.01)	将 0.234 向上舍入到最接近的 0.01 的倍数	0.24

（2）FLOOR 函数用于以绝对值减小的方向，向下舍入到最接近的指定数字的倍数，如表 17-3 所示。语法：

FLOOR(number,significance)

参数说明如下。

number：要舍入的值。

significance：要舍入的基数。若 number 为正值，significance 为负值，则返回错误值。

表 17-3　FLOOR 函数示例

公式	说明	结果
=FLOOR(3.7,2)	将 3.7 向下舍入到最接近的 2 的倍数	2
=FLOOR(-2.5,-2)	将 -2.5 向下舍入到最接近的 -2 的倍数	-2
=FLOOR(2.5,-2)	返回错误值，因为 2.5 和 -2 的符号不同	#NUM!
=FLOOR(1.58,0.1)	将 1.58 向下舍入到最接近的 0.1 的倍数	1.5
=FLOOR(0.234,0.01)	将 0.234 向下舍入到最接近的 0.01 的倍数	0.23

 MOD 函数

MOD 函数用于返回两数相除的余数。语法：

MOD(number,divisor)

参数说明如下。

number：被除数。

divisor：除数，函数的结果的正负号与此参数相同。

表 17-4　计算相关数值的余数

被除数	除数	MOD 函数	结果（余数）
1	2	MOD(1,2)	1
2	3	MOD(2,3)	2
3	2	MOD(3,2)	1
4	2	MOD(4,2)	0
3	5	MOD(3,5)	3

当被除数小于除数时，余数就会返回被除数的本身。

例　如图 17-4 所示为身份证号，在 C2 中输入以下公式，复制到 C6 单元格，可提取身份证号所属的性别信息。

=IF(MOD(MID(B2,17,1),2)," 男 "," 女 ")

图 17-4　提取身份证性别信息

17.3 QUOTIENT 函数

QUOTIENT 函数用于求商的整数部分。语法：

QUOTIENT(numerator,denominator)

参数说明如下。

numerator：被除数。

denominator：除数。该参数不能为 0，否则返回错误值。

例　如图 17-5 所示，在 D2 单元格中输入以下公式，可计算在预算内可购买用品数量。

=QUOTIENT(C2,B2)

图 17-5　计算预算内可购买用品数量

17.4 生成随机数

随机数是指计算机随机产生的数字序列。随机数最大的特点就是它生成的后面的那个数与前面的那个数毫无关系。在 Excel 中可以使用 RAND 与 RANDBETWEEN 函数生成随机小数和随机整数。

17.4.1 RAND 函数

RAND 函数用于返回大于等于 0 且小于 1 的随机数，如图 17-6 所示。语法：

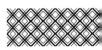

RAND( )

参数说明：该函数不需要参数。

注意事项如下。

当工作簿被重新计算时，单元格内的随机数就会发生改变。比如在工作表中按 <F9> 键或者按 <F2> 键进入编辑状态，然后按 <Enter> 键，这些操作都会激活工作簿中 RAND 函数的重新计算。

A1 =RAND()

	A	B	C	D	E
1	0.635763	0.178767	0.346469	0.93216	0.930598
2	0.434565	0.998448	0.419379	0.547906	0.845614
3	0.549654	0.137343	0.869474	0.342874	0.335432
4	0.328682	0.958182	0.400569	0.926044	0.191959
5	0.50685	0.2435	0.32895	0.554564	0.170591
6	0.295324	0.005437	0.263605	0.994881	0.861161
7	0.395577	0.746595	0.232693	0.100069	0.759128
8	0.931832	0.06151	0.696685	0.990131	0.078192
9					
10					

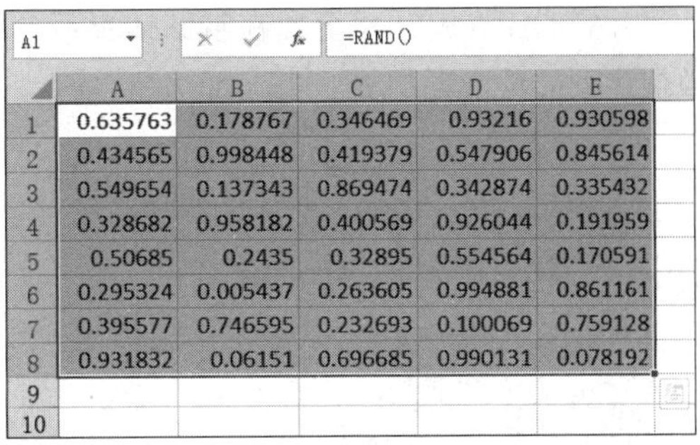

图 17-6　利用RAND函数生成0~1的随机数

17.4.2 RANDBETWEEN 函数

RANDBETWEEN 函数用于返回两个数之间的一个随机整数，如图 17-7 所示。语法：

RANDBETWEEN(bottom,top)

参数说明如下。

bottom：返回的最小整数，即随机数的下限。

top：返回的最大整数，即随机数的上限。

注意事项如下。

当工作簿被重新计算时，单元格内的随机数就会发生改变。比如在工作表中按 <F9> 键或者按 <F2> 键进入编辑状态，然后按 <Enter> 键，这些操作都会激活工作簿中 RAND 函数的重新计算。

A1 =RANDBETWEEN(1,100)

	A	B	C	D	E	F
1	87	61	23	90		
2	92	49	50	62		
3	69	65	36	80		
4	39	56	83	41		
5	19	30	100	37		
6	67	4	22	80		
7	32	81	55	76		
8						
9						

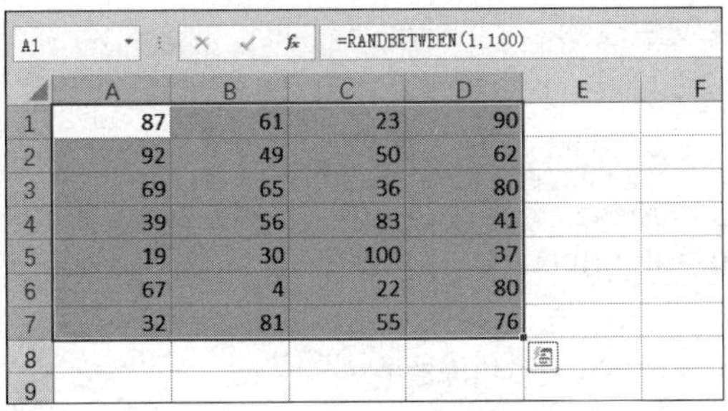

图 17-7　利用RANDBETWEEN函数生成1 ~ 100的随机整数

例 1 如图 17-8 所示，在单元格中输入以下公式，可生成随机字母。

=CHAR(RANDBETWEEN(65,90))

C6 =CHAR(RANDBETWEEN(65,90))

	A	B	C	D	E
1	R	C	F	B	
2	L	M	K	Y	
3	X	G	K	T	
4	F	N	C	Z	
5	W	T	C	I	
6	A	O	U	B	
7	X	B	L	W	
8	Y	Y	A	G	
9					

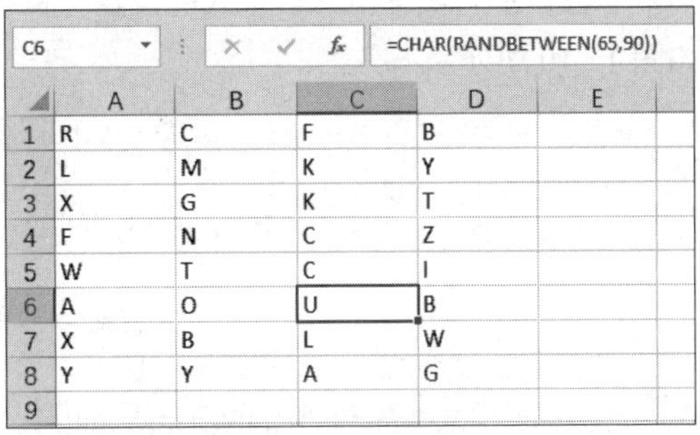

图 17-8　随机生成字母

CHAR 函数用于返回与 ANSI 字符编码对应的字符，它的语法为 CHAR(number)，参数 number 表示 1 ~ 255 之间的 ANSI 字符编码，在计算机中显示的每个字符都有其对应的数字编码。如大写字母 A ~ Z 的字符编码为 65 ~ 90，小写字母 a ~ z 的字符编码为 97 ~ 122。

例 2 如图 17-9 所示，在 D 列中输入以下公式可生成指定开始日期到结束日期之间的日期。

= RANDBETWEEN($B$1,$B$2)

D2 =RANDBETWEEN($B$1,$B$2)

	A	B	C	D	E
1	开始日期	2020-09-27		2020-10-22	
2	结束日期	2020-10-25		2020-10-12	
3				2020-10-06	
4				2020-10-01	
5				2020-10-15	
6				2020-09-27	
7				2020-10-15	
8				2020-10-05	
9				2020-10-20	
10				2020-10-11	

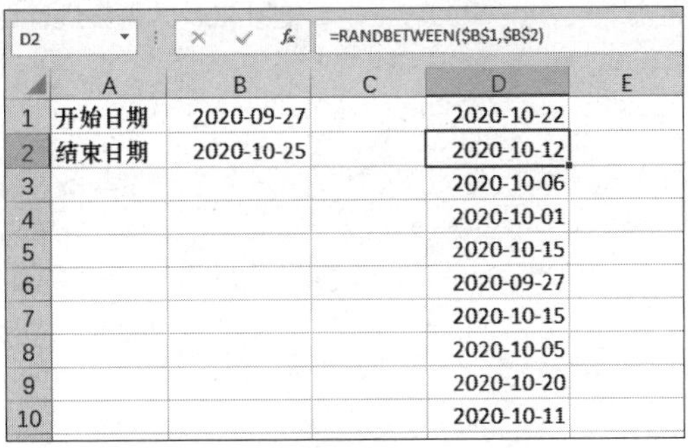

图 17-9　生成两个日期之间的随机日期

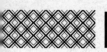

RANDBETWEEN 函数在默认情况下会将日期转成数值，所以用户还需要将生成的日期的数值序列转成日期格式。

问题 1：ROUND 函数是从哪一位进行四舍五入的操作的?

答：ROUND 函数的保留小数为正数，则从小数位后的一位进行四舍五入，如果是负数，则对整数位进行四舍五入，舍入的位置为保留小数位数的绝对值位数（整数位从右至左顺序），如图 17-10 所示。

正数，从保留小数位后一位进行四舍五入

=ROUND (1567.256, 2) 返回：1567.26

负数，对整数位进行四舍五入

=ROUND (1567.256, -2) 返回：1600

图 17-10　ROUND函数四舍五入规则

问题 2：对于舍入函数，是否对计算的精度有影响?

答：对于数值，如果使用 ROUND 函数进行四舍五入操作后，会影响数值的精度。如图 17-11 所示，A1、B1 单元格中的值分别为 10.25、2.53，正常乘积的结果为 25.9325。如果对该结果使用 ROUND 函数进行保留两位小数的四舍五入操作，数值精度为 25.93。如果将 ROUND 函数的公式转成值，结果也会是 25.93，这样精度会发生改变。

原始精度

▲	A	B	C	D	E
1	10.25	2.53	25.9325	=A1*B1	
2	10.25	2.53	25.9300	=ROUND(A2*B2,2)	
3					

使用 ROUND 函数进行四舍五入操作后，数值精度改变

图 17-11　舍入函数会改变数值的精度

18 日期与时间函数

日期与时间是 Excel 中一种特殊的数据类型，因其本质为数值序列，常令初学者感到困惑。本章重点介绍日期和时间的特点及常规计算方法，以及利用日期与时间函数对日期和时间进行相关处理。

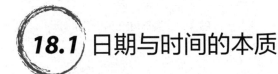 18.1 日期与时间的本质

在 Excel 中日期和时间的本质就是数值，数值范围为 1～2958465。对应日期为 1900 年 1 月 1 日到 9999 年 12 月 31 日。例如，1900 年 1 月 1 日的序列值为 1，2020 年 10 月 25 日的序列值为 44129。因为它是 1900 年 1 月 1 日之后的第 44129 天。时间是代表天的整数的再次分割，1/24 代表 1 小时。

由于日期和时间的本质为数值，因此具有数值运算的功能。例如，要计算 2019-10-1 与 2020-10-25 相差多少天，可直接将两个日期相减求出相差天数。除了使用加减对日期进行计算外，还可以使用 Excel 中的日期函数对日期进行更多形式的计算。

 18.2 常用日期函数

日期是一种常见、也是非常重要的数据类型。在实际工作中，经常要对日期进行计算处理，其中对日期的分别提取和组合日期是最基本的处理。

1. TODAY 函数

TODAY 函数用于返回当前计算机系统日期。语法：

TODAY( )

在单元格输入公式“=TODAY( )”，即可得到当前系统的日期，TODAY 函数会随着系统日期的变化而变化。若固定不变输入当前系统日期，可以使用快捷键 <Ctrl+;> 得到当前系统日期。

2. YEAR、MONTH、DAY 函数

YEAR、MONTH 和 DAY 函数分别返回日期中的年份、月份和天数。语法：

```
YEAR(serial_number)
MONTH(serial_number)
DAY(serial_number)
```

参数说明如下。

serial_number: 日期值。

例 1 如图 18-1 所示，分别在 B2、C2 和 D2 单元格中输入 YEAR、MONTH 和 DAY，即可提取 A 列日期中的年份、月份和天数值。

D2 =DAY(A2)

	A	B	C	D
1	日期	YEAR 函数	MONTH 函数	DAY 函数
2	2019-05-06	2019	5	6
3	2020-09-27	2020	9	27
4				

图 18-1 提取日期中的年、月、日值

例 2 图 18-2 展示的是员工借款统计表，B 列为借款日期，C 列为借款约定天数，假如今天日期为 2020 年 5 月 9 日。在 D3 单元格中输入以下公式，复制到 D8 单元格，可判断员工借款是否逾期。

```
=IF(B3+C3<TODAY()," 逾期 "," 未逾期 ")
```

D3 =IF(B3+C3<TODAY(),"逾期","未逾期")

	A	B	C	D
1	员工借款统计表			
2	姓名	借款日期	借款天数	是否逾期
3	刘洁	2020-08-18	30	未逾期
4	王伟	2019-11-05	60	逾期
5	张敏	2020-12-31	90	未逾期
6	王艳	2018-01-18	30	逾期
7	刘敏	2018-06-24	40	逾期
8	张丽	2020-10-01	60	未逾期

图 18-2 判断借款是否逾期

3. DATE 函数

DATE 函数用于返回指定的日期。语法：

```
DATE(year,month,day)
```

参数说明如下。

year：年的数字，值必须为 1900 ~ 9999。

month：月的数字，正常值为 1 ~ 12，但该参数有自动更正功能，若等于 0，如 DATE (2020,0,1)，则返回 2019 年 12 月 1 日；若是负数，如 DATE(2020,-1,1)，则返回 2019 年 11 月 1 日；若为 13，如 DATE(2020,13,1)，则返回 2021 年 1 月 1 日。

day：日的数字，正常值为 1 ~ 31，该参数有自动更正功能。

如图 18-3 所示，在 D2 单元格中输入公式：

```
=DATE(A2,B2,C2)
```

即可以将 A2 单元格代表的年、B2 单元格代表的月、C2 单元格代表的日组成一个完整日期值。

D2 =DATE(A2,B2,C2)

	A	B	C	D
1	年份	月份	日	日期
2	2019	5	6	2019-05-06
3	2020	9	17	2020-09-17
4	2021	10	25	2021-10-25
5				

图 18-3 利用DATE函数组合日期值

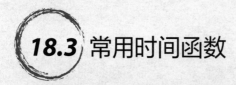

18.3 常用时间函数

因为时间的进制相对于日期来说更加复杂，所以用户几乎很难用手工方式去计算时间的小

时、分钟和秒钟，然而利用 Excel 的时间函数计算时间是非常方便、高效和准确的，用户只需要正确地输入时间，选择正确的时间函数就可以对时间进行各种计算。

1. NOW 函数

NOW 函数用于返回当前时间。语法：

NOW( )

在单元格中输入公式"=NOW( )"，即可得到当前计算机系统的时间，NOW 函数会随着系统时间的变化而变化。若想固定当前系统时间，可以使用快捷键 <Ctrl+Shift+;> 得到当前系统时间。

2. HOUR、MINUTE\SECOND 函数

HOUR、MINUTE、SECOND 分别返回时间中的小时、分钟和秒钟。语法：

HOUR(serial_number)

MINUTE(serial_number)

SECOND(serial_number)

参数说明如下。

serial_number：时间值。

如图 18-4 所示，分别在 B2、C2 和 D2 单元格中输入 HOUR、MINUTE 和 SECOND 函数，可提取 A 列时间中的小时、分钟和秒钟。

	A	B	C	D
1	时间	HOUR函数	MINUTE 函数	SECOND 函数
2	17:52:10	17	52	10
3	16:12:02	16	12	2
4	6:45:00	6	45	0

图 18-4　提取时间中的小时、分钟、秒钟

3. TIME 函数

TIME 函数用于返回指定时间。语法：

TIME(Hour,Minute,Second)

参数说明如下。

Hour：小时的数字，正常值为 0 ~ 23，如超过 24，取与 24 之间的差值。

Minute: 分钟的数字，正常值为 0 ~ 59，如超过 60，取与 60 之间的差值。

Second：秒钟的数字，正常值为 0 ~ 59，如超过 60，取与 60 之间的差值。

如图 18-5 所示，在 D2 单元格中输入公式：

=TIME(A2,B2,C2)

即可以将 A2 单元格代表的小时、B2 单元格代表的分钟、C2 单元格代表的秒钟组成一个完整时间值。

	A	B	C	D	E
1	小时	分钟	秒钟	时间	
2	17	52	10	17:52:10	
3	16	12	2	16:12:02	
4	6	45	0	6:45:00	

图 18-5　利用TIME函数组合时间值

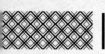

18.4 WEEKDAY 函数

WEEKDAY 函数可以计算某个日期是星期几。语法：

WEEKDAY(serial_number,[return_type])

参数说明如下。

serial_number：需要判断是星期几的日期。

return_type：确定返回值类型的数字，如表 18-1 所示。

表 18-1　WEEKDAY 函数第二个参数的数字含义

return_type	返回的数字
1 或省略	数字 1（星期日）到 7（星期六），同 Microsoft Excel 早期版本
2	数字 1（星期一）到 7（星期日）
3	数字 0（星期一）到 6（星期日）
11	数字 1（星期一）到 7（星期日）
12	数字 1（星期二）到 7（星期一）
13	数字 1（星期三）到 7（星期二）
14	数字 1（星期四）到 7（星期三）
15	数字 1（星期五）到 7（星期四）
16	数字 1（星期六）到 7（星期五）
17	数字 1（星期日）到 7（星期六）

在日常工作中，WEEKDAY 函数的第二个参数一般使用数字 2，用 1 表示星期一，用 2 表示星期二，用 7 表示星期日，此选择符合人们对星期的一般认知习惯。

如图 18-6 所示，在 B2 单元格中输入以下公式，即可判断 A 列对应日期所属星期几。

=WEEKDAY(A2,2)

B2	▼	× ✓ fx	=WEEKDAY(A2,2)	
	A	B	C	
1	日期	星期		
2	2019-05-06	1		
3	2020-05-09	6		
4	2021-10-25	1		
5	2019-02-13	3		
6	2020-09-08	2		

图 18-6　利用WEEKDAY函数判断日期是星期几

18.5 WEEKNUM 函数

WEEKNUM 函数可以计算某日期位于当年的第几周。语法：

WEEKNUM(serial_number,[return_type])

参数说明如下。

serial_number：计算周数的日期。

return_type：确定星期从哪一天开始的数字，数字列表及其解释如表 18-2 所示。

表 18-2　WEEKNUM 函数第二个参数说明

return_type	一周的第一天为	机制
1 或省略	星期日	1
2	星期一	1
11	星期一	1
12	星期二	1
13	星期三	1
14	星期四	1
15	星期五	1
16	星期六	1
17	星期日	1
21	星期一	2

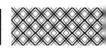

机制 1 是指包含 1 月 1 日的周为该年的第 1 周，其编号为第 1 周。机制 2 表示包含该年的第一个星期四的周为该年的第 1 周，其编号为第 1 周。

如图 18-7 所示，在 B2 单元格中输入公式，复制到 B3 单元格，即可得出 A 列日期所属当年的第几周。

=WEEKNUM(A2,2)

图 18-7　利用WEEKNUM函数判断日期是第几周

18.6 工作日函数

在我国工作日为星期一到星期五，此外工作日不包括法定节假日。在实际工作中，人事部或相关部门经常需要对工作日进行统计。

1. WORKDAY 函数

WORKDAY 函数计算指定日期向前或向后数个工作日后的日期。语法：

WORKDAY (start_date,days,[holidays])

参数说明如下。

start_date: 开始日期。

days：表示参数 start_date 之前或之后不含周末及节假日的天数。days 为正值将生成未来日期，为负值将生成过去日期。

holidays：从工作日历中排除的一个或多个节假日。

如图 18-8 所示，某机构办证完成时间规定为 10 个工作日，遇休息日和法定节假日顺延。某人提交资料日期为 A4 单元格所示，在 B4 单元格中输入以下公式，可计算下证日期。

=WORKDAY(A4,10,D2:D6)

B4	▼	× ✓ fx	=WORKDAY(A4,10,D2:D6)		
	A	B	C	D
1	办证完成时间（工作日）:	10个工作日		法定节日
2				2020-05-01
3	提交资料日期:	下证日期:		2020-05-02
4	2020-04-28	2020-05-15		2020-05-03
5				2020-05-04
6				2020-05-05
7				

图 18-8　WORKDAY函数的基本用法

2. NETWORKDAYS 函数

NETWORKDAYS 函数用于计算两个日期之间完整的工作日天数。语法如下：

NETWORKDAYS(start_date,end_date,[holidays])

参数说明如下。

start_date：开始日期。

end_date：结束日期。

holidays：从工作日历中排除的一个或多个节假日。

如图 18-9 所示，在 B4 单元格中输入以下公式，可计算项目持续天数，D2:D4 区域列出了法定节假日。

=NETWORKDAYS(B2,B3,D2:D4)

B4	▼	× ✓ fx	=NETWORKDAYS(B2,B3,D2:D4)	
	A	B	C	D
1				假期
2	项目开始日期:	2020-04-01		2020-04-04
3	项目结束日期:	2020-04-30		2020-04-05
4	工作日数:	21		2020-04-06

图 18-9　NETWORKDAYS函数的基本用法

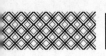

18.7 计算日期间隔

在 Excel 的日期函数计算中，最常见的情形就是统计两个日期之间的间隔。如计算两个日期之间相隔的年数、月份数、天数。同时计算某个日期之前或之后的日期也是在实际工作中经常会遇到的问题。

1. EDATE 函数

EDATE 函数用于计算某个日期与之前或之后相隔几个月的日期。语法：

EDATE(start_date,months)

参数说明如下。

start_date：开始日期。

months：表示开始日期之前或之后的月数，正数表示未来几个月，负数表示过去几个月。

图 18-10 展示了 EDATE 函数的计算原理。

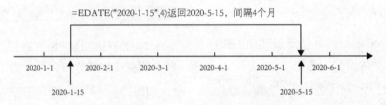

图 18-10　EDATE函数的计算原理

如图 18-11 所示，在 C2 单元格中输入以下公式，即可以计算 A 列日期间隔若干个月之后的日期。

=EDATE(A2,B2)

	A	B	C	D
1	日期	间隔月份数	日期	
2	2020-05-06	2	2020-07-06	
3	2020-05-06	0	2020-05-06	
4	2020-05-06	-3	2020-02-06	
5	2019-12-31	2	2020-02-29	

图 18-11　利用EDATE函数计算间隔月份后的日期

对于部分行业，对日期是采用"算头不算尾"方式进行计算的，"算头不算尾"是指以日为单位，按照实际天数计算到期日。从事件当天开始算，几个月或几年后的同一天就不能计算在内。如银行就采用"算头不算尾"的规则计算利息，即计算利息时存入的当天计算在内，到期当天不计算利息。

对于 EDATE 等日期函数会计算到日期间隔结尾的那一天，用户如果想采用如"算头不算尾"的方式进行日期的返回，则需要减去 1 天，如图 18-12 所示。在实际运用日期函数进行计算时，用户需要考虑头尾日期是否要包含或剔除。尤其是在计算租金天数、利息天数、票据兑付天数、合同天数时一定要考虑头尾日期，否则可能会有一天的误差。纠正日期就在公式后面采用 +1 或 -1 的方式进行纠正。

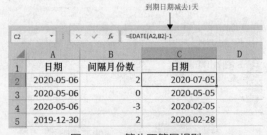

	A	B	C	D
1	日期	间隔月份数	日期	
2	2020-05-06	2	2020-07-05	
3	2020-05-06	0	2020-05-05	
4	2020-05-06	-3	2020-02-05	
5	2019-12-30	2	2020-02-28	

图 18-12　算头不算尾规则

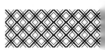

┃提示┃ ┈┈┈┈┈

某个日期之后几个月并不是单纯减去月份数，因为不同的月份可能是 28 天、29 天、30 天、31 天。如图 18-12 中的 A5 单元格是 2019 年 12 月 30 日，2 个月之后的日期是 2020 年 2 月 28 日。因为日期在一定程序中可以说是没有规律的数值序列，如果手工计算日期，将十分不便，同时也极易出错，所以在 Excel 中使用日期函数的优点在于，Excel 会根据日期的规律进行正确的计算，从而避免人为手工计算日期的烦琐和可能出现的错误。

2. EOMONTH 函数

EOMONTH 函数用于计算某个日期之前或之后相隔几个月后的那个月最后一天的日期。语法：

EOMONTH(start_date,months)

参数说明如下。

start_date：开始日期。

months：表示开始日期之前或之后的月数，0 表示当月，正数表示未来几个月，负数表示过去几个月。

图 18-13 展示了 EOMONTH 函数的计算原理。

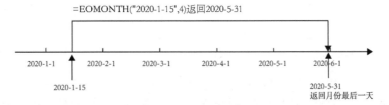

图 18-13　EOMONTH函数的计算原理

如图 18-14 所示，在 C2 单元格中输入以下公式，即可以计算 A 列日期间隔若干个月之后的最后一天的日期。

=EOMONTH(A2,B2)

	A	B	C	D
1	日期	间隔月份数	日期	
2	2020-05-06	2	2020-07-31	
3	2020-09-06	0	2020-09-30	
4	2020-05-06	-3	2020-02-29	

图 18-14　利用EOMONTH函数计算间隔月份后日期的最后一天

3. DATEDIF 函数

DATEDIF 函数是 Excel 中一个非常强大的隐藏函数，它并未出现在插入函数列表中，帮助中也没有该函数的解释说明。DATEDIF 函数可以用于计算两个日期之间的间隔年数、月数和天数。语法：

DATEDIF(start_date,end_date,unit)

参数说明如下。

start_date：表示开始日期。

end_date：表示结束日期。

unit：计算的时间单位，如表 18-3 所示。

表 18-3　参数 unit 的取值及其作用

unit	返回
Y	开始日期与结束日期之间的整年数
M	开始日期与结束日期之间的月数
D	开始日期与结束日期之间的天数
MD	开始日期与结束日期之间的天数，忽略日期中的月和年
YD	开始日期与结束日期之间的天数，忽略日期中的年
YM	开始日期与结束日期之间的月数，忽略日期中的日和年

图 18-15 展示了 DATEDIF 函数的基本用法。

	A	B	C	D	E	F
1	开始日期	结束日期	间隔期	公式	备注	
2	2017-02-10	2020-05-06	3	=DATEDIF(A2,B2,"y")	间隔年数	
3	2017-02-10	2020-05-06	38	=DATEDIF(A3,B3,"m")	间隔月数	
4	2017-02-10	2020-05-06	1181	=DATEDIF(A4,B4,"d")	间隔天数	
5	2017-02-10	2020-05-06	26	=DATEDIF(A5,B5,"md")	间隔天数，忽略月和年	
6	2017-02-10	2020-05-06	85	=DATEDIF(A6,B6,"yd")	间隔天数，忽略年	
7	2017-02-10	2020-05-06	2	=DATEDIF(A7,B7,"ym")	间隔月数，忽略日和年	
8						
9						

图 18-15　DATEDIF函数的基本用法

问题 1：怎么计算两个时间之间的小时数？

答： 因为在 Excel 中一天表示整数 1，而 1 小时的序列值是 1/24。所以如果要计算两个时间之间的小时数，就必须对这两个时间相减，然后乘以 24，就可以换算出对应的小时数。如图 18-16 所示，要计算 A2 与 A1 之间的小时数，必须先用 A2 减去 A1，先计算出相差的序列值，然后乘以 24，转换小时数。

A3		×	✓	fx	=(A2-A1)*24

	A	B	C
1	7:00		
2	12:00		
3	5		
4			

图 18-16　计算两个时间之间的小时数

提示

本例中如果要计算两个时间差的分钟数，必须还要乘以 60，公式应写成 "=(A2-A1)*24*60"。

问题 2：如何记忆不同月份的天数？

答： 笔者提供一个日期的顺口溜帮助用户记忆："一三五七八十腊，三十一天永不差。"其中"腊"实际意思表示农历 12 月，但为了押韵，在此表示阳历 12 月。该顺口溜的意思就是一月、三月、五月、七月、八月、十月、十二月均为 31 天，其余月份都为 30 天，但二月除外，平年二月为 28 天，闰年二月为 29 天。用户只要记住该顺口溜，就可以记住所有月份中的天数。

19 查找与引用函数

查找与引用函数是 Excel 中使用频率很高的函数之一，它可以在数据区域查找所需数据的内容、位置等相关信息。此外查找与引用函数能结合其他函数使用，能发挥巨大计算、分析能力。本章将对查找与引用函数做深入讲解。

19.1 行号和列号函数

计算行号和列号是指计算单元格或区域对应的行号和列号。在 Excel 的实际应用中，经常要使用行号或列号函数构建连续的序号，或在别的函数内部作为嵌套函数进行辅助计算。

19.1.1 ROW 函数

ROW 函数用于返回单元格的行号。语法：

ROW([reference])

参数说明如下。

reference：表示单元格或单元格区域，省略该参数时将返回当前单元格所在行的行号。

注意事项如下。

（1）参数 reference 中不能同时引用多个区域。

（2）如果参数引用的是一个单元格区域，那 ROW 函数返回的值为一个垂直纵向数组。

如图 19-1 所示，A1 单元格中 "=ROW(D1)" 返回 D1 单元格所在行号，D1 单元格所在行为第 1 行。ROW() 返回当前单元格的行为第 3 行。

	A	B	C
1	公式	返回值	
2	ROW(D1)	1	
3	ROW()	3	
4	ROW(D1:F5)	{1;2;3;4;5}	
5	ROW(1:5)	{1;2;3;4;5}	

图 19-1　ROW 的各种返回值

ROW(D1:F5) 返回值为垂直数组 {1;2;3;4;5}，因为 D1:F5 跨越了 5 行（如图 19-2 所示）。ROW 函数本质返回引用单元格或单元格区域的行号，所以当参数跨越多行时会返回垂直数组。ROW(1:5) 返回值也为 {1;2;3;4;5}。此外，当用户在一个单元格中输入 "=ROW(D1:F5)"

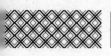

或“ROW(1:5)”时，按 <Enter> 键只会返回垂直数组的第 1 个值，因为一个单元格只能容纳数组中的一个元素。要查看数组中所有元素，可以选中该函数，按 <F9> 键查看。

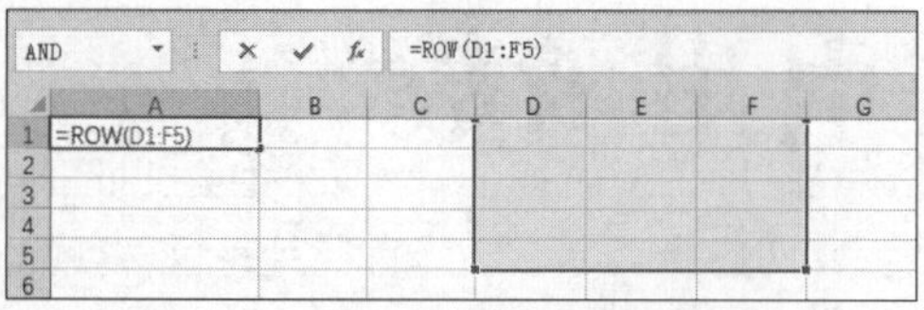

图 19-2　ROW(D1:F5)返回垂直数组

ROW(1:5) 返回值同样为垂直数组 {1;2;3;4;5}，因为 1:5 跨越了 5 行（如图 19-3 所示）。同样，当用户在一个单元格中输入“=ROW(1:5)”时，按 <Enter> 键只会返回垂直数组的第 1 个值，因为一个单元格只能容纳数组中的一个元素。

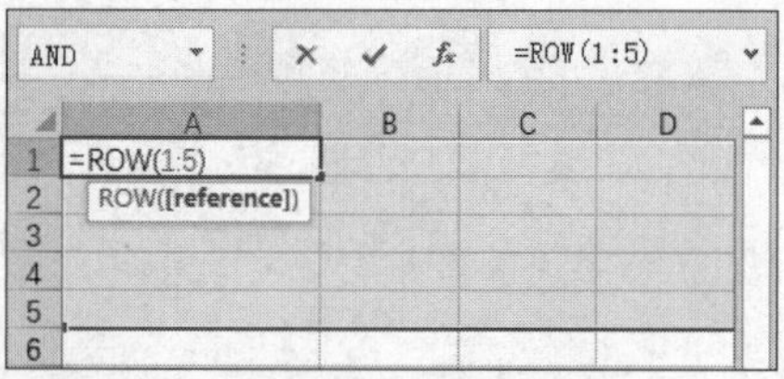

图 19-3　ROW(1:5)返回垂直数组

例 1 如图 19-4 所示，A 列为手动添加的数值序列，当在数据区域新增或删减数据行时，手动的序列需要频繁地更新。用户可以在 C2 单元格中使用以下公式构建动态序列号。

```
=ROW()-1
```

因 ROW() 函数起始是在 C2 单元格输入，如直接输入 ROW()，会返回 2，为了让序号从 1 开始，所以必须要减去 1。当数据区域新增或删减数据行时，动态序列会自动更新正确的序列，而不需要用户手动调整。

序号	姓名	动态序列
1	王伟	1
2	张芳	2
3	李娜	3
4	刘洁	4
5	李强	5

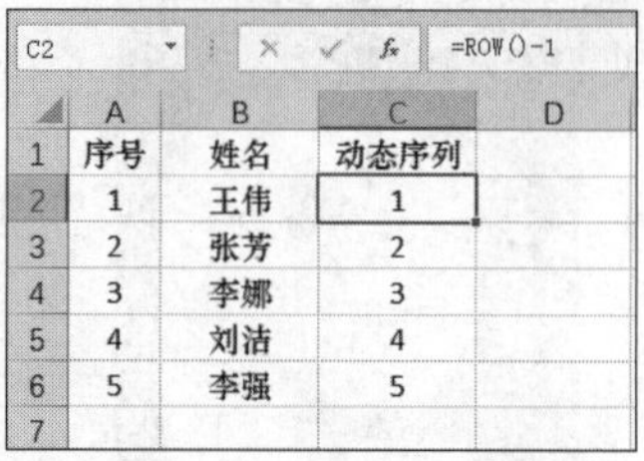

图 19-4　构建动态序列

例 2 如图 19-5 所示，A 列是部分金额，在 B2 单元格中使用下列公式可以将金额进行从小到大的排序。

```
=SMALL($A$2:$A$7,ROW(1:1))
```

SMALL 函数的第二个参数是 ROW(1:1)，该函数在 B2 单元格中返回值为 1，所以在 B2 单元格中将返回第一小的值，因为相对引用关系，在 B3 单元格中 SMALL 函数的第二个参数变为 ROW(2:2)，它返回的值为 2，所以在 B3 单元格中返回第二小的值。其余单元格原理类似。

金额	从小到大	函数结构
10	10	=SMALL($A$2:$A$7,ROW(1:1))
25	25	=SMALL($A$2:$A$7,ROW(2:2))
60	45	=SMALL($A$2:$A$7,ROW(3:3))
58	58	=SMALL($A$2:$A$7,ROW(4:4))
78	60	=SMALL($A$2:$A$7,ROW(5:5))
45	78	=SMALL($A$2:$A$7,ROW(6:6))

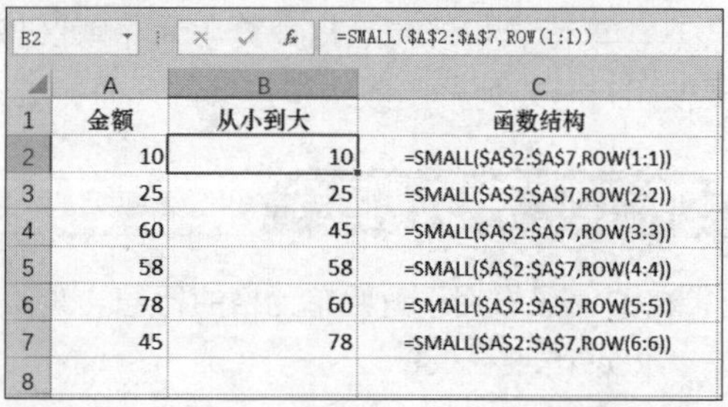

图 19-5　利用SMALL与ROW函数进行排序

19.1.2　COLUMN 函数

COLUMN 函数用于返回单元格的列号。语法：

```
COLUMN([reference])
```

参数说明如下。

reference：表示单元格或单元格区域。省略该参数时将返回当前单元格所在列的列号。

注意事项如下。

（1）参数 reference 中不能同时引用多个区域。

（2）如果参数引用的是一个单元格区域，那么 COLUMN 函数返回的值为一个水平横向数组。

如图 19-6 所示，COLUMN(1) 返回 D1 单元格所在列号，D1 单元格所在列为第 4 列。COLUMN () 返回当前单元格的列为第 2 列。

	A	B	C
1	公式	返回值	
2	COLUMN(D1)	4	
3	COLUMN()	2	
4	COLUMN(D1:F5)	{4,5,6}	
5	COLUMN(D:F)	{4,5,6}	
6			

图 19-6　COLUMN的各种返回值

COLUMN(D1:F5) 的返回值为水平横向数组 {4,5,6}，因为 D1:F5 跨越了 3 列（如图 19-7 所示）。COLUMN (D:F) 的返回值同样为水平横向数组 {4,5,6}。同样，当用户在一个单元格中输入"=COLUMN(D:F)"时，按 <Enter> 键只会返回横向数组的第 1 个值，因为一个单元格只能容纳数组中的一个元素。

图 19-7　COLUMN返回数组值

例　图 19-8 中展示的是某查询表，A1:D14 为查询区域，现需要在第 5 行根据 B2 单元格中的编号查询商品的库存信息。在 A5 单元格中输入以下公式，然后复制到 C5 区域，即可以根据编号查询商品库存的所有信息。

=VLOOKUP($B$2,$A$8:$D$14,COLUMN(B:B),0)

在 A5 单元格中，VLOOKUP 函数的第三个参数为"COLUMN(B:B)"，返回的结果为2，然后向右边拖动，因为是相对引用关系，B5 单元格中的 VLOOKUP 函数的第三个参数变为"COLUMN(C:C)"，返回的结果为3。同理 C5 单元格中的 VLOOKUP 函数的第三个参数变为"COLUMN(D:D)"，返回的结果为4，这样就可以动态引用查询区域中的不同列，从而批量查询出编号所对应的所有库存信息。如果 VLOOKUP 函数不采用 COLUMN 函数的嵌套，则用户需要分别在 A5、B5、C5 单元格中将 VLOOKUP 函数的第三参数分别手动修改成 2、3、4。

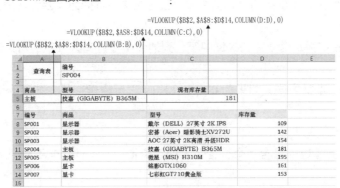

图 19-8　使用COLUMN函数创建横向动态引用

19.1.3　ROWS、COLUMNS 函数

ROWS 函数与 COLUMNS 函数用于返回单元格区域或数组中包含的总行数或总列数，如图 19-9 所示。语法：

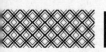

ROWS(array)

COLUMNS(array)

参数说明如下。

array：要计算其列数的单元格区域或数组。

> **提示**
>
> ROWS 与 COLUMNS 函数引用单元格区域或数组时，返回的结果为单一值，而并非数组。

图 19-9　ROWS、COLUMNS函数基本用法

19.2 查找函数

在实际工作中，查找函数是使用频率非常高的函数，利用查找函数可以实现对表格中的数据进行查找、抓取及核对数据。Excel 中常用的查找函数有 VLOOKUP、HLOOKUP、LOOKUP、MATCH、INDEX、OFFSET 函数。这些函数是 Excel 函数的重中之重。

19.2.1　VLOOKUP 函数

VLOOKUP 函数是使用频率非常高的查询函数，它用于在单元格区域或者数组的第 1 列中查找值，然后返回查找值所对应其他列的值。语法：

VLOOKUP(lookup_value,table_array,col_Index_num,[range_lookup])

参数说明如下。

lookup_value：查找的值。

table_array：要在其中查找的单元格区域，该区域中的首列必须要包含查询值，否则公式将返回错误值 #N/A。

col_Index_num：指定返回查询区域中第几列的值（是查询区域中的第几列，而不是指工作表中的列数）。

range_lookup：查找方式，如果为 0 或 FALSE，表示精确查找，如果为 TRUE 或被省略，表示模糊查找。

注意事项如下。

（1）如果查询区域中包含多个符合条件的查询值，VLOOKUP 函数只会返回第一个查找到的值。

（2）采用模糊查找时，要求查询区域的第 1 列按升序排序，该方式下如果没有找到准确的匹配值，则函数会返回小于查询值的最大值。若查询值小于第 1 列的最小值，则返回错误值 #N/A，采用精确查找时，查询区域无须按升序排列。

（3）当查找文本及参数 range_lookup 设置为 FALSE 时，可以在查找值中使用通配符问号（？）或星号（＊）。问号用于匹配任意单个字符，星号用于匹配多个字符。例如，查找单元格结尾包含"有限公司"四字的所有内容，可以写成"＊有限公司"。如果需要查找问号或星号本身，

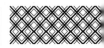

需要在问号和星号之前输了一个波浪符（~）。

图 19-10 展示了 VLOOKUP 函数的查找原理。

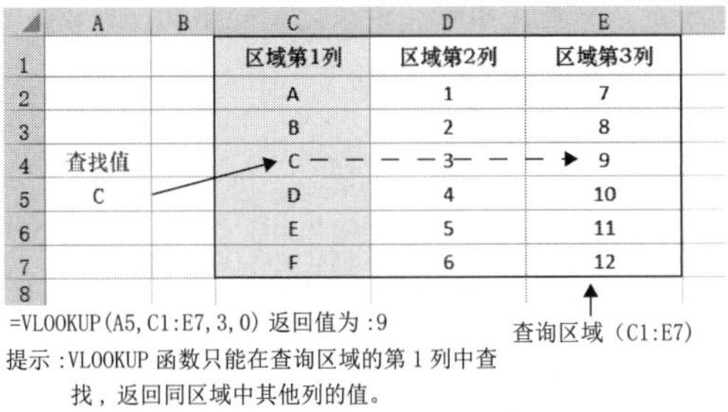

=VLOOKUP(A5,C1:E7,3,0) 返回值为 :9

提示 :VLOOKUP 函数只能在查询区域的第 1 列中查找，返回同区域中其他列的值。

图 19-10 VLOOKUP函数的查询原理示意图

例 1 VLOOKUP 函数精确查找。

图 19-11 中展示的是学生的成绩表，左侧是成绩清单，右侧是查询学生成绩区域。在 F2 单元格中输入以下公式，即可查询出相应学生的成绩。

=VLOOKUP(F1,A1:C8,3,FALSE)

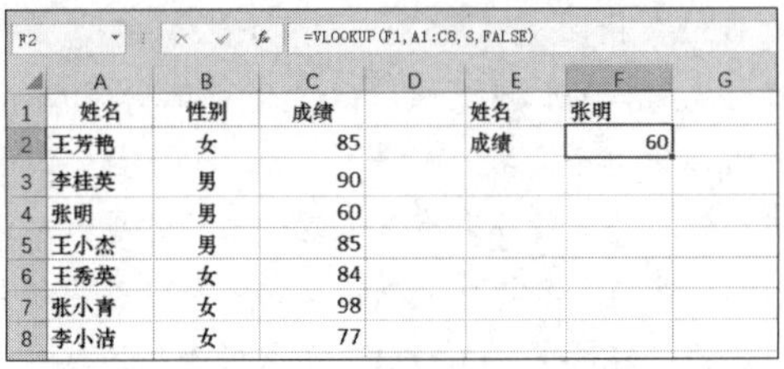

图 19-11 VLOOKUP函数的基本用法

上例中 VLOOKUP 函数的第 4 个参数为 FALSE，即为精确查找，FALSE 可用 0 代替，以下公式与上述公式等效。

=VLOOKUP(F1,A1:C8,3,0)

例 2 VLOOKUP 函数精确查找。

图 19-12 中的右侧是"采购报价单"，

在左侧需要查询相应采购产品的单价，然后根据单价乘以数量得出最终金额，在 D2 单元格中可使用下列公式计算采购的金额。

=VLOOKUP(B2,F:G,2,0)*C2

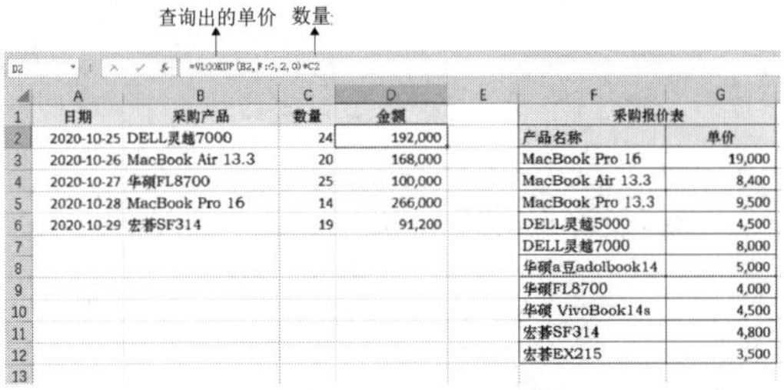

图 19-12 计算采购金额

例 3 VLOOKUP 函数模糊查找（查找某一区间值）。

图 19-13 展示的是某企业的销售员的提成计算表，F3:G9 区域为提成率的分配表，现需要在 C 列中计算各销售员的提成比例，然后在 D 列计算其最终提成金额。

该问题分析思路、操作方法步骤如下。

第 1 步 F3:G9 区域的提成比例分配表必须转换成 I3:J9 区域的形式。其原因是 F3:G9 区域不便于 VLOOKUP 函数对销售额区间的判断。此外转换的销售额区域必须要按升序排列。

第 2 步 在本例中是查询某个值所对应的数据，可以采用 VLOOKUP 函数，但因为查询的某个值在某个区间内，所以必须要使用模糊查询。在 C2 单元格中输入以下公式，可计算出各销售员对应的提成率。

=VLOOKUP(B2,$I$4:$J$9,2,TRUE)

图 19-13 利用VLOOKUP函数模糊查询提取提成率

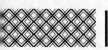

深入了解

I3:J9 区域虽然是垂直分布的列表，但用户需要了解该列表分布背后的含义，其含义是相邻两行代表一个区间。如图 19-14 所示，最后一行数据（50000）表示大于该数的区间。对于模糊查询，如果某个查询数落入某个区间内，那么返回值将是这个区间的最小值所对应的提成比例。

销售额	提成比例
0	1%
10,000	2%
20,000	3%
30,000	4%
40,000	5%
50,000	6%

0 ～ 10000 区间
10000 ～ 20000 区间
20000 ～ 30000 区间
30000 ～ 40000 区间
40000 ～ 50000 区间
大于 50000 区间

提示：对于模糊查询，找不到查询值，将返回小于查询值的最大值。如查询 35000，它在 30000 ～ 40000 区间内，返回 30000 所对应的值（4%）

图 19-14　模糊查找所对应的区间

例 4 VLOOKUP 函数反向查找。

如图 19-15 所示，A 列是姓名，B 列是员工编号，在右侧 D2 单元格中已知"员工编号"的情况，需查询相应员工编号的姓名。VLOOKUP 函数只能在查询区域的第 1 列中进行查找，但该示例中的查询值却在查询区域的第 2 列。为了正确查询，需要使用 IF({1,0},B2:B8,A2:A8) 将查询区域的列进行调换。在 E2 单元格中输入以下公式，可正确查询员工编号对应的姓名。

=VLOOKUP(D2,IF({1,0},B2:B8,A2:A8),2,0)

	A	B	C	D	E
1	姓名	员工编号		员工编号	姓名
2	张伟	1-0799		6-1568	李丽
3	李敏	1-2072			
4	王艳	2-9161		查询值在查询区域中的第2列	
5	刘芳	4-8885			
6	李丽	6-1568			
7	王军	6-2696			
8	张静	7-0034			
9					

图 19-15　VLOOKUP函数反向查找

深入了解

对于 IF({1,0},B2:B8,A2:A8) 的含义，图 19-16 展示了其具体的计算原理。对于 {1, 0} 相当于 {TRUE, FALSE}，它们作为 IF 函数的第一个参数，后面第二个参数、第三个参数分别是区域 B2:B8 和区域 A2:A8。这两个区域的位置刚好与原数据的位置调换。根据 IF 函数的特性，1 会返回第二个参数，0 会返回第三个参数，因为是数组运算，所以会有多个返回值。这样最终返回的值是与原数据区域列相反的一个内存数组区域。构建好符合 VLOOKUP 函数的查询区域后，便可返回查询的正确值。

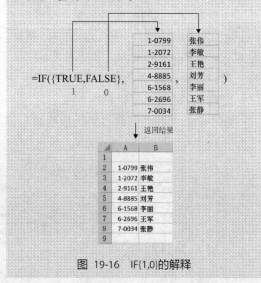

图 19-16　IF{1,0}的解释

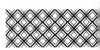

例5 VLOOKUP 的多条件查询。

图 19-17 中展示了某企业不同产品、不同月份、不同地区的销售表，现需要在右侧条件中查询产品相关月份、地区的销售。对于 VLOOKUP 函数的查找值，默认只能是一个单独的条件，并且查找值必须在查询区域的第一列中，但此例中查找的条件有 3 个，并且查询区域中信息也是分别放置在不同列中。为了能正确地查询，必须先构建规范的查找值和查询区域。在 H4 单元格中输入以下公式，按快捷键 <Ctrl+Shift+Enter>，可查询正确的销量。

=VLOOKUP(H1&H2&H3,IF({1,0},A2:A9&B2:B9&C2:C9,D2:D9),2,0)

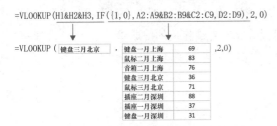

图 19-17　VLOOKUP 函数的多条件查询

上述公式，使用 "&" 连接 H1、H2、H3 单元格进行连接，从而构建规范的多条件的查找值。然后使用 IF({1,0},A2:A9&B2:B9&C2:C9,D2:D9) 构建正确的查询区域。构建这两部分后，就可以用 VLOOKUP 函数正确地查询，因为公式中多步计算，所以公式为数组公式，必须要按快捷键 <Ctrl+Shift+Enter> 结束公式的编辑。

图 19-18 展示了构建 VLOOKUP 函数第一个、第二个参数的形象示意图。

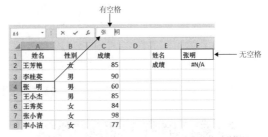

图 19-18　"&" 连接多个条件

VLOOKUP 函数在查询时，常见错误有以下两种。

（1）查询区域或查询值有空格或含有其他不可见字符，导致查询错误。

如图 19-19 所示，查询值为 F1 单元格中的"张明"，但查询区域中的 A4 单元格中的"张明"中间有多个空格，用户将光标置于公式编辑栏中，即可观察到空格所在位置。

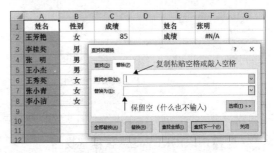

图 19-19　多余空格导致 VLOOKUP 函数查询错误

在 Excel 中，空格或其他不可见字符经常会导致查询值与查询区域的值不匹配，需将其删除。常见批量删除空格的方式为选中含空格的单元格区域，再使用替换命令，在【查找内容】框中输入空格或在单元格中选中空格样本后，复制并粘贴到【查找内容】框中，然后在【替换为】框中保留空，表示删除。单击【全部替换】按钮即可删除选中单元格区域所有空格，如图 19-20 所示。

图 19-20　利用替换功能删除空格

（2）数据类型不匹配，导致 VLOOKUP 函数查询错误。

图 19-21 展示的是学生成绩表，现需要在 F2 单元格中通过 E2 单元格中的学号查询对应学号的学生姓名。因 E2 单元格内的数字为数值型数字，而 A 列中的学号为文本型数字，在 VLOOKUP 函数查找过程中，文本型数字和数值型数字为不同的字符，会造成查询错误。用户需要将这两种数据类型改成一

致后方可正确地查询。

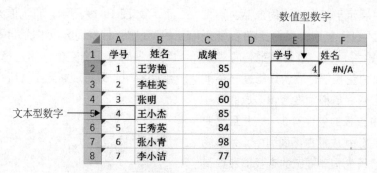

图 19-21　数据类型不匹配导致VLOOKUP查询错误

19.2.2　HLOOKUP 函数

HLOOKUP 函数的工作原理与 VLOOKUP 函数相似（相关参数说明及注意事项可参考 VLOOKUP 函数），它用于在单元格区域或者数组的第 1 行中查找值，然后返回查找值所对应其他行的值。语法：

HLOOKUP(lookup_value,table_array,col_Index_num,[range_lookup])

例1　HLOOKUP 函数精确查找。

图 19-22 展示的是某企业人事信息表，在 B8 单元格中需要根据左侧员工编号，查找其对应姓名。在 B8 单元格中输入以下公式，即可查找出员工编号所对应的姓名。

=HLOOKUP(A8,A1:F2,2,0)

	A	B	C	D	E	F	G
1	员工编号	YG001	YG002	YG003	YG004	YG005	
2	姓名	王伟	张敏	王芳	李杰	张静	
3	性别	男	女	男	女	女	
4	所属部门	销售部	财务部	财务部	市场部	人事部	
5							
6							
7	员工编号	姓名					
8	YG004	李杰					

B8 单元格公式：=HLOOKUP(A8, A1:F2, 2, 0)

图 19-22　根据员工编号查找对应姓名

例2　HLOOKUP 函数模糊查找。

图 19-23 展示的是某企业销售提成比例表，在右侧是提成比例规则表（水平排列）。在 C2 单元格中输入以下公式，复制到 C7 单元格，即可以计算出各销售员的提成率。

=HLOOKUP(B2,$E$2:$J$3,2,TRUE)

必须按升序排列

	A	B	C	D	E	F	G	H	I	J	K
1	姓名	销量额	提成比例		提成率						
2	王芳	22,900	3%		0	10,000	20,000	30,000	40,000	50,000	
3	李桂英	15,900	2%		1%	2%	3%	4%	5%	6%	
4	张明	16,200	2%								
5	王杰	43,300	5%								
6	王英	77,200	6%								
7	张青	50,000	6%								

C2 单元格公式：=HLOOKUP(B2,$E$2:$J$3, 2, TRUE)

图 19-23　HLOOKUP函数的模糊查询

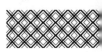

19.2.3 LOOKUP 函数

LOOKUP 函数用于在某一行或某一列中查找指定的值，然后返回另一行或另一列区域中相同位置的值。

LOOKUP 函数具有向量和数组两种语法形式。向量形式语法：

LOOKUP(lookup_value,lookup_vector,[result_vector])

参数说明如下。

lookup_value：要查找的值。

lookup_vector：查找的区域或数组，该区域或数组必须要按升序排列，否则可能会返回错误结果。

result_vector：返回查找结果的区域或数组，该区域大小必须与 lookup_vector 保持一致。

注意事项如下。

（1）如果在查找区域中找不到查询值，则该函数会与查询区域中小于查询值的最大值进行匹配，如果查询值小于查询区域中的最小值，则返回 #N/A。此外，如果查询区域中有多个符合条件的记录，LOOKUP 函数仅返回最后一条符合条件的记录。

（2）该函数支持忽略空值、逻辑值和错误值来进行数据查询。

图 19-24 展示了 LOOKUP 函数向量形式的查找原理。

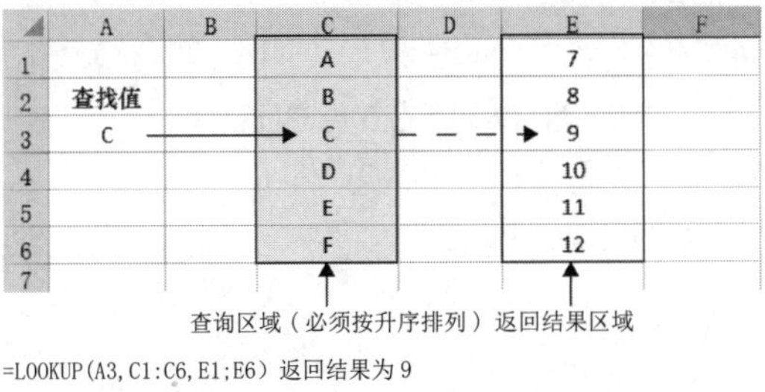

（图）

查询区域（必须按升序排列）返回结果区域

=LOOKUP(A3,C1:C6,E1:E6) 返回结果为 9

图 19-24　LOOKUP函数的向量查找原理

例1 LOOKUP 函数查找某个具体的值。

如图 19-25 所示，A 列是姓名，B 列是员工编号（已按升序排列），在右侧需要根据员工编号查询相应员工的姓名。在 E2 单元格中输入以下公式，即可查询出员工编号所对应的姓名。

=LOOKUP(D2,B2:B8,A2:A8)

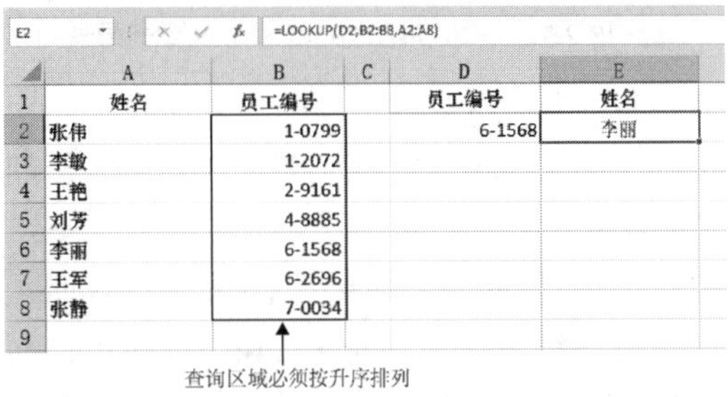

（图）

查询区域必须按升序排列

图 19-25　LOOKUP函数向量形式的基本用法

例2 LOOKUP 函数查找某个区域的值。

图 19-26 展示的是某企业的销售员的提成计算表，E2:F6 区域为提成率的分配表，在 C2 单元格输入以下公式，并向下复制，即可计算相应销售额的提成率。

=LOOKUP(B2,$E$2:$E$6,$F$2:$F$6)

（图）

查询区域必须按升序排列

图 19-26　利用LOOKUP函数进行区域查询

LOOKUP 函数另一种查询方式为数组形式，它用于在某个区域中的第一行或第一列查找，然后返回该区域中最后一行或最后一列相同位置的值，图 19-27 展示的是 LOOKUP 函数数组形式的查找原理。数组形式语法：

LOOKUP(lookup_value,array)

参数说明如下。

lookup_value：要查找的值。

array：要查找数据的区域或数组。

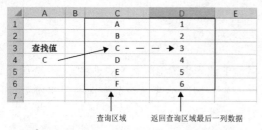

=LOOKUP(A4,C1:D6) 返回结果为：3

图 19-27　LOOKUP函数的数组形式查询原理

注意事项如下。

（1）查询区域必须要按升序排列，否则可能会返回错误结果。

（2）当查询区域中列数大于行数时，将在第一行内查找 lookup_value 参数值，如果列数小于或等于行数，则在第一列内查找 lookup_value 参数值。

例3　如图 19-28 所示，在 G2 单元格中输入以下公式，可查找 F2 单元格中姓名所对应的员工编号。

=LOOKUP(F2,A2:C8)

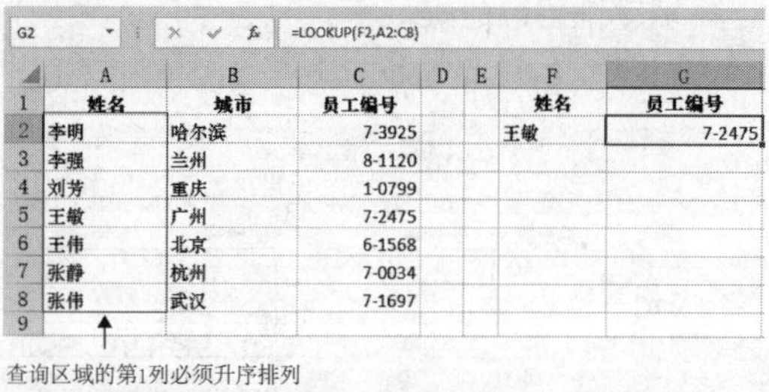

查询区域的第1列必须升序排列

图 19-28　LOOKUP函数数组形式的基本用法

本示例中使用 LOOKUP 函数的数组形式，通过在 A2:C8 连续区域的第一列中查找指定姓名，然后返回该区域所对应最后一列中的员工编号。

例4　如图 19-29 所示，在 H2 单元格中

输入以下公式，查询 G2 单元格中姓名对应的员工编号。

=LOOKUP(G2,A1:D3)

但该公式返回的结果为"人事部"，该查询结果显然错误。

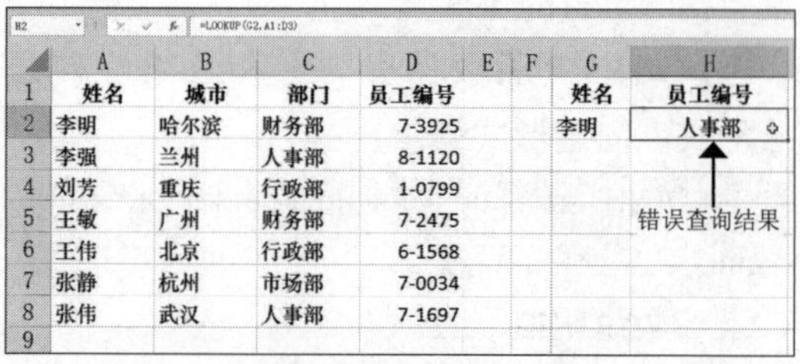

图 19-29　LOOKUP函数返回错误查询结果

上述结果错误的原因是 LOOKUP 的数组形式，当查询区域的列数大于行数时，会在查询区域的首行查找，返回最后一行的值；如果查询区域中的列数小于或等于行数，则会在数据区域的首列进行查找返回最后一列的值。上述示例中的查询区域为 4 列 3 行，所以会在首行进行查找，然后返回第 3 行的数据，此外之所以返回"人事部"，是因为在首行中根据二分法查找原理，会将姓名为"李明"的员工与"部门"列进行查询匹配，如图 19-30 所示。

图 19-30　在首行进行查找

深入了解

查找是在大量的信息中寻找一个特定的信息元素，在计算机应用中，查找常见的算法主要有两种：一是遍历法，二是二分法。

遍历法查找：又称顺序查找或线形查找，它是指从前向后一个一个按顺序查找，如图 19-31 所示，如需要查找 12，遍历法会从第 1 个位置序号开始，一个一个按位置顺序查找，直到找到数值 12。

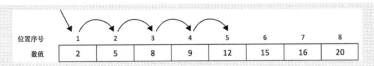

图 19-31　遍历法查找

遍历法的算法很简单，但是当数据数量非常多的时候，使用遍历法对数据从头到尾一个一个值进行查询，这样的查找方式效率非常低下。为了提高查找效率，需要使用其他的查找方式，如二分法查找。

二分法查找：又称对半查找，是指对一个有序的数据集合进行查找，它会每次将查找的值与数据集合中间位置的数据进行对比，对比后将查找的区域缩小为之前的一半，直到找到要查找的元素。二分法查找非常高效，在 Excel 中所有的查询函数，如 VLOOKUP、HLOOKUP、MATCH、LOOKUP 函数的模糊查找都是采用二分法查找。

对于二分法查找在生活中也有应用，如翻书、翻字典就是二分法查找的应用。例如，一本书 1000 页，用户想查找第 600 页中的内容，如果第一次翻到第 450 页，则用户肯定会向 450 之后部分继续翻页。因为第 450 页之前的页数肯定都小于 600。通过进行几次二分法的查找，用户就可以很快地找到所需的第 600 页。如果采用遍历法查找，那就必须从第 1 页一直找到第 600 页，这种查找方式的效率非常低下。

二分法查找的前提是查询的数据区域必须是有序的序列。对于 VLOOKUP、HLOOKUP、MATCH、LOOKUP 等查询函数，进行模糊查询时，查询区域的数据必须要先进行升序排列，如图 19-32 所示。

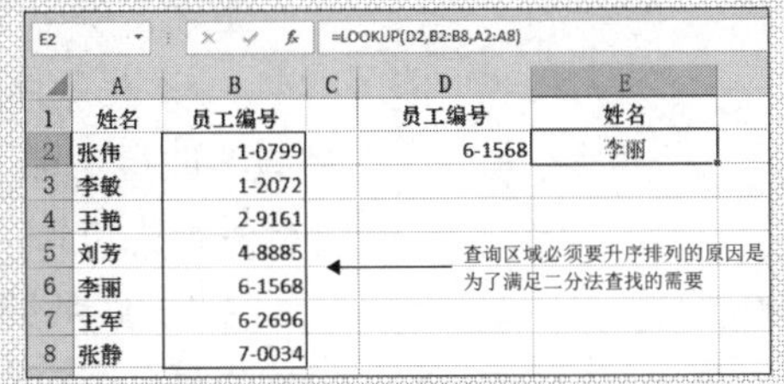

图 19-32　查询区域必须升序排列

图 19-33 展示了二分法的查找原理。

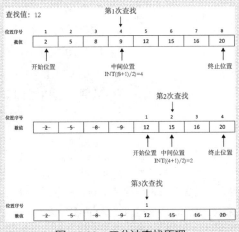

图 19-33　二分法查找原理

图中数值 2、5、8、9、12、15、16、20 是已经按升序排列好的数值序列，而位置序号表示每个数值对应的位置顺序号。对于二分法查找的值，需要与中间位置的值进行比较，中间位置的计算公式为"=INT((数据的个数 +1)/2)"。

现需要在序列中查找 12。二分法第 1 次查找时，会先比较查找值 12 与中间位置（第 4 个位置）的值 9，因为序列已经按升序排列，并且 12>9，所以中间位置往前的部分全部都会比 12 小。所以会在后半部分的数据中继续进行二分法查找。第 2 次查找时的中间位置为数值 15 对应的位置。12<15，所以中间位置往后的部分全部都会大于 12。所以会在前面部分的数据中继续进行二分法查找。因为第 3 次查找时只剩下最后一个数值 12，所以最终找到目标值 12。如果最后位置的值为 11，同样也会被查找到。如果二分法查不到精确的值，就会查找小于精确值的最大值。

例5 如图 19-34 所示，对于 LOOKUP 函数或其他查询函数的模糊查找，查询区域必须要按升序排列，如果实际未按升序排列，Excel 也视为已按升序排列，再进行二分法查找。

图中公式：=LOOKUP(D2,A2:A9,B2:B9)

序列	值		序号	查询结果
1	A		8	H
2	B			
3	C			
4	D			
5	E			
6	F			
7	G			
8	H			
9	I			
10	J			

查询区域必须按升序排列，
如果实际未按升序排列，Excel也视为已按升序排列

图 19-34　LOOKUP函数二分法查找

例6 如图 19-35 所示，序列中未按升序排列，所以在 E2 单元格中使用 LOOKUP 函数对序号 8 的值进行查询时，返回 B（正确返回结果应为 H）。

图中公式：=LOOKUP(D2,A2:A11,B2:B11)

序列	值		序号	查询结果
9	I		8	B
8	H			
7	G			
6	F			
5	E	←第1次查找		
4	D			
1	A			
3	C	←第2次查找		
2	B	←第3次查找		
10	J			

图 19-35　查询区间未排序返回错误结果

上述示例中使用二分法查找的思路如下。

（1）先跟序列中的中间位置的第 6 行的数值 5 进行比较，比较值 8 大于 5，向后半部分进行比较。

（2）后半部分的区域为 A7:A11，中间位置为第 9 行的数值 3，比较值 8 大于 3，继续向后半部分进行比较。

（3）后半部的区域为 A10:A11，中间位置为第 10 行的数值 2，比较值 8>2，继续向后半部分进行比较，因为后半部分只有一个 10，10 大于 8，在二分法查找中，查找到的值绝对不能大于比较值，只能小于或等于比较值。所以返回 2 所对应的 B。

深入了解

二分法查找重点原理有以下 6 点。

（1）二分法是将查找值与查找序列中的中间位置的值进行比较。

（2）如果比较值大于中间位置的值，则以中间位置作为分界线，继续在右边取新的中间位置继续比较，如果比较值小于中间位置的值，则以中间位置作为分界线，继续在左边取新的中间位置继续比较。

（3）比较值等于中间位置值时，继续判断其右边数值是否继续相等，直到不相等时返回最后一个相等的数值，如图 19-36 所示，比较值 9 在第 1 次查找时与中间位置的值 9 相等，但即使相等，也会继续向下查找，因为下方又有一个值等于 9，所以会返回最后一个相等的值。因此，E2 单元格的查询结果返回的是 C，而不是 B。

	A	B	C	D	E
1	序列	值		序号	查询结果
2	8	A		9	C
3	9	B			
4	9	C			
5					

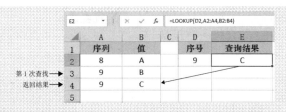

图 19-36 多个匹配值时返回最后一个匹配值

（4）当查找区域只剩下一个数时，也就是查找区域到达序列的边界时，查找结束。此时如果边界上面的值还是大于查找值，将返回 #N/A。如图 19-37 所示，数据序列中的最小值为 8，而查找值为 7，最小值都大于查找值，将返回 #N/A。

	A	B	C	D	E
1	序列	值		序号	查询结果
2	8	A		7	#N/A
3	9	B			
4	10	C			
5					

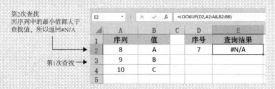

图 19-37 序列中的最小值都大于查找值时返回#N/A

（5）当查找值大于数值序列中所有的值时，将返回最后一行数据。如图 19-38 所示，查找值为 15，它大于 A 列中所有的数据，所以返回最后一行数据。

	A	B	C	D	E
1	序列	值		序号	查询结果
2	8	A		15	C
3	9	B			
4	1	C			
5					

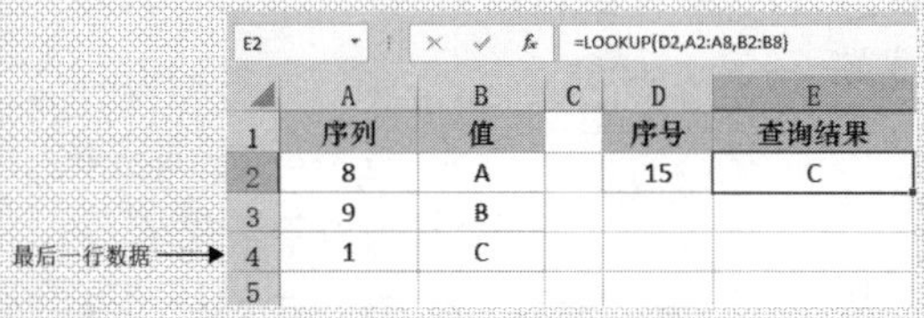

图 19-38 返回最后一行数据

提示：图 19-38 中最后一行的序号为 1，比其他的序号都小，为什么最终会返回它呢？原因在于在 Excel 中，如果查询区域实际未按升序排列，但 Excel 也视同已经按升序排列，并且对于二分法查找是逐步缩小查询区域，因为查找值都大于数据序列中的值，所以最后一行必然是最后比较的数据。在二分法的查找中，最后比较的数据视为最大的，所以数值 1 相当于是小于 15 的最大值。正因为如此，所以返回最后一行数据。

（6）当数据序列中存在错误值时，将被忽略。如图 19-39 所示，查找值为 14，第 1 次查找将与 9 进行比较，因为 14 大于 9，继续在 A4:A5 区域中查找，因为 A4 单元格中是错误值 #N/A，它将被忽略，而 A5 单元格中的值 15 大于查找值，所以会返回数值 9 的内容。

	A	B	C	D	E
1	序列	值		序号	查询结果
2	8	A		14	B
3	9	B			
4	#N/A	C			
5	15	D			
6					

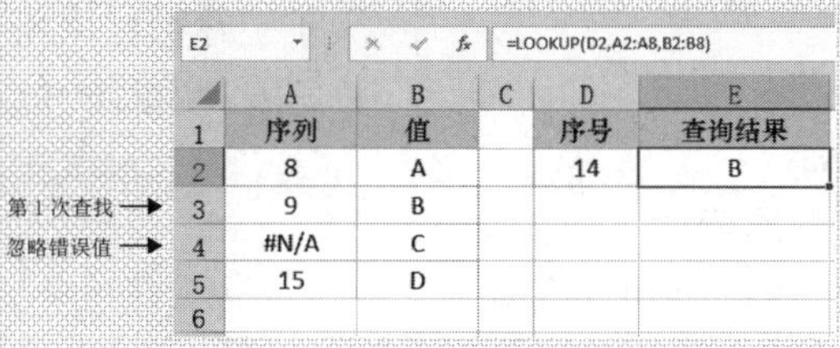

图 19-39 忽略错误查找

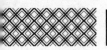

例7 如图 19-40 所示，A 列是对商品进行的合并类型的描述，在 C2 单元格中输入以下公式，并向下复制到 C11 单元格，可以将类型在商品的每一行中进行填充。

=LOOKUP(" 座 ",A$2:A2)

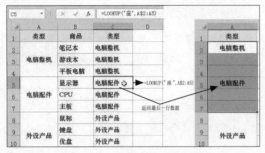

图 19-40　批量填充明细数据

"座"字是一个编码较大的字符，它几乎大于所有文本和数字，此外针对合并单元格中的数据只存在合并区域的左上角，其他单元格均为空单元格。

对于 C2 单元格，公式如下：

=LOOKUP(" 座 ",A$2:A2),

它返回"电脑整机"。

对于 C3 单元格，公式如下：

=LOOKUP(" 座 ",A$2:A3)

选中公式中的 A$2:A3，按 <F9> 键，会显示为一维纵向数组：{" 电脑整机 ";0}。但对于这个数组中的 0 值，是对空单元格计算时默认产生的 0 值，实际上是空单元格，对于二分法查找，如果数据区域中有空单元格，则会忽略空单元格，所以 C3 单元格中返回的结果为"电脑整机"，C4 单元格中返回的结果也是"电脑整机"，原理与 C3 单元格返回的结果原理类似。

对于 C5 单元格，公式如下：

=LOOKUP(" 座 ",A$2:A5)

它返回的结果为"电脑配件"，因为"A$2:A5"返回的是 4 个元素的一维纵向数组：{" 电脑整机 ";0; 0; " 电脑配件 "}。因为查找值"座"大于该数组中所有的值，所以返回最后一行数据。

其他单元格的填充原理类似。

深入了解

如果要始终返回最后一行数值数据，那么 LOOKUP 函数的第一个参数可设置为 9E+307，它表示 9×10^{307}，它是接近 Excel 中允许输入的最大值，在实际的 Excel 应用中，它经常作为数值查找及数值的比较。

例8 图 19-41 中展示了一系列打印机在不同日期的采购单价。现在需要在 F2 单元格中查询某型号打印机最新的采购单价，在 F2 单元格中输入以下公式，即可查询最新的单价。

=LOOKUP(1,0/(B2:B9=E2),C2:C9)

	采购日期	型号	采购单价		型号	最新单价
1						
2	2020-01-05	爱普生L3153	1,400		佳能TS3380	850
3	2020-03-12	惠普P1106	1,200			
4	2020-04-19	佳能TS3380	900			
5	2020-06-18	惠普P1106	1,100			
6	2020-08-22	佳能TS3380	800			
7	2020-10-25	爱普生L3153	1,300			
8	2020-11-05	惠普P1106	1,050			
9	2020-12-06	佳能TS3380	850			

图 19-41　查找最后单价

"(B2:B9)=E2"用来判断 B 列中的型号是否与 E2 单元格中的查询型号相同，返回值为以下逻辑值：

{FALSE;FALSE;TRUE;FALSE;TRUE;FALSE;FALSE;TRUE}

"0/(B2:B9)=E2"用来构建由 0 和除 0 错误 #DIV/0! 构成的数组：

{#DIV/0!;#DIV/0!;0;#DIV/0!;0;#DIV/0!;#DIV/0!;0}

再用数值 1 在内存数组中进行二分法查找（查询数值 1 表示大于 0 的数，用户也可以指定其他大于 0 的数）。

因为二分法查找忽略错误值，并且数值 1 大于上述数组中所有 0，所以始终返回最后一行所对应的单价，如图 19-42 所示。

图 19-42　LOOKUP单条件查询

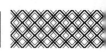

例9 在例 8 的基础上，在 F3 单元格中输入以下公式，即可查询指定采购日期和型号的单价，如图 19-43 所示。

=LOOKUP(1,0/((A2:A9=F1)*(B2:B9=F2)),C2:C9)

	A	B	C	D	E	F
1	采购日期	型号	采购单价		采购日期	2020-10-25
2	2020-01-05	爱普生L3153	1,400		型号	爱普生L3153
3	2020-03-12	惠普P1106	1,200		单价	1,300
4	2020-04-19	佳能TS3380	900			
5	2020-06-18	惠普P1106	1,100			
6	2020-08-22	佳能TS3380	800			
7	2020-10-25	爱普生L3153	1,300			
8	2020-11-05	惠普P1106	1,050			
9	2020-12-06	佳能TS3380	850			

图 19-43 LOOKUP函数多条件查询

深入了解

在实际实用中 LOOKUP 函数经常构建单条件或多条件查询。

单条件查询格式如下：

LOOKUP(1,0/ 条件, 目标区域)

多条件查询格式如下：

LOOKUP(1,0/(条件 1* 条件 2* 条件 3*…* 条件 N, 目标区域)

对于 LOOKUP 函数构建的单条件或多条件查询，其查询区域可以不用排序。

19.2.4 MATCH 函数

MATCH 函数用于在单元格区域中搜索查找值，然后返回要查找的值在单元格区域中的相对位置。语法：

MATCH(lookup_value,lookup_array,[match_type])

参数说明如下。

lookup_value：要查找的值。

lookup_array：查找的数值的区域，区域为一行或一列。

match_type：查找方式，用于指定精确查找或模糊查找，取值为 -1、0 或 1。表 19-1 列出了 MATCH 函数在参数 match_type 取不同值时的返回值。

表 19-1 参数 match_type 与 MATCH 函数的返回值

match_type 参数值	返回值
1 或省略	MATCH 函数查找小于或等于 lookup_value 的最大值。lookup_array 参数中的值必须以升序排序
0	MATCH 函数查找完全等于 lookup_value 的第一个值。lookup_array 参数中的值可按任何顺序排列
−1	MATCH 函数查找大于或等于 lookup_value 的最小值。lookup_array 参数中的值必须按降序排列

例1 如图 19-44 所示，A 列为编号，在 D2 单元格中输入以下公式，可获取 D1 单元格中编号所处查询区域中的位置。

=MATCH(D1,A2:A9,0)

图19-44 MATCH函数的基本用法

例2 图 19-45 中的左侧是代销清单，右侧是商品信息，现需要在 D3:F7 区域查询对应产品的发货地、运输方式、单价信息，对于该需求可以使用 VLOOKUP 函数，但是因为代销清单中发货地、运输方式、单价与商品信息表中的排列顺序位置并不相同，所以为了快速定位代销清单中的列标题在商品信息表中的位置，可以使用 MATCH 函数。MATCH 函数所定位的位置，就是 VLOOKUP 函数在查询区域 I3:L9 中要返回的列数。在 D3 单元格中输入以下公式，并复制在其他区域，即可在商品信息表中提取相关的信息。

=VLOOKUP($B3,$I$3:$L$9,MATCH(D$2,$I$2:$L$2,0),0)

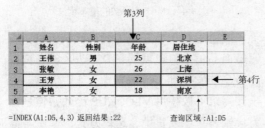

图 19-45   使用 MATCH 函数定位查询值位置

19.2.5 INDEX 函数

INDEX 函数用于返回单元格区域或数组中行列交叉值。

INDEX 函数具有数组和引用两种语法形式。数组形式语法：

INDEX(array,row_num,[column_num])

参数说明如下。

array：单元格区域或数组，如果单元格区域或数组只包含一行或一列，则相对应的参数 row_num 或 column_num 为可选参数。

row_num：返回值所在的行号。

column_num：返回值所在的列号。

图 19-46 展示了 INDEX 函数查找原理。

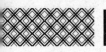

=INDEX(A1:D5,4,3) 返回结果：22   查询区域：A1:D5

图 19-46   INDEX 函数查找原理

例1 图 19-47 展示的是不同地区、不同

尺寸的运费价目表，D9 单元格为待查尺寸大小输入值，D10 单元格为待查地区代码输入值，在 D11 单元格中输入以下公式，即可获取待查尺寸及地区所对应的运费。

=INDEX(C3:J7,D9,D10)

图 19-47   INDEX 函数数组形式的基本用法

INDEX 函数另一种形式为引用形式。引用形式语法：

INDEX(reference,row_num,[column_num],[area_num])

参数说明如下。

reference：要返回值的一个或多个单元格区域。如果是多个单元格区域，该参数必

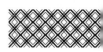

须将其用括号括起来。

row_num：返回值所在的行号。

column_num：返回值所在的列号。

area_num：要从多个区域中选择的区域代码，第一个区域编码为 1，第二个区域编号为 2，以此类推。

例2 图 19-48 展示的是两个季度的销售清单表，B10 为季度输入单元格，B11 为姓名输入单元格，在 B12 单元格中输入以下公式，可提取指定季度下某员工的销量。

=INDEX((A3:B8,D3:E8),MATCH(B11,A3:A8,0),2,B10)

(A3:B8,D3:E8) 为第 1 季度和第 2 季度的两块数据区域，利用 MATCH 函数查找姓名

所在行数，"2"表示返回数据区域的第 2 列，B10 为季度的输入单元格，1 表示指定第一个参数中第一个区域（A3:B8），如果是 2 表示第一个参数中第二个区域（D3:E8）。

	第1季度			第2季度	
	A	B	C	D	E	F
1	第1季度			第2季度		
2	姓名	销量		姓名	销量	
3	王伟	156		王伟	198	
4	张敏	251		张敏	155	
5	王芳	236		王芳	159	
6	李强	120		李强	147	
7	刘艳	216		刘艳	136	
8	李明	412		李明	158	
9						
10	季度	1				
11	姓名	李明				
12	销量	412				

B12 单元格公式：=INDEX((A3:B8,D3:E8),MATCH(B11,A3:A8,0),2,B10)

图 19-48　不同季度中提取销量

19.2.6　INDEX 与 MATCH 函数运用

例1 图 19-49 展示的是各城市不同月份的销售金额表，在 C12 单元格中，需要根据 C10 单元格中指定的月份和 C11 单元格中指定的城市名，查找出相应的金额。在 C12 单元格中输入以下公式，即可求出指定月份和城市的销售金额。

=INDEX(C3:H8,MATCH(C11,B3:B8,0),MATCH(C10,C2:H2,0))

INDEX 函数的第二个参数利用 MATCH 函数定位"深圳"在 B3:B8 区域的第 4 行（即 MATCH(C11,B3:B8,0) 的结果返回 4），同时 INDEX 函数的第三个参数也利用 MATCH 函数定位"三月"在 C2:H2 区域的第 3 列（即 MATCH(C10,C2:H2,0) 返回的结果为 3），然后 INDEX 函数返回 C3:H8 区域中的第 4 行第 3 列，即为指定三月份深圳的销售金额 57。

C12 单元格公式：=INDEX(C3:H8,MATCH(C11,B3:B8,0),MATCH(C10,C2:H2,0))

	A	B	C	D	E	F	G	H
1								
2			一月	二月	三月	四月	五月	六月
3		北京	65	77	73	52	48	37
4		上海	85	69	71	32	46	34
5		广州	59	36	47	47	47	40
6		深圳	51	57	57	78	40	49
7		杭州	60	64	87	47	40	37
8		南京	61	38	37	60	38	49
9								
10		月份	三月					
11		城市	深圳					
12		金额	57					

图 19-49　提取指定月份城市的销售金额

例2 图 19-50 展示的为不同分店 1 月至 3 月销售金额表，在 G2 单元格中输入以下公式，可求出总金额最高的分店名称。

=INDEX(A2:A8,MATCH(MAX(E2:E8),E2:E8,0))

此公式先用 MAX 函数找到 E2:E8 区域的最大值为 3100，然后利用 MATCH 函数定位到 E2:E8 区域中第 2 行。INDEX 函数在 A2:A8 区域中查找第 2 行，即返回总金额最高的店铺为"徐汇店"。

G2 单元格公式：=INDEX(A2:A8,MATCH(MAX(E2:E8),E2:E8,0))

	A	B	C	D	E	F	G
1	店铺	1月份	2月份	3月份	总计		总金额最高的店铺
2	杨浦店	1,200	100	600	1,900		徐汇店
3	徐汇店	400	1,300	1,400	3,100		
4	长宁店	900	1,000	1,000	2,900		
5	青浦店	100	800	900	1,800		
6	浦东店	1,300	400	1,300	3,000		
7	虹口店	900	700	400	2,000		
8	奉贤店	300	1,000	1,300	2,600		
9							

图 19-50　提取总金额最高的店铺

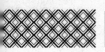

19.2.7 OFFSET 函数

OFFSET函数用于以指定的引用为参照，通过给定偏移量得到新的引用。返回的引用可以是单个单元格或是单元格区域。同时也可以指定要返回区域的行数和列数。

函数基本语法如下：

OFFSET(reference,rows,cols,[height],[width])

参数说明如下。

reference：基准位置。

rows：向上或向下偏移的行数。行数为正数时，代表向基准位置的下方偏移。行数为负数时，代表向基准位置的上方偏移。如果为 0，则表示不偏移。

cols：向左或向右偏移的列数。列数为正数时，代表向基准位置的右边偏移。列数为负数时，代表向基准位置的左边偏移。如果为 0，则表示不偏移。

height：要返回的引用区域的行数。

width：要返回的引用区域的列数。

图 19-51 展示了 OFFSET 函数的工作原理。

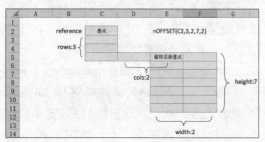

图 19-51　OFFSET函数的工作原理

图 19-52 展示了 OFFSET 函数常用参数的设置。

	A	B	C	D	E	F	G	H
1	项目	2018年	2019年	2020年	2021年		前面三个参数	值
2	工资成本	1	8	15	22		=OFFSET(B1,3,0)	3
3	员工保险	2	9	16	23		=OFFSET(B1,0,3)	2021年
4	住房公积金	3	10	17	24		=OFFSET(B1,3,3)	24
5	物业及水电费	4	11	18	25		=SUM(OFFSET(A2:A8,0,2))	77
6	租赁费	5	12	19	26			
7	办公费	6	13	20	27		五个参数	值
8	培训费	7	14	21	28		=SUM(OFFSET(A1,4,2,3,2))	93

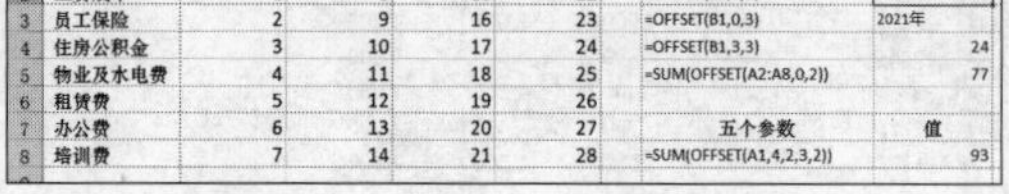

图 19-52　OFFSET函数参数设置

H2 单元格中公式“=OFFSET(B1,3,0)”返回结果为 3，原理为以 B1 单元格为参照点，向下偏移 3 行（B2 单元格为偏移的第 1 行），到达 B4 单元格，第三个参数为 0，即不向右偏移，结果还是 B4 单元格，取 B4 单元格中的值为 3。

H3 单元格中公式“=OFFSET(B1,0,3)”返回结果为“2021 年”，原理为以 B1 单元格为参照点，向下偏移 0 行（即保持为 B1 单元格），第三个参数为 3，即向右偏移 3 列（C1 单元格为偏移的第 1 列），到达 E1 单元格，取 E1 单元格中的值为“2021 年”。

H4 单元格中公式“=OFFSET(B1,3,3)”返回的结果为 24，原理为以 B1 单元格为参照点，向下偏移 3 行，到达 B4 单元格，第三个参数为 3，即向右偏移 3 列，到达 E4 单元格。取 E4 单元格中的值为 24。

H5 单元格中公式“=SUM(OFFSET(A2:A8,0,2))”返回的结果为 77，原理为以 A2:A8 单元格区域为参照点，向下偏移 0 行（即不偏移），第三个参数为 2，即向右整体偏移两列（即 C2:C8 单元格区域），然后利用 SUM 函数对 C2:C8 区域求和，结果为 77，如图 19-53 所示。

	A	B	C	D	E
1	项目	2018年	2019年	2020年	2021年
2	工资成本	1	8	15	22
3	员工保险	2	9	16	23
4	住房公积金	3	10	17	24
5	物业及水电费	4	11	18	25
6	租赁费	5	12	19	26
7	办公费	6	13	20	27
8	培训费	7	14	21	28

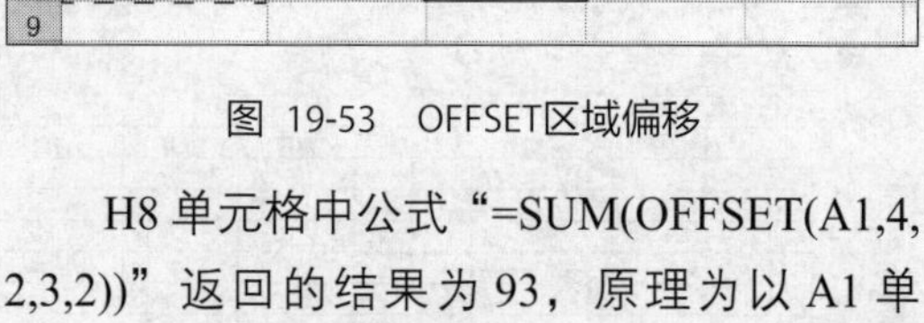

图 19-53　OFFSET区域偏移

H8 单元格中公式“=SUM(OFFSET(A1,4,2,3,2))”返回的结果为 93，原理为以 A1 单元格为参照点，向下偏移 4 行，第三个参数为 2，即向右偏移 2 列，到达 C5 单元格，然后以 C5 单元格向下扩展 3 行 2 列，该区域为 C5:D7，再利用 SUM 函数对 C5:D7 区域求和，结果为 93，如图 19-54 所示。

图 19-54　OFFSET函数扩展区域

例 图 19-55 展示的是某企业的出入库查询表，E3 单元格中可选择入库数量或出库数据，右侧为相应查询的起始月份和终止月份，在 F7 单元格中输入以下公式，即可达到查询目的。

=SUM(OFFSET(A1,F3,MATCH(E3,B1:C1, 0),G3-F3+1))

该公式先利用 MATCH 函数定位 E3 单元格中的"出库数量"在 B1:C1 区域。再利用 OFFSET 函数，以 A1 单元格为参照点，向下偏移 4 行（该偏移行量由 F3 单元格决定，

偏移后对应 A5 单元格中的 2020 年 4 月，此时刚好对应 F3 单元格中的起始月份），然后向右偏移 2 列（该偏移列量由 MATCH 函数决定），到达 C5 单元格，然后以 C5 单元格为起点，向下扩展 3 行（即 G3-F3+1，G3-F3 表示为终止月份 6 月减起始月份 4 月，加 1 表示包含起始月份，即包含 4 月、5 月、6 月区域），最后利用 SUM 函数对扩展的区域 C5:C7 求和，返回结果为 117。

图 19-55　出入库查询表

19.3 INDIRECT 函数

INDIRECT 函数将指定的文本字符串转为单元格引用，该函数经常用于跨表及多表合并。语法：

INDIRECT(ref_text,[a1])

参数说明如下。

ref_text：由字符串组合而成的文本地址。

a1：表示引用类型，A1 引用类型或 R1C1 引用类型。如果参数 a1 为 TRUE 或省略，参数 ref_text 使用 A1 引用样式；如果参数 a1 为 FALSE，参数 ref_text 使用 R1C1 引用类型，如表 19-2 所示。

表 19-2　INDIRECT 函数引用类型说明

引用类型	语法
A1 引用样式	= INDIRECT("A2",TRUE) 或 = Indirect("A2")
R1C1 引用样式	= INDIRECT("R2C1",FALSE)

19.3.1　直接引用

在 Excel 中，如果在单元格中直接输入等号后，再引用某个单元格地址，称为直接引用。如图 19-56 所示，笔者在 D2 单元格中输入公式"=A1"，就可以引用 A1 单元格中的值 1。这种方式称为直接引用。

直接引用

图 19-56　直接引用

19.3.2　间接引用

INDIRECT 函数的引用方式较为特别，它是通过文本字符串间接引用单元格中的内容。如图 19-57 所示，笔者在 D2 单元格中输入以下公式，可以引用 A1 单元格中的值 1。

=INDIRECT("A1")

INDIRECT 函数的参数 "A1"，形式为文本形式。

以文本形式引用A1单元格中内容

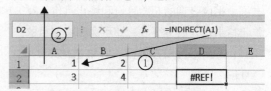

图 19-57　以文本字符串形式引用单元格中内容

INDIRECT 函数的参数除了是文本外，也可以是单元格地址引用。如果 INDIRECT 函数的参数是单元格引用，会通过两步进行计算。

第1步 找到 INDIRECT 函数参数中单元格引用地址。

第2步 提取参数单元格中的内容。如果内容是正确的单元格地址，则 INDIRECT 函数返回指向的单元格中的数据。如果不是正确的单元格地址，则返回引用错误 #REF!。

如图 19-58 所示，在 D2 单元格中输入以下公式：

=INDIRECT(A1)

该函数与之前的公式不同在于参数是单元格引用。但此处返回结果为 #REF!，产生错误的原因是 INDIRECT 函数先找到 A1 单元格，然后提取 A1 单元格中的文本，因为 A1 单元格中的值为数值 1，不是正确的单元

格引用地址，所以返回 #REF!。

不是正确的单元格引用地址，返回#REF!

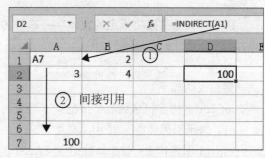

图 19-58　INDIRECT函数引用错误

如图 19-59 所示，如果将 A1 单元格中的内容改成 A7，将返回 A7 单元格中的值 100，之所以返回正常值是因为 A1 单元格中的内容是正确的单元格地址形式，它指向 A7 单元格，所以 INDIRECT 函数间接引用了 A7 单元格中的值。

图 19-59　INDIRECT函数的间接引用

图 19-60 展示了 INDIRECT 函数参数引用的原理。用户必须要了解的是 INDIRECT 函数是通过参数中文本形式的单元格地址进行的引用。形成文本形式的单元格地址有两种形式，一是直接在 INDIRECT 函数的参数中输入文本形式的单元格地址，此时会直接引用该单元格中的内容；二是通过单元格引用作为桥梁，间接获取单元格中存放的文本地址，从而间接引用所指向的单元格中的内容。

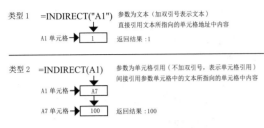

图 19-60　INDIRECT函数参数引用原理

深入了解

在实际应用中，INDIRECT 函数中的单元格地址的行列绝大部情况都是通过变量表示，通过变量就可以进行如多表的汇总的计算，表 19-3 列示了 INDIRECT 函数常见的引用类型。

表 19-3　INDIRECT 函数的不同引用类型

引用类型	表达式	返回结果
引用单元格中的数据	=INDIRECT ("A"&2)	A2 单元格中的值
引用单元格区域中的数据	=INDIRECT ("A2:A5")	A2:A5 区域中的值（数组）
引用其他工作表中的数据	=INDIRECT(" 汇总表 !A1")	"汇总表" 工作表中 A1 单元格中的值
引用其他工作簿中的数据	=INDIRECT("[报表 .xlsx]Sheet1 !$A$1")	"报表" 工作簿的 Sheet1 工作表中的 A1 单元格中的值

例1 图 19-61 右侧为 1 日至 6 日的明细工作表，现需要在"销售汇总表"中汇总各明细表中的合计。各明细表中数据结构均一样，合计单元格均在 B8 单元格。

在"销售汇总表"的 B2 单元格中输入以下公式，复制到 B7 单元格，即可引用各表合计至"销售汇总表"中。

=INDIRECT(A2&"!B8")

在"销售汇总表"的 A1:A7 区域中存放的是各工作表的表名，通过使用"A2&"!B8""，可以构建各工作表中 B8 单元格的文本引用地址，然后再将该地址作为 INDIRECT 函数的参数，即可以动态引用不同的工作表中合计单元格（B8）的数据。

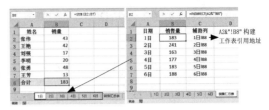

图 19-61　汇总多表合计

例2 利用INDIRECT 函数合并财务报表。

图 19-62 展示了某集团公司下各子公司的财务报表，各个公司报表数据分布结构都相同，现需要在汇总表中合并各个子公司的报表数据。

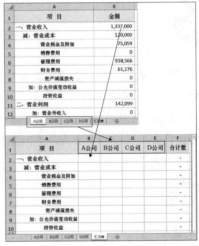

图 19-62　多张分公司财务报表

在"汇总表"的 B2 单元格中输入以下公式，并向下、向右拖动复制公式，即可迅速将各子公司报表数据汇总到总表中，如图 19-63 所示。

=INDIRECT (B$1&"!B"&ROW(B2))

图 19-63　汇总各报表数据

Excel 原理与技巧大全

图 19-64 展示了上述 INDIRECT 函数参数构成。

图 19-64 INDIRECT函数参数构成解析

B$1：动态引用公司名称，在 B1、C1、

D1、E1 单元格中公司名称同时也是工作表名称。

!B：固定 B 列，因为每个子公司的数据都在 B 列。

ROW(B2)：因为在动态地引用报表中每一行的数据，所以使用"ROW(B2)"来创建向下复制公式的行偏移。

上述部分都用"&"进行连接，最终生成工作表引用形式：A 公司 !B2。该形式作为 INDIRECT 函数的参数，即可以跨表进行数据的引用。

专业术语解释

近似匹配：又称模糊查询，如果找不到查找值，就查找最接近查找值的值，在 VLOOKUP 函数中的近似匹配会返回小于等于"查找值"里面的最大值，如查找值为 100。查找区域中有 98、99、101，将返回 99，因为 99 是小于 100 的最大值。

精确匹配：又称精确查询，查找完全相同的值。

问题 1：在使用 VLOOKUP 函数时，怎么快速确定返回值的列号？

答：在输入 VLOOKUP 函数的第 2 个参数，即选择查询区域时，区域的右下角会显示行数和列数的提示，通过此提示可以快速地确定要返回的具体列数，如图 19-65 所示。

7C表示选择区域的第7列

图 19-65 选择区域行列数的提示

问题 2：什么时候用模糊查询，什么时候用精确查询？

答：查找如"姓名""单号"等需要精准匹配的信息时要采用精确查询，而查找某个值属于哪个区域范围，则需要使用模糊查询。

文本处理函数

Excel 函数的优势体现为处理数字，但函数处理文本数据的能力也非常优秀，本章介绍如何利用文本函数对文本数据进行处理。

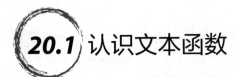

20.1 认识文本函数

在单元格中，输入除数值、日期、公式的内容外，Excel 都识别为文本数据，常见的文本数据有各类字符和文本型数字。

对于文本函数主要是对文本数据的处理，但文本函数也能对数值单元格进行处理。在公式中文本字符需要用一对半角双引号包围，如公式"=" 中国 "&" 北京 ""。若不用一对半角双引号包围则将识别为未定义的名称。

文本函数的结果为文本型数据，如图 20-1 所示，在 B1:B11 区域中使用文本函数 LEFT 分别取左侧数值的第一位数，返回结果都是文本型数字，而非数值型数字。

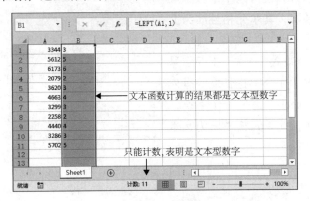

图 20-1 文本函数返回的结果为文本型数据

用户若想把文本函数的文本型数字结果转成数值型数字，可使用 *1、/1、+0、-0、--（两

个减号，即减负）等方法，把文本函数返回的文本型数字结果转成可以进行计算的数值型数字，如图 20-2 所示。

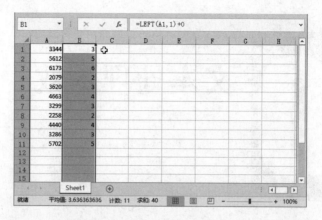

图 20-2　利用加0使文本函数的文本型数字结果转成数值型数字

20.2 空单元格与空文本的区别

在单元格中的字符可分为可见字符和不可见字符，最常见的不可见字符为空格（按 <Space> 键输入）。如在某单元格中无意输入一个空格字符，则该单元格视为有数据内容的单元格。下面列举在 Excel 中用不可见字符表示空单元格的方式，如图 20-3 所示。

（1）在未输入任何内容或清除内容的单元格为空单元格（又称真空单元格）。空单元格是指在单元格中没有任何内容的单元格，在公式计算中空单元格当作数值 0。

（2）在单元格中输入公式"="""（半角双引号之间没有空格），表示 0 个字符长度的空文本，此表示方式经常用于函数结果显示为空单元格的情况，其单元格性质为文本性质。

（3）在单元格中输入"="""（双引号之间有一个空格）表示 1 个字符长度的有内容单元格（空格在 Excel 中也是一个字符，其特殊性为不可见），此单元格性质为文本性质。

深入了解

如图 20-4 所示，A1 单元格是空单元格，使用以下两个公式都返回逻辑值 TRUE。

=A1=""

=A1=0

	A	B	C
1		TRUE	=A1=""
2		TRUE	=A1=0
3		FALSE	=0=""
4			

空单元格 ← 1

图 20-4　空单元格的数值属性

虽然空文本 "" 在以上公式中等价于数字 0，但是并不等于数值 0。因为空文本 "" 是文本性质的数据，而数值 0 是数值型数据，两者有着本质的不同，所以公式"=0="""返回 FALSE。

	A	B
1		空单元格（没有任何内容）
2	=""	0个字符长度的空文本（文本型单元格）
3	=" "	1个字符长度的有内容单元格（文本型单元格）

图 20-3　三种常见空单元格显示的情形

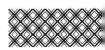

 连接文本函数

在实际工作中，经常需要将两个单元格或多个单元格中的数据内容合并连接在一个单元格中，在 Excel 中连接单元格可以使用简单的"&"连接符，也可以使用连接函数。

20.3.1　"&"连接符

"&"连接符可以将两个字符串连接为一个新的字符串，如图 20-5 所示。

C1		✕ ✓ fx	=A1&B1	
	A	B	C	D	E
1	中国	北京	中国北京		
2					
3					

图 20-5　利用"&"连接符连接字符串

用户若需要在两个字符之间加间隔，例如可在"&"之间加一个空格，空格的表示方法为在一对半角双引号之间按 <Space> 键，即可输入一个空格，如图 20-6 所示。

C1		✕ ✓ fx	=A1&" "&B1	
	A	B	C	D	E
1	中国	北京	中国 北京		
2					
3					

图 20-6　中间加空格连接字符串

例1 用"&"符号连接空文本，屏蔽 VLOOKUP 函数中返回的 0 值。

当使用 VLOOKUP、OFFSET 等查询引用函数时，如果目标单元格为空，公式结果将返回 0 值。用户可使用"&"符号将公式与空文本（""）连接，可将无意义 0 值显示为空文本。

如图 20-7 展示的是某商场商品编码表，需要根据 D2 单元格的商品名称，查询对应的商品编码。在 E2 单元格中输入以下公式：

`=VLOOKUP(D2,A:B,2,0)`

由于 E2 单元格内容为"加湿器"，在左侧列表中对应的编码为空，而公式返回无意义的 0 值，此结果并不能真实反映商品编码。用户在此可将公式用"&"符号连接一个空文本，将 0 值屏蔽，使查询结果能够真实反映。

`=VLOOKUP(D2,A:B,2,0)&""`

图 20-7　使用"&"连接空文本，屏蔽 0 值

在上述示例中，没有对应编号的单元格必须是空单元格。如果单元格中是数值 0 或是其他可见字符，使用 "&" ""'" 后会显示原单元格中的内容。默认情况下，VLOOKUP 函数或其他查询函数返回空单元格的结果时，会在单元格中显示为 0，该 0 值并不是返回的真正单元格中的内容，而是查询函数对空单元格默认返回的一个值。但如果使用 "&" ""'" 后，查询函数不会再返回默认的 0 值，而是返回空单元格。空单元格再连接一个空文本，这样在单元格中就会显示为空白内容。

例2 使用 "&" 连接符实现多个条件的合并。

图 20-8 展示的是某企业员工销售表，现需要统计不同员工的销售额，因为不同销售部中有同姓名的员工，所以需要使用 "姓名" 和 "部门" 两个条件进行查询统计。在 G3 单元格中输入以下数组公式，按快捷键 <Ctrl+Shift+Enter> 即可查询销售员的销售额。

=SUM((A2:A9&B2:B9=E3&F3)*C2:C9)

	A	B	C	D	E	F	G	H
	姓名	部门	销售额					
2	张敏	销售一部	269		姓名	部门	销售额	
3	王芳	销售一部	682		王芳	销售二部	500	
4	李明	销售一部	306					
5	王强	销售二部	774					
6	王芳	销售二部	500					
7	刘明	销售二部	858					
8	王平	销售三部	365					
9	刘阳	销售三部	849					
10								

（G3 单元格编辑栏：{=SUM((A2:A9&B2:B9=E3&F3)*C2:C9)}）

图 20-8　用 "&" 连接多个条件

公式中，使用 "&" 将 A2:A9 和 B2:B9 进行连接，生成以下文本数组。

{"张敏销售一部";"王芳销售一部";…;"王平销售三部";"刘阳销售三部"}

用 "&" 将 E3 与 F3 进行连接。生成字符串 "王芳销售二部"，再将上面的字符串进行比较，生成以下逻辑值：

{FALSE;FALSE;FALSE;FALSE;TRUE;FALSE;FALSE;FALSE}

该逻辑值数组再与 C2:C9 区域相乘，生成如下数值数组：

{0;0;0;0;500;0;0;0}

最后使用 SUM 函数求和，即得出最终结果。

图 20-9 展示了 "&" 连接单元格区域的效果。

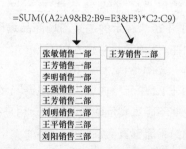

=SUM((A2:A9&B2:B9=E3&F3)*C2:C9)

| 张敏销售一部 |
| 王芳销售一部 |
| 李明销售一部 |
| 王强销售二部 |
| 王芳销售二部 |
| 刘明销售二部 |
| 王平销售三部 |
| 刘阳销售三部 |

王芳销售二部

图 20-9　"&" 连接单元格区域示意图

20.3.2　CONCATENATE 函数

CONCATENATE 函数用于将多个文本合并为一个文本。语法：

CONCATENATE(text1,[text2]…)

参数说明如下。

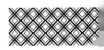

text1：要连接的第一个项目，该项目可以是文本值、数字或单元格引用。

text2：要连接的其他文本项目，最多可以有 255 个项目。

例 1 如图 20-10 所示，在 C1 单元格中输入以下公式，用来连接 A1 与 B1 单元格中的内容。

=CONCATENATE(A1,B1)

图 20-10　利用CONCATENATE函数连接多字符串

例 2 图 20-11 展示的是某公司人事录取表，B 列是笔试成绩，C 列是面试成绩，面试者必须总成绩大于 150 分才能录取，在 D2 单元格中输入以下公式，可将成绩汇总并连接是否录取的文字说明。

=CONCATENATE(SUM(B2:C2),":",IF(SUM(B2:C2)>150," 录取 "," 不录取 "))

图 20-11　判断成绩是否达到录取标准

20.4 使用字符编码

在计算机中显示的每个字符都有其对应的数字编码。在 Excel 中可以通过使用字符编码函数的形式，将字符输入到单元格中，此外也可以通过此类函数来控制单元格中的数据格式。

20.4.1　CHAR 函数

在计算中显示的每个字符均有其对应的数字编码，如大写字母 A 的字符编码为 65，空格的字符编码为 32，用户除了可在单元格中直接输入字符外，还可以使用 CHAR 函数输入字符，同时可利用 CODE 函数将字符转换成对应的编码。

CHAR 函数返回数值序号在字符集中对应的字符。语法：

CHAR(number)

参数说明如下。

number：数字。

大写字母 A ~ Z 的编码为 65 ~ 90，小写字母 a ~ z 的编码为 97 ~ 122，根据此原理可利用 CHAR 函数生成字母序列，如图 20-12 所示，在 B1 单元格中输入以下公式。

=CHAR(64+A1)

向下拖动即可生成由 A 开始的字母序列。

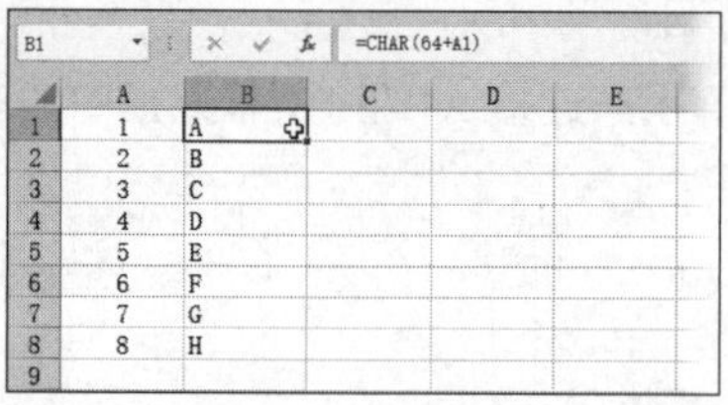
B1 =CHAR(64+A1)

	A	B	C	D	E
1	1	A			
2	2	B			
3	3	C			
4	4	D			
5	5	E			
6	6	F			
7	7	G			
8	8	H			
9					

图 20-12　利用CHAR函数生成字母序列

例 图 20-13 中，A 列是姓名，B 列是电话号码，现需要将姓名与电话号码上下合并在一个单元格中，在 C2 单元格中输入以下公式，并复制到 C4 单元格中。

```
=A2&CHAR(10)&B2
```

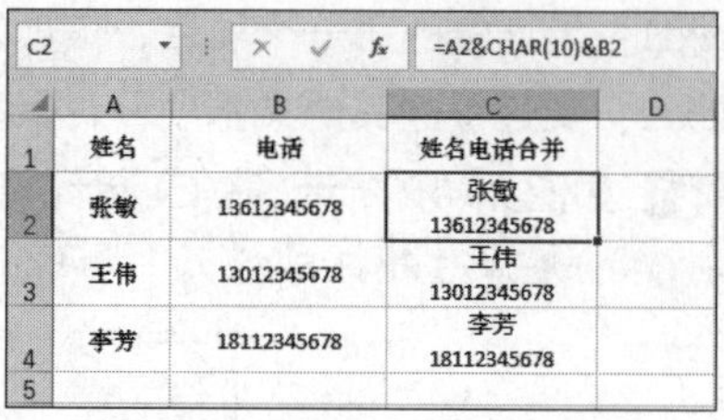
C2 =A2&CHAR(10)&B2

	A	B	C	D
1	姓名	电话	姓名电话合并	
2	张敏	13612345678	张敏 13612345678	
3	王伟	13012345678	王伟 13012345678	
4	李芳	18112345678	李芳 18112345678	
5				

图 20-13　合并显示姓名与电话

然后选中 C 列，在【开始】选项卡中单击【自动换行】按钮即可将姓名与电话号码上下合并显示在一个单元格中。因为 10 是换行符的 ANSI 编码，所以 CHAR(10) 表示输入换行符。

20.4.2 CODE 函数

CODE 函数返回字符串中第一个字符在字符集中对应的编码。语法：

```
CODE(text)
```

参数说明如下。

text：获取第一个字符的代码的文本。

例如“=CODE("A")”，返回结果为 65。

20.5 EXACT 函数比较文本是否相同

用户若比较两个单元格内数据内容是否相同，可直接使用等号运算符比较，如图 20-14 所示，要比较 A1 与 B1 单元格中的内容是否相同，可在 C1 单元格中直接输入以下公式，复制到 C3 单元格。

```
=A1=B1
```

此等式返回逻辑值，若相同则返回逻辑值 TRUE，否则返回逻辑值 FALSE。用等号比较两个文本单元格时，字母不区分大小写。

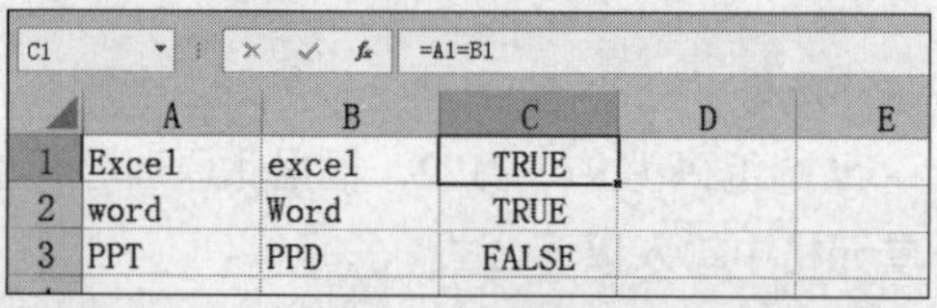
C1 =A1=B1

	A	B	C	D	E
1	Excel	excel	TRUE		
2	word	Word	TRUE		
3	PPT	PPD	FALSE		

图 20-14　用等号运算符比较数据

用户若要比较两个文本是否完全相同，可使用 EXACT 函数，此函数区分大小写，如图 20-15 所示。语法：

```
EXACT(text1,text2)
```

参数说明如下。

text1: 第一个文本字符串。

text2: 第二个文本字符串。

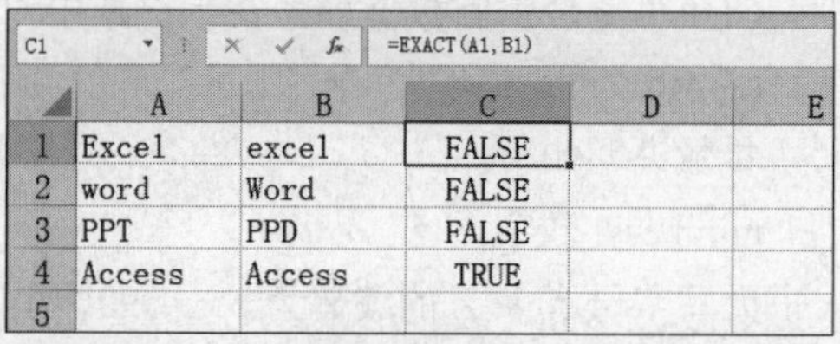
C1 =EXACT(A1,B1)

	A	B	C	D	E
1	Excel	excel	FALSE		
2	word	Word	FALSE		
3	PPT	PPD	FALSE		
4	Access	Access	TRUE		
5					

图 20-15　用EXACT函数比较两个文本是否完全相同

20.6 LOWER、UPPER、PROPER 函数转换文本

对于英文字母如果要转换大小写，用户不用手工转换，使用转换函数就可轻松批量地转换英文的大小写。

LOWER、UPPER 函数分别用于将字母转成小写或大写；而 PROPER 函数用于将单词的首字母转成大写，其余字母转为小写，如图 20-16 所示。语法：

LOWER(text)

UPPER(text)

PROPER(text)

参数说明如下。

text：需转换的字母。

图 20-16　LOWER、UPPER、PROPER函数基本用法

 20.7 计算字符串长度

计算字符串长度是指计算单元格中数据内容字符个数，对于提取单元格中文本，经常需要先计算字符串长度，然后再进行判断以便提取准确长度的字符串。

20.7.1　LEN 函数

LEN 函数用于计算文本串中的字符个数。语法：

LEN(text)

参数说明如下。

text：表示要计算长度的文本。除文本以外，该参数还可以是数字、单元格引用及数组。此外 1 个空格也将作为 1 字节进行计算。

20.7.2　LENB 函数

LENB 函数用于计算文本串中所有字符的字节数。语法：

LENB(text)

参数说明如下。

text：表示要计算长度的文本。除文本以外，该参数还可以是数字、单元格引用及数组。此外 1 个空格也将作为 1 字节进行计算。

对于单字节字符如英文字母、数字及半角字符，1 个字符为 1 个字节，而对于双字节如中文汉字、全角字符，1 个字符为 2 个字节，如图 20-17 所示。

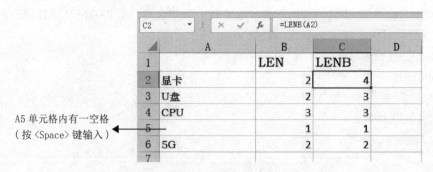

图 20-17 利用LEN与LENB函数分别计算文本与字节长度

例 图 20-18 展示的是某企业员工信息，A 列中员工姓名和身份证号合并在一个单元格内，现需要在 B 列提取出员工姓名。

在 B2 单元格中输入以下公式，向下复制到 B8 单元格，即可提取姓名。

=LEFT(A2,LENB(A2)-LEN(A2))

因汉字是双字节，数字为单字节，使用公式"LENB(A2)-LEN(A2)"便可求出汉字的个数。再利用 LEFT 函数从文本字符串的第一个字符开始提取汉字的个数，便可最终提取出员工姓名。

图 20-18 提取员工姓名

20.8 提取字符串

在实际工作中，经常会遇到要提取某个单元格中的部分数据内容。如果使用手工方式提取则效率低下，在 Excel 中可利用 LEFT、RIGHT、MID 函数来提取单元格中部分内容的数据。

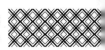

20.8.1 LEFT 函数

LEFT 函数用于从文本左侧起提取指定个数的字符。语法：

LEFT(text,[num_chars])

参数说明如下。

text：要从中提取字符的文本。除了文本以外，该参数还可以是数字、单元格引用及数组。

num_chars：要提取的字符个数。

注意事项如下。

参数 num_chars 必须大于或等于 0，如果小于 0，则返回错误值 #VALUE!。当参数 num_chars 大于等于 0 时，有以下 4 种情况。

（1）如果参数 num_chars 等于 0，LEFT 函数返回空文本。

（2）如果省略 num_chars，则默认其值为 1。

（3）如果参数 num_chars 大于 0，LEFT 函数按其值提取指定个数的字符。

（4）如果参数 num_chars 大于文本的总长度，LEFT 函数将返回全部文本。

例1 如图 20-19 所示，在 B2 单元格中输入以下公式，即可提取 A 列电话号码中左侧 3 个字符的区号。

=LEFT(A2,3)

	A	B	C
1	电话号码	区号	号码
2	010-36081234	010	
3	010-26221231	010	
4			

图 20-19　利用LEFT函数提取左侧指定个数文本

例2 如图 20-20 所示，国内电话号码的区号有 3 位或 4 位，在 B2 单元格中输入以下公式，可准确地提取电话号码中的区号。

=IF(LEN(A2)=12,LEFT(A2,3),LEFT(A2,4))

该 IF 函数先对电话号码的长度进行判断，如果电话号码长度为 12 位，表示只有 3 位区号，此时 IF 函数返回第二个参数"LEFT(A2,3)"，它取 3 位区号，如果电话号码长度不为 12 位，就返回第三个参数"LEFT(A2,4)"，它取 4 位区号。

	A	B	C
1	电话号码	区号	号码
2	010-36081234	010	
3	0730-26221231	0730	
4	021-25641234	021	
5	0755-89451234	0755	

图 20-20　提取3位或4位电话区号

例3 如图 20-21 所示，A 列是姓名，B 列是小学、初中、高中各年级，现需要在 D2 单元格计算小学人数。在 D2 单元格中输入以下公式，按快捷键 <Ctrl+Shift+Enter> 结束数组公式编辑，即可计算出小学人数。

=COUNT(0/(LEFT(B2:B12)=" 小 "))

该公式分析思路如下。

① 因要统计"小学人数"，由 B 列数据观察可知，只要提取所有 B 列内单元格首字为"小"的单元格，然后进行汇总即可以求解小学人数。所以笔者在 F2 单元格中使用函数"=LEFT(B2)=" 小 ""来提取"小"字，将公式复制到 F12 单元格，凡是有"小"字的单元格在 F 列返回 TRUE，否则返回 FALSE。

② 在 G 列中使用公式"0/F2"，因为逻辑值 TRUE 与 FALSE 与数值相运算时，TRUE=1，FALSE=0，所以 0 除 TRUE 和 FALSE 将返回一系列的 0 或 #DIV/0!。

③ 在 G13 单元格中使用 COUNT 函数统计 G2:G12 区域，因为 COUNT 函数只统计数值型数字，错误值将被忽略。所以最终统计结果为 6。

以上为分析过程，将各部分组合到一个单元格中，即形成数组公式：

=COUNT(0/(LEFT(B2:B12)=" 小 "))

	A	B	C	D	E	F	G	H
1	姓名	班级		小学人数				
2	张伟	小学三年级		6		TRUE	0	
3	王伟	初中一年级				FALSE	#DIV/0!	
4	王芳	初中二年级				FALSE	#DIV/0!	
5	李伟	小学五年级				TRUE	0	
6	王秀英	小学四年级				TRUE	0	
7	李秀英	初中三年级				FALSE	#DIV/0!	
8	李娜	初中二年级				FALSE	#DIV/0!	
9	张秀英	小学四年级				TRUE	0	
10	刘伟	高中一年级				FALSE	#DIV/0!	
11	张敏	小学六年级				TRUE	0	
12	李静	小学五年级				TRUE	0	
13							6	
14								

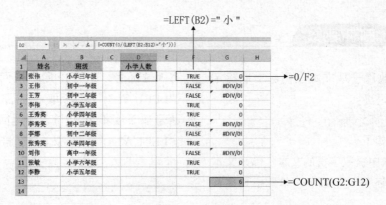

图 20-21 计算小学人数

20.8.2 RIGHT 函数

RIGHT 函数用于从文本右侧起提取指定个数的字符。语法：

RIGHT(text,[num_chars])

参数说明如下。

text：要从中提取字符的文本。除了文本以外，该参数还可以是数字、单元格引用及数组。

num_chars：要提取的字符个数。

注意事项如下。

参数 num_chars 必须大于或等于 0，如果小于 0，则返回错误值 #VALUE!。当参数 num_chars 大于等于 0 时，有以下 4 种情况。

（1）如果参数 num_chars 等于 0，RIGHT 函数返回空文本。

（2）如果省略 num_chars，则默认其值为 1。

（3）如果参数 num_chars 大于 0，RIGHT 函数按其值提取指定个数的字符。

（4）如果参数 num_chars 大于文本的总长度，RIGHT 函数将返回全部文本。

例 1 如图 20-22 所示，在 C2 单元格中输入以下公式，即可提取单元格中内容右侧的 8 个字符。

=RIGHT(A2,8)

	A	B	C
1	电话号码	区号	号码
2	010-36081234	010	36081234
3	010-26221231	010	26221231

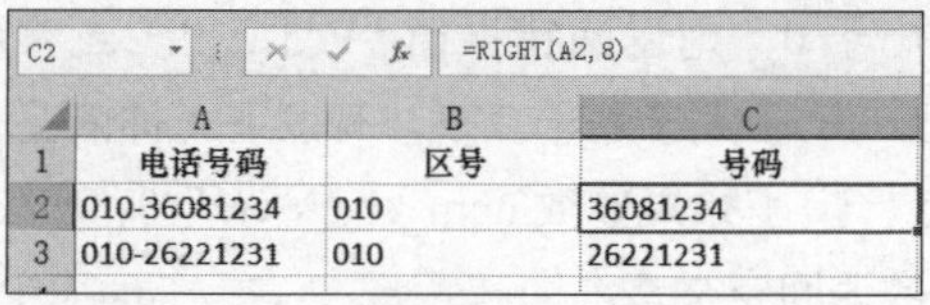

图 20-22 利用RIGHT函数提取右侧指定个数的字符

例 2 图 20-23 展示的是某公司上班打卡机的数据，数据后 4 位为时间，例如 A2 单元格中的后 4 位为“0901”，表示 9 点 1 分。公司规定超过 9 点为迟到。现在 B2 单元格中输入以下公式，并向下复制到 B12 单元格，即可判断员工是否迟到。

=IF(--RIGHT(A2,3)>900," 迟到 ","")

该函数中 RIGHT(A2,3) 返回的结果为文本型数字，为了能正确判断，需要将文本型数字转成数值型数字，此处采用加双负号（--）的形式将其转换。此外“>900”，表示的意思为大于 9 点（9:00）。

	A	B	C	D
1	打卡机数据	是否迟到		
2	201812210901	迟到		
3	201812210835			
4	201812210811			
5	201812210929	迟到		
6	201812210851			
7	201812210909	迟到		
8	201812210858			
9	201812210856			
10	201812210855			
11	201812210857			
12	201812210901	迟到		
13				

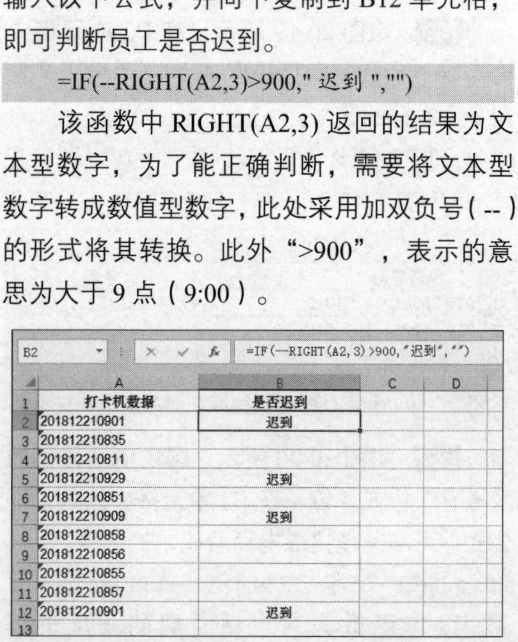

图 20-23 判断员工是否迟到

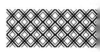

20.8.3 MID 函数

MID 函数用于从文本指定位置提取指定个数的字符。语法：

MID(text,start_num,num_chars)

参数说明如下。

text：要提取字符的字符串。

start_num：指定文本中要提取的第一个字符的位置。

num_chars：提取字符的个数。

注意事项如下。

（1）如果参数 num_chars 大于文本长度，MID 函数返回空文本。

（2）如果参数 num_chars 小于 1 或等于 0，MID 函数返回错误值 #VALUE!

例1 图 20-24 展示的是从某财务软件中提取的科目信息，A 列是银行存款科目连接开户行的信息，在 B2 单元格中输入以下公式并复制到 B6 单元格，可单独提取 A 列中的开户行。

=MID(A2,6,20)

该 MID 函数的第三个参数为 20，是笔者任意输入的。因笔者目测开户行字符不会超过 20 个字符。

图 20-24 提取开户行

例2 图 20-25 展示的是银行卡号，为了方便浏览，现需要每四位加空格显示账号，在 B2 单元格输入以下公式，可达到上述要求。

=MID(A2,1,4)&""&MID(A2,5,4)&""&MID(A2,9,4)&""&MID(A2,13,4)

图 20-25 账号用空格区隔显示

例3 图 20-26 展示的是某产品规格，该规格格式为数值加 "&" 符号连接。

在 B2 单元格输入以下公式，可计算产品体积。

=LEFT(A2,4)*MID(A2,6,4)*RIGHT(A2,4)

LEFT、MID、RIGHT 函数返回的结果都为文本型数字，但文本型数字与文本型数字进行四则运算可以正确地计算，并且返回的结果也是数值型数字（单元格格式仍显示为文本格式），所以不需使用加 0、加双负号（ -- ）等方式将文本型数字转成数值型数字。

图 20-26 计算产品体积

例4 图 20-27 展示的是某些员工身份信息，现要求根据 B 列的身份证号码，提取对应的出生日期。

图 20-27 从身份证号码中提取出生日期

我国现行居民身份证号码是由 18 位数字

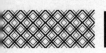

组成的，数字含义如表 20-1 所示。

表 20-1　身份证数字含义

数字	含义
1~6	地址码
7~14	出生日期
15~17	顺序码，其中第17位是性别标识码，奇数为男，偶数为女
18	校检码

在 C2 单元格中输入以下公式，向下复制到 C8 单元格，可提取身份证持有人的出生日期。

=MID(B2,7,8)

由于公式结果为文本型字符串，并非真正的日期，如果需要进行日期计算，可借助 DATE 函数构造标准的日期格式，在 D2 单元格中输入以下公式，可转成真正的日期。

=DATE(LEFT(C2,4),MID(C2,5,2),RIGHT(C2,2))

先利用 LEFT、MID、RIGHT 函数提取年、月、日的数字，然后再利用 DATE 函数组合年、月、日的值，从而形成标准日期格式。

如图 20-28 所示，使用以下公式可提取身份证号码中性别信息。

=IF(MOD(MID(B2,17,1),2)," 男 "," 女 ")

首先利用 MID 函数从身份证的第 17 位开始，提取长度为 1 的字符串，然后利用 MOD 函数计算这个数字与 2 相除的余数，结果为 1 或 0，再利用 IF 函数提取性别，即如果 MOD 函数的余数为 1（相当于 TRUE），返回"男"，否则返回"女"。

图 20-28　从身份证号码中提取性别

用户若需要对单字节字符和双字节字符进行处理，可分别使用对应 LEFTB 函数、RIGHTB 函数和 MIDB 函数，它们的函数语法与原函数相似，与原函数差异为 LEFTB、RIGHTB 和 MIDB 函数针对字节来处理。

20.9　查找字符串

Excel 中提供了 FIND 和 SEARCH 查找字符串函数。它们与 MATCH 函数不相同，MATCH 函数是以整个单元格为单位，然后查找该单元格在某个区域内的位置，而 FIND 和 SEARCH 函数是查找指定字符串在单元格中的位置。

20.9.1　FIND 函数

FIND 函数用于查找指定字符在某一字符串中的位置。语法：

FIND(find_text,within_text,[start_num])

参数说明如下。

find_text：要查找的文本。

within_text：要在其中查找的文本。

start_num：指定要开始查找的起始位置，若省略 start_num，默认值为 1。

注意事项如下。

（1）如果查找不到结果，则返回错误值 #VALUE!。

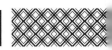

（2）如果参数 start_num 小于 0，或大于整个文本的长度，都将返回错误值 #VALUE!，如果省略参数 start_num，默认其值为 1。

（3）参数 find_text 不允许使用通配符。

例 1 如图 20-29 所示，在 B2 单元格中输入公式，复制公式至 B10 单元格。

```
=FIND("F",A2,1)
```

即可以在 A2 单元格中查找“F”所处的位置，若源文本中存在多个要查找的文本，函数则会返回从 start_num 开始向右的首个查找值，若源文本不包含要查找的文本，则返回 #VALUE!。

B2 =FIND("F",A2,1)

	A	B
1	编码	Find
2	2M1F324	4
3	7Y10f52	#VALUE!
4	9M5F228	4
5	901f133	#VALUE!
6	7X1C889	#VALUE!
7	4F8Y579	2
8	7f6E196	#VALUE!
9	9Q3T353	#VALUE!
10	9J3M625	#VALUE!

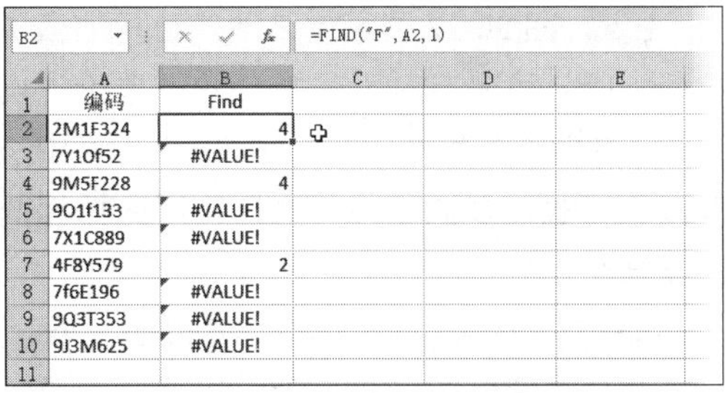

图 20-29 FIND函数基本用法

例 2 图 20-30 展示的是某些地址，在 B1 单元格中输入以下公式，复制公式至 B6，可提取市级名。

```
=LEFT(A1,FIND("市",A1))
```

B1 =LEFT(A1,FIND("市",A1))

	A	B
1	浙江省杭州市凤起路 321 号	浙江省杭州市
2	云南省昆明市北京路 515 号	云南省昆明市
3	四川省成都市人民中路二段 35 号	四川省成都市
4	山西省太原市平阳路186号	山西省太原市
5	山东省济南市泺源大街 22 号	山东省济南市
6	辽宁省沈阳市沈河区市府大路 253 号	辽宁省沈阳市

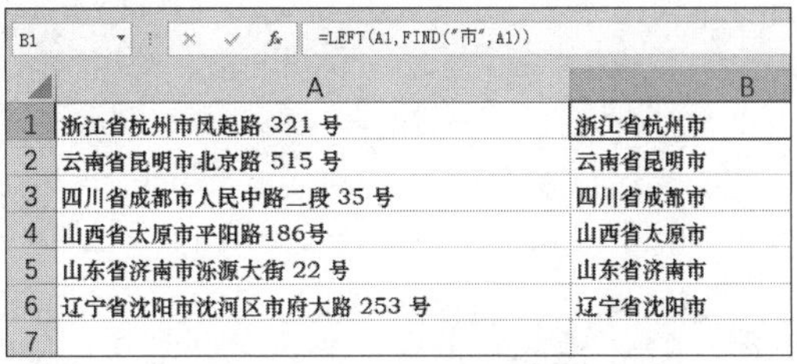

图 20-30 提取市级名

20.9.2 SEARCH 函数

SEARCH 函数用于查找指定字符在某一字符串中的位置。语法：

```
SEARCH(find_text,within_text,[start_num])
```

参数说明如下。

find_text：要查找的文本。

within_text：要在其中查找的文本。

start_num：指定要开始查找的起始位置，若省略 start_num，默认值为 1。

注意事项如下。

（1）如果查找不到结果，则返回错误值 #VALUE!

（2）如果参数 within_text 小于 0，或大于整个文本的总长度，都将返回错误值 #VALUE!。如果省略参数 start_num，则默认其值为 1。

（3）参数 find_text 可以使用通配符，通配符包括星号（*）和问号（?）。星号匹配任意多个字符，问号匹配任意单个字符。如果需要查找星号或问号本身，只需要在它们之前输入波浪号（~）。

例 1 如图 20-31 所示，在 C2 单元格中输入公式，复制公式至 C10 单元格，即可在 A2 单元格中查找“F”所处的位置。

```
=SEARCH("F",A2,1)
```

C2 =SEARCH("F",A2,1)

	A	B	C
1	编码	Find	Search
2	2M1F324	4	4
3	7Y10f52	#VALUE!	5
4	9M5F228	4	4
5	901f133	#VALUE!	4
6	7X1C889	#VALUE!	#VALUE!
7	4F8Y579	2	2
8	7f6E196	#VALUE!	2
9	9Q3T353	#VALUE!	#VALUE!
10	9J3M625	#VALUE!	#VALUE!

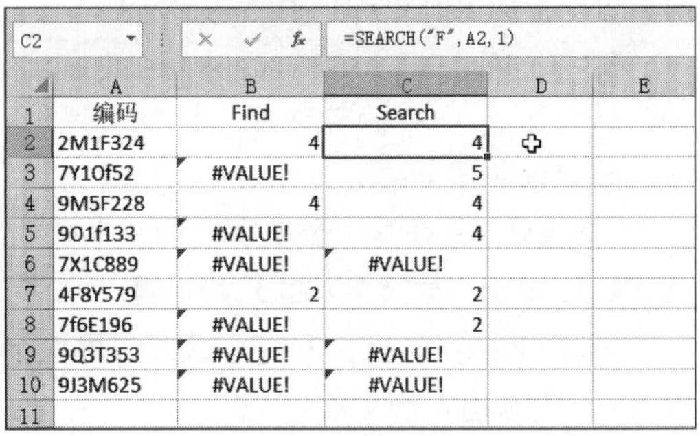

图 20-31 利用SEARCH函数查找指定字符位置

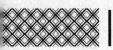 **例2** 图 20-32 展示是某地产公司的楼层户型，现公司决定对所有的 B 户型单价调增 5000，其他户型售价不变。在 D2 单元格中输入以下公式，复制公式至 D11，可选择性的调整单价。

> =IF(ISERROR(SEARCH("B",A2)),C2,C2+5000)

该公式使用 IF 函数判断，IF 函数的第一个参数使用 ISERROR 函数判断查询的户型是否为错误值，如果是错误值则表示非 B 户型，此时返回原售价，若是 B 户型则 ISERROR(SEARCH("B",A2)) 返回 FALSE，此时返回 IF 函数的第三个参数 "C+5000"。

	A	B	C	D	E
	楼层户型	面积	售价	调整单价	
2	一层A户型	146	35,000	35,000	
3	一层E户型	115	38,000	38,000	
4	一层B户型	151	39,800	44,800	
5	一层F户型	182	40,000	40,000	
6	二层A户型	146	35,000	35,000	
7	二层B户型	151	39,800	44,800	
8	二层C户型	111	36,000	36,000	
9	三层B户型	151	39,800	44,800	
10	三层E户型	115	38,000	38,000	
11	三层F户型	182	40,000	40,000	
12					

图 20-32 选择性调整单价

FIND 函数和 SEARCH 函数用法类似，不同之处在于 FIND 函数区分大小写，SEARCH 函数不区分大小写；FIND 函数不支持通配符，SEARCH 函数支持通配符。

用户若需要对单字节字符和双字节字符进行查找处理，可分别使用对应 FINDB 函数、SEARCHB 函数。

 # 20.10 替换字符串

在 Excel 中除了可以使用普通的查找替换命令来替换内容外，也可以使用 Excel 中的替换函数。使用替换函数的优点在于它不会破坏原数据，此外它与其他函数结合可以实现更多的功能。

20.10.1 REPLACE 函数

REPLACE 函数用于将文本中指定位置的字符替换为新的字符。如果知道要替换文本的位置，但不知道具体要替换哪些内容，那么可以使用 REPLACE 函数。语法：

> REPLACE(old_text,start_num,num_chars,new_text)

参数说明如下。

old_text：要在其中替换字符的文本。

start_num：替换文本的起始位置。

num_chars：替换文本的个数，如果该参数为 0，表示插入新文本。

new_text：用于替换的新文本。

例1 如图 20-33 所示，在 B2 单元格中输入以下公式，可将 A 列账号 4～9 位数字替换为星号（*）。

> =REPLACE(A2,4,6,"******")

	A	B	C	D
1	账号	隐藏账号		
2	4468156639060	446******9060		
3	2864565750930	286******0930		
4	4426057595692	442******5692		
5	2559210493786	255******3786		
6	3231323706505	323******6505		
7	3218920143846	321******3846		
8				

图 20-33 REPLACE函数基本用法

例2 图 20-34 的 A 列中是一些不规范的日期格式，规范的日期格式需要用斜线（/）或短横线（-）分隔年月日。为了规范日期，在 B2 单元格中输入以下公式，可规范第 5 位分隔符。

=REPLACE(A2,5,1,"-")

然后在 B 列基础上，再规范第 8 位分隔符。

=REPLACE(B2,8,1,"-")

若要在一个单元格内同时替换第 5 位与第 8 位的分隔符，可书写下列嵌套公式：

=REPLACE(REPLACE(A2,5,1,"-"),8,1,"-")

=REPLACE(A2, 5, 1, "-")   =REPLACE(B2, 8, 1, "-")

=REPLACE(REPLACE(A2, 5, 1, "-"), 8, 1, "-")

	A	B	C	D
1	不规范日期	替换第5位数	替换第8位数	嵌套组合（规范日期）
2	2020.12/31	2020-12/31	2020-12-31	2020-12-31
3	2020/01.17	2020-01.17	2020-01-17	2020-01-17
4	2020\08,25	2020-08,25	2020-08-25	2020-08-25
5	2021.01~17	2021-01~17	2021-01-17	2021-01-17
6	2019-12-15	2019-12-15	2019-12-15	2019-12-15
7				

图 20-34　规范日期格式

上述替换后，日期表面上为正确格式，但实质还是文本型数据，若需要将其转成真正的日期格式可使用以下公式：

=REPLACE(REPLACE(A2,5,1,"-"),8,1,"-")+0

公式的结果若为数值，将其转成日期格式即可。

20.10.2　SUBSTITUTE 函数

SUBSTITUTE 函数用于将指定的字符串替换为新的字符串，如果已经知道替换前后的文本内容，但不知道具体的替换位置，那么可以使用 SUBSTITUTE 函数。语法：

SUBSTITUTE(text,old_text,new_text,[instance_num])

参数说明如下。

text：要在其中替换字符的文本。

old_text：要替换掉的文本。

new_text：用于替换的新文本。

instance_num：表示要替换第几次出现的 old_text。如果省略，则替换所有符合条件的文本。

例1　图 20-35 表格中的日期分隔采用点号，此方式为错误日期输入方式，正确的日期输入方式应采用斜线（/）或短横线（-）分隔，在 C2 单元格内输入以下公式，复制到 C6 单元格，可将 B 列日期中的点号全部替换成短

横线（-）。

=SUBSTITUTE(B2,".","-")

C2		▼	:	×	✓	fx	=SUBSTITUTE(B2, ".", "-")
	A	B	C	D
1	姓名	入职日期	规范日期	
2	王伟	2013.11.2	2013-11-2	
3	张敏	2010.10.8	2010-10-8	
4	李娜	2014.2.8	2014-2-8	
5	王杰	2008.2.28	2008-2-28	
6	张静	2011.3.9	2011-3-9	
7				

图 20-35　SUBSTITUTE函数基本用法

上述替换后，日期表面上为正确格式，但实质还是文本型数据，若需要将其转成真正的日期格式可使用以下公式：

=SUBSTITUTE(B2,".","-")+0

公式的结果若为数值，将其转成日期格式即可。

例2　图 20-36 中的"开班日期"与"结束日期"均采用不标准的日期格式书写，为

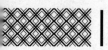

了正确地计算“开班日期”与“结束日期”之间培训总天数，可使用以下公式计算：

=SUBSTITUTE(C2,".","-")- SUBSTITUTE(B2,".","-")

D2 =SUBSTITUTE(C2,"."," -")-SUBSTITUTE(B2,".","-")

	A	B	C	D
1	班级	开班日期	结束日期	天数
2	Excel技巧实战班	2020.8.2	2020.9.4	33
3	Word技巧实战班	2020.9.8	2020.9.29	21
4	PPT技巧实战班	2020.10.8	2020.10.28	20
5	Access技巧实战班	2020.11.28	2020.12.28	30
6	OneNote技巧实战班	2021.3.9	2021.3.25	16

图 20-36　计算日期相隔天数

提示

上述两个示例中的 SUBSTITUTE 函数返回的结果均为文本型数字。但两个文本型数字相减可相应地转成数值型数字，所以用户不用在各自的 SUBSTITUTE 函数后面进行加 0 操作。

20.11 TEXT 函数设置指定格式显示

TEXT 函数可以将数值转换为指定数字格式的文本。语法：

TEXT(value,format_text)

参数说明如下。

value：设置格式的数字。

format_text：设置格式的格式代码，必须用双引号将该参数包围，该参数格式书写与【设置单元格格式】对话框中自定义设置数字格式的代码相同。

注意事项如下。

（1）TEXT 函数的功能与使用【设置单元格格式】对话框中设置数据格式基本相同，但是使用 TEXT 函数无法完成单元格字体颜色的设置。

（2）经过 TEXT 函数设置后的数字都将变为文本格式。在【设置单元格格式】对话框中进行格式设置后单元格中的值仍为数值。

例 1 如图 20-37 所示，A2 为日期值，A3 为百分比数值，在 B 列中使用文本字符连接日期或百分比时，日期会返回相对应的序列值，百分比会返回常规的数字格式显示，但此显示不易阅读和理解。

B2 ="开会日期定为"&A2

	A	B	C
1	数据	连接	公式
2	2020-12-03	开会日期定为44168	="开会日期定为"&A2
3	5.55%	增长率为0.0555	="增长率为"&A3

图 20-37　连接日期返回序列值

上面公式中，使用 TEXT 函数可以固定日期与百分比的显示方式。在 B2 和 B3 单元格中分别输入以下公式，如图 20-38 所示。

=" 开会日期定为 "&TEXT(A2,"yyyy-mm-dd")

=" 增长率为 "&TEXT(A3,"0.00%")

B2 ="开会日期定为"&TEXT(A2,"yyyy-mm-dd")

	A	B	C
1	数据	连接	公式
2	2020-12-03	开会日期定为2020-12-03	="开会日期定为"&TEXT(A2,"yyyy-mm-dd")
3	5.55%	增长率为5.55%	="增长率为"&TEXT(A3,"0.00%")
4			

图 20-38　使用TEXT函数固定数值格式显示

例 2 如图 20-39 所示，A 列是楼栋号，B 列是房号，现需要在 C 列中根据“楼栋号”和“房号”组合成房间地址。房间地址格式要求均为双位数。

	A	B	C
1	楼栋号	房号	房间地址
2	1	9	
3	5	10	
4	10	12	
5	21	5	
6	6	4	

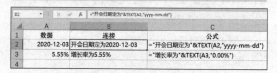

格式：0109

图 20-39　组合房间地址

对于上述示例，为了将"楼栋号"和"房号"中的数值设置为双位数，可在【设置单元格格式】对话框中的【自定义】选项下将格式设置为"00"，如图 20-40 所示。

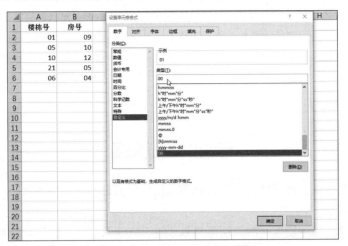

图 20-40　利用【设置单元格格式】对话框设置双位数

如图 20-41 所示，设置双位数数值格式后，在 C2 单元格中输入以下公式进行"楼栋号"与"房号"的连接。

=A2&B2

以 C2 单元格为例，计算结果仍然是"19"，并没有出现预期"0109"的标准房间地址格式。

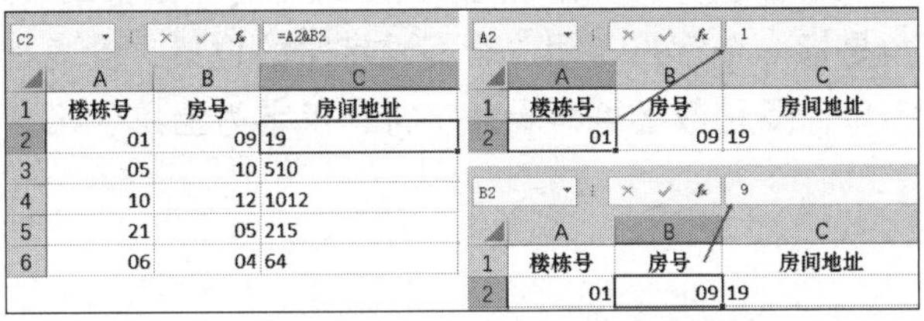

图 20-41　单元格显示数据与真实数据的区别

之所以出现上述结果，是因为在 Excel 中，利用自定义格式改变的是数值在单元格中显示的样式，并没有改变单元格中实际的值。Excel 中的公式函数的计算都是根据真实的值进行计算的，而不是根据单元格中显示的样式进行计算。

如图 20-42 所示，该示例中返回正确的房间地址，需要利用 TEXT 函数，公式如下：

=TEXT(A2,"00")&TEXT(B2,"00")

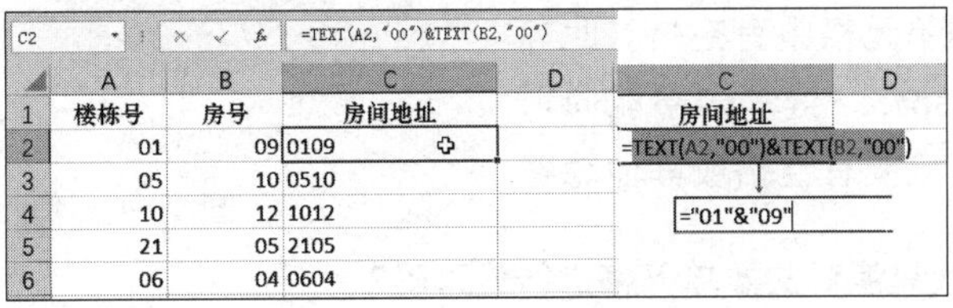

图 20-42　TEXT函数返回所自定义格式的值

该公式中利用 TEXT 函数将数值进行两位数的格式化，同时 TEXT 函数也将返回格式化后的值。这是与【设置单元格格式】对话框最大的不同。

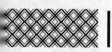

深入了解

虽然 TEXT 函数可以将单元格中的数值显示为自定义的格式，但它与 Excel 的自定义数字格式功能有区别。对于设置单元格格式，仅改变了数字的显示样式，数值本身并未发生变化，不影响进一步的数值计算，而使用 TEXT 函数则将数值转换为指定格式的文本格式，其本质已经是文本，不再具有数值的特性，特殊情况下会影响原数值的精度，故不建议用户采用 TEXT 函数处理后的结果进行其他数值计算。

专业术语解释

空单元格： 又称真空单元格，它是指在单元格中没有任何内容的单元格。空单元格在被引用计算时等于 0。

空文本： 在单元格中输入一对双引号的单元格，它通常用来作为函数结果显示空单元格的情况。

特殊字符： 相对于传统或常用的符号外，使用频率较少且难以直接输入的符号，如数学符号、单位符号、制表符等。

隐藏字符： 又称不可见字符，它是特殊字符中的一种。最常见的隐藏字符是各种格式控制符。在 Excel 中最常见的隐藏字符就是空格。空格跟其他的可见字符属性完全相同，只是空格肉眼不可见。在 Excel 应用中经常因为单元格中有隐藏的空格字符导致公式函数运算发生错误。

半角和全角： 半角是指一个字符占用一个标准字符的位置，全角指一个字符占用两个标准字符的位置。英文字母、罗马数字等为半角字符，汉字为全角字符。

问题 1：怎么识别单元格中的空格或其他不可见的字符？

答： 用户可以将光标插入编辑栏中，如果发现插入的光标离左侧编辑栏的边缘明显有一段距离，则表明单元格中有空格。此外用户还可以按 <Backspace> 键，如果能向前移动光标，则表明一定要有空格或其他隐藏的字符，如图 20-43 所示。

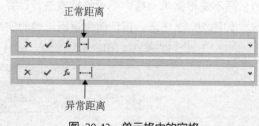

正常距离

异常距离

图 20-43　单元格中的空格

问题 2：文本函数只能对文本单元格进行处理吗？

答： 不是的，文本函数处理的对象可以是文本型数据，也可以是数值型数据。对于文本函数而言，所有的数据类型都视为文本性质，所以文本函数对数值进行计算而返回的结果也是文本性质。

财务函数

财务金融知识在人们日常生活中扮演越来越重要的角色，每个人、每个家庭都与经济生活密切相关，Excel 提供了丰富的财务函数，使用财务函数可将复杂的财务金融计算变得很简单。

 21.1 基础财务知识

1. 货币时间价值

货币时间价值是指货币随着时间的推移而发生的增值。比如，若银行存款年利率为 10%，今天将 100 元钱存入银行，一年以后就会是 110 元。经过一年时间，这 100 元钱发生了 10 元的增值，即今天的 100 元钱和一年后的 110 元钱等值。

2. 单利和复利

利息是指在偿还借款时，大于本金的那部分金额。比如，某人向银行借款 10000 元，年利率为 10%，则一年后需向银行还款本金 10000 元和利息 1000 元（10000 元 ×10%）。

利息有单利和复利两种计算方式。

单利是指按照固定的本金计算的利息，即本金固定，本金所产生的利息不再计算利息。例如，某人向银行定期存款 5 年，本金 10000 元，年利率为 3%，则 5 年后能取本金 10000 元，利息为 10000 元 ×3%×5=1500 元。我国目前银行存款均采用单利计息，部分银行可采用"自动转存"功能将单利计息转为复利计息。

复利是指在每经过一个计息期后，都要将所生利息加入本金，以计算下期的利息。即把上一期的本金和利息作为下一期的本金来计算利息，即以利生利，俗称"利滚利"。例如，某人年初向金融机构贷款 10000 元，年利率为 5%，若该金融机构采用复利计息，则此人 5 年后需要向金融机构一次性支付本利和为 12762.82 元（10000 元 ×(1+5%)^5）。

3. 现金的流入与流出

在 Excel 中使用财务函数时一定会涉及现金的流入和流出，对于现金的流入和流出，一定要明确参照主体是谁。比如，笔者向银行借款 10 万元，对于笔者而言是取得现金，即流入现金，在财务函数中必须用正号表示现金流入；银行是现金流出，需用负号表示。若向银行还款，则笔者是流出现金，用负号表示，银行取得现金，用正号表示。此表示含义与会计学上现金流出与流入含义不同。

4. 其他相关财务术语

现值：目前拥有的金额（本金），是资金现在的价值。现值可以为正数，也可以为负数。

未来值（终值）：现值加上利息的值（本利和），即现在的某一资金在一定时间后的价值量。

年金：等额、定期的一系列收支。例如，分期付款赊购、分期偿还贷款等都属于年金形式。年金对应是单笔收支，如向银行存款 1000 元，存款期为 3 年，此情形为单笔收支，而如果每年向银行存款 1000 元，连续 3 年，此情形为年金形式。

利率：一定时期内利息额与本金的比率，常见利率有月利率、日利率与年利率。月利率 = 年利率 /12，日利率 = 年利率 /360。

21.2 计算贷款、投资的现值和终值

如图 21-1 所示，某人向银行存款 10000 元，存款年利率为 3%，存款期为 3 年，3 年后此人可向银行提取多少钱（单利计息）？

在 B5 单元格中输入以下简单公式，即可计算 3 年后的本利和。

=10000*(1+0.03*3)

	A	B	C
1	存款金额（本金）：	10,000	
2	存款年利率：	3.00%	
3	存款期(年)：	3	
4			
5	未来值：	10,900	
6			

图 21-1　计算单利下的未来值

如图21-2所示，假如银行存款利率为3%，

某人为了 3 年后取得 10000 元，现需要向银行存款多少钱（单利计息）？

在 B5 单元格中输入以下简单公式，即可解决上述问题。

=10000/(1+0.03*3)

	A	B
1	未来值：	10,000
2	存款年利率：	3.00%
3	存款期(年)：	3
4		
5	现值：	9,174
6		
7		

图 21-2　计算单利下的现值

21.2.1 FV 函数

FV 函数用于计算在固定利率及等额分期付款方式下，返回某项投资的未来值。语法：

FV(rate,nper,pmt,[pv],[type])

参数说明如下。

rate：利率。

nper：期数。

pmt：各期所支付或收取的金额。

pv：现值。

type：付款类型，数字 0 或 1，用以指定各期的付款时间是在期初还是期末，0 或省略表示支付时间为每期期末，1 表示每期期初。

如图 21-3 所示，假如银行存款利率为 5%，某人在 2016 年 1 月 1 日向该银行存款 100000 元，存款期为 3 年，假设该银行为复利计息，那 3 年后（2019 年 1 月 1 日）该用户可取出多少钱？

在 B7 单元格中输入以下公式，即可解决上述问题。

=FV(B1,B2,0,B4,B5)

图 21-3　计算单笔存款未来值

因该用户只在期初存入银行 100000 元，即后续每年的存款额为 0，此情形为单笔收支，所以 FV 函数的第三个参数（pmt）的值设置为 0。此外是期初存款，所以付款类型为 1。

如表 21-1 所示，某人从 2016 年 1 月 1 日起开始向某银行存入现金，以 2016 年 1 月 1 日为期初，此时还未存款，存款都于每年年底实际存入，存款金额每次为 1000 元（共 4 笔），现需要计算此人在 2020 年 12 月 31 日能从银行取出多少钱？（假如该银行采用复利计息，年利率为 8%）

表 21-1　存款时间表（1）

存款时间	存款金额
2016 年 1 月 1 日	0
2016 年 12 月 31 日	1000
2017 年 12 月 31 日	1000
2018 年 12 月 31 日	1000
2019 年 12 月 31 日	1000
2020 年 12 月 31 日	

此例为一系列等额收支，为年金形式。图 21-4 为表 21-1 的 Excel 转化形式，其中 B3 单元格中的值表示每年存款金额，B4 单元格中的值为初始存款，即存款期限以 2016 年 1 月 1 日为期初点，但这一天并没有存款，所以期初的初始存款为 0，B5 单元格中的 0 值表示存款类型为期末，即 2016 年 12 月 31 日存款，这一天是存款周期的期末，用 0 表示期末。

在 B7 单元格中输入以下公式，可计算上述条件后的未来值。

=FV(B1,B2,B3,B4,B5)

图 21-4　计算普通年金未来值

延续上例部分数据，如表 21-2 所示，若该用户在 2016 年 1 月 1 日进行了初始存款。并且在后续 4 年内的每年年底存入 1000 元，现需要计算在 2020 年 12 月 31 日能从银行取出多少钱？

表 21-2　存款时间表（2）

存款时间	存款金额
2016 年 1 月 1 日	1000
2016 年 12 月 31 日	1000
2017 年 12 月 31 日	1000
2018 年 12 月 31 日	1000
2019 年 12 月 31 日	1000
2020 年 12 月 31 日	

图 21-5 为表 21-2 的 Excel 转化形式，需要注意的是，因为在此例中用户在 2016 年 1 月 1 日的这一天存入银行 1000 元，所以在 B4 单元格中的 -1000 为初始存款金额。期数仍为 4 期，每次存款额为 1000，存款类型仍为期末。

在 B7 单元格中输入以下公式，可计算上述条件后的未来值。

```
=FV(B1,B2,B3,B4,B5)
```

B7　=FV(B1, B2, B3, B4, B5)

	A	B	C	D
1	年利率:	8.0%		
2	期数(年):	4		
3	每年存款额:	-1,000		
4	初始存款:	-1,000		
5	存款类型(期末)：	0		
6				
7	未来值:	¥5,866.60		
8				

图 21-5　计算预付年金未来值

21.2.2 PV 函数

PV 函数用于计算某项投资的现值。语法：

```
PV(rate, nper, pmt, [fv], [type])
```

参数说明如下。

rate：利率。

nper：期数。

pmt：各期所支付或收取的金额。

fv：未来值。

type：付款类型，数字 0 或 1，用以指定各期的付款时间是在期初还是期末，0 或省略表示支付时间为每期期末，1 表示每期期初。

如图 21-6 所示，假如银行存款利率为 5%，某人 4 年后拥有资金 100000 元，那此人现在应向银行存入资金多少元？（假设银行为复利计息）

此例为求某笔未来资金的现值，在 B7 单元格中输入以下公式，可解决上述问题。

```
=PV(B1,B2,B3,B4,B5)
```

B7　=PV(B1, B2, B3, B4, B5)

	A	B	C	D
1	年利率:	5%		
2	期数（年）:	4		
3	每年存入额:	0		
4	未来值:	100,000		
5	类型:	1		
6				
7	现值:	-82,270.25		
8				
9				

图 21-6　计算单笔资金现值

如图 21-7 所示，某人向银行购买某理财产品，该理财产品年利率为 5%，用户需每年末支出 10000 元，共 4 期，那么该系列支出（年金）的现值为多少？

在 B7 单元格中输入以下公式，可解决上述问题。

```
=PV(B1,B2,B3,B4,B5)
```

B7　=PV(B1, B2, B3, B4, B5)

	A	B	C
1	年利率:	5%	
2	期数（年）:	4	
3	每年付款额:	-10000	
4	未来值:	0	
5	类型:	0	
6			
7	现值:	35,459.51	
8			
9			

图 21-7　计算多笔资金（年金）现值

21.2.3 PMT 函数

PMT 函数用于计算在固定利率及等额分期付款方式下的每期还款额。语法：

PMT(rate, nper, pv, [fv], [type])

参数说明如下。

rate：贷款利率。

nper：贷款的付款总期数。

pv：现值，即贷款本金。

fv：未来值，或在最后一次付款后希望得到的现金余额。如果省略该参数，则默认值为 0。

type：付款类型，数字 0 或 1，用以指定各期的付款时间是在期初还是期末，0 或省略表示支付时间为每期期末，1 表示每期期初。

注意，参数 rate 和 nper 所用的单位要一致。如果要以 10% 的年利率按月支付一笔 5 年期的贷款，则 rate 应为 10%/12，nper 应为 5*12。如果按年支付同一笔贷款，则 rate 使用 10%，nper 使用 5。

如图 21-8 所示，某人向金融机构贷款 2400000 元，贷款期限为 30 年，年利率为 8%，计算每月还款额。

在 B5 单元格中输入以下公式，可计算每月还款额。

=PMT(B1/12,B2*12,B3)

计算结果为 17610.35 元，即该借款者在未来 30 年内每月需向金融机构固定还款 17610.35 元。

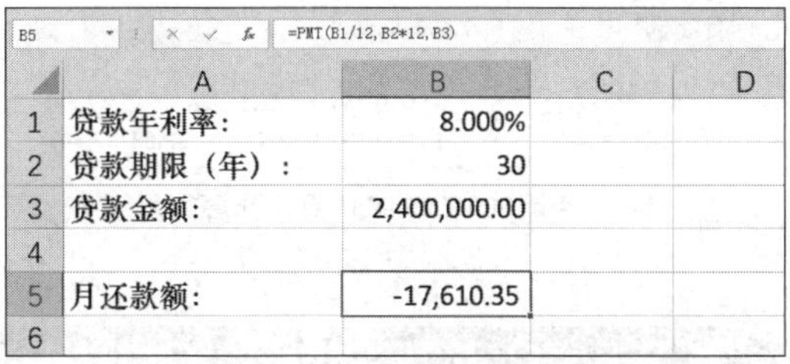

	A	B	C	D
1	贷款年利率：	8.000%		
2	贷款期限（年）：	30		
3	贷款金额：	2,400,000.00		
4				
5	月还款额：	-17,610.35		
6				

图 21-8　使用 PMT 函数计算每月还款额

因 B1 单元格中为年利率，转成月利率要除以 12，B2 单元格中贷款期限为年，因要计算月还款额，需要乘以 12 转成总期数。B5 单元格中结果为 -17610.35，其中负数表示现金流出，用户若不想显示负号，可在公式后面乘以 -1，即如下写法：

=PMT(B1/12,B2*12,B3)*-1

21.2.4 PPMT、IPMT 函数

实际生活中，向金融机构偿还贷款的付款额由两部分组成：本金和利息。

PPMT 函数用于计算固定利率下及等额分期付款方式下的每期付款额中的本金额。IPMT 函数用于计算固定利率下及等额分期付款方式下的每期付款额中的利息额。这两个函数的语法如下：

PPMT (rate, per, nper, pv, [fv], [type])

IPMT (rate, per, nper, pv, [fv], [type])

参数说明如下。

rate：贷款利率。

per：支付的期数，1 表示第一次支付。该参数必须在 1 至 nper 之间。

nper：贷款的付款总期数。

pv：现值，即贷款本金。

fv：未来值，或在最后一次付款后希望得到的现金余额。如果省略该参数，则默认值为 0（零）。

type：付款类型，数字 0 或 1，用以指定各期的付款时间是在期初还是期末，如果为 0 或省略则表示支付时间为每期期末，如果为 1 则表示每期期初。

如图 21-9 所示，某人向金融机构贷款 2400000 元，贷款期限为 30 年，年利率为 8%，计算第

1 次月还款额中的本金和利息分别是多少?

在 B6、B7 单元格中输入以下公式，可分别计算第1个月还款额中的本金和利息额。

```
=PPMT(B1/12,B2,B3*12,B4)
=IPMT(B1/12,B2,B3*12,B4)
```

B6 =PPMT(B1/12, B2, B3*12, B4)

	A	B	C
1	贷款年利率:	8.000%	
2	支付的期数:	1	
3	贷款期限（年）:	30	
4	贷款金额:	2,400,000.00	
5			
6	第N期应付的本金:	-1,610.35	=PPMT(B1/12,B2,B3*12,B4)
7	第N期应付的利息:	-16,000.00	=IPMT(B1/12,B2,B3*12,B4)

图 21-9 使用PPMT与IPMT函数计算每月还款本金和利息额

PPMT 与 IPMT 函数可分离每月等额还款中本金和利息分别是多少，不同期数的还款额中的本金和利息是不相同的，还款期数越多，相应的还款本金越多，而相应的利息越来越少，但本金和利息总和始终为固定数。如图 21-9 所示，第 1 期应付的本金为 1610.35 元，利息为 16000 元，两者之和为 17610.35 元。其值与 PMT 函数计算的每期等额还款额是一样的。

21.2.5 CUMPRINC、CUMIPMT 函数

CUMPRINC 函数用于返回一笔贷款在给定的首期到末期期间累计偿还的本金数额。CUMIPMT 函数用于返回一笔贷款在给定的首期到末期期间累计偿还的利息数额。这两个函数语法如下：

```
CUMPRINC(rate, nper, pv, start_period, end_period, type)
CUMIPMT(rate, nper, pv, start_period, end_period,type)
```

参数说明如下。

rate：利率。

nper：总付款期数。

pv：现值。

start_period：计算中的第一个周期。付款期数从 1 开始计数。

end_period：计算中的最后一个周期。

type：付款类型，数字 0 或 1，用以指定各期的付款时间是在期初还是期末，0 或省略表示支付时间为每期期末，1 表示每期期初。

如图 21-10 所示，某人向金融机构贷款 2400000 元，贷款期限为 30 年，年利率为 8%，计算月还款的第 1 次至第 12 次中的累积本金和累积利息分别是多少?

B9 =CUMIPMT(B1/12, B2*12, B3, B4, B5, B6)

	A	B	C
1	贷款年利率:	8.000%	
2	贷款期限（年）:	30	
3	贷款金额:	2,400,000.00	
4	开始期数:	1	
5	结束期数:	12	
6	支付类型	0	
7			
8	总本金:	-20,048.74	=CUMPRINC(B1/12,B2*12,B3,B4,B5,B6)
9	总利息:	-191,275.46	=CUMIPMT(B1/12,B2*12,B3,B4,B5,B6)
10			

图 21-10 计算两个付款期之间累积支付的本金和利息

在 B8、B9 单元格中输入以下公式，可分别计算月还款的第 1 次至第 12 次中的累积本金和累积利息额。

```
=CUMPRINC(B1/12,B2*12,B3,B4,B5,B6)
=CUMIPMT(B1/12,B2*12,B3,B4,B5,B6)
```

21.2.6 EFFECT、NOMINAL 函数

EFFECT 函数用于计算在给定的名义年利率和每年的复利期数下的实际年利率。语法：

```
EFFECT(nominal_rate, npery)
```

参数说明如下。

nominal_rate：名义年利率。

npery：每年的复利期数。

如图 21-11 所示，在 B3 单元格中输入以下公式，可以将名义年利率为 5%、复利计算期数为 12 转成实际年利率。

=EFFECT(B1,B2)

	A	B	C
1	名义年利率：	5%	
2	复利计算期数：	12	
3	实际年利率：	5.12%	
4			

图 21-11　名义年利率转换成实际年利率

NOMINAL 函数用于计算在给定的实际利率和每年的复利期数下的名义年利率。语法：

NOMINAL(effect_rate, npery)

参数说明如下。

effect_rate：实际利率。

npery：每年的复利期数。

如图 21-12 所示，在 B3 单元格中输入以下公式，可以将实际年利率为 5%、复利计算期数为 12 转成名义年利率。

=NOMINAL(B1,B2)

	A	B	C
1	实际年利率：	5%	
2	复利计算期数：	12	
3	名义年利率：	4.89%	
4			

图 21-12　实际年利率转换成名义年利率

21.2.7　RATE 函数

RATE 函数用于计算年金的各期利率。语法：

RATE(nper, pmt, pv, [fv], [type], [guess])

参数说明如下。

nper：年金的付款总期数。

pmt：每期的固定付款金额。

pv：现值。

fv：未来值，如果省略 fv，则假定其值为 0。

type：付款类型，为数字 0 或 1，用以指定各期的付款时间是在期初还是期末，0 或省略表示支付时间为每期期末，1 表示每期期初。

guess：预期利率，它是一个百分比值，省略该参数时默认值为 10%。

如图 21-13 所示，某人向金额机构贷款36000 元，贷款期限为 4 年，每月固定还款额为 1500 元。在 B4 单元格中输入以下公式，可计算该笔年金的年利率。

=RATE(B1*12,B2,B3)

	A	B	C
1	贷款期数(年)：	4	
2	每月还款额：	-1500	
3	贷款额：	36,000	
4	贷款年利率：	3.28%	

图 21-13　计算年金年利率

在 B2 单元格中每月还款额用负数表示，表示现金的流出。若用户在工作表中用正数表示每月还款额，可在 RATE 函数中的第二个参数前加上负号，即公式书写为"=RATE(B1*12,-B2,B3)"。其他财务函数中类似负号问题，均可采用此方法处理。

21.2.8　NPER 函数

NPER 函数用于在固定利率及等额分期付款方式下，计算某项投资或贷款的期数。语法：

NPER(rate,pmt,pv,[fv],[type])

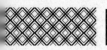

参数说明如下。

rate：各期利率。

pmt：各期所应支付的固定金额。

pv：现值。

fv：未来值，或在最后一次付款后希望得到的现金余额。如果省略 fv，则假定其值为 0。

type：付款类型，数字 0 或 1，用以指定各期的付款时间是在期初还是期末，0 或省略表示支付时间为每期期末，1 表示每期期初。

如图 21-14 所示，某人向金融机构购买理财产品，该理财产品年利率为 4%，每月固定投资额为 250 元，每期期初投资，该用户初始投资额为 2000 元，现需要计算该用户需

要投资多少期（月）可实现 20000 元的未来值。

在 B7 单元格中输入以下公式，可计算投资期数（月）。

=NPER(B1/12,B2,B3,B4,B5)

	A	B	C
1	年利率：	4.00%	
2	每月投资额：	-250	
3	初始投资额：	-2000	
4	未来值：	20,000	
5	付款类型（期初）	1	
6			
7	投资期数(月)：	62.94	

图 21-14　计算投资期数

21.2.9　PDURATION 函数

PDURATION 函数计算投资达到指定值所需的期数。语法：

PDURATION(rate, pv, fv)

参数说明如下。

rate：每期利率。

pv：投资的现值。

fv：所需的投资未来值。

如图 21-15 所示，某人投资某项目 10000元，收益率（年利率）为 5%，若将来取得收益总额为 20000 元，投资期为多长？（该项

投资采用复利计息。）

对于上述问题，可输入以下公式进行解决：

=PDURATION(B1/12,B2,B3)

	A	B	C	D
1	年利率：	5.00%		
2	现值：	10000		
3	未来值：	20000		
4				
5	投资期数(月)	166.70		
6				
7				

图 21-15　计算达到投资值所需的月数

21.2.10　FVSCHEDULE 函数

FVSCHEDULE 函数返回应用一系列复利率计算后的初始本金的终值。语法：

FVSCHEDULE(principal, schedule)

参数说明如下。

principal：现值。

schedule：利率数组。

如图 21-16 所示，本金为 20000 元，未来三个年度的利率分别为 4%、5%、6%，在 B6 单元格中输入以下公式，可以计算出在不同利率下初始本金的终值。

=FVSCHEDULE(B1,B2:B4)

B6 =FVSCHEDULE(B1,B2:B4)

	A	B	C	D
1	本金（现值）：	20,000.00		
2	利率(年)：	4%		
3		5%		
4		6%		
5				
6	未来值（终值）：	23,150.40		
7				
8				

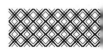

图 21-16　计算不同利率下的终值

21.2.11　NPV 函数

NPV 函数用于使用贴现率和一系列未来支出（负值）和收益（正值）来计算一项投资的净现值。语法：

NPV(rate,value1,[value2],…,[value254])

参数说明如下。

rate：某一期间的贴现率。

value1, value2, …,value254：value1 是必需的，后续值是可选的。这些是代表支出及收入的 1 ~ 254 个参数。NPV 函数使用 value1, value2,…,value254 的顺序来说明现金流的顺序。一定要按正确的顺序输入支出值和收益值，并且这些值在时间上必须具有相等的间隔。

如图 21-17 所示，某企业投资一项理财产品，其现金流出与流入为 B3:B6 区域，贴现率为 4%。在 B8 单元格中输入以下公式，即可计算该项投资的净现值。

=NPV(B1,B4:B6)+B3

B8 =NPV(B1,B4:B6)+B3

	A	B	C	D
1	贴现率：	4%		
2				
3	现金流：	-150,000		
4		60,000		
5		60,000		
6		60,000		
7				
8	净现值：	16,505		
9				

图 21-17　计算净现值

21.2.12　XNPV 函数

XNPV 函数返回一组现金流的净现值，这些现金流不一定定期发生。若要计算一组定期现金流的净现值，可使用 NPV 函数。XNPV 函数语法如下：

XNPV(rate, values, dates)

参数说明如下。

rate：应用于现金流的贴现率。

values：与 dates 中的支付时间相对应的一系列现金流。

dates：与现金流支付相对应的支付日期。

如图 21-18 所示，B3:B10 区域为现金流量，A3:A10 区域为现金流发生日期，B1 单元格为贴现率，在 B11 单元格中输入以下公式，可计算这些系列的现金流的净现值。

=XNPV(B1,B3:B10,A3:A10)

B11 =XNPV(B1,B3:B10,A3:A10)

	A	B	C
1	贴现率：	5%	
2	日期		
3	2019-04-01	-450,000	
4	2019-06-01	65,000	
5	2019-08-01	55,000	
6	2019-11-01	95,000	
7	2020-02-01	35,000	
8	2020-03-01	45,000	
9	2020-05-01	150,000	
10	2020-06-01	200,000	
11	净现值：	168,700.56	

图 21-18　计算不定期的现金流的净现值

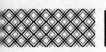

21.2.13　IRR 函数

IRR 函数用于计算一系列现金流的内部收益率。语法：

IRR(values, [guess])

参数说明如下。

values：投资期间的现金流。IRR 函数使用值的顺序来说明现金流的顺序。必须保证支出值和收益值以正确顺序输入。

guess：对 IRR 函数计算结果的估计值。Excel 中使用迭代法计算 IRR 函数。从 guess 开始，IRR 函数不断修正计算结果，直至其精度小于 0.00001%。多数情况下，不必为 IRR 函数计算提供 guess 值。如果省略 guess，则假定它为 0.1（10%）。

如图 21-19 所示，在 B8 单元格中输入以下公式，可计算 B1:B6 区域中现金流的内部收益率。

=IRR(B1:B6)

	A	B	C	D
1	现金流	-200000		
2		40000		
3		40000		
4		40000		
5		40000		
6		60000		
7				
8	内部收益率	3.07%		
9				
10				

图 21-19　计算定期内部收益率

21.2.14　XIRR 函数

XIRR 函数返回一组不定期发生的现金流的内部收益率。若要计算一组定期现金流的内部收益率，可使用 IRR 函数。XIRR 函数语法如下。

XIRR(values, dates, [guess])

参数说明如下。

values：与 dates 中的支付时间相对应的一系列现金流。

dates：与现金流支付相对应的支付日期。

guess：对 XIRR 函数计算结果的估计值。

如图 21-20 所示，B2:B7 区域为现金流量，A2:A7 区域为现金流发生日期，在 B9 单元格中输入以下公式，可计算这些不定期现金流的内部收益率。

=XIRR(B2:B7,A2:A7)

	A	B	C
1	日期	值	
2	2019-05-01	-100,000	
3	2019-06-01	30,000	
4	2019-08-01	25,000	
5	2019-11-01	30,000	
6	2020-02-01	-19,000	
7	2020-03-01	40,000	
8			
9	内部收益率	15.69%	

图 21-20　计算不定期现金流的内部收益率

21.3  计算折旧值

折旧是指在固定资产使用寿命内，按照确定的方法对应计折旧额进行系统分摊。折旧是一个常见的财务指标。对于财务人员，可使用 Excel 中提供的折旧函数轻松地对折旧额进行计算。

21.3.1　SLN 函数

SLN 函数用于返回一个期间内资产的直线折旧值。语法：

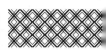

SLN(cost, salvage, life)

参数说明如下。

cost：资产原值。

salvage：折旧末尾时的值，即资产残值。

life：资产的折旧期限，即资产的使用寿命。

如图 21-21 所示，资产原值为 20000 元，残值为 2000 元，折旧年限为 5 年，在 B5 单元格中输入以下公式，可按直线法计算每年的折旧值。

=SLN(B1,B2,B3)

图 21-21　使用直线法计算折旧

21.3.2　DDB 函数

DDB 函数通过双倍余额递减法或其他指定方法，返回指定期间内某项固定资产的折旧值。语法：

DDB(cost, salvage, life, period, [factor])

参数说明如下。

cost：资产原值。

salvage：折旧末尾时的值，即资产残值。

life：资产的折旧期限，即资产的使用寿命。

period：折旧的时期。 period 必须使用与 life 相同的单位。

factor：余额递减速率，如果省略 factor，则假定其值为 2（双倍余额递减法）。

如图 21-22 所示，在 E2 单元格中输入以下公式并向下填充，可使用双倍余额递减法计算资产在 5 年中每年的折旧值。

=DDB($B$2,$B$3,$B$4,D2)

图 21-22　使用双倍余额递减法计算折旧值

21.3.3　SYD 函数

SYD 函数返回在指定期间内资产按年限总和折旧法计算的折旧值。语法：

SYD(cost, salvage, life, per)

参数说明如下。

cost：资产原值。

salvage：折旧末尾时的值，即资产残值。

life：资产的折旧期限，即资产的使用寿命。

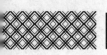

per：计算折旧的某个期间，必须与 life 使用相同的单位。

如图 21-23 所示，在 B5 单元格中输入以下公式，可按年限总和折旧法计算第 1 个期间的折旧值。

```
=SYD(B1,B2,B3,B4)
```

	A	B	C	D
1	资产原值：	500,000		
2	资产残值：	50,000		
3	折旧期限（月）：	30		
4	折旧期间（月）	1		
5	折旧值：	29,032.26		
6				

图 21-23　使用年限总和折旧法计算折旧值

专业术语解释

货币时间价值：货币随时间的推移而发生了增值。

单利：按固定的本金计算利息，即本金固定，到期后一次性结算利息，而本金所产生的利息不再计算利息。例如，银行存款的定期存款采用单利计息。

复利：把上一期的本金和利息作为下一期的本金来计算利息，俗称"利滚利"。

年金：是指一定时期（并不是指一年）内每次等额收付的系列款项，生活中的发放工资、贷款买房、买车、支付房屋租金、分期购买商品等均为年金形式。

问题：为什么使用财务函数算出来的结果与相关银行或金融机构提供的结果有差异？

答：因为经济、金融行业相关的计算往往复杂，考虑的参数较多，所以用户在使用财务函数计算时，可能与相关机构提供的数据有差异，在这种情况下用户可以检查自己使用的财务函数及参数是否合理。此外，对于不同的行业及不同的时期，对同一个经济指标的算法可能也不相同，这样结果也会有差异。还有不同国家和地区的会计准则、经济政策的不同，相关经济指标的计算方法也可能存在差异，所以用户在使用财务函数进行计算时，如果遇到计算的结果与预期不符时，一是可以进行相关公式的修改或是调整，二是如果计算的结果必须要保证与自己预期的结果相符，可弃用该财务函数，采用另外的计算方法进行计算。

第3篇

使用 Excel 进行数据分析

本篇导读

对于存储在 Excel 中的数据，除了使用公式函数进行计算外，还可以使用各种有效的分析工具对数据进行分析，以提取有价值的信息。本篇介绍在 Excel 中最常用的分析工具，如表格、排序、筛选、模拟分析、规划求解、条件格式、数据验证等功能。利用这些分析工具可以使用户在海量数据中迅速提取出自己想要的信息。

本篇内容安排

22 表格设计规范

良好的表格设计规范，可以帮助用户高效地整理、分析数据，同时它也是让 Excel 充分发挥强大数据分析功能的基本前提。本章学习如何设计规范的表格。

22.1 表格设计规范介绍

Excel 具有强大的数据计算和分析功能，但是很多用户即使知晓这些工具的存在和功能，在应用中仍然处处碰壁，举步维艰。其中一个很重要的原因就是表格设计不规范。我们可以想象，要修建一栋大楼，那肯定是先请建筑设计师来整体设计，然后再请承包商进行修建。同理，对于很多用户在使用 Excel 计算分析数据时，并没有事先考虑表格设计的规范化。许多用户往往是很随性地将数据放置在 Excel 表中，建立的表格没有逻辑性，没有相应的规范。如果表格设计不合理，就没法利用 Excel 中的工具高效地分析，即使能计算分析，其过程也是非常低效。

很多用户很少或从未接受过任何形式的表格设计方面的指导，部分用户甚至从未意识到存在设计方法问题。但是表格设计规范是非常重要的，Excel 的各种操作和数据计算分析工具的高效使用都是建立在规范的表格上面的，如图 22-1 所示。规范、合理的表格设计是 Excel 中各种计算分析工具发挥强大功能的前提。

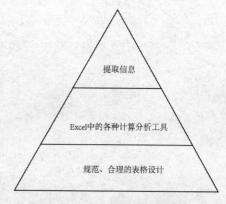

图 22-1　设计规范表格的重要性

22.2 设计规范表格的好处

设计规范、合理的表格是一项花费少、产出大的"投资"。从长远来看，规范的表格设计会在日后节省大量时间，相反糟糕的表格设计将会在日后的计算分析中产生无穷无尽的烦恼。规范的表格设计有如下好处。

（1）能最大发挥 Excel 各项工具的效用：许多计算分析问题的困难都源自于不好的表格设计和不规范的数据格式，如 Excel 中排序、筛选、分类汇总、合并计算、透视表等工具都必须在规范的数据列表中才能发挥最大的效用。

（2）表格结构易于修改和维护：修改某个字段或表时，不会对其他字段或表造成影响。

（3）信息易于查询：规范的表格设计，可以迅速找到用户所需要查询的数据。

（4）厘清工作思路：规范表格设计往往结构清晰、数据规范、格式统一，这样的表格可以帮助用户厘清工作思路，避免陷入混乱的数据计算分析的泥潭中。

22.3 表格设计相关术语

表格是由若干个行与列所构成的一种有序的组织形式，同时表格也是一种结构化清单。图 22-2 展示了一个典型的表结构。

字段（列）

员工编号	姓名	年龄	入职日期
YG-01	张敏	25	2020-01-01
YG-02	王伟	30	2018-05-09
YG-03	刘刚	32	2015-06-09
YG-04	王芳	25	2015-09-08
YG-05	李勇	30	2013-06-08

字段名（标题）

记录（行）

项目（元素）

图 22-2 一个典型的表结构

每个表代表一个特定的主题，常见表的主题有两类：对象表和事件表。例如描述一个人、地点或者事物就是一个对象表，在对象表中用该对象各种独特的属性来描述该对象。如果表描述的是一个事件，则为事件表，比如销售记录表、出入库表、某项调查表均为事件表，事件表示发生在指定时间点的某个活动、行为。

表的首行一般都有一个标题，在 Excel 中称为标题或列名，专业术语叫字段名，每一列称为一个字段，字段又称为属性，它代表所属表的主题的一个特征。字段具有多种不同的数据类型，比如文本型字段、数值型字段、日期型字段。每个字段中的值必须保持数据类型一致。在表格设计中字段有以下 4 种，如图 22-3 所示。

（1）普通字段：由常量的文本、数值组成的字段。

（2）计算字段：由公式函数或是表达式计算生成结果的字段。

（3）复合字段：同一字段中包含两个或多个不同属性的值。

（4）多值字段：同一个字段中包含多个相同类型的值。

普通字段 计算字段　　复合字段　　　　　　　多值字段

员工编号	姓名	销售额	提成	地区及城市	联系电话
YG-01	张敏	5000	250	中南区，长沙	13■ 7431234，1302515■4
YG-02	王伟	3000	150	华北区，北京	45■ 5623，1365554■4
YG-03	刘刚	4500	225	西南区，成都	13■ 0251234
YG-04	王芳	3000	150	华东区，上海	85■ 0125

图 22-3　计算字段、复合字段与多值字段

表的每一行称为一条记录，每一条记录代表某个表的主题的一个实例（实例可以理解为一个对象或一条完整的信息，如图 22-3 所示是一份员工资料表，员工资料是该表的主题，而每一行表示一个真实员工的实例，即表示一个真实的员工）。在列表中的每个值称为项或元素。

深入了解

复合字段与多值字段为不规范的字段，复合字段必须要拆分到不同字段（列）里面，因为这样便于数据的分类、筛选和过滤。多值字段需要拆分到多条记录（行）里面，如图 22-4 所示。多值字段的拆分会导致某些字段产生重复值。

复合字段需要拆分到不同字段（列）里面

员工编号	姓名	销售额	提成	地区	城市	联系电话
YG-01	张敏	5000	250	中南区	长沙	13■431234
YG-01	张敏	5000	250	中南区	长沙	13■151234
YG-02	王伟	3000	150	华北区	北京	45■623
YG-02	王伟	3000	150	华北区	北京	13■541234
YG-03	刘刚	4500	225	西南区	成都	13■251234
YG-04	王芳	3000	150	华东区	上海	85■125

多值字段需要拆分到多条记录（行）里面

图 22-4　复合字段与多值字段的处理

22.4 Excel 表格的分类

在 Excel 中表格主要分为 3 类：列表型表格、报表型表格、辅助型表格。

1. 列表型表格

列表又称为清单，它是一种有序值的集合。列表是最规范的数据组织形式。在数据库软件中表的形式必须是列表形式。在 Excel 中对于排序、筛选、分类汇总、合并计算、函数、数据

透视表等绝大部分数据计算分析工具，最佳的数据结构就是列表。图 22-5 展示的是列表型数据。

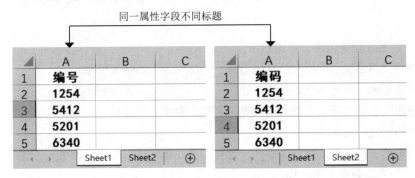

图 22-5　列表型表格

在 Excel 中列表型表格设计规则如下。

（1）表的名称用工作表标签表示，不要将表名添加到字段名的上方。如图 22-5 所示，"员工表"用工作表标签显示，而不是将"员工表"名称插入到第一行显示，此外要将列表的第一个数据存放在 A1 单元格，这样方便日后数据的引用计算。

（2）一张表只存储说明一个事物或对象，应将不同的表分别放置在不同的工作表中。如图 22-5 所示，员工与客户是两个不同的对象，应分别用两张表表示，并且这两张表分别放置在两个工作表中，这样方便区别、查找不同的表，方便数据的扩展，同时也利于不同表之间的引用计算。

（3）对于不同的表，按逻辑顺序、相互关联程度前后规范排列，这样表格结构层次清晰，便于数据的查找计算分析。如有三张表：2019 年报表、2020 年报表、2021 年报表。规范顺序应该按年份从小到大左右排列，切忌让工作簿内的表格排列混乱、盘根错节。

（4）列表中第一行为标题，标题不能为空，并且标题不能有重复、不能有多行标题。对于多张表中同一字段的标题一定要保持一致，如图 22-6 所示，Sheet1 与 Sheet2 中的 A 列为同一属性字段，但却使用不同标题，这不便于数据的统计和表格之间的相互引用计算。

图 22-6　同一属性字段不同标题

（5）同一列为同一数据类型，并且数据类型必须要规范，如某列是日期类型，那该列下面必须全部是规范的日期，不能在该列中夹杂文本或其他数值。

（6）列表中不能有空行空列，空行空列会导致在数据分析时不能包含全部的数据。

（7）列表中不能有合并单元格，合并单元格会严重破坏列表有序的结构。

提示

合并单元格虽然可以更好地设计版面，但是对于数据计算分析，如果列表中含有合并单元格，那将是非常麻烦的一件事情。在 Excel 中如果列表有合并单元格，那将不能正常排序、筛选、不方便复制粘贴数据、不能使用数据透视表、部分函数也不能正确计算合并单元格中的数据，所以在列表型表格中绝对不要使用合并单元格。

2. 报表型表格

报表型表格是以个性化格式的表格方式输出和显现数据，所表现的数据均按照一定的规则和标准进行分类和整理，并且提供相关的统计值。报表型表格通常需要被正式打印或发送相关人员。在实际工作中，当数据量较小时，用户经常将列表型表格与报表型表格合二为一，图 22-7 展示了某一报表型表格。

	2020年上半年销售报表							
门店	类目	一月	二月	三月	四月	五月	六月	总计
北京	电脑配件	54,340	53,720	16,400	13,330	106,610	76,630	321,030
	外设产品	124,810	10,080	7,950	20,630	64,490	43,060	271,020
广州	电脑配件	56,860	29,760	13,600	8,050	48,030	47,790	204,090
	外设产品	42,290	21,970	23,040	90,310	4,230	8,740	190,580
杭州	电脑配件	165,340	46,590		61,510	48,300	106,620	428,360
	外设产品	41,250	14,840	28,750		20,390	5,040	110,270
上海	电脑配件	173,170		87,720			200,710	461,600
	外设产品	83,570	15,460	70,850	59,470	18,070	188,770	436,190
深圳	电脑配件	49,680		39,900		129,030	15,730	234,340
	外设产品	40,390	123,130	14,480	50,890	66,880	34,670	330,440
总计		831,700	315,550	302,690	304,190	506,030	727,760	2,987,920

2020年上半年报表

图 22-7　报表型表格

在 Excel 中报表型表格设计规则如下。

（1）表格主题明确，提供有效字段信息，不显示无用的字段信息。

（2）层次清晰、布局合理、排版美观。

（3）使用公式函数自动生成或引用其他表格中数据进行计算。

（4）对打印进行设置。

（5）对表格布局结构、固定内容的单元格，公式单元格、打印设置进行工作表保护，防止误操作或破坏公式与表格布局结构。

3. 辅助型表格

除列表型表格和报表型表格之外的表格就是辅助型表格，它用于其他数据的存储，也经常作为函数计算、分析报表的辅助表格，如图 22-8 所示。

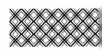

图 22-8　辅助型表格

在 Excel 中辅助型表格的设计规则如下。

（1）辅助型表格的设计规则与列表型表格、报表型表格的设计规则有众多相似点，在此不赘述。

（2）辅助型表格如果与报表型表格放置在同一工作表中，应该相邻分布。同时两表之间应加空行或空列加以区隔。

（3）辅助型表格如果单独放置在一张工作表中，需要对工作表名称标识明确的名称，方便辅助表的查询，如图 22-9 所示。

图 22-9　对辅助表命名

22.5 保持优化表格思想

限于篇幅及考虑到部分知识点可能会超出本书的范围，所以笔者没有详尽地介绍 Excel 表格设计中的理论和规则。这并不影响用户利用现有知识去设计规范表格的能力，当用户在使用 Excel 处理数据经常陷入混乱时，就要考虑优化工作流程和表格设计规范，但是优化工作流程和设计规范的表格往往不像写出一个公式函数就马上出现结果一样迅速。其过程往往需要用户长时间的思考和一点点的改进，但这个过程所花费的时间和精力一定是值得的。

此外，对于部分用户，因各种现实原因，可能无权更改公司或是前面人员延续下来的工作流程或表格，在这种情况下笔者建议用户依然保持思考的习惯，努力充分地准备，在合适的时机向同事、领导层提出自己优化、切实可行的表格设计方案。

专业术语解释

表主题：表格数据所模拟描述的对象或事件。

字段：表中的一列，它表示所属表的主题的一个特征属性。

字段名：字段的名称或标识。

记录：表中完整的一行，它表示某个表的主题的一个实例。

项：字段中的单个值。

问题 1：表的主题怎么理解?

答：表的主题可以理解为一个数据模型。模型是对客观世界中存在的事物进行抽象和模拟。因为计算机或 Excel 不可能直接处理现实世界中的具体事物，所以必事先将人、物、活动、概念等事物的特征用文字和数据加以描述和提取，然后放置在表格中形成一个个对应的数据模型。通过对数据模型的计算分析等处理就可以分析现实事物的关系和规律、提取相关的信息。

问题 2：在设计表格时，是否一定要严格按照表格设计规范来做?

答：绝大部分情况下都必须要严格按照表格设计规范来设计表格，但是对于特殊情况必须特别处理，如利用 Excel 制作特殊布局的表格，以及自己的表格设计方式更方便、更利于数据的计算分析处理，在这种情况下可以打破规则，进行灵活的处理。

使用表格 23

表格是用户创建的一块特殊的数据区域，利用表格可以将工作表的数据设置成多个独立的区域。此外，表格具有自动扩展数据区域、排序、筛选、自动计算等功能，利用表格可以方便数据管理和分析。本章学习表格和结构化引用等方面的知识。

23.1 表格的概念

普通的数据区域是指用户在默认状态下，在工作表内输入的普通数据区域，而"表格"是用户创建的智能数据区域。在一张工作表中可以创建多个独立的数据表格，从而进行不同的分类和组织。对于表格区域可以快速设置表格样式、自带筛选命令、自动添加数据、各种常见运算功能等。此外，表格最大的优点就是利用公式函数、图表、数据透视表等工具对表格数据进行引用，数据可以自动进行扩展，从而形成动态引用。如果没有表格功能，用户要形成自动扩展、动态引用的功能，则需要手动或使用函数来更改数据范围。

23.1.1 创建表格

用户若将普通数据区域转换为表格，可先将光标置于普通数据区域的任意单元格中，如图 23-1 所示。

	A	B	C	D	E
1	日期	产品	售价	销量	金额
2	2020-01-05	电脑整机	6,000	5	30,000
3	2020-02-06	笔记本	4,500	6	27,000
4	2020-03-09	游戏本	3,000	3	9,000
5	2020-04-05	平板电脑	2,500	6	15,000
6	2020-06-09	台式机	5,000	8	40,000
7	2020-06-10	一体机	6,000	5	30,000
8	2020-08-01	服务器	9,000	9	81,000

图 23-1　普通数据区域

然后选择【插入】→【表格】命令，或按创建表格的快捷键<Ctrl+T>，此时弹出【创建表】对话框，在此对话框中Excel会自动侦测表格的区域，并且让用户选择表格区域是否包含标题。用户确定无误后，单击【确定】按钮，即可将普通数据区域转换为表格，如图23-2所示。

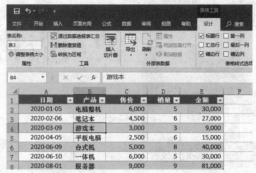

图 23-2　普通数据区域转换为表格

23.1.2　更改表格外观格式

创建表格完成后，用户若选中表格中任意单元格，在功能区会出现【表格工具】上下文选项卡，如图23-3所示。

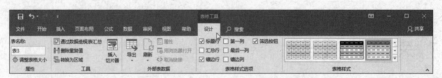

图 23-3　【表格工具】上下文选项卡

对于表格，Excel会使用默认的表格样式，用户如果希望使用其他表格外观，可以在【表格工具】中的【表格样式】库中选择【新建表格样式】，如图23-4所示。

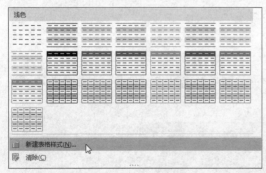

图 23-4　表格样式

用户创建表格后，可在【表格工具】上下文选项卡中选中【汇总行】复选框，此时Excel将在表格的最后一行增加一个汇总行。

汇总行默认采用的函数为SUBTOTAL函数，用户可单击右侧下拉按钮，在列表中选择SUBTOTAL函数的其他运算方式或自行输入其他函数，如图23-5所示。

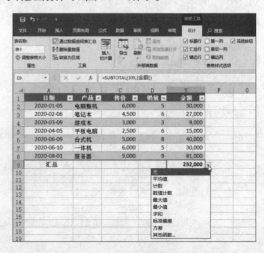

图 23-5　为表格添加汇总行

23.1.3 向表格中添加新数据

当用户在表格中添加新的行列数据后，表格自动将新增的行列数据纳入表格范围，此功能为表格的自动扩展特性。如图 23-6 所示，先选中 E9 单元格，然后按 <Tab> 键，即可新增一行数据，此数据将纳入表格范围。若表格无汇总行，在表格末尾添加新行也会自动纳入表格范围。此外，用户也可以拖动表格右下角小三角符号，向右或向下扩展表格范围。

	A	B	C	D	E	F
1	日期	产品	售价	销量	金额	
2	2020-01-05	电脑整机	6,000	5	30,000	
3	2020-02-06	笔记本	4,500	6	27,000	
4	2020-03-09	游戏本	3,000	3	9,000	
5	2020-04-05	平板电脑	2,500	6	15,000	
6	2020-06-09	台式机	5,000	8	40,000	
7	2020-06-10	一体机	6,000	5	30,000	
8	2020-08-01	服务器	9,000	9	81,000	
9	2020-09-01	显示器	1,500	2	3,000	
10	汇总				235,000	
11						

图 23-6　表格扩展数据范围

23.1.4 使用切片器筛选表格

当表格中含有大量行列数据时，用户可能需要对数据进行筛选，但普通的筛选往往操作不方便，此时可以利用表格的切片器来高效地筛选。在【表格工具】上下文选项卡中，单击【插入切片器】按钮，在弹出的对话框中选择需要筛选的标题名，单击【确定】按钮，即可生成切片器按钮，单击不同的项目，即可快速对表格区域中的数据进行筛选，如图 23-7 所示。

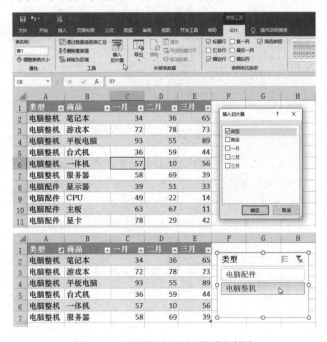

图 23-7　利用切片器对表格进行筛选

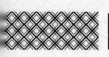

23.2 结构化引用

创建表格时，Excel 将为表格及表格中的每个列标题指定名称。当将公式添加到 Excel 表格中时，这些名称会在输入公式时自动显示并选择表格中相应的单元格引用，而不必手动输入。这些表格和列名称的组合称为结构化引用。每当添加或删除表中的数据时，结构化引用中的名称会进行调整，如图 23-8 所示。

图 23-8 表格的结构化引用

结构化引用组成部分如下。

• 表名称：在【表格工具】上下文选项卡的左侧查看表名称，使用表名称来引用除标题行和汇总行以外的数据区域。

• 列标题：用方括号包围，图 23-8 中的

[商品]、[一月]、[二月]、[三月]、[合计]均为列标题，它引用该列中除标题和汇总行以外的数据区域。

• 表字段：共 5 项，如表 23-1 所示。

表 23-1 不同表字段标识符表示的范围

标识符	说明
[@– 此行]	引用公式所在行与表格数据行交叉的范围
[# 全部]	引用整个表，包括表格数据、标题及汇总行
[# 数据]	引用包含数据行，但不包含标题行和汇总行的范围
[# 标题]	引用只包含标题行的范围
[# 汇总]	引用只包含汇总行的范围，如果表中没有汇总行会返回 #REF！

| 提示 |

图 23-9 展示不同表字段范围，Excel 对于普通的单元格引用地址采用字母 + 数字方式表示，而在表格中使用特定名称表示单元格引用地址，如在某单元格中输入以下公式：

=COUNTA (汇总表 [# 数据])

该公式中的参数引用区域为 A2:E2，即公式等效于 =COUNTA(A2:E2)

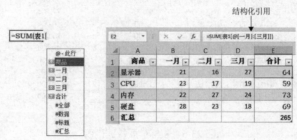

图 23-9 表字段范围示意图

23.3 表格自动扩展功能

在 Excel 公式的函数参数中，引用的区域是静态引用。如图 23-10 所示，在 F2 单元格中输入以下函数计算"显示器"的总金额。

=SUMIF(B2:B6,E2,C2:C6)

该函数中引用参数的区域为静态引用，即表示引用区域始终会保持不变。如在数据区域下方继续添加数据，则添加的数据不会被纳入函数的计算范围。若要纳入计算范围，必须手动调整函数的引用区域。

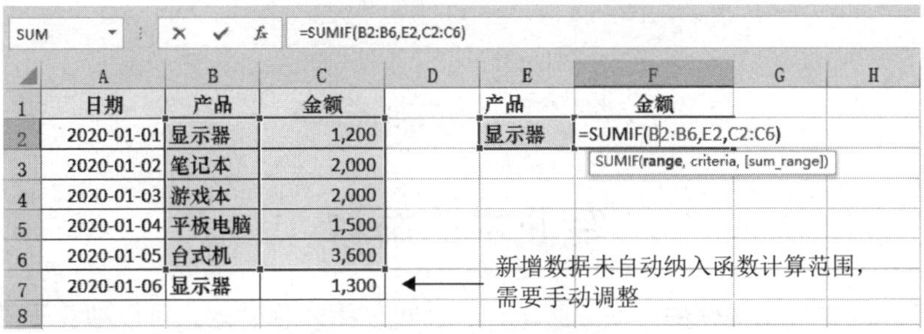

图 23-10 静态引用

在实际工作中，经常会遇到公式函数参数所引用的数据区域会新增，如果每次新增数据都要手动调整引用范围，显然十分不便。此时可将数据区域转成表格，再使用公式函数引用表格中的单元格区域，若在表格的下方新增数据，则新增的数据会自动纳入函数的计算。如图 23-11 所示，在表格下方新增数据后，引用区域会自动扩展，这种方式称为动态引用。

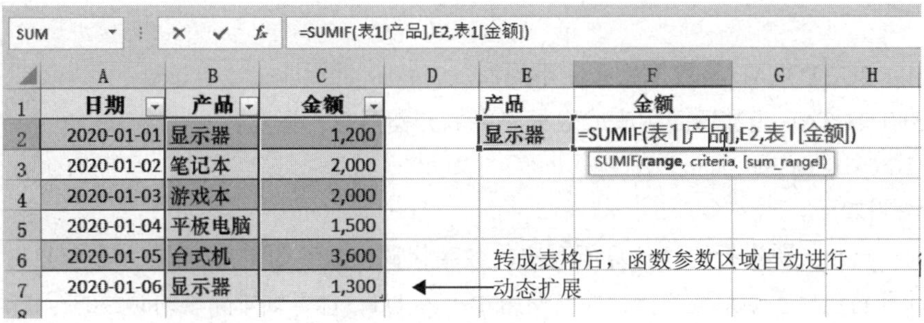

图 23-11 动态引用

在进行函数的计算、透视表区域的选取、图表的区域选取时，用户可先将数据区域转成表格，然后利用表格自动扩展功能来动态引用扩展数据，这种方式可以实现动态实时计算分析的目的。

深入了解

当数据转成表格后，公式所引用的单元格区域会自动转成相应的表格名称，很多用户对这种表名称的引用方式有阅读和理解困难，用户若不想以这种表名称显示引用的区域，可以在【Excel 选项】对话框中的【公式】选项卡中取消选中【在公式中使用表名】复选框，取消后再重新写公式，则引用的区域会变成默认的 A1 引用样式，并且新增的数据依旧会自动纳入函数的计算，如图 23-12 所示。

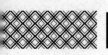

引用采用A1样式

图 23-12 取消使用表名后新增数据依然自动扩展

专业术语解释

表格：工作表中被结构化的一块"区域"，通过使用表格功能，可以独立于工作表中其他行和列中的数据，管理表中行和列的数据。

问题 1：SUBTOTAL 函数是怎么使用的?

答：SUBTOTAL 函数返回列表或数据库中的分类汇总，语法：

```
=SUBTOTAL(function_num,ref1)
```

参数说明如下。

function_num：要进行何种计算所对应的数字代码，数字为 1 ~ 11 或 101 ~ 111，如果使用表 23-2，计算将包括手动隐藏的行，如果使用 101 ~ 111，计算则排除手动隐藏的行，SUBTOTAL 函数始终排除已筛选掉的单元格。

表 23-2 function_num 参数对应函数

function_num（包含隐藏值）	function_num（忽略隐藏值）	函数
1	101	AVERAGE
2	102	COUNT
3	103	COUNTA
4	104	MAX
5	105	MIN
6	106	PRODUCT

续表

function_num（包含隐藏值）	function_num（忽略隐藏值）	函数
7	107	STDEV
8	108	STDEVP
9	109	SUM
10	110	VAR
11	111	VARP

ref1：计算区域。如图 23-13 所示，在第 2 列中使用 109，则计算时不将隐藏的行进行求和。第 3 列使用 9，则计算时将隐藏行也一同进行求和，而第 4 列是筛选的数据，SUBTOTAL 函数始终只会计算可见的单元格数据。

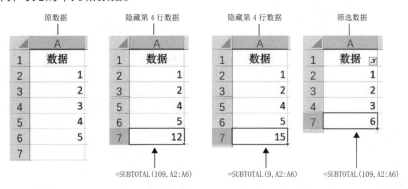

图 23-13　SUBTOTAL函数基础用法

问题 2：创建表格后，为什么表中没有汇总行？

答： 创建表格后，需要在【表格工具】上下文选项卡中选中【汇总行】复选框后，才能在表中添加汇总行，此外还有【第一列】、【筛选按钮】、【最后一列】、【镶边行】、【镶边列】复选框，用户可以尝试选中或取消来查看表格效果，如图 23-14 所示。

图 23-14　【表格工具】上下文选项卡

问题 3：表名是否可以修改？

答： 可以，在【表格工具】上下文选项卡的左侧可以查看当前表的名称，用户在此可以修改表的名称以便更形象地描述表的内容，如图 23-15 所示。

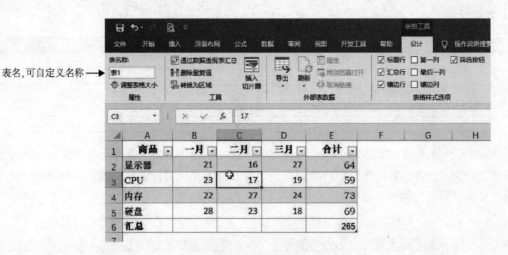

图 23-15　修改表名称

使用 Excel 分析数据

本章将介绍如何在工作表中使用排序、筛选、高级筛选、分级显示、分类汇总、合并计算等功能。通过本章学习，读者能够了解 Excel 中分析数据的基本工具和方法。

 导入数据

Excel 不但可以使用工作表中的数据，还可以导入或访问外部的数据文件，如文本文件、XML、Access、SQL Server 等各种外部数据库文件。

图 24-1 展示的是一份 TXT 文本文件，现需要将文本中的数据存放在 Excel 中，部分用户可能会直接选中文本内的内容复制粘贴到 Excel 中，但这样做可能会将文本内的每一行分别粘贴到一个单元格内，所以正确的方式是将此文件导入 Excel 中。

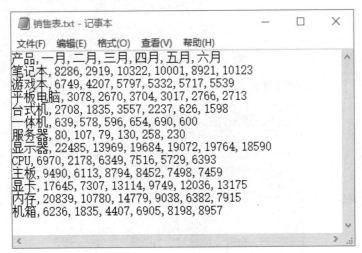

图 24-1　文本文件

导入文本文件或其他外部文件的步骤如下。

第1步 选择【数据】→【获取和转换数据】→【获取数据】→【自文件】→【从文本/CSV】命令，在弹出的【导入数据】对话框中选择文本文件的所在路径，然后选中文本文件双击或单击【导入】按钮导入，如图 24-2 所示。

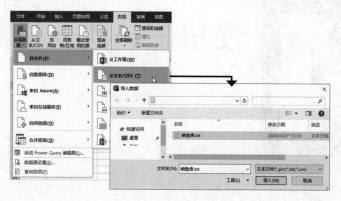

图 24-2　导入文本文件

第2步 单击【导入】按钮会弹出导入对话框，在对话框中 Excel 会自动侦测文本的格式、分隔符及数据类型，并将最终导入的效果展示在窗口中。如果用户导入的文本是乱码，可以在【文件原始格式】中选择正确的格式，此外若 Excel 自动判断的分隔符有错误，可在【分隔符】中选择正确的分隔符，如图 24-3 所示。

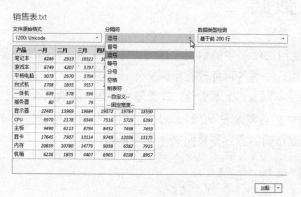

图 24-3　选择导入分隔符

第3步 单击【加载】按钮，即可将文本文件载入 Excel 中，如图 24-4 所示。

	A	B	C	D	E	F	G
1	产品	一月	二月	三月	四月	五月	六月
2	笔记本	8286	2919	10322	10001	8921	10123
3	游戏本	6749	4207	5797	5332	5717	5539
4	平板电脑	3078	2670	3704	3017	2766	2713
5	台式机	2708	1835	3557	2237	626	1598
6	一体机	639	578	596	654	690	600
7	服务器	80	107	79	130	258	230
8	显示器	22485	13969	19684	19072	19764	18590
9	CPU	6970	2178	6349	7516	5729	6393
10	主板	9490	6113	8794	8452	7498	7459
11	显卡	17645	7307	13114	9749	12036	13175
12	内存	20839	10780	14779	9038	6382	7915
13	机箱	6236	1835	4407	6905	8198	8957

图 24-4　导入数据效果图

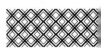

24.2 分列数据

在实际工作中，用户经常需要将存储在一个单元格中的内容分开显示在不同列里。

例1 图 24-5 展示的是从财务软件导出的会计科目名称，其中不同的明细科目串联在一个单元格内，现需要对其分开显示在不同的列中，其操作步骤如下。

第1步 选中需分列的单元格区域，然后选择【数据】→【数据工具】→【分列】命令，此时会弹出【文本分列向导-第1步，共3步】对话框，因数据列中不同科目采用的是斜线分隔，所以在此选中【分隔符号】单选按钮，然后单击【下一步】按钮，如图 24-5 所示。

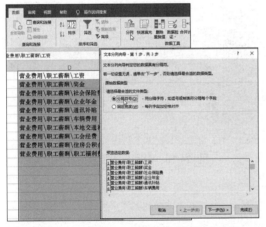

图 24-5 在分列向导中选择以分隔符来分列

第2步 在【文本分列向导-第2步，共3步】对话框中可选择分隔符号的类型，因示例中的数据采用"\"符号分隔，而选项中并没有该符号的复选框，所以必须选中【其他】复选框，在文本框中输入"\"符号，此时在下方的数据预览区域会预览分隔后数据，然后单击【下一步】按钮，如图 24-6 所示。

图 24-6 自定义分隔符

第3步 在【文本分列向导-第3步，共3步】对话框中的数据预览区域选中指定的列，然后设置其数据格式。若不想导入某些列，可选中相应列，在【列数据格式】下方选中【不导入此列数据】单选按钮，在【目标区域】中设置存放分列数据的单元格，如果不设置将会覆盖原来数据，然后单击【完成】按钮，即可分列数据，如图 24-7 所示。

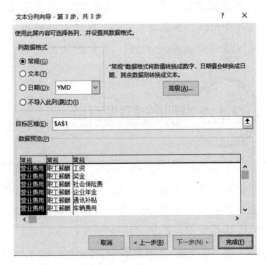

图 24-7 分列向导第3步

例2 图 24-8 中 A 列是从某系统中导入的日期，该列日期的年月日连接在一起，为了便于分析，需要将日期中的年月日分别列示在不同的列中。其操作步骤如下。

第1步 选中A列，选择【数据】→【数据工具】→【分列】命令，此时弹出【文本分列向导-第1步，共3步】对话框，因日期中并没有任何分隔符号分隔，并且年月日分别是相同的长度，所以在此选中【固定宽度】单选按钮，然后单击【下一步】按钮，如图24-8所示。

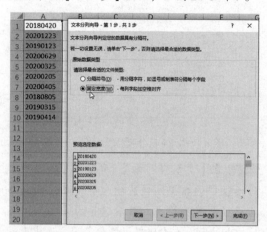

图 24-8　使用分列分隔等宽日期

第2步 在【文本分列向导-第2步，共3步】对话框中的下方，用户可浏览导入的数据内容，单击上方刻度线，即可插入分列线，用户可根据实际数据的特征及在指定的长度处插入分列线。如果插入错误，可拖动分列线，或双击删除某条分列线，再重新单击插入，

然后单击【下一步】按钮，如图24-9所示。

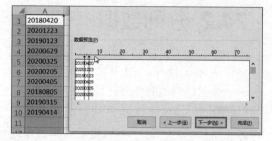

图 24-9　插入分列线

第3步 在【文本分列向导-第3步，共3步】对话框中的数据预览区域选中指定的列，然后设置其数据格式，若不想导入某些列，可选中相应列，在【列数据格式】下方选中【不导入此列数据】单选按钮，选择【目标区域】为A1单元格，然后单击【完成】按钮，即可分列日期，如图24-10所示。

图 24-10　以固定宽度分列日期

24.3　删除重复值

在实际工作中，用户经常会遇到需要处理重复值的问题，在一列或多列数据中提取不重复的数据记录，可以采用高级筛选、函数、条件格式或先排序再依次手工删除的方式，但上述方法过程烦琐。从 Excel 2007 开始，功能区就内置了删除重复值的功能，该功能可以快速删除单列或多列数据中的重复值。

某企业的员工信息表中，D列是部门，E列是姓名，两列存在重复值，现需要删除重复值，提取唯一值。其操作步骤如下。

第1步 选中D列和E列，选择【数据】→【数据工具】→【删除重复值】命令，此时弹出【删除重复值】对话框，如图24-11所示。因选中区域中包含标题，所以在对话框的右侧选中【数据包含标题】复选框。在对话框中间列示了字段标题，用户需同时选中【部门】和【姓名】复选框才能完成删除重复项，单击【确定】按钮，如图24-11所示，即可删除重复值。

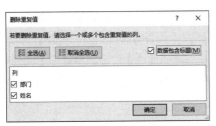

图 24-11　指定多列删除重复值

第2步 删除重复值后会提示重复的个数，及保留唯一值的个数，如图 24-13 所示。

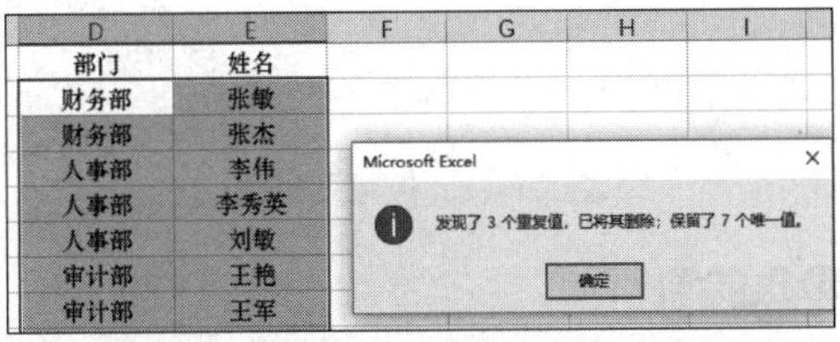

图 24-13　删除重复值个数提示信息

|提示|

如果只单独选中【部门】复选框或只单独选中【姓名】复选框，则只会对单独选中的列进行删除重复值的操作，同时也会一并删除同行其他列的数据。

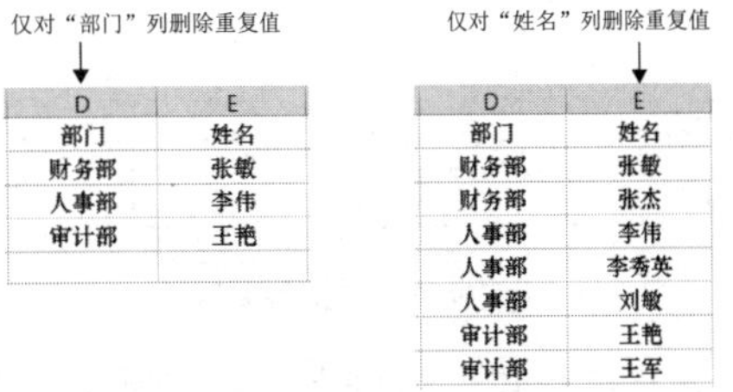

图 24-12　仅对单列进行删除重复值

深入了解

当用户只选中数据区域中一列对重复值进行删除操作时，会弹出删除重复值警告的对话框，默认选中【扩展选区区域】单选按钮，选中该选项会自动扩展其他数据区域，如果选中【以当前选定区域排序】单选按钮，则只会对选中的列进行删除重复值操作，并不会删除其他列的数据，如图 24-14 所示。此处与图 24-12 的返回结果不一样，需注意其差异。

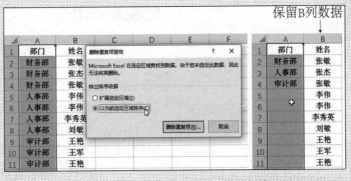

图 24-14　选中单独列进行删除重复值

24.4 排序

排序是将无序的记录序列调整为有序的记录序列，在 Excel 中提供了多种方法对数据列表进行排序。用户可以根据实际需要按行或列、按升序或降序排序，也可以自定义排序。

如图 24-15 所示，C 列"部门"字段下的数据未经排序，不利于各部门的汇总分析，若要对"部门"字段进行排序，可将光标置于该列任意单元格中，然后选择【数据】→【排序和筛选】→【升序】或【降序】命令即可排序。汉字是按拼音的字母进行排序的，数值是按数值的大小进行排序的。

图 24-15　简单排序

实际工作中，用户也许要同时按多个关键字进行排序，如图 24-16 所示，需要依次按"基本工资""个税""实发工资"的顺序来排序。此时可选择【数据】→【排序和筛选】→【排序】命令，在弹出的【排序】对话框中，将主要关键字设置为"基本工资"，然后再单击对话框左上面的【添加条件】按钮，依次添加"个税""实发工资"作为次要关键字，再单击【确定】按钮即可排序。

图 24-16　多条件排序

|||||
提示

此例中用户也可依次对"基本工资""个税""实发工资"字段在功能区中单击【升序】或【降序】按钮进行排序。此方法需要用户先对最次要（排序优先级较低）的字段排序，然后再依次对最重要（排序优先级较高）的字段进行排序，这样可以保证最重要的字段的数据会优先排列在一起。

1.　按笔划排序

默认情况下，Excel 对汉字是按照拼音字

母顺序排序的，用户若想按汉字笔划数来排序，可在【排序】对话框中单击【选项】按钮，在【排序选项】对话框中选中【笔划排序】单选按钮，即可以对汉字进行笔划排序，如图 24-17 所示。

图 24-17　按笔划排序

深入了解

笔划排序经常用于姓氏排列，其规则如下。

（1）按姓的笔划数进行排列，笔划数少的在前，笔划数多的排在后面，如王（4划）、刘（6划）、周（8划）。

（2）当姓的笔划数相同时，则按照姓的起笔来排列，即按照横、竖、撇、点、折的顺序排列。

2.　按行排序

Excel 除了可以对列排序外，也可以对行排序。在图 24-18 所示的表格中，A 列是行标题，第 1 行是月份，同时也是列标题。因为第 1 行默认的排序并没有按规范的月份进行排列，所以要对第 1 行进行排序。选中 B1:M4 区域，调出【排序】对话框，单击【选项】按钮，在【排序选项】对话框中选中【按行排序】单选按钮，单击【确定】按钮，再在【行】中的【主要关键字】下拉列表中选择"行 1"，单击【确定】按钮，即可对行进行排序。

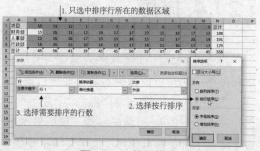

图 24-18　按行排序

图 24-19 展示了按行排序后的数据效果。

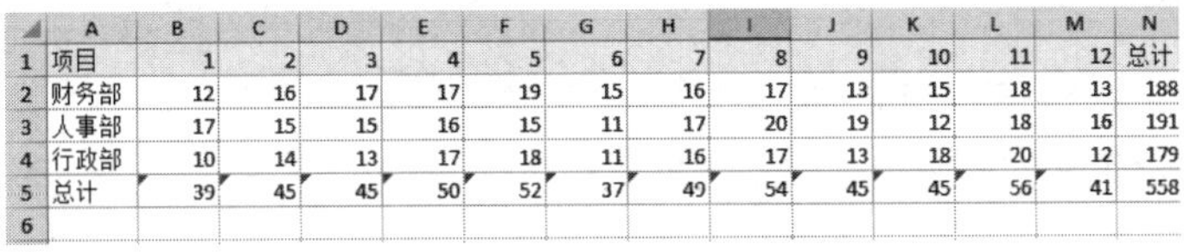

	A	B	C	D	E	F	G	H	I	J	K	L	M	N
1	项目	1	2	3	4	5	6	7	8	9	10	11	12	总计
2	财务部	12	16	17	17	19	15	16	17	13	15	18	13	188
3	人事部	17	15	15	16	15	11	17	20	19	12	18	16	191
4	行政部	10	14	13	17	18	11	16	17	13	18	20	12	179
5	总计	39	45	45	50	52	37	49	54	45	45	56	41	558
6														

图 24-19 按行排序后的结果

提示

在该例中使用按行排序时，不能选中 A 列，因为在 Excel 中对行进行排序时，没有“行标题”的选项，所以用户只能选择需要排序的行区域，不能选择多余的数据区域。

3. 对部分数据排序

用户若只对数据列表中部分数据进行排序，则需要先选中该部分数据区域进行排序。

如果只选中某列或某列中部分数据进行排序，会弹出【排序提醒】对话框，默认选中【扩展选定区域】单选按钮，即将选中数据的其他邻近行数据一并排序，而若选中【以当前选定区域排序】单选按钮，则只会对选定区域内的数据进行排序，如图 24-20 所示。

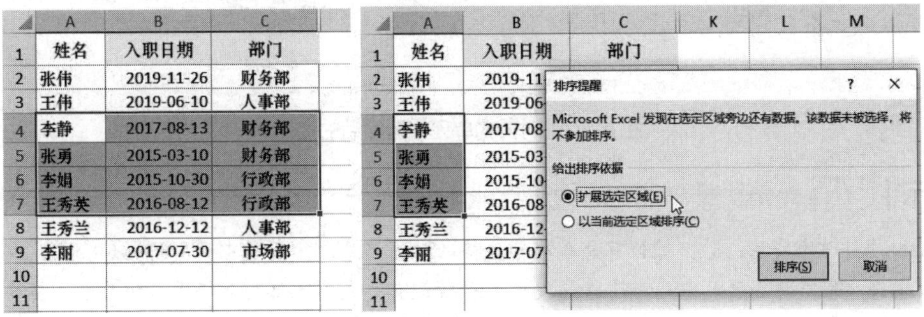

图 24-20 对部分数据排序

4. 按颜色排序

若用户对单元格底纹、字体设置颜色后，可以对该设置的颜色进行排序。

如图 24-21 所示，用户选中某底纹颜色单元格，然后右击，在弹出的快捷菜单中选择【排序】→【将所选单元格颜色放在最前面】命令，即可将该底纹颜色进行排序。字体颜色排序与其原理类似。若用户对某列设置了多种颜色底纹，则可以在【排序】对话框中的【排序依据】中先选择单元格颜色，然后在【次序】下拉列表中选择多种颜色的排序。

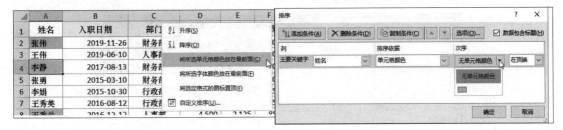

图 24-21 对底纹颜色单元格进行排序

5. 自定义排序

用户若想按自己特定的方式对文本字段进行排序，可先将自定义的序列导入自定义的列表中。然后在【次序】下拉列表中选择【自定义序列】选项，在弹出的【自定义序列】对话框中选定需要排序的序列，单击【确定】按钮，即可完成自定义的排序，如图 24-22 所示。

图 24-22　自定义排序

6. 对含有公式的单元格进行排序

在对数据列表进行排序时，用户需要注意含有公式的单元格的变化。图 24-23 展示的是某数据区域中含有公式的单元格进行排序后的变化。

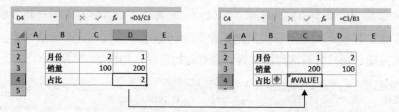

对 C2:D4 区域按行排序后，因相对引用关系，产生错误值

图 24-23　对公式单元格排序后的变化

> 提示
>
> 因相对引用的关系，所以对含有公式的单元格的数据排序时，公式中的引用地址会发生偏移，从而造成错误。用户特别要注意此类事情的发生，当对含有公式单元格的数据进行排序后，应检查公式的正确性，如有错误，需要及时进行修正。

24.5 筛选

筛选是挑选显示符合特定条件的行，而隐藏其他的行。在 Excel 中只能对行启用筛选功能，而不能对列使用筛选。如图 24-24 所示，先选中列表中的任意一个单元格，然后选择【数据】→【排序和筛选】→【筛选】命令，即可启用筛选功能。

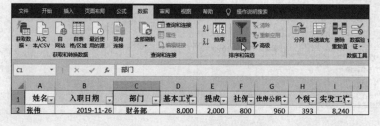

图 24-24　对数据列表启用筛选功能

启用筛选的数据列表中的标题单元格会出现筛选下拉按钮。单击下拉按钮，选择指定条件后，单击【确定】按钮，即可完成筛选。被筛选字段的下拉按钮形状、数据列表中的行号颜色会改变，并且在状态栏会显示筛选的结果，如图 24-25 所示。

图 24-25　筛选后的数据列表显示

1. 按照文本的特征筛选

对于文本型数据列，筛选的下拉菜单的底部会出现不重复的文本项目，用户可选中要筛选的项目。若项目较多，可在搜索文本框中输入文本进行查询，此外用户还可以在筛选菜单中选择【文本筛选】命令，在其二级菜单中选择某一筛选条件，在弹出的【自定义自动筛选方式】对话框中通过选择逻辑条件和输入具体的条件值后，单击【确定】按钮，可完成对文本的自定义筛选，如图 24-26 所示。

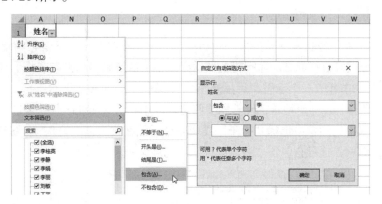

图 24-26　对文本自定义条件筛选

2. 按照数字的特征筛选

对于数值型数据字段，筛选的下拉菜单的底部会出现按升序排列的不重复的数值，用户可选中要筛选的数值进行筛选。此外，用户还可以在筛选菜单中选择【数字筛选】命令，在其二级菜单中选择某一筛选条件，在弹出的【自定义自动筛选方式】对话框中通过选择逻辑条件和输入具体数值后，单击【确定】按钮，即可完成对数值的自定义筛选，如图 24-27 所示。

图 24-27　对数值自定义条件筛选

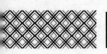

3. 按照日期的特征筛选

对于日期型数据字段，下拉菜单中的日期分组列表是以年、月、日分组后的形式显示的。用户若想取消分组显示，可选择【文件】→【选项】→【高级】命令，然后取消选中【使用"自动筛选"菜单分组日期】复选框。

如图 24-28 所示，【日期筛选】命令提供了大量的日期筛选条件，列表中的日期如"明天""今天""下周"等都是与当前计算机系统日期做比较的筛选条件。

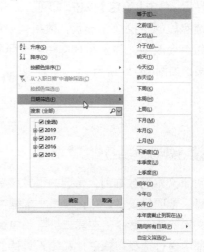

图 24-28　对日期进行筛选

4. 使用通配符进行模糊筛选

有时用户并不能明确指定完整的条件进行筛选，而是根据部分内容进行筛选，在这种情况下，可以使用通配符来进行筛选。通配符的使用必须在【自定义自动筛选方式】对话框中完成，通配符可用问号（?）代表一个字符，用星号（*）代表 0 到任意多个连续字符。

如图 24-29 所示，A 列是地址，现若需要筛选地址中包含"海淀区"的地址，则可以在【自定义自动筛选方式】对话框中选择"等于"逻辑条件，然在文本框中输入"*海淀区*"，单击【确定】按钮，即可筛选所有包含"海淀区"二字的地址。

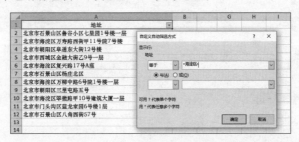

图 24-29　使用通配符进行筛选

通配符仅能用于文本型数据，而对数值和日期型数据无效。通配符使用的说明如表 24-1 所示。

表 24-1　通配符使用说明

条件	示例	符合条件的数据
等于	l??e	live,Love
等于	l?e	lee,lie
等于	*e	e,he,home
等于	e*	e,en,ear
等于	*e*	e, well,home,end

5. 筛选多列数据

用户可以对任意多列同时指定筛选条件。即先对数据某一列设置条件进行筛选，然后在筛选出的记录的基础上，再对另一列设置条件进行筛选。此时各筛选列之间是"与"（并且）的关系。

如图 24-30 所示，要筛选财务部，并且工作年限大于 10 的所有数据，可先对"部门"列进行筛选，然后再对"工作年限"列进行筛选。

图 24-30 多列设置筛选后的结果

6. 取消筛选

如图 24-31 所示，要取消"部门"列的筛选，可单击该列的下拉列表框，然后选择【从"部门"中清除筛选】命令。

图24-31 取消指定列的筛选

如果要取消数据列表中的所有筛选状态，可选择【数据】→【排序和筛选】→【筛选】或【清除】命令。

7. 复制和删除筛选后的数据

当用户筛选后，很有可能要复制或删除筛选后的结果，用户选中筛选后的数据，使用【复制】命令或按快捷键 <Ctrl+C>，此时筛选的行会出现流动虚线，如图 24-32 所示。然后再将筛选的结果粘贴至其他位置即可。

姓名	部门	工作年限	
李娟	行政部	10	
王秀英	行政部	12	
李丽	市场部	8	
王平	市场部	6	

图 24-32 复制筛选后的数据

> **深入了解**
>
> 在复制筛选的数据时，只有可见的行被复制。同样，如果删除筛选结果，也只有可见的行会被删除，隐藏的行不受影响。但如果是复制或删除包含有隐藏行的数据区域时，会默认将隐藏的行一并进行复制或删除，如果用户只需要复制或删除可见的行，则需要先定位可见单元格，或按快捷键 <Alt+;> 后再进行复制或删除操作。

24.6 使用高级筛选

在 Excel 中筛选有两种方式，一种是普通的筛选，另一种是高级筛选。高级筛选进一步扩大了筛选的功能。它可让用户自定义设置的筛选条件、筛选出不重复的记录等实用功能。

高级筛选要求在工作表某一单独区域指定筛选条件，条件区域至少要包含两行，第一行是列标题，列标题应与数据列表中的标题保持一致，第二行由筛选条件值构成。条件区域并不需要含有数据列表中的所有列的

标题，与筛选过程无关的列可以不列示，如图 24-33 所示。

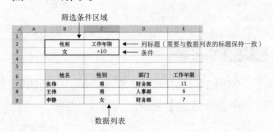

图 24-33 高级筛选组成元素

24.6.1 设置多条件的高级筛选

例1 如图 24-34 所示，左上角 A1:B2 区域为筛选的条件区域，该条件的目的是筛选性别为女并且实发工资大于 6000 元的记录。将光标置于数据列表中的任意单元格，然后选择【数据】→【排序和筛选】→【高级】命令，弹出【高级筛选】对话框，单击【列表区域】编辑框的折叠按钮选择 A5:D17 区域，单击【条件区域】编辑框的折叠按钮选择 A1:B2 区域，最后单击【确定】按钮完成筛选操作。

图 24-34 设置并列条件的高级筛选

例2 如图 24-35 所示，左上角 A1:B3 区域为筛选条件区域，与图 24-34 不同的是"性别"的条件值与"实发工资"的条件值分别列示在不同的行。在高级筛选的条件区域设置中，条件值出现在同一行的各个条件之间是"并且"的关系，而条件值出现在不同行的各个条件是"或"的关系。此处的条件表示筛选性别为女或实发工资大于 6000 元的记录。

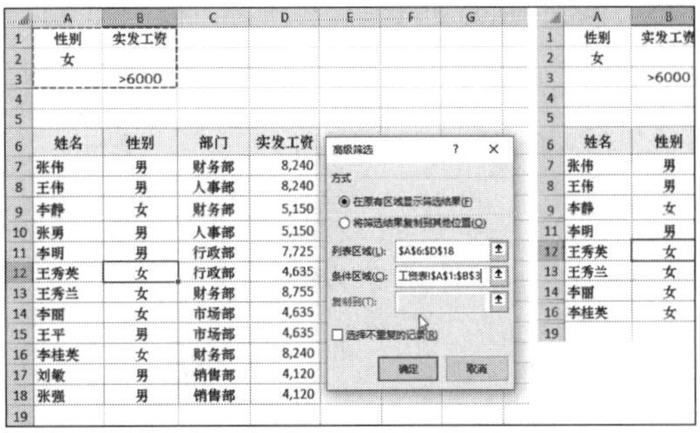

图 24-35　设置"或"条件的高级筛选

深入了解

在【高级筛选】对话框中默认选中【在原有区域显示筛选结果】单选按钮，意思为在原数据列表中显示筛选的结果，不符合筛选条件的行将被隐藏。用户也可以选中【将筛选结果复制到其他位置】单选按钮，此时【复制到】选择框会高亮显示，在编辑框中可以单击折叠按钮选择指定存放筛选结果的单元格位置，单击【确定】按钮后会将筛选结果放置在该单元格处，使用这种方法不会对原数据区域的数据产生任何影响，如图 24-36 所示。

图 24-36　将高级筛选结果复制到其他位置

24.6.2 利用高级筛选提取不重复的记录

在实际工作中，用户经常会遇到提取唯一值或删除重复值的操作。虽然 Excel 已经在功能区内置【删除重复值】按钮，但该按钮只能在原数据列表中删除重复值，有些用户并不希望破坏原数据，而是想提取唯一值。此时利用【高级筛选】中的去重复值功能就可以很好地完成此项要求。

例1 如图 24-37 所示，左侧数据列表中有多条重复记录，现需要删除重复记录。调出【高级筛选】对话框，选中【将筛选结果复制到其他位置】单选按钮，在【列表区域】

编辑框中选择 A1:D10 区域，在【复制到】编辑框中选择 H1 单元格，然后选中【选择不重复的记录】复选框，单击【确定】按钮。

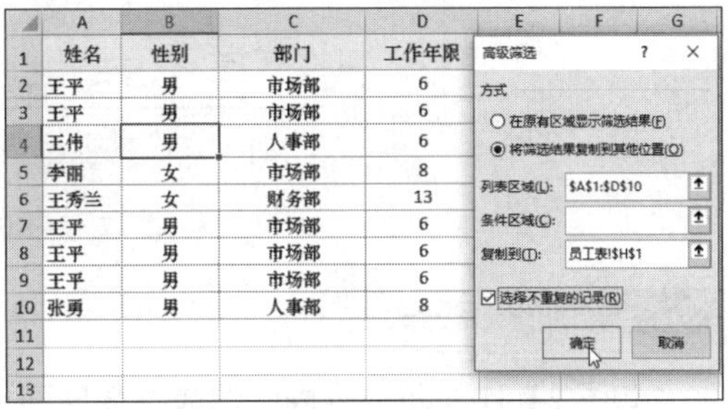

图 24-37　利用高级筛选删除重复记录

单击【确定】按钮,即可将通过高级筛选而提取的唯一记录放置在H1单元格处,如图24-38所示。

图 24-38 将唯一值放置在其他位置

例2 根据上例,现需要只提取C列中"部门"的唯一值。调出【高级筛选】对话框,单击【列表区域】编辑框中的折叠按钮,选取C1:C10的部门区域,在【复制到】编辑框中选择I1单元格,选中【选择不重复的记录】复选框,单击【确定】按钮,即可在I1单元格处提取部门的唯一值,如图24-39所示。

图 24-39 提取单列唯一值

24.7 分级显示

分级显示的本质是隐藏或显示行列,但与隐藏行列不同的是,分级显示可以快速地显示或隐藏行列,并且可以创建多层次的显示与隐藏,在大型报表中应用分级显示功能可以方便地浏览部分与整体的数据,如图24-40所示。

图 24-40 分级显示功能

1. 创建分级显示

如图24-41所示的列表中,选中B:D列(一月至三月),在【数据】选项卡中选择【组合】命令,即可对选中列创建一个组合。

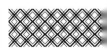

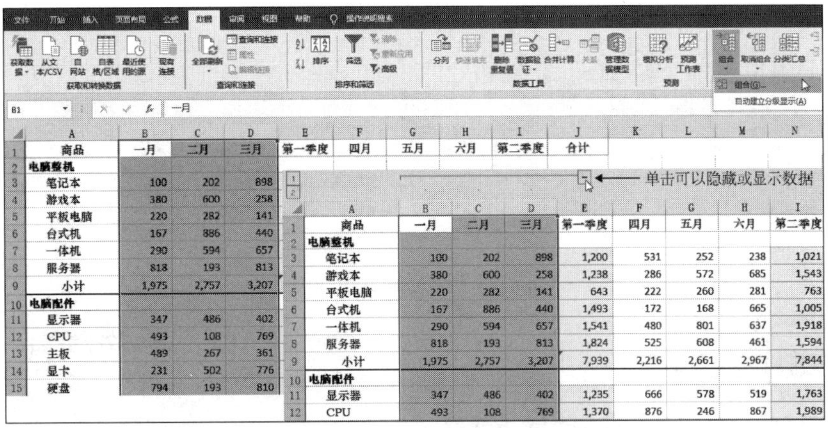

图 24-41　创建分级显示功能

用户可再选取 F:H 列（四月至五月）进行分组，然后再选中 B:I 列（一月至六月，含第一季度与第二季度汇总）创建一个嵌套的组合，如图 24-42 所示。

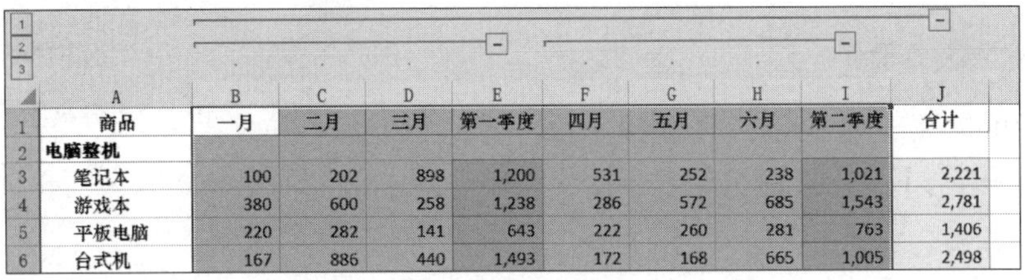

图 24-42　创建多级分级显示功能

分级显示可以对列操作，也可以对行操作，如图 24-43 所示，以同样的原理创建行方向的分级显示。

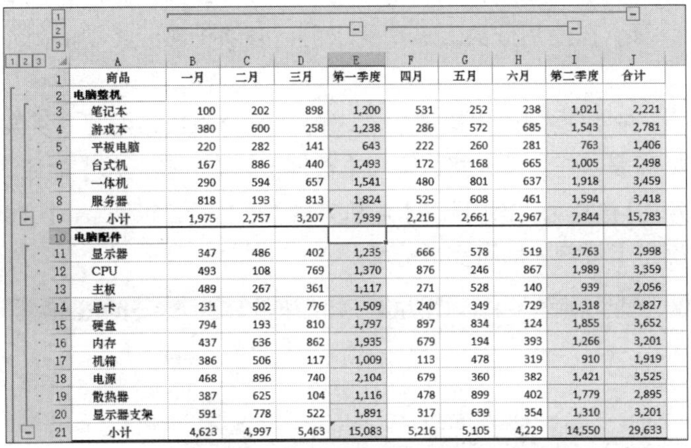

图 24-43　创建行方向分级显示功能

创建分级显示后，会在水平和垂直方向出现分级显示控件，控件由一些标有数字（1、2 等）、加号（＋）或减号（－）的按钮组成。用户可单击相应的分级显示符号来显示或隐藏明细与汇总数据。如图 24-44 所示，单击按钮"3"，将显示所有数据；单击按钮 "2"，将只显示第二级分组的内容；单击按钮"1"，只显示第一级分组的内容；用户也可以单击"+"按钮展开特定的部分，或单击 "－"按钮折叠特定的部分。

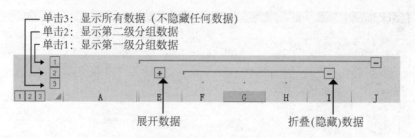

单击3：显示所有数据（不隐藏任何数据）
单击2：显示第二级分组数据
单击1：显示第一级分组数据

展开数据　　　　　　　　折叠(隐藏)数据

图 24-44　分级显示控件

2. 隐藏分级显示符号

Excel 中的分级显示控件会占据较多的屏幕空间，此时用户可以按快捷键 <Ctrl+8> 来开启和关闭分级显示符号。当隐藏分级显示控件时，将不能展开或折叠分级显示。

3. 清除分级显示

如果不再需要分级显示，可选择【数据】→【取消组合】→【清除分级显示】命令。取消分组显示后，数据会自动全部显示，如图 24-45 所示。

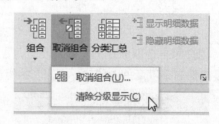

图 24-45　清除分级显示

24.8 分类汇总

分类汇总是在数据列表中以某一列中的不同项目作为分类的标准，然后对其他列中数值进行各种方式的汇总计算。在使用分类汇总功能以前，必须先对分类项的列做排序，让相同的分类项目集中在一起。

如图 24-46 所示，在数据列表中需要以"部门"为分类项，汇总"实发工资"的金额。用户可将光标置于数据列表中任意单元格，选择【数据】→【分类汇总】命令，弹出【分类汇总】对话框，将【分类字段】选择为"部门"，【汇总方式】选择为"求和"，【选定汇总项】选中"实发工资"，单击【确定】按钮，即可完成分类汇总。

图 24-46　创建分类汇总

分类汇总结果如图 24-47 所示。

单击分级显示符，可显示或隐藏明细与汇总数据

	姓名	入职日期	部门	基本工资	提成	社保	住房公积金	个税	实发工资
1	张伟	2019-11-26	财务部	8,000	2,000	800	960	393	8,240
3	李静	2017-08-13	财务部	5,000	1,250	500	600	60	5,150
4	王秀兰	2017-07-30	财务部	8,500	2,125	850	1,020	496	8,755
5	李桂英	2015-10-23	财务部	8,000	2,000	800	960	393	8,240
6			财务部 汇总						30,385
7	李娟	2015-10-30	行政部	7,500	1,875	750	900	318	7,725
8	王秀英	2015-03-10	行政部	4,500	1,125	450	540	34	4,635
9			行政部 汇总						12,360
10	王伟	2019-06-10	人事部	8,000	2,000	800	960	393	8,240
11	张勇	2016-08-12	人事部	5,000	1,250	500	600	60	5,150
12			人事部 汇总						13,390
13	李丽	2016-12-12	市场部	4,500	1,125	450	540	34	4,635
14	王平	2019-04-28	市场部	4,500	1,125	450	540	34	4,635
15			市场部 汇总						9,270
16	刘敏	2019-12-17	销售部	4,000	1,000	400	480	19	4,120
17	张强	2015-11-15	销售部	4,000	1,000	400	480	19	4,120
18			销售部 汇总						8,240
19			总计						73,645

图 24-47　创建分类汇总后的结果

1. 多重分类汇总

在数据列表中，可进行多次重叠分类汇总。如图 24-48 所示，在对"部门"进行分类汇总后，还需汇总统计部门的"实发工资"的平均数。此时可再一次对数据列表进行分类汇总，在【汇总方式】中选择平均值，然后取消选中【替换当前分类汇总】复选框，单击【确定】按钮。

图 24-48　创建多重分类汇总

2. 使用自动分页符

用户如果想将分类汇总的数据表按分类汇总项进行打印，可在【分类汇总】对话框中选中【每组数据分页】复选框，此设置可将每组数据单独打印在一页上，如图 24-49 所示。

图 24-49　每组数据分页

3. 删除分类汇总

用户若想删除分类汇总，可在【分类汇

总】对话框中单击左下角的【全部删除】按钮，即可删除列表中的分类汇总，如图 24-50 所示。

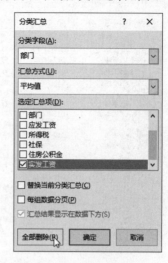

图 24-50　删除分类汇总

24.9 合并计算

在实际工作中，经常会对相似结构或内容的多个表格进行合并汇总计算，除了使用函数汇总外，也可以使用 Excel 中的合并计算功能。

1. 按类别合并

在图 24-51 中有两个结构相同的数据列表区域，现需要对其进行合并汇总。先选中 B10 单元格作为合并计算结果存放的起始位置，在【数据】选项卡中选择【合并计算】命令，打开【合并计算】对话框。

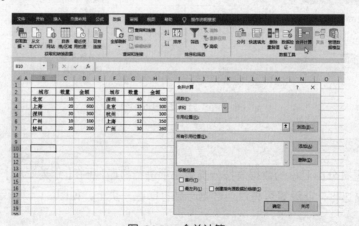

图 24-51　合并计算

如图 24-52 所示，单击【引用位置】编辑框的折叠按钮，选取 B2:D7 区域（第一个表的数

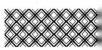

据区域），然后单击【添加】按钮，此时所引用的单元格地址会出现在【所有引用位置】列表框中，使用同样的方法将 F2:H7 区域（第二个表的数据区域）添加至【所有引用位置】列表框中。选中【首行】和【最左列】复选框，单击【确定】按钮，即可生成合并计算结果表，如图 24-53 所示。

图 24-52　添加"合并计算"的表区域

图 24-53　生成合并计算结果表

2. 按位置合并

合并计算除了按类别进行合并计算外，还可以按数据位置进行合并计算。如图 24-54 所示，在【合并计算】对话框中，取消选中【首行】和【最左列】复选框，然后单击【确定】按钮，即可生成按位置合并的数据表。

图 24-54　按数据位置合并计算

使用按位置合并的方式，只是将数据源表格相同位置上的数据进行简单合并计算。这种合并计算多用于数据源表结构完全一致情况下的数据合并，而选中【首行】和【最左列】复选框进行合并，则是严格根据相同的类别进行合并。

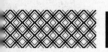

**超链接**

在浏览网页时，如果单击某些文字或图形，就会打开另一个网页，这就是超链接。在 Excel 中，也可以利用文字、图片或图形创建具有跳转功能的超链接。

1. 自动产生的超链接

当用户在单元格中输入网址、邮箱等时，Excel 会自动进行识别并将其替换为超链接。用户若想关闭此功能，可选择【文件】→【选项】→【校对】→【自动更正选项】命令，在弹出的【自动更正】对话框中的【键入时自动套用格式】下取消选中【Internet 及网络路径替换为超链接】复选框，如图 24-55 所示。

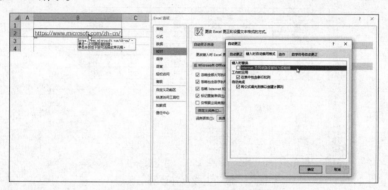

图 24-55　自动产生的超链接

2. 创建超链接

用户可以选择【插入】→【链接】→【链接】命令，在弹出的【插入超链接】对话框中，不但可链接到当前工作簿任意一个单元格区域，还可以链接到其他外部文件、电子邮箱或网页，如图 24-56 所示。

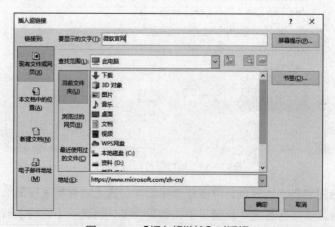

图 24-56　【插入超链接】对话框

如图 24-57 所示，用户单击左侧的【本文档中的位置】按钮，然后在中间方框内会显示当前工作簿中所有的工作表名称，用户可选择跳转的工作表名称。例如选择"报表封面"的工作表，在【请输入单元格引用】编辑框中输入 A1，表示插入超链接的单元格为 A1 单元格。在【要显示的文字】处可自定义超链接的显示名称，示例中设置为"返回首页"，单击【确定】按钮，即可设置完成超链接。设置好超链接后，在 A1 单元格中会显示"返回首页"的文字，当鼠标置于文字上方时，会显示小手形状，用户单击即可跳转至首页（即"报表封面"工作表）。

图 24-57 设置"返回首页"超链接

3. 取消超链接和编辑超链接

如果需要删除单元格中的超链接，仅保留显示的文字，可选中超链接所在单元格并右击，在弹出的快捷菜单中选择【取消超链接】命令即可，若要对超链接进行编辑，可选择【编辑超链接】命令，如图 24-58 所示。

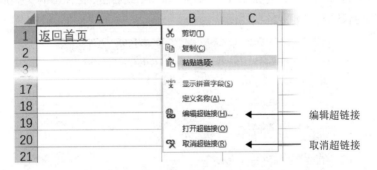

图 24-58 取消超链接和编辑超链接

专业术语解释

分列：将存放在某一单元格中的数据拆分在多列中（横向多个单元格）。

排序：将数据按设定的要求排列，它会改变原数据的分布结构。

筛选：只显示符合要求的数据，而将不符合要求的数据隐藏起来，它不会改变原数据的分布结构。

分级显示：将数据列或行以创建组的形式进行显示或隐藏。

分类汇总：在数据区域中以某一列中的项作为分组条件进行汇总。

合并计算：将不同的数据区域按位置或按分类进行合并汇总。

超链接：指在 Excel 中具有单击跳转到其他内容处的操作。

问题 1：在打开工作簿时为什么会出现安全警告的提示？

答： 当表格中有外部数据连接时，Excel 出于安全考虑，默认禁用外部的数据连接。如果用户需要启用外部的数据连接，可直接单击【启用内容】按钮，如图 24-59 所示。

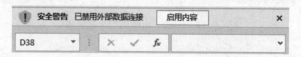

图 24-59　安全警告提示

问题 2：怎么设置将导入的数据与外部的数据保持动态连接关系？

答： 导入的数据默认与外部原始数据是保持动态连接关系的。当在外部数据源更新数据后，在 Excel 工作表中可选择【查询】→【加载】→【刷新】命令，或右击，在弹出的快捷菜单中选择【刷新】命令即可以更新数据，如图 24-60 所示。

图 24-60　刷新连接数据

| 提示 |

如果需要断开与外部数据的连接关系，可选择【查询】→【编辑】→【删除】命令。

25 模拟分析与规划求解

公式函数可根据单元格中的变量值求解公式结果，但现实生活中很多情况下是先知道结果再计算相应的变量值，如贷款买房买车、预算分析、投资分析等活动中，往往是先给出结果值（目标值），然后反向求解影响该结果值的变量值。本章学习解决此类问题的模拟分析和规划求解的相关知识。

25.1 什么是模拟分析

模拟分析又称假设分析，在 Excel 中它是指通过更改单元格中的值，来查看这些更改对工作表中的公式结果的影响。在 Excel 中，对于模拟分析有以下 3 个工具。

● 方案管理器：将多组不同的变量存储为不同方案。用户可在这些方案之间任意切换，查看不同变量值下不同的结果。

● 单变量求解：反向求解影响公式结果的被引用单元格中的值。

● 模拟运算表：对单元格区域的数据进行模拟计算，显示更改公式中的一个或两个变量将如何影响这些公式的结果。模拟运算表可一次提供多个变量值进行批量计算。

如图 25-1 所示，B1 单元格中是实际销量，B2 单元格中为计划销量，在 B3 单元格中使用公式"=B1/B2"可计算出完成百分比。正常情况下，如果已知实际销量、计划销量就可以计算得出完成百分比。但在实际工作中，有可能是先制定了完成百分比的目标，然后反向计算达成此目标的变量的值。如假设完成百分比至少需要达到 80%，那实际销量需要达到多少？此问题就可以利用 Excel 中的模拟分析功能来计算。

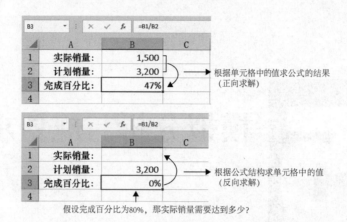

根据单元格中的值求公式的结果
（正向求解）

根据公式结构求单元格中的值
（反向求解）

假设完成百分比为80%，那实际销量需要达到多少？

图 25-1 反向求解单元格中的值

对于上述问题，可使用模拟分析中单变量求解解决，具体步骤如下。

第1步 选择【数据】→【预测】→【模拟分析】→【单变量求解】命令，如图 25-2 所示。

图 25-2 模拟分析中的单变量求解

第2步 在弹出的【单变量求解】对话框中，将目标单元格设置为 B3 单元格，目标值设置为 80%，可变单元格设置为 B1 单元格，然后单击【确定】按钮，Excel 将会自动计算变量值，如图 25-3 所示。

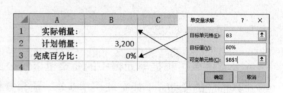

图 25-3 【单变量求解】对话框

上述计算的结果如图 25-4 所示，如果完成百分比为 80%，则实际销量至少需要达到 2560。

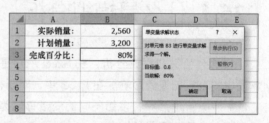

图 25-4 单变量求解结果

25.2 手动模拟分析

图 25-5 展示了一个贷款购车用于计算每月还款的数据表。B1 单元格为贷款金额，B2 单元格为贷款年限，B3 单元格为贷款年利率，B4 单元格为计算月还款额公式所在单元格。计算月还款额使用的函数为 PMT 函数，它用于计算固定利率及等额分期付款方式下的每期付款额，语法：

=PMT（贷款利率，付款期限，本金）

若贷款利率为年利率，可除以 12 换算成月利率；若付款期限为年，可乘以 12 换算成月数。结果为正数表示收入，为负数表示支出。

图 25-5　计算贷款每月还款额

上例中，需分析以下问题。

（1）如果贷款期限分别为 4、5、6、7、8 年，那每月还款额是多少？

（2）如果贷款年利率分别为 6.25%、6.5%、6.75%、7%，那每月还款额是多少？

（3）如果每月还款额指定为 3000 元，那需要贷款几年？

对于第 1 个、第 2 个问题用户可手动更改 B2、B3 单元格中的值，即可在 B4 单元格中得到每月还款额，此外也可以将变量值列示在其他区域中进行计算。如图 25-6 所示，在 D2:D6 区域中列示所有的年限数，然后重新写公式引入年限所在单元格，观察一系列年限所对应的月还款额。

图 25-6　使用手动或构造参数列表公式进行模拟分析

| 提示 |

手动模拟分析只适用于简单的计算。对于第 3 个问题无法用手动模拟分析的方式解决，它需要使用模拟分析中的单变量求解功能才能得以解决。

25.3 利用模拟运算表分析

模拟运算表是一个单元格区域，在该区域中的行或列中列示了影响计算结果的参数，通过模拟计算功能，可以在模拟运算表区域批量计算不同参数下公式的结果。根据模拟运算表中行、列变量的个数，模拟运算表可分为单变量模拟运算表和双变量模拟运算表。

25.3.1 单变量模拟运算表

仍以图 25-6 中的数据为例，采用手动输入或构造参数列表公式进行模拟分析需要频繁改变值，或重新构造公式，很不方便。在此可以使用单变量模拟运算表进行分析，具体操作步骤如下。

第 1 步　在 D2:D6 区域输入需要分析的贷款年限值，在 E1 单元格中输入公式"=B4"，如图 25-7 所示。

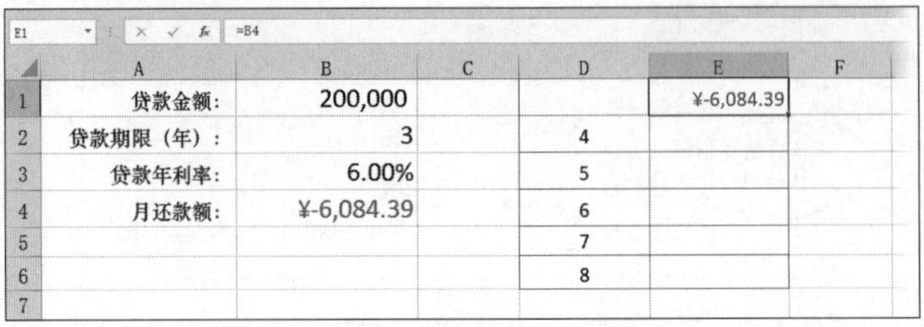

图 25-7　构造单变量模拟分析结构

第2步 选中 D1:E6 区域，单击【数据】选项卡中的【模拟分析】下拉按钮，在其下拉列表中选择【模拟运算表】命令。在弹出的【模拟运算表】对话框中，单击【输入引用列的单元格】的折叠按钮选取 B2 单元格（因构建的 D2:D6 是贷款年限的系列值，并且分布在 D 列，即列方向，所以在【输入引用列的单元格】的编辑框中输入 $B$2），如图 25-8 所示。

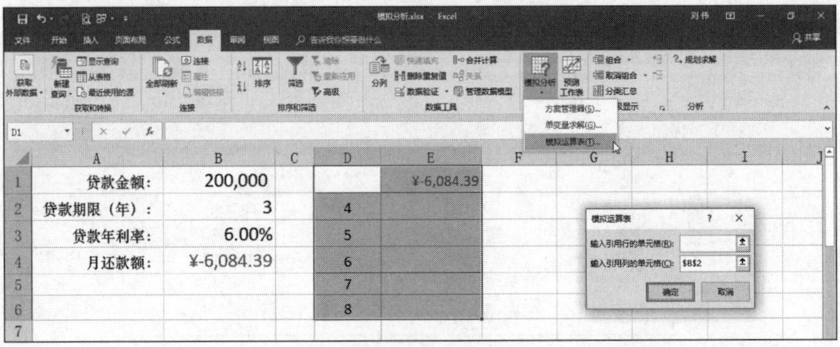

图 25-8　使用模拟运算表功能

第3步 单击【确定】按钮，可计算不同贷款年限下不同的月还款额，如图 25-9 所示，选中E2:E6 中任意一个单元格，公式编辑栏显示的内容都为 {=TABLE(,B2)}，表示计算产生的是数组公式。通过此表格，可以查看或分析不同贷款年限下的每月还款额。

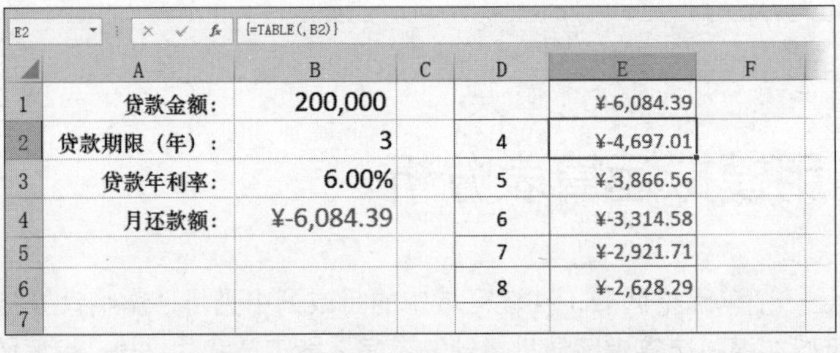

图 25-9　利用模拟运算表年限的分析

提示

　　使用模拟运算表，可一次性计算多个变量及展示多个结果值。这种形式对于比较分析数据相当直观。

　　用户也可以把贷款年限放置在水平方向，如图 25-10 所示，将贷款年限的模拟值放置在行方向的 E1:I1 区域，在 D2 单元格中输入"=B4"，因模拟值在行方向，所以在【模拟运算表】

的对话框中的【输入引用行的单元格】编辑框中指定为 B2 单元格，然后单击【确定】按钮即可进行计算。

	A	B	C	D	E	F	G	H	I	J
1	贷款金额：	200,000			4	5	6	7	8	
2	贷款期限（年）：	3		¥-6,084.39						
3	贷款年利率：	6.00%								
4	月还款额：	¥-6,084.39								
5										
6										
7										
8										

图 25-10　在行方向放置模拟分析值

横向模拟运算表结果如图 25-11 所示。

	A	B	C	D	E	F	G	H	I	J
1	贷款金额：	200,000			4	5	6	7	8	
2	贷款期限（年）：	3		¥-6,084.39	¥-4,697.01	¥-3,866.56	¥-3,314.58	¥-2,921.71	¥-2,628.29	
3	贷款年利率：	6.00%								
4	月还款额：	¥-6,084.39								
5										

图 25-11　横向模拟运算表结果

深入了解

在进行单变量模拟运算时，运算结果可以是一个公式，也可以是多个公式，如图 25-12 所示，在 B5 单元格中添加年还款额，其公式为"月还款额*12"，即"=B4*12"。

B5		× ✓ fx	=B4*12
	A	B	C
1	贷款金额：	200,000	
2	贷款期限（年）：	3	
3	贷款年利率：	6.00%	
4	月还款额：	¥-6,084.39	
5	年还款额：	¥-73,012.65	
6			

图 25-12　添加年还款额

在 E2 单元格中输入公式"=B4"，在 F2 单元格中输入公式"=B5"，如图 25-13 所示。

F2		× ✓ fx	=B5			
	A	B	C	D	E	F
1	贷款金额：	200,000			月还款额	年还款额
2	贷款期限（年）：	3			¥-6,084.39	¥-73,012.65
3	贷款年利率：	6.00%		4		
4	月还款额：	¥-6,084.39		5		
5	年还款额：	¥-73,012.65		6		
6				7		
7				8		

图 25-13　构建多公式单变量模拟运算表

选择 D2:F7 区域，调出【模拟运算表】对话框，在【输入引用列的单元格】编辑框中指定 B2 单元格，然后单击【确定】按钮即可计算多个公式的模拟运算结果，如图 25-14 所示。

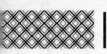

图 25-14 单变量模拟运算多个公式结果

25.3.2 双变量模拟运算表

双变量模拟运算表允许用户同时对影响结果的两个参数进行分析。如图 25-15 所示，影响月还款额的因素除了贷款期限外，还有贷款年利率，现需同时分析这两个参数不同值下对最终结果的影响。

在 D1 单元格中输入 "=B4"，在 D2:D6 区域中输入不同的年限值，在 E1:I1 区域中输入不同的年利率值。选中 D1:I6 区域，选择【数据】→【预测】→【模拟分析】→【模拟运算表】命令，在弹出的【模拟运算表】对话框中的【输入引用行的单元格】编辑框中指定 B3 单元格，在【输入引用列的单元格】编辑框中指定 B2 单元格，单击【确定】按钮，如图 25-15 所示。

图 25-15 构建双变量模拟运算表

模拟运算表的多变量计算结果如图 25-16 所示。

	A	B	C	D	E	F	G	H	I	J
1	贷款金额：	200,000		¥-6,084.39	6.00%	6.25%	6.50%	6.75%	7.00%	
2	贷款期限（年）：	3		4	-4697.01	-4719.96	-4742.99	-4766.09	-4789.25	
3	贷款年利率：	6.00%		5	-3866.56	-3889.85	-3913.23	-3936.69	-3960.24	
4	月还款额：	¥-6,084.39		6	-3314.58	-3338.23	-3361.99	-3385.84	-3409.80	
5				7	-2921.71	-2945.74	-2969.89	-2994.15	-3018.54	
6				8	-2628.29	-2652.70	-2677.25	-2701.93	-2726.74	

图 25-16 查看不同贷款年限和年利率对月还款额的影响

## 25.4 使用方案

对于模拟运算表仅能对影响结果的一个或两个参数进行分析，如果要同时考虑多个因素，可以使用方案来解决。

如图 25-17 所示，影响月还款额的因素有贷款金额、贷款年限和年利率。现利用方案来分析这 3 个因素对月还款额的影响，具体操作步骤如下。

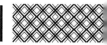

第1步 选择【数据】→【预测】→【模拟分析】→【方案管理器】命令，弹出【方案管理器】对话框，如图 25-17 所示。

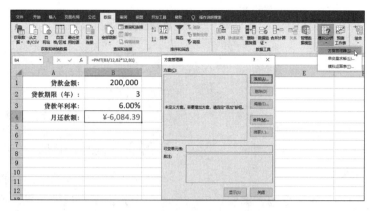

图 25-17 【方案管理器】对话框

第2步 单击【添加】按钮，在弹出的【编辑方案】对话框的【方案名】文本框中输入自定义的方案名称，如第一种方案名为"短期贷款"，在【可变单元格】文本框中输入方案中变量所在单元格或区域，这些变量必须是当前工作表中的单元格引用，被引用的单元格可以是连续或非连续单元格，在此例中变量所在区域为 B1:B3 区域，如图 25-18 所示。

图 25-18 添加具体方案

第3步 单击【确定】按钮，在弹出的【方案变量值】对话框中根据单元格地址输入具体的参数值，输入完毕后，单击【添加】按钮，将继续输入其他方案，若单击【确定】按钮，将完成全部方案的添加，如图 25-19 所示。

图 25-19 输入方案中参数具体值

第4步 单击【添加】按钮，并按上述同样方法创建中期贷款、中长期贷款、长期贷款方案，如图 25-20 所示。

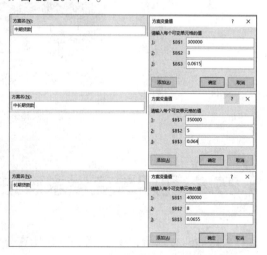

图 25-20 创建其他多种方案

第5步 添加完所有方案后，在【方案管理器】对话框的列表中选择一个方案后双击方案名或单击【显示】按钮，Excel 将用该方案中设定的变量值替换掉原工作表中相应单元格的值，以此方式显示该方案下相应的结果，如图 25-21 所示。

图 25-21 显示方案

1. 修改方案

在【方案管理器】对话框的方案列表中选中一个方案，单击右侧的【编辑】按钮，将打开【编辑方案】对话框，用户在此可以修改方案的每一项设置。

2. 删除方案

如果不再需要某个方案，可以在【方案

管理器】对话框的方案列表中选中它，然后在右侧单击【删除】按钮即可。

3. 合并方案

对同一个数据模型，如果多人定义了不同的方案，此时可以单击【合并】按钮，将所有方案合并到一个工作簿中，在合并方案之前，需要打开所在合并方案的工作簿。

4. 生成方案报表

在【方案管理器】对话框中每次只能查看一个方案所生成的结果，这不便于对比分析。用户可以在【方案管理器】对话框中单击【摘要】按钮，弹出【方案摘要】对话框，其中有两种类型报表：方案摘要、方案数据透视表。对于简单的方案管理可选择方案摘要，若定义了多个参数的方案，可选择方案数据透视表，如图 25-22 所示。

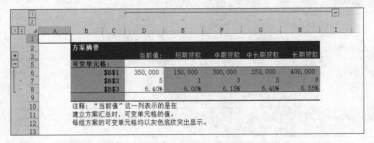

图 25-22 方案摘要报表

25.5 利用单变量求解进行反向的求解

如图 25-23 所示，B4 为月还款额所在公式单元格，通过改变 B1、B2、B3 单元格的参数，可以方便地得知每月还款额的金额，但在实际工作中进行模拟运算的时候，可能会遇到相反的问题，即先知道结果的情况下需要求出参数的值。例如贷款者根据自身经济条件估计每月只能还款 3000 元，在该条件下，那贷款年限为几年？这是一种反向求解

问题，此类情况无法使用普通公式的方法来计算。

	A	B
1	贷款金额：	200,000
2	贷款期限（年）：	？
3	贷款年利率：	6.00%
4	月还款额：	¥-3,000.00
5		

图 25-23 根据固定月还款额反向求解贷款年限

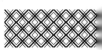

针对上述类似的反向模拟分析的问题，对于单一变量问题可使用单变量求解功能，对于多个变量和多种条件问题，可使用规划求解功能。

25.5.1 单变量求解

使用单变量求解必须先创建正确的数据模型，以图 25-23 为例，用户若要在已知月还款额的情况下反向求解贷款年限，必须先构建正确的公式，然后再进行单变量的求解，创建单变量求解具体操作步骤如下。

第1步 选中月还款额公式所在的 B4 单元格，选择【数据】→【预测】→【模拟分析】→【单变量求解】命令，在弹出的【单变量求解】对话框中将【目标单元格】设置为 B4 单元格，【目标值】设置为 -3000（因为支出，故需采用负值），【可变单元格】设置为 B2，如图 25-24 所示。

图 25-24　单变量求解

 深入了解

【单变量求解】对话框中各项解释如下。

目标单元格：计算公式所在单元格。

目标值：目标单元格中期望的值。

可变单元格：直接或间接与目标单元格公式相联系，能够对目标单元格的数值产生影响的单元格。在进行单变量求解时，可变单元格中的数值不断调整，直到满足约束条件，并最终在目标单元格中求得期望的结果。

第2步 单击【确定】按钮，此时弹出【单变量求解状态】对话框，说明已求到一个解，同时在工作表中将月还款额和贷款年限值替换成求解值，如图 25-25 所示，若每月还款 3000 元，则在其他条件不变的情况下，需要贷款 6.77 年。

图 25-25　利用单变量求解逆向计算贷款年限

例 如图 25-26 所示，某奶茶店每天的房租、管理费、水电费等固定成本是 1500 元，单杯奶茶的人工成本是 1.5 元，每杯奶茶的售价是 12 元。该奶茶店的经营者想知道，每天需要卖多少杯奶茶才能收支平衡（即每日净利润为 0）。

	A	B	
1	单价	12	
2	每日销量		
3	营业收入	0	← =B1*B2
4	固定成本	1500	
5	单杯人工成本	1.5	
6	每日净利润	-1500	← =B3-B4-B5*B2
7			

图 25-26　构建计算数据模型

上述收支平衡问题，同样是先知道目标值的情况下，反求变量值，该问题同样需要使用单变量求解功能，具体步骤如下。

第1步 根据已知条件，构建关系表格及公式模型，即在 B3 单元格（营业收入）中输入公式 "=B1*B2"（营业收入 = 单价 * 每日销量），在 B6 单元格（每日净利润）中输入公

式 "=B3-B4-B5*B2" （每日净利润＝营业收入－固定成本－单杯人工成本＊每日销量）。

第2步 选择【数据】→【预测】→【模拟分析】→【单元格求解】命令，在弹出的【单变量求解】对话框中，【目标单元格】指定 B6 单元格（每日净利润），【目标值】文本框中输入 0，【可变单元格】指定为 B2 单元格（每日销量），单击【确定】按钮，如图 25-27 所示。

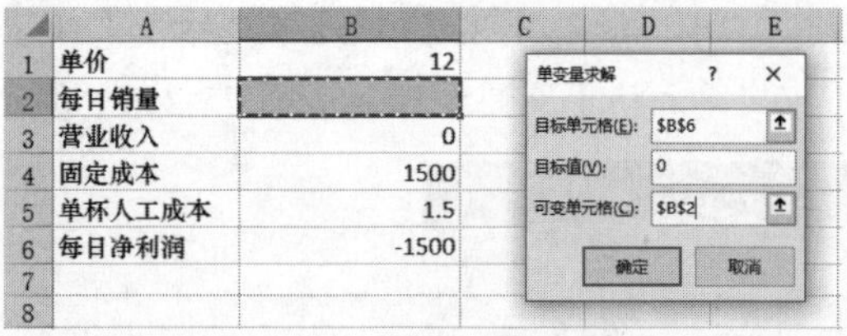

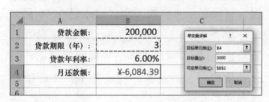

图 25-27 设置单变量条件值

25.5.2 使用单元格变量求解的注意事项

并非在每个计算模型中做反向计算都是有解的，如图 25-29 所示，在【目标值】文本框中设置正数 3000，此目标值为错误值。

图 25-29 设置错误目标值

单击【确定】按钮，Excel 将进行迭代

第3步 进行单变量求解计算后，会自动显示计算的结果，根据计算结果得知，每日需要销售 143 杯奶茶才可以达到收支平衡，如图 25-28 所示。

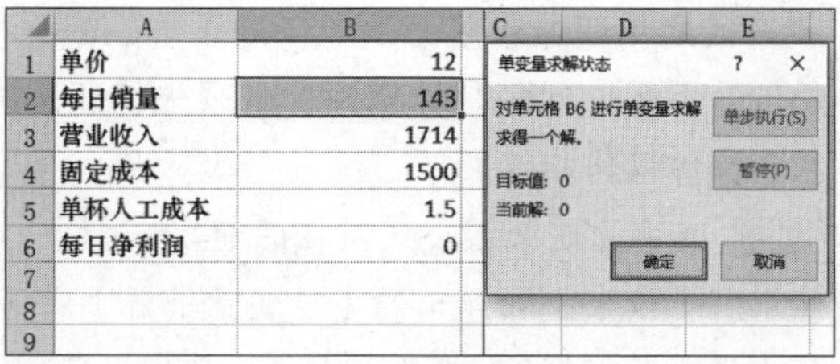

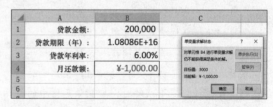

图 25-28 单变量求解结果

运算，因为目标值为错误值，故无法求出结果值，最终在【单变量求解状态】对话框中提示用户不能获得满足条件的解，如图 25-30 所示。

图 25-30 无解时的【单变量求解状态】对话框

25.6 规划求解

对于单变量求解，只能针对一个可调整单元格进行求解，并且只能返回一个解。在实际工作中，需同时求解的内容可能有多个，此时单变量求解就无法解决。此情形下可使用规划求解功能来对多个参数进行求解。

规划求解工具是 Excel 提供的辅助决策工具，它通过对直接或间接与目标单元格公式相联系的单元格进行调整，最终在目标单元格中求得期望的结果。简言之，就是在目标和约束条件下，找出一个最优解。如在一项任务确定后，如何以最低成本（如人力、物力、资金和时间等）去完成这一任务，或是如何在现有资源条件下进行组织和安排，以产生最大收益等。

【规划求解】是一个 Excel 加载项，在默认安装的 Excel 2019 中需要激活加载后才能使用，

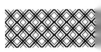

在【Excel 选项】对话框中选择【加载项】选项，在【管理】下选择【Excel 加载项】，然后单击【转到】按钮，在弹出的【加载项】对话框中选中【规划求解加载项】加载项，单击【确定】按钮，如图 25-31 所示。

图 25-31　添加规划求解加载项

加载的【规划求解】命令会在【数据】选项卡中的最右侧显示，如图 25-32 所示。

图 25-32　【数据】选项卡中的【规划求解】命令

对于规划求解必须要设置以下 3 部分内容。

（1）设置目标值。

（2）设置可变单元格。

（3）设置需要遵守的约束条件。

例1　自动凑数求和。

图 25-33 的 A 列为一系列金额，现需要在 A 列标识求和等于 1500 的单元格，现在使用规划求解解决此问题，操作步骤如下。

第1步　在任意单元格构造公式，例如在 D3 单元格中输入公式"=SUMPRODUCT(A2:A9,B2:B9)"，如图 25-33 所示。

	A	B	C	D	E	F
1	金额			目标值：	1500	
2	300					
3	200			0		
4	150					
5	250					
6	300					
7	400					
8	200					
9	400					

图 25-33　凑数求和

第2步　选择【数据】→【分析】→【规划求解】命令，在弹出的【规划求解参数】对话框中把【设置目标】设置为 D3 单元格（D3 是公式所在单元格），选中【目标值】单选按钮，将值设置为 1500。将【通过更改可变单元格】设置为 B2:B9 单元格区域，单击【添加】按钮，如图 25-34 所示。

图 25-34　设置规划求解目标值和可变单元格

第3步　在弹出的【添加约束】对话框中将【单元格引用】设置为 B2:B9 区域，条件设置为 bin，【约束】自动显示为二进制（二进制为 0 或 1），单击【确定】按钮，如图 25-35 所示。

	A	B	C	D	E	F	G
1	金额			目标值：	1500		
2	300						
3	200			0			
4	150						
5	250						
6	300						
7	400						
8	200						
9	400						
10							

图 25-35　设置规划求解的约束条件

第4步 上述操作完成后，会将约束条件添加到【遵守约束】列表框内，然后单击【求解】按钮，如图 25-36 所示。

图 25-36　设置规划求解参数

第5步 弹出【规划求解结果】对话框，该对话框用于提示找到一个在误差内的整数解可满足所有约束条件。在 B2:B9 单元格中会填充 0 或 1，0 表示不满足约束的单元格，1 表示满足约束的单元格。统计所有在 1 左侧的单元格金额，其求和结果为 1500。单击【确定】按钮，将关闭【规划求解结果】对话框并在表格中保留最终结果的数据，如图 25-37 所示。

	A	B	C	D	E	F
1	金额			目标值:	1500	
2	300	0				
3	200	0		1500		
4	150	1				
5	250	1				
6	300	0				
7	400	1				
8	200	0				
9	400	1				

图 25-37　规划求解结果

例2 计算生产利润最大化指标。

企业的目标都是追求利润最大化，除了要加强管理，改进技术，提高劳动生产率，降低产品成本可以促使利润最大化外，还可以对资源进行科学合理分配，以此提高经济效益。

如图 25-38 所示，某面包店生产蛋挞和菠萝面包两种食品，生产每个蛋挞原料为 2.5

个单位，机器工时为 5.5 小时，销售每个蛋挞可获得毛利 10.5 元，而生产每个菠萝面包原料为 3 个单位，机器工时为 1.5 小时，销售每个菠萝面包可获得毛利 3.5 元。该店每日可用原料总数为 1300 个单位，每日机器可用总工时为 1650 小时。在这种情况下，假如生产的蛋挞和菠萝面包每天可以全部售出，那该店每天分别生产蛋挞和菠萝面包多少才能使总利润最大？

	A	B	C	D
1		蛋挞	菠萝面包	
2	使用原料	2.5	3	
3	机器工时	5.5	1.5	
4	毛利	10.5	3.5	
5	实际产量	1	1	
6	毛利合计	10.5	3.5	→=C4*C5
7				
8	每日原料总数	1300	5.5	→=B2*B5+C2*C5
9	每日机器可用总工时	1650	7	→=B3*B5+C3*C5
10	总利润	14		
11		↑		
12		=B6+C6		

图 25-38　构建数据模型

本例是使用规划求解来获取利润最大化的方案，具体操作步骤如下。

第1步 根据已知条件，构建关系表格及公式模型，即预先在列表中输入相关计算公式结构。如在 B6 单元格中输入公式 "=B4*B5"，在 C6 单元格中输入公式 "=C4*C5"，此公式用于计算总的毛利，在 C8 单元格中输入公式 "=B2*B5+C2*C5"，此公式用于计算每日消耗的原料总数。在 C9 单元格中输入公式 "=B3*B5+C3*C5"，此公式用于计算每日消耗的机器总工时，在 B10 单元格中输入公式 "=B6+C6"，此公式用于计算总的毛利。

第2步 选择【数据】→【预测】→【模拟分析】→【规划求解】命令。在弹出的【规划求解参数】对话框中设置相关参数。

① 设置目标值。该例是获取总利润最大值，而总利润所在单元格为 B10 单元格，所以在【设置目标】处需以 B10 单元格为目标单元格，并且选中【最大值】单选按钮。此设置表示求解的目标单元格是 B10，求解的属性是求解它的最大值。

图 25-39　设置目标与可变单元格

② 设置可变单元格。该项设置是获取影响结果值的可变单元格的区域，在本例中是想获取生产蛋挞和菠萝面包的生产数量，即实际产量。将光标定位在【通过更改可变单元格】编辑框中，然后拖动鼠标选择 B5:C5 区域，即实际产量的数据区域，如图 25-39 所示。

③ 设置约束条件。该例中的条件有以下 3 点。

- 因蛋挞和菠萝面包是完整的实物，所以其数量必须为整数，不能出现小数。
- 每日耗用的原料总数小于等于 1300。
- 每日机器耗用的工时总数小于等于 1650。

如设置第 1 个条件，需要单击【添加】按钮，在【添加约束】对话框中将光标置于【单元格引用】编辑框中，选取 B5 单元格，然后在中间条件中选择【int】，然后单击【添加】按钮继续添加其他条件，图 25-40 展示了该案例中所有需要添加的条件。

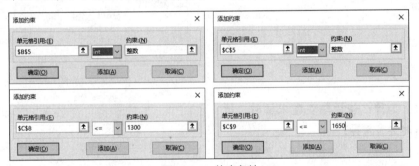

图 25-40　约束条件

图 25-41　完成规划求解的设置

第 3 步 查看【规划求解参数】对话框中的相关参数，确认无误后，单击【求解】按钮。即可计算最佳方案，如图 25-41 所示。

图 25-42 展示了规划求解的结果，其最佳方案为每日生产蛋挞 237 个、菠萝面包 231 个时利润最大。

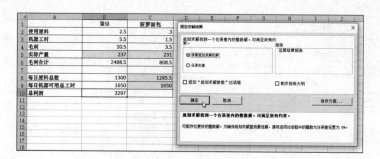

图 25-42　规划求解结果

专业术语解释

模拟分析：指在某个公式的计算模型中分析变量与结果值之间关系的一种方法。

单/双变量求解：先已知公式的结果，然后反向求解达成该结果的变量值。

规划求解：在 Excel 中指在多个条件的约束下，找到某个计算模型的最优解。

问题 1：为什么使用单变量求解时，计算的结果有时会有差异？

答：Excel 的迭代次数会影响单变量的计算结果精度，在进行单变量求解计算时，【单变量求解状态】对话框中会动态显示"在进行第 N 次迭代计算"。所以单变量求解正是通过反复的迭代计算来得到最终结果。用户可在【Excel 选项】对话框中选择【公式】，然后在【最多迭代次数】组合框中查看当前工作簿中设置的最多迭代次数，用户可增加 Excel 允许的最大迭代计算次数，迭代计算次数越多，相应的计算次数更多，从而可以获得更多的机会求出精确结果，但是设置迭代计算次数越多，Excel 计算的时间会越长，如图 25-43 所示。

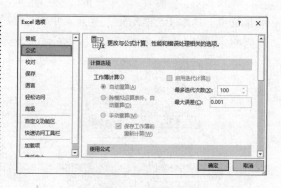

图 25-43　设置Excel最大迭代计算次数

问题 2：普通的运算方式与模拟运算表方式的差别是什么？

答：普通的运算与模拟运算表都能对不同的参数值进行计算分析，但它们两者之间也有较多的差异，对于普通的运算必须要将公式复制到对应的单元格区域，同时在复制公式过程中，必须要考虑单元格引用的变化，此外如果要更改公式，就必须重新写公式并重新将公式复制到其他区域。模拟运算表引用的计算参数只能在【输入引用行的单元格】或【输入引用列的单元格】编辑框中输入，输入公式时不用考虑单元格的引用变化。

条件格式

使用 Excel 的条件格式，可以根据单元格不同的内容而动态设置不同的格式，使用其可以方便地识别特定类型的单元格，强调异常值等。合理地使用条件格式可以使数据更加直观、智能。

26.1 认识条件格式

通常情况下，工作表中的单元格格式都是用户手动添加的，如图 26-1 所示，该表为学生考试成绩表，现需要标识 60 分以下不及格的成绩，常规的做法是选中不及格的分数，再添加底纹格式。

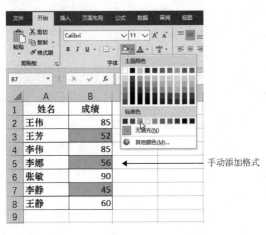

图 26-1　手动添加单元格格式

采用手动添加格式的方式有诸多缺点，比如用户需要先判断满足条件的单元格，然后再单独选中并设置格式。如果工作表中数据较多，选取数据极易出错。此外，这种方式最大的缺点是当数据发生更新时，格式需要重新修改。所以，智能设置单元格最好的方式是使用条件格式。

如图 26-2 所示，条件格式如同对单元格格式设置的 IF 函数，它会先对单元格的内容进行判断，如果单元格中的值满足设置的条件，则应用指定的格式，如果不满足就不应用格式。

图 26-2　条件格式原理

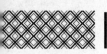

如图 26-3 所示，现在可利用条件格式去标识小于 60 分的成绩。条件为小于 60 分的数据，格式为红色底纹。B2 单元格中的值大于 60 分，返回 FALSE，不应用格式。B3 单元格中的值为 52 分，小于 60 分，返回 TRUE，应用红色底纹格式，其他单元格格式原理一致。

若用户修改成绩数据，Excel 会自动对数值进行检查，再次判断是否满足条件格式的设置。如图 26-4 所示，将 B2 单元格中原成绩为 85 的分数修改成 56，将自动应用红色底纹，从而智能识别特定的数据。

图 26-4 根据单元格内容变化自动应用指定格式

= 条件格式（单元格值 <60，红色底纹，不应用格式）

图 26-3 利用条件格式标识不及格成绩

26.2 设置条件格式

要对单元格或区域应用条件格式，需先选中该单元格区域，然后在【开始】选项卡中的【样式】组中单击【条件格式】下拉按钮，在下拉菜单中选择特定的条件格式规则，如图 26-5 所示。

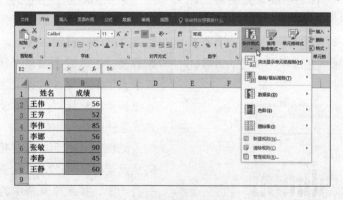

图 26-5 设置条件格式

26.3 使用图形化条件格式

Excel 提供了三种图形化条件格式：数据条、色阶、图标集。

1. 数据条

数据条可直接在单元格中显示水平条。数据条的长度取决于单元格中的值与其他单元格的值的相对比例。用户根据数据条的长短可以直观地查看数据值的大小，如图 26-6 所示。

图 26-6　数据条

2. 色阶

色阶是一组单元格底纹颜色值，通用色彩可直观地反映数据大小，图 26-7 中的成绩使用了蓝 - 白 - 红色阶，其中蓝色底纹代表的数值最大、白色居中、红色最小。

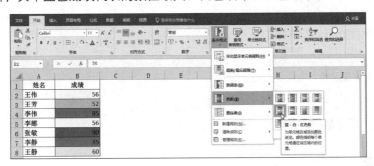

图 26-7　色阶

3. 图标集

图标集指根据单元格中的数值大小呈现出不同的图标。Excel 提供了"方向""形状""标记""等级"四大类图标，如图 26-8 所示。

图 26-8　图标集

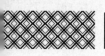
26.4 应用内置条件格式

Excel 内置了多种基于特征值设置的条件格式，这些内置的条件格式在实际工作中是使用频率非常高的条件格式设置。

1. 突出显示单元格规则

Excel 内置了 7 种"突出显示单元格规则"，包括大于、小于、介于、等于、文本包含、发生日期和重复值，如图 26-9 所示。

图 26-9　突出显示单元格规则的类型

如图 26-10 所示，选择【突出显示单元格规则】中的【大于】命令，在弹出的【大于】

对话框中输入指定的条件值 60，然后在【设置为】处设置格式，若没有所需格式，可选择【自定义格式】选项，在弹出的【设置单元格格式】对话框中设置所需格式。

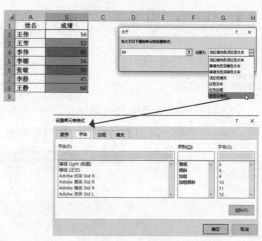

图 26-10　突出显示大于60分的成绩

2. 最前 / 最后规则

Excel 内置了 6 种"最前 / 最后规则"，包括前 10 项、前 10%、最后 10 项、最后 10%、高于平均值、低于平均值。用法及原理与突出显示单元格规则类似，如图 26-11 所示。

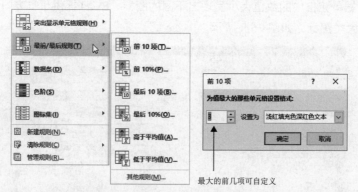

最大的前几项可自定义

图 26-11　Excel内置的6种"最前/最后规则"

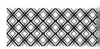

26.5 认识【新建格式规则】对话框

Excel 提供了用于自定义规则的【新建格式规则】对话框。用户可在【条件格式】下拉菜单中选择【新建规则】命令来打开【新建格式规则】对话框，如图 26-12 所示。

图 26-12 【新建格式规则】对话框

在【新建格式规则】对话框中可创建功能区中的所有条件格式规则，同时也可以对内置的条件格式规则做进一步的设置，此外在此对话框中还可以创建自定义的条件规则。【新建格式规则】对话框中包含有 6 种类型，不同类型说明如表 26-1 所示。

表 26-1 条件格式规则说明

类型	说明
基于各自值设置所有单元格的格式	创建数据条、色阶或图标集的规则
只为包含以下内容的单元格设置格式	创建基于数值比较的规则
仅对排名靠前或靠后的数值设置格式	创建用于识别前 n 个、前百分之 n、后 n 个和后百分之 n 项的规则
仅对高于或低于平均值的数值设置格式	创建指定范围内数值的规则
仅对唯一值或重复值设置格式	设置指定范围内的唯一值或重复值的规则
使用公式确定要设置格式的单元格	创建基于逻辑公式的规则

26.6 自定义条件格式

如果内置的条件格式样式不能满足需要，用户可以通过自定义逻辑公式来创建自定义的条件格式。

26.6.1 自定义条件格式规则

在自定义条件格式中必须要使用公式函数，该公式函数必须是具有返回逻辑值的公式函数。如果公式结果返回 TRUE 或返回非 0 的数值，则应用指定的条件格式；如果公式结果返回 FALSE、数值 0 或错误值，则不应用指定的条件格式，如图 26-13 所示。

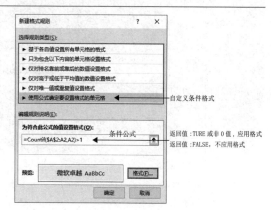

图 26-13 自定义条件格式原理

26.6.2 使用公式自定义条件格式示例

例1 突出显示指定单元格。

图 26-14 展示的是不同产品的销售表，表中 E2 为查询品名单元格，现需使用条件格式标识右侧查询品名在 A 列中相匹配的品名所在单元格。操作步骤如下。

第1步 选中 A2:A9 单元格区域，选择【开始】→【条件格式】→【新建规则】命令，打开【新建格式规则】对话框，如图 26-14 所示。

第2步 在【新建格式规则】对话框中选择【使用公式确定要设置格式的单元格】选项，然后在【为符合此公式的值设置格式】编辑框中输入以下公式：

=A2=$E$2

第3步 单击【格式】按钮，在打开的【设置单元格格式】对话框中设置其底纹颜色，单击【确定】按钮，即可完成该条件格式的设置。

图 26-14 突出显示指定单元格

深入了解

在条件格式中使用公式时，一定要注意公式的引用方式，以图 26-14 为例，在选中的 A2:A9 区域中，A2 是活动单元格，则该公式是以 A2 单元格为参照进行设置的，设置完成后，可将条件格式规则应用到所选区域的每个单元格。换一句话说，图公式"=A2=$E$2"中的 A2 使用的是相对引用，该引用会随所选定区域内的单元格不同而发生相对引用关系，发生相对引用的情况如下所示：

=A2=$E$2

=A3=$E$2

=A4=$E$2

=A5=$E$2

=A6=$E$2

=A7=$E$2

=A8=$E$2

=A9=$E$2

其中"=A7=$E$2"判断的结果返回 TRUE，应用指定的格式，即单元格添加底纹颜色，其余判断的结果均为 FALSE，则不应用指定的格式。

图 26-15 展示了自定义条件格式中公式相对引用变化情况。

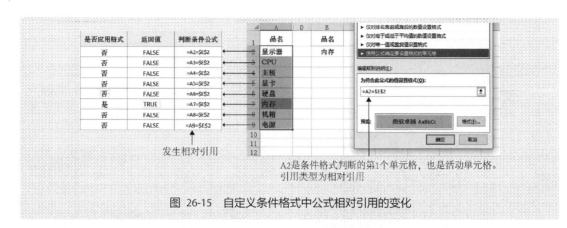

A2是条件格式判断的第1个单元格，也是活动单元格。
引用类型为相对引用

图 26-15　自定义条件格式中公式相对引用的变化

例2 突出显示条件指定行。

仍以图 26-14 为例，若需要整行突出标识查询匹配值，则需要先选中 A2:C9 区域，然后设置如下自定义条件格式公式：

=$A2=$E$2

因 $A2 采用混合引用，即将 A 列固定，那么相应右侧的单元格在应用条件时始终都会以 A 列的值与查询单元格做判断。即 B2 单元格是否应用条件的依据是以"=$A2=$E$2"为判断标准，C2 单元格是否应用条件的依据也是以"=$A2=$E$2"为判断标准。行方向采用相对引用，故向下会发生相对引用调整，以此原理可整行标识匹配数据，如图 26-16 所示。

图 26-16　突出显示指定行

例3 突出显示条件指定列。

图 26-17 展示了不同的电子产品、不同月份的销售数据，表中 B1 为查询月份单元格，现需使用条件格式标识在 B1 单元格中相匹配的月份列数据。操作步骤如下。

第1步 选中 B3:G11 单元格区域，选择【开始】→【条件格式】→【新建规则】命令，打开【新建格式规则】对话框。

第2步 在【新建格式规则】对话框中选择【使用公式确定要设置格式的单元格】选项，然后在【为符合此公式的值设置格式】编辑框中输入以下公式：

=$B$1=B$3

第3步 单击【格式】按钮，在打开的【设置单元格格式】对话框中设置其底纹颜色，单击【确定】按钮即可完成该条件格式的设置。

因 B$3 采用混合引用，即将第 3 行固定，那么在相应第 3 行下方的单元格中应用条件时始终都会以第 3 行的值与查询单元格做判断。以 C 列的"二月"为例，即 C3 单元格是否应用条件的依据是以"=$B$1=C$3"为判断标准，C4 单元格是否应用条件的依据也是以"=$B$1=C$3"为判断标准，以此类推。列方向采用相对引用，故在左右方向会发生相对引用调整，以此原理，可整列标识匹配数据，如图 26-17 所示。

图 26-17 突出显示指定列

例4 突出显示行列交叉单元格。

图 26-18 展示了不同品名、不同月份的销售数据表，表中 B1 为查询品名单元格，B2 为查询月份单元格，现需使用条件格式标识在表中相匹配的品名和月份交叉的单元格。操作步骤如下。

第1步 选中 B5:G12 单元格区域，选择【开始】→【条件格式】→【新建规则】命令，打开【新建格式规则】对话框。

第2步 在【新建格式规则】对话框中选择【使用公式确定要设置格式的单元格】选项，然后在【为符合此公式的值设置格式】编辑框中输入以下公式：

=AND(B$4=$B$2,$A5=$B$1)

第3步 单击【格式】按钮，打开【设置单元格格式】对话框设置其底纹颜色，单击【确定】按钮即可完成该条件格式的设置。

上述自定义条件格式公式利用了 AND 函数，第一个条件 B$4=$B$2 用于判断列表中的月份列的每个单元格是否与指定的月份相等，第二个条件 $A5=$B$1 用于判断列表中的品名行中每个单元格是否与指定的品名相等，当两个条件都满足时，就应用指定的条件格式。同时满足 AND 函数设定的条件单元格只有一个，该单元格即是满足条件的行列交叉处的单元格，如图 26-18 所示。

图 26-18 突出显示行列交叉单元格

例5 突出显示行内最小值。

图 26-19 展示了不同月份、不同分店的销售数据表，现需要利用条件格式标识每月中最小销售量的单元格。操作步骤如下。

第1步 选中 B2:F7 单元格区域，选择【开始】→【条件格式】→【新建规则】命令，打开【新建格式规则】对话框。

第2步 在【新建格式规则】对话框中选择【使用公式确定要设置格式的单元格】选项，然后在【为符合此公式的值设置格式】编辑框中输入以下公式：

=B2=MIN($B2:$F2)

第3步 单击【格式】按钮，在打开的【设置单元格格式】对话框中设置其底纹颜色，单击【确定】按钮即可完成该条件格式的设置。

上述自定义条件格式的公式利用了 MIN 函数计算最小值，然后每个单元格与该最小值比较，比较相等的单元格即是满足条件格式设置的单元格，如图 26-19 所示。

图 26-19 突出显示最小值单元格

例6 突出显示重复值。

在图 26-20 所示的员工姓名中，使用条件格式可对重复录入的姓名进行标识。操作步骤如下。

图 26-20 突出显示多余重复值

第1步 选中 A2:A9 区域，选择【开始】→【条件格式】→【新建规则】命令，打开【新建格式规则】对话框。

第2步 在【新建格式规则】对话框中选择【使用公式确定要设置格式的单元格】选项，然后在【为符合此公式的值设置格式】编辑框中输入以下公式：

=COUNTIF($A$2:A2,A2)>1

第3步 单击【格式】按钮，在打开的【设置单元格格式】对话框中设置其底纹颜色，单击【确定】按钮即可完成该条件格式的设置。

┃提示┃

在条件格式的【突出显示单元格规则】中也有标识重复值的命令，但该命令会将指定区域中的所有重复值都突出显示，此显示方式与图 26-20 显示方式不同，如图 26-21 所示。

图 26-21 突出显示重复值

例7 合同到期提醒。

图 26-22 展示了一份合同列表，现需要利用条件格式，使合同到期前 7 天用底纹颜色标识以做提醒（笔者创建此示例时间为 2020 年 5 月 23 日，即 TODAY 函数返回 2020-5-23）。操作步骤如下。

图 26-22 合同到期提醒

第1步 选中 A2:D8 单元格区域，选择【开始】→【条件格式】→【新建规则】命令，打开【新建格式规则】对话框。

第2步 在【新建格式规则】对话框中选择【使用公式确定要设置格式的单元格】选项，然后在【为符合此公式的值设置格式】编辑框中输入以下公式：

=AND($D2>=TODAY(),$D2-TODAY()<7)

第3步 单击【格式】按钮，在打开的【设置单元格格式】对话框中设置其底纹颜色,单击【确定】按钮即可完成该条件格式的设置。

在条件格式规则的公式中，利用 AND 函数中的两个条件对 D2 单元格中的日期进行判断。

第 一 个 条 件 "$D2>=TODAY()"，用于判断 D2 单元格中的合同到期日期是否大于等于当前系统日期，第二个条件 "$D2-TODAY()<7"，用于判断 D2 单元格中的日期与当前系统日期的间隔是否小于 7，当两个条件都满足时，就应用指定的条件格式。

例8 查找账号不匹配值。

图 26-24 展示了两列不同的账号，现需要在 C 列中利用条件格式标识没有在 A 列中出现的账号。操作步骤如下。

第1步 选中 C2:C13 单元格区域，选择【开

始】→【条件格式】→【新建规则】命令，
打开【新建格式规则】对话框。

第2步 在【新建格式规则】对话框中选择【使
用公式确定要设置格式的单元格】选项，然
后在【为符合此公式的值设置格式】编辑框
中输入以下公式：

=ISNA(MATCH(C2,$A$2:$A$13,0))

第3步 单击【格式】按钮，在打开的【设置单
元格格式】对话框中设置其底纹颜色，单击【确
定】按钮即可完成该条件格式的设置。

上述自定义条件格式的公式利用 MATCH
函数查找在 A 列账号相匹配的账号，凡是查
找到的账号返回的结果为非 0 的数字，查找
不到的返回 #N/A，如果将条件格式的自定义
公式写成如下：

=MATCH(C2,$A$2:$A$13,0)

则只会把查找的账号标识，而查找不到的账
号不标识，原因是查找的账号 MATCH 返回
的是非 0 的数字，相当于 TRUE，TRUE 在
条件格式中会应用格式，而查找不到的账号
返回的结果为 #N/A，相当于 FALSE，FALSE
在条件格式中不会应用格式，如图 26-23 所示。

图 26-23　单独使用 MATCH 函数的自定义条件格式

为了颠倒该状态，所以要使用 ISNA 函
数，如果返回 #N/A，则返回 TRUE，应用条
件格式，否则返回 FALSE，不应用条件格式。
以此原理，可将不匹配的账号标识出来，如
图 26-24 所示。

图 26-24　核对账号

 # 26.7 管理条件格式

在 Excel 中，表格应用了条件格式后，用户还需要维护和管理条件格式，例如删除某些不
合适的条件格式，或进一步编辑某些条件格式的相关属性。

1. 编辑条件格式

用户若想对已设置好的条件格式进行编辑修改，可先选中需要修改条件格式的单元格区域。
然后在【条件格式】下拉菜单中选择【管理规则】命令，在弹出的【条件格式规则管理器】对
话框中单击【编辑规则】按钮，然后在【编辑格式规则】对话框中对条件格式进行修改，如图
26-25 所示。

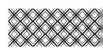

图 26-25　编辑条件格式

2. 调整条件格式优化级

在同一单元格区域可设置多个条件格式。多条件格式规则的执行顺序按其在【条件格式规则管理器】对话框中列示的顺序执行。在列表中，越是位于上方的规则，其优先级越高。用户可以使用【删除规则】按钮右侧的【上移】和【下移】箭头更改优先级顺序，如图 26-26 所示。

图 26-26　调整条件格式的执行顺序

3. 应用"如果为真则停止"规则

对于同一单元格区域，如果同时存在多个条件格式规则，则优先级高的规则先执行，次一级规则依次逐条执行，直至所有规则执行完毕。但如果优先级较高的规则条件被满足后，不想执行次一级规则时，可选中【如果为真则停止】复选框。

如图 26-27 所示，B2:B11 区域同时存在两个条件格式，优先级高的条件格式为值小于 300 的单元格添加删除线，次一级的条件格式为使用数据条，用户可选中优先级高的条件格式右侧的【如果为真则停止】复选框。选中后，当满足单元格数值小于 300 的情况下，只应用删除线的条件格式，而不会再执行使用数据条的条件格式了。

图 26-27　终止条件格式的执行

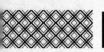

4. 查找条件格式

如果需要查找哪些单元格区域设置了条件格式，只需选择【开始】→【编辑】→【查找和选择】→【条件格式】命令，即可选中包含条件格式的单元格区域，或在【定位条件】对话框中选中【条件格式】单选按钮，如图 26-28 所示。

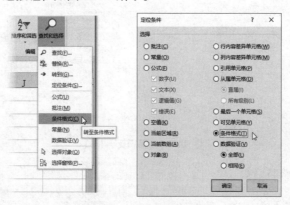

图 26-28　查找条件格式

5. 删除条件格式

如果需要删除单元格区域的条件格式，可以按以下步骤操作。

第1步　如果要清除所选单元格的条件格式，可以先选中相关单元格区域。如果是清除整个工作表中所有单元格区域的条件格式，则可以任意选中一个单元格。

第2步　选择【开始】→【样式】→【条件格式】→【清除规则】命令，在展开的下拉菜单中，如果选择【清除所选单元格的规则】命令，则清除所选单元格的条件格式；如果选择【清除整个工作表的规则】命令，则清除当前工作表中所有单元格区域中的条件格式，如图 26-29 所示。

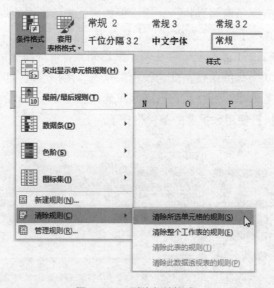

图 26-29　删除条件格式

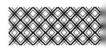

此外，也可以通过【条件格式规则管理器】对话框删除条件格式，如图 26-30 所示。

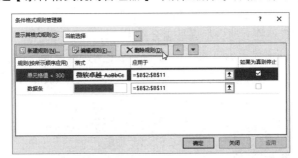

图 26-30　通过【条件格式管理器】对话框删除条件格式

专业术语解释

条件格式：根据单元格的内容不同而动态设置不同格式，从而智能、快速地标识具有特征数据的单元格。

问题 1：对于自定义的条件格式中的公式返回的值必须是 TRUE 和 FALSE 吗?

答：不是，自定义条件格式中的公式返回值除了可以返回 TRUE 和 FALSE 外，也可以返回相当于 TRUE 和 FALSE 的值，如图 26-31 所示，在自定义条件格式的公式中使用 MATCH 函数，该函数返回的值是 #N/A 和 1，但 #N/A 相当于 FALSE，1 相当于 TRUE，所以该函数在自定义条件格式的公式中使用同样正确。

图 26-31　自定义条件格式中公式的返回值

问题 2：为什么选中数值列应用条件格式时，标题也会应用条件格式？

答： 如图 26-32 所示，对 B 列应用条件格式，条件格式规则为大于 90 的单元格标识红色底纹。当用户选中整列应用该条件格式时，标题行也会应用条件格式。因为在 Excel 中文本大于数值，所以标题行也会应用条件格式。为了将条件格式仅应用到数值单元格中，用户可对 B 列应用条件格式后，再单独选中 B1 单元格清除该单元格中的条件格式，或在应用条件格式之前只选中数值区域。

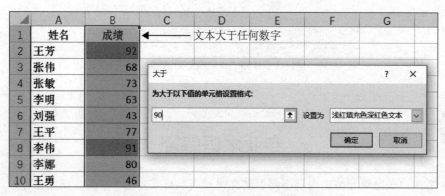

图 26-32　标题行应用条件格式

问题 3：在编辑自定义条件格式时，移动光标时为什么会自动插入单元格地址？

答： 如图 26-33 所示，在编辑自定义条件格式的公式时，将光标插入到编辑框中，默认是输入模式。在这种模式下如果移动光标将自动变成点选模式，点选模式会自动引用单元格地址。此时用户可按 <F2> 键，将当前的输入模式切换成编辑模式后，就可以正常移动光标进行编辑。

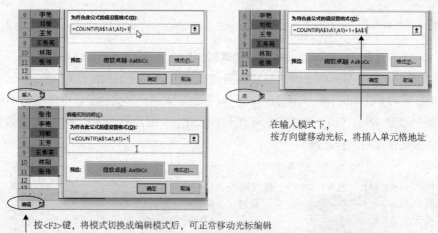

图 26-33　切换编辑模式

数据验证

数据验证用来向单元格中输入指定的数据类型和数据，通过数据验证的设置可以防止用户无意输入错误值。此外，数据验证还可以向单元格中动态添加数据，并且帮助用户识别错误的数据。

27.1 设置数据验证

数据验证在早期版本中称为数据有效性，它是指对单元格或单元格区域设置输入数据类型和值范围的约束规则，用于规定可以在单元格中输入的内容。

如图 27-1 所示，在表中第 4 行规定了最小值，第 5 行规定了最大值，第 6 行单元格需要输入最小值与最大值之间的数值，如果数值在此范围内则可以输入，若不在此范围则会限制用户输入，此功能为数据验证功能。

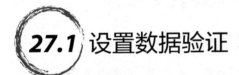

图 27-1　利用数据验证限制数值输入范围

要对某个单元格或单元格区域设置数据验证，先要选取要设置数据验证的单元格或单元格区域，然后选择【数据】→【数据工具】→【数据验证】→【数据验证】命令，在弹出的【数据验证】对话框中，用户可以进行数据验证的相关设置，如图 27-2 所示。

图 27-2　设置数据验证

27.2 数据验证允许的条件

在【数据验证】对话框中，【设置】选项卡内置了 8 种数据验证类型。

1. 任何值

此为默认的选项，即允许在单元格中输入任何数据而不受限制，如图 27-3 所示。

图 27-3　数据验证中任何值

2. 整数

"整数"条件用于限制单元格只能输入整数。在【允许】下拉列表中选择【整数】选项后，会出现"整数"条件的设置选项，在【数据】下拉列表中可以选择数据允许的范围，如"介于""大于""小于"等。

如图 27-4 所示，对"数量"列设置 1 ~ 100 的整数限制。用户在数量列只能输入 1 ~ 100 的整数，否则禁止输入。

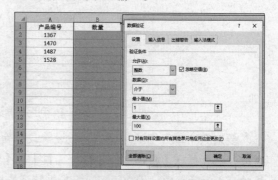

图 27-4　设置"整数"条件

3. 小数

"小数"条件，用于限制单元格只能输入小数。如图 27-5 所示，对"价格"列设置 10 ~ 80 的小数限制。

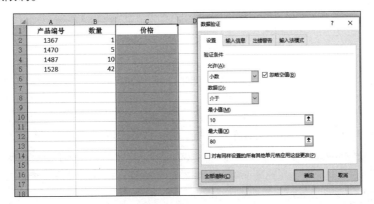

图 27-5 设置"小数"条件

| 提示 |

小数也包含整数，即在设置为只能输入小数的单元格中，也能输入整数。因为整数可视为小数位都为 0 的小数。

4. 序列

"序列"条件要求在单元格区域中必须输入包含在特定序列中的内容。

如图 27-6 所示，选择"序列"类型，在【来源】编辑框处单击右侧的选取按钮，选择 A2:A7 单元格区域，单击【确定】按钮。

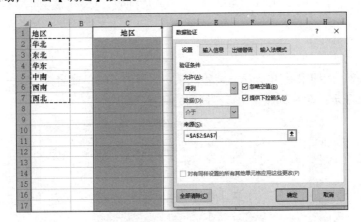

图 27-6 设置"序列"条件

如图 27-7 所示，创建序列后，在单元格中可单击下拉按钮选择指定数据输入，此方法可以保证数据录入的正确性。

图 27-7　使用序列输入数据

深入了解

　　在【数据验证】对话框中，在【设置】选项卡下的【来源】编辑框中，除了可以引用单元格区域中的内容外，还可以手动输入序列内容。如图 27-8 所示，在【来源】编辑框中手动输入北京、上海、深圳。每个元素必须要用英文半角状态下的逗号进行分隔。使用手动输入序列的优点在于序列不用依赖于单元格中的内容。

图 27-8　手动输入序列值

5. 日期

　　"日期"条件，用于限制单元格只能输入某一区间的日期，或者排除某一日期区间之外的日期。如图 27-9 所示，在 B 列设置为指定区间的订货日期。

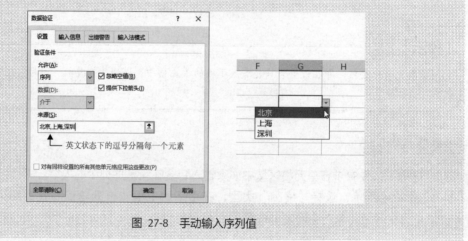

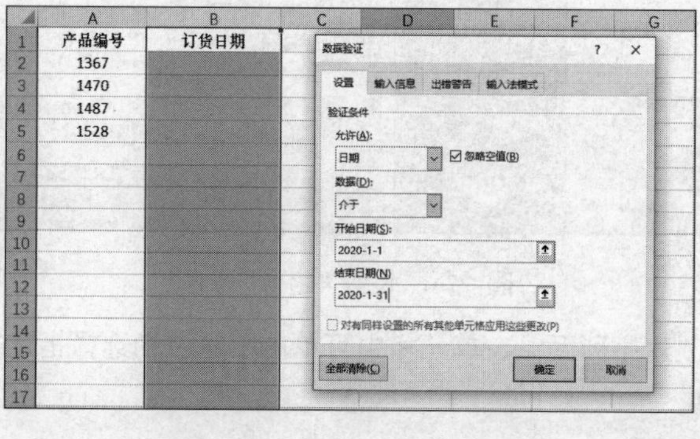

图 27-9　设置"日期"条件

6. 时间

"时间"条件，用于限制单元格只能输入某一区间的时间，或者排除某一日期区间之外的时间。如图 27-10 所示，在 B 列设置指定区间的货物出厂时间。

图 27-10　设置"时间"条件

7. 文本长度

"文本长度"条件，主要用于限制输入数据的字符个数。如图 27-11 所示，在 A 列设置字符长度为 11 位的手机号。

图 27-11　设置"文本长度"条件

8. 自定义

自定义条件主要是指通过公式函数来实现较为复杂的约束条件。在数据验证中使用的自定义的公式函数，必须是具有返回逻辑值的公式函数。如果公式结果返回 TRUE 或返回非 0 的数值，则可以输入。如果公式结果返回 FALSE、数值 0 或错误值，则不允许输入。

例 1　防止输入重复值。

如图 27-12 所示，需要在员工信息表中输入身份证号码。使用数据验证功能，防止输入重复值。用户先选中 B 列，将其设置为文本格式，然后调出【数据验证】对话框，在【允许】下拉列表中选择【自定义】选项，在【公式】编辑框中输入以下公式可以防止用户输入重复身份证号码：

=AND(COUNTIF(B:B,B1&"*")=1,LEN(B1)=18)

因身份证号有 18 位数字，而 Excel 只能有效识别 15 位数字，超过 15 位数字全部视为 0，所以需要使用 B1&"*" 结构，将把身份证号码当作文本来进行计算识别。

图 27-12　限制重复值输入

例2　使用数据验证和 INDIRECT 函数制作二级下拉列表。

图 27-13 展示的是在工作表中创建二级下拉列表，如在 A2 单元格中指定某省份，则在 B2 单元格的下拉菜单中只列示相应省份的城市。

图 27-13　二级联动菜单

创建二级下拉列表步骤如下。

第1步 如图 27-14 所示，选中 A2:A4 区域，调出【数据验证】对话框，【允许】类型选择序列，来源引用 D1:F1 区域。

图 27-14　创建序列

第2步 选中 D1:F6 区域，选择【公式】→【定义的名称】→【根据所选内容创建】命令，在弹出的对话框中只选中【首行】复选框，单击【确定】按钮创建名称，此时调出【名称管理器】对话框可查看刚创建的名称，如图 27-15 所示。

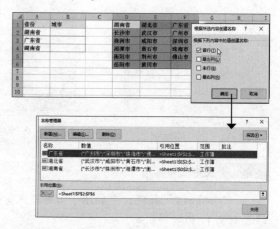

图 27-15　定义名称

第3步 选中 B2:B4 区域，调出【数据验证】对话框，在【允许】下拉列表中选择【序列】选项，在公式编辑框中输入以下函数，单击【确定】按钮后，即可创建二级联动菜单，如图 27-16 所示。

=INDIRECT(A2)

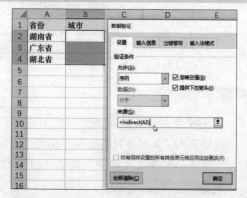

图 27-16　自定义数据验证

深入了解

图 27-17 展示了二级联动菜单创建原理，在 B2:B4 区域中的数据验证公式中，使用的是 INDIRECT 引用函数，它的参数是 A2，A2 指向的是"省份"名称，而名称中包含对应的城市名，所以通过此方式，可以正确创建二级联动菜单。

图 27-17　二级联动菜单创建原理

27.3 设置输入提示信息

用户可以对设置有数据验证的单元格设置提示信息，操作步骤如下。

第1步 选中需要设置提示信息的单元格。

第2步 打开【数据验证】对话框，选择【输入信息】选项卡，在【标题】文本框中输入提示信息的标题，在【输入信息】列表框中输入提示信息的内容。

第3步 单击【确定】按钮。

当再次单击 B2 单元格时，单元格下方会出现设置的提示信息，如图 27-18 所示。

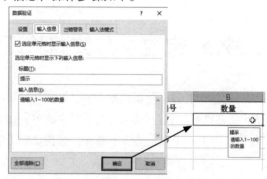

图 27-18　设置输入提示信息

 提示

设置提示信息并不一定要设置有效的数据验证功能，用户可以把此项提示信息当作批注使用。

27.4 设置出错警告提示信息

当用户在设置了数据验证的单元格中输入了不符合条件的内容，Excel 会弹出警告信息。如果单击【重试】按钮，将返回单元格等待再次编辑；如果单击【取消】按钮，则取消本次输入操作，如图 27-19 所示。

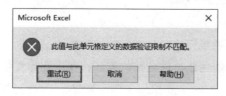

图 27-19　出错警告框

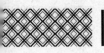

如图 27-20 所示，用户可以对警告框的提示样式和提示内容进行自定义的设置，操作步骤如下。

第1步 选中需要设置出错警告的单元格。

第2步 打开【数据验证】对话框。选择【出错警告】选项卡，在【样式】下拉列表中选择出错警告的样式，在【标题】文本框中输入警告框信息的标题，在【错误信息】列表框中输入提示信息内容。

第3步 单击【确定】按钮。

图 27-20 设置出错警告信息

出错警告的类型有以下 3 种。

停止：禁止非法数据的输入。

警告：允许选择是否输入非法数据。

信息：仅对输入非法数据进行提示。

27.5 定位含有数据验证的单元格

定位含有数据验证的单元格，可按快捷键 <Ctrl+G>，打开【定位】对话框，单击【定位条件】按钮，在打开的【定位条件】对话框中选中【数据验证】单选按钮，或选择【开始】→【编辑】→【查找和选择】→【数据验证】命令，如图 27-21 所示。

图 27-21 查找数据验证单元格

27.6 复制数据验证

复制包含数据验证规则的单元格时，会同时把数据验证规则一并复制。若只需要复制单元格中的数据验证规则，可以使用选择性粘贴的方法，在【选择性粘贴】对话框中选中【验证】单选按钮，如图 27-22 所示。

图 27-22　利用选择性粘贴功能粘贴数据验证

27.7 圈释无效数据

　　通常情况下，用户是先设置数据验证的功能，然后再输入数据内容，但如果已经存在数据内容，也可以对该区域设置数据验证的功能，后设置数据功能不会影响已输入数据的内容，用户设置好数据验证后，可选择【数据】→【数据工具】→【数据验证】→【圈释无效数据】命令，当已有数据中有不符合数据验证的设置单元格，将会用红色椭圆圈释，运用此功能可以很方便地查找出不合乎规范的数据，如图 27-23 所示。

图 27-23　圈释无效数据

27.8 删除数据验证

1. 删除单个单元格的数据验证

　　如果要删除某个单元格中的数据验证，可选中需要删除数据验证的单元格。打开【数据验证】对话框，选择【设置】选项卡，单击【全部清除】按钮，单击后数据验证条件变为【任

何值】。此时表示该单元格已删除数据验证的功能，再单击【确定】按钮关闭对话框。

2. 删除多个单元格区域的数据验证

　　如果需要删除多个单元格区域内的数据验证功能，可先选中单元格区域，然后选择【数

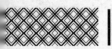

据验证】命令，此时会弹出警告对话框提示选定区域含有多种类型的数据验证。单击【是】按钮，然后在【设置】选项卡中单击【全部清除】按钮，此时数据验证条件为【任何值】，表示已删除数据验证的功能。再单击【确定】按钮关闭对话框，图 27-24 所示。

图 27-24　删除数据验证

专业术语解释

　　数据验证：在单元格中限制输入的值或数据类型，数据验证的最常见用法是创建下拉输入列表。

　　问题 1：删除数据验证序列中的被引用单元格的内容，单元格的内容是否会发生改变？

　　答：不会，如图 27-25 所示，删除序列所引用的单元格时，只会在数据验证的【来源】编辑框中显示 #REF! 错误。单元格中的内容并不会删除，此外也会保留下拉图标，而下拉菜单将不再出现。如果用户想不依赖单元格的内容来创建下拉列表，可在【来源】编辑框中手动输入序列值。

图 27-25　删除序列所引用的单元格

　　问题 2：如何动态限制输入数字范围？

　　答：图 27-26 展示的是某企业发货安排表，B 列是发货日期，E1、E2 单元格中分别是最小日期与最大日期，在设置发货日期区间时，用户可以指定日期所在的单元格，而不是直接输入日期的常量值，这样就可以在设置数据验证后，通过修改最小日期和最大日期来动态调整数据验证允许的日期范围。

图 27-26　动态限定输入数字范围

利用数据透视表分析数据

数据透视表是 Excel 中分析汇总数据最为方便和快捷的工具，尤其是面对大量数据时，合理使用数据透视表可以迅速提高数据分析的能力和准确度，本章将学习数据透视表及其在实际工作中的应用。

 ## 数据透视表的概念

数据透视表是 Excel 中一个非常实用、功能强大的分析工具，它是一种交互式报表，有机地综合了统计函数、分类汇总、排序、筛选的各项功能。用户不必手工输入公式函数，仅用鼠标拖动字段位置，即可从各种分析视角或结构变换出各类型的报表，从而帮助用户快速比较、分析和计算大量数据。在分析汇总数据，尤其是大量数据时，合理运用数据透视表进行计算、分析和统计，能使许多复杂的问题简单化并且能极大提高工作效率。

下面简单举例说明数据透视表的强大和易用性。图 28-1 展示的是某销售连锁公司 2020 年上半年的销售统计表，现在需要统计以下信息。

（1）各门店总的销售金额是多少？

（2）各门店各月的销售金额是多少？

（3）各门店下不同类目的商品的销售金额是多少？

	A	B	C	D	E	F	G	H
1	销售日期	月份	门店	类目	商品	数量	单价	金额
2	2020-01-01	一月	广州	外设产品	键盘	41	130	5,330
3	2020-01-01	一月	深圳	外设产品	手写板	63	530	33,390
4	2020-01-01	一月	北京	电脑配件	显示器	42	730	30,660
5	2020-01-01	一月	上海	电脑配件	显示器	58	1,330	77,140
6	2020-01-02	一月	深圳	电脑配件	内存	72	480	34,560
7	2020-01-02	一月	北京	外设产品	手写板	90	360	32,400
8	2020-01-02	一月	上海	外设产品	鼠标	10	70	700
135	2020-06-29	六月	上海	外设产品	鼠标垫	27	40	1,080
136	2020-06-30	六月	北京	外设产品	键盘	19	110	2,090
137	2020-06-30	六月	广州	电脑配件	显示器	28	820	22,960
138	2020-06-30	六月	杭州	电脑配件	显示器	81	1,210	98,010
139	2020-06-30	六月	上海	外设产品	移动硬盘	52	790	41,080

图 28-1　待统计分析的数据列表

以第一个需求为例，用户需要统计各门店总的销售金额，普通做法如下。

第1步 利用高级筛选对"门店"（C 列）提取不重复值，如图 28-2 所示。

第2步 用 SUMIF 函数统计各门店总的销售金额，如图 28-3 所示。

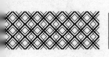

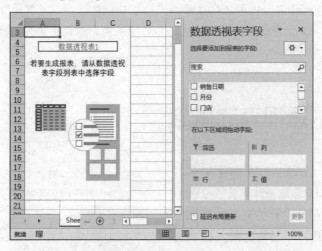

图 28-2 利用高级筛选提取不重复值图　　28-3 利用函数统计各门店销售金额

对于其他需求，同样采用函数的方式来计算，但对 Excel 初级用户来说，使用函数和复杂的公式有较大难度，在输入公式时可能会出错。此外，如果数据源经常更新或是公司要求重新组织数据结构，此时就需要重新设计公式，此过程非常烦琐。

现在我们采用数据透视表来解决此问题，具体操作如下。

第 1 步 将光标置于数据区域中的任意单元格中，然后选择【插入】→【数据透视表】命令，在弹出的【创建数据透视表】对话框中单击【确定】按钮，即可创建数据透视表，如图 28-4 所示。

图 28-4 创建数据透视表

图 28-5 使用数据透视表统计各店销售金额

第 2 步 在右侧的【数据透视表字段】窗格中，将"门店"字段拖动到下方的【行】区域中，将"金额"字段拖动到下方的【值】区域中，这样就能立刻统计出各分店的销售总金额，如图 28-5 所示。

对于上例而言，使用数据透视表可非常方便地解决用户需求。使用数据透视表不需要复杂的函数和公式就可以对数据进行统计和分析。此外，如果源数据发生更新或是结构发生变化，或要从不同角度构建不同的报表，数据透视表都能很方便地处理。

28.2 使用数据透视表的情况

对于多层次、庞大、不断变化的数据的计算分析，如果全部采用公式函数的方式来处理，不但容易出错，而且在计算分析过程中可能会有各种错误，由此导致数据分析效率低下。若采用数据透视表可以很大程度上解决此类问题。下面列举了一些非常适合使用数据透视表来分析数据的情况。

- 有大量的列表式数据，要求精准统计分析，并且数据源可能经常会更新变化，需要经常分析和处理最新的数据源。
- 随时要从各种分析视角或结构变换出各类型的报表。
- 需要找出数据内部的关系并分组。
- 需要将数据快速转换成图表。

28.3 数据源相关规范

数据透视表对数据源的规范性要求比较严格，不规范的数据源会导致数据透视表创建失败、汇总出错或出现其他异常情况。在数据透视表中，数据源要求是规范的列表型表格，如图 28-6 所示。

	A	B	C	D	E	F	G	H	I
1	销售日期	月份	门店	类目	商品	数量	单价	金额	
2	2020-01-01	一月	广州	外设产品	键盘	41	130	5,330	
3	2020-01-01	一月	深圳	外设产品	手写板	63	530	33,390	
4	2020-01-01	一月	北京	电脑配件	显示器	42	730	30,660	
5	2020-01-01	一月	上海	电脑配件	显示器	58	1,330	77,140	
6	2020-01-02	一月	深圳	电脑配件	内存	72	480	34,560	
7	2020-01-02	一月	北京	外设产品	手写板	90	360	32,400	
8	2020-01-02	一月	上海	外设产品	鼠标	10	70	700	
9	2020-01-02	一月	上海	外设产品	鼠标垫	31	30	930	
10	2020-01-03	一月	广州	电脑配件	内存	74	260	19,240	

标题行，不能有相同的标题

同一列，相同数据类型

图 28-6 标准的数据列表格式

数据源常见规范如下。

（1）数据表格的列标题不能为空，同时不能有相同的标题，不能有多行标题，标题行有且仅有一行。

（2）数据表格中不能有空行、空列或小计行。

（3）数据表格中不能有合并单元格。

（4）同一列为同一数据类型。

图 28-7 展示的是一张不规范的数据源列表：C 列无标题，D1 和 E1 为相同标题，E2:E6 存在合并单元格，F4 单元格内容为文本型数字，A5 单元格中的日期不规范，第 8 行为空行，第 11 行为小计行，第 13 行为总计行。用户需修改为正确、规范的列表格式方可进行数据透视表的创建。

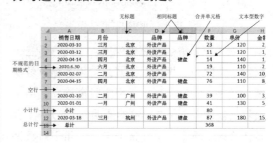

图 28-7 错误的数据源格式

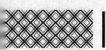

| 提示 |

对 C 列添加标题,将 D1、E1 单元格修改成不同的标题,对 E2:E6 单元格区域取消合并单元格,并对取消后的空单元格填充完整的数据,将 F4 单元格中的数字修改成数值型数字,将 A5 单元格中的日期修改成规范的日期格式,将空行、小计行、总计行全部删除。

28.4 创建数据透视表

将光标置于数据区域任意单元格中,选择【插入】→【表格】→【数据透视表】命令,此时会弹出【创建数据透视表】对话框,Excel 会根据活动单元格的位置自动推测数据区域,同时将数据区域的地址显示在【表/区域】编辑框中。在【创建数据透视表】对话框中有指定用于存放数据透视表的位置。默认是存放在新工作表中,但用户可以选中【现有工作表】单选按钮后,指定一个现有工作表中的位置存放。然后单击【确定】按钮,便可完成数据透视表的创建,如图 28-8 所示。

图 28-8 创建数据透视表

对于创建好的数据透视表,主要分为三个区域:左侧为数据透视区域,它用于存放数据透视数据;右侧为数据透视字段窗格,它用于数据透视表中字段布局结构的调整;上方为【数据透视表工具】上下文选项卡,它用于对数据透视表做各种功能设置,如图 28-9 所示。

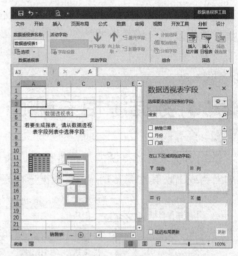

图 28-9 将数据透视表存放在新工作表中

创建好数据透视表后,用户就可创建不同维度的透视报表,例如将鼠标指向右侧字段列表区域中的"门店"字段,按住鼠标左键不放拖动至行区域,如图 28-10 所示。

图 28-10 在字段列表区域中拖动字段

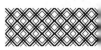

使用同样的方法将"月份"字段拖动到列区域，"金额"字段拖动到值区域，此时在工作表中的透视区域，即可形成一张各分店、各月份的销售报表，如图 28-11 所示。

图 28-11　统计各分店、各月份销售数据

28.5 数据透视表的相关结构及术语

工作表中的数据透视区域包括行区域、列区域、值区域、报表筛选区域和数据透视表字段区域。这些区域中的数据的摆放，决定了数据透视表的效用和外观。

1. 行区域

行区域位于数据透视表左侧，它是拥有行方向的字段，此字段中的每项占据一行。如图 28-12 所示，"门店"字段位于行区域。"门店"下面的项（元素）在横向上面构成了一条条记录。行字段可以进行嵌套。嵌套的字段具有层次关系，层次之间的关系由各字段的位置决定。放在行区域的字段类型主要是一些分组和分类的字段信息，如产品、名称和地点等。

图 28-12　行区域

2. 列区域

列区域位于数据透视表的顶部，它是具有列方向的字段，此字段中的每个项占用一列。如图 28-13 所示，"月份"字段位于列区域，该字段包含 6 个项（一月至六月），月份字段中的项（元素）水平放置在列区域，从而形成透视表中的列字段。列字段也可以进行嵌套。放在列区域的字段常见的是显示趋势的日期时间字段类型，如月份、季度、年份、周期等，此外也可以存放分组或分类的字段。

图 28-13　列区域

3. 值区域

值区域是计算区域，用于数值型字段中数据的汇总计算。存放在该区域的字段主要是数值型字段，文本型字段也可存放于值区域，但其计算方式为计数，如图 28-14 所示。

图 28-14　值区域

4. 报表筛选区域

数据透视表最左上角的区域为报表筛选区域，它用于对某字段的数据项进行分页筛选。存储在报表筛选区域中的数据字段类型是用户想要独立或者重点关注的字段，如图 28-15 所示。

图 28-15　报表筛选区域

5. 数据透视表字段区域

【数据透视表字段】窗格中呈现了数据透视表的结构，中间的字段列表区域列示了数据源中的字段名，下方对应了透视表的 4 个区域。在【数据透视表字段】窗格中可以方便地向数据透视表内添加、删除和移动字段，如图 28-16 所示。

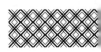

图 28-16 数据透视表字段列表

当用户创建数据透视表之后，选中数据透视区域任意单元格，【数据透视表字段】窗格会自动出现，若单击非透视表区域，该窗格会自动隐藏。用户如果要关闭【数据透视表字段】窗格，可直接单击窗格中的【关闭】按钮。但此操作后，再次单击透视区域则不会再显示【数据透视表字段】窗格。若想再次调出该窗格，可在数据透视表中的任意单元格上右击，在弹出的快捷菜单中选择【显示字段列表】命令，或在【数据透视表工具-分析】选项卡中选择【字段列表】命令，也可调出【数据透视表字段】窗格，如图 28-17所示。

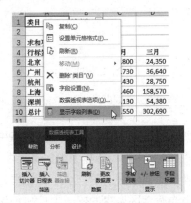

图 28-17 调出【数据透视表字段】窗格

如果用于创建透视表的数据源字段非常多，那在字段列表框内将无法完全显示，只能靠拖动滚动条来选择要添加的字段，这样会影响用户创建报表的速度。此时用户可单击【选择要添加到报表的字段】右侧的下拉按钮，在下拉列表中选择【字段节和区域节并排】选项，此操作可将字段列表区域单独显示在右侧，这样字段列表空间显著增大，从而有助于字段的选取，如图 28-18 所示。

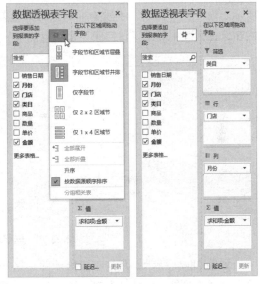

图 28-18 并排显示字段列表区域

6. 数据透视表其他相关术语

● 数据源：用于创建数据透视表的数据。
● 项：字段中的元素，在数据透视表中作为行或列的标题显示。以图 28-19 为例，"一月""二月""三月"是数据源中"月份"字段下面的项，"北京""上海""深圳"是数据源中"门店"字段下面的项。

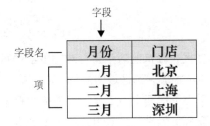

图 28-19 字段、字段名、项的含义

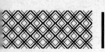

- 组：一组项目的集合，可以自动或手动组合项目。
- 分类汇总：数据透视表中对一行或一列数据的分类汇总计算。
- 总计：用于显示数据透视表中一行或一列中所有单元格总和的行或列。
- 刷新：重新计算数据透视表，反映目前数据源的状态。

28.6 创建报表筛选

当需要对某一字段中每一项进行查询时，可以将该字段添加到报表筛选区域，如图 28-20 所示。现在将"门店"字段添加到报表筛选区域，在左上角用户可以单击报表筛选区域的筛选按钮，在列表中列出了该字段下面所有的项。

图 28-20　向报表筛选区域添加字段

如图 28-21 所示，用户单击报表筛选区域下面的"北京"项，下面报表将只显示北京店的销售金额。若选择"广州"项，则报表只会显示广州店的销售金额。若取消报表筛选项或选择全部，则报表会显示所有门店的销售金额。

图 28-21　在报表筛选区域分页查看报表

在报表筛选区域中虽可对字段项进行分页筛选，但筛选的结果仍然显示在一张表格中，用户若想将报表筛选区域中的每一项，单独地显示在每一张工作表内，可选择【数据透视表工具 - 分析】→【选项】→【显示报表筛选页】命令，此时会弹出【显示报表筛选页】对话框，从中选择要分页的字段，双击或单击【确定】按钮，即可将报表筛选区域中的每一项单独创建在一张工作表中显示，如图 28-22 和图 28-23 所示。

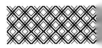

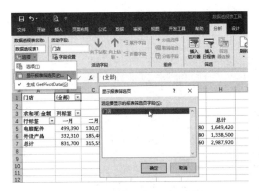

图 28-22	【显示报表筛选页】命令	图 28-23	分工作表显示报表筛选区域中的项

28.7 字段摆放原则

数据透视表有行区域、列区域、值区域、报表筛选区域等。用户如何决定将哪些字段摆放在哪个区域呢？这是很多用户在学习数据透视表时最大的困惑。解决这个问题必须要明确两个问题。

（1）对什么内容（字段）进行呈现？

（2）如何查看它？

第一个问题的答案可以明确用户对数据源中的哪些字段进行提取，第二个问题的答案可以明确将这些字段放在什么位置。

以图 28-24 为例，笔者想统计出各个分店每个月的销售金额，由此要求可以得知，需要对"门店""月份""金额"三个字段进行处理。明确内容字段后，就可以在字段列表中拖动这些字段到透视区域中，例如将"门店"字段拖动到行区域，将"月份"字段拖动到列区域，将数值型的"金额"字段拖动到值区域。此时在透视区域中就创建出各个分店每个月的销售金额统计表了。

图 28-24 以目的导向创建数据透视表

用户也可以将"月份"字段拖动到行区域，将"门店"字段拖动到列区域，将数值型的"金额"字段保持在值区域。此时在透视表区域也可呈现各个分店每个月的销售金额统计表。此方式显

示的报表并没有错误，但实际工作中，一般是将月份放在列区域，而将门店名称放置在行区域，这样适于一般人阅读报表的习惯，如图 28-25 所示。

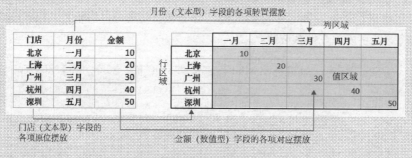

图 28-25　任意改变数据字段布局

数据透视表摆放数据非常灵活，并且可以非常方便地对其进行修改。用户可以在字段列表区域将字段任意拖动至行区域、列区域、值区域、报表筛选区域，从而从各种分析视角或结构创建出各类型的报表。实际工作中，在数据透视表中创建所需报表往往不能一蹴而就，用户可以反复拖动测试，寻找自己最理想的报表显示方式。

深入了解

数据源中的字段在透视区域中摆放的规则如图 28-26 所示。对于数据源中的字段，若放置在行区域，则是按原位摆放。若放置在列区域，则是将字段中的各项转置摆放。若将字段摆放在值区域，则是按数据对应位置进行摆放。在实际应用中，一般将文本型字段放置在行区域、列区域、报表筛选区域，而将数值型数据放置在值区域。如果将文本字段放置在值区域，则会对文本中的项进行计数。

图 28-26　透视表字段摆放规则

28.8 增加数据透视表的层次

如图 28-27 所示，用户若想查看各商品所属的"类目"信息，可以将"类目"字段拖动到行区域，此时行区域有两个字段，这两个字段有层次关系，下层字段隶属于上层字段，即上层是总括，下层是明细。

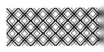

图 28-27　区域嵌套多字段

用户若想改变区域中多字段的层次隶属关系，可在区域中单击需要调整的字段，在下拉列表中选择【上移】或【下移】命令进

行调整位置，如图 28-28 所示。调整位置更直接的方法是直接拖动字段进行调整，不同的层次关系显示的报表意思不同。

图 28-28　调整区域内字段层次关系

28.9 设置数据透视表的报表布局形式

数据透视表创建完成后，用户可使用【数据透视表工具 - 设计】选项卡中的【报表布局】来改变数据透视表的报表布局。数据透视表为用户提供了 "以压缩形式显示"、"以大纲形式显示" 和 "以表格形式显示" 三种报表布局的显示形式，如图 28-29 所示。

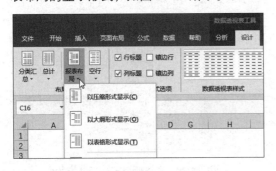

图 28-29　报表布局的三种形式

1. 压缩形式

新创建的数据透视表显示方式都是默认的 "以压缩形式显示"，"以压缩形式显示" 的数据透视表所有的行字段都堆积在一列中，用户可在功能区使用【展开字段】和【折叠

字段】对压缩布局下面的字段进行隐藏或显示，如图 28-30 所示。

	A	B
1	行标签 ▼	求和项:金额
2	⊟电脑配件	1,649,420
3	内存	311,450
4	显示器	882,860
5	硬盘	117,090
6	主板	338,020
7	⊟外设产品	1,338,500
8	键盘	129,150
9	摄像头	45,030
10	手写板	487,830
11	鼠标	102,510
12	鼠标垫	19,160
13	移动硬盘	554,820
14	总计	2,987,920
15		

图 28-30　压缩形式

2. 大纲形式

大纲形式采用阶梯状在不同的列中排列数据，此种形式可以观察字段之间的层次关系，如图 28-31 所示。

	A	B	C
1	类目 ▼	商品 ▼	求和项:金额
2	⊟ 电脑配件		1,649,420
3		内存	311,450
4		显示器	882,860
5		硬盘	117,090
6		主板	338,020
7	⊟ 外设产品		1,338,500
8		键盘	129,150
9		摄像头	45,030
10		手写板	487,830
11		鼠标	102,510
12		鼠标垫	19,160
13		移动硬盘	554,820
14	总计		2,987,920
15			

图 28-31　大纲形式

3.　表格形式

表格形式采用传统的表格样式排列数据，

此种显示方式数据直观、易于阅读。它是最常用的布局形式，如图 28-32 所示。

	A	B	C
1	类目 ▼	商品 ▼	求和项:金额
2	⊟ 电脑配件	内存	311,450
3		显示器	882,860
4		硬盘	117,090
5		主板	338,020
6	⊟ 外设产品	键盘	129,150
7		摄像头	45,030
8		手写板	487,830
9		鼠标	102,510
10		鼠标垫	19,160
11		移动硬盘	554,820
12	总计		2,987,920

图 28-32　表格形式

28.10　对数据透视表中的项进行分组

在创建数据透视表时，Excel 将显示每个字段下的所有不重复项。但是在很多时候，用户并不想查看罗列出来的所有项中的数据，此时可以用组合的方式来查看汇总数据。在数据透视表中可对文本、数值、日期进行自定义的组合。

1.　对文本组合

如图 28-33 所示，行区域为一些商品名称，为电脑配件或外设产品，其分类如表中 E1:F7 区域所示，在创建数据透视表时，将商品字段拖至行区域，商品字段中的项会全部列示在行区域中，为了方便对不同类型的商品进行比较汇总，可按住 <Ctrl> 键选择属于电脑配件的商品，然后右击，在弹出的快捷菜单中选择【组合】命令。然后以同样的方法，对各外设产品创建组。

用户选择【组合】命令后，Excel 将选中的项组合在一起，默认组名为数据组 1，同时创建的组会产生新的字段，该字段会添加到字段列表中，如图 28-34 所示。

图 28-34　创建组会产生新的字段

对于创建组而产生的新的字段和组名，可以在选中后进行修改，如图 28-35 所示。

图 28-33　对文本创建组合

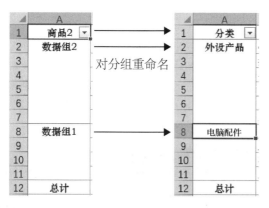

图 28-35 修改字段名及组名

手动组合方式虽然比较灵活,但如果数据记录太多,并且有新增数据项不在已创建的组合范围内,则需要重新进行组合,此过程较为烦琐。为了规避此问题,用户可在数据源中添加分组属性的字段,如图 28-36 所示,将"外设产品"与"电脑配件"的商品属性(D列)在数据源中列示。

在数据源中添加分类

	A	B	C	D	E	F	G	H
1	销售日期	月份	门店	类目	商品	数量	单价	金额
2	2020-01-02	一月	上海	外设产品	鼠标	10	70	700
3	2020-01-05	一月	北京	外设产品	移动硬盘	10	660	6,600
4	2020-03-12	三月	北京	外设产品	键盘	11	120	1,320
5	2020-01-04	一月	上海	外设产品	鼠标垫	13	20	260
6	2020-04-11	四月	上海	外设产品	鼠标垫	13	30	390
7	2020-06-24	六月	上海	电脑配件	硬盘	13	110	1,430
8	2020-05-31	五月	深圳	电脑配件	内存	13	550	7,150

图 28-36 在数据源中添加分组辅助列

2. 对数值分组

图 28-37 所示展示了一张学生成绩单的数据透视表。现要求对学生的成绩以每 10 分为区间统计各区间内的人数。用户选中待分组字段中的任意单元格,右击,在弹出的快捷菜单中选择【组合】命令,在弹出的【组合】对话框中,将【起始于】设置为"60",【终止于】设置为"100"(起始值与终止值为 Excel 自动侦测数据区域中的最小值和最大值,用户可以任意修改该数值)。然后将步长值修改为 10,单击【确定】按钮,即可完成该分组。

图 28-37 对成绩以10为区间分组

3. 对日期或时间分组

对于日期型数据,数据透视表提供了非常多的组合选项,可以按秒、分、小时、日、月、季度、年等多种单位进行组合。

图 28-38 中展示的是日期值,因单独具体的日期不便于特定区间的汇总,现需要对具体的日期值进行分组,用户选中待分组字段中的任意单元格并右击,在弹出的快捷菜单中选择【组合】命令,在弹出的【组合】对话框中保持【起始于】和【终止于】文本框的日期值不变。然后在【步长】列表框中选择月、季度、年,即可完成该分组。在【组合】对话框中还可以对时间进行分组,也可以按固定天数分组,当用户选择以日分组时,会在左下角让用户输入具体的天数值。

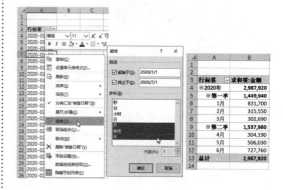

图 28-38 对日期进行分组后的效果图

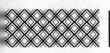

深入了解

在 Excel 2019 中，将日期拖动到行列区域时，会自动进行年、月、季度的分组。在用户对日期进行季度、月分组的时候，若存在跨多个年度的日期，则应把年份包含在分组里面，若没有包含年份信息，透视表会将所有日期按其属性单纯地归类于季度和月份，此类情况对于跨多个年份的日期统计可能会影响数据分析实用性。此外，若取消默认的日期分组，可选择【数据透视表工具 - 分析】→【组合】→【取消组合】命令，如图 28-39 所示。

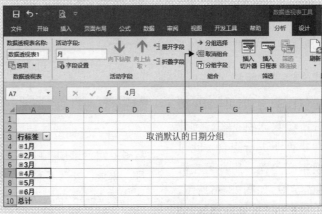

图 28-39　Excel自动对日期进行分组

4. 数值、日期不能分组的情形

用户在对数值型、日期型数据进行自动组合时，有时会遇到不能分组的情况，如图 28-40 所示。

图 28-40　不能分组的警告框

导致分组失败的主要原因及解决方案如下。

（1）数据类型不一致，如数值型字段中有文本型数字将导致数值型字段分组失败。解决方法是将文本型数字转成数值型数字。此外，空单元格也可能导致数值分组失败，用户可以将空单元格批量替换成零后再进行分组。

（2）日期数据格式不正确，即日期单元格虽然从外观上看是日期格式，但是其本质

为文本格式。此外，如果日期下面有文本单元格，也会导致分组失败，用户需要将日期转成真正的日期格式后方可进行分组。

5. 取消组合

若用户不再需要已经创建好的某个组合，可以在这个组合字段上右击，在弹出的快捷菜单中选择【取消组合】命令，如图 28-41 所示。选择此命令即可删除组合，此时字段将恢复到组合前的状态。

图 28-41　取消组合

28.11 在数据透视表中执行计算

在透视表的值区域中，显示计算的数据有两种方式。

（1）值汇总方式：它是指选择用什么方式对原数据的值进行统计和计算，常见的显示值汇总方式有求和、计数、平均值、最大值、最小值等。

（2）值显示方式：它是对值汇总方式得出的结果再进行分析计算，并显示在一个字段里面，常见的有总计的百分比、列汇总的百分比、行汇总的百分比。

28.11.1 值汇总方式

用户可将鼠标置于数值字段中并右击，在弹出的快捷菜单中选择【值汇总依据】命令，在其子菜单中用户可以查看并选择其他汇总计算方式，如图 28-42 所示。

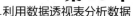

图 28-42　改变汇总方式

在数据透视表中，用户可将同一字段多次拖放至值区域，如图 28-43 所示，笔者将"金额"字段重复三次拖至值区域中，字段名会以"求和项：金额""求和项：金额 2""求和项：金额 3"的规律命名。

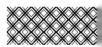

图 28-43　将某一数值字段重复放置值区域中

将同一数值字段重复放置在值区域中，若汇总方式一样，将是无意义的操作，但若对同一

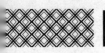

字段使用不同的汇总方式,将使报表能从不同的侧面计算数据,从而使报表的信息具有实际意义,如图 28-44 所示,将 C 列的汇总方式改成最大值, D 列的汇总方式改成最小值。用户对同一字段修改不同汇总方式后,可再对字段名做重命名,使用字段名更符合数据的本质含义,图 28-44 展示了使用同一字段而使用不同汇总方式统计的报表。

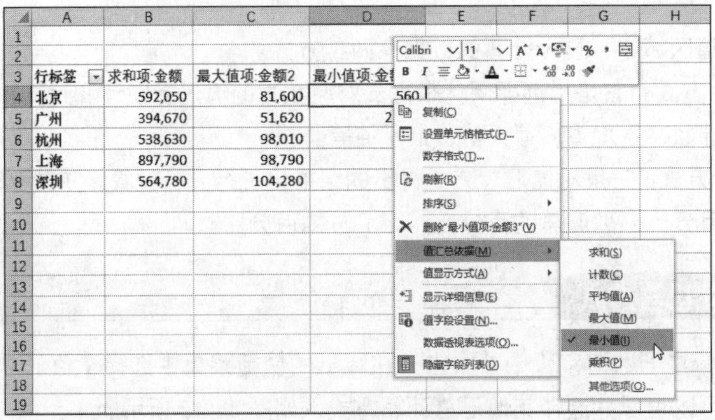

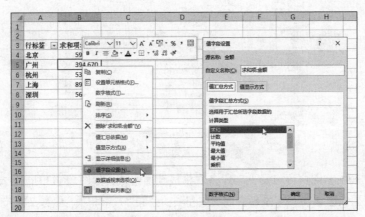

图 28-44　设置不同的汇总方式

对于修改汇总方式也可在右键菜单中选择【值字段设置】命令,在弹出的【值字段设置】对话框中,选择【值汇总方式】选项卡,在下方列表框中列出了在透视表中所有计算类型的选项,如图 28-45 所示。

图 28-45　在【值字段设置】对话框中选择汇总方式

28.11.2　值显示方式

选中要改变计算方式的字段列中的任意一个单元格并右击,在弹出的快捷菜单中选择【值显示方式】命令,在其子菜单中可以看到可用的值显示方式的列表。另外,也可以在【值字段设置】对话框的【值显示方式】选项卡中,在【值显示方式】下拉列表中选择所需的值显示方式,如图 28-46 所示。

图 28-46 改变值显示方式

工作中常见的值显示方式如下。

1. 总计的百分比

总计的百分比将数据透视表的所有数据

的总和显示为 100%，然后将每个数据显示为占总和的百分比。如图 28-47 所示，现需要统计各分店的销售额占总销售额的百分比分别是多少？此时将"金额"字段再次拖放在值区域中，然后把值显示方式改为"总计的百分比"，即显示出各分店销售额分别占总销售额的百分比了。

图 28-47 总计的百分比显示

2. 行、列汇总的百分比

行汇总的百分比是将数据透视表中一行数据的总和显示为 100%，该行内其他数据显示为占总和的百分比。列汇总的百分比是将数据透视表中一列数据的总和显示为 100%，该列内其他数据显示为占总和的百分比。图 28-48 显示的是同一分店不同商品类型的销售额百分比。图 28-49 显示了每种商品类型在各分店的销售百分比。

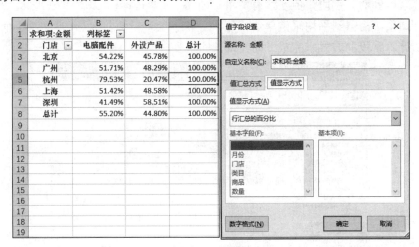

图 28-48 行汇总的百分比

图 28-49　列汇总的百分比

28.11.3　计算字段与计算项

当数据源中缺少某些度量值时，就需要在数据透视表中添加计算字段。计算字段是通过对数据透视表内的现有字段进行计算创建的一个新的字段。计算字段是一个虚拟的字段，它只出现在值区域中，并不会出现在数据源中，用户可把计算字段当作其他普通字段使用。

计算项是通过对数据字段内现有的数据项进行计算所创建的一个数据项，可以看作一个虚拟行。它用于对同一字段中其他行进行计算，图 28-50 展示了计算字段与计算项的区别。

字段	字段		字段
收入	**成本**		**利润**
100	50	计算字段 →	50
200	120		80
300	200		100

属性	金额		项	项	
计划	100	计算项 →	**计划**	**实际**	**差额**
实际	60		100	60	50

图 28-50　计算字段与计算项的区别

例1 计算字段。

图 28-51 中展示了根据数据源 A1:D13 所创建的数据透视表，透视区域中包含"采购数量"和"采购金额"字段，但是没有"单价"字段。如果希望得到平均采购单价，可以通过添加计算字段的方式来完成，而无须对数据源做出调整后再重新创建数据透视表，具体操作如下。

第1步 将光标置于数据透视表中的任意单元格，然后选择【数据透视表工具 - 分析】→【字段、项目和集】→【计算字段】命令。

图 28-51　使用【计算字段】命令

第2步 在打开的【插入计算字段】对话框的【名称】内输入"采购单价",然后在【公式】框中清除原有的"=0",再到字段列表中双击"采购金额"或选中"采购金额"字段后单击【插入字段】按钮,然后输入除号"/",再插入"采购数量"字段。公式输入完成后,单击【确定】按钮,即可创建一个新的计算字段,如图 28-52 所示。

图 28-52 设置【计算字段】公式

| 提示 |

创建的计算字段会出现在数据透视列表中,同时也会出现在值区域中,添加计算字段相当于在数据透视表中添加新的数据列,用户可以任意调用它。

例2 计算项。

图 28-53 中展示了根据数据源 A1:C13 所创建的数据透视表,在透视区域中,包含"实际"和"预算"项目。现用户如果希望得到实际与预算的差额,可以通过添加计算项的方法来完成。具体操作如下。

第1步 将光标置于列字段标题所在单元格,然后选择【数据透视表工具 - 分析】→【字段、项目和集】→【计算项】命令。

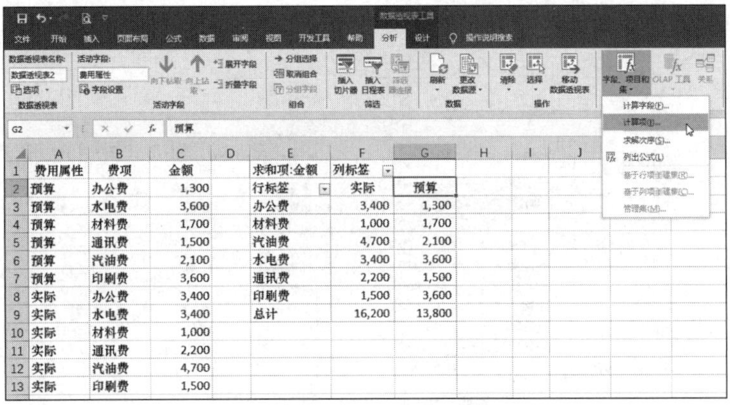

图 28-53 使用【计算项】命令

第2步 在打开的【插入计算字段】对话框(该处应为"插入计算项",而不是"插入计算字段",此处为中文版的一个名称标识错误)的【名称】内输入"差额",在【公式】框中清除原有的"=0",再到字段列表中选中"费用属性"字段后,再插入右侧列表中的"实际"项,输入减号"-",再插入"预算"项。公式输入完成后,单击【确定】按钮,就创建了一个计算项,如图 28-54 所示。

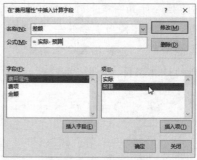

图 28-54　利用计算项计算差额

28.12 设置数据透视表的布局元素

在数据透视表的结构中，除了行、列、值、报表筛选四大元素外，还有很多其他的元素，了解这些元素的设置，可以让数据透视表的整体结构更加充实和饱满。

 插入重复项

默认情况下，行区域的高级别字段只会在低级别字段的顶部的单元格显示一次，下面会留有空单元格，用户若希望将空白字段填充相应的数据，可以在【数据透视表工具 - 设计】选项卡的【报表布局】下选择【重复所有项目标签】命令，这样空单元格都会填充相应项的名称，如图 28-55 所示。

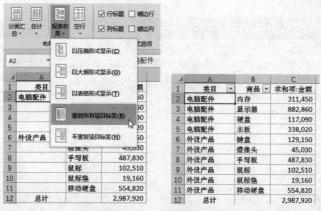

图 28-55　重复项目标签

2. 合并且居中带标签的单元格

仍以图 28-55 中的数据为例，用户若想把"类目"字段的项合并并居中显示，可以将光标置于透视表区域中，然后右击，在弹出的快捷菜单中选择【数据透视表选项】命令，在弹出的【数据透视表选项】对话框的【布局和格式】选项卡中选中【合并且居中排列带标签的单元格】复选框，即可把字段项合并且居中显示，如图 28-56 所示。

图 28-56　合并且居中带标签的单元格

3. 分类汇总的显示

数据透视表创建完成后，用户可在【数据透视表工具 - 设计】选项卡中的【分类汇总】下对数据创建分类汇总，如图 28-57 所示。在数据透视表中，可在组的底部或顶部显示分类汇总。若不需要显示分类汇总，也可在此菜单中选择【不显示分类汇总】命令。

图 28-57　添加分类汇总

深入了解

在默认创建的数据透视表中，数据以其原始的方式显示，数据透视表不会对数据源中的数据使用任何推测性的计算。在分类汇总或对数据透视表创建计算字段时，数据透视表的值区域是根据各个数值之和来计算的。

例如，在图 28-58 的数据透视表中采用了分类汇总的功能，以第 4 行北京店汇总为例，该店所有的汇总的金额都是该汇总行上面的数据之和。但此处有一个错误就是对单价也进行了求和，此处违背了生活原理，此外汇总金额 592050 并不是此行的数量（1609）乘以单价（11920）的结果（1609*11920=19179280）。因一般人都习惯以左边的数量乘以右边的单价来计算汇总金额，所以此数据透视表的分类汇总会误导报表的阅读者。在实际工作中，用户在数据透视表的值区域中进行分类汇总时，应进行逻辑上的检查，防止出现歧义。

门店	类目	求和项:数量	求和项:单价	求和项:金额
北京	电脑配件	457	6,810	321,030
	外设产品	1,152	5,110	271,020
北京 汇总		1,609	11,920	592,050
广州	电脑配件	441	5,710	204,090
	外设产品	651	3,530	190,580
广州 汇总		1,092	9,240	394,670
总计		2,701	21,160	986,720

图 28-58　分类汇总的数据产生歧义

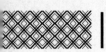

4. 添加总计

在【数据透视表工具 - 设计】选项卡中的【总计】下拉菜单中，可以分别对行或列，或同时对行列启用总计，若不想显示总计也可在此菜单中选择相应的禁止命令，如图 28-59 所示。

图 28-59　添加总计行

5. 插入空行

为了对每组进行分隔，用户可在【数据透视表工具 - 设计】选项卡中选择【空行】→【在每个项目后插入空行】命令，这样就可在每个项目后面插入一个空行以示分隔每组数据，如图 28-60 所示。

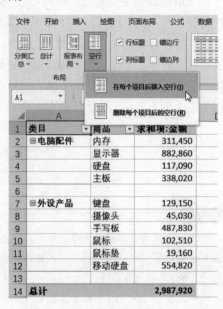

图 28-60　插入空行

28.13　整理数据透视表格式

创建数据透视表后，用户往往还需要对数据透视表的外观格式进行设置，以让数据透视表更具有表现力和易读性。

1. 应用表格网格线

默认数据透视表布局没有网格线，因此很难追踪行和列交叉单元格，用户可在【数据透视表工具 - 设计】选项卡的数据透视表样式库中选择一种表格样式，如图 28-61 所示。

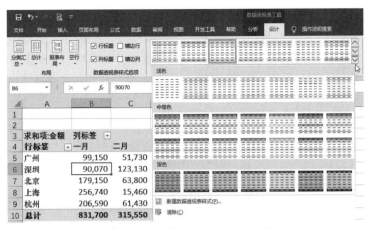

图 28-61　对数据透视表应用网格线

| 提示 |

用户可以选择数据透视表区域，然后像处理普通数据区域一样，在【开始】选项卡中设置各种外观格式。

2. 修改字段名称

如图 28-62 所示，在数据透视表区域中，行、列和筛选区域中的字段名是从源数据的标题直接引用过来的。但值区域中的字段会自动加上类似"求和项："" 计数项"的前缀名称。这样加大了字段所在列的列宽，也影响了表格的美观。用户可以选中值区域中的字段名，例如选中 B1 单元格，双击或在编辑栏中将"求和项："删除，然后加一空格，按 <Enter> 键，即可修改其字段名。

加入空格，防止与数据源中字段同名

图 28-62　值区域自动加上前缀字段名

如图 28-63 所示，若数据透视表区域值字段较多，用户可以使用替换命令删除前缀名，按快捷键 <Ctrl+F> 调出【查找和替换】对话框，在【替换】选项卡下的【查找内容】处输入"求和项："，在【替换为】处输入一空格。然后单击【全部替换】按钮，即可批量删除值字段中的前缀。

图 28-63　利用替换删除前缀名

在数据透视表中，不允许有同名的字段标题出现，即每个字段的名称必须唯一，也就是说在数据源中各个字段的名称不能相同，同时修改后的数据透视表字段名与数据源中的字段名也不能相同，正因为如此，所以在图 28-62、图 28-63 中修改字段名时，笔者多加了一个空格，这样防止与数据源中的标题相同，如出现同名字段，Excel 会禁止用户修改并弹出警告框，如图 28-64 所示。

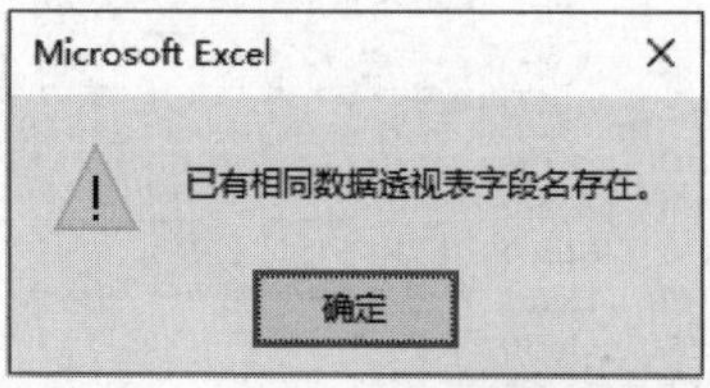

图 28-64　出现同名字段的错误提示

3. 删除字段

用户在进行数据分析时，对于数据透视表中不需要的字段可以删除，删除字段有两种方法：一种是在【数据透视表字段】中单击要删除的字段，然后在弹出的菜单中选择【删除字段】命令；另一种最为快捷的方式是选中要删除的字段，按住鼠标左键不放，拖动到区域外即可删除该字段。

4. 隐藏字段标题

如图 28-65 所示，默认情况下，在数据透视表区域都会显示行、列字段的标题，图中 A2、B1 单元格中分别是行、列区域的字段标题，用户若想取消此显示，可以在【数据透视表工具 - 分析】选项卡中单击【字段标题】按钮来切换字段标题的显示与隐藏。

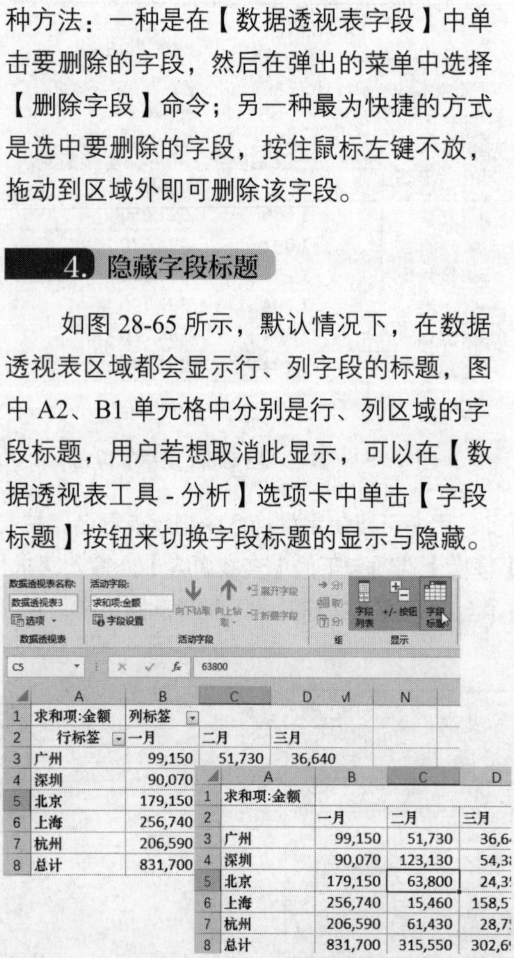

图 28-65　隐藏字段标题

5. 活动字段的展开与折叠

如图 28-66 所示，在创建数据透视表时，如果有多层字段组合，那么高级字段将会出现折叠按钮。当折叠按钮为减号时，单击减号图标或双击减号图标所在单元格，则可折叠（隐藏）明细数据；当折叠按钮为加号时，单击加号图标或双击加号图标所在单元格，则可展开明细数据。用户若不需要图标显示在数据透视表区域，可在【数据透视表工具 - 分析】选项卡中单击【+/- 按钮】按钮来切换该符号的显示与隐藏。

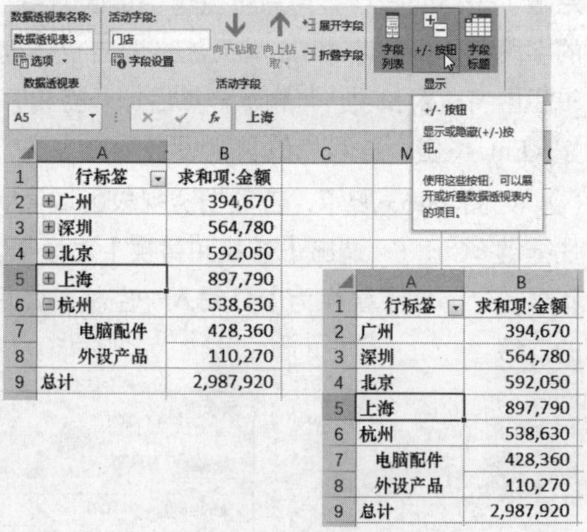

图 28-66　显示与隐藏折叠按钮

28.14 切片器

在数据透视表中可以对相关字段进行排序和筛选,其排序、筛选规则及原理与普通数据列表相同。对数据透视表中的某些字段进行筛选后,数据透视表区域内只显示筛选后的结果,用户若需要查看对哪些数据项进行了筛选或是重新应用其他项筛选,则只能到该字段的下拉列表中去查看或重新选择,此方式相当不便,如图 28-67 所示。

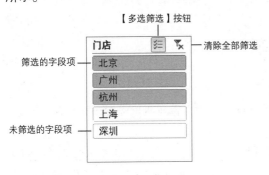

图 28-67 在数据透视表区域进行筛选

为了直观地查看筛选信息,用户可以启用"切片器"功能。切片器是以一种图形化的筛选方式单独为每个字段创建一个选取器,通过对选取器中字段项的筛选,实现在数据透视表中对字段项的筛选,筛选状态的字段项会以底纹颜色显示,而非筛选状态的字段项则会以正常颜色显示,通过此方式用户可以直观查看筛选信息,切片器结构如图 28-68 所示。

【多选筛选】按钮

清除全部筛选
筛选的字段项
未筛选的字段项

图 28-68 切片器结构

1. 在数据透视表中插入切片器

若在数据透视表中插入切片器,可选中数据透视表区域中任意单元格,然后选择【数据透视表工具 - 分析】→【筛选】→【插入切片器】命令,此时会弹出【插入切片器】对话框,如图 28-69 所示。

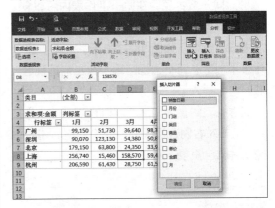

图 28-69 【插入切片器】对话框

在【插入切片器】对话框中选中【门店】和【月份】复选框,再单击【确定】按钮,此时会在工作表中插入"门店"和"月份"的切片器,如图 28-70 所示。

图 28-70 插入切片器

用户单击选取框的字段项,则数据透视表就会立即显示出筛选的结果,选中多个字段项可按住 <Ctrl> 键选择或者单击【多选筛选】按钮后,再单击多个字段项进行筛选。若要取消某项筛选,可再次单击字段项,若

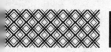

选择右上角的【清除筛选】命令，则会取消所有筛选，如图 28-71 所示。

图 28-71　在切片器内筛选字段项

2. 共享切片器

对同一数据源，在同一工作表内可以创建多个数据透视表区域，从而从不同分析角度去透视数据。如图 28-72 所示，在同一工作表中创建了两个透视区域，在左侧透视区域，笔者插入了"年份"的切片器，但右侧数据透视表的报表筛选页同时也是"年份"字段，若对右侧透视区域再创建"年份"字段，则切片器会重复，且不易分辨。

图 28-72　同一工作表内创建多个数据透视区域

在数据透视表中，可在切片器内设置报表连接功能，使多个数据透视表区域同时共享某个或多个切片器。用户选中目标切片器，在【切片器工具】上下文选项卡中选择【报表连接】命令，或在切片器的右键快捷菜单中选择【报表连接】命令，在弹出的【数据透视表连接】对话框中选择要共享的其他数据透视表，单击【确定】按钮即可实现切片器的共享，如图 28-73 所示。

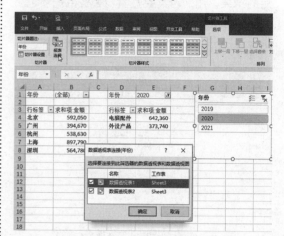

图 28-73　共享切片器

如图 28-74 所示，实现切片器的共享后，单击某个年份，如单击 2021 年，则在两个数据透视表中都显示 2021 年的数据，此方式实现了多个数据透视表的联动。

图 28-74　多个数据透视表联动

3. 删除和隐藏切片器

工作表中若存在多个切片器，将会占用较多的空间，若用户暂时不需要显示切片器，可以将切片器隐藏，需要时再将其显示。

在【切片器工具】选项卡中，单击【选择窗格】按钮，此时在工作表的右侧会显示【选择】任务窗格，在任务窗格中会显示所有的切片器名称，用户可以单击【全部隐藏】或【全部显示】按钮来隐藏或显示切片器，此外可以单击某个切片器右侧的眼睛按钮，此方式可以对某个切片

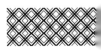
器单独进行隐藏或显示，如图 28-75 所示。

图 28-75　隐藏切片器

若用户要删除某个切片器，可选中切片器，按 <Delete> 键进行删除，或在目标切片器中右击，在弹出的快捷菜单中选择删除某切片器命令。

28.15　刷新数据透视表

当数据源发生修改、删除、增加时，数据透视表并不会同步更新，为了实时反映数据源的最新情况，用户必须要对数据表进行刷新。

1. 手动刷新数据表

当数据透视表的数据源中的数据内容发生变化时，用户可以选择手动刷新数据透视表，将光标置于数据透视表区域任意单元格并右击，在弹出的快捷菜单中选择【刷新】命令，或是在【数据透视表工具 - 分析】选项卡中单击【刷新】按钮，在弹出的下拉菜单中有【刷新】和【全部刷新】命令，选择【刷新】命令只会刷新单元格所在数据透视表区域，而选择【全部刷新】命令则会刷新工作簿内所有数据透视表区域，如图 28-76 所示。

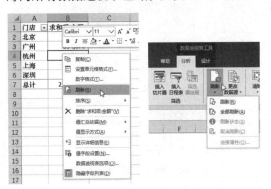

图 28-76　手动刷新数据表

2. 刷新已改变范围的数据源

当数据透视表的数据源范围扩大或缩小后，此时使用【刷新】命令不能去获取最新的数据源范围，如需要更新数据源范围，用户可选择【数据透视表工具 - 分析】选项卡中的【更改数据源】命令，此时将自动切换到数据源所在的工作表，并且同时会用虚线框包围原来的数据源范围，用户可使用选取框重新编辑数据源的范围，如图 28-77 所示。

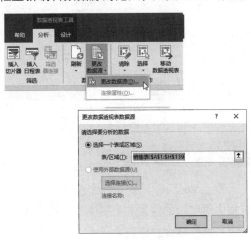

图 28-77　刷新已改变范围的数据源

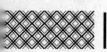

深入了解

用户可将数据源转为表格，若以表格创建数据透视表，当数据源中的范围发生增减变化时，只要单击【刷新】按钮即可智能更新数据源范围，而无须使用手动更改数据源。

如图 28-78 所示，将普通列表转为表格后，在创建数据透视表时，会自动将表名称作为数据透视表的来源。因为表格具有自动扩展功能，所以利用表格作为数据透视表的数据来源，同样可以自动扩展数据透视表的数据源。

图 28-78　利用表格创建动态数透视表

3. 打开文件时更新

如图 28-79 所示，将光标置于透视区域单元格中，右击，在弹出的快捷菜单中选择【数据透视表选项】命令，弹出【数据透视表选项】对话框，在该对话框中选择【数据】选项卡，选中【打开文件时刷新数据】复选框，单击【确定】按钮，即可在工作簿文件打开时就执行刷新操作。

图 28-79　打开文件时更新

4. 延迟布局更新

默认情况下，只要在【数据透视表字段】窗格中对字段的位置进行了调整，数据透视表报表结构就会立刻随之更新，但如果数据源数据量较大，那么每次进行刷新时用户需要等待较长时间，此时用户可在【数据透视表字段】窗格中选中【延迟布局更新】复选框，然后用户可以调整字段，调整完毕后，单击【更新】按钮即可刷新数据透视表，如图 28-80 所示。

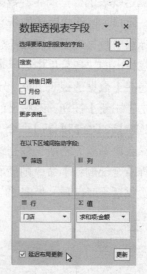

图 28-80　启用延迟布局更新

| 提示 |::::::::

数据透视表布局调整完成后，需要取消选中【延迟布局更新】复选框，否则无法在数据透视表中使用排序、筛选等功能。

28.16 合并数据源创建透视表

在实际工作中，数据源可能会分布在不同的工作表，甚至是不同工作簿中，用户若要引用多处数据源，使用常规的创建数据透视表是无法办到的，此时就需要在透视表中通过创建多重合并计算数据区域的方式来实现。在数据透视表中，可以利用创建单页字段与创建多页字段的方式合并多处数据源，它们两者类似于对数据区域进行合并计算，如图 28-81 所示。

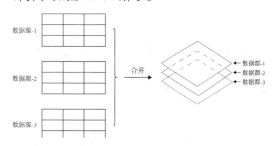

图 28-81　单页字段与多页字段合并数据示意图

28.16.1　创建单页字段的数据透视表

图 28-82 展示了同一个工作簿中的 3 张数据列表，分别记录着 2018—2020 年各个分店上半年的销售额，现需要将 3 个年度的报表利用数据透视表进行合并汇总计算，其操作步骤如下。

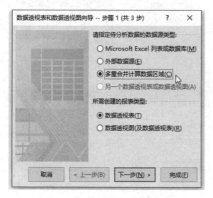

图 28-82　待合并数据列表

第 1 步 在汇总工作表中，依次按键盘上的 <Alt>、<D>、<P> 键，打开【数据透视表和数据透视图向导 -- 步骤 1(共 3 步)】对话框，选中【多重合并计算数据区域】单选按钮，单击【下一步】按钮，如图 28-83 所示。

图 28-83　选中【多重合并计算数据区域】单选按钮

第 2 步 在弹出的【数据透视表和数据透视图向导 -- 步骤 2a(共 3 步)】对话框中选中【创建单页字段】单选按钮，然后单击【下一步】按钮，如图 28-84 所示。

图 28-84　选中【创建单页字段】单选按钮

第 3 步 打开【数据透视表和数据透视图向导 -- 第 2b 步，共 3 步】对话框，单击【选定区域】右侧的折叠按钮，再单击"2018 年"工作表标签，然后选中"2018 年"工作表中的 A1:G139 单元格区域，关闭折叠按钮，单击【添加】按钮，此时会在【所有区域】列表框中显示第一个待合并数据区域，如图 28-85 所示。

图 28-85　添加待合并数据区域

提示

在选择待合并区域时，可先将光标置于数据区域任意单元格中，然后按快捷键 <Ctrl+A> 可快速选择整个数据区域。

第4步　重复第 3 步，将 2019 年、2020 年的数据添加到【所有区域】的列表框中，然后单击【下一步】按钮，在弹出的【数据透视表和数据透视图向导 -- 步骤 3（共 3 步）】对话框中选择数据透视表存放位置，如图 28-86 所示。单击【完成】按钮即可创建合并的数据透视表。

图 28-86　选择创建合并数据透视表位置

第5步　图 28-87 展示的是创建完成的数据透视表，报表筛选字段"页 1"显示项为【全部】，表示显示了 3 个年度的销售汇总数据。如果在报表筛选字段中选择其他选项，则可单独显示各个年度的销售情况。

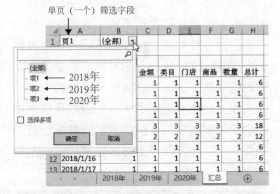

图 28-87　单页字段的多区域合并数据透视表

深入了解

单页指仅创建一个报表筛选页，创建单页字段的多重合并数据计算区域的数据透视表时，会将数据源中的第一列放置在行区域，而将数据源中的其他列全部放置在列区域。"值"区域包含"列"字段下所有数据项的值，因为数据源中有较多文本字段，所以在纳入值区域时，会自动变成计数。如图 28-88 所示，值区域中均为计数，此种显示方式不能提供有用信息，所以用户在值区域可将无用字段隐藏，将汇总方式改变求和，对行区域进行日期分组。这样操作可提供相对有用的信息。

图 28-88　单页字段数据透视表结构分布

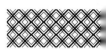

28.16.2　创建自定义字段的数据透视表

在创建单页字段的数据透视表时，在报表筛选页会使用"项1""项2""项3"标识数据源的分布，此种方式可读性较差，用户可以通过"自定义页字段"的方式创建多重合并计算数据区域的数据透视表。"自定义页字段"可以事先为待合并的数据源区域进行名称标识，提高对合并数据透视表的可读性。

仍以图 28-88 所示的 2018—2020 年销售报表为例，创建自定义字段的合并数据透视表，操作步骤如下。

第1步 在汇总工作表中，依次按 <Alt>、<D>、<P> 键，打开【数据透视表和数据透视图向导--步骤1（共3步）】对话框，选中【多重合并计算数据区域】单选按钮，单击【下一步】按钮。

第2步 在弹出的【数据透视表和数据透视图向导--步骤2a（共3步）】对话框中选中【自定义页字段】单选按钮，然后单击【下一步】按钮，如图 28-89 所示。

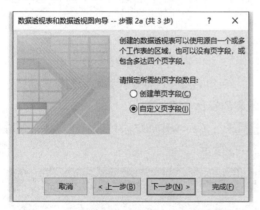

图 28-89　选中【自定义页字段】单选按钮

第3步 打开【数据透视表和数据透视图向导--第2b步，共3步】对话框，单击【选定区域】右侧的选取按钮，依次将 2018—2020 年的数据区域添加到【所有区域】列表框中，再在【请先指定要建立在数据透视表中的页字段数目】处选中单选按钮"1"，然后在【所有区域】列表框中选择相应的数据区域，再在下方【字

段1】等文本框中进行自定义名称的输入，如图 28-90 所示。

图 28-90　对数据区域命名

第4步 选择数据透视表存放位置，然后单击【完成】按钮。

第5步 图 28-91 是创建完成自定义字段的多区域合并数据透视表，单击报表筛选区域，在其列表中就可以看见之前定义的数据源名称，用户可以选择相应的数据源名称以查看相应的透视数据。

图 28-91　自定义字段的多区域合并数据透视表

> **提示** |||||||||
>
> 如果用户使用 <Alt>、<D>、<P> 键调出数据透视表和数据透视图向导不方便，或使用快捷键失效，
> 可以从 Excel 选项中调出将该命令放置在快速工具栏中，如图 28-92 所示。
>
>
>
> 图 28-92 调取数据透视表合并向导命令

28.16.3 利用 Power Query 合并数据

使用创建单页字段或多页字段的方式合并多处数据源创建的数据透视表，存在一个明显缺陷，那就是只能将数据源的第一列放置在行区域，而数据源的其他字段全部放置在列区域，这种方式限制了数据透视表的灵活性。图 28-93 展示了真正意义上的合并数据源。它是将多个分散数据源上下合并在一起，从而形成一个大的、完整的数据源。

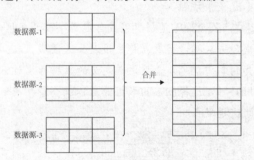

图 28-93 合并数据源

在 Excel 中有多种合并数据源的解决方案，部分用户可能直接采用手工复制粘贴方式将多表复制粘贴在一张表中，这种方式在不熟悉其他方法的情况下，也是一种可行的方法，但如果数据源较多，数据频繁更新，这种方式就较为低效。

在 Excel 中其他合并数据源的方法有 Microsoft Query、Power Query、Power Pivot、编写 SQL 语句、VBA 等，限于本书的篇幅和部分知识点已超出本书范围，笔者只介绍利用 Power Query 工具来合并数据源。

图 28-94 展示了企业三年的报表数据，现需要合并这三年的数据，然后利用数据透视表分析数据，并且要求报表中数据更新时透视表也能自动更新。

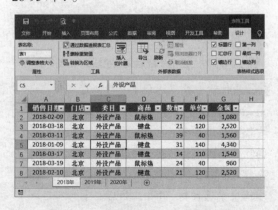

图 28-94 待合并数据源

利用 Power Query 合并数据源并创建透视表的操作步骤如下。

第 1 步 对不同工作表中的数据创建表格，如图 28-95 所示。

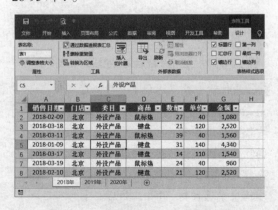

图 28-95 对三年报表分别创建表格

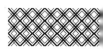

第2步 将光标置于"2018年"工作表中的数据区域中的任意单元格,然后在【数据】选项卡中选择【自表格/区域】命令,如图28-96所示。

图 28-96 【自表格/区域】按钮

第3步 弹出 Power Query 编辑器,在编辑器的数据区域中会列示加载表格的数据。为了区别不同的数据源,用户需要在右侧的【名称】中修改名称,如将默认的表1修改成2018年。然后在 Power Query 编辑器中选择【主页】→【关闭并上载】→【关闭并上载至…】命令,如图28-97所示。

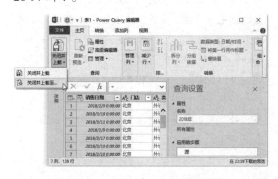

图 28-97 Power Query编辑器

第4步 在弹出的【导入数据】对话框中选中【仅创建连接】单选按钮,单击【确定】按钮,此时会在工作表的右侧出现【查询&连接】任务窗格,在窗格中会列示刚才创建的连接,如图28-98所示。

图 28-98 创建连接

第5步 重复以上第2步至第4步,创建2019年、2020年数据的连接,如图28-99所示。

图28-99 对所有需合并的数据源创建连接

第6步 选择【数据】→【获取和转换数据】→【获取数据】→【合并查询】→【追加】命令,如图28-100所示。

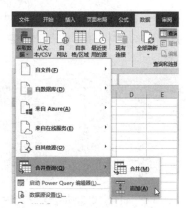

图 28-100 合并查询中的【追加】命令

第7步 在弹出的【追加】对话框中选中【三个或更多表】单选按钮,然后在可用表的列表中选中所有表,然后单击【添加】按钮,将所选的表放置在追加的表中,单击【确定】按钮,如图28-101所示。

图 28-101 添置追加表

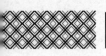

第8步 完成追加表操作后，会再次打开 Power Query 编辑器，为了明确标识连接的数据源，用户可修改名称，如将原默认名称"追加 1"改成为"合并表"，然后直接单击【关闭并上载】按钮，如图 28-102 所示。

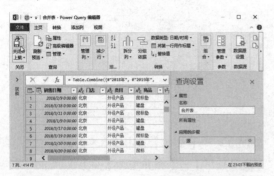

图 28-102　在 Power Query 编辑器中创建合并表

第9步 Excel 会自动创建一个新的工作表，然后将合并的数据放置在该工作表，如图 28-103 所示。

图 28-103　将合并数据加载至工作表中

第10步 利用 Power Query 合并的数据就如同普通的数据源，用户可以利用所有的透视表工具进行各种灵活的设置，当部分表的数据

发生增减时，只需要在合并表的连接中进行刷新，然后在透视表中再次进行刷新，就可以更新数据，如图 28-104 所示。

图 28-104　利用合并数据源创建数据透视表

深入了解

　　Power Query 是微软 Power BI 系列中的一个重要组件。Power Query 能连接本地或外部 Excel 数据列表、文本、Web、各类数据库数据，并且加载数据的能力远远大于 Excel 的容量，Power Query 可以加载百万行、千万行，甚至上亿行数据。利用 Power Query 可对数据进行快速的整理、清洗、转换，如对数据进行去重复值、分列、数据类型的转换，对多工作表、多工作簿的数据快速合并、汇总。此外，Power Query 可以自动记录获取、处理数据的过程，用户只需要设置一次，以后就可以一键刷新，使获取、处理数据的过程重新自动执行一次，这样大大节省了用户处理数据的时间。

28.17 数据透视表的复制与移动

　　数据透视表创建完成后，可以对其进行复制操作，复制数据透视表前必须选中数据透视表区域，选取透视表区域可选择【数据透视表工具 - 分析】→【选择】→【整个数据透视表】命令，更为快捷的方式是将活动单元格置于数据透视表区域中，按快捷键 <Ctrl+A> 即可全选数据透视表区域，如图 28-105 所示。

图 28-105　选取数据透视表区域

选取数据透视表区域后，右击，在弹出的快捷菜单中选择【复制】命令，或按快捷键 <Ctrl+C>，然后选择目标单元格进行粘贴，此种方式将会粘贴为源数据透视表区域的一个副本，用户在此副本中可以继续使用数据表进行各种数据分析操作。然而在实际工作中，用户可能利用数据透视表创建分析报表后将数据固定下来，此情况下可以将数据透视表复制后，在右键快捷菜单中选择粘贴成【值】命令，此时数据透视表功能将删除，只保留数据透视区域的值，用户可在此基础上进行部分内容的调整、格式设置等工作，以进一步完善该报表，如图 28-106 所示。

图 28-106　将数据透视表区域转成值

深入了解

　　数据透视表计算分析功能强大，但它的格式美化及调整较弱，在实际工作中，数据透视表往往是作为数据分析的一个中间工具。当数据分析的工作完成后，如果用户需要更加美化、个性化的设置，则需要将数据透视表复制粘贴成值，然后再对报表进行灵活自由的各种格式设置。

　　用户若要将创建好的数据透视表在同一工作簿内的不同工作表间移动，可选择【数据透视表工具 - 分析】→【移动数据透视表】命令，此时会弹出【移动数据透视表】对话框，在此对话框中，可以将数据透视表移动到新工作表中，也可以移动到现有工作表的其他位置，如图 28-107 所示。

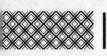
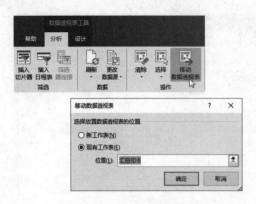

图 28-107　移动数据透视表

28.18　删除数据透视表

用户若想删除数据透视表可以选择【数据透视表工具 - 分析】→【清除】→【全部清除】命令。该方式并不会删除数据透视表，而只会清除数据透视表区域内各个区域内的字段，保留其数据透视结构，如图 28-108 所示。

图 28-108　清除数据透视表

用户若彻底删除数据透视表区域，可选中数据透视表区域，按 <Delete> 键删除。

28.19　创建数据透视图

数据透视图是以数据透视表中所显示的数据为数据源而创建的图表，使用数据透视图可以根据透视表中数据的变化自动更新图表。

创建数据透视图时，先将光标置于数据透视表中任意单元格中，选择【数据透视表工具 - 分析】→【工具组】→【数据透视图】命令，在弹出的【插入图表】对话框中选择簇状柱形图，如图 28-109 所示。然后单击【确定】按钮，即可创建柱形的数据透视图。

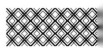

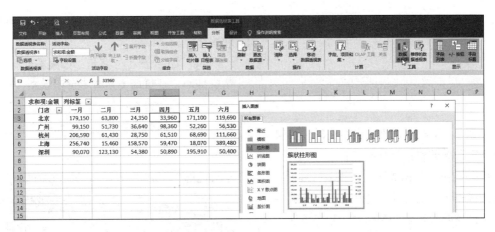

图 28-109　创建数据透视图

用户若希望将数据透视图单独存放在一张工作表上，可以将光标置于数据透视表中任意单元格，然后按 <F11> 键，即可创建一张数据透视图的图表工作表。生成的数据透视图如图 28-110所示。

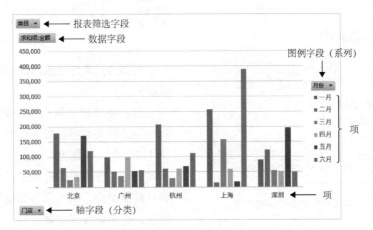

图 28-110　数据透视图

当选择数据透视图时，功能区中将出现【数据透视图工具】，其中【设计】和【格式】选项卡中的命令与标准 Excel 图表的操作命令是完全一样的，用户可按标准图表方式操作数据透视图。数据透视表和数据透视图是双向连接的，如果其中一个发生结构或筛选功能变化，则另一个也将发生同样的变化。

专业术语解释

数据透视表：数据透视表是一种交互式报表，可以快速分类汇总大量的数据，并可以随时选择页、行和列中的不同元素，快速查看源数据的不同统计结果，同时还可以随意显示和打印出用户目标区域的明细数据，使分析、组织复杂的数据更加快捷有效。

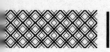

问题 1：更改数据透视表布局时，如何保持列宽和单元格的格式不变？

答：在更新数据或更改透视表布局时，数据透视表会自动更改列宽和单元格格式，这样用户需要频繁地调整格式，较为不便。此时用户可以调出【数据透视表选项】对话框，在【布局和格式】选项卡下，取消选中【更新时自动调整列宽】复选框，选中【更新时保留单元格格式】复选框，如图 28-111 所示。

图 28-111　禁止更改列宽和保持单元格格式

问题 2：为什么计算项为灰色不可用状态？

答：如图 28-112 所示，如果将光标置于值区域中，计算项为灰色不可用状态，用户必须将光标放置在行标题或列标题中，计算项才可用，因为行标题或列标题的内容为字段项内容。

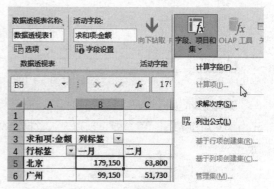

图 28-112　计算项不可用状态

问题 3：为什么数据透视表不能灵活地布局？

答：不能灵活地布局数据透视表，常见的一种原因是数据源的表格为二维表，如图 28-113 所示，左侧为二维表，右侧为一维表。一维表与二维表最大的区别在于每列是否为同一数据类型，若为同一数据类型，就是一维表，否则就是二维表。

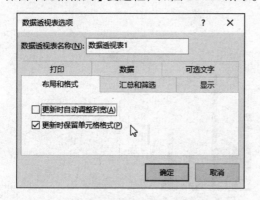

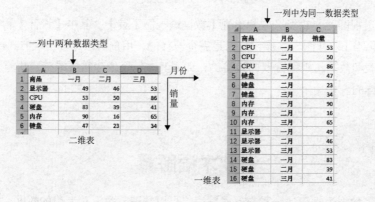

图 28-113　一维表与二维表

二维表限定了数据源的结构，在数据透视表中不可能灵活地布局，此外二维表存储数据也是一种不规范的存储结构。因为表中每个字段代表一个对象的一个属性，如果同一个属性存在

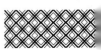

多个列中，就违背了字段原本的意义，也破坏了表的结构。所以后期为更好地创建各种类型的数据透视表，用户一定要采用一维表形式的数据录入，避免采用二维表的形式对数据进行录入。

问题4：如何将二维表转成一维表？

答： 将二维表转成一维表有多种方法，笔者在此介绍其中一种方法，操作步骤如下。

第1步 依次按 <Alt>、<D>、<P> 键，打开【数据透视表和数据透视图向导 -- 步骤1（共3步）】对话框，选中【多重合并计算数据区域】单选按钮，单击【下一步】按钮，如图 28-114 所示。

图 28-114 数据透视表向导

第2步 在弹出的对话框中选择【创建单页字段】单选按钮，单击【下一步】按钮，如图 28-115 所示。

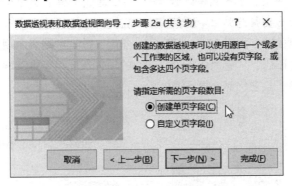

图 28-115 选择创建单页字段

第3步 在弹出的对话框中，单击【选定区域】右侧的选取按钮，选择二维表的数据区域（A1:D6），单击【添加】按钮，然后单击【下一步】按钮，如图 28-116 所示。

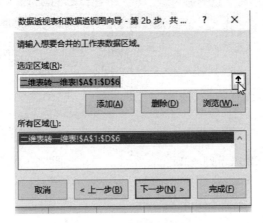

图 28-116 选择二维表的数据区域

第4步 上步完成后，根据提示在工作表中创建数据透视表，然后双击右下角的最后一个单元格 E10，Excel 会在新的工作表中生成明数据，并且明细数据是用一维表的方式显示。删除多余的列，修改表的标题即可完成二维表转一维表的操作，如图 28-117 所示。

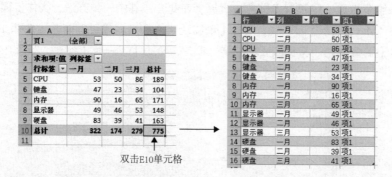

双击E10单元格

图 28-117　双击透视表总计单元格生成一维表

问题 5：删除某些字段中的项时，为什么在筛选菜单中还显示这些项？

答： 创建数据透视表后，如果再删除数据源中某些记录行，那么在筛选菜单中仍然会显示这些已经被删除的项，如图 28-118 所示，筛选菜单中的"彩田店""春风店"等在数据源中已经被删除，但它仍然会显示在筛选菜单和切片器中。

如果要清除已经删除的项，可以调出【数据透视表选项】对话框，在【数据】选项卡中，单击【每个字段保留的项数】下拉按钮，在列表中选择【无】，单击【确定】按钮，然后在数据透视表中刷新数据，即可将删除的项在筛选菜单中清除，如图 28-119 所示。

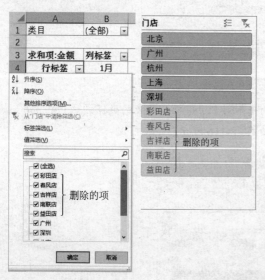

图 28-118　筛选列表中仍然显示删除的项

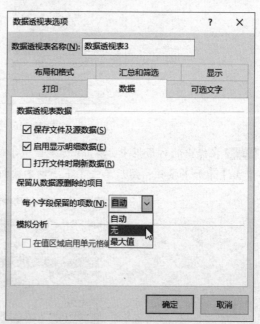

图 28-119　取消保留删除的项

第4篇

图表与图形

📖 本篇导读

Excel 图表是对数据的可视化，使用图表可以直观地展现数据，同时使用图表可以形象地反映数据的差异、构成比例或变化趋势等。图表是各行各业数据沟通的利器。本篇学习如何创建、编辑、美化图表等相关知识。同时介绍如何在工作表中插入图片、图形以增强工作表效果。

◤ 本篇内容安排

29 利用图片和图形增强工作表效果

本章将介绍 Excel 中的一些图形工具，这些图形工具有形状、图片、SmartArt、艺术字等。合理恰当地使用这些图形工具，可以增强工作表的视觉效果。

29.1 认识绘图层

在 Excel 中，数值和文本是存储在单元格中的，但对于外部插入的对象，如图表、图片、形状、SmartArt、艺术字等对象，它们存储在工作表的绘图层中。绘图层在工作表的上方，为不可见层。

用户在工作表中插入外部对象后，可选中该对象，右击，在弹出的快捷菜单中选择【大小和属性】命令，此时会在工作表的右侧打开【设置形状格式】任务窗格。当对图形下的底层单元格进行数据操作时，在【属性】组可以设置如何移动或调整绘图层中对象的位置及大小，如图 29-1 所示。

	A	B	C	D	E	F	G	H	I
1	月份	销量							
2	一月	144							
3	二月	187							
4	三月	50							
5	四月	227							
6	五月	230							
7	六月	298							

设置形状格式

形状选项　文本选项

▷ 大小
▲ 属性
　● 随单元格改变位置和大小(S)
　○ 随单元格改变位置，但不改变大小(M)
　○ 不随单元格改变位置和大小(D)
　☑ 打印对象(P)
　☑ 锁定(L) ⓘ
　☑ 锁定文本(T)
▷ 文本框

图 29-1　设置图形属性

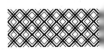

【属性】组中各选项含义如下。

● 随单元格改变位置和大小：对象随底层单元格的变化而变化。如在对象上方插入行，则对象将下移，如在对象覆盖区域内增大行高、新增行，则对象会变长，列方向效果类似。

● 随单元格改变位置，但不改变大小：当底层数据发生行列增减时，位置会发生变化，但对象大小不会发生改变。

● 不随单元格改变位置和大小：对象完全独立于其底层单元格，即底层数据结构无论发生任何变化，都不会影响对象的位置和大小。

● 打印对象：选中该项表示打印该对象，不选中则表示不打印该对象。

● 锁定 / 锁定文本：在工作表被保护时锁定其对象和对象中的文本。

29.2 文本框

用户可在【插入】选项卡中单击【文本框】下拉按钮，在其中选择【绘制横排文本框】命令，然后在工作表中拖曳鼠标即可创建文本框。文本框是可以输入文本内容的特殊形状，此框可以移动到工作表中任何位置。此外，选中文本框，右击，在弹出的快捷菜单中选择【大小和属性】命令，在【设置形状格式】任务窗格中可对文本框的边框、填充色等做各种设置。文本框常用于对工作表中的图表、表格、特殊元素做解释说明，如图 29-2 所示。

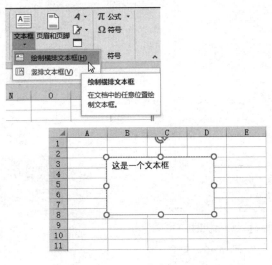

图 29-2　文本框

29.3 形状

形状是指在工作表中绘制的简单几何图形，使用不同的形状或利用形状之间的组合可以在 Excel 中实现简单的绘图。

1. 插入形状

单击【插入】选项卡中的【形状】按钮，在下拉菜单中会展示不同种类的形状，选择某一个形状单击，然后按住鼠标左键不放在工作表中拖动，即可绘制出相应的形状，如图 29-3 所示。

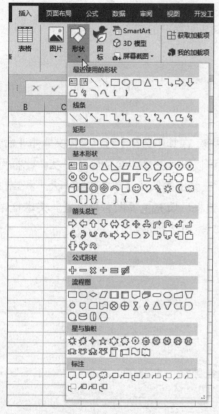

图 29-3　插入形状

插入形状时，可配合使用 <Ctrl>、<Shift>、<Alt> 键。如插入直线形状时，可同时按住 <Shift> 键，此时可绘制水平、垂直和 45° 角方向旋转的直线。

绘制矩形时，按住 <Shift> 键，可绘制正方形；若按住 <Ctrl> 键，可绘制由中心向外扩展的矩形；若按住快捷键 <Ctrl+Shift>，可绘制由中心向外扩展的正方形。

绘制椭圆形时，按住 <Shift> 键可绘制正圆形，按住 <Ctrl> 键可绘制由中心向外扩展的椭圆形，按住快捷键 <Ctrl+Shift> 可绘制由中心向外扩展的正圆形。

在工作表中绘制形状时，按住 <Alt> 键，形状的边线会吸附单元格的边框线绘制。此方式有利于形状在工作表中排列得更加整齐和美观。

2. 添加文字

大部分形状都可以在其中输入文本内容，如果要在形状上添加文本，可直接选择形状，然后输入文本即可。此外选中形状，也可以在编辑栏中输入等号后引用某单元格中的值。如果用户需要修改形状中的文本内容，可选中形状，单击插入光标后对形状中的文字进行修改，也可以右击，在弹出的快捷菜单中选择【编辑文字】命令，即可向形状内输入或编辑文字，如图 29-4 所示。

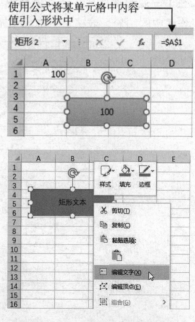

图 29-4　向形状内添加文字

提示

若要更改形状中所有文本的格式，如字体、字号、颜色、对齐方式等格式，可选中形状后在【开始】选项卡中的字体组和对齐方式组中设置相应的字体格式。

3. 编辑形状

插入的形状可以进行第二次编辑，选择形状，在【绘图工具 - 格式】选项卡中选择【编辑形状】→【编辑顶点】命令，或选中形状后右击，在弹出的快捷菜单中选择【编辑顶点】命令，如图 29-5 所示。此时形状四周会出现黑色小方框编辑点，用户可拖动、移动编辑点来调节形状。

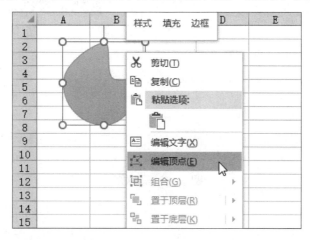

图 29-5　编辑形状

4. 形状的排列与隐藏

当多个形状叠放在一起时，新创建的形状会遮挡已经存在的形状，用户若要调节形状叠放次序，可选中形状后，在【绘图工具 - 格式】选项卡中选择【上移一层】命令，可将形状上移一层，选择【下移一层】命令，可将形状下移一层，或选择【置于底层】命令，将形状放置在其他形状的最下方。

选择【选择窗格】命令，可打开形状的【选择】任务窗格，在右边可单击上下小三角按钮来调节形状的位置，此外在该任务窗格中可浏览工作表中所有的图片、形状、SmartArt 等外部对象。每个形状都具有相应的名称，在名称的右侧可单击眼睛图标来显示或隐藏相应的外部对象，如图 29-6 所示。

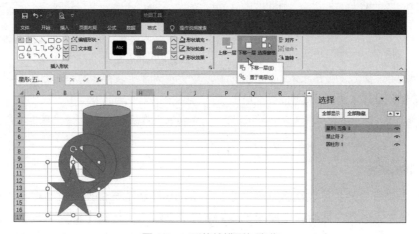

图 29-6　形状的排列与隐藏

5. 形状的对齐

当工作表中有多个形状时，可按住 <Ctrl> 键同时选择多个形状，然后在【绘图工具 - 格式】选项卡中选择【对齐】命令，在其下拉列表中选择相应的对齐方式，如图 29-7 所示。

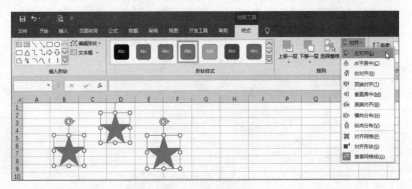

图 29-7　形状对齐

深入了解

对齐的规则如下。

●左对齐：所选对象左对齐。

●水平居中：所选对象沿一条上下垂直方向的线居中对齐。

●右对齐：所选对象右对齐。

●顶端对齐：所选对象顶端（上方）对齐。

●垂直居中：所选对象沿一条水平方向的横线居中对齐。

●底端对齐：所选对象底端（下方）对齐。

●横向分布：所选对象之间在水平方向距离相等，如图 29-8 所示。

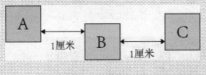

图 29-8　横向分布

提示：横向分布必须要同时选择 3 个或 3 个以上对象，用户可调整好最左和最右两边对象位置，然后使用横向分布让中间位置对象的分布距离自动

调整。此外，横向分布只调整对象的距离，如果要将所有对象水平位置也对齐，需要使用横向分布命令后，再使用水平居中命令。

●纵向分布：所选对象之间的垂直方向距离相等，如图 29-9 所示。

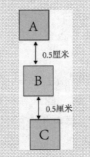

图 29-9　纵向分布

●对齐网格：拖动对象靠近单元格边缘时，会自动吸附网格线对齐。

●对齐形状：拖动对象靠近另一个对象边缘时，会自动吸附。

●查看网格线：显示或隐藏工作表中的网格线。

6. 形状的组合

对于两个或多个形状可以组合一个对象，图 29-10 展示了三个独立的形状，用户可以一起选中这三个独立的形状，然后在【绘图工具 - 格式】选项卡中选择【组合】命令。此时选中的多个形状组合成一个大的对象，用户可对该组合对象进行整体的移动、调整大小等设置，若要

取消组合，可选择【组合】下拉菜单中的【取消组合】命令。

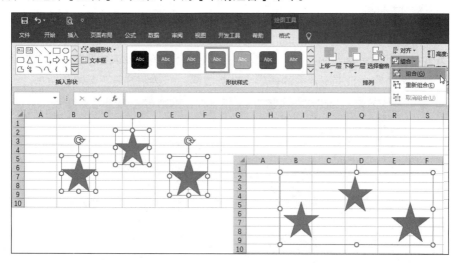

图 29-10　形状的组合

 图片

在 Excel 中最常见的外部对象为图片，用户可以在网页或在图片浏览软件中直接复制图片，然后粘贴至 Excel 工作表中。如果图片存储在本地计算机中，可以选择【插入】→【插图】→【图片】命令，在弹出的【插入图片】对话框中找到图片所在路径，双击图片或单击【插入】按钮，即可将图片插入工作表中，如图 29-11 所示。

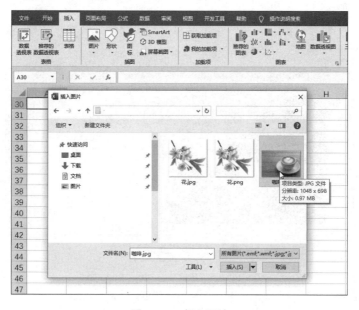

图 29-11　插入图片

1. 常见图片格式

插入 Excel 工作表中的图片常见的有 JPG 和 PNG 格式。PNG 图片支持透明，如图 29-12 所示，左侧为 JPG 格式图片，该图片背景为白色，并且完全覆盖工作表中数据，而右侧为 PNG 图片，该图片背景为透明，只有图片中的内容会覆盖数据，而透明背景不会覆盖数据。

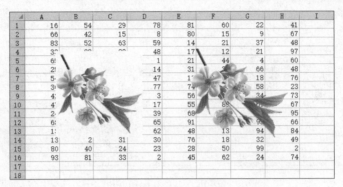

图 29-12　JPG与PNG图片

2. 裁剪图片

对于插入的图片，多余的部分可以通过裁剪切除。选中图片后选择【图片工具】→【大小】→【裁剪】命令，在图片中会显示 8 个裁剪点，将光标定位到裁剪点上，按住鼠标左键不放，移动光标到裁剪位置，然后单击任意单元格即可裁剪图片。

对于图片，裁剪掉的部分并未完全消失，若再次选择【裁剪】命令，原图片还将会完整显示。用户可再次对裁剪区域进行选择。此外还可以将图片裁剪为不规则形状，也可以设置裁剪纵横比例，如图 29-13 所示。

图 29-13　裁剪图片

3. 删除背景

删除背景可以删除图片中相近的颜色，删除的部分会变为透视的背景。选择图片，在【图片工具】上下文选项卡中选择【删除背景】命令，此时 Excel 会自动识别背景区域，并且

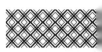

背景区域变为与原背景相近的紫红色。如果自动识别的背景区域不是用户所要删除的背景区域，可选择【图片工具】→【背景消除】→【标记要删除的区域】命令，在图片中绘制背景区域，绘制完成后，单击【保留更改】按钮或单击其他单元格即可删除背景，如图 29-14 所示。

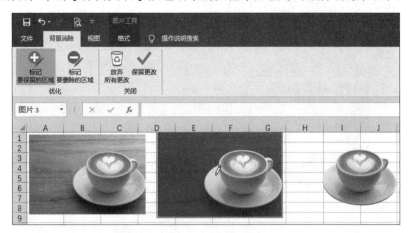

图 29-14　删除背景

4. 图片效果

选中图片，在【图片工具 - 格式】选项卡的【调整】组中，可对图片做更多效果设置。通过【校正】命令，可对图片进行锐化 / 柔化、亮度 / 对比度设置。通过【颜色】下拉菜单可对图片进行颜色饱和度、色调、重新着色的设置，通过【艺术效果】下拉菜单可对图片进行一些特殊艺术效果样式的设置，如图 29-15 所示。

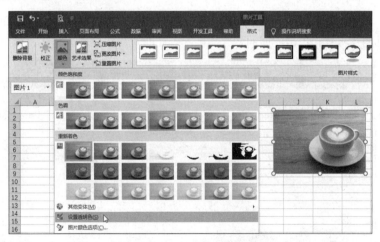

图 29-15　设置图片颜色效果

5. 压缩图片

在 Excel 中如果插入图片体积较大，会导致 Excel 工作簿文件相应变得很大，此情形不利于工作簿的打开和传送。在 Excel 中可对插入的图片进行压缩，以减少 Excel 文件的体积。

选中图片，在【图片工具 - 格式】选项卡中单击【压缩图片】按钮，在弹出的对话框中选中【电

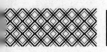

子邮件（96 ppi）】单选按钮，单击【确定】按钮即可对图片进行压缩，如图 29-16 所示。

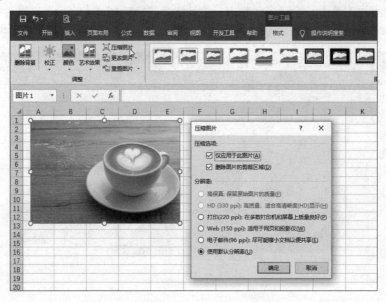

图 29-16　压缩图片

　　此外若选中【删除图片的剪裁区域】复选框，可彻底删除图片中的裁剪区域，此方式在一定程度上也可以减少图片体积。在压缩选项中，若取消选中【仅应用于此图片】复选框，则会对工作簿中所有的图片进行压缩。

6. 图片样式

　　选中图片，在【图片工具 - 格式】选项卡中选择【图片样式】命令，打开图片样式库，其中内置了 28 种图片样式，单击不同的样式图标，可立即对图片应用该样式，如图 29-17 所示。

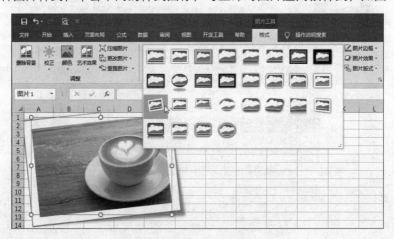

图 29-17　应用图片样式

　　在图片样式库的右边，可以单击【图片边框】按钮设置边框效果。在【图片效果】下拉菜单中可对图片应用各种效果，如阴影、映像、发光、柔化边缘等。在【图片版式】下拉菜单中可以将图片设置成图文混排效果。

选择【插入】选项卡中的【艺术字】命令，可在工作表中插入艺术字，艺术字位于一个矩形框内。在矩形框内可以输入艺术字的文本内容。选中艺术字，会在功能区显示【绘图工具】上下文选项卡，在此功能区中可以对艺术字设置各种形状样式、艺术效果，如图 29-18 所示。

图 29-18　插入艺术字

SmartArt 可以混排图片和文字，选择【插入】→【SmartArt】命令，弹出【选择 SmartArt 图形】对话框，其中提供了 8 种 SmartArt 图形，分别为列表、流程、循环、层次结构、关系、矩阵、棱锥图和图片，每种类型包含若干个不同的布局，如图 29-19 所示。

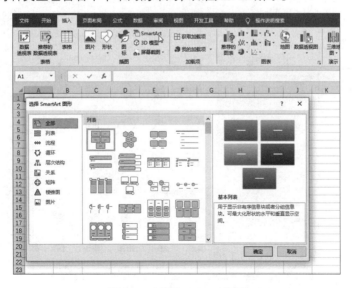

图 29-19　插入SmartArt图形

如果选择"组织结构"类型，在工作表中列示该结构图后，单击【文本窗格】或单击结构图左侧的箭头按钮展开【在此处键入文字】窗格，在该窗格中可输入文字以展示结构内容，如图 29-20 所示。

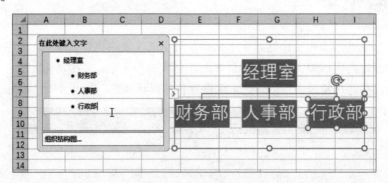

图 29-20　绘制结构组织图

|提示| ⫶⫶⫶⫶

　　SmartArt 只适用于制作简单结构的流程图，用户若想制作复杂的结构流程图，可使用 Microsoft Visio 软件，它是微软公司出品的一款专业流程图和矢量绘图软件，支持制作流程图、架构图、网络图、日程表、模型图、甘特图和思维导图等。

29.7 插入图标

　　图标是指一些矢量的图形元素，矢量图形最大的优点是无论放大、缩小或旋转等都不会失真。在工作表中合理地使用图标可以快速、简洁、直观、明确地传达信息。选择【插入】→【插图】→【图标】命令，在弹出的【插入图标】对话框中列示了多种类型的图标，双击某图标即可在工作表中插入该图标，如图 29-21 所示。

图 29-21　在工作表中插入图标

专业术语解释

绘图层：单元格上方的不可见图层，用于存放外部对象。

图片格式：计算机存储图片的格式，常见的存储图片的格式有 JPG、PNG、GIF、TIF。

问题 1：如何等比例调整形状大小？

答：在对形状进行缩放时，按住 <Shift> 键可以按原形状比例进行缩放，如图 29-22 所示。

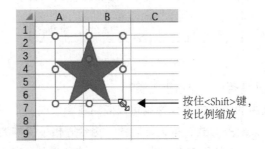

按住<Shift>键，
按比例缩放

图 29-22　按比例缩放形状大小

问题 2：如何使用拖动方式选择形状？

答：选择【开始】→【编辑】→【查找和选择】→【选择对象】命令，可在工作表中按住鼠标左键不放，然后对形状进行框选，如图 29-23 所示。

> **提示**
>
> 使用【选择对象】命令后不能再选取单元格，如需要选取单元格，需要在工作表中双击。

图 29-23　选择对象

问题 3：如何批量删除工作表中所有的外部对象？

答： 按快捷键 <Ctrl+G> 调出【定位条件】对话框，在其中选中【对象】单选按钮，单击【确定】按钮后，可批量选中工作表中的所有外部对象，然后按 <Delete> 键可进行批量删除，如图 29-24 所示。

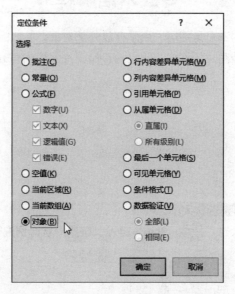

图 29-24　定位对象

问题 4：形状中的操作是否可以应用于图表？

答： 可以，对于形状中的相关操作属性均可以应用在图表或其他对象操作上，如使用快捷键对形状大小的调整控制、对齐方式、排列与隐藏、组合等相关操作的原理都可应用在图表操作上，因为图表也是图形的一种特殊存在形式。在 Excel 中所有的外部对象的操作方法均类似。

图表基础原理

Excel 不仅提供了强大的数据处理能力，同时也提供了专业级的图表制作工具。图表是对数据的可视化表现，利用图表可以形象地反映数据的差异、构成比例、变化趋势等数据背后的隐藏信息。它是各行各业数据沟通的利器。本章学习图表基础原理知识，主要包括图表的类型、创建、图表元素设置等相关知识。

30.1 图表及其特点

图表是对数值的可视化表示，即图表是图形化的数据。人们透过视觉化的符号，可以更快速地读取原始数据。图表是任何沟通活动中不可或缺的可视化元素，图表有以下特点。

1. 化繁为简、直观展示数据

图表将数据用点、线、面等图形化元素来展示，图形化元素展示要比单纯的数据更容易让人理解，用户可以通过图形化元素迅速看清数据的大小、差异或展示事件全貌与整体趋势，并且图表能发现数据间所隐含的内部关系。

2. 增加说服力

图表采用可视化元素展示，比起单调的数字、文本更容易打动他人，并且也易于别人接受自己的想法和观点。

30.2 在 Excel 中创建图表

用户创建图表前必须先选中数据，若对表格中所有相邻的数据进行绘图，可将光标置于数据列表中的任意单元格中。创建图表时，Excel 会自动对整个列表中的数据进行绘图，

若用户只对列表中部分数据进行绘图，则需要先单独选择特定数据区域。此外，若数据不连续，可按住 <Ctrl> 键进行多次选择，对于数据中有总计、合计类似汇总行列信息，绝大部分情况不应纳入图表范围。选择数据后，便可创建图表，在 Excel 中创建图表主要有以下 5 种方式。

（1）选择数据后，按快捷键 <Alt+F1>，将迅速创建默认的柱形图。

（2）选择数据后，单击数据区域右下角的【快速分析】按钮，在展开的列表中选择

【图表】选项卡，在此选项卡中 Excel 会根据数据类型和布局自动推荐相关的图表类型，用户单击某图表类型缩览图，即可创建该类型的图表，如图 30-1 所示。

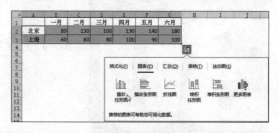

图 30-1　利用【快速分析】按钮创建图表

（3）选择数据后，在【插入】选项卡的【图表】组中选择指定的图表类型，即可在工作表中创建该类型图表，如图 30-2 所示。

（4）在【插入】选项卡中的【图表】组中单击右下角的对话框启动器，弹出【插入图表】对话框，如图 30-3 所示。该对话框中有两个子选项卡，其中【推荐的图表】是为用户模拟的各种贴合当前数据的图表类型，用户可以在右侧预览图表类型的样式，若符合其图表创建要求，则单击【确定】按钮可立即创建该图表类型。

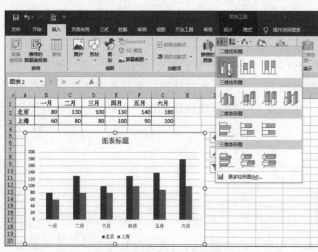

图 30-2　创建一个简单图表

在【所有图表】选项卡下可以浏览 Excel 中所有图表类型及其子图表类型，选定某类型后，单击【确定】按钮即可创建该类型的图表。

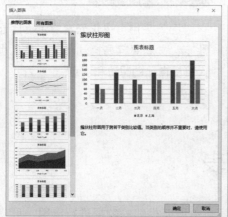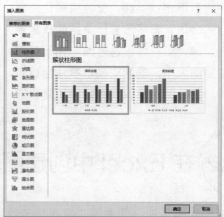

图 30-3　利用【插入图表】对话框创建图表

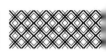

（5）用户选中数据后，按 <F11> 键可创建一个单独的图表工作表。用户若需要特定地显示某个图表或想单独打印某一个图表，可将此图表存储在图表工作表中。

30.3 图表的组成元素

如图 30-4 所示，Excel 图表主要由图表区、绘图区、标题、网格线、快捷按钮、数据系列、数值轴、数据点、图例、分类轴等基本元素组成。

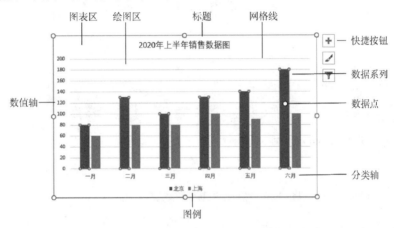

图 30-4　图表的主要组成元素

1. 图表区

图表区是指图表的全部范围，它就像一个容器，装载所有图表元素。用户选中图表区时，将在最外层显示整个图表区边框线，边框线上有 8 个控制点。选中控制点，可以改变图表区的大小或调节图表的长宽比例，此外选中图表区还可以对所有图表元素统一设置文字字体、大小等格式。

2. 绘图区

绘图区是指包含数据系列的图形区域，位于图表区的中间，用户选中绘图区时，将会显示绘图区边框，边框线上也有用于控制绘图区大小的 8 个控制点。

3. 标题

标题包括图表标题和坐标轴标题，标题是对图表主题、相关图表元素的文字说明。

4. 网格线

网格线是数值轴的扩展，它用来帮助用户在视觉上更加方便地确定数据点的数值。网格线有主要网格线和次要网格线。

5. 数据系列和数据点

数据系列由数据点构成，每个数据点对应于数据源中一个单元格的值，而数据系列对应于数据源中一行或一列数据（多个数据）。此外，数据系列中的每个值的图形分布在不同分类项中。数据系列在绘图区中表现为不同颜色的点、线、面等图形，如图 30-5 和图 30-6 所示。

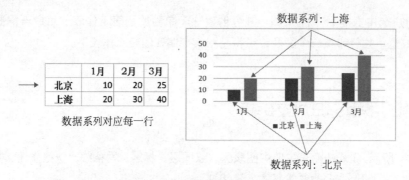

图 30-5　数据系列对应数据源中的每一行

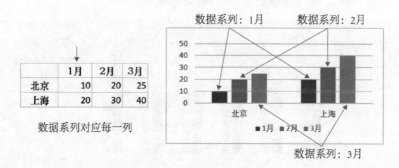

图 30-6　数据系列对应数据源中的每一列

6. 坐标轴（分类轴与数值轴）

坐标轴是绘图区最外侧的直线，常见的坐标轴有水平方向的分类轴，分类轴的分类项可以是来源于数据表的行标题或列标题，也可以自定义分类项。分类轴提供了不同对象的比较基础。纵向上是数值轴，用作度量图形的值。横向上为分类轴，用于标示比较和区分的对象或类目名称。

> **提示**
>
> 分类轴中的每个元素称为分类项，图例中的每个元素称为图例项。

7. 图例

图例用于说明图表中每种颜色所代表的数据系列，其本质就是数据表中的行标题或列标题。对于图表中的形状，需要通过分类项与图例项两者才能辨别其真正含义，正如数据表中每个单元格中数值的含义需要由行标题和列标题共同决定，如图 30-7 所示。

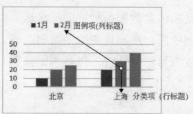

图 30-7　图例项与分类项共同决定图形的含义

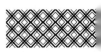

深入了解

分类项与图例项的本质都是数据源中的标题，它们都是数据表中数据的不同属性，分类项与图例项两者本质没有区别，只是在图表中所处位置不一样。此外，分类项与图例项可以通过【切换行/列】命令进行转换，转换行列可理解为表的行列进行转置，如图 30-8 所示。

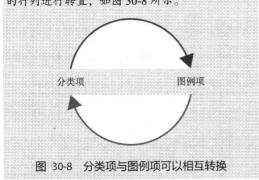

图 30-8　分类项与图例项可以相互转换

8. 快捷按钮

当用户选择图表区时，在右上角会出现图表元素、图表样式和图表筛选器的快捷按钮。【图表元素】按钮用于快速添加、删除或更改图表元素，【图表样式】按钮用于快速设置图表样式和配色方案，【图表筛选器】按钮用于选择在图表上显示的数据系列和名称，如图 30-9 所示。

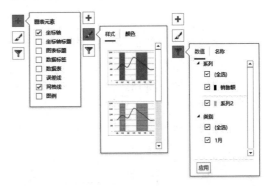

图 30-9　图表快捷按钮

30.4 Excel 中图表类型介绍

用户创建图表的目的通常是表达观点和传递出数据背后的特定信息，但要精准地进行数据信息传达，必须要选择合适的图表类型。Excel 2019 提供了 17 种标准图表类型：柱形图、折线图、饼图、条形图、面积图、XY 散点图、地图、股价图、曲面图、雷达图、树状图、旭日图、直方图、箱形图、瀑布图、漏斗图、组合图，每种图表类型下面包含若干个子图表类型，如图 30-10 所示。

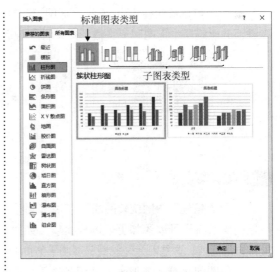

图 30-10　Excel　2019图表类型

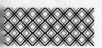
此外，图表类型按功能的划分，主要分为比较类图表、组成类图表、趋势类图表、关系类图表、分布类图表，如图 30-11 所示。

图 30-11　图表按功能的分类

- 比较：展示事物的排列顺序，并比较其代表的数据的大小。
- 组成：展示事物元素之间的构成，或展示每个部分占整体的百分比。
- 趋势：经常展示时间序列关系，如数据随时间的变化而产生的趋势是增长、减少，还是平缓。

- 关系：展示一个数据变量与整体或其他变量之间的关系。
- 分布：展示数据在某区间内的分布。

| 提示 |

在 Excel 中提供了多种图表类型，但每种图表类型并不是只表示一种功能，如柱形图除了可以比较数据外，也可以展示数据的组成、趋势、关系和分布等。

30.5 图表功能介绍

在 Excel 中有多种图表类型，了解各种图表的功能属性有助于选择正确的图表展示数据。

1. 柱形图

柱形图是使用频率较高的一种图表类型，因此它是 Excel 默认的图表类型。柱形图将柱形以垂直方向显现，以柱形的高度表示数值大小。它通常用于比较不同类别数据之间的差异、大小、变化幅度，同时也经常用于描述日期与数据之间的增减变化关系。

柱形图包括簇状柱形图、堆积柱形图、百分比堆积柱形图、三维簇状柱形图、三维堆积柱形图、三维百分比堆积柱形图和三维柱形图 7 种子图表类型，如图 30-12 所示。

图 30-12　柱形图

2. 条形图

条形图是柱形图的旋转图表，它用 X 轴表示数值轴，用 Y 轴表示分类轴。使用条形图一个明显的优点在于可以添加更多的分类项。如果分类项过多，使用柱形图势必会造成分类轴中的项目非常拥挤。这是因为一般情况下水平方向的空间是有限的，而纵向的空间是充裕的。

条形图包括簇状条形图、堆积条形图、百分比堆积条形图、三维簇状条形图、三维堆积条形图和三维百分比堆积条形图 6 种子图表类型，如图 30-13 所示。

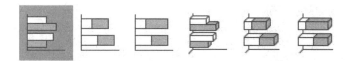

图 30-13　条形图

3. 折线图

折线图是用直线段将各数据点连接起来而组成的图形，它主要用于处理连续数据的变化关系，常用于显示数据随时间的变化趋势。此外，折线图还可以清晰地显示出数据增减状态、速率、幅度及最大值、最小值等特征。

折线图包括折线图、堆积折线图、百分比堆积折线图、带数据标记的折线图、带数据标记的堆积折线图、带数据标记的百分比堆积折线图和三维折线图 7 种子图表类型，如图 30-14 所示。

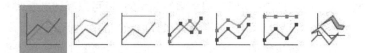

图 30-14　折线图

4. 面积图

面积图是折线图的另一种表示形式，面积图的原理与折线图相似。面积图的特点在于折线与坐标轴之间的区域会由颜色填充。面积图不仅可以清晰地反映出数据的趋势变化，也能够比较不同类别数据的大小。

相较于折线图，它的缺点在于如果比较多个数据系列，填充会让形状互相遮盖，不便于数据的展示。此时用户可以将形状中的颜色设置一定的透明度，这样可以显示出覆盖区域。

面积图包括面积图、堆积面积图、百分比堆积面积图、三维面积图、三维堆积面积图和三维百分比堆积面积图 6 种子图表类型，如图 30-15 所示。

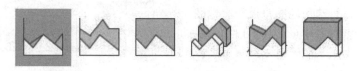

图 30-15　面积图

5. 饼图（圆环图）

饼图是将一个圆划分为若干扇形，每个扇形代表数据系列中的一个值。扇形主要用于展示事物的比例及构成关系。

圆环图是饼图的变形，它的功能与使用方式与饼图完全相同，与饼图不相同的地方为圆环图可以显示多个数据系列，而饼图只能有一个数据系列。

饼图（圆环图）包括饼图、三维饼图、子母饼图、复合条饼图和圆环图 5 种子图表类型，如图 30-16 所示。

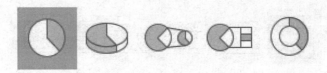

图 30-16　饼图与圆环图

6. XY 散点图（气泡图）

散点图由两个数值变量组合，它用于显现两个变量之间的关联性，比如两个数值变量之间是否正相关、负相关或不相关。此外，从散布的数据点中可以看出整体趋势。

气泡图是散点图的另一种变形，它通常用于展示和比较数据之间的关系和分布。气泡图由三个数值变量共同组成。第一个数值变量、第二个数值变量由 X 轴与 Y 轴共同决定出数据点的位置，第三个数值变量则以面积不同的气泡呈现，数值越大则气泡越大。所以气泡图可以用于分析更加复杂的数据关系，除了描述两组数据之间的关系外，还可以描述数据本身的另一种指标。

XY 散点图（气泡图）包括散点图、带平滑线和数据标记的散点图、带平滑线的散点图、带直线和数据标记的散点图、带直线的散点图、气泡图和三维气泡图 7 种子图表类型，如图 30-17 所示。

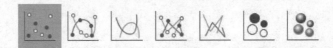

图 30-17　XY散点图

7. 地图

在数据统计分析过程中，经常会出现地理相关信息，直接使用传统图表无法直观体现地理数据分布情况，如果要在图表中形象地展示地理信息，可选用地图来展示。地图用于表现地理位置数据信息，根据地图上的分区颜色、散点大小、明暗等指标情况，显示位置数据的分布和变化。使用地图图表时，数据中必须含有真实存在的地理区域信息，如国家、省、市、地区等。

8. 股价图

股价图通常用于展示股票价格的波动变化，它也可以用于展示相关的科学数据，如使用股价图显示某段时间内温度的变化。股价图必须使用正确的数据顺序才能得以创建。

股价图包括盘高 - 盘低 - 收盘图、开盘 - 盘高 - 盘低 - 收盘图、成交量 - 盘高 - 盘低 - 收盘图和成交量 - 开盘 - 盘高 - 盘低 - 收盘图 4 种子图表类型，如图 30-18 所示。

图 30-18　股价图

9. 曲面图

曲面图显示的是连接一组数据点的三维曲面。曲面图可用于寻找两组数据的最优组合。与其他图表类型不同，曲面图中的颜色不是用于区别数据系列，而是用来区别值的。即在曲面图中相同颜色表明具有相同范围的值区域，如在曲面图中用红色表示

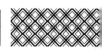
10 ~ 100 的数值范围。

曲面图包括三维曲面图、三维线框曲面图、曲面图和曲面图（俯视框架图）4 种子图表类型，如图 30-19 所示。

图 30-19　曲面图

10. 雷达图

雷达图是一种显示多变量数据的图形方法。通常从同一中心点开始等角度间隔地射出三条以上的轴线，每个轴代表一个分类项，各轴上的点依次连接成线或几何图形。各轴上的点离中心点越远，表示该值越大，离中心点越近，表示该值越小。所以雷达图可以用来在变量间进行对比，或者查看变量中有没有异常值。

雷达图包括雷达图、带数据标记的雷达图和填充雷达图 3 种子图表类型，如图 30-20 所示。

图 30-20　雷达图

11. 树状图

树状图通过不同大小的矩形来展示数据。矩形的面积代表了数据的大小。树状图通过矩形的面积、排列和颜色来显示数据的关系，并具有群组、层级关系的展现功能。此外，树状图可以有效地利用空间来展示占比，如图 30-21 所示。

图 30-21　树状图

12. 旭日图

旭日图又称太阳图，它是饼图的高级表现形式。饼图只能体现单层数据的比例关系，而旭日图超越了传统的饼图和圆环图，能清晰地表达多层级、归属关系，以及父子层级的比例构成情况。在旭日图中，离原点越近表示级别越高，最内层的圆表示层次结构的顶级，然后一层层往下显示数据的占比情况，如图 30-22 所示。

图 30-22　旭日图

13. 直方图（排列图）

直方图又称频率分布图，是一种显示数据分布情况的柱形图，即展示不同数据出现的频率。通过高度不同的柱形，可以直观、快速地观察数据的分散程度和中心趋势。

直方图又称帕累托图、主次图，它是一种按发生频率大小顺序绘制的特殊直方图。帕累托图与帕累托法则一脉相承，帕累托法则认为，相对少量的原因通常造成大多数的问题或缺陷，即 80% 的问题是由 20% 的原因导致的，故又称二八法则。通常情况下，帕累托图可用来展现某问题的占比情况，通过图形找出最重要的原因。直方图如图 30-23 所示。

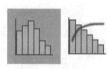

图 30-23　直方图

14. 箱形图

箱形图是一种用于显示一组数据分散情况资料的统计图，通过箱形图可以很快知道

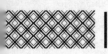

一些关键的统计值,如最大值、最小值、平均值、中位数、上下四分位数,也可以分析是否存在离群值、离群值分别是多少。整体来看,还可以检验数据是否对称、是否有偏向性,如图 30-24 所示。

图 30-24　箱形图

15. 瀑布图

瀑布图又称步行图、阶梯图,该图表是以一个数值作为基数,然后对其进行一系列相加、相减,最后统计某计算结果的过程。瀑布图用于表达数个特定数值之间的数量变化关系,尤其是想表达两个数据点之间数量的演变过程。瀑布图在企业的经营分析、财务分析中使用广泛,经常用于展示企业成本的构成、变化等情况,如图 30-25 所示。

图 30-25　瀑布图

16. 漏斗图

漏斗图形如"漏斗",用于单流程分析,在开始和结束之间由 N 个流程环节组成。漏斗图的起始总是 100%,并在各个环节依次减少,每个环节用一个梯形来表示。

对于漏斗图的各个环节,必须要有逻辑上的顺序关系。同时,漏斗图的所有环节的流量都应该使用同一个度量。漏斗图最适宜用来呈现业务流程的推进情况,如用户的转化情况、订单的处理情况、招聘的录用情况等。通过漏斗图,可以较直观地看出流程中各部分的占比,发现流程中的问题,进而做出决策。如图 30-26 所示。

图 30-26　漏斗图

17. 组合图

组合图是将两种或两种以上的标准图表类型绘制在同一个图表中。

30.6 如何选择正确的图表类型

"根据自己的数据源选择哪一种图表类型最为合适呢?"这是很多用户非常困惑的一个问题。此问题并没有标准的答案。如何选择合适的图表呢?笔者认为,用户除了要了解各个图表类型的主要应用性质外,还要了解数据源中数据变量的构成及数据源中数据间的关系。最重要的就是在图表中敢于尝试执行各种操作,深入发掘和尝试使用各种图表类型和选项,在图表制作中融入创意,甚至可以不拘泥于内置的图表类型进行创作。此外,多浏览一些优秀图表的设计也非常有助于图表的创作。

对于绝大部分用户来说,利用图表只是想快速地解决工作中的任务。对于这方面的用户,笔者抛开技术层面的细节,给出创作图表时的三点要求,可以帮助用户厘清思路,抓住图表表达信息的重要核心。

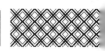

创建图表核心的三点要求如下。

（1）你想表达什么？

首先必须要知道自己想表达什么信息、观点。在与他人交流时，如果自己都不知道想表达什么，那听众一定也不知道，这样就失去了沟通的意义。

（2）你的数据在表达什么？

明确自己需要表达的内容后，需要审核自己收集的数据是否支持和符合表达内容的要求。如果不满足要求，要进一步收集数据。

（3）你的观众想看什么？

在图表的创作过程中，一定要思考图表的使用者、阅读者（如公司领导、社会公众）真正想看什么，以及想得到什么信息，这是图表传递信息的核心意义。

30.7 图表设计

除了选择正确的图表类型展示数据外，还需要对图表进行设计。图表设计是对图表布局、图表样式、各图表元素的设置。图表设计的目的是让图表更加专业和美观。在 Excel 中，图表的设计可以使用内置的布局和样式，也可以对图表各元素进行自定义的设置。

1. 图表布局

在创建图表时都会有默认的图表元素，这些图表元素的组合和分布构成了图表的布局，用户可以手动去调整图表元素的布局，对于图表元素，可以使用【图表元素】快捷按钮进行增减。除此之外，Excel 也内置了对图表元素布局的命令。选中图表，在【图表工具 - 设计】选项卡中单击【快速布局】按钮，在其下拉菜单中有多种布局方式，将鼠标悬停在缩略图上，图表会立即切换该布局方式，若需要永久应用该布局方式，可单击该缩略图，如图 30-27 所示。

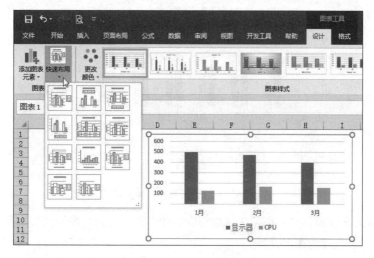

图 30-27　快速布局

2. 图表样式

图表样式是指图表中绘图区和数据系列的形状、填充颜色、框线颜色等格式设置的组合。

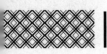

创建图表时会以默认的样式对图表进行设置，用户若想对图表样式进行精确的调整，可以使用手动调整的方式。除此之外，在【图表工具 - 设计】选项卡中的图表样式库中内置了多种图表样式，用户将鼠标悬停在缩略图上，图表会立即显示应用该样式后的效果预览，若需要永久应用该图表样式，可单击该缩略图，如图 30-28 所示。

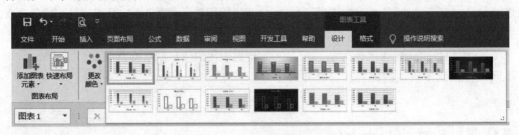

图 30-28　设置图表样式

30.8 图表元素格式设置

在 Excel 中插入的图表，一般使用内置的默认样式，如果用户要做个性化的设置，就需要进一步对图表进行修饰和处理。对图表的修饰和处理，就是对图表元素在形状、颜色、文字等各方面进行个性化的格式设置，以达到图表的功能和美化的平衡，图 30-29 展示了在图表中可进行格式设置的主要图表元素。

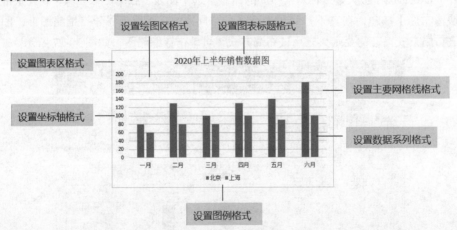

图 30-29　对图表元素进行格式设置

若要对图表元素设置格式，必须先选中相应的图表元素。选中图表元素主要有两种方式。

（1）直接单击相应的图表元素。

（2）通过【图表工具 - 格式】选项卡中的【图表元素】组合框下拉列表选取。

在有些情况下，用户并不能方便地用鼠标单击选择相应的图表元素，如两个数据系列数据值差异较大时，用户很难选择数值较小的数据系列，此时用户只能用第 2 种方式进行图表元素的选取，如图 30-30 所示。

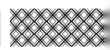

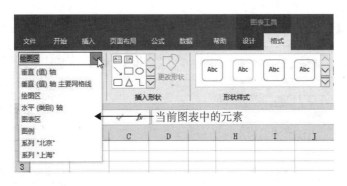

图 30-30　通过【图表元素】组合框选取图表元素

当用户选择某图表元素时，可能会同时选择一系列元素，如图 30-31 所示。默认情况下，用户单击某柱形时会同时选择此柱形所属的整个数据系列中的柱形。若用户需要对某个数据点单独设置不同的格式，可再次单击，此时会单独选择该数据点。然后用户可以对单独选择的数据点做各种设置。

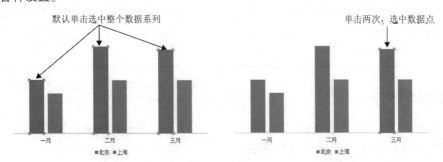

图 30-31　分别选择一系列数据点和单个数据点

1. 了解图表设置任务窗格

在 Excel 中设置图表格式，绝大部分情况下都是通过图表的任务窗格来完成的。用户选中某图表元素后，在【图表工具 - 格式】选项卡中选择【设置所选内容格式】命令，此外双击任何一个图表元素，也可调出图表元素设置的任务窗格，如图 30-32 所示。

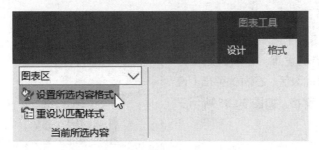

图 30-32　设置所选内容格式命令

任务窗格的标题及其下属的命令取决于所选的图表元素。例如，如果选中的是图表标题，标题将显示"设置图表标题格式"，如果选中的是数据系列，标题将显示"设置数据系列格式"。任务窗格中包含了所有对图表元素进行设置的选项命令，如图 30-33 所示。

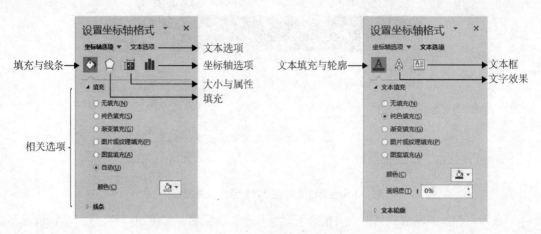

图 30-33 图表任务窗格

| 提示 |

　　任务窗格是一种非模式对话框，其工作方式类似于功能区中的选项卡。在显示任务窗格时，用户可以继续在 Excel 中工作，并且任务窗格仍然会保持打开状态，在任务窗格中执行的更改将会立即生效。

2. 清除样式

　　如果在对图表元素应用格式之后对效果不满意或格式设置错误，可按快捷键 <Ctrl+Z> 进行撤销，或者选中该图表元素右击，在弹出的快捷菜单中选择【重设以匹配样式】命令，这样会将该图表元素恢复到创建时的默认格式。用户若想要重设整个图表的格式，可选择整个图表区，再应用【重设

以匹配样式】命令，如图 30-34 所示。

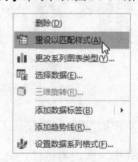

图 30-34　恢复图表元素的原始格式

3. 设置图表区、绘图区格式

　　图表区是图表的整个区域，图表区格式设置相当于图表背景的设置。绘图区是坐标轴围绕的区域，双击图表区，在右侧弹出【设置图表区格式】任务窗格，如图 30-35 所示。

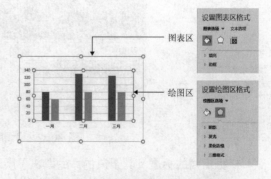

图 30-35　设置图表区与绘图区格式

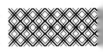

在任务窗格中可对图表区进行如下格式设置。

- 填充与线条：对图表区进行无色、纯色、渐变、图片、纹理、图案填充。对边框进行各种线型、颜色、宽度、类型的设置。
- 填充：对图表区设置阴影、发光、柔化边缘、三维格式设置。
- 大小与属性：对图表区进行大小调整、图表状态的属性设置。

| 提示 |::::::::
　对图表区可进行填充与线条和填充设置，设置方法与图表区的设置相同。

在图表制作过程中，为了满足显示或打印的需要，经常要调整图表区和绘图区的大小，调整图表大小有以下方法。

（1）选中图表后在图表的边框上显示 8 个控制点。将光标定位在控制点上，光标变成双向箭头形状时，拖动鼠标即可调整图表大小。拖放时，如果按住 <Ctrl> 键将会从中心向外调整大小，按住 <Shift> 键将会按图表原始比例调整大小，如图 30-36 所示。

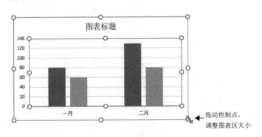

图 30-36　拖动控制点调整图表区大小

4. 设置数据系列格式

（2）选中图表区后，在【图表工具-格式】选项卡的【大小】组中，可以手动输入数值进行图表区大小的调整。此外，也可以在【设置图表区格式】任务窗格中的【大小】组中，对图表区的高度、宽度进行数值调整，如图 30-37 所示。

图 30-37　精确设置图表大小

| 提示 |::::::::
　对于绘图区只能以拖动控制点的方式进行大小的调整，选中绘图区可以直接拖动来调整绘图区在图表区中的位置。

数据系列是绘图中一系列点、线、面的组合，不同的图表类别，数据系列的外观形状也不相同，如图 30-38 所示。

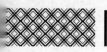

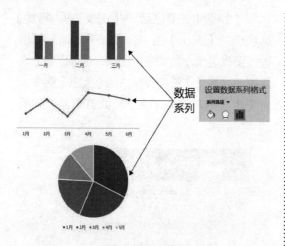

图 30-38 不同数据系列形状

因图表类型不同，数据系列的格式选项也有所不同，在此介绍常见的柱形图、折线图、饼图的数据系列的格式设置。

（1）柱形图数据系列格式。双击图中数据系列的柱形，打开【设置数据系列格式】任务窗格，如图 30-39 所示。

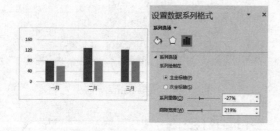

图 30-39 设置柱形图数据系列

● 设置主坐标轴和次坐标轴。创建图表时，默认只有一个主坐标轴，当某个图表中包含两个或两个以上的数据系列时，可将其中一个数据系列绘制在次坐标轴，当设置次坐标轴时，相应系列值参照点为次坐标轴上的刻度，图 30-40 中某一数据系列绘制在了次坐标轴，然后将该数据系列转换成折线图，这样就形成了一个组合图。

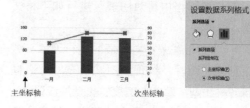

图 30-40 设置次坐标轴

● 设置系列重叠间隔。默认情况下，柱形图的不同数据系列之间存在间隔，该间隔的比例范围为柱形宽度的 -100% ~ 100%，-100% 表示间隔为一个柱形宽，100% 表示系列完成重叠，0 表示间隔为 0，即数据系列紧贴在一起，如图 30-41 所示，原柱形的数据系列为 -27%，将【系列重叠】设置为 0，此时两个数据系列将紧贴在一起。

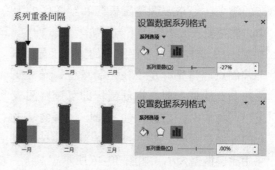

图 30-41 设置系列重叠值

● 设置间隙宽度。间隙宽度用于调整分类轴中各分类项之间的距离，取值范围为 0% ~ 500%，同时也会调整柱形的宽度，图 30-42 展示了【间隙宽度】为 500% 和 0% 时的效果。

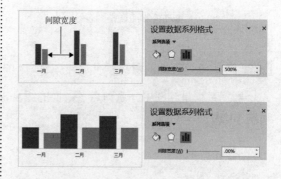

图 30-42 设置间隙宽度为500%和0%的效果

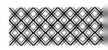

（2）折线图数据系列格式。双击折线图中的数据系列的折线，打开【设置数据系列格式】任务窗格，在【填充与线条】选项卡中的【线条】标签中可设置线条的样式、颜色等。在【标记】标签中可设置数据标记的类型、大小、填充、边框，此外选中【平滑线】复选框，可将尖角折线转换成平滑曲线折线，如图 30-43 所示。

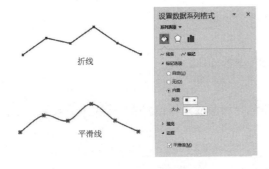

图 30-43　设置折线标记样式

图 30-44 展示了折线图中线条与标记的区别。

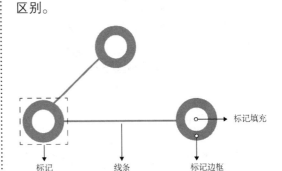

图 30-44　线条与标记的区别

（3）饼图数据系列格式。双击饼图中的数据系列的扇形，打开【设置数据点格式】任务窗格，在【系列选项】选项卡中可设置第一扇区起始角度，还可以对某个扇形设置分离效果，图 30-45 展示的是将选中扇形的【点分离】设置为 15% 的效果。

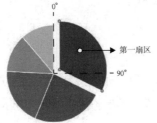
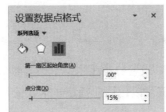

图 30-45　设置饼图扇区分离

5. 设置坐标轴格式

坐标轴按位置不同可分为主坐标轴和次坐标轴。Excel 默认显示的是绘图区左侧的主要纵坐标轴和底部的主要横坐标轴。坐标轴按数据的不同主要分为数值轴和分类轴，如图 30-46 所示。

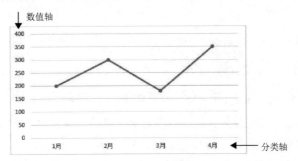

图 30-46　设置坐标轴格式

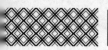
（1）数值坐标轴的设置。

● 边界 - 最小值：设置数值坐标轴刻度的最小值。对于全部都是正数创建的图表，数值坐标轴最小值都是 0，但当数据源的数据普遍大于 0 时，有可能就造成数值坐标轴底端留有空白段，此时用户可以设置数值坐标轴的最小值，将大段空白区间屏蔽。图 30-47 所示的是将数值坐标轴的最小值设置为 70 的效果图。

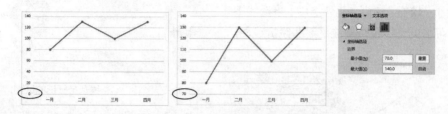

图 30-47　设置数值坐标轴的最小值

● 边界 - 最大值：数值坐标轴刻度的最大值。

● 单位：设置坐标轴刻度间隔，图 30-48 所示的是将数值坐标轴的单位【大】设置为 20 的效果。

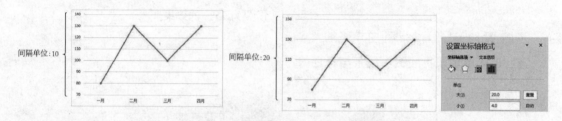

图 30-48　设置数值轴的刻度间隔

● 横坐标交叉：设置分类（水平）轴与数值（纵）轴的交叉值，自动是指默认以 0 刻度处为交叉点，坐标轴值可以让用户指定一个数值作为交叉点，最大坐标轴值将会以坐标轴上面的最大刻度处为交叉点，如图 30-49 所示。

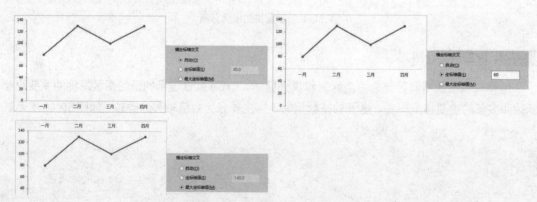

图 30-49　设置数值轴的交叉值

● 显示单位：当坐标轴刻度较大时，可设置单位来缩小数值轴上数值的显示。

● 对数刻度：刻度之间为等比数列（如 10、100、1000、10000）。

● 逆序刻度值：坐标轴的刻度值及图表方向会以垂直镜像方式显示（类似将图表垂直翻

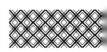

转），如图 30-50 所示。

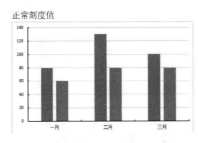

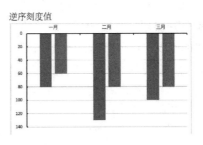

图 30-50　逆序刻度值

● 主刻度线类型：设置刻度线，默认情况下，数值坐标轴是没有刻度线的，如需要可在此设置刻度线，图 30-51 展示了设置了主刻度线的效果。

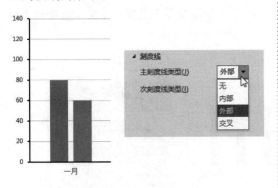

图 30-51　设置数值坐标轴刻度线

● 次刻度线类型：对主刻度线的再次划分设置，主要用于对数据点的数值做更精准的参照。

● 标签位置：刻度数字处在的位置，"轴旁"指处于数值坐标轴的旁边，"无"表示隐藏数字显示，"低"表示将数字显示在左侧或下方，"高"表示将数字显示在右侧或上方。图 30-52 展示了将数字标签显示在"高"处。

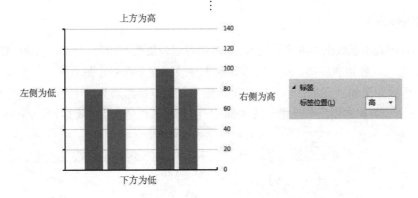

图 30-52　将数字标签显示在"高"处

● 数字：设置在图表中数字的显示格式，同单元格中的自定义格式相同。选中【使用到源】复选框可以使用与链接单元格相同的数字格式。

（2）分类轴的设置。

当创建图表时，Excel 可以自动识别分类轴是文本类性质还是日期性质。如果识别出为日期性质，Excel 会使用日期分类轴。图 30-53 的数据源中，A 列是日期，日期数据中只包含 6 个日期值，但 Excel 创建的图表中的分类轴含有 10 个日期间隔。Excel 认定为日期分类轴后会在最小日期与最大日期之间创建等间隔的日期刻度。

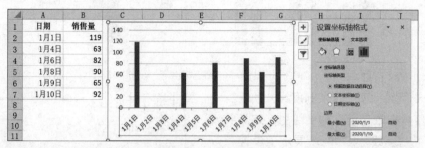

图 30-53 日期分类轴

用户若不需要在分类轴创建等间隔的日期，可将【坐标轴选项】设置为【文本坐标轴】，如图 30-54 所示。

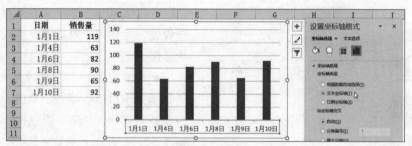

图 30-54 将日期分类轴设置为文本坐标轴

6. 设置标题

标题是对图表主题或图表内容的说明，图表中可以设置图表标题、分类轴标题、数值轴标题、次分类轴标题 、次数值轴标题。在【图表元素】快捷按钮下选中【图表标题】复选框后，对于图表标题，可以手工输入文本，也可以使用单元格引用，其方法为选中图表标题，在编辑栏中输入等号（=）后再单击引用单元格，按 <Enter> 键后即可创建引用的标题，如图 30-55 所示。

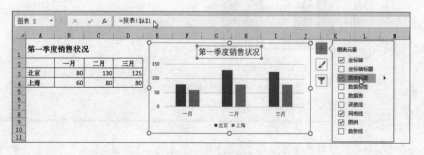

图 30-55 设置标题

标题类似文本框，用户可以对其进行字体、颜色、填充颜色等一系列的格式设置。双击标题，在右侧会显示【设置图表标题格式】任务窗格，如图 30-56 所示。

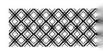

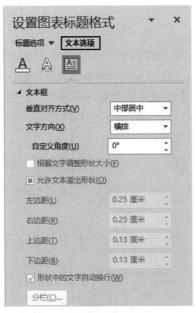

图 30-56 设置标题格式

在任务窗格中可对标题进行如下格式设置。

- 文本与填充：对图表区中的文本的颜色、轮廓进行设置。
- 文本效果：对文本设置阴影、映像、

发光、柔化边缘、三维格式、三维旋转等效果。

- 文本框：对文本框中文字的对齐方式和文字方向进行设置。

深入了解

在实际的图表创建中，为了制作更专业、更美观的图表，经常需要在图表中插入外部的元素，常见的有文本框、图形、箭头等元素。如图 30-57 所示，笔者在图表中插入了副标题、数据来源元素。这两个元素均是插入的文本框。从此处用户可以了解到图表的制作是一个结合 Excel 各种工具的创作过程，而并非仅仅只是利用【图表工具】上下文选项卡中所提供的图表元素工具。

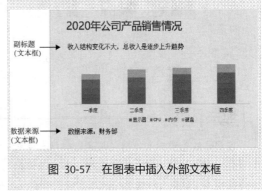

图 30-57 在图表中插入外部文本框

7. 设置图例格式

图例用于对数据系列进行说明。双击图表中的图例，打开【设置图例格式】任务窗格，在【图例选项】下可选择图例的位置，选中【显示图例，但不与图表重叠】复选框可使图例不会与绘图区进行上下重叠，如图 30-58 所示。除了对图例进行位置设置外，还可以设置其他填充和效果，方法与设置其他元素格式类似。

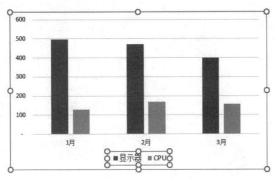

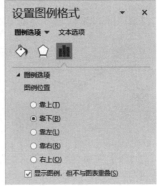

图 30-58 图例的设置

8. 设置网络线格式

网格线的主要作用是在未显示数据标签时，可以大致读出数据点对应坐标的刻度。坐标轴有两种：主要刻度坐标轴和次要刻度坐标轴。单击图表右上角的【图表元素】快捷按钮，在【网格线】选项列表中可以选中【主轴主要水平网格线】、【主轴主要垂直网格线】、【主轴次要水平网格线】和【主轴次要垂直网格线】四个复选框。在任务窗格中可以对网格线的颜色、宽度等方面进行设置，如图 30-59 所示。

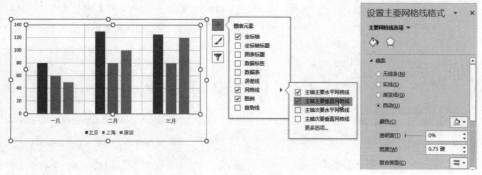

图 30-59 设置垂直网格线

> **提示**
>
> 网格线属于图表的辅助信息，所以应设置为灰度颜色，而不要设置成黑色实线，这样会将主体图形"切割"成数个部分，严重影响图表的阅读。此外，为了避免使用过于密集的网格线，不要使用虚线网格线，以免造成视觉干扰。当图表中有数据标签或强调整体趋势、走向时，可以删除网格线。

9. 设置数据标签

数据标签用于在图表中显示每个数据点的数值。用户可单击【图表元素】快捷按钮，在其列表中选中【数据标签】复选框。在数据标签的任务窗格中除了可以标记数值，还可以标记系列名称、类别名称、添加引导线等元素。此外，数据标签还可以在图表中任意拖动，对其设置各种文字格式等，如图 30-60 所示。

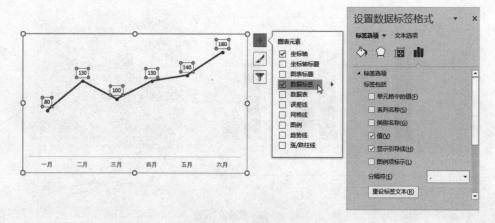

图 30-60 设置数据标签

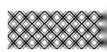

| 提示 |

　　默认情况下，单击任一数据标签，则会选中系列中所有数据标签。用户若要对单个数据标签设置格式，可再次单击该数据标签。选中数据标签后，用户可在【开始】选项卡的【字体】组中进行任意的格式设置，如设置字体的类型、大小、颜色等。

30.9 图表案例

　　本节将结合不同的数据及场景，列举各种图表类型的使用及其创建。在此，案例重点强调图表的选择和最终效果的展示，忽略了图表细节格式的设置介绍。

30.9.1 利用柱形图与条形图比较各月销售数据

　　在图 30-61 所示的工作表中，A1:G5 区域展示了部分商品 1 月至 6 月销售统计表。现需要利用图表比较销售数据的大小和描绘销售走势。

	A	B	C	D	E	F	G	H
1	商品	1月	2月	3月	4月	5月	6月	合计
2	显示器	498	472	400	373	329	524	2596
3	CPU	128	168	158	181	249	300	1184
4	主板	91	99	73	78	64	54	459
5	显卡	144	147	120	146	130	72	759
6	总计	861	886	751	778	772	950	4998

图 30-61　数据源

　　比较销售数据的大小可以使用柱形图，通过柱形图的高度也可以看出销售的走势。在图 30-61 所示工作表中的 A1:G2 区域创建单一数据系列的柱形图，它可展示"显示器"1 月至 6 月的销售情况；在图 30-61 所示工作表中的 A1:G5 区域创建多数据系列的柱形图，它可展示不同月份各商品的销售情况，如图 30-62 所示。

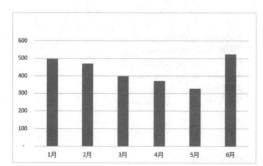
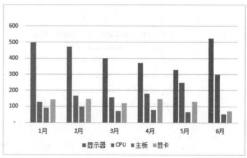

图 30-62　单一数据系列与多数据系列柱形图

　　● 在图 30-61 所示工作表中的 A1:G5 区域创建堆积柱形图。堆积柱形图是将各月份的销售数据累加在一起，并且它可以显示各商品的销售量与总销售量之间的构成比例关系。如图 30-63

所示，分类项 6 月为单一柱形，该柱形的高度值为 950。它的构成是 6 月份不同商品的销量累加，其中不同商品的销量由不同的颜色标识。

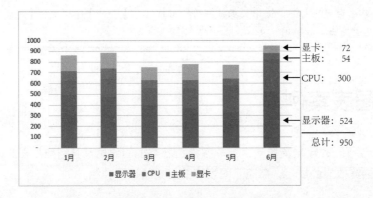

图 30-63　堆积柱形图

● 在图 30-61 所示工作表中的 A1:G5 区域创建百分比堆积柱形图，百分比堆积柱形图是将每个分类下的总值设置为 100%，然后显示每个项目占总值的百分比，如图 30-64 所示。

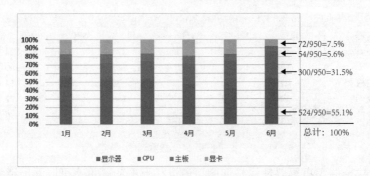

图 30-64　百分比堆积柱形图

● 图 30-65 展示了利用图 30-61 中数据而创建的条形图。它的含义与柱形图是相同的，只是观看的方向不同。

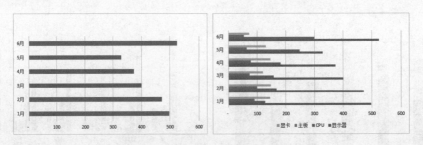

图 30-65　单一数据系列与多数据系列条形图

30.9.2　利用折线图展示销售趋势

图 30-66 所示工作表中的 A1:C253 区域是某产品在北京与上海的销售记录，现需要利用图表展示销售趋势。展示一系列日期中销量的趋势，可使用折线图。

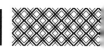

- 选取 A1:C253 区域，创建折线图。
- 分别对折线添加趋势线。

上述操作完成后，即可从折线图中查看不同城市的销售趋势。

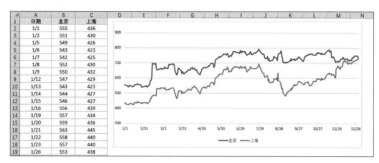

图 30-66　折线图

30.9.3　利用面积图展示销售趋势和比较销量

图 30-67 所示工作表中的 A1:G5 区域列示了某商品 1 月至 6 月的销售记录，现需要展示销售趋势和比较销量，该要求可使用堆积面积图。

在图 30-67 所示工作表中的 A1:G5 区域创建堆积面积图。堆积面积图中不同的颜色区域代表不同的数据系列，从颜色面积上可以判断不同数据系列的大小，而从面积图上方的折线边缘可展示销售的趋势。

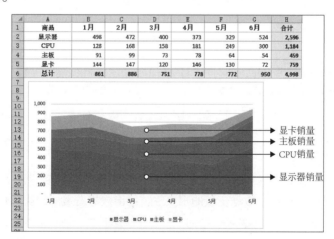

图 30-67　堆积面积图

30.9.4　利用饼图与圆环图展示数据构成比例

图 30-68 中的 A1:C5 区域是不同类目商品的成本和收入列表，现需要展示成本、收入的比例构成。展示数据构成比例可使用饼图。

在图 30-68 所示工作表中选择 A1:B5 区域，创建成本构成比例的饼图，从该图中可以查看不同类目成本占总成本的比例。

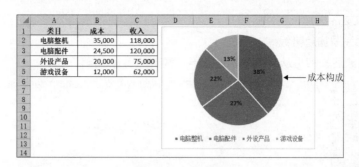

图 30-68　饼图

若要同时展示成本与收入的构成比例，可使用圆环图。在图 30-68 所示工作表中选择 A1:C5 区域，创建圆环图，该图同时展示了成本与收入的构成，如图 30-69 所示。

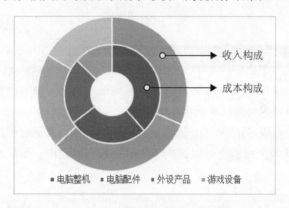

图 30-69　圆环图

30.9.5　利用散点图与气泡图展示数据变量的相关性

图 30-70 所示工作表中的 A 列和 B 列分别为试验次数和有效次数的数据，现需要利用图表展示两列数据之间的关联程度，因试验次数和有效次数是两个数值变量，展示两个数值变量之间的相关性可以使用散点图。

在图 30-70 所示工作表中选择 A1:B25 区域，创建散点图。从该散点图上可以展示数据集的整体分布情况，也可以分析两个数据变量的相关性，找出数据发展的趋势和规律。

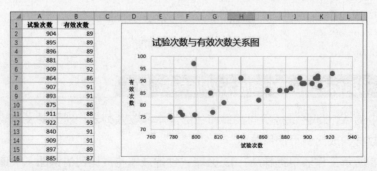

图 30-70　散点图

图 30-71 展示的是一个瘦身效果表，B 列是体重，C 列是每周锻炼小时，D 列是减轻重量，

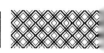

现需要利用图表展示三者之间的相关性。因有三个数值变量，可以利用气泡图进行展示。

在图 30-71 所示工作表中选取 B2:D8 区域，创建气泡图，气泡图中的 X 轴表示体重，Y 轴表示每周锻炼小时，而气泡的面积表示减轻重量。从该气泡图上可以分析出体重、锻炼小时与减轻重量的关系，即每周锻炼小时越多，减轻体重的数量越大。

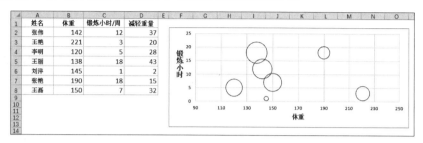

图 30-71　气泡图

30.9.6　利用股价图展示股票价格波动

图 30-72 所示工作表的 A1:F11 区域为某只股票的价格变化数据，为了便于研究价格变化趋势，需要用图表进行展示。因该数据是股票价格数据，所以可利用股价图形象展示。

在图 30-72 所示工作表中按住 <Ctrl> 键分别选择 A1:A11、C1:F11 区域，创建开盘 - 盘高 - 盘低 - 收盘图。从该股价图上可以一目了然地获取不同日期的股票的开盘价、最高价、最低价和收盘价。并且可以从该股价图上面分析该只股票价格的走势。

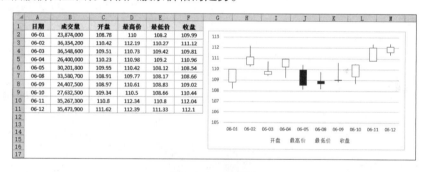

图 30-72　股价图

30.9.7　利用曲面图展示相同范围值的区域

图 30-73 所示工作表的 A1:F10 区域列示了某金属在不同温度、不同持续时间的抗拉强度数据表。现需要利用图表展示相同范围的值，该要求可以利用曲面图进行展示。

- 在工作表中选择 B2:F10 区域，创建曲面图。
- 选择图表，在【图表工具 - 格式】选项卡中单击【选择数据】按钮，弹出【选择数据源】对话框，在【图例项（系列）】列表中选择【系列 1】，单击【编辑】按钮，在弹出的【编辑数据系列】对话框中将系列名称指定为 B1 单元格（温度值），单击【确定】按钮，系列 2 至系列 5 也是同样操作，将系列名称依次引用 C1、D1、E1、F1 单元格，如图 30-74 所示。

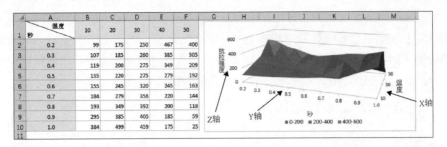

图 30-73 曲面图

图 30-74 修改系列名称

● 在【选择数据源】对话框中，单击【水平（分类）轴标签】中的【编辑】按钮，将【轴标签区域】指定为引用 A2:A10 区域，单击【确定】按钮，如图 30-75 所示。

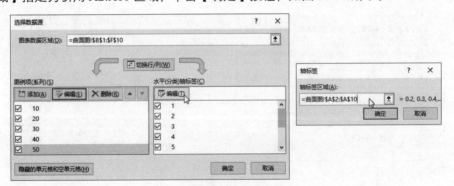

图 30-75 修改分类轴名称

● 选中 Z 轴数值标签，将刻度间隔设置为 200。

图 30-73 展示了上述数据所创建的曲面图，表示时间、温度与抗拉强度之间的关系。通过该曲面图中相同的颜色，就可以查看具有相同范围的值的区域。

30.9.8 利用雷达图展示员工综合能力

图 30-76 所示工作表的 A1:F3 区域列示了某企业对两位员工的能力测试数据，现需要用图表进行展示。该示例中存在多个变量数据，所以可使用雷达图进行展示。

选择 A1:F3 区域，创建雷达图。从该雷达图可以获知员工刘杰的语言表达及学习能力不足，因为在语言表达方向和学习能力方向的点离中心点较近，表示其值较小，而员工张敏各方面能力均衡。

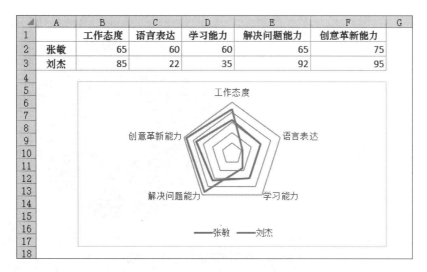

图 30-76　利用雷达图评估员工综合能力

30.9.9　利用树状图展示销售数据量

图 30-77 所示的工作表的 A1:C14 区域为各地区下城市的销量数据，现需要用图表展示不同地区下不同城市的销量的情况。对于该要求，可利用柱形图或条形图展示，但这里用树状图进行展示。

选择 A1:C14 区域，创建树状图。在树状图中，"地区"为第一层级，分别用不同的颜色表示，地区下面的"城市"为第二层级。通过树状图的面积可以比较不同地区的销量情况，同时也可以比较不同城市的销量情况。

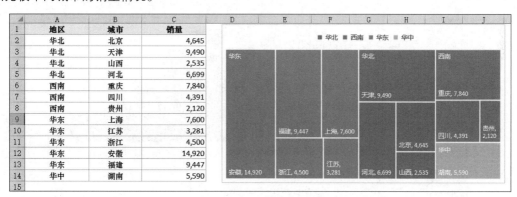

图 30-77　利用树状图的面积比较销量

30.9.10　利用旭日图展示多层次关系

图 30-78 所示的工作表的 A1:C11 区域为不同城市不同区域销量数据，现需要用图表展示数据表中的数据。对于该要求，可选择多种图表类型进行展示，这里用旭日图进行展示。

选择 A1:C11 区域，创建旭日图。在旭日图中，最里层的圆环为第一层级"城市"。通过里层圆环的构成，可以判断深圳、上海、北京的销量占比相差不大。最外层的圆环为第二层级"区域"，该图中不同城市中的不同区域销量占比均不相同。

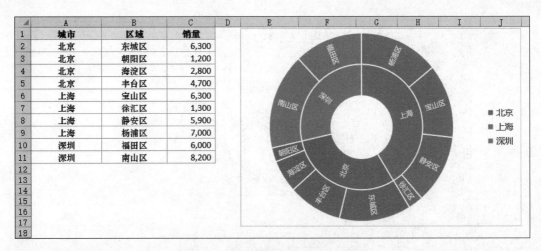

图 30-78　利用旭日图展示多层次关系

30.9.11　利用直方图展示员工年龄分布

图 30-79 所示的工作表中 A1:B1001 区域列示了某企业 1000 名员工的年龄，现需要展示员工各年龄段的人数分布情况。对于该要求，可利用直方图进行展示。

选择 A1:B1001 区域，创建直方图。单击分类项，在【设置坐标轴格式】任务窗格中的【坐标轴选项】选项卡中，将箱宽度设置为 2。

从该直方图中可以获知 26 ～ 28 岁员工人数最多，高达 200 多人。

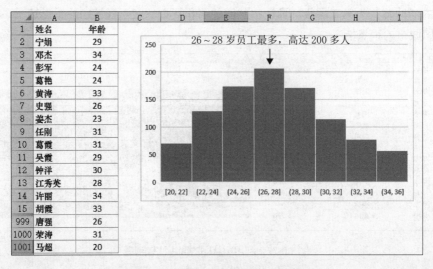

图 30-79　利用直方图展示年龄分布结构

提示

直方图适用于连续数据的分析，因此直方图对数据量有一定的要求。如果数据量很少，则可以直接使用散点图进行展示。

继上例数据,将员工年龄表转成直方图。该图中按年龄段人数的多少从左至右排列,人数的数值参考左侧数值轴。然后图 30-80 中显示了累积百分比线,百分比线的值参考右侧次坐标轴上的刻度,如年龄为 26 ~ 28 岁员工约为 200 人,该段人数最多,占总员工人数约20%。年龄为 24 ~ 26 岁员工约 170 人,该段人数第二多。年龄为 26 ~ 28 岁与 24 ~ 26 岁这两个年龄段人数的总和约占总人数的38%。

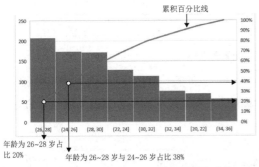

图 30-80　利用直方图展示数据的累积占比

深入了解

　　直方图与柱形图属性类似,两者的区别主要在于直方图用于比较连续的分类项,而柱形图不但可以比较连续型分类项,也可以比较离散的分类项。柱形图在比较离散的分类变量时,柱形之间一定要留有间隔,而直方图柱形之间是无间隔的,或有时为了美观,可适当留有较小间隔,如图 30-81 所示。

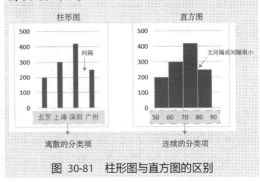

图 30-81　柱形图与直方图的区别

30.9.12　利用箱形图展示多项统计值

　　图 30-82 所示工作表的 A1:C92 区域为某段时间内的销售数据,现需要利用图表展示单日销量最大值、最小值、平均值。该要求可使用箱形图。

　　选取 A1:C92 区域,创建箱形图。从该箱形图中,可查看各城市中单日最大销量、最小销量、平均值、中值、上四分位值和下四分位值。

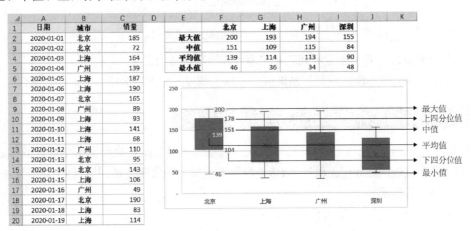

图 30-82　箱形图

30.9.13 利用瀑布图分析财务报表

图 30-83 所示工作表中的 A1:B10 区域为某企业的利润报表。现需要用图表展示净利润的计算过程。因要计算从收入到净利润的演变过程，所以该要求可以使用瀑布图来展示。

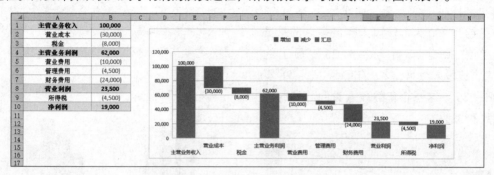

图 30-83　利用瀑布图分析财务报表

● 选择 A1:B10 区域，创建瀑布图。

● 单独选择"主营业务利润"柱形，右击，在弹出的快捷菜单中选择【设置为汇总】命令，如图 30-84 所示。

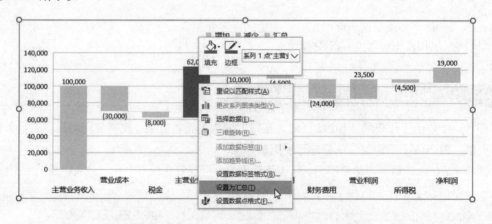

图 30-84　将分类项设置为汇总

● 采用上步操作，将"营业利润"和"净利润"项设置为汇总。

图 30-83 所示的瀑布图，一目了然地展示了从主营业务收入到最终净利润的计算过程。

30.9.14 利用漏斗图展示业务流程推进数据

图 30-85 所示的工作表的 A1:C5 区域为某电商平台用户注册与最终购买的统计数据。现需要利用图表展示该流程及其相关数据。因该流程具有逻辑上的顺序关系，并且各个环节依次减少，所以可利用漏斗图展示。

● 选择 A1:B5 区域，创建人数的漏斗图。

● 按住 <Ctrl> 键，单独选择 A1:A5、C1:C5 区域创建占比的漏斗图。

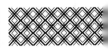

该漏斗图生动形象地展示了电商购买业务流程的各个环节及各环节相应的数据。

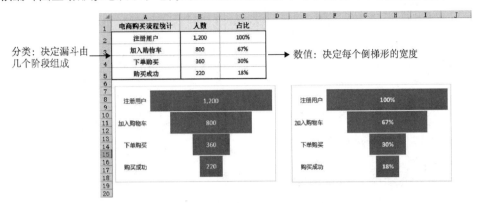

图 30-85　利用漏斗图展示业务流程数据

30.9.15　创建组合图

组合图是指由不同图表类型的系列组成的单个图表。图 30-86 展示的是某城市的气温及降雨量的数据比较，对其创建的是两个数据系列的柱形图。

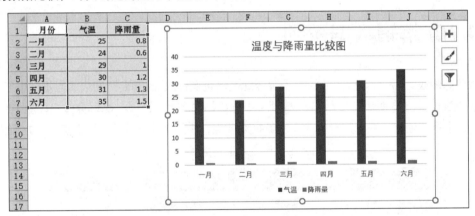

图 30-86　多数据系列图表

因降雨量的数据较小，在左侧数值坐标轴刻度上很难观察具体的值，此时可以将"降雨量"的数据系列改为折线图，具体操作如下。

第1步　单独选中"降雨量"数据系列。然后再在【图表工具 - 设计】选项卡中选择【更改图表类型】命令。

第2步　在【更改图表类型】对话框中选择【组合】选项卡，将"降雨量"的图表类型改为"带数据标记的折线图"，并且选中右侧【次坐标轴】复选框，单击【确定】按钮，即可完成组合图的创建，如图 30-87 所示。

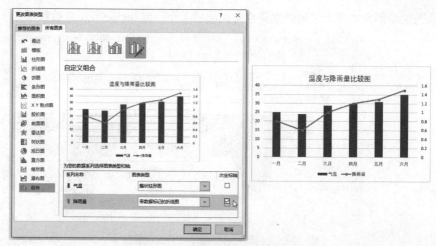

图 30-87　柱形图与折线图的组合

组合图中的"气温"数据系列的图形为柱形图，参考值为左侧的主坐标轴的刻度。"降雨量"数据系列的图形为折线图，参考值为右侧的次坐标轴的刻度。

 编辑数据系列

创建好图表之后，有可能图表的数据源会发生增减变化，此时需要对图表的数据源重新编辑，用户选中图表后，在【图表工具 - 设计】选项卡中选择【选择数据】命令，此时会弹出【选择数据源】对话框，【图表数据区域】为当前图表的数据源区域，中间为【切换行 / 列】按钮，左侧为【图例项（系列）】，右侧为【水平（分类）轴标签】，如图 30-88 所示。

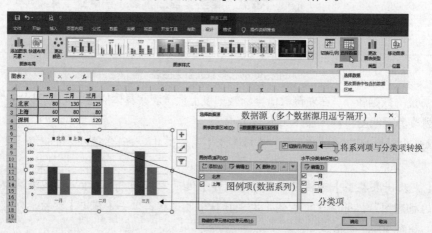

图 30-88　【选择数据源】对话框

1. 添加数据系列

用户若在图表中添加新的数据系列，可在【选择数据源】对话框中单击【添加】按钮，在弹出的【编辑数据系列】对话框中的【系列名称】框中输入或引用数据系列的名称，在【系列值】

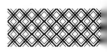

框中输入或引用数据源地址，单击【确定】按钮即可在图表中添加新的系列，如图 30-89 所示。

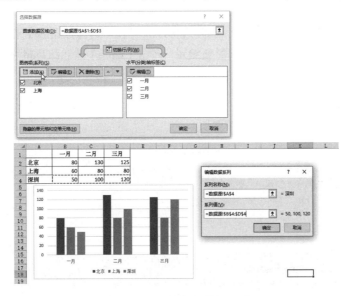

图 30-89　添加新的数据系列

深入了解

添加数据系列还有两种常见方式。

（1）直接拖动数据区域。对于工作表中的图表，增减数据系列最为简单的方法是拖动区域的轮廓线，如图 30-91 所示。当选择图表时，会在数据源区域显示图表所对应的区域，用户将光标置于任何一个实心点上，当光标变成斜线双向箭头时，拖动区域，即可增加或减少相应的数据系列，如图 30-90 所示。

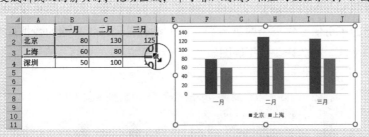

图 30-90　通过拖动区域的轮廓线增减数据系列

（2）复制数据区域粘贴到图表中。选中 A4:D4 区域，按快捷键 <Ctrl+C> 复制，再选中图表区，按快捷键 <Ctrl+V> 将数据行粘贴到图表中，通过这种方式也可以向图表中添加新的数据系列，如图 30-91 所示。

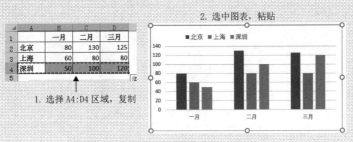

图 30-91　以复制粘贴的方式增加数据系列

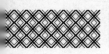
2. 编辑、删除、排序数据系列

用户若要对某数据系列进行编辑、删除或排序，可在【选择数据源】对话框中选择相应的
系列，然后单击【编辑】按钮对其进行重新编辑，单击【删除】按钮即可将序列在图表中删除，
单击右侧的向上或向下的小三角形按钮，可对序列进行上下移动排序，如图 30-92 所示。

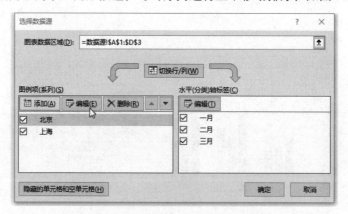

图 30-92 编辑、删除、排序系列

提示

在图表中选择某数据系列，可按 <Delete> 键直接删除该数据系列。

3. 编辑水平分类轴

如图 30-93 所示，图表数据源 A 列是年份值，B 列为销量，对 A1:B5 区域创建柱形图时，
Excel 会将 A 列的年份值当作一个数据系列，而分类轴采用从 1 开始的数据序列标识，此创建
的柱形图为错误图表，将其修改成正确图表的操作步骤如下。

第1步 选中"年份"的数据系列，按 <Delete> 键将其删除。

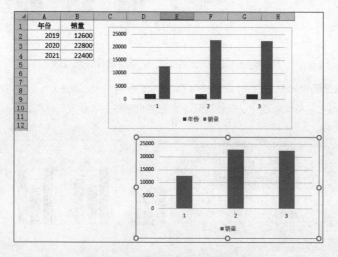

图 30-93 误将年份当作数据系列

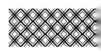

第2步 选中图表，在【图表工具-设计】选项卡中选择【选择数据】命令，在弹出的【选择数据源】对话框中单击右侧的【水平(分类)轴标签】下的【编辑】按钮，如图30-94所示。

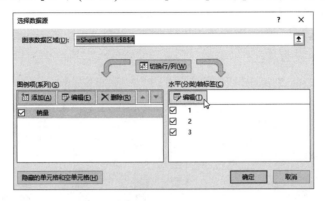

图 30-94 编辑水平分类轴

第3步 在弹出的【轴标签】对话框中单击【轴标签区域】右侧的折叠按钮，拖选正确的分类轴区域(A2:A4单元格区域)，单击【确定】按钮，即可将年份作为分类轴，如图30-95所示。

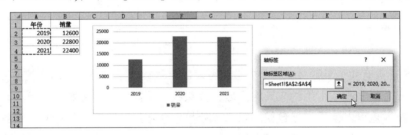

图 30-95 选择正确的分类轴区域

4. 切换行列

当数据源列数大于行数时，Excel在转换图表时会将第一行的标题作为图表的分类轴，而将第一列的标题作为数据序列的标识。用户若想改变分类轴与数据序列的位置，可在【选择数据源】对话框中单击【切换行/列】按钮，或在【图表工具-设计】选项卡中选择【切换行/列】命令，即可将分类轴与数据系列进行转换，如图30-96所示。

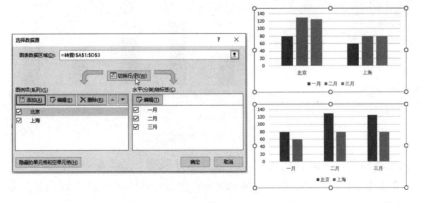

图 30-96 分类轴与数据系列的转换

5. 数据系列 SERIES 函数

修改图表的数据源除了使用鼠标选取单元格区域外，也可以使用 SERIES 函数。SERIES 是生成图表系列的专用函数，它无法在单元格中使用。如图 30-97 所示，选中柱形图，在公式编辑栏中会显示 SERIES 函数。

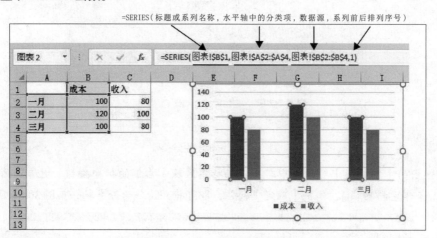

图 30-97 SERIES函数

SERIES 函数有 4 个参数：第一个参数为图表的标题或选中数据系列的系列名称；第二个参数为水平坐标轴中分类项引用的单元格区域，该参数也可以使用常量数组；第三个参数是数据源区域，该参数也可以使用常量数组；第四个参数为数据系列前后排列序号，相当于对数据系列的排序。序号较小的排在前面，序号较大的排在后面，如果改变序号的数值大小，数据系列的前后排列会发生变化。

图 30-98 中展示了以 A1:B6 区域创建的柱形图，其中默认的分类项名称较长，不利于图表的阅读。

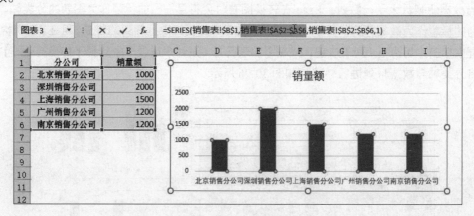

图 30-98 分类项名称较长

为了简化分类项名称，笔者在 A10:A14 区域中分别输入了简写名称，选中 SERIES 函数的第二个参数，然后引用 A10:A14 区域，按 <Enter> 键即可将该区域的值作为分类项，此方式同修改函数参数原理是一致的，如图 30-99 所示。

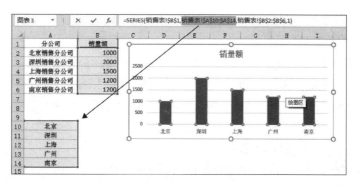

图 30-99　修改SERIES函数参数

对于SERIES函数的参数也可以使用常量数组，如图30-100所示，笔者用常量数组 {"北京";"深圳";"上海";"广州";"南京"} 作为 SERIES 函数的第二个参数，效果同图 30-99 一致。

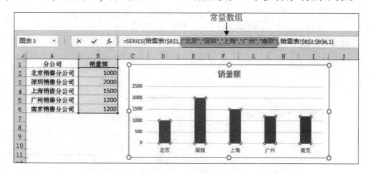

图 30-100　在SERIES函数参数中使用常量数组

深入了解

在【选择数据源】对话框中选中某系列后，单击【编辑】按钮，此时会弹出【编辑数据系列】对话框，该对话框中的【系列名称】对应 SERIES 函数的第一个参数，而【系列值】对应 SERIES 函数的第三个参数。

在【选择数据源】对话框的【水平（分类）轴标签】中单击【编辑】按钮，会弹出【轴标签】对话框，该对话框中编辑区域对应 SERIES 函数的第二个参数。在【选择数据源】对话框中编辑数据本质是在编辑 SERIES 函数，如图 30-101 所示。

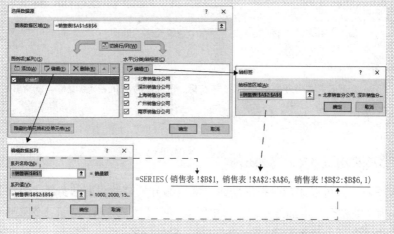

图 30-101　编辑图表数据与SERIES函数参数对应关系

6. 图标中空单元格的显示

当数据源的数据区域中有空单元格时，折线图有 3 种不同的样式：空单元格显示为空距、零值和用直线连接数据点。调出【选择数据源】对话框，单击【隐藏的单元格和空单元格】按钮，弹出【隐藏和空单元格设置】对话框，在该对话框中可以对空单元格进行设置，如图 3-102 所示。

- 空距：Excel 中以默认方式创建的折线图，空单元格的点是不绘制的，形成断点。
- 零值：图表中的空格数据点跌落至零。
- 用直线连接数据点：图表中的空格数据点用直线连接。

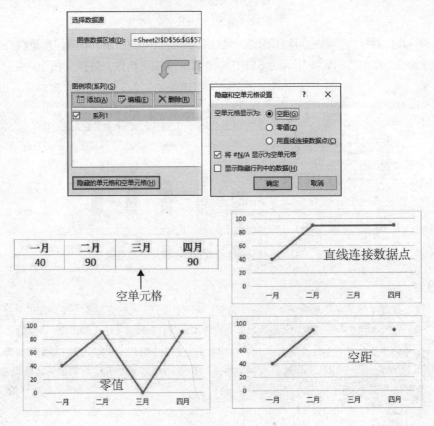

图 30-102　图表中空单元格的处理

深入了解

> 默认情况下，当单元格中内容为文本、空格、零值时，图表中均以 0 显示数据点。当单元格内容为 "#N/A" 或 "=NA()" 时，图表显示为用直线连接数据点。

7. 向数据系列中添加分析辅助线

在 Excel 图表中，可以添加分析辅助线，常见的分析辅助线有趋势线、系列线、垂直线、高低点连线、涨/跌柱形。添加方式均为选中图表，在【图表工具-设计】选项卡中选择【添加图表元素】命令，在下拉菜单中选择指定的分析辅助线进行添加，如图 30-103 所示。

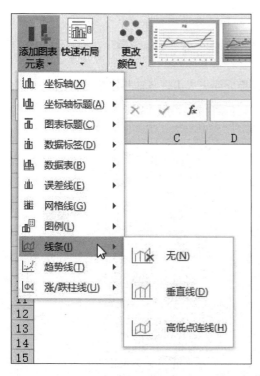

图 30-103　添加分析辅助线

（1）系列线。系列线是同一数据系列中连接各数据点的线，可以绘制在二维的堆积条形图和堆积柱形图中，它用于区别不同的数据系列，同时通过系列线的角度判断数据的大小，如图 30-104 所示。

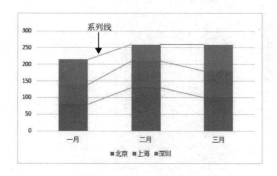

图 30-104　系列线

（2）垂直线。垂直线是从数据系列的每个数据点垂直延伸到分类轴的直线，只能绘制在二维或三维的折线图和面积图中，它的作用是可以将数据点与相对应分类项进行连接，从而方便标识数据点所属的分类，如图 30-105 所示。

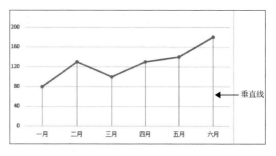

图 30-105　垂直线

（3）高低点连线。高低点连线是同一分类标志上不同数据的最高值到最低值的连线，只能绘制在多个系列的折线图和股价图中。通过高低点的连线长度比较，可以直观了解两组数据之间的差异，如图 30-106 所示。

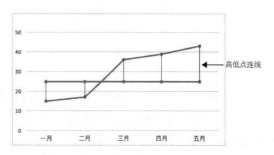

图 30-106　高低点连线

（4）涨跌柱线。涨跌柱线同高低点连线功能相似，它也是用于突出两组数据系列之间的差异，与高低点连线不同的是差异用柱形表示。柱形有两种形式，一种是涨柱形，另一种是跌柱形。涨柱形和跌柱形可以设置不同的颜色以示区别，如图 30-107 所示。

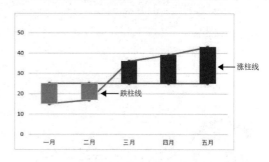

图 30-107　涨跌柱线

（5）趋势线。势线以图形的方式显示了数据的变化趋势，同时还可以用来预测分析。

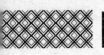

在 Excel 中提供了 6 种不同的趋势线：指数、线性、对数、多项式、乘幂和移动平均。在 Excel 中可以添加趋势线的图表有非堆积型的二维面积图、条形图、柱形图、折线图、股价图、XY 散点图和气泡图。

图 30-108 展示了添加的趋势线，并且在【设置趋势线格式】任务窗格中将趋势线的长度分别向前和向后添加了 0.5 个周期（水平分类轴上的一个分类项宽度为 1 个周期）。

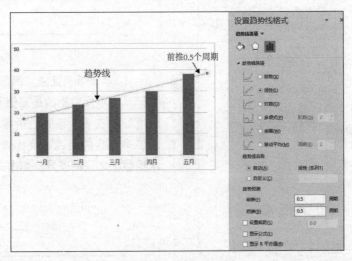

图 30-108 趋势线

（6）误差线。误差线是以图形形式显示与数据系列中每个数据标志相关的误差量。在【设置误差线格式】任务窗格中进一步对误差线做自定义的设置，如图 30-109 所示。

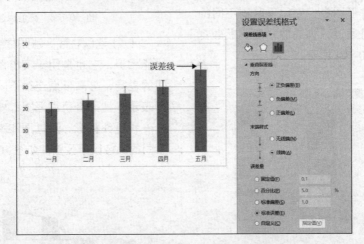

图 30-109 误差线

 **30.11** 常见图表操作

在图表制作过程中，几乎每个用户都会使用到一些图表常用操作，如更改图表类型，移动、复制、删除图表，此外将 Excel 中的图表放置在 Word、PowerPoint 中也是常见的操作。

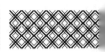

1. 更改图表类型

若需要将已经创建完成的图表更改成另一种图表类型，可选中原图表，然后在【插入】选项卡中选择另一种图表类型，即可将原图表类型做更改。此外，用户还可在【图表工具 - 设计】选项卡中选择【更改图表类型】命令，如图 30-110 所示。在弹出的【更改图表类型】窗格中选择所需更改的图表类型。

图 30-110 【更改图表类型】按钮

2. 移动图表

选中图表区，可按住鼠标左键不放直接拖动图表位置，用户若选中绘图区拖动，将只会移动绘图区的位置。若移动位置较远，可采用剪切与粘贴的方式移动图表。

此外，在【图表工具 - 设计】选项卡中选择【移动图表】命令，可弹出【移动图表】对话框，在此将图表移动到其他工作表或单独存储在图表工作表中，如图 30-111 所示。

图 30-111 跨工作表移动图表

3. 复制图表

选中图表后，在【开始】选项卡中选择【复制】命令，然后选中目标单元格，再选择【粘贴】命令即可复制图表，或使用复制和粘贴的快捷键 <Ctrl+C>、<Ctrl+V>。在 Excel 图表中，选中图表后，还可以使用快捷键 <Ctrl+D> 迅速复制图表，如图 30-112 所示。

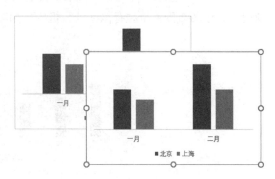

图 30-112 使用快捷键 <Ctrl+D> 复制图表

4. 删除图表

选中图表区，按 <Delete> 键可直接删除图表，如果是图表工作表，其删除方法与删除工作表方法相同。

5. 将图表移到 Word、PowerPoint 中

在实际工作中，可能经常需要在 Word、PowerPoint 中使用 Excel 中的图表，用户可直接选中图表，复制图表后进入 Word 或 PowerPoint 程序中直接粘贴，粘贴完成后在图表的右下角的【粘贴】按钮中可进一步选择粘贴的类型，如图 30-113 所示。

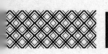

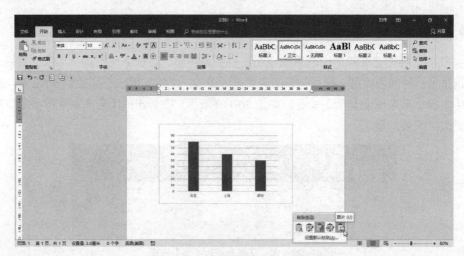

图 30-113　将图表粘贴至Word中

在选择粘贴类型后，可选中图表图片右击，在弹出的快捷菜单中可选择【另存为图片】命令，此时可将该图表图片单独存储在计算机中，如图 30-114 所示。

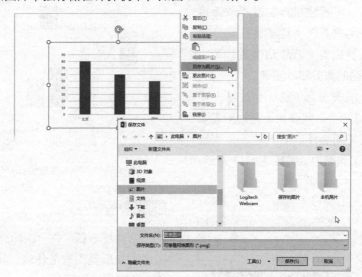

图 30-114　在Word中存储图表图片

30.12　迷你图

迷你图是显示在单个单元格中的一个小图表。使用迷你图与传统图表的最大的区别为迷你图较为简洁，它没有坐标轴、标题、图例、数据标签等图表元素，使用迷你图主要展示数据的大小比较和变化趋势，Excel 2019 提供了 3 种常用的迷你图类型：折线迷你图、柱形迷你图、盈亏迷你图。

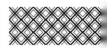

1. 创建迷你图

图 30-115 展示的是各城市一月至六月销售数据表，现需要创建迷你图展示一月至六月的销量比较。选中 H2:H4 单元格区域，选择【插入】→【迷你图】→【柱形】命令，在弹出的【创建迷你图】对话框中的【数据范围】组合框中选择 B2:G4 区域，单击【确定】按钮，即可创建柱形迷你图。创建折线迷你图、盈亏迷你图为类似操作。

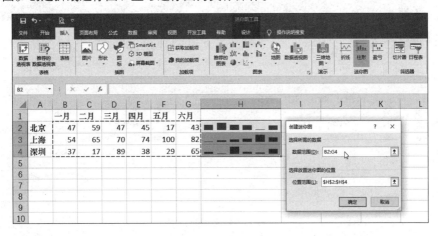

图 30-115　创建迷你图

> **提示**｜
>
> 折线图能直观地反映出数据变化的趋势。柱形图除了能反映数据的变化趋势外，还能用柱形的高度表示数据的大小。盈亏图只能直观地反映出数据的正负（盈亏）。盈亏图与柱形图最大的区别是，盈亏图不能比较数据的大小，它的所有柱形高度都一致。

2. 标记数据点

创建迷你图后，在功能区会显示【迷你图工具】上下文选项卡，在【显示】组中，选中【标记】复选框，可以在折线图中用带颜色的圆点显示数据标记，此外还可以标记高点、低点、负点、首点、尾点等，如图 30-116 所示。

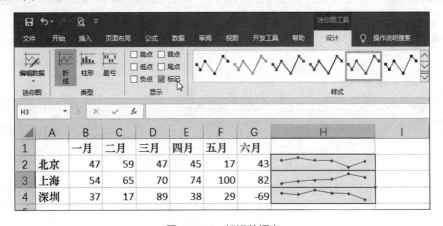

图 30-116　标识数据点

3. 显示横坐标轴

在默认情况下，迷你图是不显示横坐标轴的，为了更方便地通过迷你图浏览数据大小，可以在迷你图中显示横坐标轴。选中迷你图，选择【迷你图工具 - 设计】→【组合】→【坐标轴】→【显示坐标轴】命令，即可为迷你图添加横坐标轴，如图 30-117 所示。

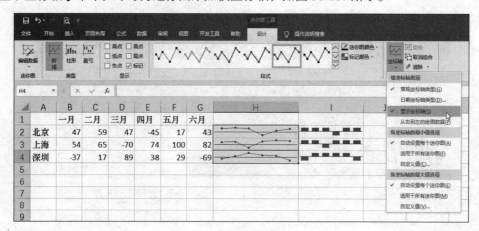

图 30-117　显示横坐标轴

4. 调整迷你图轴刻度

当创建迷你图时，使用数据的数字范围默认为在数据中的最小值和最大值之间，并且自动设置的迷你图的形状只有高低差别，并没有真实体现数据之间的差异量，如果要真实地反映数据之间的差异，需要手动设置迷你图的轴刻度。

选中迷你图区域，选择【迷你图工具 - 设计】→【组合】→【坐标轴】→【自定义值】命令，在弹出的【迷你图垂直轴设置】对话框中设置垂直轴的最小值，该对话框默认值为 0.0，但实际上并不是以 0.0 为最小值来体现数据。若以 0 为最小值，需要重新录入 0，或输入其他最小值，单击【确定】按钮，即可使迷你图真实地反映数据的差异量和趋势，如图 30-118 所示。

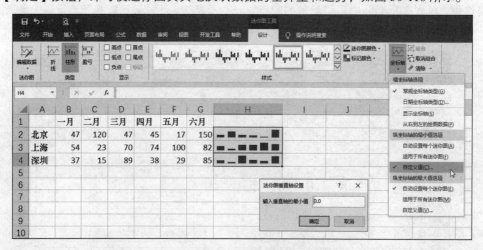

图 30-118　设置轴刻度

5. 使用日期坐标轴

如图 30-119 所示，A 列是日期（日期之间为非连续），B 列是销量。现对 B2:B8 区域在 D2 单元格使用柱形迷你图，默认情况下，该迷你柱形图的数据系列为等间距显示值。

	A	B	C	D
1	日期	销量		
2	2020-01-01	337		
3	2020-01-02	319		
4	2020-01-03	380		
5	2020-01-09	280		
6	2020-01-10	230		
7	2020-01-15	329		
8	2020-01-16	396		

图 30-119 等间距的日期轴

提示

笔者对 D2:D3 区域进行了合并单元格操作，所以迷你图看似位于工作表上方，实则不是。迷你图依然存在于（合并）单元格中。

用户若需要在柱形迷你图中显示缺失日期，可在【坐标轴】下拉菜单中选择【日期坐标轴类型】命令。在弹出的【迷你图日期范围】中选择 A2:A8 为所在日期区域，单击【确定】按钮，即可在迷你图中将缺失的日期显示为空白，如图 30-120 所示。

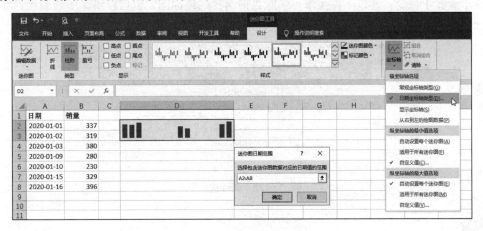

图 30-120 使用日期坐标轴

6. 处理空单元格和隐藏单元格

默认情况下，隐藏的行列数据不会出现在迷你图中，此外数据中的空单元格会显示为空距，用户可选择【迷你图工具 - 设计】→【迷你图】→【编辑数据】→【隐藏和清空单元格】命令，在弹出的【隐藏和空单元格设置】对话框中可以将空单元格显示为零值或用直线连接数据点。在下方，若选中【显示隐藏行列中的数据】复选框，将在迷你图中显示出隐藏行列中的数据，如图 30-121 所示。

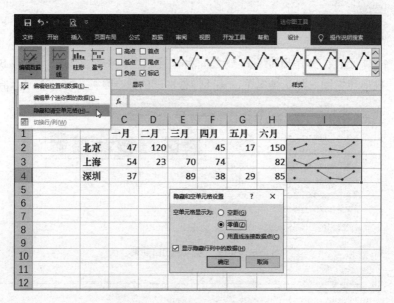

图 30-121　隐藏和空单元格设置

7. 清除迷你图

　　用户选中多个单元格创建迷你图时，这多个单元格中的迷你图会自动形成一个组，若要解除组关系，可选择【迷你图工具】→【组合】→【取消组合】命令。此外用户若要清除迷你图，可选择【清除】命令，通过下拉菜单可清除当前选择的迷你图，也可以清除所选的迷你组。清除迷你图也可以直接用删除单元格的方式进行清除，如图 30-122 所示。

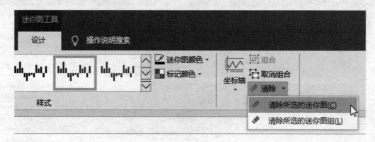

图 30-122　清除迷你图

专业术语解释

　　图表：是数据可视化的工具之一，在 Excel 中，它是指将工作表中的数据用图形表示出来。

　　数据点：对应于数据源中一个单元格的值的图形。

　　数据系列：由一系列的数据点构成组合，对应数据源中的一行或一列。

　　分类轴：位于图表区的下方，在分类轴上的分类项是数据分类比较的标准。

　　数值轴：位于图表区的左侧，用于度量图形的值。

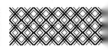

图例：标识不同数据系列的名称。

迷你图：存储在单元格中的一种特殊图表。

问题 1：什么时候用表格展示数据，什么时候用图表展示数据？

答：如果需要向他人展示每个精确的数值，就使用表格数据。如果需要展示整个数据趋势、轮廓、走向、全貌，就要使用图表。

问题 2：在图表背后插入或删除行列时，图表区大小为什么会变化？

答：默认情况下，对图表背后的单元格进行调整时，图表区大小会自动调整，用户若想固定图表区大小，可在【设置图表区格式】任务窗格中单击【大小】标签，在【属性】下选中【随单元格改变位置，但不改变大小】或【不随单元格改变位置和大小】单选按钮，这样设置后，对单元格进行任何设置，都不会调整图表区的大小，如图 30-123 所示。

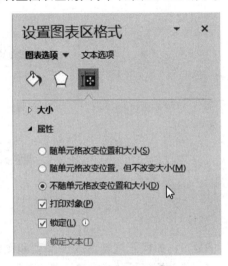

图 30-123　固定图表区大小

问题 3：如何设置多级分类项？

答：可以先对图表的数据源进行多列设置，然后再创建图表，如图 30-124 所示。

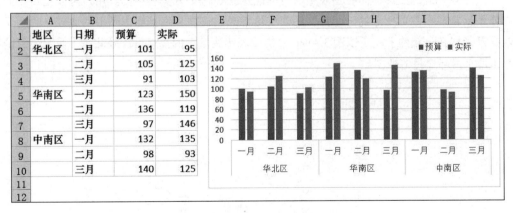

	A	B	C	D
1	地区	日期	预算	实际
2	华北区	一月	101	95
3		二月	105	125
4		三月	91	103
5	华南区	一月	123	150
6		二月	136	119
7		三月	97	146
8	中南区	一月	132	135
9		二月	98	93
10		三月	140	125
11				
12				

图 30-124　创建多级分类项

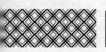

┃ 提示 ┃::::::::

如果不便在数据源中添加分类字段，可以在图表区中手动加入文本框和其他形状进行分类标识。

问题 4：创建图表时，Excel 是如何将行列标题转换成分类项和图例的?

答： 如果数据区域同时存在行列标题，并且第一行或第一列是文本或日期，那 Excel 会自动将其中一个标题作为分类项，另一个标题作为图例项，其余数值转成图形。如果数据区域中没有行、列标题，则创建图表时，Excel 会自动创建默认的分类项和图例项，分类项的样式为 1、2、3 的序列，图例项的样式为系列 1、系列 2 的序列，而其余数值将会转成图形，如图 30-125 所示。

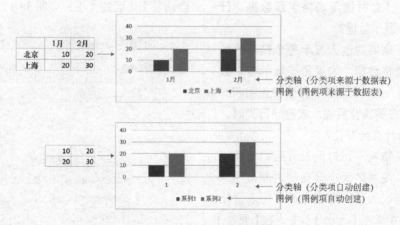

图 30-125　分类项与图例项

问题 5：如何正确地选择分类项和图例项?

答： 将数据区域转成图表，最为关键的是分类项和图例项的排列，它决定了图表传达信息的侧重点。图 30-126 展示了某原始数据表，右侧为利用该数据表生成的柱形图。为了便于阐述，笔者将原始二维表转成了一维表，在该表中选择"城市"作为分类项，"月份"作为图例项。人们习惯比较邻近的图形，而在图表中邻近的图形是在每个分类项中的。用户可以把每个分类项看作是聚集多个数据图形的一个组。图表传达信息的侧重点在于组内图形的比较（因为组内的数据是紧挨在一起的）。所以图 30-126 中的图表传达信息的重点是比较北京 1 月与 2 月的数据和上海 1 月与 2 月的数据。

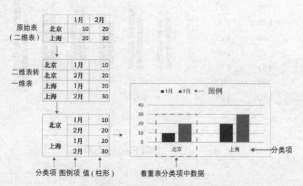

图 30-126　行标题作为分类项

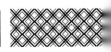

图 30-127 中传达信息的重点是比较 1 月北京与上海的数据，以及 2 月北京与上海的数据。

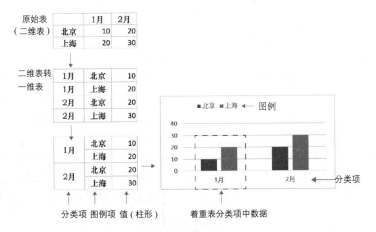

图 30-127　列标题作为分类项

| 提示 |

分类项和图例项的排列决定了图表的外观和图表信息表现的侧重点，用户需要思考选择什么数据作为分类项，什么样的数据作为图例项才能恰当展示数据的信息。

问题 6：常见图表关系有哪些?

答：在工作中常见图表关系有 7 种，如表 30-1 所示。

表 30-1　常见图表关系

图表关系	说明	可使用的图表类型
数值比较	对数值大小进行相互比较	柱形图
数值累计比较	对各个数值区间的累计值进行比较	堆积柱形图
时间序列	按时间的递进进行序列比较	柱形图、折线图
排序关系	数据按顺序排列后进行比较	柱形图、直方图
比例关系	以百分比形式显示部分与整体之间的比例或构成关系	饼图
对照关系	以某标准值与其他数值进行比较	柱形图、多条折线图
交互关系	数据之间的分布及影响关系	散点图

| 提示 |

以上针对不同图表关系推荐使用图表类型的原则只是一般原则，在实际应用中，用户可以根据数据源特性及需求尝试各种图表类型，然后筛选对比，从而最终选择最合适、恰当的图表类型及其组合。

问题 7：图表"欺骗"是什么意思?

答：图表虽然可以直观形象地展示数据，但是图表也可以"欺骗"阅读者。图 30-128 左侧为正常的柱形图，该柱形图以 0 作为起始刻度值，而右侧是也以同样的数据创建的柱形图，但却以 90 作为起始刻度值，虽然这样设置图表没有错误，但图表展示出来的数据比较效果却夸大了，这两份图表对不同的人会产生极大的信息阅读偏差。

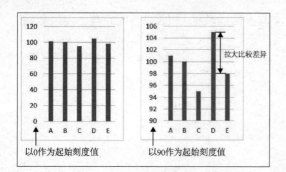

图 30-128　改变最小刻度

|提示|

　　在现实生活中，很多图表是以扭曲信息的方式呈现的，最常见的就是上例中未从绝对零点开始的刻度线，此外还有使用不等距的数值或类别坐标轴、刻意扭曲的图表长宽比、未展现事实全貌的片段数据值、刻意放大的部分图形、以面积显示高度等。用户在使用图表时，应该考虑图表真实反映的数据间关系。作为图表的阅读者也要对图表真实信息的表达产生怀疑。如果对图表产生怀疑，最好的验证方式是阅读原始表格数据，并重新做图验证。

31 高级图表与动态图表

本章介绍运用各种工具、不同图表元素参数的设置来创建各种高级图表,以及综合利用控件、名称、数据有效性、函数功能创建动态图表。

31.1 高级图表

高级图表并不表示图表有多高级或功能有多么复杂。所谓高级图表,更注重构图思路、制作细节及数据在图表中的表达。此外,制作高级图表往往需要先分析图表需求,然后对数据源添加辅助列、改造数据源的结构、建立辅助表等。因此,高级图表比简单的图表更加灵活,使用的方法和工具更加丰富。在制作高级图表过程中甚至还需要融入用户的创意。

31.1.1 标识指定月份

图 31-1 中展示了某产品某年度 12 个月内的销售额折线图,其中因为 2 月、5 月、6 月、10 月、11 月为企业的重点月份,所以需要标识对应的折线区间。

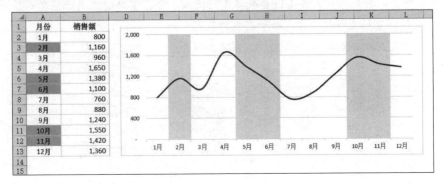

图 31-1　标识指定月份数据

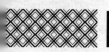

假设已经完成折线图的绘制，制作上述要求的标识图的步骤如下。

第1步 在 C 列添加辅助列，重点月份用数值 1 填充，其余月份用数值 0 填充，然后选中 C1:C13 区域进行复制，再选中图表区进行粘贴，以将辅助列的数据添加到图表中，如图 31-2 所示。

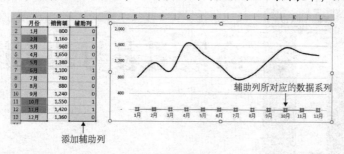

图 31-2　添加辅助列

第2步 选中辅助列的数据系列，在【图表工具 - 设计】选项卡中选择【更改图表类型】命令，在【更改图表类型】对话框中选择【组合图】，在底部系列名称处，将添加的辅助的数据系列的图表类型更改为百分比堆积柱形图，然后选中【次坐标轴】复选框，单击【确定】按钮，如图 31-3 所示。

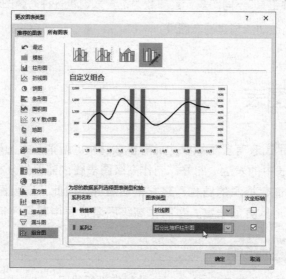

图 31-3　更改图表类型

第3步 选中辅助列的数据系列，在【设置数据系列格式】任务窗格中将间隙宽度调整为 0，其目的是将相邻的柱形紧贴在一起，这有助于图表的美观，如图 31-4 所示。

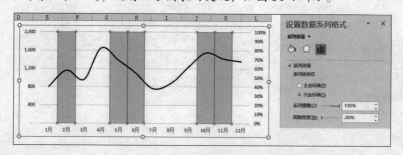

图 31-4　调整间隙宽度

第4步 因为次坐标轴的数值标签是无用信息，所以必须隐藏。在此处不能直接删除次坐标轴，因为直接删除会将柱形图也一并删除，正确方式是将数值标签的颜色设置为白色，或在【设置坐标轴格式】任务窗格中，将数字类别设置为【自定义】，然后在格式代码中输入";;;"，单击【添加】按钮，即可隐藏次坐标轴上的数值标签，如图31-5所示。

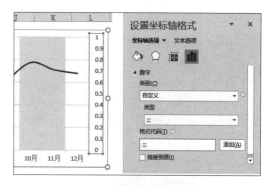

图 31-5　设置数值轴的数字格式

31.1.2　带平均线的销量走势图

图31-6左侧是某企业2020年的销售数据表，现需根据此数据分析销量走势，为此创建右侧折线走势图，如图31-6所示。

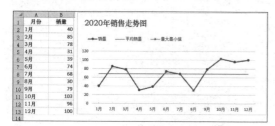

图 31-6　销售数据列表

创建上述走势图，操作步骤如下。

第1步 选中A1:B13区域，创建带数据标记的折线图，如图31-7所示。

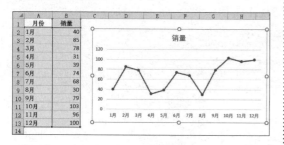

图 31-7　插入折线图

为了构建平均销量和标识最大值、最小值，必须在数据列表中构建辅助列，如图31-8所示，C列为辅助列，标题为"平均销量"。在C2单元格中输入公式：

```
=AVERAGE($B$2:$B$13)
```

该公式用于计算平均值，将公式复制到C13单元格，D列也为辅助列，标题为"最大最小值"，在D2单元格中输入公式：

```
=IF(OR(B2=MAX($B$2:$B$13),B2=MIN($B$2:$B$13)),B2,#N/A)
```

该公式用于求出销量的最大值和最小值，将公式复制到D13单元格。

	A	B	C	D
	月份	销量	平均销量	最大最小值
1				
2	1月	40	69	#N/A
3	2月	85	69	#N/A
4	3月	78	69	#N/A
5	4月	31	69	#N/A
6	5月	39	69	#N/A
7	6月	74	69	#N/A
8	7月	68	69	#N/A
9	8月	30	69	30
10	9月	79	69	#N/A
11	10月	103	69	103
12	11月	96	69	#N/A
13	12月	100	69	#N/A
14				

C2 单元格　fx =AVERAGE($B$2:$B$13)

图 31-8　构建辅助列

第2步 选中图表，在【图表工具-设计】选项卡中单击【选择数据】按钮，在弹出的【选择数据源】对话框中单击【添加】按钮，分别添加"平均销量"和"最大最小值"数据系列，如图31-9所示。

图 31-9　添加新的数据系列

第3步 选中平均销量系列，然后在【图表工具 - 格式】选项卡中选择【设置所选内容格式】命令，弹出【设置数据系列格式】任务窗格，在【填充与线条】下的【标记】标签中将【数据标记选项】设置为【无】，如图 31-10 所示。

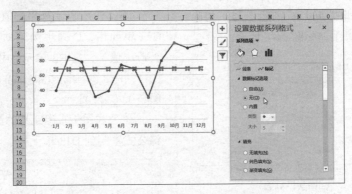

图 31-10　设置平均值、分类轴格式

在【图表工具 - 格式】选项卡的图表元素选取框中，选择"最大最小值"系列，再单击【设置所选内容格式】按钮，在弹出的【设置数据系列格式】任务窗格中，将【填充与线条】下的【填充】设为【纯色填充】，颜色设置为红色，如图 31-11 所示。

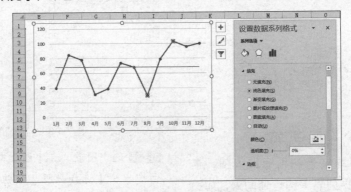

图 31-11　设置数据标记颜色

第4步 选中图表区，单击【图表元素】快捷按钮，在其下选中【图表标题】和【图例】复选框，然后将图例拖动到绘图区上方，将图例框拉宽以水平方向排列，图表标题设置为"2020 年销售

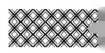

走势图",将其拖放至图表区的左侧显示,用户可以设置标题字体格式,调整图表区、绘图区的大小等,最终完成该走势图的创建和美化,如图 31-12 所示。

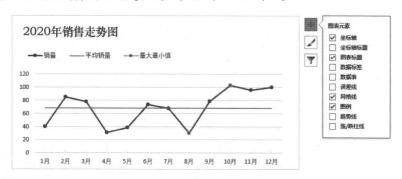

图 31-12　添加图表标题、图例

31.1.3　创建预算额与实际额对比图

图 31-13 左侧是某企业某年度各部门预算费用与实际花费的数据表,现需要比较预算额与实际额,为此创建右侧柱形对比图。

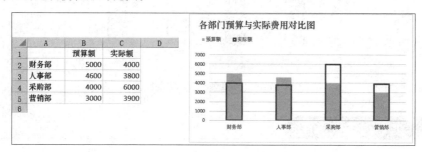

图 31-13　预算额与实际额对比图

创建上述对比图的操作步骤如下。

第1步 选中 A1:C5 区域,再选中【插入】→【图表】→【簇状柱形图】命令,创建柱形图如图 31-14 所示。

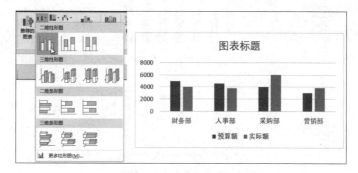

图 31-14　创建柱形图

第2步 双击"实际额"数据系列,弹出【设置数据系列格式】任务窗格,如图 31-15 所示。然后将【系列重叠】设置为 100%,边框设置为实线,颜色为蓝色,宽度为 2.75 磅,填充设置为无填充(即透明),选中"预算额"数据系列,填充为黄色。

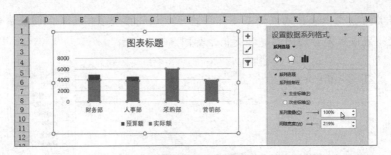

图 31-15 设置数据系列格式

第3步 将图表标题设置为"各部门预算与实际费用对比图",拖动至图表区左侧。将图例拖动至绘图区左侧,设置标题字体格式,调整图表区、绘图区的大小等,最终完成该对比图的创建和美化,如图 31-16 所示。

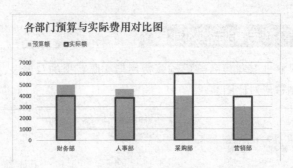

图 31-16 预算额与实际额对比图

31.1.4 上下对齐柱形图

图 31-17 中的上部分展示了利用 A1:C7 区域创建的柱形图,该柱形图中柱形方向均朝上,而下部分则是利用同样的数据创建的双向(上下)柱形图,在一定程度上,双向的柱形图可避免两个数据系列紧挨在一起时产生的视觉干扰。

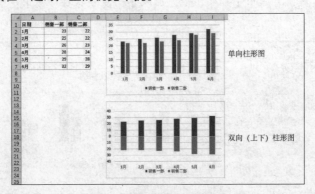

图 31-17 双向(上下)柱形图

创建双向(上下)柱形图的步骤如下。

第1步 在 D 列中创建辅助列,在 D2 单元格中输入公式"=-C2",向下复制公式至 D7 单元格,然后按住 <Ctrl> 键,分别选中 A1:B7、D1:D7 区域创建柱形图,如图 31-18 所示。

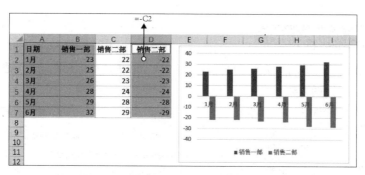

图 31-18 创建柱形图

第2步 双击水平分类轴，在【设置坐标轴格式】窗格中的【坐标轴】下，将【标签位置】设置为低，如图 31-19 所示。

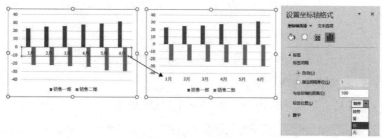

图 31-19 设置分类轴标签位置

第3步 单击上方的数据系列，在【设置坐标轴格式】窗格中的【系列选项】下，将【系列重叠】设置为 100%，如图 31-20 所示。

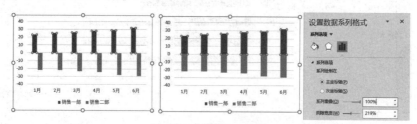

图 31-20 设置系列重叠

第4步 单击数值刻度，在【设置坐标轴格式】窗格中的【坐标轴】下，【数字】的【类别】选择为"自定义"，默认会显示"#,##0;-#,##0"的格式代码，在下方格式代码编辑框中，删除第二区间前面的负号，最终自定义代码格式为"#,##0;#,##0"，单击【添加】按钮，即可完成双向（上下）柱形图的设置，如图 31-21 所示。

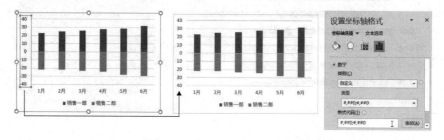

图 31-21 自定义数值标签的格式

31.1.5 左右对称条形图

图31-22中展示了利用A1:C7区域创建的对称条形图,该对称条形图与柱形图相比更加简洁,同时也可以直观地对比两列数据。

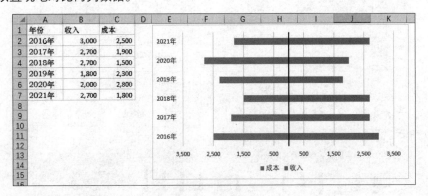

图 31-22 对称条形图

创建上述对称条形图的步骤如下。

第1步 选中 A1:C7 区域,创建普通的条形图,如图 31-23 所示。

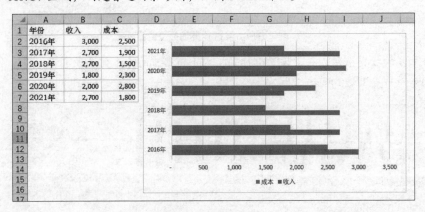

图 31-23 创建条形图

第2步 选择"收入"数据系列,在【设置数据系列格式】窗格中的【系列选项】下,将【系列绘制在】设置为次坐标轴,如图 31-24 所示。

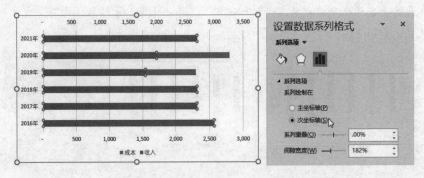

图 31-24 创建次坐标轴

第3步 选择绘图区下方的分类轴，在【设置坐标轴格式】窗格的【坐标轴选项】下，将【边界】的【最小值】设置为 -3500，【最大值】设置为 3500，如图 31-25 所示。

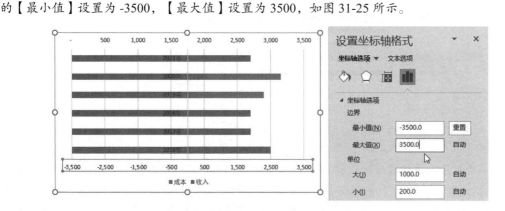

图 31-25　设置坐标轴的最小值与最大值

第4步 选择绘图区下方的数值轴，在【设置坐标轴格式】窗格的【坐标轴选项】下，选中【逆序刻度值】复选框，如图 31-26 所示。

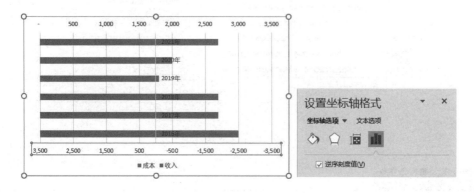

图 31-26　设置逆序刻度值

第5步 单击绘图区上方的数值轴，在【设置坐标轴格式】窗格的【坐标轴选项】下，将【边界】的【最小值】设置为 -3500，【最大值】设置为 3500，如图 31-27 所示。

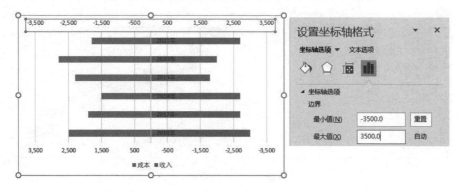

图 31-27　设置次坐标轴的最小值与最大值

第6步 单击中间的纵坐标轴，在【设置坐标轴格式】窗格的【坐标轴选项】下，将【标签位置】设置为高，此时可将数值标签放置在绘图区左侧，如图 31-28 所示。

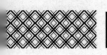

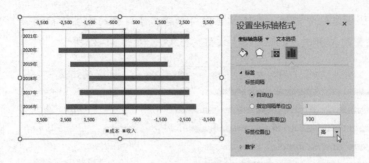

图 31-28　设置纵坐标轴位置

第7步 单击绘图区上方的数值轴，按 <Delete> 键删除。单击选择绘图区下方的数值轴，在【设置坐标轴格式】窗格中的【坐标轴】下，【数字】的【类别】选择"自定义"，在【类型】中选择"#,##0;-#,##0"的格式代码，然后删除第二区间前面的负号，最终自定义代码格式为"#,##0;#,##0"，单击【添加】按钮，即将数值轴中的数值全部显示为正数，如图 31-29 所示。

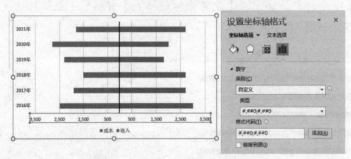

图 31-29　自定义数值标签格式

31.1.6　甘特图

图 31-30 展示的是一份甘特图。甘特图在企业管理工作中被广泛应用，其横轴表示时间，纵轴表示活动（项目），线条表示在整个期间上计划和实际的活动完成情况。甘特图直观地表明任务计划在什么时候进行，以及实际进展与计划要求的对比。

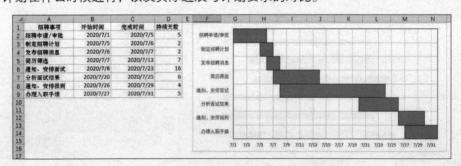

图 31-30　甘特图

在图 31-30 中 A 列是有逻辑顺序的事项，B 列是项目开始时间，C 列是完成时间，D 是持续天数，该天数通过完成时间减去开始时间再加 1 得出。以该数据为例，创建甘特图的步骤如下。

第1步 选中 B2:B9 区域的日期转成常规格式，其目的是避免 Excel 将开始时间默认设置为分类项，

然后按住 <Ctrl> 键，分别选中 A1:B9、D1:D9 区域，创建堆积条形图，如图 31-31 所示。

图 31-31　创建堆积条形图

第2步 选中水平分类轴，将常规数值设置为日期格式，然后选中"开始时间"系列对应的柱形，在【设置数据系列格式】任务窗格的【填充与线条】下，将【填充】设置为无填充，即透明显示，如图 31-32 所示。

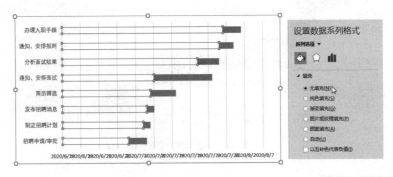

图 31-32　将柱形设置为无填充

第3步 选择纵向分类轴，在【设置坐标轴格式】任务窗格的【坐标轴】下，将【横坐标轴交叉】选择为"最大分类"，然后选中【逆序类别】复选框，如图 31-33 所示。

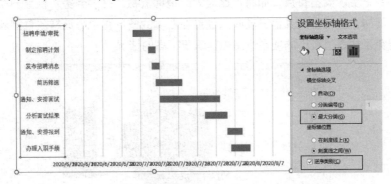

图 31-33　设置纵向分类项

第4步 选择横向日期轴，在【设置坐标轴格式】任务窗格的【坐标轴】下，将【边界】的【最小值】设置为 2020-7-1，即数据源中最小日期（完成设置后日期会自动转为数值 44013 显示），【最大值】设置为 2020-8-1，即数据源中最大日期 2020-7-31 对应的序列值再加上 1 的数值，还需要加 1 是为了将最后一天所表示的柱形也显示在绘图区中，然后将【单位】下的【大】设置为 2，同时将日期的数字格式设置为只含月和日的短日期格式，如图 31-34 所示。

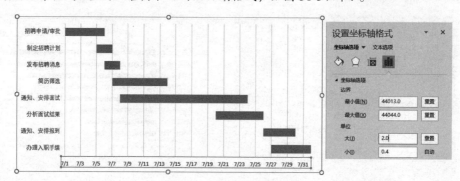

图 31-34 设置日期轴格式

第5步 对绘图区添加主要网格线，对绘图区设置实线边框，对坐标轴的线条设置实线，然后选择柱形，将间隙宽度设置为 0%，如图 31-35 所示。

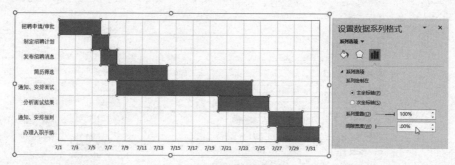

图 31-35 调整甘特图系列间隙

31.1.7 复合条饼图

图 31-36 展示的是一个复合条饼图。复合条饼图可以将所占比例较小的部分合并成"其他"一项，使图表反映的数据更能突出重点，如将占比较大的销售货物、提供劳务、租金三项收入放置在左侧第一绘图区中，而将占比较小的其他三项收入放置在右侧的条形图中。这样放置图表层次较清楚，可以区别重点，避免了数据值较小的项在饼图中辨识度不高的情况。

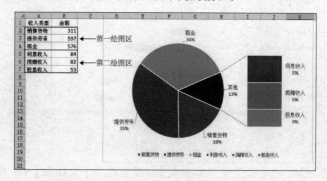

图 31-36 复合条饼图

创建复合条饼图步骤如下。

第1步 选中 A2:B7 区域，选择【插入】→【图表】→【饼图】→【复合条饼图】命令，如图 31-37 所示。

图 31-37　创建复合条饼图

第2步 对复合条饼图添加百分比及类别名称，然后选中右侧第二绘图区中的柱形图，在【设置数据点格式】任务窗格的【系列选项】下，【系列分割依据】默认是"位置"，该选项将以项目的排列顺序位置为标准分隔系列。数据区域中最后一项为第一位置。用户可以在【第二绘图区中的值】框中输入自定义项目位置的个数，如设为3，将有3个项目位置处在第二绘图区中，如图 31-38 所示。

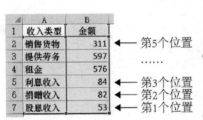
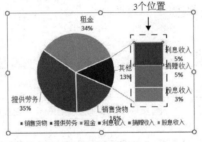

图 31-38　以位置分隔图形

以"位置"分隔图形，数据源必须要按从大到小排序。此外还可以按"值"分隔，它可以指定一个最小值，凡是小于最小值的项目全部位于第二绘图区中，此方式数据源可以不用排序；按"百分比"分隔，它可以指定一个最小百分比，凡是小于最小百分比的项目全部位于第二绘图区中；最后一项为自定义，该方式最为灵活，它可以选中某项目，直接指定在特定的区域中，如图 31-39 所示。

在复合饼图系列中，还有子母饼图。它与复合条饼图的使用方式功能一致，与复合条饼图不同的是该图的第一绘图区与第二绘图区的图形均为饼图，故称子母饼图，如图 31-40 所示。

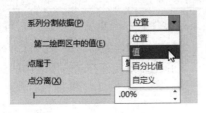

图 31-39　以其他方式分隔图形

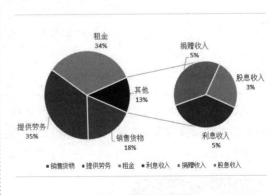

图 31-40　子母饼图

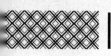

31.2 动态图表

动态图表也称为交互式图表，用户可以通过鼠标改变不同选项，从而相应地生成不同数据源的图表。与普通的静态图表相比，动态图表更加丰富、灵活和智能。动态图表的制作方法需要使用控件、定义名称、数据有效性及函数等功能配合完成。

31.2.1 认识控件

控件是在用户与 Excel 交互时用于输入数据或操作数据的对象。在工作表中使用控件可以为用户提供更加友好的操作界面。在 Excel 中有两种类型的控件：表单控件和 ActiveX 控件。选择【开发工具】→【控件】→【插入】命令，在其下拉菜单中可插入表单控件和 ActiveX 控件，如图 31-41 所示。

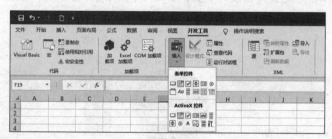

图 31-41 表单控件和ActiveX控件

> **提示**
>
> 如果用户的功能区中没有【开发工具】选项卡，需要在【Excel 选项】对话框的【自定义功能区】中选中【开发工具】复选框，如图 31-42 所示。
>
>
>
> 图 31-42 调出【开发工具】选项卡

表单控件、ActiveX 控件大部分功能是相同的，但表单控件有一个重要特性，即它可以和单元格关联，操作表单控件时可以修改单元格的值，利用此特性可以构建动态图表。ActiveX 控件用于 VBA 中窗体的使用，故不在本节中加以介绍。本节只介绍表单控件在动态图表中的应用。

31.2.2 复选框

复选框又称多选框，它用方框图标表示。复选框可选择零至多项，复选框的相关操作如下。

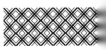

1. 插入复选框

选择【开发工具】→【控件】→【插入】按钮，在其下拉菜单中单击复选框，然后在工作表中单击或拖曳，即可插入一个复选框，如图 31-43 所示。

图 31-43　复选框

2. 选中和移动复选框

选中复选框有三种方式。

● 右击复选框。

● 按住 <Ctrl> 键，单击复选框。

● 在【开始】选项卡中，选择【查找和选择】→【选择对象】命令，可直接在工作表中框选控件区域，同时也可以单击选择控件，若要同时选择多个控件，需要按住 <Ctrl> 或 <Shift> 键。

选中控件后，可以手动拖动来调整控件的位置及设置对齐方式，如图 31-44 所示。

图 31-44　选择控件

3. 对复选框命名

拉大复选框的宽度，可直接将光标插入文字中进行名称修改操作。此外，选中复选框并右击，在弹出的快捷菜单中选择【编辑

文字】命令也可以修改名称，如图 31-45 所示。

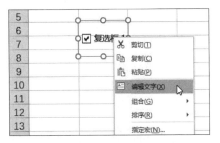

图 31-45　对复选框重命名

4. 对复选框进行对齐

在工作表中如果存在多个复选框或其他控件，则必须要对它们进行对齐设置，以使控件在工作表中排列整齐、美观。选中多个控件后，可以在【绘图工具】选项卡的【对齐】下拉菜单中进行各种对齐设置，如图 31-46 所示。

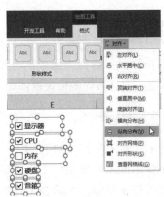

图 31-46　对控件进行对齐

5. 将复选框的返回值与单元格进行链接

复选框的状态只有选取和未选取两种，这两种状态返回的结果是 TRUE 和 FALSE。默认状态下，复选框返回的状态值并没有显示在工作表中，只有将复选框的返回值与单元格进行链接后才能显示。

选中复选框并右击，在弹出的快捷菜单中选择【设置控件格式】命令，弹出【设置控件格式】对话框，选择【控制】选项卡，在【单元格链接】处指定某个单元格（如 D3

单元格），单击【确定】按钮，即可将复选框的返回值显示在单元格中，如图 31-47 所示。

图 31-47 将复选框的返回值与单元格进行链接

将复选框的返回值与单元格进行链接后，单元格中会显示 TRUE 和 FALSE，TRUE 表示复选框是选中状态，而 FALSE 表示复选框是未选中的状态，如图 31-48 所示。

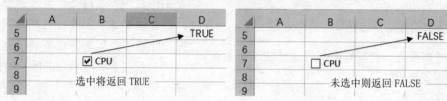

图 31-48 在单元格中显示复选框返回值

31.2.3 单选按钮

单选按钮只能选择一组中的一项，选项具有排斥性。单选按钮的相关操作如下。

1. 插入单选按钮

选择【开发工具】→【控件】→【插入】命令，在弹出的【表单控件】下拉菜单中单击【选项按钮】按钮，然后在工作表中单击或拖曳，即可插入一个单选按钮，如图 31-49 所示。

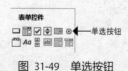

图 31-49 单选按钮

2. 将单选按钮的返回值与单元格链接

选中单选按钮并右击，在弹出的快捷菜单中选择【设置控件格式】命令，弹出【设置对象格式】对话框，选择【控制】选项卡，在【单元格链接】处指定某个单元格（如 F3 单元格），单击【确定】按钮，即可将单选

按钮的返回值显示在单元格中，如图 31-50 所示。

图 31-50 将单选按钮的返回值与单元格进行链接

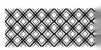

对于多个单选按钮，只需要对其中一个单选按钮指定链接单元格即可，其他的单选按钮会自动指定为之前链接的单元格。

单选按钮的返回值为数值序号的情况。如图 31-51 所示，单选按钮选择"男"时，单元格的值返回 1，因为该单选按钮是第一个被插入的单选按钮；选择"女"时，单元格的返回值为 2，如果工作表中还存在其他

单选按钮，则返回值为连续的数值序号。

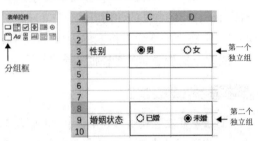

图 31-51　单选按钮的返回值为数值序号

31.2.4　分组框控件

分组框控件主要用来组织工作表中的控件，可将具有同一逻辑的控件放在不同的分组框中，它经常用于单选按钮的分组。同一组单选按钮只能选择一项，如果工作表中需要设置多个单选按钮组，就必须使用分组框进行分组，每个分组框中的单选按钮作为一组。

设置分组，只需要单击【表单控件】中的分组框，然后在需要设置为同一组的控件上框选即可，如图 31-52 所示，利用分组框

将性别与婚姻状态进行分组。

图 31-52　利用分组框对单选按钮分组

31.2.5　组合框

组合框是将文本框与列表框组合起来以创建下拉列表框。用户可以在下拉列表中选择项目，选择的项目将出现在上方的文本框中。组合框的相关操作如下。

1. 插入组合框

选择【开发工具】→【控件】→【插入】命令，在弹出的【表单控件】下拉菜单中单击【组合框】按钮，然后在工作表中拖动，即可插入一个组合框，如图 31-53 所示。

图 31-53　组合框

2. 绑定数据源及链接单元格

选中组合框并右击，在弹出的快捷菜单中选择【设置控件格式】命令，弹出【设置对象格式】对话框，选择【控制】选项卡，在【数据源区域】中指定 A2:A6 区域为数据源区域，将【单元格链接】指定为 C1 单元格，单击【确定】按钮，如图 31-54 所示。

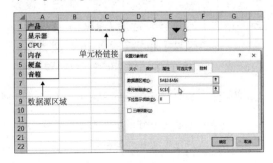

图 31-54　为组合框绑定数据源区域及链接单元格

为组合框绑定数据源区域和链接单元格
后，单击组合框的下拉按钮，会展示数据列表，
单击列表中的某项目，就会列示在组合框中，
同时在链接的单元格中会标识选中项目的序
列号，如图 31-55 所示。

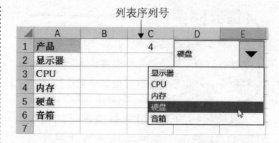

图 31-55 在组合框中选择数据

31.2.6 列表框

列表框是以数据行的方式显示绑定的数
据记录，它与组合框的使用方法、功能一致。
用户可将组合框视为下拉式的列表，将列表
框视为展开的列表。列表框相关操作如下。

1. 插入列表框

选择【开发工具】→【控件】→【插入】
命令，在弹出的【表单控件】下拉菜单中单
击【列表框】按钮，然后在工作表中单击或
拖动，即可插入一个列表框，如图 31-56 所示。

图 31-56 列表框

2. 绑定数据源及链接单元格

选中列表框并右击，在弹出的快捷菜单
中选择【设置控件格式】命令，弹出【设置
控件格式】对话框，选择【控制】选项卡，
在【数据源区域】中指定 A2:A6 区域为数据
源区域，将【单元格链接】指定为 C1 单元格，

单击【确定】按钮，如图 31-57 所示。

图 31-57 为列表框绑定数据源区域及链接单元格

为列表框绑定数据源区域和链接单元格
后，单击列表框的数据行，表示选中该项目，
同时在链接的单元格中会标识选中项目的序
列号，如图 31-58 所示。

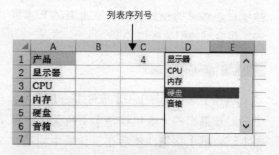

图 31-58 在列表框中选择数据

| 提示 |

列表框的优点是可以展示所有的选项，缺点是需要占用较大的空间。组合框的优点是占用较小的
空间，缺点是隐藏选项，需要单击下拉列表才能浏览选项。用户可以权衡两者利弊进行选择。

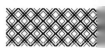

31.2.7　滚动条

滚动条由滚动滑块及两端的滚动箭头组成，在 Excel 中滚动条用于数值的调节。滚动条的相关操作如下。

1. 插入滚动条

选择【开发工具】→【控件】→【插入】命令，在弹出的【表单控件】下拉菜单中单击【滚动条】按钮，然后在工作表中水平拖动，即可插入一个水平方向的滚动条，如图 31-59所示。

图 31-59　滚动条

2. 设置滚动条相关步长值

选中滚动条，右击，在弹出的快捷菜单中选择【设置控件格式】命令，弹出【设置控件格式】对话框，选择【控制】选项卡，将【最小值】设置为1，【最大值】设置为2，【步长】设置为1，【页步长】设置为2，【单元格链接】指定为 B6 单元格，单击【确定】按钮，如图 31-60 所示。

图 31-60　设置滚动条相关步长值

如图 31-61 所示，单击滚动条左侧会减小步长值，单击右侧会增大步长值，链接的单元格会显示当前步长值。

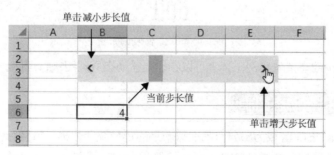

图 31-61　利用滚动条调节数值

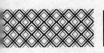
31.2.8　数值调节按钮

数值调节按钮类似微调按钮，它同滚动条功能、性质一致，都是用于数值调节。数值调整按钮没有中间滚动区域，只能通过上下箭头进行数值的调整，如图 31-62 所示。

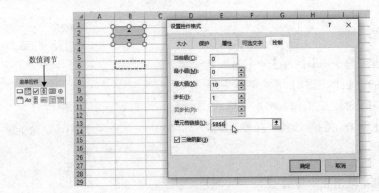

图 31-62　数值调节按钮

31.3 动态图表案例

动态图表的本质是使用函数构建辅助表，然后利用控件的返回值作为函数的参数，用户单击控件时改变控件的返回值，则函数所构建的辅助表（数据源）同时也会发生改变，在其基础上创建的图表也会动态变化，图 31-63 展示了其全部过程。

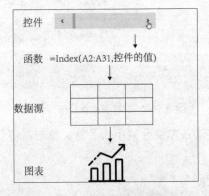

图 31-63　动态图表构成原理

下面将列举多个动态图表案例，读者可以参照上述动态原理图进行理解。

31.3.1　单选按钮动态图表

图 31-64 中的 A1:F13 区域为部分商品在每个月的销量统计数据，右侧为该统计数据的销售折线图，其中单击不同商品的单选按钮，可以绘制相应的折线图，并且同时会在折线图上显示最大值。

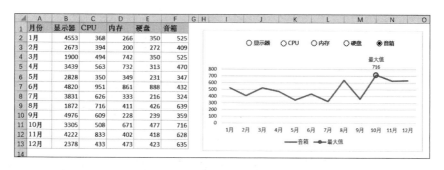

图 31-64　利用单选按钮控制图表

创建上述动态折线图的步骤如下。

第1步 在工作表中插入 5 个单选按钮,分别命名为显示器、CPU、内存、硬盘、音箱,对单选按钮进行顶端对齐、横向分布。然后选中某一单选按钮,在【设置控件格式】对话框的【控制】选项卡中,将【单元格链接】指定为 I4 单元格,单击【确定】按钮,如图 31-65 所示。

图 31-65　指定控件的链接单元格

第2步 将 A1:A13 区域的内容复制到 J6:J18 区域中,然后在 K6 单元格中输入以下公式:

=INDEX(B1:F1,$I$4)

然后向下复制公式至 K18 单元格,如图 31-66 所示。

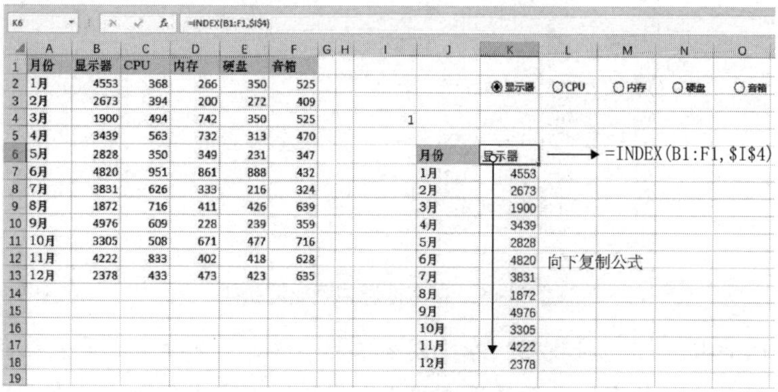

图 31-66　创建图表数据源区域

完成上述公式后,单击不同的单选按钮,就可以动态引用相对应名称的数据,如图 31-67 所示。

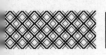

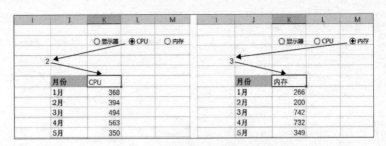

图 31-67　利用单选按钮动态引用数据

深入了解

对于常见表单控件返回值有两种形式：一种是 TRUE 和 FALSE，如复选框的返回值；另一种是数字序号，如单选按钮。函数的参数如果引用了控件链接的单元格，那么改变控件的状态除了会改变链接单元格中的值，同时也会改变函数参数，进而改变函数的结果，如图 31-68 所示。

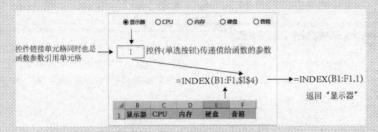

图 31-68　控件影响函数结果的原理

控件能动态影响函数的结果，前提是公式函数的参数一定要引用控件所链接的单元格。

第3步 在 L 列中添加辅助列，在 L 列单元格中输入以下公式，并向下复制公式。

=IF(K7=MAX($K$7:$K$18),K7,NA())

该公式的目的是返回左列数据中的最大值，以便在图表中标识最大值，如图 31-69 所示。

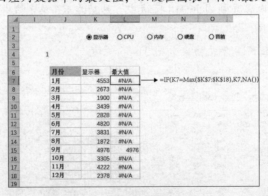

图 31-69　在数据源中添加辅助列

第4步 选中 J6:L18 区域，创建折线图，在【图表工具 - 格式】选项卡的最左侧的图表元素选取框中选择【系列"最大值"】，再选择下方的【设置所选内容】命令，在【设置图表区格式】任务窗格的【填充与线条】选项卡中，单击【标记】标签，在【标记】选项中选择【内置】，并将类型设置为圆点，大小设置为 8，标记填充为无填充，边框设置为实线，颜色设置为红色，宽度设置为 1.75 磅。然后在图表右上角的快捷按钮中添加数据标签，选中数据标签，在【设置数据标签格式】任务窗格的【标签选项】选项卡中选中【系列名称】复选框，分隔符选择新文本行，结果如图 31-70 所示。

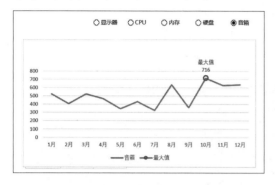

图 31-70　设置最大数据点格式

第5步 将单选按钮排列在图表区上方，然后将单选按钮与图表进行组合，最终完成动态折线图的创建，如图 31-71 所示。

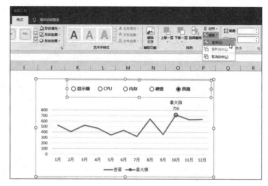

图 31-71　组合单选按钮与图表

31.3.2　多选框动态图表

图 31-72 中的 A1:F13 区域为部分商品在每个月的销量统计数据，右侧为该统计数据的销售折线图，选中商品前面的复选框，将显示该商品的销售折线，取消选中则隐藏该商品的销售折线。

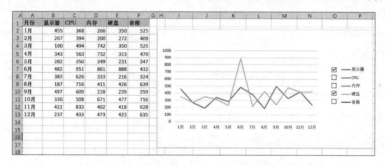

图 31-72　利用复选框控制图表

创建上述动态折线图的步骤如下。

第1步 在工作表中插入 5 个复选框，分别命名为显示器、CPU、内存、硬盘、音箱，并对复选框进行顶端对齐、横向分布。然后选中【显示器】复选框，调出【设置控件格式】对话框，在【控制】选项卡中，将【单元格链接】指定为 J2 单元格，如图 31-73 所示。以同样的方法将其他复选框的链接地址分别指定为 K2、L2、M2、N2 单元格。

图 31-73　将复选框链接与单元格链接

第2步 将 A2:A13 区域复制在 I5:I17 区域，然后在 J5 单元格中输入以下公式：

=IF（$J$2,B1,NA()）

将公式向下复制到 J17 区域，如图 31-74 所示。

图31-74 使用函数引用数据

第3步 使用上述方法，分别在 K5、L6、M6、N6 单元格中输入以下公式，并向下复制。

=IF($K$2,C1,NA())

=IF($L$2,D1,NA())

=IF($M$2,E1,NA())

=IF($N$2,F1,NA())

当用户选中复选框时，在辅助表中就会引用数据源中的数据，如果没有选中，在辅助表中该字段将显示为 #N/A，如图 31-75 所示。

	I	J	K	L	M	N
1						
2		TRUE	FALSE	TRUE	FALSE	TRUE
3		☑ 显示器	☐ CPU	☑ 内存	☐ 硬盘	☑ 音箱
4						
5	**月份**	显示器	#N/A	内存	#N/A	音箱
6	1月	455	#N/A	266	#N/A	525
7	2月	267	#N/A	200	#N/A	409
8	3月	190	#N/A	742	#N/A	525
9	4月	343	#N/A	732	#N/A	470
10	5月	282	#N/A	349	#N/A	347
11	6月	482	#N/A	861	#N/A	432
12	7月	383	#N/A	333	#N/A	324
13	8月	187	#N/A	411	#N/A	639

图 31-75 对所有复选框设置函数

第4步 选择 I5:N17 区域，创建折线图。此时选中复选框就会在图表中显示相应的折线，取消选中则会隐藏相应的折线，如图 31-76 所示。

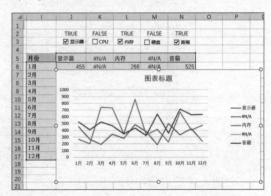

图 31-76 利用辅助表创建折线图

表头函数不用计算，表体的数据用函数计算就可以了。

第5步 在图 31-76 中，可注意到未选中的复选框的对应图例显示为 #N/A，此处为不正确的显示，纠正此错误可以复制 B1:F1 区域中的表头，然后粘贴在 J5:N5 区域。这样图例将会正确显示，如图 31-77 所示。

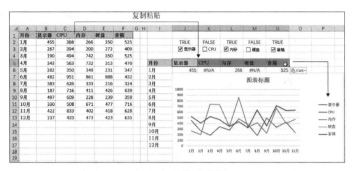

图 31-77　修改图例

第6步 将上方的复选框放置到对应的图例前面，并删除原来复选框的名字，然后对复选框和图表进行组合。

31.3.3　滚动条动态图表

图 31-78 中的 A 列为日期，B 列是销量，右侧为展示近 10 天的销售柱形图，单击图表区上方的左右箭头，可以动态选择时间段。

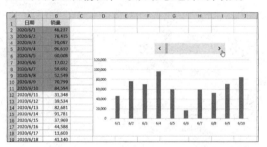

图 31-78　利用滚动条制作动态图表

创建上述动态柱形图的步骤如下。

第1步 插入滚动条控件，调出【设置控件格式】对话框，在【控制】选项卡下，将【最小值】设置为 1，【最大值】设置为 31（因数据源中只有 31 条记录，故设置成 31），【步长】设置为 1，将【单元格链接】指定为 E4 单元格，

如图 31-79 所示。

图 31-79　插入滚动条

第2步 将 A1:B1 区域的标题复制到 F6:G6 区域，然后在 F7、G7 单元格中分别输入以下公式：

> =INDEX(A2:A31,$E$4)
> =INDEX(B2:B31,$E$4)

将公式分别向下复制 9 个单元格，表示只显示 10 天数据，如图 31-80 所示。

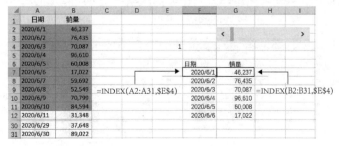

图 31-80　利用函数构建辅助表

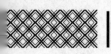
第3步 选中单元格区域 F6:G18 创建簇状柱形图，选中滚动条并放置在图表上方，然后对它进行组合，单击滚动条即可以动态切换时间，如图 31-81 所示。

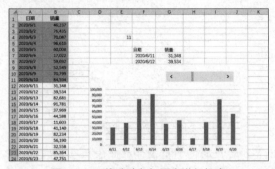

图 31-81 将滚动条与图表进行组合

深入了解

上述案例中，之所以能通过滚动条动态选择日期区间，本质是滚动条的返回步长值作为 INDEX 的第二个参数，如图 31-82 所示，滚动条的返回值的链接单元格为 E4 单元格，而 INDEX 函数的第二个参数引用该单元格，当步长值是 1 时，以 F7 单元格为例，INDEX 函数的返回结果为 A2:A31 区域中的第一个值，即 A2 单元格中的值（2020/6/1），如果步长值为 2，INDEX 函数的返回结果为 A2:A31 区域中的第二个值，即 A3 单元格中的值（2020/6/2），其他单元格中的原理类似。

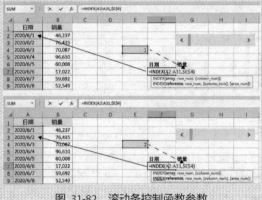

图 31-82 滚动条控制函数参数

31.3.4 动态链接

图 31-83 中的 A1:F11 区域为部分商品在多个年度的销量统计数据，右侧为该统计中每种商品在各个年度的柱形图，其中，单击组合框中的选项或单击列表框中的选项，都可以切换该商品的销售柱形图。

图 31-83 利用组合框和列表框控制图表

创建上述动态柱形图的步骤如下。

第1步 在工作表中插入组合框，调出【设置对象格式】对话框，在【控制】选项卡中，将数据源区域指定为 A2:A11 区域，【单元格链接】指定为 I2 单元格，单击【确定】按钮，如图 31-84 所示。H2 单元格中的"控件结果"为笔者添加的提示信息。

图 31-84　在工作表中插入组合框

第2步 将 B1:F1 区域的内容复制到 K1:O1 区域，在 J2 单元格中输入以下公式：

=INDEX(A2:A11,$I$2)

将该公式复制到 O2 单元格，如图 31-85 所示。

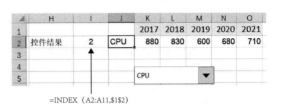

=INDEX（A2:A11,$I$2）

图 31-85　利用函数构建辅助表

第3步 选中 J2:O2 区域，创建柱形图，创建完成后，即可通过列表框的选择而动态生成柱形图，如图 30-86 所示。

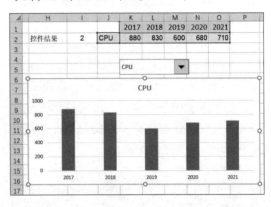

图 31-86　以构建的辅助表的数据创建柱形图

第4步 在 H7 单元格中输入以下公式：

=J2&" 销售分析图 "

然后选中图表标题，在编辑栏中输入等号直接引用 H7 单元格，这样可以创建动态图表标题，如图 31-87 所示。

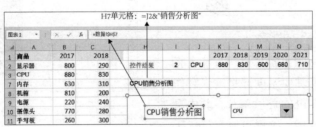

图 31-87　创建动态图表标题

第5步 将组合框放置在图表上方，然后将组合框与图表进行组合，即完成动态图表的创建，如图 31-88 所示。

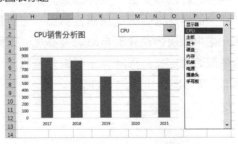

图 31-88　将列表框与图表进行组合

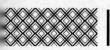

31.4 制作象形图

象形图是柱形图的扩展图表，将传统的柱换成各种样式的图标，让图表的表现力更形象。

图 31-89 所示的工作表为实际销量与目标销量的数据，其中 D2 单元格为实际销量与目标销量的占比。该图为象形图，用户在 A2 单元格中改变销量数据时，其完成比例也会相应地变化，该变化会用右侧温度计的刻度来形象地展示完成的比例。

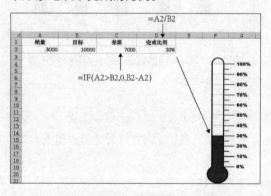

图 31-89　象形图

制作该象形图必须了解其原理，笔者将温度计拖动至左侧，其中温度计是一张制作好的图片，该图片为 PNG 格式图片，其中温度计的内部为透明区域，这样可以显示背后的内容。右侧填充部分由两部分元素组成，上部分的矩形为百分比堆积柱形图，它可随单元格中数值的改变而自动调整高度，下部分椭圆为自定义的形状，三者组合可以形成动态的象形图，如图 31-90 所示。

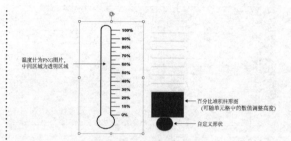

图 31-90　象形图的构成元素

制作象形图的步骤如下。

第1步 按住 <Ctrl> 键选中 A1:A2、C1:C2 区域创建百分比堆积柱形图，然后单击【切换行/列】按钮，再删除图表标题、分类项，如图 30-91 所示。

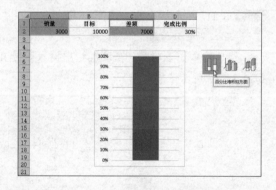

图 31-91　创建百分比堆积柱形图

第2步 选中柱形图的上部分区域（代表差额的数值），调出【设置数据点格式】任务窗格，在【填充】下选中【无填充】单选按钮。然后选中下部分区域（代表实际销量的数值），选择【纯色填充】，颜色选择为深红色，如图 31-92 所示。

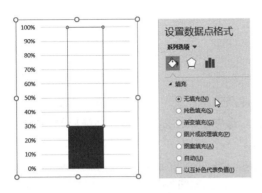

图 31-92　设置柱形图格式

第3步 选择【插入】→【插图】→【形状】命令，在下拉菜单中选择椭圆形状，然后在工作表中进行绘制。绘制完成后，将椭圆颜色填充为深红色，即跟柱形的填充颜色一致，如图 31-93 所示。

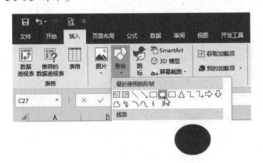

图 31-93　插入自定义形状椭圆

第4步 将温度计的刻度与柱形图的刻度对齐，如果手动调整对齐不方便，可插入两条水平线来作为参考线进行对齐，如图 31-94 所示。

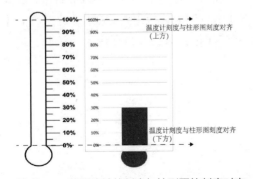

图 31-94　将温度计的刻度与柱形图的刻度对齐

第5步 将自定义的椭圆放置在柱形图的上方，如果椭圆位于柱形图的下方，可选中椭圆后右击，在弹出的快捷菜单中选择【置于顶层】→

【上移一层】命令，如图 31-95 所示。

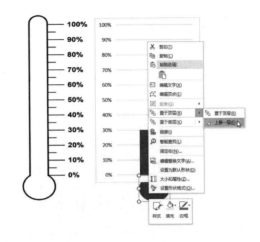

图 31-95　排列图形位置

第6步 对齐刻度线之后，可以将柱形图中的数值刻度删除，然后将温度计图片置于顶层，再将图片、柱形图、椭圆进行重叠组合，最终形成温度计的样子，如图 31-96 所示。

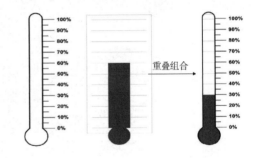

图 31-96　对各象形图元素进行重叠组合

第7步 测试最终效果，如将销量改成 6000，则完成比例为 60%，温度计中的指示同时也自动调整为 60% 刻度处，如图 31-97 所示。

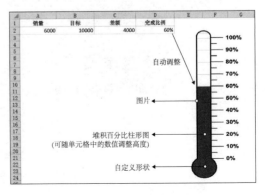

图 31-97　测试象形图效果

31.5 图表模板

图 31-98 所示的左侧已经完成了一个图表的创建及美化设置，若右侧图表也需要使用左侧的图表格式，用户可采用复制图表格式的方式完成。选中左边图表并右击，在弹出的快捷菜单中选择【复制】命令。

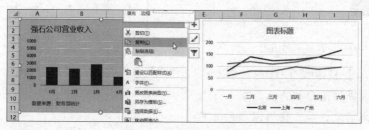

图 31-98　复制图表格式

然后选择【开始】→【粘贴】→【选择性粘贴】命令，在弹出的【选择性粘贴】对话框中选中【格式】单选按钮，如图 31-99 所示。单击【确定】按钮，即可对右侧图表应用复制的格式。

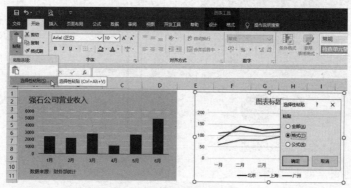

图 31-99　粘贴图表格式

用户若要反复使用某格式图表，可以将图表保存为模板，选中设置好的图表并右击，在弹出的快捷菜单中选择【另存为模板】命令，此时打开【保存图表模板】对话框，在【文件名】处自定义模板的名称，然后单击【保存】按钮即可保存该模板，图 31-100 所示。

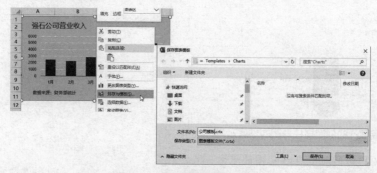

图 31-100　将图表保存为模板

当用户需要调用模板创建图表时，可选中数据，在【插入】选项卡中的【图表】组中单击右下角的对话框启动器按钮，在弹出的【插入图表】对话框中选择【所有图表】→【模板】，在此会列出所有保存的模板，选中其模板，双击即可以该模板创建图表，如图 31-101 所示。

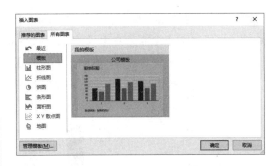

图 31-101　应用图表模板

问题 1：怎么延长平均参考线？

答：图 31-102 展示了在柱形图中添加折线充当平均值参考线的情况。但是该参考线较短，不能覆盖所有的柱形，这样不利于图表形象的展示。

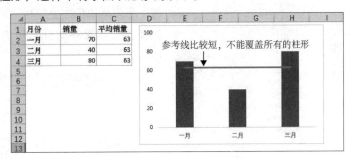

图 31-102　参考线不能覆盖所有的图形

延长参考线，可以借助趋势线来完成，步骤如下。

第 1 步 选中折线（即参数线），添加线性趋势线，如图 31-103 所示。

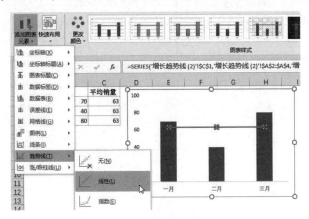

图 31-103　添加趋势线

第2步 在【图表工具 - 格式】选项卡中选择【图表元素】→【系列"平均销量"趋势线】→【设置所选内容格式】命令，在【设置趋势线格式】任务窗格中单击【趋势线选项】标签，将趋势预测中的【前推】设置为 0.5 周期，【后推】设置为 0.5 周期，如图 31-104 所示。

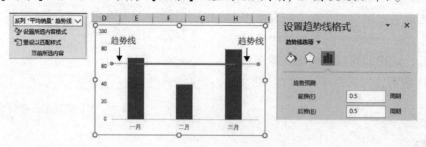

图 31-104 延长趋势线

第3步 设置趋势线格式，【线条】选择实线，【短划线类型】选择实线，【颜色】选择与折线同颜色或其他颜色，【宽度】设置为与折线同宽，如图 31-105 所示。

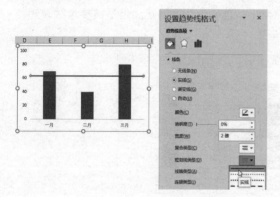

图 31-105 修改趋势线的格式

| 提示 |

该案例中实际并没有对折线参考线进行延长，而是使用趋势线代替参考线进行延长。

问题2：如何在多个单元格中快速插入复选框?

答： 先在单元格中插入复选框，然后选中复选框所在的单元格，将光标置于单元格的右下角，当光标变成十字形，按住鼠标左键不松，向下或向右拖动复制，即可批量在每个单元格中插入复选框，同时会根据单元格的宽度非常整齐地分布复选框，如图 31-106 所示。

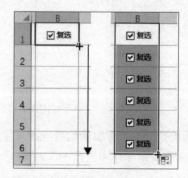

图 31-106 快速复制控件

第 5 篇

使用 Power Query、Power Pivot 分析多表数据

📖 本篇导读

　　微软公司的 Power BI 是一套强大的商业分析工具，它能连接各种外部数据源，迅速对海量数据进行清洗与整理，轻松创建多表之间的关系模型，生成美观的报表。微软公司将 Power BI 主要功能嵌入 Excel 中，此举极大地扩展了 Excel 的功能。用户能利用 Excel 在无须依赖专业的信息技术人员或数据库管理员的情况下，就能实现自助式商业智能分析和呈现。本篇将学习嵌入在 Excel 中的 Power BI 工具：Power Query、Power Pivot 的使用，使用户从新的思维、新的方式来管理和分析数据，即能从之前的线性的数据处理思维，转成综合系统管理数据的思维。

🛩 本篇内容安排

第 32 章　数据库原理基础知识

第 33 章　利用 Power Query 获取与整理数据

第 34 章　利用 Power Pivot 建立多表数据模型

数据库原理基础知识

Power Pivot 本质是一个精简的关系型数据库，它在数据处理方面的很多特性与数据库知识相关，本章学习数据库原理的相关基础知识，掌握本章内容有助于深入地了解 Power Pivot 及数据建模的相关知识。

 32.1 什么是数据库

数据是以定量化的方式描述客观事物的性质、状态和行为。如果要挖掘数据背后的信息，那需要数据达到一定的数量，但是当数据量达到一定规模时，如果依靠随机、自由组织方式来管理数据，这显然会很混乱。由此，数据库技术应运而生。数据库是存储在计算机内、有组织、可共享的数据集合。它是用于组织与管理数据的工具，数据与数据库好比对象与容器，数据库不仅装载着数据本身，还存储数据之间的关系，还对数据及其相互联系进行维护和管理。现在常见数据库有 Access、Microsoft SQL Server、Oracle、MySQL 等。

| 提示 |::::::::

　　数据库是对大量数据进行有效管理的工具，尤其是网站、企业、政府机构管理数据的工具绝大部分都为数据库。

在 2010 年以前，Excel 只能存储和分析少量数据，并且与专业级别的数据库工具存在清晰的界限。Excel 要与专业数据库之间的数据进行连接与整合处理需要专业人员支持，过程相当复杂和烦琐。但在 2010 年，微软公司发布了 Power Pivot for Excel 1.0。它作为 Excel 2010 的加载项嵌入在 Excel 中，使 Excel 具有处理海量数据的能力，并且微软公司对 Power Pivot 不断地更新，以及与 Power Query 配合，使 Excel 能轻松连接各种数据库，能处理海量数据，并且在 Excel 中可建立数据关系模型。这些新工具、新功能的开发搭建了 Excel 与专业级数据库之间的桥梁，使每一个普通用户都有可能通过 Excel 进行数据建模，执行复杂数据分析，制作可自动更新的

企业级数据报表。

 32.2 数据库相关术语

在数据库学科中存在大量的术语,术语用于表达和定义数据库的特殊思想和概念。了解术语的含义,对于学习数据库的知识非常重要。因本书并不是专业数据库书籍,所以这里只介绍最基本的数据库的相关术语。

1. 表格设计相关术语

表格是由若干的行与列所构成的一种有序的组织形式,同时表格也是一种结构化清单。图 32-1 展示了一个典型的表结构。

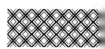

图 32-1　一个典型的表结构

表的首行称为字段名,字段名不能有重复。每一列称为一个字段,字段又称为属性,它代表所属表的主题的一个特征。字段具有多种不同的数据类型,比如文本型字段、数值型字段、日期型字段。每个字段中的值必须保持数据类型一致。表的每一行称为一条记录,每一条记录代表某个表的主题的唯一的实例。

2. 打主键、外键、表关系

键本质就是字段,它是一种特殊的字段,在表中最重要的两种键是主键和外键。

主键由单个字段或字段组(两个或两个以上字段组合的主键较少见)组成,它唯一标识表中的每条记录,确保不出现重复记录。在实际生活中,很多事物必须要用唯一编号去标识每个不同的个体,如公民的身份证号码,身份证号码绝对不会有重复,它用于标识每个不同的公民。不能用姓名标识每个不同的公民,因为姓名有重复,它不能有效地标识每个不同的公民。

在每个表中都必须有一个主键,图 32-2 中的"员工编号"字段是员工表的主键,"订单编号"字段是订单表的主键。主键用来标识每条不同的记录。

当两个表之间存在联系,要建立表与表之间的关系时,就必须要复制第一个表中的主键,放在第二个表中作为外键,这样才能建立关系。

如图 32-2 所示,订单表中的"员工编号"字段来自于员工表的主键字段"员工编号"。在订单表中之所以称"员工编号"为外键,是因为订单表中有自己的主键"订单编号",而"员工编号"来自其他表,对于订单表来说,该字段是外来字段,所以称为"外键"。

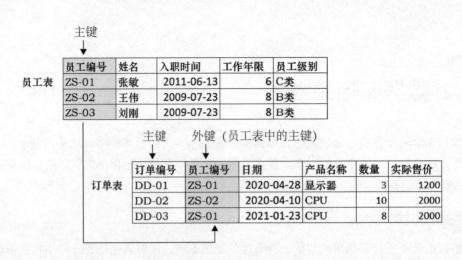

图 32-2　主键和外键

主键与外键为同一字段，主键在自己表中称为主键，复制到另外的表就称为外键，它只是在不同的表中称谓不相同而已。主键的值必须是唯一的，不能有重复值，而外键则可以有重复值（这一点尤为重要）。此外，主键和外键字段名称在不同表中可以不相同，但两者字段的值及数据类型一定要相同。

通过外键可建立表与表之间的关系，在 Excel 中，可使用 VLOOKUP 函数在两个表中通过查询共同字段（即外键）把表与表之间联系起来，在数据库、Power Pivot 中可通过外键在数据模型中将表与表相互联系起来。

32.3 表的类型

在表关系之中，常见表的类型有两种：一是数据表，二是维度表。现以 Excel 中的表格为例阐述这两种表的特性，如图 32-3 所示。

图 32-3　数据表与维度表

图 32-3 中左侧为销售清单表，此表为数据表，又称事实表，它的字段一般来源于其他表，是一种组合表。数据表用于记录多表关系之间某种经常要发生的活动或行为，例如销售清单表、订单记录表等。数据表通常包含大量的行，它存储数据是为了提供信息，表中的数据呈动态变化，并且这些数字信息可以汇总，例如可对销售清单表中的金额进行汇总。在一对多的关系中，事实表位于"多"的一端。

图 32-3 中右侧为城市地区对应表，此表为维度表，也可称为查询表或验证表。维度表可理解为基础表，它只存储专门用于实现数据完整性的数据，即唯一保留不重复的信息。维度表能够去除冗余信息。此外，维度表中的数据一般是静态的，几乎不发生变化，它作为其他表参照的标准。在 Power Pivot 的数据透视表区域，维度表是数据分析的切入点，它的数据用于行标签、列标签、报表筛选、切片器中。它对数据表中的数据进行筛选，在一对多的关系中，维度表位于"一"的一端。

一般来说，一个数据表都要和一个或多个维度表相关联，例如在销售清单表中想统计各地区的销售金额，但销售清单表中无"地区"字段，这时可将销售清单表和城市地区对应表建立连接关系，在 Excel 中建立连接关系的方式是采用 VLOOKUP 函数，输入以下函数可以将两表关联：

=VLOOKUP(E3,I3:J20,2,0)

VLOOKUP 函数的第一个参数（Look_value）为销售清单表中的 E3 单元格，第二个参数（table_array）为城市地区对应表中的 I3:J20 单元格区域，第三个参数是返回城市地区对应表中的第 2 列，第四个参数是精确查询；返回结果为在销售清单表中查询城市所对应的地区。VLOOKUP 函数之所以能将两表产生关联，是因为 VLOOKUP 函数中的参数分别取自两个表，如图 32-4 所示。

图 32-4 利用VLOOKUP函数将两表产生关联

| 提示 |

在 Power Pivot 中创建表关系非常简单，只需要将主键与外键用直线连接在一起，即可以创建表关系。

1. 混乱的集成式列表

图 32-5 展示了某企业的一张员工表，该员工表存放员工相关属性信息。

	A	B	C	D	E	F
1	员工编号	姓名	入职时间	工作年限	员工级别	身份证号
2	ZS-01	张明	2011-06-13	6	C类	810516199412161 9
3	ZS-02	王伟	2009-07-23	8	B类	834946198407041 1
4	ZS-03	王芳	2009-07-23	8	B类	726810199609203 7
5	ZS-04	李伟	2010-05-21	7	B类	686387198902273 3

图 32-5 员工表

图 32-5 中的每位员工负责一位或多位客户，部分用户可能会继续在员工表后面添加客户信息，如图 32-6 所示，此举会造成非常多的弊端。例如，第二行是"北京 A 科技公司"，如果该公司的电话发生了改变，那必须在 I2 单元格中进行更改，但如果表中重复存在多条该公司信息，

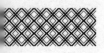

就必须要在每条记录里面进行更改。

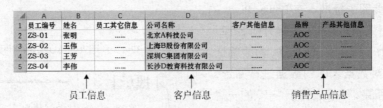

图 32-6 员工表中添加相关客户信息

假如第 4 行员工编号为 ZS-03 的员工离职，需要删除该员工信息的记录行，但若删除该行则会一并删除后面的客户信息。此外，假如公司新增一位客户，但暂时没有对应员工负责，则只能添加到第 6 行，而前面并没有相关员工信息，此举会造成空值出现，在数据库的表中出现空值会带来很多问题。

延续上述场景，若每位员工负责相关客户，相关客户会购买产品，如果继续采用横向的添加销售产品信息（如图 32-7 所示），会使表格引发的问题更加严重，例如表会迅速膨胀，更新、插入和删除数据都将会比较困难，这样导致数据难以维护。此外，这种集成式的表格会造成大量冗余数据，浪费磁盘空间和其他资源。在实际工作中，用户要尽量减少集成式表格的设计。

图 32-7 混乱的集成式表格

2. 表格设计规范化

使用集成式的表格存在很多弊端，如何解决该类表格产生的问题呢？可以使用拆分表，如果把一个大的综合表比作一篇文章，那拆分表就如同把这一篇文章分成一个个段落，每个段落包含一个主题，如图 32-8 所示。

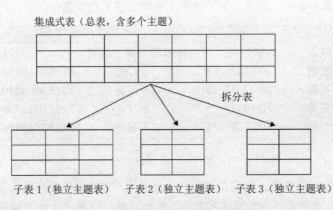

图 32-8 拆分表

具体拆分思想和步骤如下。

（1）区分不同实体，将不同的实体存放在不同主题表格中，例如企业销售业务中有员工、客户、产品、订单4个不同的实体，则将上述不同的实体单独存放在不同的表格中，如员工表只存放员工信息，客户表只存放客户表信息，产品表只存放产品信息，订单表只存放订单信息（后续小节中介绍订单表的制作），如图 32-9 所示。

员工表

姓名	籍贯	入职时间	工作年限	员工级别	身份证号
张明	岳阳	2011-06-13	6	C类	810516199412162409
王伟	长沙	2009-07-23	8	B类	834946198407047411
王芳	北京	2009-07-23	8	B类	726810199609203167
李伟	哈尔滨	2010-05-21	7	B类	686387198902273203

客户表

公司名称	城市	地址	地区	电话
北京A科技公司	北京	海淀区知春路113号	华北	(010) 51921012
上海B股份有限公司	上海	人民北路116号	华东	(020) 52660923
深圳C集团有限公司	深圳	深南大道12号	华南	(0755) 5553932
长沙D教育科技有限公司	长沙	书院路1025号	中南	(0731) 45557788

产品表

品牌	型号	售价
AOC	C27V4H	1,099
AOC	Q27P2C	1,799
AOC	27E2H	949
AOC	AG273QXF	2,999

图 32-9　一个表只存放该表主题相关的属性信息

将不同主题的表格单独存放，最大的好处是方便用户对数据进行增加、删除、修改、查询操作，同时也易于维护数据。

（2）添加主键，为了唯一标识表格中每条记录，同时为了与其他表格产生联系，必须要为表格添加主键（主键可以采用自定义的编号，也可以是数字序列），如图 32-10 所示。

员工表

主键 →

员工编号	姓名	其他字段
ZS-01	张明	……
ZS-02	王伟	……
ZS-03	王芳	……
ZS-04	李伟	……

客户表

主键 →

客户编号	公司名称	城市	其他字段
KH-01	北京A科技公司	北京	……
KH-02	上海B股份有限公司	上海	……
KH-03	深圳C集团有限公司	深圳	……
KH-04	长沙D教育科技有限公司	长沙	……

产品表

主键 →

产品编号	品牌	型号	售价
CP-01	AOC	C27V4H	1,099
CP-02	AOC	Q27P2C	1,799
CP-03	AOC	27E2H	949
CP-04	AOC	AG273QXF	2,999

图 32-10　添加主键

（3）利用外键建立表与表之间的关系。

图 32-11 展示的是企业订单表，订单表为一单独主题，故需要单独的表存放信息。订单表中存在自己的主键"订单编号"，同时存在3个外键，分别是"员工编号"、"客户编号"和"产

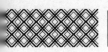

品编号"，它们分别是员工表、客户表、产品表的主键。

订单表 订单编号（主键）	日期	员工编号（外键）	客户编号（外键）	产品编号（外键）	数量	售价
DD-01	2020-04-28	ZS-17	KH-32	CP-20	3	2,599
DD-02	2020-04-10	ZS-27	KH-01	CP-27	10	2,899
DD-03	2021-01-23	ZS-34	KH-59	CP-32	8	699
DD-04	2020-11-20	ZS-32	KH-19	CP-34	9	2,199

图 32-11 订单表

利用外键可以将员工表、客户表、产品表与订单表联系起来，即通过外键这个共享（共同）字段来产生关系，如图 32-12 所示。

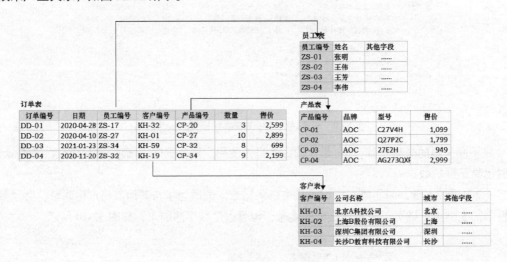

图 32-12 利用外键建立表间关系

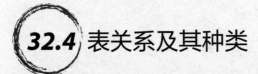

32.4 表关系及其种类

当使用某种方式关联一个表与另一个表的记录时，两个表之间就存在一种关系。表与表之间可存在 3 种关系：一对一、一对多、多对多。

1. 一对一关系

如果第一个表中的单条记录仅关联至第二个表中的一条记录，且反之亦然，则这两个表之间存在一对一的关系，如图 32-13 所示。

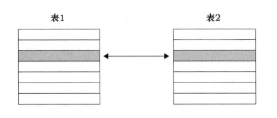

图 32-13　一对一的表关系示意图

实际生活中，一对一的关系有一个人只有一个身份证号码，反之一个身份证号码只对应一个人，如图 32-14 所示，员工表与员工档案表是一对一关系，每个员工只存在一份档案，反之一个档案只对应一个员工。

员工表

员工编号	姓名	入职时间	工作年限
ZS-01	张明	2011-06-13	6
ZS-02	王伟	2009-07-23	8
ZS-03	王芳	2009-07-23	8
ZS-04	李伟	2010-05-21	7

员工档案表

员工编号	性别	身份证号	学历
ZS-02	男	834946198▇▇047411	大专
ZS-01	男	810516199▇▇162409	本科
ZS-03	女	726810199▇▇203167	高中
ZS-04	男	686387198▇▇273203	研究生

图 32-14　一对一关系

通过员工表的"员工编号"可以找到员工档案表中相对应员工的档案，反之亦然，用户可以把员工表作为父表，而把员工档案表作为子表，父表与子表的主键均相同，两表共享该主键。它们的合并表如图 32-15 所示，合并表中有两列相同的"员工编号"（两表共享字段），实际数据处理时只会保留一列，笔者在此显示两列的目的是提示用户两表是通过相同的"员工编号"字段产生连接关系的。

员工编号	姓名	入职时间	工作年限	员工编号	性别	身份证号	学历
ZS-01	张明	2011-06-13	6	ZS-01	男	810516199▇▇162409	本科
ZS-02	王伟	2009-07-23	8	ZS-02	男	834946198▇▇047411	大专
ZS-03	王芳	2009-07-23	8	ZS-03	女	726810199▇▇203167	高中
ZS-04	李伟	2010-05-21	7	ZS-04	男	686387198▇▇273203	研究生

图 32-15　连接一对一的关系表

在单独表中，每个表的数据行可以是任意排列的。通过关系查询生成集成式表后相匹配的数据行会自动一一匹配显示。

2. 一对多关系

如果第一个表中的某条记录与第二个表中的多条记录相关联，但第二个表的单条记录只与第一个表中唯一一条记录相关联，则这两表之间为一对多关系，如图 32-16、图 32-17 所示。

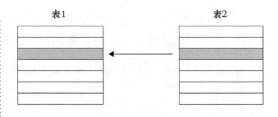

图 32-17　从表2角度看待一对多关系

在生活中有很多一对多关系，如某个人用自己的身份证可以办理多家银行卡，而这些银行卡只对应一个身份证号；一个订单号可以购买多个产品，而多个产品只对应一个订单号；一位销售代表可以负责多个客户，而多个客户只对应一位销售代表。

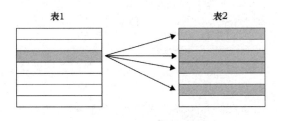

图 32-16　从表1角度看待一对多关系

如图 32-18 所示，在员工表中，一位员工负责多个客户，如员工表中的"员工编号"为 ZS-03 的员工，他在客户表中对应 KH-03、KH-04 两位客户。

员工表

员工编号	姓名	入职时间	其他字段
ZS-01	张明	2011-06-13	……
ZS-02	王伟	2009-07-23	……
ZS-03	王芳	2009-07-23	……
ZS-04	李伟	2010-05-21	……

客户表

客户编号	员工编号	公司名称	其他字段
KH-01	ZS-01	北京A科技公司	……
KH-02	ZS-02	上海B股份有限公司	……
KH-03	ZS-03	深圳C集团有限公司	……
KH-04	ZS-03	长沙D教育科技有限公司	……

图 32-18　一对多关系

在一对多的关系中，位于"一"端的表为父表，位于"多"端的表为子表，一对多关系的建立是将父表中的主键写入子表作为外键来完成关系的建立。在此用户可以更深入了解主键不可以有重复值，但外键可以有重复值，并且外键有重复值是一对多的特性。一对多是两表之间常见的一种关系，一对多关系有助于消除重复数据以减少冗余数据的产生。

如图 32-19 展示了一对多的员工表与客户表的合并关系表，其中"一"端表的记录会重复与"多"端表的记录相连接。因员工表中的 ZS-04 在客户表中没有相对应的客户，笔者未做显示。

员工编号	姓名	入职时间	其他字段	客户编号	员工编号	公司名称	其他字段
ZS-01	张明	2011-06-13	……	KH-01	ZS-01	北京A科技公司	……
ZS-02	王伟	2009-07-23	……	KH-02	ZS-02	上海B股份有限公司	……
ZS-03	王芳	2009-07-23	……	KH-03	ZS-03	深圳C集团有限公司	……
ZS-03	王芳	2009-07-23	……	KH-04	ZS-03	长沙D教育科技有限公司	……

图 32-19　合并一对多表数据

在 Excel 的工作表中，对于一对多表的连接，部分用户采用合并单元格的方式连接，此方式在 Excel 中可以明显看出"一"端的记录，这样视觉上更加清楚，如图 32-20 所示。

员工编号	姓名	入职时间	其他字段	客户编号	员工编号	公司名称	其他字段
ZS-01	张明	2011-06-13	……	KH-01	ZS-01	北京A科技公司	……
ZS-02	王伟	2009-07-23	……	KH-02	ZS-02	上海B股份有限公司	……
ZS-03	王芳	2009-07-23	……	KH-03	ZS-03	深圳C集团有限公司	……
			……	KH-04	ZS-03	长沙D教育科技有限公司	……

图 32-20　在Excel中使用合并单元格表示一对多的关系

在 Power Query、Power Pivot、数据库等工具中绝不会出现合并单元格，更不会以合并单元格形式连接数据，数据库的表中每一行数据都必须完整，如有一对多的情形出现，在"一"的一方都是以重复记录的方式连接相对应的记录。

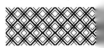

3. 多对多关系

如果第一个表中的单条记录可以与第二个表中的多条记录相关联，且第二个表中单条记录也可以与第一个表中的多条记录相关联，则这两表之间是多对多关系，如图 32-21、图 32-22 所示。

在实际生活中，也存在多对多的关系。例如，一个学生可以选修多门课程，同时一门课程也可以被多个学生同时选修，图 32-23 正是此类情形，学生表中一个学生可以选修课程表中的多门课程，而课程表中的一门课程，也可以同时被学生表中多位学生选修。

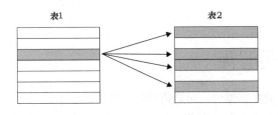

图 32-21 从表1角度看多对多关系

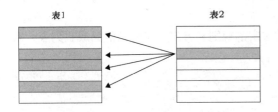

图 32-22 从表2角度看多对多关系

学生表

学生编号	姓名	班级	其他字段
3001	张明	一班	……
3002	王伟	二班	……
3003	王芳	一班	……
3004	李伟	三班	……

课程表

课程编号	课程名	授课老师	其他字段
101	语文	杨涛	……
102	英文	李烟	……
103	数学	李阳	……
104	化学	张艳	……

图 32-23 多对多情形

多对多的表关系，不能在任意表中添加外键而产生连接关系。必须利用第三张表（联系表或称连接表）将多对多的两表连接起来，如图 32-24 所示，利用学生选课表将多对多关系的学生表和课程表连接起来。学生选课表分别利用学生表和课程表的主键充当外键（学生选课表应有主键，笔者在此省略了主键的显示）。例如，学生编号为 3003 的学生选修了 102、103 的课程，而 101 的课程被 3001、3002 的学生同时选修。

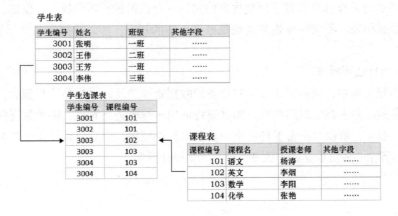

图 32-24 使用联系表建立多对多关系

图 32-25 展示了合并多对多的关系表的结果表。

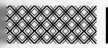

学生选课表（合并表）

学生编号	姓名	班级	课程编号	课程名	授课老师
3001	张明	一班	101	语文	杨涛
3002	王伟	二班	101	语文	杨涛
3003	王芳	一班	102	英文	李烟
3003	王芳	一班	103	数学	李阳
3004	李伟	三班	103	数学	李阳
3004	李伟	三班	104	化学	张艳

图 32-25　合并多对多关系表

专业术语解释

数据库： 存储在计算机内、有组织、可共享的数据集合，可通俗理解为数据的仓库。

主键： 一种特殊的字段，用于在列表中标识每条不同的记录。

外键： 来自其他表中的主键，外键用于连接多表。

集成式列表： 一张存放多个主题信息的列表。

表格规范化： 组织设计数据的过程，即遵循一定的规则和方法，将复杂的集成式列表分解成多个语义单纯化的基本表。

问题 1：学习 Power BI 工具为什么要学习数据库的知识？

答： 因为 Power BI 工具处理数据的方法均是数据库的处理方法。此外，Power Query、Power Pivot 中的许多操作必须要了解数据库的知识才能透彻的理解和操作，例如，表关系、数据规范化、数据模型、不同的查询方式均是数据库中的知识，所以数据库的知识是学习 Power BI 的基础。

问题 2：为什么要拆表？

答： 在实际工作中，很多组织或某种业务的数据管理涉及的数据量通常很大，这些数据量中往往涉及多种不同主题信息的数据，如果笼统地用一张表进行管理，随着数据的增多，数据势必会膨胀、混乱。所以对于含多种关系、复杂的数据表格，必须要设计多个数据表，这样可以减少数据的冗余，保证数据的一致性，避免出现操作异常。

33 利用 Power Query 获取与整理数据

Power Query 与 Power Pivot 是微软公司 Power BI 系列中最重要的两个组件。利用 Power Query 可以获取和整理各种外部数据，利用 Power Pivot 可对多表构建关系模型。两者结合可以快速对海量数据进行分析和处理，这是 Excel 基础组件无法做到的。此外，Power Query、Power Pivot 也能轻松完成跨工作表、跨工作簿合并，以及生成自动化的智能报表。本章学习 Power Query，使用户对微软 Power BI 工具有初步的了解。

33.1 什么是 Power BI

随着科技、经济的高速发展，人类已进入大数据时代。为了在日益激烈的竞争中获得优势，必须对大量数据进行快速的整理和分析，从而在大量数据背后洞察规律，发现新知。在现代商业领域中，管理数据的目的并不只是为了存储数据，更重要的是揭示和发掘数据背后蕴含的隐性规律，这些规律直接服务于管理决策。在现代商业领域，高效、智能管理数据、提取信息的过程称为商业智能（Business Intelligence，BI）。

为了应对大数据的处理及商业智能的需求，微软公司开发了 Power BI 工具。Power BI 是一套商业分析工具，它包括一系列组件和服务。Power BI 可连接数百个数据源、简化数据准备并提供即时分析，它集数据获取、整理、呈现于一体。如图 33-1 所示，Power

BI 系列组件主要有 Power BI Online Service（在线版）、Power BI Online Mobile（移动版）、Power BI Online Desktop（桌面版）。其中桌面版主要有 3 个功能模块：Power Query、Power Pivot、数据仪表盘。这 3 个功能模块现已内置在 Excel 中。

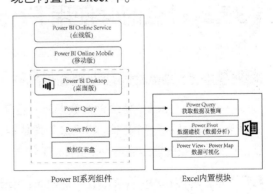

图 33-1　Power BI与Excel的关系

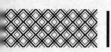

微软公司将 Power BI 的主要功能模块 Power Query、Power Pivot、数据仪表盘内置在 Excel 中，目的是让用户使用 Excel 工具就能实现商业智能数据分析，而不需要用户有复杂、强大的技术背景。Excel 内置 Power BI 工具使 Excel 数据分析处理的能力得到了很大的提升。

33.2 Power Query、Power Pivot 工作流程

Power Query、Power Pivot 处理数据有一套完整的流程，如图 33-2 所示。

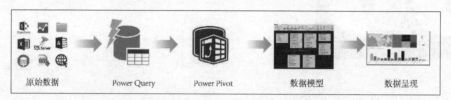

图 33-2 Power Query、Power Pivot工作流程

第1步 获取与连接原始数据。Power Query、Power Pivot 能连接本地或外部 Excel 数据列表、文本、Web、各类数据库数据，并且存储数据的能力远远大于 Excel，Power Query 可以加载百万行、千万行甚至上亿行数据。

第2步 整理、清洗、转换数据。利用 Power Query 可对数据进行快速的整理、清洗、转换，例如，对数据进行去重复值、分列、数据类型的转换，对跨工作表、跨工作簿的快速合并汇总。此外，Power Query 可以自动记录获取、处理数据的过程，用户只需要设置一次，以后就可以一键刷新，使获取、处理数据的过程自动执行，这大大节省了用户处理数据的时间。

第3步 计算分析数据。通过 Power Pivot 快速建立表与表之间的关系（数据模型），并利用数据透视表在 Excel 工作表中计算分析数据模型中的数据。此外，利用 DAX 函数能在数据模型中进行快速的查询或对多表间的数据进行各种复杂的运算。

第4步 呈现数据。通过三维地图或用 Power Map BI 中的仪表盘构建由图表、图形、地图或其他视觉效果组成的交互式综合数据报表。该报表可在 Web 和移动设备上发布呈现。

33.3 什么时候使用 Power Query、Power Pivot

1. 在工作表中需要分析处理大量数据

在 Excel 工作表中处理大量数据时，会使 Excel 处理数据的能力将会减弱。如果要处理的数据超过 Excel 的行列限制，将无法处理数据。此时利用 Power Query 可以解决该问题。Power Query 加载数据的能力远远大于 Excel 工作表。

2. 从外部数据库或外部其他数据源获取数据

实际工作中，很多用户需要从某数据库获取数据，如财务人员经常需要从财务软件中获取

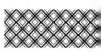

数据，但该行为必须依赖信息技术人员或数据库管理人员的支持和配合，此过程相当不便，而利用 Power Query、Power Pivot 可轻松永久地固定连接外部数据库和其他数据源，只需连接一次，将永久有效，并且从外部数据库或其他数据源获取的数据只是单向获取数据的副本，Power Query、Power Pivot 并不会操作和破坏源数据库或其他数据源的数据，这样保证了源数据的安全。

3. 混合多种数据源

工作中经常会遇到要处理的数据分散在不同的工作表、不同的工作簿、不同的文件夹中，此类情况会造成用户需要频繁地在不同的环境中复制、粘贴、对比数据，此项工作往往耗费大量时间，并且过程烦琐，极易出错。利用 Power Query 可轻松地将分散在不同环境中的数据连接在一起，避免操作分散的数据。

4. 避免重复劳动、需要自动更新和分析数据

在实际工作中，绝大部分用户需要频繁、重复地分析和处理数据，如财务人员，可能每天、每月、每年都要根据数据的更新而重复做数据的分析处理工作。利用 Power Query 处理数据时，可记录分析和处理数据的每一步操作，当下次数据发生更新时，只需要在 Power Query 中刷新数据，则整个分析和处理数据的过程会按记录的步骤重新自动执行一次，这样避免了用户因数据更新而重复劳动。

5. 完美地展示数据

在 Excel 中直观展示数据用得最多的工具是图表，对不同的要求需要制作不同的图表，但图表功能单一，展示数据的信息量有限，而利用 Power BI 仪表盘可以在一张画布中展示多种类型的图表。同时还可方便地创建交互式图表、图形、地图和其他视觉效果，使数据的展示丰富多彩并且智能。

33.4 Power Query 简介

在此之前，大部分用户要使用 Excel 统计分析数据，必须先将数据复制粘贴到 Excel 中，但 Excel 工作表最多只能存储 1048576 行数据，若超过此限制将无法在 Excel 工作表中分析数据，并且存储太多数据将导致 Excel 运算速度变慢，甚至是卡死。此外，用户若要连接外部数据，如连接网站数据、外部数据库数据，必须有较高的业务处理能力或得到专业信息技术人员的配合和支持。Power Query 工具的产生，有效地解决了上述问题。

Power Query 是一种数据连接技术，既可以轻松连接、合并各种外部数据，同时还可以对连接的数据进行快速的抽取、清洗和转换，以满足数据分析的需要。

Power Query 使用查询编辑器的专用窗口对加载的数据进行处理。窗口主要组成结构如图 33-3 所示。

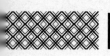

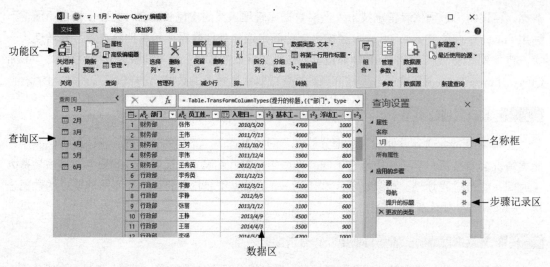

图 33-3　Power Query编辑器窗口

● 功能区：查询编辑器的选项卡和命令所在区域。其中【转换】和【添加列】选项卡有许多相同重复的命令，这些命令的区别在于在【转换】选项卡中对列操作后，会覆盖原列的数据，而在【添加列】选项卡中对列的操作采用新增列的形式，原目标列会被保留并且不会被破坏。

● 查询区：加载数据的名称列表区。若表较多，可右击，在弹出的快捷菜单中选择【新建组】命令对表进行分组管理。

● 步骤记录区：记录用户的操作步骤，若下次数据变化更新，可单击【刷新】按钮，则会自动重新执行步骤记录区里面的所有操作。

● 数据区：加载数据的显示区域。

● 名称框：用于显示查询表名称，同时在此也可以修改表名称。

33.5 Power Query 应用案例

如图 33-4 所示为 6 个月的工资表，现需要将这 6 个工作簿中的数据进行合并汇总。

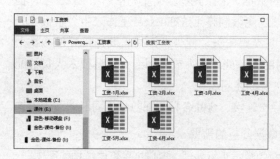

图 33-4　汇总多工作簿数据

在实际工作中，绝大部分用户会在打开每个工作簿后用复制粘贴数据的方式合并，此方法效率低，易出错。此外，修改数据或增加其他月份工资表又需要重新操作，此过程相当烦琐。现展示使用 Power Query 解决此问题，具体操作步骤如下。

第1步 新建一张工作簿，选择【数据】→【获取数据】→【自文件】→【从工作簿】命令，在弹出的【导入数据】对话框中选择要导入的第一个工作簿（工资-1月.xlsx），单击【导入】按钮，如图33-5所示。

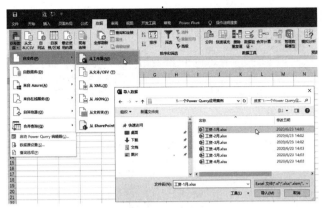

图 33-5　导入工作簿

第2步 在弹出的【导航器】对话框中选择左侧的 1 月工资表图标，然后在右侧可预览到该工作表中的数据，单击【转换数据】按钮，如图 33-6 所示。

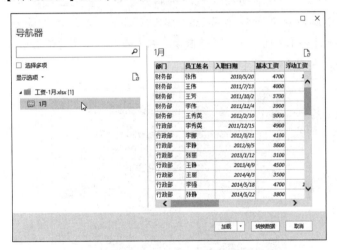

图 33-6　【导航器】对话框

第3步 上述操作完成后，将进入 Power Query 编辑器，选择【主页】→【新建源】→【文件】→【Excel】命令，以同样的方式将其他月份（2 月至 6 月）的工资工作簿导入 Power Query 编辑器中，如图 33-7 所示。

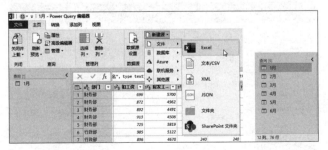

图 33-7　在 Power Query 编辑器中添加多个工作簿

第4步 选择【主页】→【追加查询】→【将查询追加为新查询】命令，在弹出的【追加】对话框中选中【三个或更多表】单选按钮，依次将表添加到右边的列表框中，单击【确定】按钮，

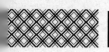

即可将多表合并到一个表内，如图 33-8 所示。

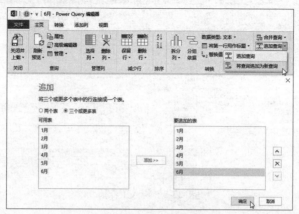

图 33-8　添加合并表

第5步 上述操作完成后，会在【Power Query 编辑器】中的查询区域显示一个名为【追加1】的合并表，用户可以对该表更改名称，此表内容为 1 ~ 6 月的工资合并数据。选择【主页】→【关闭并上载】→【关闭并上载至】命令，在【导入数据】对话框中选中【表】单选按钮，单击【确定】按钮，如图 33-9 所示。

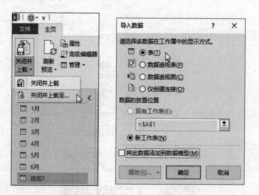

图 33-9　【关闭并上载至】命令

第6步 上述操作完成后，会将 Power Query 编辑器中的数据加载到工作表中，其中 6 个工作表分别是连接工作簿中的数据，而另一个是合并工资的数据表，如图 33-10 所示。

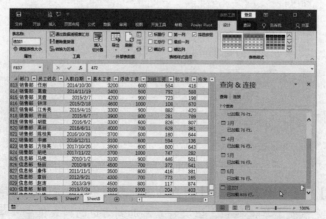

图 33-10　将 Power Query 编辑器中的数据加载到工作表中

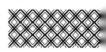

上例为 Power Query 非常简单的使用，在实际工作中，用户要处理的数据可能分布在各个工作表、各个工作簿、各个数据库中，利用 Power Query 可以轻松地将这些数据连接起来，并且将数据加载到 Power Query 编辑器中进行处理。

Power Query 编辑器就如同一个处理数据的容器，该容器的数据存储在内存中，所以它能存储和处理海量的数据，用户在 Power Query 编辑器中处理数据后，可以将处理的数据加载到工作表中，但如果加载的数据超过

Excel 的行列限制，将不能导入 Excel 工作表，会有加载到工作表失败的提示，如图 33-11 所示。

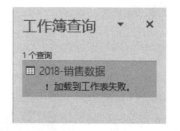

图 33-11　加载到工作表中的数据超过 Excel的行列限制

在实际工作中，对于大量的数据往往是先利用 Power Query 编辑器进行预处理，然后以 Power Query 中的数据为数据源，在工作表中创建数据透视表来分析汇总数据，并且将 Power Query 中连接的数据以加载的形式与工作簿进行绑定，以便于下次进行分析。

若 Power Query 加载的数据表中有多张表，且表与表之间有关系，可将 Power Query 中的数据再加载到 Power Pivot 中创建表与表之间的关系（若数据规范，不需要通过 Power Query 处理的情况下，用户可直接将外部数据加载至 Power Pivot 中），再利用 Power Pivot 在工作表中对多表数据进行数据透视的计算分析汇总工作。图 33-12 展示了实际工作中利用 Power Query、Power Pivot 工具分析数据的流程。

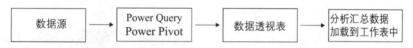

图 33-12　Power Query、Power Pivot分析数据流程

33.6 利用 Power Query 连接外部数据

如图 33-13 所示，利用 Power Query 可以导入、转置、合并来自各种不同数据源的数据，如 Excel 数据列表、文本、Web、SQL Server、各种数据库的数据。

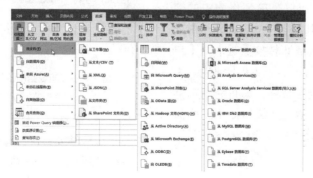

图 33-13　Power Query支持加载的数据类型

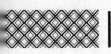

加载至 Power Query、Power Pivot 编辑器中的数据是存储在内存中的，而不是存储在 Excel 工作表中，Power Query、Power Pivot 能存储海量数据，大大突破了 Excel 固定行列数的限制。

如图 33-14 所示，笔者在 Power Pivot 中加载了 2097139 行数据，而 Excel 2019 最多能容纳 1048576 行数据。

图 33-14　加载大量数据至Power Pivot编辑器中

33.7 加载数据至 Power Query 编辑器中

使用 Power Query 工具，第一步是将数据加载（导入）至 Power Query 编辑器中。Power Query 可以导入各种不同数据源的数据，常见数据源有 Excel 数据列表、外部 Excel 工作簿、文本文件、Web 数据、各类数据库数据等。

1. 从当前表格加载数据

在 Excel 中，可以以当前工作表中的列表数据作为数据源加载至 Power Query 中，选择【数据】→【获取和转换数据】→【自表格 / 区域】命令。此时会弹出【创建表】对话框，单击【确定】按钮，即可将当前列表数据加载至 Power Query 编辑器中，同时会将普通列表转换为表格，如图 33-15 所示。

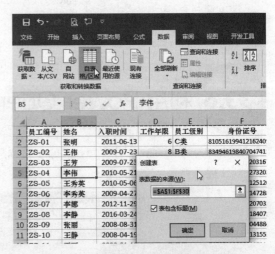

图 33-15　加载当前工作表中列表数据至 Power Query中

上步操作完成后，会自动弹出 Power Query 编辑器窗口，该窗口与 Excel 工作窗口不同，加载至 Power Query 编辑器中的数据显示效果如图 33-16 所示。

图 33-16　加载至Power Query编辑器中的数据

在 Excel 工作表中，若以当前数据列表为数据源加载至 Power Query 编辑器中时，列表会自动转成智能表，并且会采用表1、表2形式对其命名，该命名会沿用至 Power Query 中。

在 Power Query 或 Power Pivot 中对加载的表进行有效的名称管理是相当重要的，尤其当加载的表过多时，有效的名称便于表的识别和维护管理。基于此目的，可在 Power Query 编辑器右侧【查询设置】任务窗格的【名称】文本框中对加载的表进行重命名，如改成"员工表"。此外，用户在加载数据至 Power Query 之前，可先将表转换为智能表，然后在【表格工具】选项卡的左侧属性组中对表名称进行重命名，这样可省去在 Power Query 中对表的重命名操作，如图 33-17 所示。

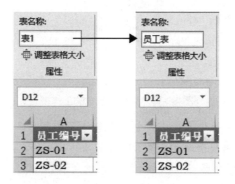

图 33-17　创建表及修改表名称

2. 从 Excel 工作簿加载数据

Power Query 最常见的加载数据来自外部的 Excel 工作簿，从 Excel 工作簿加载数据的具体操作步骤如下。

第1步 选择【数据】→【获取数据】→【自文件】→【从工作簿】命令，在弹出的【导入数据】对话框中选择目标工作簿，然后双击目标工作簿或单击【导入】按钮，如图 33-18 所示。

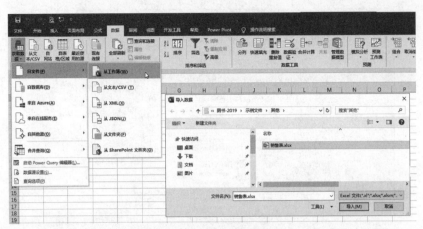

图 33-18 选择Excel工作簿加载数据至Power Query

第2步 在弹出的【导航器】对话框的左侧会显示加载的工作簿中的所有工作表名，用户可以选中【选择多项】复选框，然后在下侧选中需要加载的工作表名称，如图 33-19 所示。

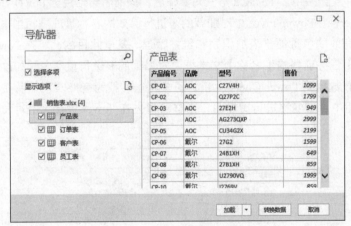

图 33-19 选择需加载的工作表

第3步 在图 33-19 所示的【导航器】对话框中的右下角，单击【转换数据】按钮，即可将所选的工作表加载至 Power Query 编辑器中，如图 33-20 所示。

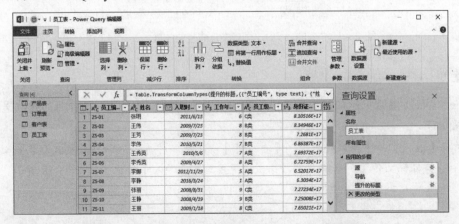

图 33-20 将工作簿中的数据加载至Power Query编辑器中

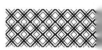

3. 从文本文件加载数据

文本文件是以 txt 为后缀名的文件，它只能存储纯文本。若将文本文件加载至 Power Query 编辑器中，可选择【数据】→【获取数据】→【自文件】→【从文本 /CSV】命令，在弹出的【导入数据】对话框中选择目标文本文件，双击目标文件或单击【导入】按钮，如图 33-21 所示。

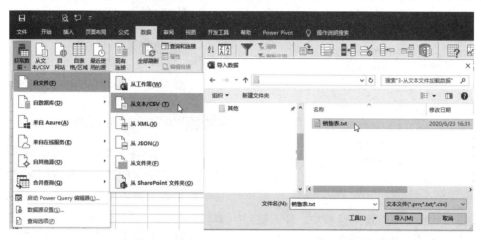

图 33-21　选择文本文件加载数据至Power Query编辑器中

在弹出的加载对话框中，可选择文件原始格式标准，并可选择分隔符的种类，再单击【加载】按钮，即可将该文本文件加载至 Power Query 编辑器中，如图 33-22 所示。

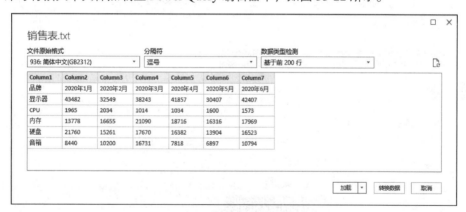

图 33-22　加载文本文件预览对话框

CSV、XML、Access 数据文件加载方式同加载文本文件方法类似。

4. 从数据库加载数据

Power Query 支持的数据库有 Access、SQL Server、Oracle、MySQL、Sybase 等数据库。连接各数据库的方式类似，以 SQL Server 数据库为例，选择【数据】→【获取和转换数据】→【获取数据】→【自数据库】→【从 SQL Server 数据库】命令，如图 33-23 所示。

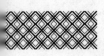

图 33-23 加载SQL Server数据库文件

图 33-24 输入数据库用户名和密码

在弹出的服务器设置对话框中，输入服务器名称或地址，单击【确定】按钮，再输入数据库的用户名和密码，单击【连接】按钮，即可以连接指定的数据库，同时在弹出的【导航器】对话框中选择所需文件加载至 Power Query 中，如图 33-24 所示。

5. 从文件夹加载数据

Power Query 可以加载某个文件夹内所有数据文件，当文件夹内增减数据文件时，单击刷新可以智能地对该文件夹下的数据文件进行重新计算或汇总分析。

选择【数据】→【获取和转换】→【获取数据】→【自文件】→【从文件夹】命令，在弹出的【文件夹】对话框中选择目标文件夹，单击【确定】按钮，如图 33-25 所示。

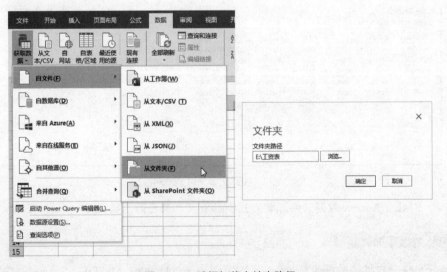

图 33-25 选择加载文件夹路径

上述操作完成后，会显示文件夹下所有工作簿名称,此外还加载了文件夹部分属性字段信息，单击【转换数据】按钮，即可以将该文件夹下所有工作簿加载至 Power Query 编辑器中，如图 33-26 所示。

图 33-26 加载文件夹内所有Excel工作簿文件

6. 从网页上加载数据

Power Query 支持从 Web 上加载数据，图 33-27 展示的是某银行网站上的外汇实时汇率表，用户可将该外汇表加载至 Power Query 中。若汇率发生变化，可在 Power Query 编辑器中单击【刷新】按钮，即可得到最新汇率。

图 33-27 获取网页上的外汇实时汇率表

第1步 选择【数据】→【获取和转换数据】→【自网站】命令，在弹出的【从 Web】对话框中输入相应网址，单击【确定】按钮，如图 33-28 所示。

图 33-28 输入查询网站地址

第2步 在弹出的【导航器】对话框的左侧，会列示该网址下所有被读取到的表格，用户可以选择指定的表格，单击【加载】按钮可将网页中的表格加载至工作表中，单击【转换数据】按钮可以将表格加载至 Power Query 编辑器中，如图 33-29 所示。

图 33-29 加载网页数据至Power Query编辑器中

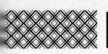
33.8 加载、连接与编辑的含义

【导航器】对话框的右下角有【加载】按钮,该按钮有【加载】和【加载到】两个选项,如图 33-30 所示。

图 33-30 【加载】与【加载到】选项

加载相当于输出,在图 33-30 中若选择【加载】选项,将会把被加载工作簿中的数据直接输出到当前工作表中,该方式并没有借助 Power Query 编辑器功能,在实际工作中,若不对导入数据进行处理,可借助该方式,直接导入外部文件至 Excel 工作表中(导入数据的行数不能超过 Excel 行列限制)。

若选择【加载到】选项,则会弹出【导入数据】对话框,如图 33-31 所示。

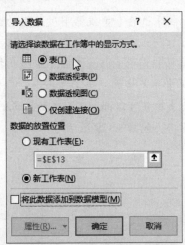

图 33-31 【导入数据】对话框

● 表:选择加载到【表】是将数据输出到 Excel 工作表中,该方式的优点是用户可在工作表中直观看到加载的数据,缺点是当数据量非常大时,导入时间会较长,并且导入的数据会增加工作表的体积,此外如果导入的数据超过 Excel 工作表的行列限制时,

会导入失败。

● 数据透视表:选择【数据透视表】,是以加载的数据作为数据源创建数据透视表。

● 数据透视图:选择【数据透视图】,是以加载的数据作为数据源来创建数据透视图。

● 仅创建连接:选择【仅创建连接】,是指不输出数据至工作表中,而是将外部数据或将 Power Query 编辑器中的数据与当前 Excel 工作簿产生连接关系。产生连接关系后会在工作表右侧的【查询 & 连接】任务窗格中显示连接的表及加载的行数,如图 33-32 所示。若未显示【查询 & 连接】任务窗格,可在【数据】选项卡中单击【查询和连接】按钮。

图 33-32 创建连接

创建连接的好处是工作簿建立了与外部数据的连接关系,创建连接后可利用连接的数据充当数据源,然后利用该数据源在工作表中创建数据透视表来分析数据。对数据进行分析汇总时,若连接的数据源发生更新,用户只需要在 Power Query 中刷新数据,则工作表中分析的数据也会自动更新。

连接数据并不会增大当前 Excel 文件的大小,因为并没有数据输出在工作表中,此外用户可以再次对连接的数据源在 Power Query 编辑器中编辑,在【查询 & 连接】任务窗格中,选择表并右击,在弹出的快捷菜单中选择【编辑】命令,再次返回 Power Query 编辑器中处理数据,若有需要也可单击【加载到】按钮将数据加载至工作表中,如图 33-33 所示。

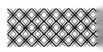

图 33-33 对连接的数据进行编辑或加载数据至
工作表中

在图 33-31 所示的对话框中若选中【将此数据添加到数据模型】复选框，会将数据加载到数据模型中，即使用 Power Pivot 来做进一步的处理。Power Query 主要用于数据获取与整理，而 Power Pivot 主要用于建立表间关系。若用户不需要对多表进行表间关系的建立，可不选中此选项。

当用户第一次将数据加载至 Power Query 中时，若单击加载对话框中的【转换数据】按钮，则会直接将数据加载到 Power Query 中，加载后若关闭该编辑器，则会弹出提示保存

的对话框，如图 33-34 所示。

图 33-34 直接关闭Power Query时弹出的
保存对话框

用户若单击【保留】按钮，则会将该数据源与 Excel 工作簿创建连接关系，并且会自动将加载的数据输出在新的工作表中。

若将外部 Excel 工作簿或将当前工作表中数据加载到 Power Query 中，无法在 Excel 工作簿中编辑数据，用户必须先关闭 Power Query 编辑器后，才能对 Excel 工作簿中的数据进行操作。此设置是为了避免用户不小心更改 Excel 工作簿中的数据，而造成 Power Query 的数据不准确。

在实际工作中，建议用户不要直接关闭 Power Query 编辑器，而是单击 Power Query 编辑器中的【保存并上载】按钮进行自定义的保存，用户再次打开 Power Query 或 Power Pivot 时，保存后的连接表和数据将会重新自动加载和显示。

33.9 认识【关闭并上载】命令

在 Power Query 编辑器中处理数据后，绝大部分情况下需要将此连接的数据及状态进行保存，以便于下次进行数据处理。保存数据及连接状态可以在 Power Query 编辑器的【主页】选项卡中单击【关闭并上载】按钮，在此下拉菜单中有【关闭并上载】和【关闭并上载至】两个命令，如图 33-35 所示。

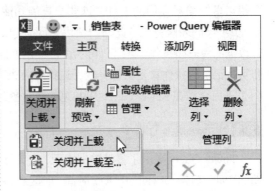

图 33-35 【关闭并上载】命令

● 关闭并上载：关闭 Power Query 编辑器，并将数据连接到当前工作簿，同时将加载的数据输入在新的 Excel 工作表中。

● 关闭并上载至：关闭 Power Query 编辑器，并弹出【加载到】对话框，供用户选择加载的方式。

无论选择哪种保存方式，均将 Power Query 编辑器中的数据表与当前工作簿产生连接。用户保存过一次后，【关闭并上载至】命令将变成灰色不可用状态，此时若想再次利用【加载到】命令，可在 Excel 工作簿的【查询＆连接】任务窗格中，选择指定的连接表并右击，在弹出的快捷菜单中选择【加载到】命令，即可以重新选择加载的方式，如图 33-36 所示。此外，选择【编辑】命令，可重新回到 Power Query 编辑器，若要彻底

删除某连接，可选择【删除】命令。

图 33-36　【加载到】或【删除】等命令

删除连接只是断开工作簿与数据源之间的连接关系，它不会删除原来加载到工作表中的数据。删除连接类似将公式函数的结构转成静态值。

33.10　利用 Power Query 整理数据

在实际工作中，用户可能常常需要定期从某系统中抓取数据，或将外部数据或客户发来的原始数据在 Excel 中进行整理，Excel 中常见数据整理操作有更改日期格式、分列、去重复值。此外，还有合并多个工作表、合并多个工作簿数据，这些操作用户往往都是采用手工复制粘贴的方式或使用诸如 VLOOKUP、MATCH 函数来进行合并的。每天、每周、每月也许都要重复这些操作，并且当要处理的数据量较大时，Excel 处理数据的能力明显减弱，甚至会出现崩溃和卡顿情况。

为了屏蔽上述问题，用户可将数据加载至 Power Query 中处理。Power Query 中能加载百万行甚至上亿行数据，因数据存储在内存中，数据处理速度极快，并且 Power Query 功能区内置了相当多的简易实用的工具，这些工具的功能若在 Excel 中完成需要复杂的函数，甚至需要使用 VBA 代码才能完成。此外，使用 Power Query 最大的一个优势是 Power Query 将记录用户处理数据的每一步操作，当用户再次进行数据处理或数据发生增减变化时，只要单击【刷新】按钮，即可按记录的操作重复执行一次，这样可大大节省用户重复性劳动的时间。

下面介绍在 Power Query 中常见的数据整理操作。

1. 转换数据类型

Power Query 提供了多种数据类型，主要有数值型（小数、货币、整数和百分比）、日期型（日期 / 时间、日期、时间、日期 / 时间 / 时区和持续时间）、文本型、布尔型（True/False）和文件型（二进制），如图 33-37 所示。

图 33-37　Power Query中的数据类型

同 Excel 处理数据一样，Power Query 针对不同的数据类型会采用不同的处理方式，在实际工作中，很多用户使用 Power Query 不能正确地处理数据，其中一个常见的原因就是使用了错误的数据类型。如图33-38 所示，在工作表中 A 列是文本型、B 列是日期型、C 列是数值型（该列 C6 单元格为文本内容）、D 列为文本型数字。

	A	B	C	D
1	姓名	入职时间	工作年限	身份证号
2	张敏	2011-06-13	6	810516199⋅⋅62409
3	王伟	2009-07-23	8	834946198⋅⋅047411
4	王芳	2009-07-23	8	726810199⋅⋅203167
5	刘艳	2010-05-21	7	686387198⋅⋅273203
6	张明	2010-05-06	未知	769372199⋅⋅25120
7	李平	2009-04-27	8	672759198⋅⋅47288
8	李强	2012-11-29	8	652017198⋅⋅207031

图 33-38　Excel工作表中数据类型

将上述工作表中的数据加载到 Power Query 中时，Power Query 会自动对加载的数据进行数据类型的识别，此过程在【应用的步骤】框中记录为【更改的类型】，如图 33-39 所示。

图 33-39　Power Query自动识别数据类型

Power Query 在识别数据过程中，可能会对数据类型识别错误，如图 33-39 所示工作表中将身份证号识别为数值，并采用科学记数法表示。此方式为错误表示方式，用户可在 Power Query 中进行数据类型的转换。具体操作步骤如下。

第 1 步　单击字段标题左侧的数据类型标识符，例如身份证号在 Power Query 识别时转换为科学记数法表示，单击该字段类型左侧的类型标识符（圆圈标识处），在弹出的数据类型列表中选择【文本】，如图 33-40 所示。

图 33-40　在Power Query中更改数据类型

第 2 步　转换为文本后，会弹出【更改列类型】对话框，若单击【替换当前转换】按钮会直接转换类型，若单击【添加新步骤】按钮，不但可以转换数据类型，并且会在【应用的步骤】框中记录该转换步骤，转换数据效果如图 33-41 所示。

图 33-41　转换类型后的正确身份证号码

因原数据源中的工作年限列中夹杂着文本，Power Query 在识别时会将数值与文本夹

杂的数据类型标识为 ，即混合的数据类型（用户可以通过数据类型标识符判断字段的数据类型）。为了正确地显示数据类型或标识出夹杂的文本数据，可将该列转换成整数类型，如图33-42所示。

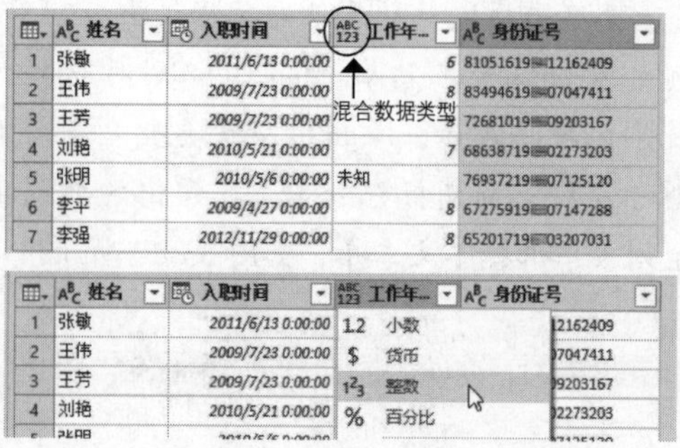

图 33-42　将数据转换为整数类型

将夹杂数值与文本的字段转为数值类型时，Power Query会将原文本内容的数据转换成错误值（用Error表示），如图33-43所示。

图 33-43　将不符合数值类型的文本将转换成Error

对于工作表中的入职时间，在Power Query中转换为时间类型（日期后面附带了时间，并且数据类型标识符显示为时间符号）。用户可将该时间类型转换成日期类型，如图33-44所示。

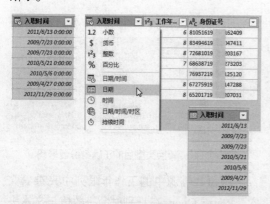

图 33-44　将时间类型转换成日期类型

深入了解

在 Power Query 编辑器中不能对加载的数据进行编辑修改，若用户需要对数据进行编辑修改，只能在源数据中进行，然后在 Power Query 中进行刷新操作以显示更改过的数据。

2. 将第一行用作标题

绝大部分情况下，列表中一定会有列标题，如图33-45所示，第一行为列标题，若以此列表为数据源加载到Power Query，则会自动弹出【创建表】对话框，在该对话框中Excel会自动侦测该列表是否含有标题。在此取消选中【表包含标题】复选框，其目的是介绍【将第一行用作标题】命令，在实际工作中，若列表有标题还是要选中此选项。

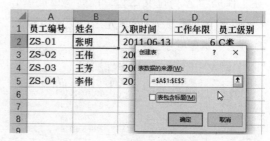

图 33-45　列表中一定要有标题

若加载到Power Query编辑器中的列表没有标题，有以下两种方式可添加标题。

（1）双击列标题，将使标题变成可编辑状态，此时输入自定义的标题，按<Enter>键即可。

（2）若加载的列表中的第一行包含标题行，可在【主页】选项卡中选择【将第一行用作标题】命令，此时会将列表中的第一行设置为标题，若需要将标题转换为数据的第一行，可选择【将标题作为第一行】命令，如图33-46所示。

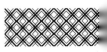
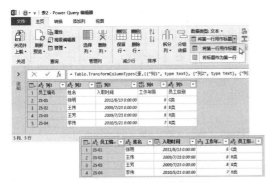

图 33-46　将第一行用作标题

在 Excel 的表格中可存在相同的标题，但 Power Query 中不允许有相同的标题。若加载数据有相同的标题，会在相同的标题后面加不同的数字以区别为不同列，若在 Power Query 编辑器中修改为相同的标题，会弹出警告框，如图 33-47 所示。

图 33-47　Power Query中不允许有相同标题列

3. 列操作

加载到 Power Query 中的数据，有可能存在不需要的列，对于不需要的列可进行删除，如图 33-48 所示，选中一列，可在【主页】选项卡中选择【删除列】命令，在此有两个下拉菜单命令，若选择【删除列】命令将删除选中状态的列，若选择【删除其他列】命令将只保留选中列，而删除其他列。

图 33-48　删除列

选中单列可直接单击标题，若选中多列，可按住 <Ctrl> 键进行多列选取。在【主页】选项卡中选择【选择列】命令，将弹出【选择列】对话框，该对话框中列示了所有的字段名，用户可取消字段名选中状态，则相关字段将被隐藏。选择【转到列】命令将选中指定的列，此情况在字段较多时使用，如图 33-49 所示。

图 33-49　利用选择列方式隐藏列

4. 行操作

在 Excel 中选中某行后可以直接删除，但在 Power Query 中不能直接选中行删除。在 Power Query 中若想删除行，可在【主页】选项卡中单击【删除行】按钮，弹出的下拉菜单如图 33-50 所示。

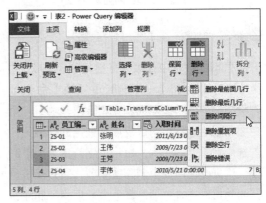

图 33-50　删除行

【删除行】下拉菜单中主要命令含义如下。

● 删除最前面几行：删除列表中指定的

最前面几行数据。

- 删除最后几行：删除列表中指定的最后面几行数据。
- 删除间隔行：以间隔数据删除行，如图 33-51 展示的含义是从第一行开始删除，一次删除 1 行，然后保留 2 行数据后继续删除，并重复此规律，直至列表最末尾行。

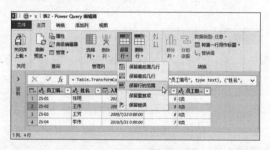

图 33-51　删除间隔行

单击【主页】选项卡中的【保留行】按钮，可自定义保留最前面几行、最后几行，以及保留某个区间内的行数据，而其他行被删除，如图 33-52 所示。

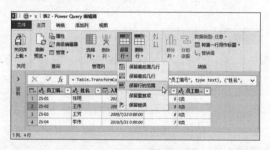

图 33-52　保留行而删除其他行

5. 删除重复项

加载的数据中如果存在重复项，选择【主页】→【删除行】→【删除重复项】命令可删除指定列中的重复项。在删除重复项时，用户要特别注意删除的重复项与选定的列相关，若选中某单独的一列，执行【删除重复项】命令，则只会在单列中删除重复项，即只保留最开始的第一条唯一项，其他重复项将被删除，若选中多列执行【删除重复项】命令，则以选中的多列为参照保留唯一项，其他项将被删除。

用户要在整个列表中删除重复项，需选中所有列或按快捷键 <Ctrl+A> 选中整个列表，再执行【删除重复项】命令，如图 33-53 所示。此外，在【保留行】下拉菜单中可选择【保留重复项】命令，则会保留重复项数据，其他数据将被删除。

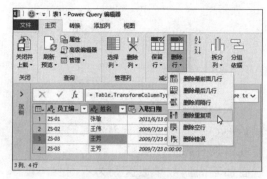

图 33-53　删除重复项

6. 删除空行及替换值

在将数据源中的空值或空行加载到 Power Query 中时，会显示为 null（null 代表一个缺失或未知的值，它并不代表零）。用户若要删除空行，可选择【主页】→【删除行】→【删除空行】命令，如图 33-54 所示。该命令会将列表中整行（并非某一个单元格）都为空值的行删除掉。

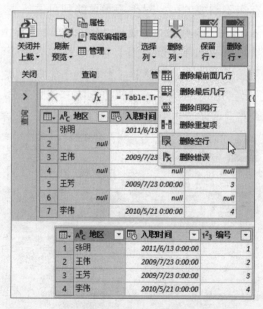

图 33-54　删除空行

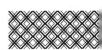

用户若不想以 null 显示为空，可在【主页】选项卡中单击【替换值】按钮，将 null 替换为空格显示，如图 33-55 所示。

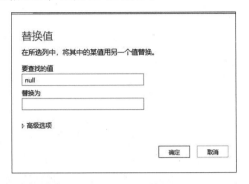

提示

在 Power Query 编辑器中 null 代表显示数据源中的空值，实际将数据加载到 Excel 工作表中时仍然以空单元格表示空值。

图 33-55　替换值

7. 筛选

如图 33-56 所示，因数据源不规范，导致加载数据至 Power Query 中会出现空行和重复标题行，用户若要删除这些空行和重复标题行，最佳方法为使用筛选，在筛选列表框中取消选中【null】复选框和相关标题字段，单击【确定】按钮，即可屏蔽空行和标题行。屏蔽掉数据行视为删除，并且只有在 Power Query 编辑器中的可见行数据才能导入 Excel 工作表中，通过筛选屏蔽的数据行不会导入 Excel 工作表中。

图 33-56　筛选

8. 排序

在 Power Query 中可以对字段进行升降序的排列，选中目标字段，在【主页】选项卡中选择【升序】和【降序】命令即可对字段进行排序，如图 33-57 所示。

图 33-57　原数据排序

排过序的字段，筛选按钮上会显示双向的排序箭头标识，进行多列排序时，还会在字段标题右侧标识排序的数字顺序符号。在Power Query 中进行排序，除了方便查看记录顺序外，还有一种常见操作就是配合删除重复项功能，以查看记录的最大值、最小值、最早日期、最晚日期等。如图 33-58 所示，现需查询所有客户最大金额记录。要完成此要求，可先对金额列进行降序排列。

图 33-58　对金额列按降序排列

对金额列进行降序排列后，选中客户列，选择【删除行】→【删除重复项】命令，【删除重复项】命令只会保留列表中第一次出现的记录项，而删除其他的重复项。然而，此例中并未按预期的方式执行，如图 33-59 所示，第一行与第二行的客户均为"北京 A 科技公司"，销售金额分别为 885和 850，选中客户列，启用【删除重复项】命令后，理应保留最大金额为 885 的记录，但实际并非如此。

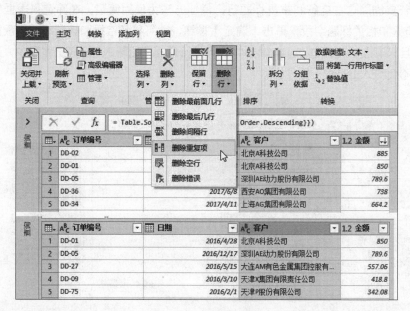

图 33-59　删除重复项

造成上述错误的原因是【删除重复项】命令是按原数据在 Power Query 中排序方式进行删除重复项的，如图 33-57 展示了原数据未在排序情况下的数据排列，从此图上可以看到第一行为"北京 A 科技公司"销售金额 850 的记录项，所以在删除重复项时，会保留此记录项。

如果用户想要在排序后按实际列表显示的顺序删除重复项，可采用破坏排序状态的操作来完成此要求，如图 33-60 所示，【金额】字段为降序排列状态，用户可单击一项对列表没有破坏性的操作来取消金额列的排序状态，如选择【转换】选项卡中的【检测数据类型】命令，使用该命令后，金额列的排序功能将删除。

图 33-60　使用检测数据类型来取消排序状态

上述操作完成后，再对选中的客户字段执行【删除重复项】命令，即可保留各客户最大销售金额记录项，如图 33-68 所示。

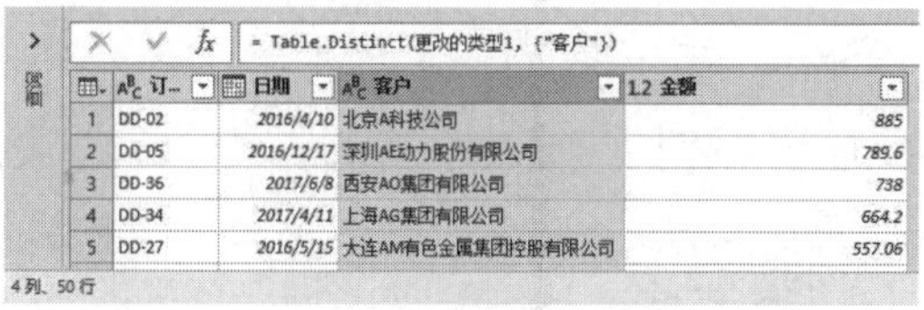

图 33-61　保留各客户最大销售金额记录项

在实际工作中，在 Power Query 中可对金额、日期排序，然后取消排序，再利用【删除重复项】命令对列表中金额最大、最小和日期最早、最晚的记录进行提取。

9. 填充

图 33-62 所示的地区列中有很多空值，这些空值所在单元格实际上应为上行数据内容，用户若要迅速填充空值，选择【转换】→【填充】→【向下】命令即可完成向下填充。

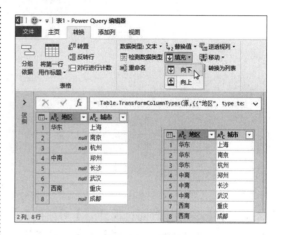

图 33-62　填充

10. 移动列

在 Power Query 中，不可以用剪切粘贴的方式移动列。移动列最快捷的方式为选中列标题，按住鼠标左键不放，然后拖曳至相关处，如图 33-63 所示。

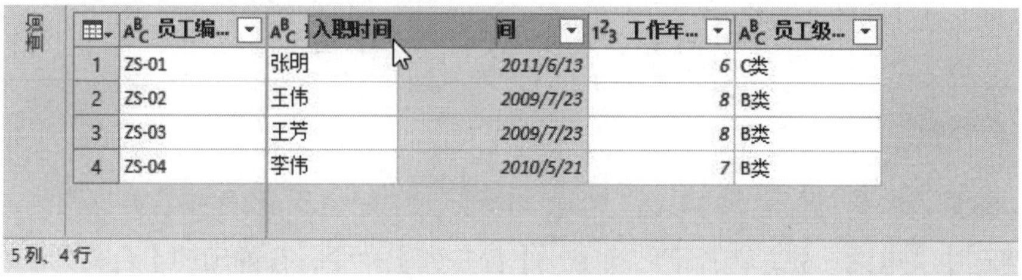

图 33-63　移动列

11. 拆分列

在图33-64中，地区列中的"地区"与"城市"用短横线连接在了一起，为了更方便地分析"地区"与"城市"数据，需要将"地区"与"城市"分别显示在不同列中。

在Excel中可以使用分列的功能完成此项任务，在Power Query中同样也有类似命令，单击【主页】选项卡中的【拆分列】按钮，在下拉菜单中有【按分隔符】命令与【按字符数】命令。使用【按分隔符】命令会根据字符串中的特殊分隔符分列，常见的分隔符有空格、制表符、逗号、短横线(-)、斜线(/)等，此外用户也可以自定义分隔符。【按字符数】命令是指根据指定字符个数进行拆分列。此例的地区列中，因使用短横线（ - ）分隔不同项目，所以选择【按分隔符】命令。

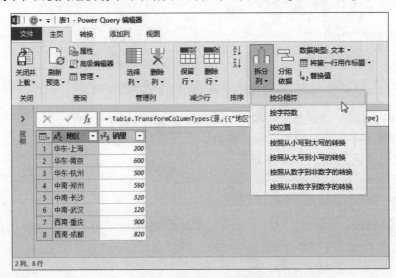

图 33-64　利用拆分列功能

在弹出的【按分隔符拆分列】对话框中，Power Query会自动识别分隔符的种类，若识别不出，可自定义分隔符，单击【确定】按钮即可分列，如图33-65所示。

图 33-65　对地区列拆分后效果图

12. 合并列

图33-66展示的是"区号"和"电话"两列，与拆分列刚好相反，现需要合并这两列。先选中"区号"列，再选中"电话"列，选择【转换】→【合并列】命令，在弹出的【合并列】对话框中，

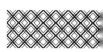

在【分隔符】框中可选择冒号、逗号、分号等常见分隔符作为合并列的连接符，也可以自定义连接符。如在此例中，笔者在【分隔符】框中选择自定义选项，然后输入短横线（-）。在【新列名】文本框输入合并列的名称，如"座机号码"，单击【确定】按钮即可合并。

图 33-67 展示了合并后电话号码的效果，原被合并列会删除，只保留合并列。在合并时，选择列的先后顺序会影响合并的效果，即先选中的列会优先合并在前面。

图 33-66　合并列

图 33-67　合并电话号码效果图

深入了解

在 Power Query 编辑器中，有很多数据处理工具存在于【转换】和【添加列】选项卡中。例如，对字段的合并、提取、分析，常规字段的计算，日期时间的处理等，均在两个选项卡内有重复出现，如图 33-68 所示。

图 33-68　部分命令均重复出现在【转换】与【添加列】选项卡中

出现在【转换】与【添加列】选项卡中的命令功能是一样的，区别在于在【转换】选项卡中对选中的字段进行操作，操作后的数据会覆盖原选中的字段，而在【添加列】选项卡中对选中的字段进行操作，会保留原选中的列，并且将操作后的数据以新增列的方式添加在列表中。

13. 提取字段内容

在实际工作中，对于列表中的数据经常需要提取部分内容，Power Query 中提供提取字段内容功能。在【转换】选项卡中单击【提取】按钮，在下拉菜单中可提取长度、首字符、结尾字符、范围、分隔符之前的文本、分隔符之后的文本、分隔符之间的文本。选择【首字符】命令，在弹出的【提取首字符】对话框中可输入保留字符的个数，如输入 2，单击【确定】按钮，即可提取列中最前面 2 个字符，其余字符将被删除，如图 33-69 所示。

图 33-69　提取特定内容

在【转换】选项卡中选择【提取】命令，选中的列可保留提取的内容，若用户需要保留提取内容，同时又要保留原始数据，除了可在【添加列】选项卡中选择【提取】命令，还可以先复制提取列，再对复制的列进行提取操作。

在 Power Query 中不能直接复制粘贴某列，只能在【添加列】选项卡中选择【重复列】命令，来复制某列，如图 33-70 所示。

图 33-70　重复列

14. 删除空格及非打印字符

在 Excel 的表格列中，经常会夹杂一些多余的空格或非打印字符，这些空格或非打印字符会影响数据的分析。在 Excel 中删除多余空格可以使用替换方法或使用 CLEAN 函数（删除文本中所有非打印字符）和 TRIM 函数（删除文本中多余空格）。在 Power Query 中可直接使用内置功能一键删除多余空格和非打印字符。

选中指定列，在【转换】选项卡中选择【格式】命令，在其下拉菜单中可以对英文文本进行大小写转换，可对内容添加前后缀。在格式修整中最常用的为【修整】命令，使用该命令会

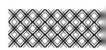

删除文本串中的前导空格、尾随空格。使用【清除】命令会清除文本串中所有的非打印字符。【修整】与【清除】命令的功能与 CLEAN 与 TRIM 函数功能相同，如图 33-71 所示。

图 33-71　修整与清除列中特殊字符

用户若要删除字符串中所有空格，可选择【转换】→【替换值】命令，在弹出的【替换值】对话框中的【要查找的值】文本框内输入空格，在【替换为】文本框内保持默认状态，不输入任何内容，此方式表示把空格替换为无，单击【确定】按钮，即可以将指定列中的空格全部替换为无，即删除了所有的空格，如图 33-72 所示。

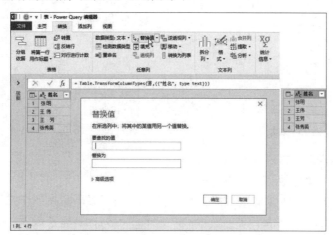

图 33-72　使用替换命令删除所有空格

15. 逆透视

图 33-73 展示的是 Excel 中的一张二维表，二维表是从两个方向（角度）去判断某数值含义，如 C2 单元格中的 300 表示水平方向（第一个维度）华东上海、纵向（第二个维度）一月的销售额。

	A	B	C	D	E	F
1	地区	城市	一月	二月	三月	
2	华东	上海	300	200	700	
3	华东	南京	500	600	700	
4	华东	杭州	400	100	300	
5	中南	郑州	500	500	600	
6	中南	长沙	600	700	500	
7	中南	武汉	100	800	100	
8	西南	重庆	500	300	400	
9	西南	成都	500	200	400	

图 33-73　二维表

二维表适合展示数据之间的关系，但是二维表不便于数据的分析或数据透视处理，用户若要对数据列表进行数据分析或是数据透视处理，最佳列表形式为一维表。图 33-74 展示了一张一维表，一维表只需要从水平方向（横向）就可以得到一条完整的数据信息，如第二条记录就完整表示华东上海一月的销售额为 300。

	A	B	C	D	E
1	地区	城市	月份	销售额	
2	华东	上海	一月	300	
3	华东	上海	二月	200	
4	华东	上海	三月	700	
5	华东	南京	一月	500	
6	华东	南京	二月	600	
7	华东	南京	三月	700	
8	华东	杭州	一月	400	
9	华东	杭州	二月	100	
10	华东	杭州	三月	300	
11	中南	郑州	一月	500	
12	中南	郑州	二月	500	
13	中南	郑州	三月	600	
14	中南	长沙	一月	600	
15	中南	长沙	二月	700	
16	中南	长沙	三月	500	
17	中南	武汉	一月	100	
18	中南	武汉	二月	800	

图 33-74　一维表

如何判断一维表与二维表呢？用户可查看每列数据是否为同类型数据，若为同类型数据，则为一维表，例如，"地区"、"城市"、"月份"和"销售额"字段下面都是同类型数据，而图 33-73 中的"一月"字段下面则为销售额数据，是不同类型数据，则为二维表。

在实际工作中经常需要将两者转换，在 Excel 中将二维表转换成一维表或将一维表转换成二维表都相当烦琐，而在 Power Query 中进行转换相当容易。

如图 33-75 所示，一月、二月、三月为同一性质数据，可将它们转换成值，选中"一月"、"二月"和"三月"列，在【转换】选项卡中单击【逆透视列】按钮，在其下拉菜单中选择【逆透视列】或【仅逆透视选定列】命令。

图 33-75　二维表转换成一维表

图 33-76 展示了转换后的一维表，转换后可对标题重命名，以符合转换后列的属性。

	地区	城市	属性	值
1	华东	上海	一月	300
2	华东	上海	二月	200
3	华东	上海	三月	700
4	华东	南京	一月	500
5	华东	南京	二月	600
6	华东	南京	三月	700
7	华东	杭州	一月	400
8	华东	杭州	二月	100
9	华东	杭州	三月	300
10	中南	郑州	一月	500
11	中南	郑州	二月	500
12	中南	郑州	三月	600
13	中南	长沙	一月	600

图 33-76　Power Query中的一维表

将二维表转换成一维表叫逆透视，即将表中的列标题转换成值，相反，如果将一维表转换成二维表则叫透视列，即将表中的值变成列标题。

用户若要将一维表转换成二维表，可先选中要将值转换成列的字段。如图 33-77 所示，现需要将月份转换成列，先选中月份列，然后选择【转换】→【透视列】命令，在弹出的【透视列】对话框中的【值列】中选择"销售额"字段，单击【确定】按钮，即可将一维表转换为二维表。

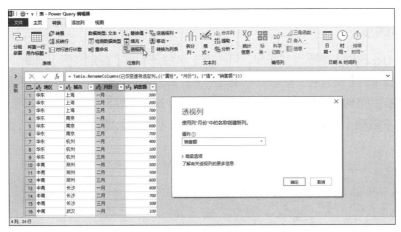

图 33-77　逆透视

将一维表转换为二维表之后，效果如图 33-78 所示。

	A^B_C 地区	A^B_C 城市	1$^2_3$ 一月	1$^2_3$ 二月	1$^2_3$ 三月
1	中南	武汉	100	800	100
2	中南	郑州	500	500	600
3	中南	长沙	600	700	500
4	华东	上海	300	200	700
5	华东	南京	500	600	700
6	华东	杭州	400	100	300
7	西南	成都	500	200	400
8	西南	重庆	500	300	400

图 33-78　一维表转换为二维表

16. 转置

在【转换】选项卡中选择【转置】命令，可进行行列互换，如图 33-79 所示。

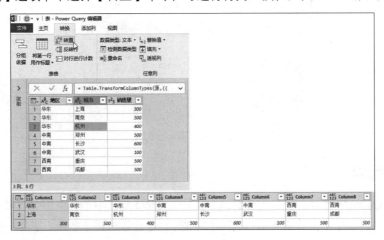

图 33-79　转置

用户若要将行的顺序颠倒，即将最后一行变成第一行，可选择【转置】→【反转行】命令，对于某些销售清单来说都是按时间顺序排列的，若想知道每位销售员最后一次的销售记录，可通过使用【反转行】命令后，再删除重复项来快速求出。

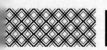

17. 自定义列

在 Power Query 中如果要添加新列，可选择【添加列】→【自定义列】命令，在弹出的【自定义列】对话框中的【新列名】文本框中输入列名，如输入"奖金"，在下面的【自定义列公式】文本框中输入公式结构，例如输入"=[销量]*0.2"，其中字段名称需要用中括号包围，可以手工输入也可以在右侧【可用列】框内插入字段，单击【确定】按钮，即可自定义添加列，如图 33-80 所示。

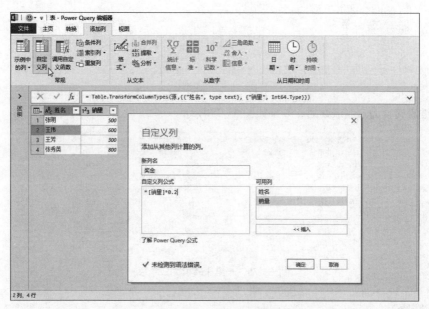

图 33-80　自定义添加列

上述操作完成后，会在列表中添加新的列，如图 33-81 所示。

⊞▾	A^B_C 姓名 ▾	1²₃ 销量 ▾	ABC 123 奖金 ▾
1	张明	500	100
2	王伟	600	120
3	王芳	300	60
4	张秀英	800	160

图 33-81　添加新列

18. 分组依据

在 Power Query 中可对字段进行分组统计操作，如同 Excel 中的分类汇总。如图 33-82 所示，现需要对地区列进行分组统计销售量，选择【转换】→【分组依据】命令，在弹出的【分组依据】对话框中将分组依据选择为"地区"，【新列名】自定义为"地区汇总"，【操作】选择为"求和"，【柱】表示要进行统计的字段，选择为"销售量"字段，若进行多级别分组汇总，可选中【高级】单选按钮，完成设置后单击【确定】按钮即可完成分组统计。

图 33-82　分组统计

对地区进行分组统计后的结果如图 33-83 所示。

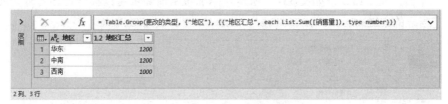

图 33-83　汇总不同地区销售量

19. 提取日期值

在 Excel 中对于某日期要提取年、月、日、季度、周，需要用相关日期函数，然而在 Power Query 中可直接对日期、时间列进行日期、时间的属性提取。

选中日期字段，在【添加列】选项卡中选择【日期】命令，在下拉菜单中列示一系列处理日期的命令，例如选择【年】→【年】命令，将在列表中添加新的一列，并提取日期的年份值，如图 33-84 所示。

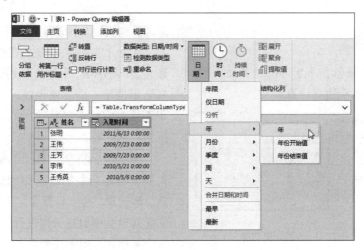

图 33-84　提取日期属性值

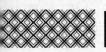

图 33-85 展示了在 Power Query 中分别提取年、月、季度、一年的某一周的结果值。

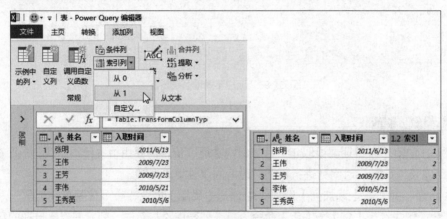

图 33-85 提取相关日期属性值

20. 添加索引值

加载到 Power Query 中的数据若没有数据行的序号，可在【添加列】选项卡中选择【索引列】命令，在其下拉菜单中可以选择【从 1】或【从 0】命令来添加索引列，若以某一增量添加索引列，可选择【自定义】命令，如图 33-86 所示。添加索引值除了可以标识行序号外，还可以用索引值列充当表的主键。

图 33-86 添加索引值

21. 计算功能

如图 33-87 所示，利用 Power Query 的功能可以对表中的列进行计算。

图 33-87 Power Query的计算功能

Power Query 根据计算内容分为多个类别，具体类别及计算功能如下。

● 统计信息：对列进行常规计算，如求和、最大值、最小值、平均值，使用统计信息命令，只会返回单一值。使用统计信息命令，一般用于核对或检查加载数据的汇总是否与源数据的汇总一致。

● 标准、科学记数、三角函数、舍入：对整列中每行数据进行四则运算、平方根运算、幂运算、舍入运算等，与统计信息不同，它是对整列中数据分别进行计算。

● 信息：用于判断数字的属性，如判断数

字是否为偶数，结果返回逻辑值 TRUE 或 FALSE。

33.11 撤销及修改 Power Query 中的操作

在 Power Query 编辑器中的每一步操作，都记录在【查询设置】任务窗格中的【应用的步骤】列表框内，用户若要撤销或删除某个步骤，可单击步骤旁边的 ✕ 按钮，如图 33-88 所示。在【应用的步骤】列表框内，用户可单击不同的步骤来查看当时操作时的列表数据（类似 Excel 中撤销功能）。同时用户还可以选中步骤进行移动，互换位置，但在互换位置时，需要注意前后操作时可能出现的冲突。

对于每一步操作，Power Query 会自动对操作命名，用户可以选中某操作，右击，在弹出的快捷菜单中选择【重命名】命令进行自定义命名。对于每个操作步骤，用户还可以单击右侧的【设置】图标，来重新修改此步骤的操作设置。

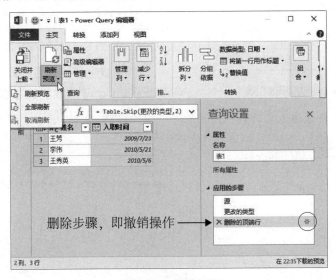

图 33-88　撤销操作

当数据发生更新时，选择【主页】→【刷新预览】命令，Power Query 会自动更新数据，并且根据【应用的步骤】中的操作从头到尾自动化执行一遍，此功能可大大节省用户重复操作的时间。在 Power Query 中对数据的处理，只要操作过一次，如果再更新数据，单击刷新后续的工作就可以自动完成，这是 Power Query 优秀功能之一。

33.12 利用 Power Query 数据创建数据透视表

普通的数据透视表只能利用存于 Excel 工作表中的数据作为数据源，此外工作表的行列有限制，对于大量数据显然不方便。此时可以利用 Power Query 加载海量数据，以 Power Query 中的数据为数据源，在 Excel 工作表中创建数据透视表分析汇总数据。

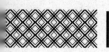

Excel 原理与技巧大全

当用户利用 Power Query 对外部数据源创建连接后，可在【插入】选项卡中选择【数据透视表】命令，在弹出的【创建数据透视表】对话框中选中【使用外部数据源】单选按钮，再单击【选择连接】按钮，如图 33-89 所示。

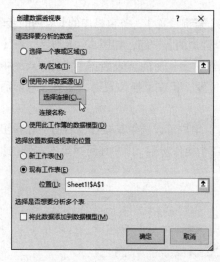

图 33-89　创建数据透视表

在弹出的【现有连接】对话框中，会列

示当前工作簿中所有的连接，选择指定的连接，单击【打开】按钮，如图 33-90 所示。

图 33-90　选择查询作为透视表的数据源

完成上步操作后，即可在工作表中利用 Power Query 加载的连接数据创建数据透视表，如图 33-91 所示。

图 33-91　利用 Power Query 加载的数据创建数据透视表

利用 Power Query 可加载外部海量数据，以 Power Query 加载的数据作为数据源创建透视表，可避免将外部数据复制到 Excel 工作表中操作，同时也突破了 Excel 工作表的行列限制。但在实际工作中，最普遍的操作是将 Power Query 处理的数据加载到 Power Pivot 中，如果加载的表有多张，并且多表之间存在关系，则可在 Power Pivot 中创建关系后，再以 Power Pivot 中的数据创建数据透视表，这样做的优势为不但可以加载海量数据，还可以利用数据透视计算分析汇总多表之间关系。

33.13 追加查询和合并查询

在实际工作中，用户可能经常会遇到多表合并数据、多工作簿合并数据，一般用户可能采用手工复制粘贴方式进行合并，或利用 VLOOKUP 等函数进行合并，甚至部分用户会采用编写 VBA 代码方式合并。这些方法都存在不足的地方，利用手工复制粘贴比较低效、容易出错、劳动量大。利用函数合并容易引起混乱，并且 VLOOKUP 函数只能合并查询第一条符合的记录，不能满足用户需求，利用 VBA 代码编写难度较大，不适合于一般用户。

对于跨工作表合并、多工作簿合并，Power Query 提供了操作极其简单的工具。在 Power Query 中可进行追加查询、合并查询、合并文件等操作。

1. 追加查询

追加查询就是把多张表纵向（上下）地汇总在一起，其原理如图 33-92 所示。

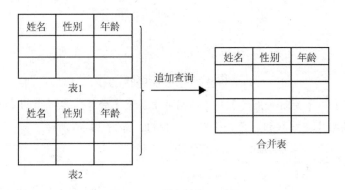

图 33-92　追加查询原理图

图 33-93 展示的是三个月的销售数据，现需要将这三个月的数据纵向合并在一个工作表中。

图 33-93　在不同工作表的一月至三月的销售数据

将上述三个工作表中的数据纵向合并在一起的操作步骤如下。

第 1 步 将三个工作表中的数据加载到 Power Query 中，可选择【数据】→【获取和转换数据】→【获取数据】→【从工作簿】命令，若工作表较少，可直接选择【数据】→【获取和转换数据】→【自表格 / 区域】命令加载数据至 Power Query 中。

此案例中，笔者先对数据区域创建表，然后通过【自表格 / 区域】命令加载"一月"的数据至 Power Query 中，如图 33-94 所示。

图 33-94 使用【自表格/区域】命令加载数据至 Power Query 中

将一月数据加载到 Power Query 中后，会在左侧查询区显示列表的名称。为了有效地管理和识别加载的不同数据表格，用户可在右侧【查询设置】任务窗格中的【名称】文本框中修改当前表格的名称，如 Excel 列表中已经对表格进行命名，在此【名称】文本框中会显示已命名的名称，如图 33-95 所示。

图 33-95 对表格命名

第2步 选择【主页】→【关闭并上载】→【关闭并上载至】命令，在弹出的【导入数据】对话框中选中【仅创建连接】单选按钮，单击【确定】按钮，如图 33-96 所示。

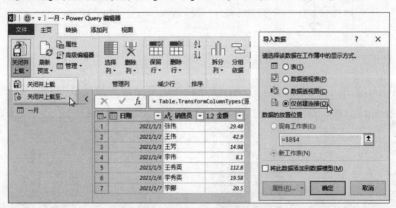

图 33-96 将 Power Query 中的数据连接至工作表中

若将 Power Query 中的数据连接至工作表中，会在工作表的右侧显示【查询&连接】任务窗格，在窗格中会显示连接或加载的表格名称和加载的相关状态信息，如图 33-97 所示。

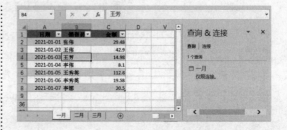

图 33-97 在工作表中的连接或加载的信息

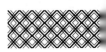

第 3 步 参照第 1 步、第 2 步的方法依次将 "二月""三月" 数据加载到 Power Query 编辑器中，并将数据进行连接。然后在【查询 & 连接】任务窗格中选中某连接，右击，在弹出的快捷菜单中选择【编辑】命令进入 Power Query 编辑器，如图 33-98 所示。

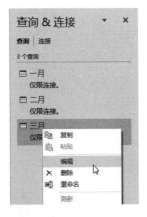

图 33-98　编辑查询连接

第 4 步 在【主页】选项卡中选择【追加查询】命令，在下拉菜单中有【追加查询】和【将查询追加为新查询】命令。【追加查询】命令是将其他表的数据追加到当前表中，而【将查询追加为新查询】命令是将追加表格的数据在新建的一张表中展示，为了不破坏原来列表的数据，笔者在此选择【将查询追加为新查询】命令，如图 33-99 所示。

图 33-99　【将查询追加为新查询】命令

选择【将查询追加为新查询】命令后，在弹出的【追加】对话框中选择追加的个数，若追加的表只有两个，可选中【两个表】单选按钮，此例中因有三个月的数据，故选中【三个或更多表】单选按钮，在左侧【可用表】文本框中添加要合并表至右侧【要追加的表】中，用户在右侧可以对表进行上移或下移操作，以使追加表的数据有序地追加，单击【确定】按钮，如图 33-100 所示。

图 33-100　选择要追加的表

完成上述操作后，会生成名为 "追加 1"（用户可在右侧名称中修改此名）的汇总表，该列纵向合并了三个月的销售数，如图 33-101 所示。

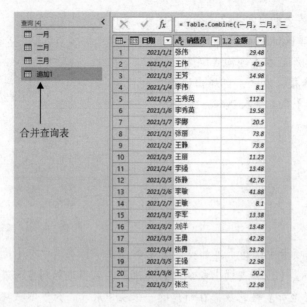

图 33-101   纵向合并三个月数据

第5步 用户若要将汇总数据放置在工作表中，可在【开始】选项卡中选择【关闭并上载】命令，将要连接的数据加载到工作表中，如图 33-102 所示。

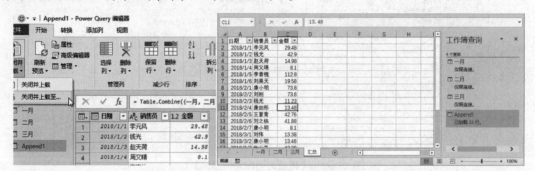

图 33-102   将 Power Query 中的数据加载到工作表中

当数据源发生更新时，假如在一月中添加两笔新数据，如图 33-103 所示。

图 33-103   在数据源中更新数据

更新数据时，用户不需要重新进行汇总操作，只需要在从 Power Query 导入工作表的区域中右击，在弹出的快捷菜单中选择【刷新】命令，即可将更新的数据体现在连接表中，如图 33-104 所示。

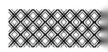

图 33-104 刷新数据

> **提示**
>
> 追加各表的字段名（标题）必须要一致，否则视为不同列，对于不同的列会以单独的列在合并表中显示，此外追加各表的列顺序可以不一致。

2. 合并查询

合并查询是指横向(左右)汇总多张表(扩展表)，它的功能与 Excel 中的 VLOOKUP 函数的功能相似，如图 33-105 所示。

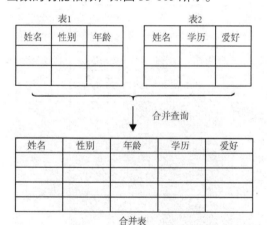

图 33-105 合并查询原理图

图 33-106 展示的是某饮品店的订单表及饮品的原材料表，左侧订单表中每个饮品对应一个订单编号，一个客户可以在同一个订单编号下点多个不同的饮品，右侧原材料表表示不同饮品的原料组成，其中部分饮品由多个原料组成，如"奇异果雪梨汁"由奇异果、雪梨、白糖组成。

订单表				原材料表			
订单编号	所点饮品	数量		饮品	原料	数量	单位
DD-01	奇异果雪梨汁	1		奇异果雪梨汁	奇异果	50	克
DD-01	木瓜汁	2		奇异果雪梨汁	雪梨	200	克
DD-02	柚子茶	4		奇异果雪梨汁	白糖	30	克
DD-02	草莓汁	2		凤梨芒果汁	芒果	200	克
DD-03	奇异果雪梨汁	1		凤梨芒果汁	奇异果	60	克
DD-04	玫瑰花茶	4		木瓜汁	木瓜	100	克
DD-05	木瓜汁	6		玫瑰花茶	花茶	50	克
				玫瑰花茶	绿茶水	150	毫升
				柚子茶	柚子汁	100	毫升
				草莓汁	草莓	60	克

图 33-106 订单表及原材料表

为了统计成本，现需要将订单表与原材料表根据饮品名称一一连接合并，最终报表如图 33-107 所示。

订单编号	所点饮品	数量	饮品	原料	原料数量	单位
DD-01	奇异果雪梨汁	1	奇异果雪梨汁	奇异果	50	克
DD-01	奇异果雪梨汁	1	奇异果雪梨汁	雪梨	200	克
DD-01	奇异果雪梨汁	1	奇异果雪梨汁	白糖	30	克
DD-01	木瓜汁	2	木瓜汁	木瓜	100	克
DD-02	柚子茶	4	柚子茶	柚子汁	100	毫升
DD-02	草莓汁	2	草莓汁	草莓	60	克
DD-03	奇异果雪梨汁	1	奇异果雪梨汁	白糖	30	克
DD-03	奇异果雪梨汁	1	奇异果雪梨汁	奇异果	50	克
DD-03	奇异果雪梨汁	1	奇异果雪梨汁	雪梨	200	克
DD-04	玫瑰花茶	4	玫瑰花茶	花茶	50	克
DD-04	玫瑰花茶	4	玫瑰花茶	绿茶水	150	毫升
DD-05	木瓜汁	6	木瓜汁	木瓜	100	克

图 33-107 合并订单表和原材料表

对于一般用户可能使用 VLOOKUP 函数对两表进行横向连接，如图 33-108 所示，笔者采用 VLOOKUP 函数连接两表。在 D3、

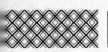

E3、F3 单元格中输入以下公式:

=VLOOKUP($B3,$H:$K,2,0)

=VLOOKUP($B3,$H:$K,3,0)

=VLOOKUP($B3,$H:$K,4,0)

图 33-108　使用VLOOKUP函数连接订单表
和原材料表

向下拖动公式即可求出相对应饮品的原料、数量和单位,但 VLOOKUP 函数有一个非常大的缺陷,就是只能返回查询区域中的第一条记录,如右侧"奇异果雪梨汁"有三种原料,但在订单表中只返回第一种原料,这显然不能完全地统计成本,所以在查询表中有多项符合条件的记录时,使用 VLOOKUP 函数不能达到用户统计要求。

对于上述情形,使用 Power Query 中的合并查询功能可轻易完成,具体操作步骤如下。

第1步 将订单表和原材料表加载到 Power Query 编辑器中。选择【主页】→【合并查询】→【将查询合并为新查询】命令,如图 33-109 所示。

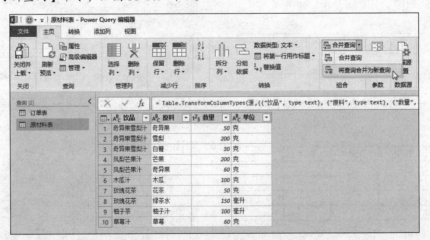

图 33-109　合并查询命令

第2步 上述操作完成后,会弹出【合并】对话框,在第一个下拉框中选择订单表,同时选择"所点饮品"字段,在第二个下拉框中选择原材料表,同时选择"饮品"字段。注意,在合并时需要同时选择两个表中的共享字段(即同时存在的字段)来作为合并两表的桥梁。然后在【联接种类】框中选择"左外部(第一个中的所有行,第二个中的匹配行)",单击【确定】按钮,如图 33-110 所示。

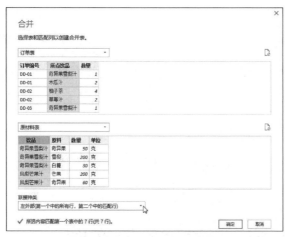

图 33-110 【合并】对话框

第3步 上述操作完成后，在 Power Query 编辑器中会显示"合并 1"表，即合并表。合并表前三个字段是订单表中字段，而与原材料表中相匹配的列表会显示 Table 列，Table 可视为一个对象表，它的本质就是一个匹配的列表，单击不同的 Table 行，会在下方显示匹配的记录表，图 33-111 所示。

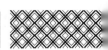

图 33-111 匹配成功的Table列

第4步 单击 Table 列右上角的扩展按钮，在弹出的列表中选中【展开】单选按钮，会在列表中展示所有匹配表的字段名，用户可选中需要展示的字段名，单击【确定】按钮，即可将两表匹配合并显示在一张表内，如图 33-112 所示。

图 33-112 利用合并查询匹配两张表

用户若选中【聚合】单选按钮，在列表中会显示一系列的聚合字段，如选中【饮品的计数】复选框，则会对匹配上的记录项进行计数，此方式可统计两张表匹配成功的记录项个数，如图 33-113 所示。

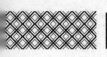

图 33-113　统计两张表匹配成功的数据行数

33.14　合并查询联接种类及实例

图 33-114 所示表中的 A 列是某公司邀请参加会议的人员名单，C 列是实际参会人员名单，可以发现部分邀请人员并未参加会议，而部分实际参会人员并没有在邀请人员名单里面，现需要统计以下 6 种情况的比对表。

（1）在邀请名单中有哪些人员参加了会议，哪些人员没有参加会议？

（2）在实际参会人员中，哪些人是被邀请的？哪些人是没有被邀请的？

（3）列示邀请人员与参会人员的一一比对表。

（4）在邀请名单里面有且实际参会的人员有哪些？

（5）在邀请名单里面有，但实际没有参会的人员有哪些？

（6）在邀请名单里面没有，但实际又参会的人员有哪些？

	A	B	C	D
1	邀请人员		参会人员	
2	王伟		张明	
3	张明		张玲	
4	刘刚		王秀英	
5	王秀英		刘杰	
6	张小阳		李艳	
7	李强		王娟	
8	张玲			
9				

图 33-114　核对两列人员名单

上述问题在 Excel 中可用函数解决，但使用函数只能定位匹配单元格的位置，并不能对匹配的数据一一并排显示，此问题在 Power Query 中可利用合并查询轻易解决。具体操作步骤如下。

第1步 将"邀请人员"和"参会人员"数据分别加载到 Power Query 中，然后选择【主页】→【合并查询】→【将查询合并为新查询】命令，如图 33-115 所示。

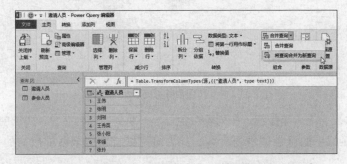

图 33-115　加载邀请人员与参会人员数据至PowerQuery中

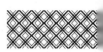

第2步 在第一个下拉框中选择邀请人员表，并且选中该字段，在第二个下拉框中选择参会人员表，并且选中该字段，然后在【联接种类】框中选择"左外部(第一个中的所有行，第二个中的匹配行)"，单击【确定】按钮，如图33-116所示。

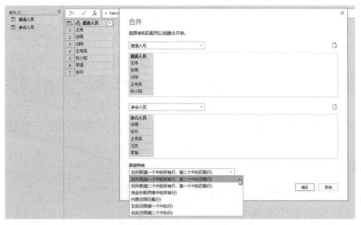

图 33-116　选择左外部联接

第3步 完成上述操作后，将显示 Table 列，单击 Table 列扩展按钮，在展开选项状态下单击【确定】按钮，如图33-117所示。

图 33-117　展开Table列

第4步 将 Table 列展开后，会显示图33-118所示列表，该表展示了邀请人员名单里面有且实际参会的人员。在邀请人员名单里面有，但实际没有参会的人员，会在相应的单元格中以 null 显示。

在 Power Query 合并查询中有 6 种联接种类，分别是左外部、右外部、完全外部、内部、左反、右反，如图33-119所示。

左外部(第一个中的所有行，第二个中的匹配行)
右外部(第二个中的所有行，第一个中的匹配行)
完全外部(两者中的所有行)
内部(仅限匹配行)
左反(仅限第一个中的行)
右反(仅限第二个中的行)

图 33-119　合并查询中的6种联接方式

图 33-118　受邀且参会人员比对表（左外部联接）

图 33-120 为 6 种联接种类的示意图。

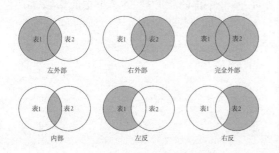

图 33-120　6种联接种类示意图

1. 左外部联接

左外部联接会选择左表中的所有记录(不管是否存在匹配值)及右表中在联接字段中具有匹配的那些记录。如果左表中某行在右表没有匹配，则结果中对应行在右表部分显示为空（ null ）。

对于第 1 个问题：在邀请名单中哪些人员参加了会议，哪些人员没有参加会议？可用左外部联接展示，图 33-118 即为左外部联接。

2. 右外部联接

右外部联接会选择右表中的所有记录(不管是否存在匹配值)，以及左表中在联接字段中具有匹配的那些记录。如果右表中某行在左表没有匹配，则结果中对应行左表的部分显示为空（ null ）。

对于第 2 个问题：在实际参会人员中，哪些人是被邀请的，哪些人是没有被邀请的？可用右外部联接展示，如图 33-121 展示了右外部联接。

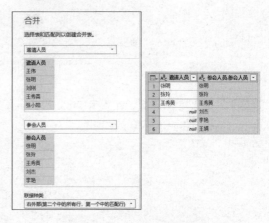

图 33-121　右外部联接

3. 完全外部联接

完全外部联接将返回左表和右表中的所有行。如果右表中某行在左表中没有匹配，则结果中对应行的右表部分显示为空（ null ）。同理，如果左表中某行在右表中没有匹配，则结果中对应行的左表部分全部为空（ null ）。

对于第 3 个问题：列示邀请人员与参会人员一一比对表。可用完全外部联接展示，如图 33-122 所示。

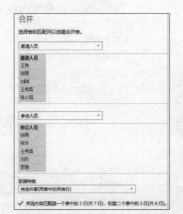

图 33-122　完全外部联接

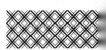

提示┃::::::::

　　在实际工作中，完全外部联接常常用于比较两列数据的差异，并且使用该功能还可以让比较的数据相对应地排列在一起，这样用户可以一目了然地找出差异。在比对数据时，建议对不同区域的表添加序列号，如图 33-123 所示，笔者在 A 列和 D 列分别对比较的数据添加了序列号，这样可以更加方便地比较数据，因为通过序列号的标识，用户就可以迅速地知道比较的数据分别来自哪一行，此外还可以对序号进行排序，从而快速区别相同的数据和有差异的数据。

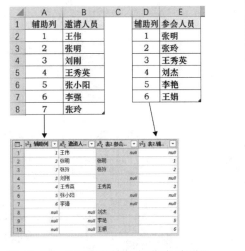

图 33-123　对比较的数据分别添加序列号

4. 内部联接

　　内部联接会选择左右两个表中具有匹配值的记录，即只有在两个表中都匹配的行才能在结果集中出现，对于联接字段中互相有差异的记录，将在查询结果中省略。

　　对于第 4 个问题：在邀请名单里面有且实际参会的人员有哪些？可用内部联接展示，图 33-124 展示了内部联接。

图 33-124　内部联接

5. 左反联接

　　左反联接是在左表中保留在右表中没有匹配到的行。

　　对于第 5 个问题：在邀请名单里面有，但实际没有参会的人员有哪些？可用左反联接展示，

图 33-125 所示。

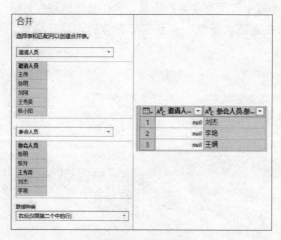

图 33-125 左反联接

6. 右反联接

右反联接是在右表中保留在左表中没有匹配到的行。

对于第 6 个问题：在邀请名单里面没有，但实际又参会的人员有哪些？可用右反联接展示，图 33-126 所示。

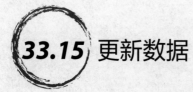

图 33-126 右反联接

33.15 更新数据

利用 Power Query 加载外部数据后，若源数据发生修改等操作，则必须对 Power Query 中加载的数据进行刷新操作，以使 Power Query 中的数据与外部数据保持同步。刷新数据有以下几种方式。

（1）在 Power Query 编辑器中，选择【主页】→【刷新预览】命令，在下拉菜单中若选择【刷

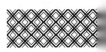

新预览】命令，则只会刷新当前查询，若选择【全部刷新】命令则会对编辑器中所有查询进行刷新，如图 33-127 所示。

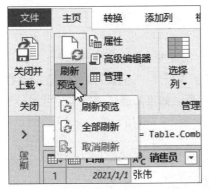

图 33-127　在Power Query编辑器中刷新数据

（2）在工作表中的查询任务栏中，选中某查询后，右击，在弹出的快捷菜单中选择【刷新】命令，如图 33-128 所示。

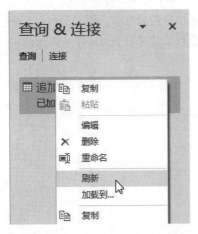

图 33-128　在查询任务栏中刷新数据

（3）若将 Power Query 中的数据加载到工作表中，或以 Power Query 中的数据为数据源在工作表中创建数据透视表，则将光标置于透视表数据区域中，右击，在弹出的快捷菜单中选择【刷新】命令，则可以将显现的数据刷新，同时 Power Query 在后台加载的数据也同时被刷新，如图 33-129 所示。

图 33-129　在加载数据或透视区域中刷新数据

专业术语解释

Power BI：微软公司推出的一款可视化数据探索和交互式报告工具。

Power Query：在 Excel 中控制及转换数据的一个工具，它可以获取数据，对数据进行转换，同时也可以对数据进行处理。

合并查询：将多张表或数据源横向（左右）汇总，合并表的字段会增加。

追加查询：将多张表或数据源纵向（上下）汇总，追加表的记录会增加。

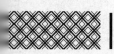

问题1：为什么重新打开含数据连接的工作簿时，会出现安全警告的消息框?

答：当 Office 文件中存在可能不安全的活动内容，如宏、ActiveX 控件、数据连接时，Excel 会显示安全警告栏，用于提醒用户可能存在某些问题。如果知道该内容来源可靠，可直接单击【启用内容】按钮来使该文件成为受信任的文档，如图 33-130 所示。

图 33-130　安全警告栏

问题2：Power Qurey 存储数据与 Excel 存储数据的方式是否相同?

答：Excel 工作表中的数据是真实存储的数据，该数据会永久地保存在磁盘中，但 Excel 能存储的数据受限于 Excel 的行列数。Power Query 编辑器或 Power Pivot 编辑器中的数据是加载存储在内存中的。当用户关闭 Power Query 编辑器时，数据就会从内存中清除。当用户再次打开含有连接数据的 Power Query 编辑器时，数据又会重新加载到内存中，所以 Power Query 可以加载海量的数据。用户只有将 Power Query 编辑器中的数据真实加载到 Excel 的单元格中时，才会增加工作簿的体积。

利用 Power Pivot 建立多表数据模型

Power Pivot 是 Power BI 系列工具的核心组件。使用 Power Pivot 能处理大型数据集、构建表间关系，以及利用 DAX 函数创建复杂的计算。本章学习 Power Pivot 相关知识，掌握本章内容，可以使用户站在多表联系的高度去综合计算分析多表数据。

34.1 Power Pivot 简介

前面介绍过 Power Query，它主要用于数据的获取和整理，同时也可以利用 Power Query 中的数据创建数据透视表来分析数据，但 Power Query 并不能创建表间关系，若要对来自多个数据源的数据表进行表间关系的创建，必须借助 Power Pivot 完成。Power Pivot 同样可以处理海量级数据，也可以获取各种外部数据源的数据，但 Power Pivot 最大优势是能构建数据模型，即在 Power Pivot 中可对表构建一对一、一对多、多对多的关系，然后运用数据透视表在工作表中呈现、分析表间数据关系。同时，可利用强大的 DAX 函数对数据模型中的关系表进行各种计算及执行复杂的数据分析。

34.2 了解数据模型

在实际工作中，用户在 Excel 工作簿中可能创建多个表格，比如员工表、客户表、通讯录表、人事表、工资表、订单表等，这些表与表之间可能没有任何关系，也可能有某种连接关系。比如工资表与客户表并没有任何关系，而员工表与订单表可能存在关系。如图 34-1 所示，通过订单表可以找到某笔订单对应的员工的信息，这样两表之间就有关系。同理，通过订单表可以找到相应产品和客户的信息。

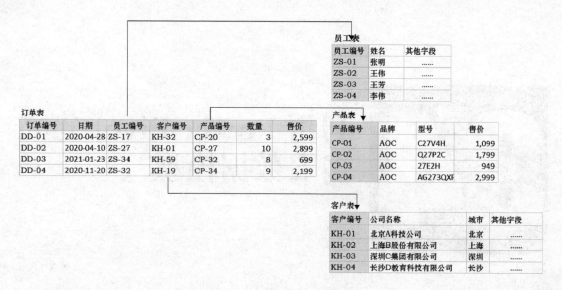

图 34-1　表与表之间的关系

在 Power Pivot 中，表与表之间的关系称为数据模型。在 Power Pivot 中创建数据模型（建模），即是创建表与表之间的关系。

34.3 加载数据至 Power Pivot 中

使用 Power Pivot 处理数据同使用 Power Query 获取与整理数据一样，必须先将数据表加载至 Power Pivot 中。

1. 利用 Power Query 加载数据

对于 Power Query 加载或处理的数据，可加载到 Power Pivot 中。在 Power Query 编辑器中，选择【关闭并上载】→【关闭并上载至】命令，在弹出的【导入数据】对话框中，选中【将此数据添加到数据模型】复选框，单击【确定】按钮即可将数据表加载至 Power Pivot 中，如图 34-2 所示。

选择【Power Pivot】→【管理】命令，可弹出 Power Pivot 窗口，同 Power Query 窗口一样，Power Pivot 编辑器也是独立窗口。在此窗口中可查看刚从 Power Query 中加载的数据，如图 34-3 所示。

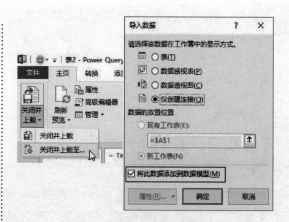

图 34-2　将 Power Query 中的数据加载
　　　　　到 Power Pivot 中

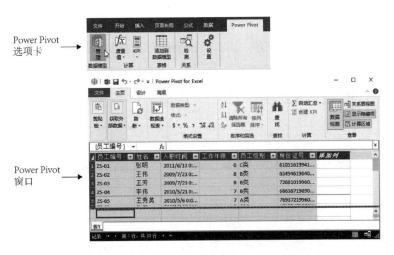

图 34-3　Power Pivot选项卡与Power Pivot窗口

2. 在当前表格中加载数据

如果用户的数据存放在当前工作表中，可将光标置于列表中任意单元格中，选择【Power Pivot】→【添加到数据模型】命令，若列表为普通表格，会弹出【创建表】对话框，若列表含有标题，则选中【我的表具有标题】复选框，单击【确定】按钮，如图34-4所示。

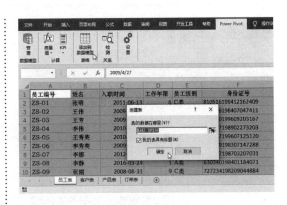

图 34-4　从当前表格加载数据到Power Pivot中

上述操作完成后，会自动弹出 Power Pivot 窗口。Power Pivot 为独立的窗口，每一个加载的列表会分别存放在不同的标签中，如同 Excel 中的工作表。用户可对标签名修改自定义的名称，方便后续在建模的关系视图中对表进行识别，如图34-5 所示。

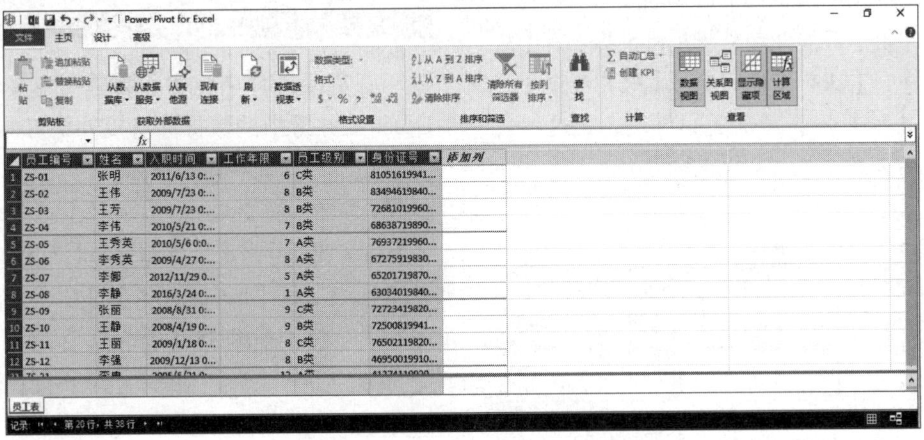

图 34-5　Power Pivot 工作界面

以上述同样的方式，将客户表、产品表、订单表添加至 Power Pivot 中，如图 34-6 所示。

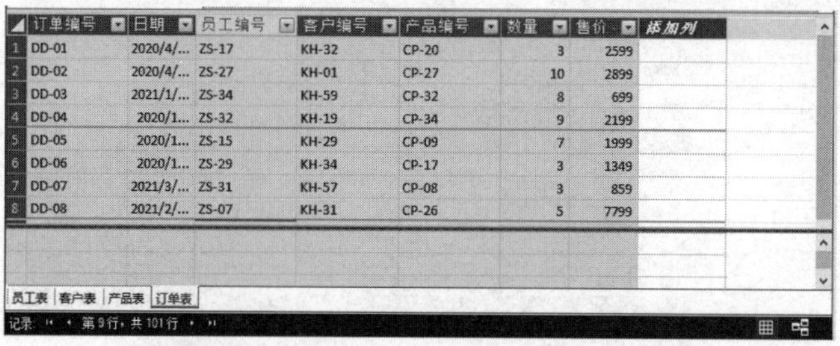

图 34-6　将客户表、产品表、订单表添加到Power Pivot中

提示

　　用户打开 Power Query 编辑器窗口时，不能在 Excel 中进行操作，但打开 Power Pivot 窗口时，用户仍然可以操作 Excel 中的数据。

---

3. 从 Power Pivot 工作界面加载数据

　　Power Pivot 同 Power Query 一样，可以加载各种外部数据，具体操作如下。

第1步 选择【Power Pivot】→【管理】命令，或选择【数据】→【管理数据模型】命令，如图 34-7 所示。将会弹出 Power Pivot 编辑器。

图 34-7　从Excel工作界面打开Power Pivot编辑器

第2步 在弹出的 Power Pivot 编辑器的【主页】选项卡中有【获取外部数据】组，其中有【从数据库】、【从数据服务】、【从其他源】、【现有连接】命令，如图 34-8 所示。这些获取数据的方式与 Power Query 类似。

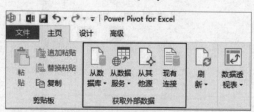

图 34-8　Power Pivot中的获取数据方式

4. 从其他 Excel 工作簿加载数据

　　在实际工作中，常常会遇到连接外部的 Excel 工件簿中的数据。连接外部 Excel 工作簿中列表数据的具体操作如下。

第1步 在 Power Pivot 的【主页】选项卡中选择【从其他源】命令，在弹出的【表导入向导】对话框中选择【Excel 文件】选项，单击【下一步】按钮，如图 34-9 所示。

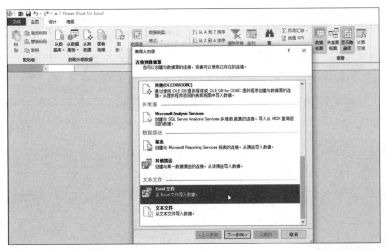

图 34-9　连接Excel文件

第2步 在【表导入向导】对话框中，可在【友好的连接名称】文本框中自定义名称，方便日后对该连接进行识别；在【Excel 文件路径】文本框中指定 Excel 工作簿路径，若工作簿中的数据列表含有标题，则选中【使用第一行作为列标题】复选框，单击【下一步】按钮，如图 34-10 所示。

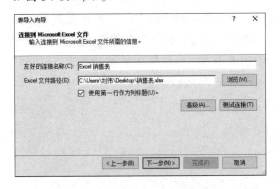

图 34-10　选择Excel文件路径

第3步 如图 34-11 所示，若导入的工作簿包含多个工作表，则都会显示在导入向导内，用户可选择指定的表，同时在【友好名称】栏内可自定义名称，该友好名称为 Power Pivot 列表标签名称。此外用户可选中某表，单击右下角的【预览并筛选】按钮，可指定筛选条件用于显示某些数据，或取消列表中某些列的显示，最后单击【完成】按钮。

图 34-11　选择指定表

第4步 上述操作完成后，将显示成功导入的工作表名及相关行记录，单击【关闭】按钮，即可在 Power Pivot 中显示加载的列表，如图 34-12 所示。

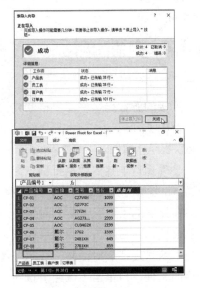

图 34-12　加载工作簿中的数据至Power Pivot

5. 以复制粘贴方式加载数据

在建立数据模型时，某些列表可能是固定数据的表，表中的数据不会更新，图 34-13 展示了地区城市对应表，该列表的内容不会更新。

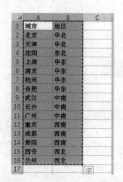

图 34-13　固定数据的列表

地区城市对应表需要与其他表进行关联，可将该表复制粘贴至 Power Pivot 中，然后在 Power Pivot 窗口中选择【主页】→【粘贴】命令，此时会弹出【粘贴预览】对话框。在该对话框中，可以对粘贴的数据列表进行自定义名称的设定，如粘贴的数据有标题，可选中【使用第一行作为列标题】复选框，单击【确定】按钮，即可将粘贴的列表加载至 Power Pivot 中，如图 34-14 所示。

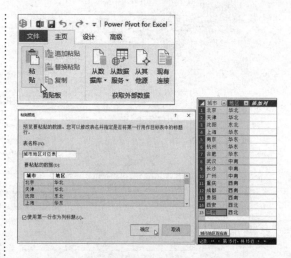

图 34-14　复制粘贴数据至 Power Pivot 中

对于复制粘贴的数据，若发生更新可重新复制列表，然后选择【替换粘贴】命令进行更新，若选择【追加粘贴】命令则将复制的数据以追加列表的方式进行更新。

复制粘贴数据至 Power Pivot 中的优点在于可以减少数据表对载体的依赖，因为复制粘贴到 Power Pivot 中的数据跟源数据没有任何连接关系，对于一些固定的数据列表或作为辅助的列表，或特殊载体中的表（如 Word 中的表格），可以使用复制粘贴的方式将数据存储在 Power Pivot 中。

更新连接

若连接的源数据文件发生移动或更改文件名，则在使用 Power Pivot 刷新命令时，会出现错误提示，如图 34-15 所示。

为了确保原连接的数据正确，用户可在 Power Pivot 窗口中选择【主页】→【现有连接】命令，在弹出的【现有连接】对话框中选择相应的连接，然后单击【编辑】按钮，此时会弹出【编辑连接】对话框，在此可重新选择正确的文件，再单击【保存】按钮，如图 34-16 所示。

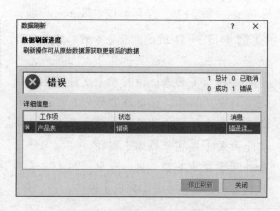

图 34-15　数据连接失效对话框

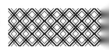
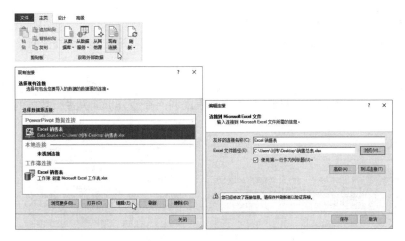

图 34-16　更新数据连接

上步操作完成后，会返回【现有连接】对话框，单击【刷新】按钮，即可重新对数据进行正确的连接，如图 34-17 所示。

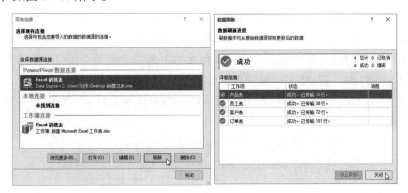

图 34-17　刷新连接数据

34.5　建立表与表之间的关系

良好的表格设计目标之一是消除数据冗余（重复数据）。要实现该目标，可将数据拆分为多个主题表，但拆分后的表必须建立关系。建立关系的目的是，在查询数据时，能根据某个表的数据查询到另一个表的数据，即能对表与表之间的数据进行互访。建立表与表之间的关系在 Power Pivot 中称为建立数据模型。

1. 利用 VLOOKUP 函数建立表间关系

在 Excel 工作表中建立两表之间的关系，常用方法是利用 VLOOKUP 函数。使用 VLOOKUP 函数时两表之间必须存在公共字段。

如图 34-18 所示表中左侧为订单表，右侧为员工表，在实际工作中，两表可能存放在不同的工作表中，为了便于展示，笔者将两表置于同一工作表中。订单表与员工表之间存在公共字

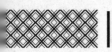

段"员工编号",现假如需要在订单表中通过"员工编号"在员工表中查询相应的员工的姓名,可以使用 VLOOKUP 函数,如在 F4 单元格中输入以下公式,并向下拖动即可查询出相应员工的姓名。

=VLOOKUP(D4,H:L,2,0)

利用连接起来的大表,就可以创建数据透视表或利用其他分析工具进行数据的分析和汇总。

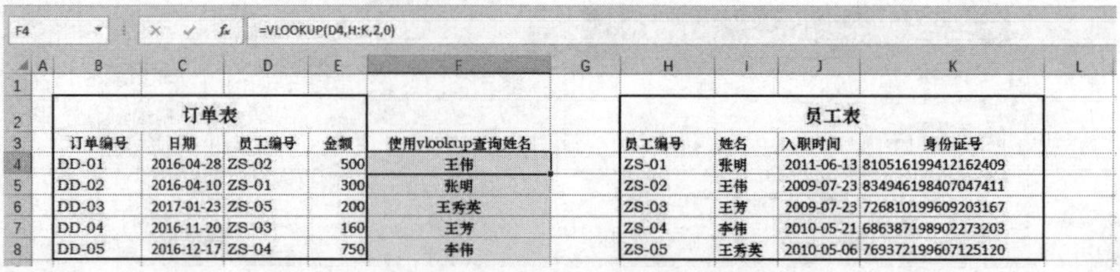

图 34-18　使用VLOOKUP函数连接两表数据

在 Excel 中,使用 VLOOKUP 函数把每张表的数据汇总在一张大表内,这种方式称为数据列表的扁平化。使用这种方式存在以下弊端。

(1)在查询区域若存在多条符合的记录,VLOOKUP 函数只能返回第一条符合的记录,如图 34-19 所示,现需要根据左侧员工表中的"员工编号"字段,在右侧的订单表中查询相应员工的销售金额。以左侧员工表中的 ZS-02(B5 单元格)为例,该员工在订单表中有两份订单,分别为 DD-01 和 DD-03,在 F5 单元格中输入公式 "=VLOOKUP(B5,J3:K8,2,0)",只能返回第一个销售金额 500。VLOOKUP 函数只能查询一对一的表关系,对于一对多、多对多的表关系不能使用 VLOOKUP 函数。

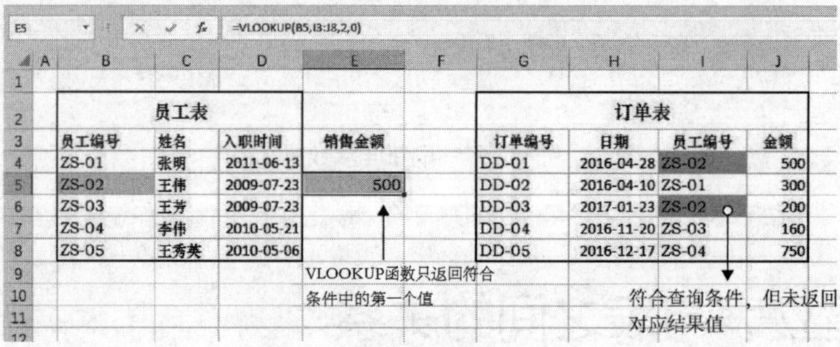

图 34-19　VLOOKUP函数只能返回符合条件的第一个值

(2)若关系表非常多,使用 VLOOKUP 函数会造成字段冗余,管理混乱,不易明白表与表之间的关系,维护数据非常困难。

(3)当数据较多时,使用 VLOOKUP 函数会使 Excel 计算缓慢。

(4)当数据扩展更新时,需要重新设置计算区域。

2. 利用 Power Pivot 建立表关系

在 Power Pivot 中建立表与表之间的关系是最佳方案,但在 Power Pivot 中建立表关系时,用户必须先明确了解各表之间是否存在关系,若表与表之间存在关系,则必须了解是何种关系,用户只有在充分了解各表之间的属性和关系时,才能在 Power Pivot 中建立表关系,即建立数据模型。

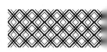

现以某家电脑销售公司的销售业务流程为例，为了记录销售过程，创建以下 4 张表。

（1）员工表（维度表）。员工表记录公司员工的个人信息。"员工编号"为主键，唯一标识了每位不同的员工，如图 34-20 所示。

	A	B	C	D	E	F	
1	员工编号	姓名	入职时间	工作年限	员工级别	身份证号	
2	ZS-01	张明	2011-06-13	6	C类	810516199	62409
3	ZS-02	王伟	2009-07-23	8	B类	834946198	47411
4	ZS-03	王芳	2009-07-23	8	B类	726810199	03167
5	ZS-04	李伟	2010-05-21	7	B类	686387198	73203
6	ZS-05	王秀兰	2010-05-06	7	A类	769372199	25120
7	ZS-06	李秀英	2009-04-27	8	A类	672759198	47288
8	ZS-07	李娜	2012-11-29	5	A类	652017198	07031
9	ZS-08	李静	2016-03-24	1	A类	630340198	84071
10	ZS-09	张丽	2008-08-31	9	C类	727234198	44884

员工表　客户表　产品表　订单表　+

图 34-20　员工表

（2）客户表（维度表）。客户表记录了购买公司产品的客户信息。"客户编号"为主键，唯一标识了每位不同的客户，如图 34-21 所示

	A	B	C	D	E	F	G	H
1	客户编号	公司名称	城市	地址	地区	电话		
2	KH-01	北京A科技公司	北京	海淀区知春路113号	华北	(010) 519▨012		
3	KH-02	上海B股份有限公司	上海	人民北路116号	华东	(020) 526▨923		
4	KH-03	深圳C集团有限公司	深圳	深南大道12号	华南	(0755) 55▨932		
5	KH-04	长沙D教育科技有限公司	长沙	书院路1025号	中南	(0731) 45▨7788		
6	KH-05	南京E集团有限公司	南京	东园西甲 30 号	华东	(0921) 91▨465		
7	KH-06	天津F集团股份有限公司	天津	常保阁东 80 号	华北	(030) 300▨460		
8	KH-07	大连G集团有限公司	大连	广发北路 10 号	东北	(0971) 88▨1531		
9	KH-08	西安H产业集团有限公司	西安	临翠大街 80 号	西北	(091) 855▨282		
10	KH-09	重庆I集团有限公司	重庆	花园东街 90 号	西南	(078) 912▨540		

员工表　客户表　产品表　订单表　+

图 34-21　客户表

（3）产品表（维度表）。产品表记录了公司销售的产品的信息。"产品编号"为主键，唯一标识了每个不同的产品，如图 34-22 所示。

	A	B	C	D
1	产品编号	品牌	型号	售价
2	CP-01	AOC	C27V4H	1,099
3	CP-02	AOC	Q27P2C	1,799
4	CP-03	AOC	27E2H	949
5	CP-04	AOC	AG273QXP	2,999
6	CP-05	AOC	CU34G2X	2,199
7	CP-06	戴尔	27G2	1,599
8	CP-07	戴尔	24B1XH	649
9	CP-08	戴尔	27B1XH	859
10	CP-09	戴尔	U2790VQ	1,999

员工表　客户表　产品表　订单表　+

图 34-22　产品表

（4）订单表（数据表）。订单表记录了公司销售产品的数据表。"订单编号"为主键，唯一标识了每个不同的订单信息，如图 34-23 所示。

	A	B	C	D	E	F	G
1	订单编号	日期	员工编号	客户编号	产品编号	数量	售价
2	DD-01	2020-04-28	ZS-17	KH-32	CP-20	3	2,599
3	DD-02	2020-04-10	ZS-27	KH-01	CP-27	10	2,899
4	DD-03	2021-01-23	ZS-34	KH-59	CP-32	8	699
5	DD-04	2020-11-20	ZS-32	KH-19	CP-34	9	2,199
6	DD-05	2020-12-17	ZS-15	KH-29	CP-09	7	1,999
7	DD-06	2020-12-23	ZS-29	KH-34	CP-17	3	1,349
8	DD-07	2021-03-14	ZS-31	KH-57	CP-08	3	859
9	DD-08	2021-02-23	ZS-07	KH-31	CP-26	5	7,799
10	DD-09	2020-03-10	ZS-31	KH-22	CP-01	10	1,099

员工表　客户表　产品表　订单表　+

图 34-23　订单表

在实际工作中，用户可以根据自己的实际工作情况，设计出不同的独立的主题表，每个主题表只记录该主题下相关的信息，然后在相关表中添加公共字段，即添加主键和外键，从而将不同主题的表连接起来，例如订单表中的"员工编号"、"客户编号"和"产品编号"均为外键，即都来自其他三张表的主键。这样做可以保持对象表中数据的独立，比如某客户的信息发生了改变，那只需要在客户表中修改一次，订单表里面被修改的客户的信息也会立即更新，因为订单表是通过外键连接客户表的。若某个关系表中的数据

发生更新，则整个数据模型中与该表有关系的表都会发生动态更新。

在 Power Pivot 中建立表关系时还需要明确表与表之间关系的种类，仍以上述 4 张表为例，员工表与订单表是一对多关系，因为一个员工可以销售多笔订单。同时客户表与订单表也是一对多关系，因为一个客户可以进行多次购买，从而形成多个订单。产品表与订单表也是一对多关系，因为一个产品可以在订单表中多次销售。上述关系如图 34-24 所示。

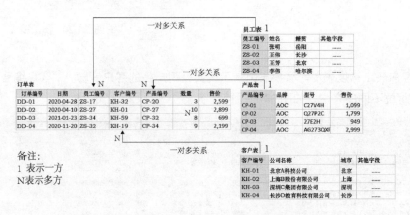

图 34-24　员工表、产品表、客户表、订单表之间的关系

从图 34-24 可以明显看出员工表、产品表、客户表与订单表都是一对多关系，但实际上图 34-24 中还隐藏更多的关系，比如员工表、产品表、客户表三者之间是多对多关系，因为一个员工可以负责多个客户，可以销售多种不同产品，反之一个客户可以与不同的员工进行销售交易，一个产品可以被多位客户购买，一个客户也可以购买多种产品。

员工表、产品表、客户表是通过订单表连接在一起的。通过订单表，员工可间接查询销售产品的信息及对应的客户信息，反之，通过订单表客户可以查询对应的员工信息及产品信息，所以在表的关系中分为直接关系和间接关系，同时用户在关系表中查询数据时，可查询直接相关表数据，也可以查询间接相关表之间的数据，这种方式大大扩展了查询、分析数据的能力，这也是建立表与表之间关系的最大益处。

在 Power Pivot 中建立表与表之间关系的具体操作步骤如下。

第1步 将所有的表加载到 Power Pivot 中，此时显示的视图为数据视图，如图 34-25 所示。

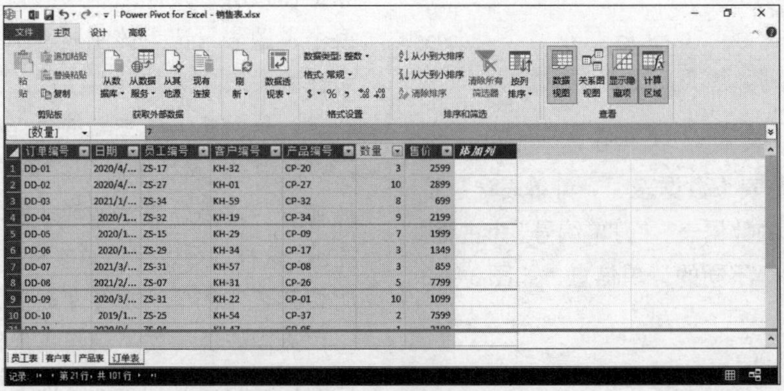

图 34-25　将所有表加载到 Power Pivot 中

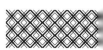

第2步 选择【主页】→【关系图视图】命令，此时会显示关系视图窗口，在关系视图中会显示每个表的字段方框。用户可以选中任意表进行位置的拖动和调整，如图 34-26 所示。

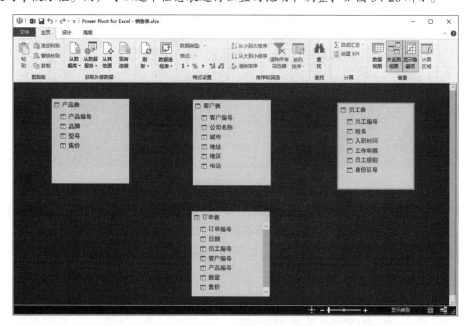

图 34-26　关系视图窗口

第3步 选中产品表中的"产品编号"，按住鼠标左键不放，拖至订单表中"产品编号"字段上方，松开鼠标，即创建了产品表与订单表的一对多关系，创建关系的表之间会有线段连接，如图 34-27 所示。

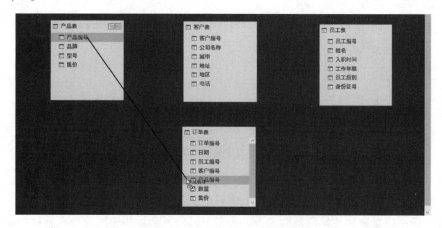

图 34-27　连接不同表之间的字段

在表关系视图中，关系线中标数字 1 的表示"一"的一端，标星号（＊）的表示"多"的一端，箭头表示数据传递的方向。

以相同的方法，选择客户表中"客户编号"字段拖动至订单表的"客户编号"字段上方，创建客户表与订单表的一对多关系。

选择员工表中"员工编号"字段拖动至订单表的"员工编号"字段上方，创建员工表与订单表的一对多关系，如图 34-28 所示。

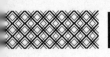

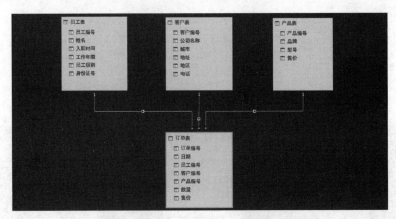

图 34-28　创建表关系模型

在 Power Pivot 中创建表关系，还可选择【设计】→【创建关系】命令，在弹出的【创建关系】对话框中，可以在左侧选择某一表，再在右侧选择某一表，然后选择主键和外键，此时会自动识别关系的类型，单击【确定】按钮，即可创建表间关系，如图 34-29 所示。

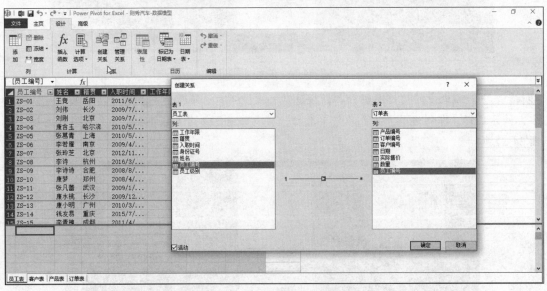

图 34-29　【创建关系】对话框

在 Power Pivot 关系视图中只能体现一对多的关系线，对于一对一的表关系，也可用一对多的关系线表示，用户可将一对一的表关系理解为一对多的表关系的一种特殊形式。此外，在 Power Pivot 中不能直接创建多对多的关系，多对多的关系必须用中间连接表间接创建，即用两个一对多的表关系间接表示多对多关系。

如图 34-30 所示，员工表、客户表、产品表为维度表（查询表），而订单表为数据表（事实表）。在实际工作中，建议用户将维度表摆放在数据表的上方，这样可以形象地表示数据是从维度表流向数据表的，即表示通过维度表可以筛选数据表中的数据。例如，员工表中有一位 ZS-01 的员工，他在订单表中存在 10 条订单记录。在员工表中筛选 ZS-01，就可以通过两表之间的关系，即通过数据模型中数据线的流向筛选出订单表中的 10 条记录，然后对这 10 条记录进行统计，即可以分析 ZS-01 的业绩。

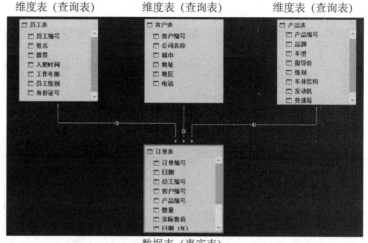

图 34-30　数据模型的布局

在 Power Pivot 的关系视图中，两表之间的关系线上的箭头表示数据流向筛选传递的方向。

根据数据表和维度表的关系，可将常见的模形布局分为星形布局模型和雪花布局模型。图 34-30 即是星形布局模型，星形模型的特点是将所有的维度表与数据表相关联。星形布局只有一层维度表，数据关系较为简单、易于理解。图 34-31 为雪花布局模型，它的特点是多层维度表，即对维度表的进一步层次化，它可以将某个维度表再扩展成小的数据表。在分析雪花布局模型时，一定要从关系线的箭头方向思考。理解数据的流向和数据表之间的关系是 Power Pivot 分析数据的前提。

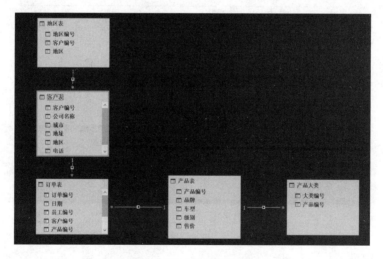

图 34-31　雪花布局模型

删除关系

在关系视图中，若要删除某个关系，可选中关系线并右击，在弹出的快捷菜单中选择【删除】

命令，或直接选中关系线，按 <Delete> 键即可删除该关系，如图 34-32 所示。

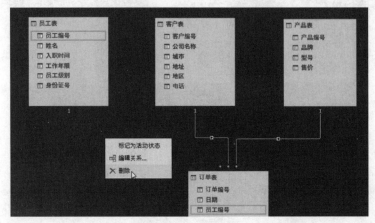

图 34-32　删除关系

 管理关系

　　在【设计】选项卡中选择【管理关系】命令，弹出【管理关系】对话框，在该对话框中可查询当前数据模型中所有的表关系，同时可以进行创建关系、编辑关系、删除关系等操作，如图 34-33 所示。

图 34-33　管理表关系

 创建数据透视表分析表间关系

　　Power Pivot 被翻译为超级数据透视表，由此可见 Power Pivot 与数据透视表有紧密的联系，在 Power Pivot 中对各种外部数据进行连接，然后创建表关系还不能满足用户最终的需求，用户最终的需求是从数据中提取信息。为了此目的，可以在 Power Pivot 中利用数据透视表对表之间的数据进行分析和汇总，以提取精简的信息。

在 Excel 工作表中利用 Power BI 工具分析数据基本都是在数据透视表中进行的，在 Power Pivot 中创建数据透视表具体操作步骤如下。

第1步 在 Power Pivot 的【主页】选项卡中选择【数据透视表】命令，将在新的工作表中创建一个数据透视表，如图 34-34 所示。

图 34-34 在 Power Pivot 中创建数据透视表

第2步 使用 Power Pivot 创建的数据透视表与使用普通表格创建的数据透视表，绝大部分操作功能都是一样的，最大的不同在于在字段列表区域显示的是表名称（若用户没有对智能表进行命名，将显示表 1、表 2 的名称，该显示不便于表识别，用户可以在智能表的【表格工具】选项卡中对表进行相应的命名），单击不同表名称会展示其表中的字段。

第3步 上述操作完成后，可在各表中拖动相应字段创建数据透视表，如按表 34-1 所示要求拖动字段创建数据透视表。

表 34-1 表格要求

表名	拖动字段	拖至区域
产品表	品牌	行区域
客户表	公司名称	行区域
员工表	员工编号、姓名	行区域
订单表	数量	值区域

图 34-35 展示了按上述表格要求创建的数据透视表，该数据透视表创建的报表是公司员工对应的客户所销售的产品及数量。

图 34-35 Power Pivot 数据透视表

上述报表的数据取自 4 个关系表。用户可在不同关系表中拖选所需的字段创建各种分析报表，之所以能在多张表中进行计算创建分析报表，就是因为表与表之间存在并建立了关系。如

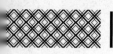

果多表通过关系相连接，那么在数据透视表中进行筛选某个表格的同时，筛选会沿关系进行传递，从而也筛选了其他相关表格中的数据。

在实际工作中，用户可能经常会遇见多表之间的分析，普通做法可能是将多表数据复制粘贴到一张大表中，但这样做非常烦琐，极易出错，也不容易管理。建议用户采用 Power Pivot 建立表与表之间的关系，然后利用数据透视表对多表进行联动的计算分析，这使操作方式便捷高效。

34.9 表关系数据的传递与字段的隐藏

在 Power Pivot 中，数据筛选的传递方向只能是一到多，即只能通过维度表筛选数据表，而不能逆向通过数据表筛选维度表。正因为如此，在数据透视表中的行、列、筛选区域只能放入维度表的字段，而值区域放入数据表的字段。这样放置就是利用维度表中的一项数据筛选出数据表中的多项数据进行运算。如果将数据表字段放置在行、列、报表区域，维度表字段放置在数值区域将视为用"多"端（数据表）中的字段筛选"一"端（维度表）中的数据，这是错误的筛选方式，因为数据是不可以逆向筛选的。

如果在 Power Pivot 透视表中使用错误的筛选方式或表之间不存在表关系，则会在数据透视表的字段列表出现建立表关系的提示，如图 34-36 所示。

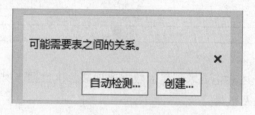

图 34-36　创建表关系提示

默认情况下，在数据透视表中的字段区域会列出所有表和表中所有字段名，如果表和字段名较多，则会影响到数据透视表的创建效率。此外，将外键显示在字段区域，用户可能将外键拖入行、列区域，这样会导致数据表中的字段筛选维度表中的字段，从而造成筛选错误。在 Power Pivot 透视表操作中，有一个良好的习惯就是将所有的外键隐藏。

如图 34-37 所示，在关系视图中选中订单表中的"客户编号"字段，右击，在弹出的快捷菜单中选择【从客户端工具中隐藏】命令，即可在 Excel 工作表的透视表字段区域中隐藏该字段名，这样能防止用户误用外键字段。此外，对于其他字段，若在透视表分析时不需要，也可以采用此方式将其隐藏。这样在做数据分析时，只关注有效可用字段即可，此方式可提高数据分析的效率。

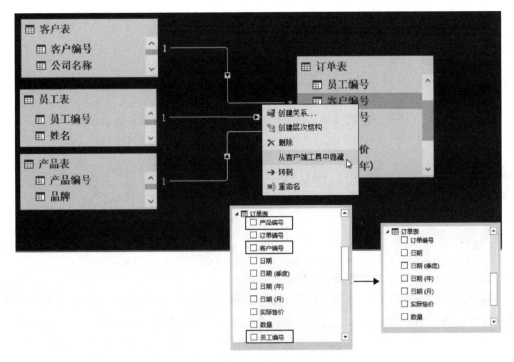

图 34-37 隐藏数据表中的外键

34.10 多表间的间接筛选数据

数据模型中某维度表与数据表若是直接的一对多或一对一关系，则可直接筛选数据，如图 34-41 所示，A 表可直接筛选 B 表中的数据。

表而言为数据表，而对于 C 表而言是维度表，A 表可通过 B 表间接筛选 C 表中的数据。

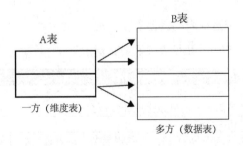

图 34-38 直接筛选数据

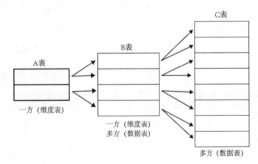

图 34-39 间接筛选数据

若维度表与数据表之间存在另一个间接表，则为间接筛选关系。如图 34-39 所示，A 表对 B 表是一对多关系，而 B 表对 C 表也是一对多关系。将 B 表作为中间表，B 表对 A

在透视表中若要通过 A 表筛选 C 表中数据，无须将 B 表中字段添加到透视表中，在表与表之间建立关系后，筛选后的计算结果会依据关系自动地计算。

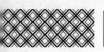

专业术语解释

Power Pivot：一种数据建模技术，用于创建数据模型，建立关系，以及创建计算。

问题1：Power Pivot 中文翻译是超级透视表吗?

答：按其字面解释，可以翻译为超级透视表，但 Power Pivot 的功能不是一个单纯加强版的数据透视表工具。在实际应用中，往往是将多个有关系的表加载到 Power Pivot 中，然后建立表关系模型，最后利用数据透视表来对多表进行联动计算分析汇总，透视表只是对 Power Pivot 中的多表数据进行数据分析的一个工具。Power Pivot 的核心功能是建立数据模型，即将多表产生关联。

问题2：怎么理解表关系?

答：对于复杂的、涉及多个主题的业务数据必须进行表格规范化，即将业务数据拆分成多个独立的表，这些独立表因为属于同一个业务，所以表与表之间必然产生内在联系，这种内在联系即为表关系。通过表关系可方便在多个表中查询关联信息。

问题3：普通数据透视表与 Power Pivot 数据透视表有什么区别?

普通数据透视表与 Power Pivot 创建的数据透视表使用方法是相同的，它们之间最大的不同为背后的数据源。普通数据透视表的数据源为工作表中的数据列表，而 Power Pivot 创建的数据透视表的数据源为加载的多表数据模型。

表 34-2 列示了普通数据透视表与 Power Pivot 数据透视表的其他主要区别。

表 34-2　普通数据透视表与 Power Pivot 数据透视表的区别

普通数据透视表	Power Pivot 数据透视表
仅能分析存储在 Excel 工作表中的数据	可计算分析查询多个表格，轻松地整合来自内部或外部不同表的信息以生成计算查询报表
只能分析 1048576 行数据	可分析海量数据
只能用少量 Excel 函数分析透视表中的数据	使用强大的 DAX 函数对数据模型中的表进行各种复杂计算分析

附录 Excel 常用快捷键

  Excel 提供了丰富的快捷键，使用键盘键要比使用鼠标更高效。下面列举了 Excel 2019 中常用快捷键，此外用户在按下 <Alt> 键时，Excel 将在每个命令旁边显示"键提示"。用户根据提示按下对应的键，即可访问相应命令。

Excel 常用快捷键

序号	键	用途
1	方向键（←、→、↑、↓）	左移、右移、上移或下移一个单元格
2	F1	打开【帮助】任务窗格
3	F2	编辑单元格
4	F3	打开【粘贴名称】对话框
5	F4	切换引用模式或重复上一次操作
6	F5	显示【定位】对话框
7	F6	移动到已拆分工作簿中的下一个窗格
8	F7	拼写与检查
9	F8	扩展选择模式
10	F9	重算
11	F10	激活快捷键提示
12	F11	选择数据，创建图表工作表
13	F12	另存为工作簿
14	Ctrl+A	选中当前区域或当前工作表
15	Ctrl+B	加粗单元格中的内容
16	Ctrl+D	填充内容或复制公式
17	Ctrl+F	调出【查找和替换】对话框
18	Ctrl+G	调出【定位】对话框
19	Ctrl+H	调出【查找和替换】对话框
20	Ctrl+I	倾斜单元格中内容
21	Ctrl+K	插入链接
22	Ctrl+P	调出打印预览窗口
23	Ctrl+R	向右填充
24	Ctrl+S	保存工作簿
25	Ctrl+U	对单元格内容加下划线
26	Ctrl+V	粘贴
27	Ctrl+W	关闭当前工作簿
28	Ctrl+X	剪切
29	Ctrl+Y	返回或重复最后一次操作
30	Ctrl+Z	撤销
31	Ctrl+1	调出设置单元格对话框
32	Ctrl+2	加粗单元格中的内容
33	Ctrl+3	倾斜单元格中的内容
34	Ctrl+4	对单元格中的内容添加下划线

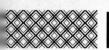

续表

序号	键	用途
35	Ctrl+5	对单元格中的内容添加删除线
36	Ctrl+6	显示或隐藏工作表中一切外部对象，如图表、形状等
37	Ctrl+8	显示或隐藏分级显示符号
38	Ctrl+9	隐藏行
39	Ctrl+0	隐藏列
40	Ctrl+F9	最小化窗口
41	Ctrl+F10	最大化窗口
42	Ctrl+Delete	删除插入点到行末的文本
43	Ctrl+Page Down	移动到下一个工作表
44	Ctrl+Page Up	移动到上一个工作表
45	Ctrl+Backspace	滚动并显示活动单元格
46	Ctrl+Shift+:	输入当前时间
47	Ctrl+;	输入当前日期
48	Ctrl+~	切换公式显示模式与值显示模式
49	Ctrl+−	删除选择的行列
50	Ctrl+Shift+=	插入新行或新列
51	Ctrl+Shift+~	应用"常规"数字格式
52	Ctrl+Shift+@	应用小时和分钟"时间"格式
53	Ctrl+Shift+!	应用千位分隔符且负数用负号（−）表示
54	Ctrl+Shift+$	应用带两个小数字的"货币"格式
55	Ctrl+Shift+#	应用年月日"日期"格式
56	Ctrl+Shift+%	应用不带小数的"百分比"格式
57	Ctrl+Shift+^	应用带两个小数位的"科学记数"数字格式
58	Ctrl+Shift+*	选择当前单元格周围的区域
59	Ctrl+Shift+&	应用外边框
60	Ctrl+Shift+_	删除外边框
61	Ctrl++	插入
62	Ctrl+−	删除选定区域
63	Ctrl+Shift+(	取消隐藏行
64	Ctrl+/	选择当前数组
65	Ctrl+\	在选定的行中，选取与活动单元格中的值不相等的单元格
66	Ctrl+Enter	批量填充
67	Ctrl+Home	移动到工作表最左上角的单元格
68	Ctrl+End	移动到工作表的最后一个单元格
69	Ctrl+Tab	在打开的多个工作簿中切换
70	Ctrl+Shift+Tab	切换到上一个工作簿
71	Ctrl+Shift+A	输入函数名及左括号时，使用该快捷键可插入函数的语法参数
72	Ctrl+Shift+F	调出设置字体的【设置单元格格式】对话框
73	Ctrl+Shift+O（字母O）	选择所有带批注的单元格
74	Shift+（←、→、↑、↓）	将单元格的选取范围扩大一个单元格、一行或一列
75	Shift+F2	插入或编辑批注

序号	键	用途
76	Shift+F3	弹出【插入函数】对话框
77	Shift+F4	重复上一次查找操作
78	Shift+F5	显示【查找和替换】对话框
79	Shift+F6	移动到被拆分的工作簿中的上一个窗格
80	Shift+F8	添加选区
81	Shift+F9	重算当前工作表
82	Ctrl+F3	调出名称管理器
83	Ctrl+F4	关闭当前工作簿
84	Ctrl+F5	非最大化显示工作簿窗口
85	Ctrl+F6	移动到下一个工作簿窗口
86	Ctrl+Shift+F6	移动到前一个工作簿窗口
87	Ctrl+F7	移动窗口
88	Ctrl+F8	使用方向键调整窗口大小
89	Ctrl+F9	最小化窗口
90	Ctrl+F10	最大化窗口
91	Ctrl+F11	插入宏工作表
92	Ctrl+F12	打开【资源管理器】对话框
93	Ctrl+Shift+F3	根据内容创建名称
94	Ctrl+Shift+F12	打印当前工作表
95	Shift+Tab	完成单元格的操作并向左移动
96	Shift+Home	将选定区域扩展到行首
97	Alt+Tab	在打开的应用程序中进行切换
98	Alt+Backpspace	撤销操作
99	Alt+Enter	强制换行
100	Alt+=	插入 SUM 函数
101	Alt+Page Down	向右移动一屏
102	Alt+Page Up	向左移动一屏
103	Alt+F1	插入图表
104	Alt+F2	打开【另存为】对话框
105	Alt+F4	关闭当前工作簿
106	Alt+F8	打开【宏】对话框
107	Alt+F11	打开 VBA 编辑器
108	Alt+Shift+F1	插入新的工作表
109	Home	移动到首行、在编辑状态下移动到内容的最开头
110	End	在编辑状态下移动到内容的最末尾
111	Page Down	向下移动一屏
112	Page Up	向上移动一屏
113	Tab	在单元格中输入并在选定区域中右移
114	Esc	取消单元格的输入
115	Backspace	删除插入点左边的字符，或删除选定区域
116	Delete	删除插入点右边的字符，或删除选定区域